INTEGRALTAFELN ZUR QUANTENCHEMIE

ERSTER BAND

INTEGRALTAFELN ZUR QUANTENCHEMIE

VON

DR. H. PREUSS
MAX-PLANCK-INSTITUT FÜR PHYSIK
GÖTTINGEN

ERSTER BAND

SPRINGER-VERLAG

BERLIN · GÖTTINGEN · HEIDELBERG

1956

ISBN-13: 978-3-642-94681-3   e-ISBN-13: 978-3-642-94680-6

DOI: 10.1007/978-3-642-94680-6

Geleitwort

Die Quantenmechanik befruchtete die Theorie der chemischen Bindung in zwei Weisen. Einmal durchdrangen die neuen Begriffe die qualitative Diskussion. Gewisse Widersprüche zwischen den älteren Anschauungen, insbesondere zwischen der Theorie der Elektronenpaarung der Kovalenz und dem Valenzstrichschema der Chemie, wurden aufgelöst. Daß ein Li-Atom je nach Partner eine kovalente Einfachbindung, eine Ionenbindung, oder im Metall mit 8 nächsten Nachbarn 8 gleichberechtigte metallische Bindungen eingehen kann, wurde in der neuen Sprache auf die allen diesen Grenzfällen zugrunde liegenden tieferen Ursachen zurückgeführt und ließ sich in einheitlichen Begriffen ausdrücken. Daß Bor und andere Elemente der 3. Spalte des periodischen Systems voll abgesättigte Moleküle bilden können, die im Inneren teilweise „quasimetallische" Bindungsformen besitzen und sich deshalb mit dem Valenzstrichschema nicht beschreiben lassen, wurde zwanglos verständlich. Begriffe wie „Resonanzstabilisierung" von Aromaten und Radikalen, „Doppelbindungscharakter" von im Valenzstrichschema als Einfachbindung beschriebenen Valenzen u. a. m. wurden ebenso zum Allgemeingut der Chemie wie früher etwa die Tetraedersymmetrie der Kohlenstoffvalenzen oder der Begriff der Wertigkeit. Die systematische Diskussion des großen Erfahrungsmaterials der Chemie mit Hilfe der neuen Begriffe fand ihren Niederschlag in einer Reihe von Monographien, von denen die bekannteste das Buch von L. PAULING, „Nature of Chemical Bond" sein dürfte.

Zum anderen wies die Anwendung der Quantenmechanik erstmals den Weg zur quantitativen Berechnung von Eigenschaften wie Bindungsenergie, Kernabstand, Absorptions- und Emissionsspektren usw. von Molekülen. Die Voraussetzung ist allerdings die Lösung der SCHRÖDINGER-Gleichung, und bereits beim Wasserstoffmolekül zeigten die mathematischen Schwierigkeiten, denen man sich hier gegenübersieht, ihr volles Gewicht. Dennoch begegnet jeder, der sich mit Problemen der chemischen Bindung befaßt, einer Vielzahl von Fragen, deren Beantwortung die mathematische Behandlung notwendig macht. Dies wurde erneut empfunden, als bald nach dem Kriege im Anschluß an eigene Vorlesungen über chemische Bindung Herr H. J. KOPINECK sich mit der Theorie des N_2-Moleküls beschäftigte [Z. Naturforsch. 7a, 22 (1952); dto. 7a, 314 (1952)]. Herrn KOPINECK war es zu verdanken, daß aus diesen Arbeiten sich alsbald ein „Integralprogramm" entwickelte, in dem die bei den Näherungsverfahren zur Lösung der Wellengleichung stets in gleicher Form auftretenden Grundintegrale tabelliert wurden. Die Voraussetzungen hierfür im Max-Planck-Institut für Physik wurden durch die Existenz der unter der Leitung von Herrn L. BIERMANN stehenden Gruppe für numerisches Rechnen begünstigt, die im Verlauf der Arbeiten mit den elektronischen Rechenmaschinen G 1 und G 2 ausgerüstet wurde. Im „Klima" dieser Rechengruppe schuf Herr KOPINECK gemeinsam mit der eigens für dieses Programm beschäftigten Rechnerin, Frau I. FUNKE, die ersten Integraltabellen [Z. Naturforsch. 5a, 420 (1950); 6a, 177 (1951); 7a, 785 (1952)]. Nach dem Ausscheiden von Herrn KOPINECK wurde glücklicherweise in Herrn H. PREUSS ein Nachfolger gefunden, der nicht nur das Programm mit Tatkraft weiterführte und ausbaute [Z. Naturforsch. 9a, 376 (1954)], sondern sich auch der Mühe unterzog, die vorliegenden Tabellen, die zum großen Teil bisher unveröffentlichtes Material enthalten, zusammenzustellen und mit einer Einführung zu versehen.

Die Quantenmechanik der chemischen Bindung wird die künftige Entwicklung der Molekülphysik und mit ihr zusammenhängender Gebiete wie physikalische Chemie, Biophysik und Biochemie stark beeinflussen. Im Verein mit der Entwicklung der modernen elektronischen Rechenmaschinen dürfte das Gebiet vor einer großen Entfaltung stehen. Die Arbeit, die in dem vorliegenden Buch ihren Niederschlag findet, versucht, hierzu einen Beitrag zu leisten.

Max-Planck-Institut für Physik

Göttingen, Dezember 1955

K. Wirtz

Vorwort

Die vorliegenden Tabellen sind ein Teil des im *Max-Planck-Institut für Physik, Göttingen*, in Angriff genommenen Integralprogramms, dessen Ziel ist, die wichtigsten Grundintegrale und Hilfsfunktionen zur Berechnung der bei quantenchemischen Untersuchungen auftretenden Zweizentrenintegrale zu bestimmen und für die zu erwartenden Anwendungen hinreichend genau zu tabellieren. Sie schließen sich an die von KOTANI, AMEMIYA und SIMOSE (1938) berechneten Tabellen an.

Die ersten Tabellen wurden hier 1950 von Herrn Dr. H. J. KOPINECK für gleichatomige Moleküle fertiggestellt und sind in den letzten Jahren auf Integrale für heteronukleare Moleküle erweitert worden.

Der erste Teil des aus drei Teilen bestehenden vorliegenden Bandes enthält eine kurze Einführung, die die Integrale in den physikalischen Zusammenhang stellt, sowie eine Zusammenfassung der bisher tabellierten Funktionen und Integrale einschließlich der berechneten Bereiche.

Der zweite Teil enthält eine Zusammenfassung der Integralformeln für Wechselwirkungsintegrale der K- und L-Schale, wenn gleichatomige Moleküle vorliegen, sowie eine analytische Darstellung von allen Überlappungs- und Übergangsintegralen im heteronuklearen Fall. Der Vollständigkeit halber sind einige Einzentrenintegrale mit aufgenommen worden. Der zweite Teil wird durch ein ausführliches Verzeichnis der bis jetzt erschienenen Literatur über die Berechnung und Tabellierung der Integrale in der Quantenchemie abgeschlossen.

Im dritten Teil sind die Tabellen der Wechselwirkungsintegrale für gleichatomige Moleküle zu finden sowie die numerischen Werte einer Reihe von Hilfsintegralen, die zur Berechnung der Wechselwirkungsintegrale für den Fall ungleichatomiger Moleküle notwendig sind. Teile der Tabellen sind elektronisch berechnet worden. Es ist beabsichtigt, die hier vorliegenden Zahlenwerte in einem zweiten Band zu vervollständigen.

Die Anregung, ein solches Programm zu beginnen und in dieser Weise auszubauen, stammt von Herrn Professor K. WIRTZ, dem ich an dieser Stelle besonders herzlich für Hilfe und Rat bei der Gestaltung des Manuskripts und der Besprechung vieler damit in Zusammenhang stehender wissenschaftlicher und technischer Fragen danken möchte.

Herrn Professor L. BIERMANN danke ich für die Bereitstellung der Göttinger elektronischen Rechenmaschine G 1, Frau I. FUNKE für die umfangreichen, mit großer Sorgfalt durchgeführten numerischen Rechnungen und ihre Hilfe bei der Herstellung der Tabellen und beim Lesen der Korrekturen.

Herrn Professor W. HEISENBERG sei besonders für die gebotenen Möglichkeiten und für das Interesse, das er diesen Arbeiten zuteil werden ließ, gedankt.

Max-Planck-Institut für Physik

Göttingen, Dezember 1955

H. Preuss

Inhaltsverzeichnis

Erster Teil

Zweiter Teil

Dritter Teil

Benutzungsanweisung

Alle hier auftretenden Formeln und Gleichungen werden im ersten Teil behandelt und numeriert. Diese Numerierung geschieht durch zwei in Klammern gesetzte Ziffern, von denen die erste den Abschnitt angibt, in welchem die Formel das erste Mal auftritt, während die zweite die laufende Numerierung innerhalb des Abschnittes anzeigt. Somit sind alle im Teil 2 und 3 auftretenden Gleichungen schon im Teil 1 erwähnt und führen auch die im ersten Teil erhaltene Numerierung.

Die Hilfsfunktionen werden im Teil 1, Abschnitt 4 analytisch eingeführt, während die Zahlenwerte von einigen davon im Teil 3, Abschnitt 3, Tabellen 19—93 zu finden sind. Hinweise zur Benutzung der Tabellen sind an Ort und Stelle angegeben.

Bei den Hauptintegralen wird im allgemeinen auch in den Formeln und Tabellen die im Teil 1, Abschnitt 3 vorliegende Reihenfolge beibehalten.

Da für Hauptintegrale gleichatomiger Moleküle neben unserer Bezeichnungsweise auch die von KOPINECK (1950) beibehalten wurde, sei auf die in Form einer Tabelle dargestellten Zusammenhänge am Anfang des zweiten Teils verwiesen. Die für heteronukleare Integrale verwendete Bezeichnung ist im Teil 1, Abschnitt 3 erklärt.

Erster Teil

Einführung in die Integrationsprobleme der Quantenchemie

1.1 Einleitung und grundsätzliche Fragen der Quantenchemie

Über die Ziele quantenchemischer Untersuchungen und über die Art und Weise, wie diese erreicht werden sollen, sind in den letzten Jahren neue, wichtige Gesichtspunkte aufgetaucht. Wie wenige physikalische Teilgebiete ist die Quantenchemie von vornherein mit einer Schwierigkeit behaftet: jede Untersuchung, und sei sie auf noch so einfache molekulare Gebilde gerichtet, ist, wenn sie nicht zugleich auf wesentliche Effekte verzichtet, mit einem Auftreten einer größeren Anzahl von Integrationen behaftet (KOTANI, AMEMIYA, SIMOSE 1938, 1940; KOPINECK 1950, 1951, 1952).

Die Situation zeigt sich schon in der historischen Arbeit von HEITLER und LONDON (1927) über das H_2-Molekül, in der das auftretende Austauschintegral wegen der numerischen Schwierigkeit nur angenähert angegeben wurde. Kurz darauf führte dann SUGIURA (1927) die strenge Berechnung des Integrals durch. Allerdings war die Problemstellung damals noch anders gelagert als heute; ging es doch besonders darum, zu zeigen, daß sich die Wellenmechanik in diesen Fragen weit über die alte Quantentheorie erhebt, indem sie sich mit einem analytischen Modell, der Wellengleichung, begnügt. Aber seit über zwanzig Jahren zeigt sich in den Arbeiten immer wieder der mit der Untersuchung notwendig verknüpfte mathematische Aufwand, der zu einer breiten Entwicklung approximativer Verfahren geführt hat, die allerdings sehr oft, wegen der Unkenntnis des Einflusses vernachlässigter Effekte, an Wert verlieren. Daneben hat die halbempirische Methode, wie sie besonders von PAULING (1939) entwickelt wurde, allgemeine Zusammenhänge aufgedeckt und stellt oft die einzige Möglichkeit dar, über zu erwartende Moleküleigenschaften Aussagen zu machen. Sie ist aber nicht immer befriedigend, da nur in sehr wenigen Fällen ein Zusammenhang zu den quantenchemischen Rechnungen hergestellt werden konnte.

Darüber hinaus existiert noch eine prinzipielle Schwierigkeit: Der von SLATER (1931a, 1931b) und PAULING (1931) verallgemeinerte HEITLER-LONDONsche Funktionenansatz (nähere Einzelheiten z. B. HELLMANN 1937, HARTMANN 1954) zur näherungsweisen Lösung der Wellengleichung, wohl das beste im Hinblick auf Durchführungsmöglichkeiten und Ergebnisse uns zur Verfügung stehende Verfahren, liefert beispielsweise, da dieser Ansatz den wirklichen Verhältnissen in den Molekülen (Elektronenwechselwirkung) wenig gerecht wird, selbst unter Mitnahme höherer Permutationen des Produktansatzes, selten mehr als 50% der zu berechnenden Bindungsenergien. Ein allgemeineres RITZsches Verfahren, wenn auch bestimmt erfolgversprechender als die obige Methode, liefert darüber hinaus fast immer zugleich neue Integraltypen, die seine Anwendung einschränken. Dies tritt besonders dann auf, wenn im Funktionsansatz versucht wird, ähnlich wie HYLLERAAS (1928a, 1928b, 1929, 1930a, 1930b, 1930c) es beim Helium durchführte, die Elektronenwechselwirkung zu berücksichtigen.

Alle diese Methoden gestatten nur die Aussage, daß der wirkliche Wert tiefer als der errechnete liegen kann. Verfahren, die die wirklichen Werte in Grenzen einschließen, wie sie im Rahmen der Eigenwerttheorie empfohlen werden, haben bisher in der Quantenchemie keine Verwendung gefunden, wohl deswegen, weil die hier vorliegenden Mehrteilchen- und Mehrzentrenprobleme durch ihre Andersartigkeit gegenüber den technischen Problemen, keine vorteilhafte Übertragung der dort so erfolgreichen Verfahren gestatten. Wir haben daher zwar gelernt, einige halbempirische Zusammenhänge zu erkennen und verstehen von Fall zu Fall einzelne, speziell einfache, Bindungen zu berechnen. Wir sind aber noch weit von einer umfassenden Theorie entfernt, die u. a. die halbempirischen Regeln liefern sollte.

Es ist daher sowohl notwendig zu versuchen, neue Methoden zu entwickeln, als auch, unabhängig von speziellen Betrachtungen, die zu erwartenden Integrale für die bisherigen Verfahren zu berechnen und für die Anwendung ausreichend genau zu tabellieren.

Während allerdings noch wenig Aussichten für neue Methoden vorhanden sind, sind in letzter Zeit von einigen Autoren, unabhängig von den Anwendungen, Integralprogramme begonnen worden (KOPINECK 1950, 1951, 1952; ROOTHAAN 1951b, 1955; RUEDENBERG 1951; ARAKI, MURAI 1952). Ihre Durchführung würde bedeuten, daß alle Untersuchungen nicht mehr in erdrückender Weise durch die auftretenden Integrale belastet sind und eine größere Beweglichkeit der Behandlung der quantenchemischen Probleme gewährleistet wäre.

Diesem Wunsche kommen die in den letzten Jahren entwickelten großen elektronischen Rechenmaschinen in bester Weise entgegen; sie haben schon in mancherlei Hinsicht die quantenchemischen Untersuchungen begünstigt. Sie werden dies in immer stärkerem Maße tun, und, so scheint es, auch die Entwicklung neuer Rechenverfahren möglich und erforderlich machen.

Die von einigen Seiten begonnenen Integralprogramme sind zum Teil in ihrer Durchführung analytisch verschieden, doch läßt sich z. Z. noch nicht endgültig sagen, welchem Weg der Vorrang gebührt. ROOTHAAN (1951b) und RUEDENBERG (1951) verwenden Hilfsintegrale, die sich durch Faktoren von den hier angegebenen unterscheiden, sie führen aber zuweilen die Berechnung dieser Integrale abweichend durch; wir werden im folgenden noch auf die Unterschiede hinweisen (Abschnitt 4). Wesentliche Übereinstimmungen zeigen unsere Gleichungen mit denen von KOTANI, AMEMIYA und SIMOSE (1938, 1940), sowie von ROSEN (1931) und JAMES-COOLIDGE (1933), doch beschränken sich die von diesen Autoren angegebenen Formeln auf gleichatomige Moleküle.

In dem hier vorliegenden Programm sind einige zur Berechnung der Integrale erforderliche, bisher noch nicht tabellierte Integrale und Hilfsfunktionen angegeben. Bezüglich der Einzelheiten sei auf den Abschnitt 4 hingewiesen. Die Herstellung der Wechselwirkungsintegrale selbst soll dann mittels dieser Tabellen von Fall zu Fall erledigt werden, wobei erst bei diesen Integralen auf die erforderlichen Zwischenwerte interpoliert werden soll[1].

1.2   Mathematische Formulierung und Lösungsmethoden

Die wellenmechanischen Untersuchungen führen bei der Berechnung der Energie auf Integrale der Form

$$E = \int \psi^* H \psi \, d\tau, \tag{2.1}$$

wobei H der HAMILTON-Operator (in atomaren Einheiten[2]) im Falle eines N-Zentren und n-Elektronenproblems die Form hat

$$H = -\frac{1}{2} \sum_{i=1}^{n} \Delta_i - \sum_{\lambda=1}^{N} \sum_{i=1}^{n} \frac{z_\lambda}{r_{\lambda i}} + \sum_{\substack{i=1 \\ i<k}}^{n} \sum_{k=1}^{n} \frac{1}{r_{ik}} + \sum_{\substack{\mu=1 \\ \mu<\lambda}}^{N} \sum_{\lambda=1}^{N} \frac{z_\lambda z_\mu}{R_{\mu\lambda}} \tag{2.2}$$

und ψ eine Näherung der Eigenfunktion des vorliegenden Systems (Vergleichsfunktion) ist, die in den meisten Fällen (s. u.) aus Linearkombinationen von Produkten der Einelektronenfunktionen aufgebaut ist (antisymmetrisches Produkt). Das Zentrum λ besitzt die Kernladung z_λ; $R_{\mu\lambda}$ bzw. $r_{\lambda i}$ bedeutet der Abstand zwischen den Zentren λ und μ bzw. zwischen dem i-ten Elektron und dem λ-ten Zentrum.

Wir wollen annehmen, daß ψ bei einem vorgelegten Problem aus atomaren Einelektronenfunktionen aufgebaut werden soll, die vom Typ

$$\varphi_\lambda^{nlm}(i) = e^{-\alpha_{\lambda i} r_{\lambda i}} P_l^{(m)}(\cos\vartheta_\lambda) e^{im\Phi_\lambda} \sum_{k=0}^{n-1} C_{nlk} r_{\lambda i}^k \tag{2.3}$$

---

[1] Die für den Abschnitt 1.1 angegebene Literatur ist keineswegs vollständig, in diesem Zusammenhang sei noch auf Literaturangaben in den Arbeiten von KOPINECK (1950, 1951, 1952) und RUEDENBERG (1951) hingewiesen.

[2] atomare Einheiten (at. E.): Längen in „Wasserstoffradien": $a_0 = \hbar^2/m\,e^2$; Energien in: e^2/a_0; Massen in: m (Elektronenmasse). Damit ist die Einheit des Drehimpulses $\hbar$ (HARTREE 1928).

sind (MULLIKEN, RIEKE, ORLOFF und ORLOFF 1949). Damit haben wir Ansätze von ψ ausgenommen, die die Elektronenwechselwirkung etwa in der Form

$$\varphi_\nu(l)\,\varphi_\lambda(i)\,\varphi_\mu(k)\,[1 + c_\nu\,r_{ik}]\,[1 + c_\lambda\,r_{il}]\,[1 + c_\mu\,r_{lk}] \qquad c_\nu, c_\lambda, c_\mu \text{ Parameter} \qquad (2.4)$$

berücksichtigen (HYLLERAAS 1928a, 1928b, 1929, 1930a, 1930b, 1930c). Man wird diese Näherung vorerst ausschließen müssen, da die auftretenden Integrale, besonders dann, wenn viele Elektronen im Spiel sind, unvergleichlich schwieriger in der Berechnung werden. Würde man in (2.4) die Elektronenabstände r_{ik}, r_{il} usw. durch $(r_{\lambda i} - r_{\mu k})^2$ bzw. durch $(r_{\lambda i} - r_{\nu l})^2$ ersetzen, wie dies ebenfalls von HYLLERAAS (1928a, 1928b, 1930a, 1930b, 1930c) versucht wurde, und, wie die Ergebnisse zeigten, schon gute Übereinstimmung mit der Erfahrung ergab, so würden ebenfalls die hier zur Diskussion gestellten Hilfsintegraltypen ausreichen, doch müßte der Bereich bezüglich der Parameter in den Hilfsfunktionen erweitert werden. Diese Form der Näherung für ψ braucht nicht grundsätzlich ausgeschlossen zu werden.

Die Einelektronenfunktion ist in der Form (2.3) sehr anpassungsfähig. So könnte beispielsweise daran gedacht werden, durch Wahl von C_{nlk} und $\alpha_{\lambda i}$ mit dem Radialanteil von (2.3) die numerisch vorgegebenen HARTREE-Funktionen anzunähern, oder einige C_{nlk} als Variationsparameter bezüglich der Energie (2.1) aufzufassen. Unter diesem Gesichtspunkt sollte die Form von (2.3) für die zukünftigen Untersuchungen ausreichen, zumal damit die Anzahl der auftretenden Integraltypen in (2.1) beschränkt bleibt und ihre Berechnung keine neuen Hilfsintegrale erforderlich macht.

Andererseits ist es immer möglich, durch Bestimmung der C_{nlk} und $\alpha_{\lambda i}$ die Funktionen $\varphi_\lambda(i)$ aufeinander orthogonal zu machen. Ist nur eines der C_{nlk} ungleich Null, so haben wir in diesem speziellen Falle die (nichtorthogonalen) SLATER-Funktionen, wie sie in fast allen Fällen quantenchemischer Untersuchungen Anwendung finden, wobei der einzige k-Wert und $\alpha_{\lambda i}$ mittels einer Vorschrift (SLATER 1932, 1930; KOHLRAUSCH 1950) durch die Quantenzahlen n, l, m bestimmt sind. Oft wird aber die effektive Kernladungszahl α_λ offengelassen und ihr Wert erst durch die Forderung nach Energieminimum bestimmt, der oft wenig von dem durch die Vorschrift erhaltenen Wert abweicht. Für die K- und L-Schale ist durchweg

$$0{,}65 \text{ (Lithium)} \leqq \alpha_\lambda \leqq 2{,}6 \text{ (Fluor)},$$

so daß für das bei der Berechnung der Integrale allein auftretende Produkt $\alpha_\lambda\,R_{\mu\lambda}$, da $R_{\mu\lambda}$ nach (2.2) in atomaren Einheiten gerechnet wird, die Annahme

$$0{,}5 \leqq \alpha_\lambda\,R_{\lambda\mu} \leqq 10{,}0,$$

wie sie in den hier vorliegenden Tabellen gemacht wird, in den meisten Fällen ausreichen sollte.

Hat das System bei Variation der $R_{\mu\lambda}$, sowie der Parameter von ψ, ein energetisches Gleichgewicht erreicht, so ist bei geschickter Wahl von ψ der Ausdruck $|\psi|^2$ eine Näherung für die um die Zentren herum vorliegende Ladungsverteilung, und die erhaltenen $R_{\mu\lambda}$-Werte sind die Gleichgewichtsabstände des Moleküls. Hält man einige $R_{\mu\lambda}$ fest, so könnten Zwischenzustände studiert werden, wie sie z. B. bei chemischen Reaktionen und auch bei reaktionsfreien Vorgängen innerhalb des Systems zu erwarten sind.

Aus der Energie und $|\psi|^2$ lassen sich dann alle Eigenschaften des Moleküls herleiten. Wieweit diese dann mit empirischen Ergebnissen übereinstimmen, hängt vom angewendeten Verfahren, also letzten Endes vom Ansatz für ψ ab und soll hier nicht diskutiert werden. Es ging uns vielmehr darum, noch einmal in allgemeinster Form das mathematische Problem der Quantenchemie zu formulieren und zu zeigen, welcher Zusammenhang zwischen dem zu wählenden ψ-Ansatz und den zu erwartenden Integralen aus (2.1) besteht (ausführlicher Abschnitt 4), wobei die durch die Wechselwirkungsterme in H entstehenden Integrale die größten Schwierigkeiten bereiten und dadurch ganz besonders zu den Integralprogrammen Anlaß gegeben haben.

Alle Methoden der mathematischen Untersuchungen der chemischen Bindungen stellen Vereinfachungen dar, welche für kleine molekulare Gebilde in den Vergleichsfunktionen ψ vorgenommen werden (HEITLER und LONDON 1927; SLATER 1931a, 1931b; PAULING 1931; Zusammenfassende Darstellungen: BORN 1930; HELLMANN 1937; HARTMANN 1954). In einem Falle wird ψ aus Linearkombinationen von Produkten der atomaren Einelektronenfunktionen aufgebaut

$$\psi = \sum_k C_k(P\,\chi)\,\delta_P(P\,\psi_k). \qquad (2.5)$$

wobei ψ_k ein Produkt der atomaren Einelektronenortseigenfunktionen des ungestörten Systems darstellt

$$\psi_k = \prod_{i=1}^{n} \varphi_{\lambda(i)}^{(i)}. \tag{2.6}$$

Die Spinfunktion des Systems ist mit χ bezeichnet. P ist ein Permutationsoperator, der alle $n!$ Permutationen enthält. Ist die in P stehende Transpositionenzahl gerade, so ist $\delta_P = +1$, im anderen Falle $\delta_P = -1$ zu setzen.

Die exakte Durchführung der Störungsrechnung nach dieser allgemeinen Theorie führt bei n-Elektronensystemen auf eine Säkulargleichung vom Grade

$$\frac{n!}{\frac{n}{2}!\left(\frac{n}{2}+1\right)!} \tag{2.7}$$

und ist schon bei einfachsten Mehrelektronensystemen nur mit Mühe durchführbar. Demgegenüber ermöglicht die Methode der Valenzstrukturen [HLSP (Heitler-London-Slater-Pauling-) oder VB (Valencebond-) Verfahren genannt], die einen Grenzfall der allgemeinen Theorie darstellt, oft noch die Durchführung. Diese Methode ist die quantentheoretische Formulierung des Sachverhalts, der sich im Valenzstrichschema der Chemie ausdrückt. Die physikalische Voraussetzung dieses Näherungsverfahrens ist, daß die Wechselwirkungen zwischen den durch einen Valenzstrich miteinander gekoppelten Elektronen groß gegen die von Valenzelektronen am gleichen Atom sind.

Liegen mehrere Bindungsschemata vor, so werden die einzelnen Valenzstrukturen in einem linearen Variationsansatz zusammengefaßt und die Energien durch das zugeordnete Säkularproblem ermittelt.

Da nur Valenzelektronen berücksichtigt werden [die Berücksichtigung aller Elektronen war bisher nur beim Li_2-Molekül möglich (JAMES 1933, 1934)], stellt die Frage nach den Rumpfpotentialen ein weiteres wichtiges Problem dar. Das bisherige Verfahren kann nur in wenigen Fällen etwas verbessert werden. Zur Zeit können die Rumpfwirkungen nur qualitativ berücksichtigt werden, wie dies im kombinierten Näherungsverfahren von H. HELLMANN (1937)[1] durchgeführt wurde.

Bei größeren Molekülen werden die Vereinfachungen auf den HAMILTON-Operator ausgedehnt. So werden beispielsweise im Rahmen der Methode der Moleküleigenfunktionen [Methode der „molecular orbitals" (MO), HUND 1928, 1929, 1940] die Elektronenwechselwirkungen in H vernachlässigt, und die Näherung für die Elektronen-Molekülfunktionen $\psi(i)$ als Linearkombination der N Atomeigenfunktionen $\varphi_\lambda(i)$ dargestellt („Linear combination of atomic orbitals" allgemein als LCAO-Verfahren bezeichnet). Zuweilen wird die vernachlässigte Elektronenwechselwirkung durch eine anschließende Störungsrechnung wieder berücksichtigt („Antisymmetric molecular orbitals": ASMO), doch ist dies nur in seltenen Fällen möglich. Eine Kombination dieses Verfahrens mit der Self-consistent-field- (SCF) Methode (LCAO-SCF) hat ROOTHAAN (1951 a) diskutiert. Wir haben also

$$\psi(i) = \sum_{\lambda=1}^{N} C_\lambda \varphi_\lambda(i), \tag{2.8}$$

und die Berechnung der Energie E führt dann auf ein Säkularproblem N-ten Grades

$$\sum_{\lambda=1}^{N} C_\lambda (H_{k\lambda} - S_{k\lambda} E) = 0 \qquad\qquad k = 1, \ldots, N, \tag{2.9}$$

wobei die Integrale

$$\int \varphi_k H \varphi_\lambda \, d\tau = H_{k\lambda}, \qquad \int \varphi_k \varphi_\lambda \, d\tau = S_{k\lambda} \tag{2.10}$$

auftreten, die in ihrer Behandlung wesentlich einfacher sind, da, wegen der obigen Voraussetzung, keine COULOMB-Ionen- und Austauschintegrale aufzutreten brauchen. Sie werden ebenfalls in den folgenden Abschnitten 3 und 4 behandelt.

---

[1] Das kombinierte Näherungsverfahren wurde erstmalig von H. HELLMANN eingeführt und ist bis jetzt die einzige Methode geblieben, die eine sinnvolle Berücksichtigung der Rumpfwirkungen gestattet. HELLMANN 1935a, 1935b, 1936; HELLMANN und KASSATOTSCHKIN 1936; GOMBÀS 1935, 1949.

Bezüglich einer Anwendung der Methode auf ungesättigte und aromatische Moleküle hat HÜCKEL (1931a, 1931b, 1932, 1933, 1937) eine weitere Vereinfachung vorgenommen (zweites HÜCKELsches Verfahren). Darin wird das Bindungsgerüst der σ-Elektronen vorausgesetzt und der Ansatz (2.8) auf die π-Elektronen angewendet. Gleichzeitig werden, bis auf drei, alle Integrale in (2.10) vernachlässigt, so daß die Energie auf die Integrale (β bezieht sich auf unmittelbar benachbarte Atome)

$$\int \varphi_k H \varphi_{k+1} d\tau = \beta, \quad \int \varphi_k H \varphi_k d\tau = \alpha, \quad \int \varphi_k^2 d\tau = 1 \tag{2.11}$$

mittels (2.9) zurückgeführt wird. Damit wird angenommen, daß die ersten beiden Integrale für gleiche Atome weitgehendst unabhängig von k sein sollen. Der Vergleich mit der Erfahrung ergab, wenn für α und β bestimmte Werte angenommen wurden, selten große Abweichungen.

Einen Vergleich zwischen den Methoden der Valenzstrukturen und der Moleküleigenfunktionen hat LONGUETT-HIGGINS (1948) vorgenommen.

Schließlich wird nur noch von der geometrischen Form des Moleküls Gebrauch gemacht, wie dies im Elektronengasmodell der Fall ist. Hier werden die Elektronen als frei in einem kastenförmigen, eindimensionalen Potential behandelt, das etwa die geometrische Form des vorliegenden Moleküls besitzt. Die Energiezustände dieses Systems werden, entsprechend dem PAULI-Prinzip, mit den Elektronen besetzt. Dieses Verfahren ist vorwiegend für die Deutung der Absorptionsspektren verwendet worden und ergab bisweilen überraschend gute Übereinstimmung (SCHMIDT 1938, KUHN 1948, BAYLISS 1948, RUEDENBERG 1954[1]).

In diesem Zusammenhang ist es vielleicht nicht überflüssig, noch einmal sich zu erinnern, daß grundsätzlich nur aus der Vorgabe der N Kernladungszahlen z_λ und der Elektronenanzahl n mit Hilfe von (2.2) alle Eigenschaften noch so umfangreicher molekularer Gebilde und deren Reaktionen hergeleitet werden könnten. Dies macht die Quantenchemie zumindest im Prinzip zu einem verknüpfenden Forschungsgebiet zwischen Chemie und Physik[2]).

1.3 Die Bezeichnung der Integrale

Bei der Berechnung der Energie (2.1) tritt je nach der Form von ψ eine Anzahl von 3- und 6fachen Integralen auf, die, je nachdem mit welchem Term des HAMILTON-Operators (2.2) sie gebildet werden, verschiedene Bezeichnungen führen. Liegt ein vielzentriges Molekül vor, so können diese Integrale sehr umfangreich und schwierig in der Behandlung werden (EYRING und BARKER 1953, 1954; GODADSE 1935).

Wir wollen uns daher auf die Integrale für $N = 2$ beschränken, zumal bei den sogleich aufzuschreibenden Integralen leicht zu sehen ist, wie diese für $N \geqq 3$ aussehen müßten. Die beiden Zentren seien a und b und die Einelektronenfunktionen sollen mit Φ (Unterscheidung der analytischen Form durch $\Phi' \Phi'' \Phi'''$ usw.) bezeichnet werden, wobei Φ noch aus den verschiedenen φ (2.3) aufgebaut sein kann, im einfachsten Fall z. B. $\Phi(i) = \varphi_\lambda^{nlm}(i)$ oder $\Phi'(i) = \varphi_\lambda^{nlm}(i) + \varphi_\mu^{n'l'm'}(i)$; so treten unter Berücksichtigung der im Abschnitt 2 für Φ gemachten Einschränkungen folgende Integraltypen auf[3]:

Die Überlappungsintegrale

$$[\Phi_a \Phi_b'] = \int \Phi_a \Phi_b' \, d\tau \tag{3.1}$$

die Übergangsintegrale

$$[a^{-1}|\Phi_a \Phi_b'] = \int \Phi_a \frac{1}{r_a} \Phi_b' \, d\tau = [b^{-1}|\Phi_a' \Phi_b]$$

$$[b^{-1}|\Phi_a \Phi_a'] = \int \Phi_a \frac{1}{r_b} \Phi_a' \, d\tau = [a^{-1}|\Phi_b \Phi_b'] \tag{3.2}$$

sowie die Impulsintegrale

$$[\Delta|\Phi_a \Phi_b'|\Phi_a'' \Phi_b'''] = \int \Phi_a \Phi_b' \Delta \Phi_a'' \Phi_b''' \, d\tau \tag{3.3}$$

---

[1] Dort werden die wichtigsten Arbeiten der, bezüglich dieser Fragen, in den letzten Jahren stark angewachsenen Literatur angegeben.

[2] Wir haben in diesem Abschnitt nur die prinzipiellen Verfahren angegeben. Bezüglich der Einzelheiten sei auf die Literatur hingewiesen. (z. B. HELLMANN 1937; RICE 1940; EYRING, WALTER, KIMBALL 1944; COULSON 1952; KETELAAR 1953; HARTMANN 1954; MCWEENY 1955.)

[3] Die beiden Zentren sind mit a und b bezeichnet.

Die Wechselwirkungsterme in (2.1) ergeben die Coulomb- und Austauschintegralé

$$[\Phi_a \Phi_b' | \Phi_a'' \Phi_b'''] = \iint \Phi_a(1) \Phi_b'(2) \frac{1}{r_{12}} \Phi_a''(1) \Phi_b'''(2)\, d\tau_1\, d\tau_2$$

$$[\Phi_b'' \Phi_a' | \Phi_a \Phi_b'''] = \iint \Phi_a'(2) \Phi_b''(1) \frac{1}{r_{12}} \Phi_a(1) \Phi_b'''(2)\, d\tau_1\, d\tau_2$$

$$(3.4)$$

und schließlich die Ionenintegrale

$$[\Phi_a \Phi_a' | \Phi_a'' \Phi_b'''] = \iint \Phi_a(1) \Phi_a'(2) \frac{1}{r_{12}} \Phi_a''(1) \Phi_b'''(2)\, d\tau_1\, d\tau_2 \tag{3.5}$$

Wir haben hier, sehr allgemein, die Φ noch als aus den φ von (2.3) aufgebaut zugelassen. Dies ist z. B. beim HLSP-Verfahren im allgemeinen nicht notwendig, viel mehr werden in diesem Falle die Φ unmittelbar durch die φ dargestellt, und die letzteren sind die Slater-Funktionen der Form

$$\varphi_\lambda^{nlm}(i) = C_{n'lm}\, r_{\lambda i}^{n'-1}\, e^{-\alpha_{\lambda i} r_{\lambda i}}\, P_l^{(m)}(\cos\vartheta_\lambda) \quad \begin{cases} \dfrac{1}{\sqrt{2}} & m = 0 \\[2mm] \cos m\,\varphi \\ \sin m\,\varphi & m > 0 \end{cases} \tag{3.6}$$

mit

$$C_{n'lm} = \frac{(2\alpha)^{n'+\frac{1}{2}}}{[\pi(2n')!]^{\frac{1}{2}}} \left[\frac{2l+1}{2} \frac{(l-m)!}{(l+m)!} \right]^{\frac{1}{2}} \quad \text{für} \quad \begin{array}{l} n' = 1,\,|\,2,\,|\,3,\,|\,3.7,\,|\,4 \\ \hline n \ \ = 1,\,|\,2,\,|\,3,\,|\,4,\,\ |\,5 \end{array}$$

während $\alpha_{\lambda i}$ (effektive Abschirmzahl vgl. Abschnitt 2) noch vom vorliegenden Drehimpuls abhängt. $C_{n'lm}$ ist die Normierungskonstante.

Bei der Menge der auftretenden Integrale ist es nützlich, sich einer praktischen Bezeichnungsweise für die Integrale zu bedienen. In diesem Zusammenhang sei eine zweckmäßige und vereinfachende Schreibweise der Integrale vorgeschlagen:

Wir numerieren die Slater-Funktionen (normiert), mit $1s$ beginnend, fortlaufend

$$\begin{aligned}
&1)\ \varphi(1s) &&= \left(\frac{\alpha^3}{\pi}\right)^{\frac{1}{2}} e^{-\alpha r} &\qquad &2)\ \varphi(2s) &&= \left(\frac{\alpha^5}{3\pi}\right)^{\frac{1}{2}} r\, e^{-\alpha r} \\[2mm]
&3)\ \varphi(2p\,\sigma) &&= \left(\frac{\alpha^5}{\pi}\right)^{\frac{1}{2}} r\, e^{-\alpha r} \cos\vartheta &\qquad &4)\ \varphi(2p\,\pi) &&= \left(\frac{\alpha^5}{\pi}\right)^{\frac{1}{2}} r\, e^{-\alpha r} \sin\vartheta \cos\varphi \\[2mm]
&5)\ \varphi(2p\,\pi') &&= \left(\frac{\alpha^5}{\pi}\right)^{\frac{1}{2}} r\, e^{-\alpha r} \sin\vartheta \sin\varphi &\qquad &6)\ \varphi(3s) &&= \left(\frac{2\alpha^7}{5\pi}\right)^{\frac{1}{2}} \frac{r^2}{3}\, e^{-\alpha r} \\[2mm]
&7)\ \varphi(3p\,\sigma) &&= \left(\frac{2\alpha^7}{15\pi}\right)^{\frac{1}{2}} r^2\, e^{-\alpha r} \cos\vartheta &\qquad &8)\ \varphi(3p\,\pi) &&= \left(\frac{2\alpha^7}{15\pi}\right)^{\frac{1}{2}} r^2\, e^{-\alpha r} \sin\vartheta \cos\varphi \\[2mm]
&9)\ \varphi(3p\,\pi') &&= \left(\frac{2\alpha^7}{15\pi}\right)^{\frac{1}{2}} r^2\, e^{-\alpha r} \sin\vartheta \sin\varphi &\qquad &10)\ \varphi(3d\sigma) &&= \left(\frac{\alpha^7}{2\pi}\right)^{\frac{1}{2}} r^2 \left(\cos\vartheta^2 - \frac{1}{3}\right) e^{-\alpha r}\ \text{usw.}
\end{aligned} \tag{3.7}$$

und verwenden die Nummern ihrer Reihenfolge zusammen mit der Bezeichnungsweise von (3.1) bis (3.5) und erhalten z. B. für ein Coulomb-Integral

$$[\varphi_a(1s),\, \varphi_b(2s) \,|\, \varphi_a(1s),\, \varphi_b(2s)] \equiv [1_a\, 2_b \,|\, 1_a\, 2_b].$$

Für die hier vorliegenden Integrale der K- und L-Schale sind die Funktionen 1 bis 5 zu verwenden. Wird noch die Angabe der α-Werte gewünscht, so sollen diese darüber geschrieben werden, also

$$[a^{-1} | \overset{\alpha_a}{\varphi_a(2s)},\, \overset{\alpha_b}{\varphi_b(2p\,\sigma)}] \equiv [a^{-1} | \overset{\alpha_a\ \alpha_b}{2_a\, 3_b}]$$

Diese Schreibweise wird im folgenden Anwendung finden.

Bei einigen Rechnungen treten manchmal noch die Integrale

$$[a^m\, b^n | \overset{\alpha}{\Phi_a}\, \overset{\beta}{\Phi_b'}] = \int r_a^m\, r_b^n\, \Phi_a\, \Phi_b'\, d\tau \tag{3.8}$$

sowie die Einzentrenintegrale

$$[a^k | \overset{\alpha}{\Phi_a}\, \overset{\beta}{\Phi_a'}] = \int \Phi_a\, r_a^k\, \Phi_a'\, d\tau \tag{3.9}$$

auf. Sie seien der Vollständigkeit halber hier mit aufgeschrieben. Für $k = -2, -1, 0, +1, +2$ in (3.9) sind diese Integrale (K- und L-Schale) für $0{,}5 \leqq \alpha,\, \beta \leqq 10{,}0$ in Schritten von $0{,}5$ im Teil 3, Abschnitt 1 (Tabellen 1 bis 15) und analytisch in der Formelsammlung Teil 2, Abschnitt 2 zu finden.

In diesem Zusammenhang wollen wir auch die von KOPINECK (1950, 1951, 1952) behandelten Integrale in unserer neuen Bezeichnungsweise aufschreiben (vgl. auch 2.1):

$(a_0 = $ BOHRscher Atomradius, $e = $ Elektronladung$)$

$$S_{\alpha\beta} = [\overset{\delta}{\alpha_a}\, \overset{\delta}{\beta_b}] \tag{3.1a}$$

$$J_{\alpha\beta} = e^2[b^{-1}|\overset{\delta}{\alpha_a}\, \overset{\delta}{\beta_b}] = e^2[a^{-1}|\overset{\delta}{\beta_a}\, \overset{\delta}{\alpha_b}] \tag{3.2a}$$

$$K_{\alpha\beta} = e^2[b^{-1}|\overset{\delta}{\alpha_a}\, \overset{\delta}{\beta_a}] = e^2[a^{-1}|\overset{\delta}{\alpha_b}\, \overset{\delta}{\beta_b}] \tag{3.2a}$$

$$D_{\alpha\beta} = e^2\, a_0[a^{-2}|\overset{\delta}{\alpha_a}\, \overset{\delta}{\beta_b}] \tag{3.8a}$$

$$C_{\alpha\beta\gamma\delta} = e^2[\overset{\delta}{\alpha_a}\, \overset{\delta}{\beta_b}|\overset{\delta}{\gamma_a}\, \overset{\delta}{\delta_b}] \tag{3.4a}$$

$$L_{\alpha\beta\gamma\delta} = e^2[\overset{\delta}{\alpha_a}\, \overset{\delta}{\beta_a}|\overset{\delta}{\gamma_a}\, \overset{\delta}{\delta_b}] \tag{3.5a}$$

und

$$A_{\alpha\beta\gamma\delta} = e^2[\overset{\delta}{\alpha_b}\, \overset{\delta}{\beta_a}|\overset{\delta}{\gamma_a}\, \overset{\delta}{\delta_b}] \tag{3.4a}$$

Die $\alpha, \beta, \gamma, \delta$ bezeichnen, entsprechend Φ in (3.1) bis (3.5), Funktionen der K-L-Schale. Nach (3.7) wären dies die Funktionen 1, 2, 3, 4, 5. Diese Integrale sowie ihre analytische Darstellung mit SLATER- und wasserstoffähnlichen Funktionen (KOPINECK 1950, 1951, 1952) sind im Teil 2, Abschnitt 3 und in den Tabellen 16, 17, 18 (Teil 3, Abschnitt 2) aufgenommen worden. Entsprechend den Funktionen 2, 3, 4, 5 sind bei KOPINECK für $\alpha, \beta, \gamma, \delta$ die Bezeichnungen s, σ, π u. π' verwendet worden, wobei unsere Abschirmzahl α in (3.6) dort als δ geschrieben wurde.

Als Beispiel sei angegeben:

$$L_{s\sigma s\bar\sigma} = e^2[\overset{\delta}{2_a}\, \overset{\delta}{3_a}|\overset{\delta}{2_a}\, \overset{\delta}{3_b}]$$

Für die $2s$-Funktionen wurde u. a. auch eine wasserstoffähnliche Funktion (2.3)

$$\psi' = \Re(\psi^{100}\beta - \psi^{200}) \tag{3.10}$$

verwendet [Bezeichnung wie (3.6)], wobei $\Re$ und β durch Normierung von (3.10) und Orthogonalität zur $1s$-Funktion bestimmt wurden. Die Funktion ψ^{100} ist dort mit k an Stelle von α, β, γ und δ bezeichnet worden. Der analytische Übergang von den mit der Funktion (3.10) gebildeten Integralen zu denen mit ψ^{100} und ψ^{200} ist im Teil 2, Abschnitt 4 zu finden.

1.4 Berechnung der Zweizentrenintegrale

Die Berechnung der Integrale geschieht am zweckmäßigsten in elliptischen Koordinaten, die dem Zweizentrenproblem besonders angepaßt sind (HELLMANN 1937, HARTMANN 1954).

$$r_a = \frac{R}{2}(\mu + \nu) \quad \text{bzw.} \quad R\mu = r_a + r_b \qquad\qquad 1 \leqq \mu < \infty$$

$$r_b = \frac{R}{2}(\mu - \nu) \quad \text{bzw.} \quad R\nu = r_a - r_b \qquad\qquad -1 \leqq \nu \leqq +1 \tag{4.1}$$

$$0 \leqq \varphi \leqq 2\pi$$

Der Winkel um die Verbindungsachse der Zentren a und b wird mit φ bezeichnet, R ist der Abstand a—b. Damit ergibt sich das Volumenelement $d\tau$ zu

$$d\tau = \left(\frac{R}{2}\right)^3 (\mu^2 - \nu^2)\, d\mu\, d\nu\, d\varphi \tag{4.2}$$

und

$$r_a \cos\vartheta_a = \frac{R}{2}(1 + \mu\nu); \quad r_b \cos\vartheta_b = \frac{R}{2}(1 - \mu\nu)$$

$$r_a \sin\vartheta_a = r_b \sin\vartheta_b = \frac{R}{2}[(\mu^2 - 1)(1 - \nu^2)]^{\frac{1}{2}}$$

darin ist ϑ_a der Winkel zwischen r_u und R, wobei R die Richtung nach b hat. Entsprechendes gilt für ϑ_b. Für den $\varDelta$-Operator ergibt sich

$$\varDelta = \frac{4}{R^2(\mu^2 - \nu^2)} \left[\frac{\partial}{\partial \mu} (\mu^2 - 1) \frac{\partial}{\partial \mu} + \frac{\partial}{\partial \nu} (1 - \nu^2) \frac{\partial}{\partial \nu} + \left[\frac{\mu^2 - \nu^2}{(\mu^2 - 1)(1 - \nu^2)} \right] \frac{\partial^2}{\partial \varphi^2} \right] \tag{4.3}$$

Es zeigt sich aber im allgemeinen, daß sich die Impulsintegrale, weil die verwendeten Einelektronenfunktionen fast immer Lösung eines Einzentrenproblems mit $H = -\frac{1}{2}\varDelta - V(r)$ sind, auf Integrale vom Typ (3.2) zurückführen lassen.

Im Falle von SLATER-Funktionen ist

$$V(r) = -\frac{z - \sigma}{r} + \frac{n'(n' - 1)}{r^2}, \quad z - \sigma = \text{effektive Kernladungszahl}, \tag{4.4}$$

so daß noch Integrale der Form $[a^{-2}|\varPhi_a \varPhi_b']$ auftreten.

Nach Einführen der elliptischen Koordinaten und mit Hilfe von (4.2) und (2.3) erkennt man, daß sich die Überlappungs- und Übergangsintegrale immer in den beiden Integralen

$$A_n(\sigma, \alpha) = \int_\sigma^\infty x^n e^{-\alpha x}\, dx \quad \text{und} \quad B_n(\alpha) = \int_{-1}^{+1} x^n e^{-\alpha x}\, dx \tag{4.5}$$

darstellen lassen, wobei noch gilt

und

$$B_n(\alpha) = A_n(-1, \alpha) - A_n(1, \alpha); \quad B_n(-\alpha) = (-1)^n B_n(\alpha)$$

$$B_n(\alpha) = (-1)^n \frac{e^\alpha}{\alpha} - \frac{e^{-\alpha}}{\alpha} + \frac{n}{\alpha} B_{n-1}(\alpha) \tag{4.6}$$

Diese Integrale spielen in der Theorie der chemischen Bindung eine große Rolle und wurden zuerst von ROSEN (1931) behandelt und tabelliert. Später gaben BARTLETT und FURRY (1931, 1932) und JAMES und BARTLETT (1931) weitere Wertetabellen dieser Funktionen an, die sich explizit schreiben

mit

$$A_n(\sigma, \alpha) = \frac{e^{-\alpha\sigma}}{\alpha} \sum_{\nu=0}^{n} \frac{n!}{(n-\nu)!} \frac{\sigma^{n-\nu}}{\alpha^\nu} \tag{4.7}$$

$$A_n(\sigma, \alpha) = \sigma^n A_0(\sigma, \alpha) + \frac{n}{\alpha} A_{n-1}(\sigma, \alpha)$$

Es existieren ferner noch die Rekursionsformeln (JAMES und BARTLETT 1931)

$$A_{m+1}(1, \alpha) - A_m(1, \alpha) = \frac{1}{\alpha}[(m + 1) A_m(1, \alpha) - m A_{m-1}(1, \alpha)]$$

und

$$A_{m+1}(1, \alpha) + A_m(1, \alpha) = \frac{1}{\alpha}[2e^{-\alpha} + (m + 1) A_m(1, \alpha) + m A_{m-1}(1, \alpha)] \tag{4.8}$$

$$A_{m+2}(1, \alpha) - A_m(1, \alpha) = [(m + 2) A_{m+1}(1, \alpha) - m A_{m-1}(1, \alpha)]$$

Die umfangreichsten Tabellen wurden von KOTANI, AMEMIYA und SIMOSE (1938) berechnet. Für feinere Untersuchungen haben wir (4.7) für $\sigma = \pm 1$ in den wichtigsten Bereichen in Schritten von $\varDelta\alpha = 0,1$ neu tabelliert (Tabellen 19, 20, Teil 3, Abschnitt 3). Sie sind zur Berechnung aller wichtigen Hilfsintegrale erforderlich.

Bei der Berechnung der Wechselwirkungsintegrale (3.3) bis (3.5) treten neue Hilfsintegrale auf, in dem $1/r_{12}$ in die NEUMANNsche Reihe (NEUMANN 1887) mittels Kugelfunktionen entwickelt wird:

mit

$$\frac{1}{r_{12}} = \frac{2}{R} \sum_{\tau=0}^{\infty} \sum_{\nu=0}^{\tau} C_\tau^\nu \begin{Bmatrix} Q_\tau^\nu(\mu_1) P_\tau^\nu(\mu_2) \\ Q_\tau^\nu(\mu_2) P_\tau^\nu(\mu_1) \end{Bmatrix} P_\tau^\nu(\nu_1) P_\tau^\nu(\nu_2) \cos\nu(\varphi_1 - \varphi_2) \quad \begin{matrix} \mu_2 \lessgtr \mu_1 \\ \\ \mu_2 \gtrless \mu_1 \end{matrix} \tag{4.9}$$

$$C_\tau^\nu = \varepsilon_\nu (-1)^\nu (2\tau + 1) \left[\frac{(\tau - \nu)!}{(\tau + \nu)!} \right]^2, \quad \varepsilon_0 = 1; \quad \varepsilon_\nu = 2; \quad \nu \geq 1$$

$$P_\tau^\nu(x) = (1 - x^2)^{\frac{\nu}{2}} \frac{\partial^\nu}{\partial x^\nu} P_\tau(x), \quad -1 \leq x \leq +1$$

$$Q_\tau^\nu(x) = (x^2 - 1)^{\frac{\nu}{2}} \frac{\partial^\nu}{\partial x^\nu} Q_\tau(x), \quad 1 \leq x < \infty$$

Die neuen Integrale haben die Form

$$H^{\nu}_{\tau}(m,\alpha;n,\beta) = \int\limits_{1}^{\infty}\int\limits_{1}^{\infty} Q^{(\nu)}_{\tau}\left(\begin{matrix}\mu_1\\\mu_2\end{matrix}\right) P^{(\nu)}_{\tau}\left(\begin{matrix}\mu_2\\\mu_1\end{matrix}\right) e^{-(\alpha\mu_1+\beta\mu_2)}[(\mu_1^2-1)(\mu_2^2-1)]^{\frac{\nu}{2}}\mu_1^m\mu_2^n\,d\mu_1\,d\mu_2 \qquad (4.10)$$

und

$$G^{\nu}_{\tau}(m;\gamma) = \int\limits_{-1}^{+1} e^{-\gamma x}P^{(\nu)}_{\tau}(x)(1-x^2)^{\frac{\nu}{2}}x^m\,dx \qquad (4.11)$$

Einzelheiten der analytischen Rechnungen gaben ROSEN (1931), JAMES (1934), GUILLEMIN und ZENER (1929) sowie JAMES und BARTLETT (1931). Allgemeine Diskussionen sowie weitere Literaturangaben sind bei ROOTHAAN (1951a), RUEDENBERG (1951) und KOPINECK (1950, 1951, 1952) sowie bei PARR und CRAWFORD (1948) und HIRSCHFELDER und LINNETT (1950) zu finden. Für den Fall gleicher effektiver Kernladungszahlen in den Eigenfunktionen ist $\alpha = \beta$ in (4.10); diese Integrale einschließlich die von (4.11) sind von KOTANI, AMEMIYA und SIMOSE (1938) in großen Bereichen für verschiedene ν- und τ-Werte tabelliert worden. Wie man durch Einführen der elliptischen Koordinaten (4.9) in die Integrale (3.4) erkennt, ist die Berechnung von $[\lambda_b^{\delta}\,\lambda_a^{'\varepsilon}\,|\,\lambda_a^{''\varepsilon}\,\lambda_b^{'''\delta}]$ ($\lambda\,\lambda'\,\lambda''\,\lambda'''$ steht entsprechend (3.7) an Stelle der Numerierung) noch mit Hilfe von H^{ν}_{τ}-Integralen möglich, in denen $\alpha = \beta$ (4.10) ist. Erst das Austauschintegral $[\lambda_b^{\delta}\,\lambda_a^{'\varepsilon}\,|\,\lambda_a^{''\eta}\,\lambda_b^{'''\varrho}]$ oder $[\lambda_b^{\delta}\,\lambda_a^{'\varepsilon}\,|\,\lambda_a^{''\eta}\,\lambda_b^{'''\varrho}]$ verlangt notwendig die Hilfsintegrale $H^{\nu}_{\tau}(m,\alpha;n,\beta)$, wobei $R\,\delta = \alpha$ und $R\,\varepsilon = \beta$ bzw. $\dfrac{\delta+\eta}{2}R = \alpha$ und $\dfrac{\varepsilon+\varrho}{2}R = \beta$ ist.

Für $\alpha \neq \beta$ liegen noch keine Tabellen vor. Diese Lücke soll durch die vorliegenden Tabellen und späteren geschlossen werden. Die Behandlung von (4.10) für $\tau = \nu = 0$ geschieht mittels der Gleichung

$$H^0_0(m,\alpha;n,\beta) = F_m(\alpha)\,A_n(1,\beta) + F_n(\beta)\,A_m(1,\alpha) - [T(m,\alpha;n,\beta)+T(n,\beta;m,\alpha)] \qquad (4.12)$$

wobei sich die T-Funktionen weiter durch

$$T(m,\alpha;n,\beta) = \frac{1}{\beta}[n\,T(m,\alpha;n-1,\beta)+F_{m+n}(\alpha+\beta)] \qquad (4.13)$$

$$T(m,\alpha;0,\beta) = \frac{1}{\beta}F_m(\alpha+\beta)$$

auf das Integral

$$F_m(\alpha) = \int\limits_{1}^{\infty} e^{-\alpha x}x^m Q_0(x)\,dx \qquad (4.14)$$

zurückführen lassen, welches ein Spezialfall des Integrals

$$f_{\tau}(m,\alpha) = \int\limits_{1}^{\infty} e^{-\alpha x}x^m Q_{\tau}(x)\,dx \qquad (4.14a)$$

darstellt, das ebenfalls in den Tabellen von KOTANI, AMEMIYA und SIMOSE (1938, 1940) zu finden ist. Kleinere Tabellen sind noch bei BARTLETT (1931) berechnet.

Für manche Zwecke ist es noch vorteilhaft, die Zurückführung von $F_m(\alpha)$ mit Hilfe der Beziehungen (4.15) vorzunehmen (HELLMANN 1937)

$$F_m(\alpha) = F_{m-2}(\alpha) + \frac{1}{\alpha}[m\,F_{m-1}(\alpha) - (m-2)F_{m-3}(\alpha) - A_{m-2}(1,\alpha)] \qquad (4.15)$$

wobei

$$F_0(\alpha) = \tfrac{1}{2}[(\ln 2\alpha + C)A_0(1,\alpha) - Ei(-2\alpha)A_0(-1,\alpha)]$$

$$F_1(\alpha) = \tfrac{1}{2}[(\ln 2\alpha + C)A_1(1,\alpha) - Ei(-2\alpha)A_1(-1,\alpha)]$$

ist und $C = 0{,}5772156649\ 0\ldots$

Die Tabellen 21 bis 38, Teil 3, Abschnitt 3 geben $H^0_0(m,\alpha;n,\beta)$ für $0 \leq m,\,n \leq 4$ und $0{,}5 \leq \alpha,\beta \leq 10$ ($\Delta\alpha = \Delta\beta = 0{,}5$) an. Einige Lücken in den Zahlenwerten sind durch das Fehlen von $F_m(\alpha+\beta)$ in den zur Berechnung benutzten Tafeln (KOTANI, AMEMIYA, SIMOSE 1938) verursacht. Die Zahlenwerte der Diagonale ($\alpha = \beta$) entsprechen den bei Kotani, Amemiya, Simose (1938) bezeichneten $W_0^0(m, n; \alpha)$ und sind auf Übereinstimmung geprüft worden.

Der Fall $\tau > 0$ kann einmal auf den obigen, mit Hilfe der Gleichungen für die Kugelfunktionen 2. Art (Sommerfeld 1939)

$$Q_\tau(x) = Q_0(x) \sum_{k=0}^{\tau} p_\tau^k \, x^k + \sum_{k=0}^{\tau} q_\tau^k \, x^k \qquad p_\tau^k, \; q_\tau^k \text{ sind Koeffizenten} \tag{4.16}$$

zurückgeführt werden (Preuss 1954). Besser scheint es aber mit Hilfe der Gleichungen

$$P_\tau(x) = \frac{2\tau - 1}{\tau} \, x \, P_{\tau-1}(x) - \frac{\tau - 1}{\tau} \, P_{\tau-2}(x) \quad \text{entsprechend für} \quad Q_\tau(x) \tag{4.17}$$

und der daraus folgenden Rekursionsformeln (James und Coolidge 1933)

$$H_\tau^0(m, \alpha; n, \beta) = \frac{1}{\tau^2} \big[(2\tau - 1)^2 \, H_{\tau-1}^0(m + 1, \alpha; n + 1, \beta) + (\tau - 1)^2 \, H_{\tau-2}^0(m, \alpha; n, \beta)$$

$$- (2\tau - 1)(2\tau - 3) \{ H_{\tau-2}^0(m + 2, \alpha; n, \beta) + H_{\tau-2}^0(m, \alpha; n + 2, \beta) \}$$

$$+ 2(2\tau - 1)(2\tau - 5) \, H_{\tau-3}^0(m + 1, \alpha; n + 1, \beta) \tag{4.18}$$

$$- (2\tau - 1)(2\tau - 7) \{ H_{\tau-4}^0(m + 2, \alpha; n, \beta) + H_{\tau-4}^0(m, \alpha; n + 2, \beta) \}$$

$$+ 2(2\tau - 1)(2\tau - 9) \, H_{\tau-5}^0(m + 1, \alpha; n + 1, \beta) - \cdots$$

gerades τ

$$- (2\tau - 1) \{ H_0^0(m + 2, \alpha; n, \beta) + H_0^0(m, \alpha; n + 2, \beta)$$

$$- S(m + 1, \alpha; n, \beta) - S(n + 1, \beta; m, \alpha) \} \big]$$

ungerades τ

$$+ 2(2\tau - 1) \{ 2 H_0^0(m + 1, \alpha; n + 1, \beta) - S(m, \alpha; n + 1, \beta) - S(n, \beta; m + 1, \alpha) \} \big]$$

mit

$$H_1^0(m, \alpha; n, \beta) = H_0^0(m + 1, \alpha; n + 1, \beta) - S(m, \alpha; n + 1, \beta) - S(n, \beta; m + 1, \alpha)$$

die höheren $H_\tau^0(m, \alpha; n, \beta)$ zu berechnen. Die neu hinzukommenden Integrale

$$S(m, \alpha; n, \beta) = \int_1^\infty x_1^m \, e^{-\alpha x_1} \, dx_1 \int_1^{x_1} x_2^n \, e^{-\beta x_2} \, dx_2 \tag{4.19}$$

können dann wieder, ähnlich wie in (4.12), mit Hilfe der A_n-Integrale nach

$$S(m, \alpha; n, \beta) = \frac{1}{\alpha} [m \, S(m - 1, \alpha; n, \beta) + A_{m+n}(1, \alpha + \beta)]$$

$$S(0, \alpha, n, \beta) = \frac{1}{\alpha} A_n(1, \alpha + \beta) \tag{4.20}$$

dargestellt werden. Aus diesem Grunde wurden auch S-Integrale aufgenommen (Tabellen 39 bis 56, Teil 3, Abschnitt 3). Eine Kontrolle war mit Hilfe der Beziehung

$$S(m, \alpha; n, \beta) + S(n, \beta; m, \alpha) = A_m(1, \alpha) \, A_n(1, \beta) \tag{4.21}$$

möglich. Die Behandlung des Falles $\tau > 0$, $\nu > 0$ kann mit Hilfe einer von Ruedenberg (1951) angegebenen Rekursionsformel durchgeführt werden

$$H_\tau^{\nu+1}(m, \alpha; n, \beta) = -(\tau + \nu + 1)(\tau - \nu) \, H_\tau^\nu(m + 1, \alpha; n + 1, \beta) +$$

$$+ \frac{(\tau + \nu)^2}{2\tau - 1} (\tau + \nu + 1) \, H_{\tau-1}^\nu(m, \alpha; n, \beta) + \frac{(\tau + 1 - \nu)^2}{2\tau + 1} (\tau - \nu) \, H_{\tau+1}^\nu(m, \alpha; n, \beta) \tag{4.22}$$

Die dort berechneten Hilfsintegrale $\Phi_{m,n}^{\nu\tau}(\alpha, \beta)$ unterscheiden sich von den hier bezeichneten durch

$$H_\tau^\nu(m, \alpha; n, \beta) \equiv (-1)^\nu \frac{(\tau + \nu)!}{(\tau - \nu)!} \, \Phi_{m,n}^{\nu\tau}(\alpha, \beta) \tag{4.23}$$

Ebenfalls kann von dem Integral (4.11) der Übergang nach den Bezeichnungen von Ruedenberg (1951) mittels

$$G_\tau^\nu(m, \gamma) \equiv (-1)^{m+\tau+\nu} \left[\frac{2(\tau + \nu)!}{(2\tau + 1)(\tau - \nu)!} \right]^{\frac{1}{2}} B_m^{\nu\tau}(\gamma) \tag{4.24}$$

vorgenommen werden.

Die Bezeichnung der Integrale $A_n(1, \alpha)$, $A_n(-1, \alpha)$ und $B_n(\alpha)$ (4.6) (4.7) ist in der Literatur allgemein üblich.

In diesem Zusammenhang seien noch einige zuweilen vorkommende Hilfsintegrale angegeben (KOTANI, AMEMIYA und SIMOSE 1938; PARR und CROWFORD 1948; ARAKI und MURAI 1952), die u. a. auch dann in (2.1) auftreten, wenn das Rumpfpotential in der Form (PARR und CROWFORD 1948)

$$V(r) = -\frac{1}{r} P_n(r) e^{-\delta r} \tag{4.25}$$

mit berücksichtigt wird, wobei $P_n(r)$ ein Polynom n-ten Grades sein soll und δ ein Parameter ist, der beispielsweise durch die Spektren des Atoms bestimmt werden könnte. Diese Integrale werden üblicherweise bezeichnet mit

$$F_{k,mn}(\alpha, \beta) = \int\limits_{1}^{\infty} d\mu \int\limits_{-1}^{+1} e^{-(\alpha\mu + \beta\nu)} \frac{(\mu^2 - 1)^k}{(\mu + \nu)^{k+1}} \mu^m \nu^n \, d\nu \tag{4.26a}$$

$$I_n(\alpha, \beta) = \int\limits_{1}^{\infty} d\mu \int\limits_{-1}^{+1} (\mu^2 - 1)(1 - \nu^2)(\mu^2 - \nu^2)(\mu + \nu)^n e^{-(\alpha\mu + \beta\nu)} \, d\nu$$

$$K_n(\alpha, \beta) = \int\limits_{1}^{\infty} d\mu \int\limits_{-1}^{+1} (\mu^2 - 1)(1 - \nu^2)(\mu^2 - \nu^2)(\mu + \nu)^{n-2}(1 + \mu\nu)^2 e^{-(\alpha\mu + \beta\nu)} \, d\nu \tag{4.26b}$$

$$F_{mn}(\alpha, \beta) = \int\limits_{1}^{\infty} d\mu \int\limits_{-1}^{+1} (\mu + \nu)^{-m}(1 - \nu^2)^{m-1}(-\nu)^n e^{-(\alpha\mu + \beta\nu)} \, d\nu$$

Sie sind ausführlich von MURAI und ARAKI (1952) tabelliert worden. Einige von ihnen lassen sich auf die A_n- und B_n-Integrale (4.6) (4.7) zurückführen. Spezielle Formen von (4.26) treten auch bei der Berechnung von $[a^{-2}|\Phi_a \Phi_b']$ (4.4) auf. Wir haben sie mit

$$C_k(\gamma; \delta) = -\int\limits_{-1}^{+1} x^k E i(-(1 + x)\gamma) e^{+\delta x} \, dx \tag{4.27}$$

bezeichnet. Sie können nach

$$C_{k+2} = C_k + \frac{1}{\delta}[k C_{k-1} - (k + 2) C_{k+1} + e^{-\gamma}\{B_{k+1}(\gamma - \delta) - B_k(\gamma - \delta)\}] \tag{4.28}$$

tabelliert werden, wobei von

$$C_0(\gamma, \delta) = A_0(1, \delta)\left[E i(-2(\gamma - \delta)) - E i(-2\gamma) e^{+2\delta} + \ln\left|\frac{\gamma}{\gamma - \delta}\right|\right]$$

$$C_1(\gamma, \delta) = -A_1(1, \delta)\left[E i(-2(\gamma - \delta)) - E i(-2\gamma) e^{+2\delta} + \ln\left|\frac{\gamma}{\gamma - \delta}\right|\right] \tag{4.29}$$

$$-2A_0(1, \delta) E i(-2\gamma) e^{+2\delta} + \frac{e^{-\gamma}}{\delta} B_0(\gamma - \delta)$$

oder

$$C_0(\gamma, \gamma) = A_0(1, \gamma)[C + \ln 2\gamma - e^{+2\gamma} E i(-2\gamma)]; \qquad C \text{ wie } (4.15) \tag{4.30}$$

$$C_1(\gamma, \gamma) = 2A_0(1, \gamma)[1 - e^{+2\gamma} E i(-2\gamma)] - C_0(\gamma, \gamma)\left(1 + \frac{1}{\gamma}\right)$$

ausgegangen wird (ARAKI, MURAI 1952). Der Übergang zu (4.26) ergibt sich nach den Gleichungen

$$C_k(\alpha, \alpha - \beta) \equiv F_{0,0k}(\alpha, \beta)$$

$$C_k(\alpha, \alpha - \beta) \equiv (-1)^k F_{1k}(\alpha, \beta) \tag{4.31}$$

der allerdings nur einen sehr kleinen Teil der schon vorliegenden Tabellen von F_{1k} und $F_{0,0k}$ zur Berechnung von $[a^{-2}|\Phi_a \Phi_b']$ zu verwenden gestattet. Bei der Berechnung dieser Integrale treten auch die Ausdrücke

$$D_n^k(\gamma, \delta) = \int\limits_{-1}^{+1} x^k A_n(1 + x, \gamma)\, e^{+\delta x}\, dx \tag{4.32}$$

auf, die in den Tabellen 57 bis 78 (Teil 3, Abschnitt 3) zu finden sind und mit Hilfe der Beziehungen

$$D_0^k(\gamma, \delta) = A_0(1, \gamma)\, B_k(\gamma - \delta); \quad D_1^k(\gamma, \delta) = A_1(1, \gamma)\, B_k(\gamma - \delta) + A_0(1, \gamma)\, B_{k+1}(\gamma - \delta) \tag{4.33}$$

$$D_2^k(\gamma, \delta) = A_2(1, \gamma)\, B_k(\gamma - \delta) + 2 A_1(1, \gamma)\, B_{k+1}(\gamma - \delta) + A_0(1, \gamma)\, B_{k+2}(\gamma - \delta)$$

berechnet wurden. Damit sind alle zur Berechnung der Integrale des Abschnitts 3 erforderlichen Hilfsintegrale angegeben.

1.5 Die Integrale der K-Schale

Zur Vollständigkeit sollen diese Integrale hier mitbehandelt werden. Wir wollen, um diese Funktionen in allgemeinsten Variationsansätzen gebrauchen zu können, Potenzen p_i der $1s$-Funktionen (p_1, p_2, p_3, p_4) mitberücksichtigen. Die Berechnung geschieht, wie anfangs erwähnt, in elliptischen Koordinaten (4.1) (4.2) und bietet nichts Neues. Wir schreiben daher nur die wesentlichsten Etappen der Rechnung an[1]. Nach Einführung der elliptischen Koordinaten erhält man

$$\overset{\alpha p_1 \ \alpha p_2}{[1_a \ 1_b]} = \left(\frac{R}{2}\right)^3 \left(\frac{\alpha^3}{\pi}\right)^{\frac{1}{2}(p_1 + p_2)} \int\limits_0^{2\pi}\int\limits_1^{\infty}\int\limits_{-1}^{+1} (\mu^2 - v^2)\, e^{-\frac{\alpha R}{2}[(p_1 + p_2)\mu + (p_1 - p_2)v]}\, d\mu\, dv\, d\varphi$$

$$\overset{\ \ \ \ \alpha p_1 \ \alpha p_2}{[a^{-1}|1_a \ 1_b]} = \left(\frac{R}{2}\right)^2 \left(\frac{\alpha^3}{\pi}\right)^{\frac{1}{2}(p_1 + p_2)} \int\limits_0^{2\pi}\int\limits_1^{\infty}\int\limits_{-1}^{+1} (\mu - v)\; e^{-\frac{\alpha R}{2}[(p_1 + p_2)\mu + (p_1 - p_2)v]}\, d\mu\, dv\, d\varphi \tag{5.1a}$$

$$\overset{\ \ \ \ \alpha p_1 \ \alpha p_2}{[b^{-1}|1_a \ 1_b]} = \left(\frac{R}{2}\right)^2 \left(\frac{\alpha^3}{\pi}\right)^{\frac{1}{2}(p_1 + p_2)} \int\limits_0^{2\pi}\int\limits_1^{\infty}\int\limits_{-1}^{+1} (\mu + v)\; e^{-\frac{\alpha R}{2}[(p_1 + p_2)\mu + (p_1 - p_2)v]}\, d\mu\, dv\, d\varphi$$

$$\overset{\ \ \ \alpha p_1 \ \alpha p_2 \ \alpha p_3 \ \alpha p_4}{[\Delta|1_a \ 1_b|1_a \ 1_b]} = \frac{R}{2}\left(\frac{\alpha^3}{\pi}\right)^{\frac{1}{2}(p_1 + p_2 + p_3 + p_4)} \int\limits_0^{2\pi}\int\limits_1^{\infty}\int\limits_{-1}^{+1} e^{-\frac{\alpha R}{2}[(p_1 + p_2)\mu + (p_1 - p_2)v]}\, \Delta_{\mu v}\, e^{-\frac{\alpha R}{2}[(p_3 + p_4)\mu + (p_3 - p_4)v]}\, d\mu\, dv\, d\varphi$$

wobei

$$\Delta_{\mu v} = (\mu^2 - 1)\frac{\partial^2}{\partial \mu^2} + 2\mu\frac{\partial}{\partial \mu} + (1 - v^2)\frac{\partial^2}{\partial v^2} - 2v\frac{\partial}{\partial v}$$

Mit Hilfe der Funktionen (4.6) ergibt sich dann

$$\overset{\alpha p_1 \ \alpha p_2}{[1_a \ 1_b]} = \frac{1}{4}\left(\frac{\alpha^3}{\pi}\right)^{\frac{p_1 + p_2}{2}} R^3 \pi \{A_2(1, a\alpha)\, B_0(b\alpha) - A_0(1, a\alpha)\, B_2(b\alpha)\}$$

$$\overset{\ \ \ \ \alpha p_1 \ \alpha p_2}{[a^{-1}|1_a \ 1_b]} = \frac{1}{2}\left(\frac{\alpha^3}{\pi}\right)^{\frac{p_1 + p_2}{2}} R^2 \pi \{A_1(1, a\alpha)\, B_0(b\alpha) - A_0(1, a\alpha)\, B_1(b\alpha)\} \tag{5.1}$$

$$\overset{\ \ \ \alpha p_1 \ \alpha p_2 \ \alpha p_3 \ \alpha p_4}{[\Delta|1_a \ 1_b|1_a \ 1_b]} = R\alpha\pi\left(\frac{\alpha^3}{\pi}\right)^{\frac{1}{2}(p_1 + p_2 + p_3 + p_4)}\left\{A_0\big(1, (a + c)\alpha\big)\, B_1\big((b + d)\alpha\big)\frac{2bd}{b + d} - \right.$$

$$\left. - A_1\big(1, (a + c)\alpha\big)\, B_0\big((b + d)\alpha\big)\frac{2ac}{a + c}\right\}$$

wobei

$$a = \frac{R}{2}(p_1 + p_2) \quad b = \frac{R}{2}(p_1 - p_2) \quad c = \frac{R}{2}(p_3 + p_4) \quad d = \frac{R}{2}(p_3 - p_4)$$

bedeutet.

Es ergibt sich ferner

$$\overset{\alpha p_1 \ \alpha p_2}{[1_a \ 1_b]} \equiv \overset{\alpha p_2 \ \alpha p_1}{[1_a \ 1_b]}; \quad \overset{\alpha p_1 \ \alpha p_2 \ \alpha p_3 \ \alpha p_4}{[\Delta|1_a \ 1_b|1_a \ 1_b]} \equiv \overset{\alpha p_2 \ \alpha p_1 \ \alpha p_4 \ \alpha p_3}{[\Delta|1_a \ 1_b|1_a \ 1_b]} \equiv \overset{\alpha p_3 \ \alpha p_4 \ \alpha p_1 \ \alpha p_2}{[\Delta|1_a \ 1_b|1_a \ 1_b]}$$

---

[1] Einige der Formeln sind bei MULLIKEN (1949) zu finden, sowie teilweise eine explizite Angabe bei HELLMANN (1937).

während

$$[a^{-1}|\overset{\alpha p_1 \; \alpha p_2}{1_a \; 1_b}] \not\equiv [a^{-1}|\overset{\alpha p_2 \; \alpha p_1}{1_a \; 1_b}] \quad \text{für} \quad p_1 \neq p_2$$

Einige dieser Integrale waren für frühere Rechnungen erforderlich gewesen und dort unnormiert verwendet worden (PREUSS 1951, 1953). Aus diesem Grunde sind im Teil 3, Abschnitt 4 (Tabellen 79 bis 92) die Funktionen $f(x|p_1 p_2)$, $g(x|p_1 p_2)$, $h(x|p_1 p_2 p_3 p_4)$ für verschiedene Parameterwerte angegeben, die mit den Integralen durch

$$[\overset{\alpha p_1 \; \alpha p_2}{1_a \; 1_b}] = R^3 \pi \left(\frac{\alpha^3}{\pi}\right)^{\frac{1}{2}(p_1 + p_2)} f(x|p_1 p_2) \qquad x = \alpha R$$

$$[a^{-1}|\overset{\alpha p_1 \; \alpha p_2}{1_a \; 1_b}] = R^2 \pi \left(\frac{\alpha^3}{\pi}\right)^{\frac{1}{2}(p_1 + p_2)} g(x|p_1 p_2) \tag{5.2}$$

$$[\Delta|\overset{\alpha p_1 \; \alpha p_2 \; \alpha p_3 \; \alpha p_4}{1_a \; 1_b | 1_a \; 1_b}] = R \; \pi \left(\frac{\alpha^3}{\pi}\right)^{\frac{1}{2}(p_1 + p_2 + p_3 + p_4)} h(x|p_1 p_2 p_3 p_4)$$

verbunden sind. f und g sind auch bei HELLMANN (1937) analytisch in dieser Form zu finden:

$$f(x|p_1 p_2) = \frac{8}{(p_1^2 - p_2^2)^3 x^4} [p_1 e^{-p_2 x}\{(p_1^2 - p_2^2) x - 4 p_2\} + p_2 e^{-p_1 x}\{(p_1^2 - p_2^2) x + 4 p_1\}]$$

$$g(x|p_1 p_2) = \frac{4 \cdot}{(p_1^2 - p_2^2)^2 x^3} [e^{-p_2 x}\{(p_1^2 - p_2^2) x - 2 p_2\} + 2 p_2 e^{-p_1 x}] \tag{5.3}$$

$$h(x|p_1 p_2 p_3 p_4) = e^{-(p_2 + p_4) x} \{B/x^2 - A/x\} + e^{-(p_1 + p_3) x} \{C/x - B/x^2\}$$

mit

$$A = \frac{8[(p_1^2 - p_2^2) p_3 + (p_3^2 - p_4^2) p_1]}{[(p_1 + p_3)^2 - (p_2 + p_4)^2]^2}; \quad B = \frac{16[(p_1^2 - p_2^2)(p_2 p_3 - p_4 p_1) + (p_3^2 - p_4^2)(p_1 p_4 - p_2 p_3)]}{(p_1 + p_2 + p_3 + p_4)^3 (p_1 + p_3 - p_2 - p_4)^3};$$

$$C = \frac{8[(p_3^2 - p_4^2) p_2 + (p_1^2 - p_2^2) p_4]}{[(p_1 + p_3)^2 - (p_2 + p_4)^2]^2} \quad .$$

In den Austauschintegralen ist eine Unterscheidung zweckmäßig. Die Berechnung des Integrals $[\overset{\alpha p_1 \; 0 \; \alpha p_2 \; \alpha p_3}{1_a \; 1_b | 1_b \; 1_a}]$ läßt sich in Polarkoordinaten (vom Kern a aus) durchführen· (SOMMERFELD 1939), wobei die Winkel zwischen r_{a1} und r_{a2} und um r_{a1} mit Φ und Θ bezeichnet werden:

$$d\tau_2 = r_{a2}^2 \sin\Phi \, d\Phi \, d\Theta \, dr_{a2}$$

und für $\dfrac{1}{r_{12}}$ die Entwicklung

$$\frac{1}{r_{12}} = \begin{cases} \dfrac{1}{r_{a2}} \sum\limits_{\nu=0}^{\infty} \left(\dfrac{r_{a1}}{r_{a2}}\right)^{\nu} P_\nu(\cos\Phi) & r_{a2} \geqq r_{a1} \\[2ex] \dfrac{1}{r_{a1}} \sum\limits_{\nu=0}^{\infty} \left(\dfrac{r_{a2}}{r_{a1}}\right)^{\nu} P_\nu(\cos\Phi) & r_{a2} \leqq r_{a1} \end{cases} \tag{5.4}$$

angesetzt wird. Damit kann das innere Integral

$$\int \frac{e^{-\alpha p_3 r_{a2}}}{r_{12}} d\tau_2 = \frac{8\pi}{(\alpha p_3)^3 r_{a1}} \left[1 - \left(1 + \frac{\alpha p_3 r_{a1}}{2}\right) e^{-\alpha p_3 r_{a1}}\right] = k(\alpha|p_3, r_{a1}) \tag{5.5}$$

wenn man

$$\iint \frac{e^{-\alpha(p_1 r_{a1} + p_2 r_{b1} + p_3 r_{a2})}}{r_{12}} d\tau_1 d\tau_2 = \int e^{-\alpha(p_1 r_{a1} + p_2 r_{b1})} k(\alpha|p_3, r_{a1}) d\tau_1$$

schreibt, berechnet werden, und es ergibt sich schließlich

$$[\overset{\alpha p_1 \; 0 \; \alpha p_2 \; \alpha p_3}{1_a \; 1_b | 1_b \; 1_a}] = \frac{16 R^3 \pi}{(\alpha p_3)^3} \left\{[a^{-1}|\overset{\alpha p_1 \; \alpha p_2}{1_a \; 1_b}]\left(\frac{\alpha^3}{\pi}\right)^{\frac{p_3}{2}} - [a^{-1}|\overset{\alpha(p_1 + p_3) \; \alpha p_2}{1_a \quad\;\; 1_b}]\right\} - \frac{16 R^2 \pi}{(\alpha p_3)^2} [\overset{\alpha(p_1 + p_3) \; \alpha p_2}{1_a \quad\;\; 1_b}] \tag{5.6}$$

Es sei noch daran erinnert, daß gilt:

$$[\overset{1 \; 1 \; 1 \; 1}{1_a \; 1_b | 1_a \; 1_b}] \equiv [\overset{2 \; 2 \; 0 \; 0}{1_a \; 1_b | 1_a \; 1_b}]$$

Die übrigen Integrale lassen sich dann mit Hilfe der NEUMANNschen Entwicklung (4.9) auf Integrale vom Typ (4.11) (4.10) zurückführen, und es ergibt sich

$$\begin{aligned}
\overset{\alpha\, p_1\;\; \alpha\, p_4\;\; \alpha\, p_2\;\; \alpha\, p_3}{[1_a \;\; 1_b \,|\, 1_a \;\; 1_b]} = &\left(\frac{\alpha^3}{\pi}\right)^{\frac{1}{2}(p_1 + p_2 + p_3 + p_4)} \frac{R^5 \pi^2}{8} \sum_{\tau=0}^{\infty} (2\tau + 1) \Big\{ H_\tau^0(2, a\,\alpha;\, 2, c\,\alpha)\, G_\tau^0(0, b\,\alpha)\, G_\tau^0(0, d\,\alpha) \\
&- H_\tau^0(2, a\,\alpha;\, 0, c\,\alpha)\, G_\tau^0(0, b\,\alpha)\, G_\tau^0(2, d\,\alpha) + H_\tau^0(0, a\,\alpha;\, 0, c\,\alpha)\, G_\tau^0(2, b\,\alpha)\, G_\tau^0(2, d\,\alpha) - \\
&- H_\tau^0(0, a\,\alpha;\, 2, c\,\alpha)\, G_\tau^0(2, b\,\alpha)\, G_\tau^0(0, d\,\alpha) \Big\}
\end{aligned} \tag{5.7}$$

Die Bedeutung der a, b, c, d ist die von (5.1). Für die $G_\tau^v(m, \gamma)$ gilt noch die Gl. (5.8) ROSEN (1931)

$$G_\tau^0(m, 0) = \begin{cases} \dfrac{2^{\tau+1}\, m! \left(\dfrac{m+\tau}{2}\right)!}{\left(\dfrac{m-\tau}{2}\right)! \,(m+\tau+1)!} & m - \tau \geqq 0 \\[4mm] 0 & m - \tau < 0 \\ & \text{ungerade} \end{cases} \tag{5.8}$$

Es seien noch abschließend die Integrale
$[a \,|\, \overset{\alpha}{1_a} \overset{\beta}{1_b}]$ und $[a\,b^{-1} \,|\, \overset{\alpha}{1_a} \overset{\beta}{1_b}]$ angegeben (HELLMANN 1937):

$$\begin{aligned}
[a\, b^{-1}\, \overset{\alpha}{1_a}\, \overset{\beta}{1_b}] = &\frac{(\alpha\beta)^{\frac{3}{2}}}{(\alpha^2 - \beta^2)^3} \frac{8}{R} \Big\{ (3\alpha^2 + \beta^2)\, e^{-\beta R} - \Big[3\alpha^2 + \beta^2 + 2\alpha R(\alpha^2 - \beta^2) + \frac{1}{2} R^2 (\alpha^2 - \beta^2)^2 \Big] e^{-\alpha R} \Big\} \\[3mm]
[a\, |\, \overset{\alpha}{1_a}\, \overset{\beta}{1_b}] = &\frac{(\alpha\beta)^{\frac{3}{2}}}{(\alpha^2 - \beta^2)^4} \frac{8}{R} \Big\{ [20\alpha^2\beta + 4\beta^3 + 8\alpha\beta(\alpha^2 - \beta^2) R + \beta(\alpha^2 - \beta^2)^2 R^2]\, e^{-\alpha R} - \\
&- [20\alpha^2\beta + 4\beta^3 - (3\alpha^2 + \beta^2)(\alpha^2 - \beta^2) R]\, e^{-\beta R} \Big\}
\end{aligned} \tag{5.10}$$

Die Integrale $[a^{-1}\, b \,|\, \overset{\alpha}{1_a} \cdot \overset{\beta}{1_b}]$, $[b \,|\, \overset{\alpha}{1_a}\, \overset{\beta}{1_b}]$ können durch Vertauschen von α und β (a und b) erhalten werden.

1.6 Die Integrale der L-Schale

Die Integrale der L-Schale sind für den augenblicklichen Stand der Quantenchemie die wichtigsten. Einige Integrale zwischen $2s$, $2s$ und $2s$, $2p$-Elektronen wurden von BARTLETT und FURRY (1931, 1932) berechnet. Weitere Tabellen haben PARR und CROWFORD (1948) sowie HIRSCHFELDER und LINNETT (1950) angegeben. Ausführliche Tabellen sowie eine umfangreiche analytische Darstellung wurden von KOPINECK (1950, 1951, 1952) vorgelegt, die einen Teil unserer Tabellen darstellen. Alle diese Autoren berechneten die Integrale im Falle gleicher Kernladungszahlen in den Eigenfunktionen, da in der Anwendung besonders an gleichatomige Moleküle gedacht war. Eine Erweiterung auf wasserstoffähnliche Funktionen (zur $1s$-Funktion orthogonale Funktionen) hat ebenfalls KOPINECK vorgenommen. Einige Integrale mit diesem Funktionstyp sind auch von HIRSCHFELDER und LINNETT (1950) angegeben worden.

In den letzten Jahren hat man besonders die Behandlung von Zweizentrenintegralen für verschiedene Kernladungszahlen (heteronukleare Moleküle) aufgenommen. BARNETT und COULSON (1951) geben ein von den bisher üblichen Integrationsmethoden abweichendes Verfahren an. Eine allgemeine analytische Betrachtung dieser Integrale wurde von ROOTHAAN (1951 b) und RUEDENBERG (1951) vorgenommen. ARAKI und MURAI (1952) geben dann Integraltabellen einiger dieser Integraltypen und deren Hilfsfunktionen an und führen eine numerische Nachprüfung einiger Abschätzungsverfahren bezüglich der Austauschintegrale durch. Wechselwirkungsintegrale zwischen der K- und L-Schale sind noch bei KOTANI, AMAMIYA und SIMOSE (1940) zu finden. Bezüglich weiterer Literaturangaben sei auf die hier zitierten Arbeiten verwiesen.

Integrale mit höheren Funktionstypen ($n \geqq 3$) liegen hauptsächlich nur als Überlappungsintegrale vor, wie sie von MULLIKEN, RIECKE, ORLOFF und ORLOFF (1949) für s- und p-Funktionen berechnet wurden. Die Erweiterung auf d-Funktionen hat JAFFE (1953) vorgenommen.

Zusammenfassend kann man sagen, daß die Behandlung der Zweizentrenintegrale der K-Schale analytisch und numerisch im wesentlichen als erledigt angesehen werden kann, während zur Zeit noch keine umfassende Berechnung der Wechselwirkungsintegrale zwischen den K- und L-Schalen vorliegt.

Im Falle gleicher Abschirmzahlen in den Eigenfunktionen können auch, besonders seit den letzten Arbeiten von KOPINECK (1950, 1951, 1952), die Integrale der L-Schale als im wesentlichen tabelliert bezeichnet werden. Dagegen fehlen noch fast völlig die Wechselwirkungsintegrale für heteronukleare Moleküle, wenn man alle vorkommenden Abschirmzahlen in den Funktionen variabel halten möchte[1]. Die bisherigen numerischen Untersuchungen sind, mit wenigen Ausnahmen (wasserstoffähnliche Funktionen), mit SLATER-Funktionen durchgeführt worden (SCROCCO, SALVETTI 1951, 1952, 1953; KOTANI, AMEMIYA und SIMOSE 1938, 1940; ARAKI, MURAI 1952).

Mehrzentrenintegrale ($N \geqq 3$) sind im wesentlichen nur für $1\,s$-Funktionen unter speziellen Annahmen diskutiert und in sehr wenigen Fällen berechnet worden (SCHUCHOWSKY 1934; GODADSE 1935; HIRSCHFELDER, EYRING und ROSEN 1936; EYRING und BARKER 1953, 1954).

Bezüglich einer Tabellierung der Zweizentrenwechselwirkungsintegrale läßt sich zusammenfassend aus den Ergebnissen der Abschnitte 2, 3, 4 folgendes sagen: Unter Verwendung von SLATER-Funktionen (3.6) mit verschiedenen effektiven Abschirmzahlen α, oder auch von Linearkombinationen derselben, lassen sich die Überlappungs-, Übergangs- und Impulsintegrale (3.1) (3.2) (3.3) sowie die COULOMB-Integrale (3.4) geschlossen berechnen, wobei ihre analytische Darstellung mit Hilfe der Funktionen (4.5) (4.6) möglich ist, die schon tabelliert vorliegen (KOTANI, AMEMIYA, SIMOSE 1938).

Bei den Ionen- und Austauschintegralen dagegen treten durch Anwendung der NEUMANNschen Entwicklung (4.9) u. a. unendliche Reihen in τ auf, deren Glieder aus dem Produkt der Hilfsintegrale (4.10) (4.11): $H_\tau^\nu(m, \alpha; n, \beta)\, G_\tau^\nu(k, \gamma)$, $\nu \leqq \tau$ bestehen. Soweit Erfahrungen über die Konvergenz dieser Reihen vorliegen (KOTANI, AMEMIYA, SIMOSE 1940), scheint es auszureichen, bei $\tau = 4$ abzubrechen.

Bei Verwendung von Funktionen der L-Schale ($2s$, $2p\sigma$, $2p\pi$) ergibt sich daraus, daß $0 \leqq m, n \leqq 4$ und $0 \leqq \nu \leqq 2$ ist. Daraus folgt wiederum, da alle $H_\tau^\nu(m, \alpha; n, \beta)$ mittels der Rekursionsformeln (4.18) (4.22) aus den $H_0^0(m, \alpha; n, \beta)$ aufgebaut werden, daß als Ausgangspunkt der Tabellierung die Berechnung von $H_0^0(m, \alpha; n, \beta)$ und $S(m, \alpha; n, \beta)$ (4.20) für $0 \leqq m, n \leqq 10{,}0$ erforderlich ist. Die Funktionen $G_\tau^\nu(k, \gamma)$ liegen schon berechnet vor (KOTANI, AMEMIYA, SIMOSE 1938).

Es erscheint daher angebracht, unter Offenhaltung der dann zu gegebener Zeit angenommenen Form von ψ die notwendigen Hilfsintegrale zu berechnen und die Hauptintegrale für die beabsichtigten Untersuchungen ausreichend genau zu tabellieren, wie dies hier beabsichtigt ist.

1.7 Übersicht über die bisher tabellierten Funktionen und Integrale einschließlich der im Teil 3 angegebenen

In diesem Abschnitt werden die bisher von verschiedenen Autoren tabellierten Funktionen und Integrale, einschließlich der von uns tabellierten, zusammengestellt, die zur Berechnung der Energie (2.1) erforderlich sind, wenn die Wellenfunktion aus SLATER-Funktionen (3.6) aufgebaut ist. (Einzelheiten darüber sind in den Abschnitten 1.3 und 1.4 zu finden.)

Absatz 1.7. 1 enthält eine Zusammenfassung aller tabellierten *Hilfsfunktionen* (1.4), während im Absatz 1.7. 2 alle bisher berechneten *Hauptintegrale* (Abschnitt 1.3) zusammengestellt sind. Bezüglich der Hauptintegrale, die mit Funktionen gleicher effektiver Abschirmzahlen berechnet wurden, sind nur die größten Tabellierungsprogramme aufgenommen worden, da kleinere Wertetabellen meist in den angegebenen Zahlenwerten von KOTANI, AMEMIYA und SIMOSE (1938, 1940); ARAKI, MURAI (1952) und KOPINECK (1950, 1951, 1952) enthalten sind, oder dort Hinweise darüber vorliegen. Zum anderen liegt der Schwerpunkt des vorliegenden Programms auf Integralen mit Funktionen verschiedener effektiver Abschirmzahlen, die die obigen Integrale grundsätzlich als Spezialfall enthalten.

Bei der so vorgenommenen Zusammenstellung sind auch die von den Autoren verwendeten Bezeichnungsweisen aufgenommen und mit den unsrigen in Verbindung gebracht worden, damit ein Vergleich möglich ist.

Für die Angabe der tabellierten Bereiche werden folgende Abkürzungen verwendet: Ist eine Funktion im Bereich eines Parameters α zwischen 0,5 und 10,0 in Schritten von 0,1 tabelliert worden, so werden wir $\alpha = 0{,}5\,(0{,}1)\,10{,}0$ schreiben. $\alpha, \beta = 0{,}5\,(0{,}5)\,10{,}0$ bedeutet, daß eine zweidimensionale Tabelle für diese Bereiche vorliegt.

---

[1] Vgl. Fußnote 1.72 COULOMB-Integrale.

1.7.1 Hilfsfunktionen

Einteilung der Tabellen:

a) Verfasser bzw. Tab.-Nr. im 3. Teil
b) Bezeichnungsweise des Verfassers
c) Tabellierter Bereich*

$$A_n(\sigma, \alpha) = \int_\sigma^\infty x^n\, e^{-\alpha x}\, dx \qquad \text{(Formel (4.8) 1. Teil)}$$

a) ROSEN 1931
b) $A_n(\alpha) \equiv A_n(1, \alpha)$
c) $n = 0\,(1)\,10;\quad \alpha = 0,5\,(0,5)\,5\,(1)\,10\,(2)\,14$
   $n = 11\,(1)\,20;\quad \alpha = 1,0\,(1)\,10\,(2)\,14$
   sechsstellig und Zehnerpotenz

a) BARTLETT 1931
b) $A_n(1, \alpha)$
c) $n = 0\,(1)\,6;\qquad \alpha = 1,5\,(0,5)\,5\,(1)\,10$
   $n = 7\,(1)\,11;\qquad \alpha = 3\,(1)\,10$
   verschiedenstellig

a) ROSEN 1931
b) $A_n(-1, \alpha)\quad A_n(1, \alpha)$
c) $n = 0\,(1)\,8;\qquad \alpha = 1,5\,(0,5)\,2,5\,(0,25)\,4,5$
   $\qquad\qquad\qquad 5,0\,(1)\,8,0\,(0,5)\,9;\ 10\,(2)\,14$
   $n = 9\,(1)\,16;\quad \alpha = 3\,(\text{var.})\,5\,(1)\,8\,(0,5)\,9;\ 10\,(2)\,14$
   sechsstellig und Zehnerpotenz

a) KOTANI, AMEMIYA, SIMOSE 1938
b) $A_n(1, \alpha)$
c) $n = 0\,(1)\,15;\ \alpha = 0,25\,(0,25)\,8,0\,(0,5)\,13\,(1)\,16\,(2)$
   $\qquad\qquad\qquad 20;\ 21;\ 22;\ 24$
   elfstellig und Zehnerpotenz

a) PREUSS 1954   Tabellen 19, 20
b) $A_n(1, \alpha)\quad A_n(-1, \alpha)$
c) $n = 0\,(1)\,10;\quad \alpha = 3,5\,(0,1)\,12,0$
   neunstellig ohne Zehnerpotenz

$$B_n(\alpha) = \int_{-1}^{+1} x^n\, e^{-\alpha x}\, dx \qquad \text{(Formel (4.7) 1. Teil)}$$

a) KOTANI, AMEMIYA, SIMOSE 1938
b) $B_n(\alpha)$
c) $n = 0\,(1)\,8;\quad \alpha = 0,25\,(0,25)\,8,0\,(0,5)\,13\,(1)\,16$
   $\qquad\qquad\qquad (2)\,20;\ 21;\ 22;\ 24$
   elfstellig und Zehnerpotenz

$$G_\tau^\nu(m;\gamma) = \int_{-1}^{+1} e^{-\gamma x}\, P_\tau^\nu(x)\,(1 - x^2)^{\frac{\nu}{2}}\, x^n\, dx$$
$$\text{(Formel (4.11) 1. Teil)}$$

a) KOTANI, AMEMIYA, SIMOSE 1938
b) $G_\tau^\nu(m;\gamma)$

---

c) $\gamma = 0,25\,(0,25)\,5,5\,(0,5)\,7,0$
   $\quad$ für $\nu = 0;\ \tau = 0\,(1)\,4;\ m = 0\,(1)\,4$
   $\qquad\qquad\qquad \tau = 5 \qquad\quad m = 0\,(1)\,3$
   $\qquad\qquad\qquad \tau = 6 \qquad\quad m = 0\,(1)\,2$
   $\qquad\qquad\qquad \tau = 7 \qquad\quad m = 0;\ 1$
   $\qquad\qquad\qquad \tau = 8 \qquad\quad m = 0$
   $\qquad\quad \nu = 1;\ \tau = 1\,(1)\,4;\ m = 0\,(1)\,3$
   $\qquad\qquad\qquad \tau = 5 \qquad\quad m = 0;\ 2$
   $\qquad\quad \nu = 2;\ \tau = 2\,(1)\,4;\ m = 0;\ 2$
   acht- bis neunstellig ohne Zehnerpotenz

$$f_\tau(m, \alpha) = \int_1^\infty e^{-\alpha x}\, x^m\, Q_\tau(x)\, dx$$
$$\text{(Formel (4.14a) 1. Teil)}$$
$$f_0(m, \alpha) = \int_1^\infty e^{-\alpha x}\, x^m\, Q_0(x)\, dx = F_m(\alpha)$$
$$\text{(Formel (4.14) 1. Teil)}$$

a) ROSEN 1931
b) $F_m(\alpha) \equiv f_0(m, \alpha)$
c) $\tau = 0;\quad m = 0\,(1)\,10;\quad \alpha = 0,5\,(0,5)\,5$
   $\qquad\qquad\qquad\qquad\qquad\qquad (1)\,10\,(2)\,14$
   $\qquad\qquad m = 11\,(1)\,20;\quad \alpha = 1,0\,(1)\,10\,(2)\,14$
   sechsstellig und Zehnerpotenz

a) BARTLETT 1931
b) $f_\tau(m, \alpha)$
c) $\tau = 1;\ m = 0\,(1)\,5;\quad \alpha = 1,5\,(0,5)\,5\,(1)\,10$
   $\qquad\qquad m = 6\,(1)\,11;\quad \alpha = 3\,(1)\,10$
   verschiedenstellig

a) KOTANI, AMEMIYA, SIMOSE 1938
b) $f_\tau(m, \alpha)$
c) $\tau = 0;\ m = 0\,(1)\,8;\qquad \alpha = 0,5;\ 1,0\,(0,25)\,6,5$
   $\qquad\qquad\qquad\qquad\qquad\qquad (0,5)\,11;\ 12$
   $\qquad\qquad\qquad\qquad\qquad\qquad (0,5)\,13\,(1)\,16$
   $\qquad\qquad\qquad\qquad\qquad\qquad (2)\,20;\ 21;\ 24$
   $\quad \tau = 0;\ m = 9\,(1)\,15;\quad \alpha = 1,0;\ 2,0\,(0,5)\,11;$
   $\qquad\qquad\qquad\qquad\qquad\qquad 12\ (0,5)\ 13\,(1)$
   $\qquad\qquad\qquad\qquad\qquad\qquad 16\,(2)\,20;\ 21;\ 24$
   $\quad \tau = 1;\ m = 0\,(1)\,7;\qquad \alpha = 0,5;\ 1,0\,(0,25)$
   $\qquad\qquad\qquad\qquad\qquad\qquad 6,5\,(0,5)\,11;\ 12$
   $\qquad\qquad\qquad\qquad\qquad\qquad (0,5)\,13\,(1)\,16$
   $\qquad\qquad\qquad\qquad\qquad\qquad (2)\,20;\ 21;\ 24$
   $\quad \tau = 1;\ m = 8\,(1)\,15;\quad \alpha = 1,0;\ 2,0\,(0,5)\,11;$
   $\qquad\qquad\qquad\qquad\qquad\qquad 12\,(0,5)\,13\,(1)\,16\,(2)$
   $\qquad\qquad\qquad\qquad\qquad\qquad 20;\ 21;\ 24$
   neunstellig mit Zehnerpotenz

$$S(m, \alpha;\, n, \beta) = \int_1^\infty x_1^m\, e^{-\alpha x_1}\, dx_1 \int_1^{x_1} x_2^n\, e^{-\beta x_2}\, dx_2$$
$$\text{(Formel (4.19) 1. Teil)}$$

---

* Die Stellenangabe bezieht sich auf die vom jeweiligen Verfasser angegebene Stellenzahl (bezieht sich nicht immer auf zählende Stellen).

Left column

a) HIRSCHFELDER, LINNETT 1950

b) $S(m, n; \alpha) \equiv S(m, \alpha; n, \alpha)$

c) $\alpha = 0,5\,(0,5)\,1,5;\ 1,75;\ 2,0\,(0,5)\,5,0\,(1,0)\,8,0\,(2,0)\,12,0$

    für $m = 1$ $n = 0\,(2)\,6$

         $m = 3$ $n = 0\,(2)\,6$

         $m = 5$ $n = 0\,(2)\,6$

    verschiedenstellig

---

a) Tabellen 39—56

b) $S(m, \alpha; n, \beta)$

c) $m, n = 0\,(1)\,5$ $\alpha, \beta = 0,5\,(0,5)\,10,0$

    sechsstellig und Zehnerpotenz

$$H_\tau^\nu(m, \alpha; n, \beta) = \int\limits_1^\infty \int\limits_1^\infty Q_\tau^\nu\!\begin{pmatrix} \mu_1 \\ \mu_2 \end{pmatrix} P_\tau^\nu\!\begin{pmatrix} \mu_2 \\ \mu_1 \end{pmatrix} e^{-(\varkappa\mu_1 + \beta\mu_2)} \times$$
$$[(\mu_2^2 - 1)(\mu_1^2 - 1)]^{\nu/2}\, \mu_1^m\, \mu_2^n\, d\mu_1\, d\mu_2$$
$$\text{(Formel (4.10) 1. Teil)}$$

a) HIRSCHFELDER, LINNETT 1950

b) $H(m, n; \alpha) \equiv H_0^0(m, \alpha; n\,\alpha)$

c) $\alpha = 0,5\,(0,5)\,1,5;\ 1,75;\ 2,0\,(0,5)\,5,0\,(1,0)\,8,0\,(2,0)\,12,0$

    für $m = 0$ $n = 0\,(2)\,6$

         $m = 2$ $n = 2\,(2)\,6$

         $m = 4$ $n = 4;\ 6$

         $m = 6$ $n = 6$

    verschiedenstellig

---

a) KOTANI, AMEMIYA, SIMOSE 1938

b) $W_\tau^\nu(m, n; \alpha) \equiv H_\tau^\nu(m, \alpha; n, \alpha)$

c) $\alpha = 1,0\,(0,25)\,5,5\,(0,5)\,7,0$

    für $\tau = 0$ $\nu = 0$ $m = 0\,(1)\,7$ $n = m\,(1)\,8$

       $\tau = 1$ $\nu = 0$ $m = 0\,(1)\,7$ $n = m\,(1)\,7$

       $\tau = 2$ $\nu = 0$ $m = 0\,(1)\,6$ $n = m\,(1)\,6$

       $\tau = 3$ $\nu = 0$ $m = 0\,(1)\,5$ $n = m\,(1)\,5$

       $\tau = 4$ $\nu = 0$ $m = 0\,(1)\,4$ $n = m\,(1)\,4$

       $\tau = 5$ $\nu = 0$ $m = 0\,(1)\,3$ $n = m\,(1)\,3$

       $\tau = 6$ $\nu = 0$ $m = 0;\ 2$ $n = m\,(2)\,2$

    achtstellig und Zehnerpotenz

---

a) KOTANI, AMEMIYA, SIMOSE 1938

b) $W_\tau^\nu(m, n; \alpha) \equiv H_\tau^\nu(m, \alpha; n, \alpha)$

c) $\alpha = 1,0\,(0,25)\,5,5\,(0,5)\,7,0$

    für $\tau = 1$ $\nu = 1$ $m = 0\,(1)\,5$ $n = m\,(1)\,6$

       $\tau = 2$ $\nu = 1$ $m = 0\,(1)\,5$ $n = m\,(1)\,5$

       $\tau = 3$ $\nu = 1$ $m = 0\,(1)\,4$ $n = m\,(1)\,4$

       $\tau = 4$ $\nu = 1$ $m = 0\,(1)\,3$ $n = m\,(1)\,3$

       $\tau = 5$ $\nu = 1$ $m = 0;\ 2$ $n = m\,(2)\,2$

       $\tau = 2$ $\nu = 2$ $m = 0;\ 2$ $n = m\,(2)\,2$

       $\tau = 4$ $\nu = 2$ $m = 0;\ 2$ $n = m\,(2)\,2$

    vier- bis achtstellig und Zehnerpotenz

---

a) Tabellen 21—38

b) $H_\tau^\nu(m, \alpha; n, \beta)$

c) $\tau = 0;\ \nu = 0;\ m, n = 0\,(1)\,4;\ \alpha, \beta = 0,5\,(0,5)\,10,0$

    sechsstellig und Zehnerpotenz

Right column

$$D_n^k(\gamma, \delta) = \int\limits_{-1}^{+1} x^k A_n(1 + x, \gamma)\, e^{+\delta\,\varkappa} dx$$
$$\text{(Formel (4.32) 1. Teil)}$$

a) Tabellen 57—78

b) $D_n^k(\gamma, \delta)$

c) $n = 0\,(1)\,2;\ \ k = 0\,(1)\,4 - n$

    $\gamma = 1,0\,(0,25)\,10,0;\ \ \delta = 0,5\,(0,5)\,20,0$

    siebenstellig mit Zehnerpotenz

$$F_{k,mn}(\alpha, \beta) = \int\limits_1^\infty d\mu \int\limits_{-1}^{+1} e^{-(\varkappa\mu + \beta\nu)}(\mu^2 - 1)^k \times$$
$$(\mu + \nu)^{-k-1}\, \mu^m\, \nu^n\, d\nu \qquad \text{(Formel (4.26a) 1. Teil)}$$

a) KOTANI, AMEMIYA, SIMOSE 1938

b) $F_{k,mn}(\alpha, \beta)$

c) $n = 0$ $k = 0$ $m = 0\,(1)\,7$

          $k = 1$ $m = 0\,(1)\,5$

          $k = 2$ $m = 0\,(1)\,3$

          $k = 3$ $m = 0;\ 1$

    für $\alpha = 2,0\,(0,25)\,3,0$ $\beta = -0,5\,(0,25)\,1,5$

        $\alpha = 3,25$ $\beta = 0,75\,(0,25)\,1,5$

        $\alpha = 3,5$ $\beta = 1,0$

        $\alpha = 3,75$ $\beta = 1,5$

        $\alpha = 4,0$ $\beta = 1,25;\ 2,0$

        $\alpha = 4,25$ $\beta = 1,75;\ 2,5$

        $\alpha = 4,5$ $\beta = 1,5;\ 2,25;\ 3,0$

        $\alpha = 4,75$ $\beta = 2,0;\ 2,75;\ 3,5$

        $\alpha = 5,0$ $\beta = 1,75\,(0,75)\,4,0$

        $\alpha = 5,25$ $\beta = 2,25\,(0,75)\,4,5$

        $\alpha = 5,5$ $\beta = 2,0\,(0,75)\,5,0$

        $\alpha = 5,75$ $\beta = 2,5\,(0,75)\,4,75$

        $\alpha = 6,0$ $\beta = 3,0\,(0,75)\,5,25$

        $\alpha = 6,25$ $\beta = 3,5\,(0,75)\,5,0$

        $\alpha = 6,5$ $\beta = 4,0\,(0,75)\,5,5$

        $\alpha = 6,75$ $\beta = 4,5;\ 5,25$

        $\alpha = 7,0$ $\beta = 5,0;\ 5,75$

        $\alpha = 7,25$ $\beta = 4,75;\ 5,5$

        $\alpha = 7,5$ $\beta = 5,25;\ 6,0$

        $\alpha = 7,75$ $\beta = 5,75$

        $\alpha = 8,0$ $\beta = 6,25$

    fünf- bis neunstellig ohne Zehnerpotenz

$$F_{mn}(\alpha, \beta) = \int\limits_1^\infty d\mu \int\limits_{-1}^{+1} (\mu + \nu)^{-m}\,(-\nu)^n \times$$
$$(1 - \nu^2)^{m-1}\, e^{-(\varkappa\mu + \beta\nu)}\, d\nu \quad \text{(Formel (4.26b) 1. Teil)}$$

a) MURAI, ARAKI 1952

b) $F_{mn}(\alpha, \beta)$

c) $m = 1$ $n = 0\,(1)\,9$

        $m = 2$ $n = 0\,(1)\,7$

        $m = 3$ $n = 0\,(1)\,5$

        $m = 4$ $n = 1;\ 3$

    für $\alpha = 2,0$ $\beta = 1,0$

        $\alpha = 2,5$ $\beta = 0,5$

        $\alpha = 3,0$ $\beta = 1,0$

<table>
<tr><td>

$\alpha = 3,5$ $\beta = 0,5;\ 1,5$
$\alpha = 4,0$ $\beta = 1,0\,(1,0)\ 3,0$
$\alpha = 4,5$ $\beta = 0,5$
$\alpha = 5,0$ $\beta = 1,0;\ 3,0$
$\alpha = 5,5$ $\beta = 3,5$
$\alpha = 6,0$ $\beta = 2,0\,(1,0)\ 5,0$
$\alpha = 7,0$ $\beta = 1,0;\ 3,0\,(1,0)\ 5,0$
$\alpha = 7,5$ $\beta = 4,5$

</td><td>

$\alpha = 8,0$ $\beta = 2,0;\ 4,0;\ 5,0$
$\alpha = 8,5$ $\beta = 6,5$
$\alpha = 9,0$ $\beta = 1,0;\ 5,0;\ 6,0$
$\alpha = 9,5$ $\beta = 5,5$
$\alpha = 10,0$ $\beta = 5,0$
$m = 1$ $n = 0\,(1)\ 9$
für $\alpha = 1\,(1)\ 6\,(2)\ 10;\quad \beta = 0$
verschiedenstellig

</td></tr>
</table>

1.7.2 Hauptintegrale

Erläuterung: λ, λ', λ'', λ''' bzw. α, β, γ, δ stehen in den Integralen an Stelle der SLATER-Funktionen Φ, Φ', Φ'', Φ''' (3.6) nach der Bezeichnungsweise von (3.7) mit den Quantenzahlen nlm, $n'l'm'$, $n''l''m''$ und $n'''l'''m'''$, R ist der Kernabstand und e und a_0 bedeuten die Elementarladung und den BOHRschen Atomradius

Einteilung der Tabellen:

a) Verfasser bzw. Tab.-Nr. im 3. Teil
b) Bezeichnungsweise des Verfassers im Vergleich zu der im 1. Teil verwendeten (3.7)
c) Die tabellierten Integrale und die berechneten Parameterbereiche in der hier verwendeten Bezeichnungsweise *

Einzentrenintegrale:

$$[a^k \mid \overset{\alpha}{\lambda_a}\ \overset{\beta}{\lambda_a'}] = \int r_a^k\, \Phi_a\, \Phi_a'\, d\tau \quad \text{(Formel (3.9) 1. u. 2. Teil)}$$

a) Tabellen 1—15

b) $[a^k \mid \overset{\alpha}{\lambda_a}\ \overset{\beta}{\lambda_a'}]$

c) $k = 0,\ -1,\ +1,\ -2,\ +2$
    $\lambda_a = 1,\ 2$
    $\lambda_a' = 1,\ 2$
    $\alpha,\ \beta = 0,5\,(0,5)\ 10,0$
    sechsstellig ohne Zehnerpotenz

Überlappungsintegrale:

$$[\lambda_a\, \lambda_b] = \int \Phi_a\, \Phi_b'\, d\tau \quad \text{(Formel (3.1) 1. u. 2. Teil)}$$

a) MULLIKEN, RIECKE, ORLOFF, ORLOFF 1949

b) $S(p, t;\ nlm, n'l'm') \equiv [\overset{\mu_a}{\lambda_a}\ \overset{\mu_b}{\lambda_b'}]$
    $p = \tfrac{1}{2}(\mu_a + \mu_b)\, R$
    $t = \dfrac{\mu_a - \mu_b}{\mu_a + \mu_b}$

c) $\lambda_a = 1s;\quad \lambda_b' = 1s,\ 2s,\ 2p\,\sigma,\ 3s,\ 3p\,\sigma,\ 5s,\ 5p\,\sigma$
    $\lambda_a = 2s;\quad \lambda_b' = 2s,\ 2p\,\sigma,\ 3s,\ 3p\,\sigma$
    $\lambda_a = 2p\,\sigma;\ \lambda_b' = 2p\,\sigma,\ 3s,\ 3p\,\sigma$
    $\lambda_a = 2p\,\pi;\ \lambda_b' = 2p\,\pi,\ 3p\,\pi,\ 5p\,\pi$
    $\lambda_a = 3s;\quad \lambda_b' = 3s,\ 3p\,\sigma$
    $\lambda_a = 3p\,\sigma;\ \lambda_b' = 3p\,\sigma$
    $\lambda_a = 3p\,\pi;\ \lambda_b' = 3p\,\pi$
    $\lambda_a = 5s;\quad \lambda_b' = 5s,\ 5p\,\sigma$
    $\lambda_a = 5p\,\sigma;\ \lambda_b' = 5p\,\sigma$
    $\lambda_a = 5p\,\pi;\ \lambda_b = 5p\,\pi$
    für verschiedene p- und t-Werte
    dreistellig ohne Zehnerpotenz

---

a) JAFFÉ 1953

b) $S(p, \tau;\ nlm, n'l'm') \equiv [\overset{\xi_a}{\lambda_a}\ \overset{\xi_b}{\lambda_b'}]$
    $p = \tfrac{1}{2}(\xi_a + \xi_b)\, R$
    $\tau = \dfrac{\xi_a - \xi_b}{\xi_a + \xi_b}$

---

c) $\lambda_a = 2p\,\pi;\ \lambda_b' = 3d\,\pi,\ 5d\,\pi$
    $\lambda_a = 3p\,\pi;\ \lambda_b' = 3d\,\pi,\ 5d\,\pi$
    $\lambda_a = 3d\,\pi;\ \lambda_b' = 3p\,\pi,\ 3d\,\pi,\ 5p\,\pi,\ 5d\,\pi$
    $\lambda_a = 3d\,\delta;\ \lambda_b' = 3d\,\delta,\ 5d\,\delta$
    $\lambda_a = 5p\,\pi;\ \lambda_b' = 5d\,\pi$
    $\lambda_a = 5d\,\pi;\ \lambda_b' = 5d\,\pi$
    $\lambda_a = 5d\,\delta;\ \lambda_b' = 5d\,\delta$
    für verschiedene p- und τ-Werte
    dreistellig ohne Zehnerpotenz

---

a) KOTANI, AMEMIYA, SIMOSE 1940

b) $S_{\alpha\beta} \equiv [\overset{\delta}{\alpha_a}\ \overset{1}{1_b}]\qquad \bar{\alpha} = \dfrac{R}{2}\,(\delta + 1),\ \bar{\beta} = \dfrac{R}{2}\,(\delta - 1)$

c) $[\overset{\delta}{2_a}\ \overset{1}{1_b}];\ [\overset{\delta}{3_a}\ \overset{1}{1_b}]$
    $\bar{\beta} = -0,5\,(0,25)\ 0,5;\quad \bar{\alpha} = 2,0\,(0,25)\ 3,0$
    $\bar{\beta} = 0,75\,(0,25)\ 1,5;\quad \bar{\alpha} = 2,0\,(0,25)\ 3,25$
    sechsstellig ohne Zehnerpotenz

---

a) KOPINECK 1950, 1951, 1952
    Tabellen 16—18

b) $S_{\alpha\beta} \equiv [\overset{\delta}{\alpha_a}\ \overset{\delta}{\beta_b}]$

c) $[\overset{\delta}{2_a}\ \overset{\delta}{2_b}],\ [\overset{\delta}{2_a}\ \overset{\delta}{3_b}],\ [\overset{\delta}{3_a}\ \overset{\delta}{3_b}],\ [\overset{\delta}{4_a}\ \overset{\delta}{4_b}],\ [\overset{\delta}{1_a}\ \overset{\delta}{1_b}],\ [\overset{\delta}{1_a}\ \overset{\delta}{2_b}],\ [\overset{\delta}{1_a}\ \overset{\delta}{3_b}],$
    $\delta R = 0,5\,(0,5)\ 7,0$
    fünfstellig mit Zehnerpotenz

---

a) Tabellen 79—92

b) $[\overset{\beta p_1}{1_a}\ \overset{\beta p_2}{1_b}] = R^3\, \pi \left(\dfrac{\beta^3}{\pi}\right)^{\frac{p_1 + p_2}{2}} f(\alpha \mid p_1 p_2);\qquad \alpha = \beta R$

c) $f(\alpha\mid 10),\ f(\alpha\mid 11),\ f(\alpha\mid 12),\ f(\alpha\mid 13),\ f(\alpha\mid 14),$
    $f(\alpha\mid 15),\ f(\alpha\mid 16);\ f(\alpha\mid 20),\ f(\alpha\mid 22),\ f(\alpha\mid 23),$
    $f(\alpha\mid 24),\ f(\alpha\mid 26);\ f(\alpha\mid 33),\ f(\alpha\mid 34);\ f(\alpha\mid 40),$
    $f(\alpha\mid 44);\ f(\alpha\mid 50);\ f(\alpha\mid 60);\ f(\alpha\mid 80).$
    für verschiedene α-Werte
    verschiedenstellig mit Zehnerpotenz

---

* Die Stellenangabe bezieht sich auf die vom jeweiligen Verfasser angegebene Stellenzahl (bezieht sich nicht immer auf zählende Stellen)

Übergangsintegrale:

$$[a^{-1}|\,\lambda_a\,\lambda_b'] = \int \frac{1}{r_a}\,\Phi_a\,\Phi_b'\,d\tau \left.\vphantom{\int}\right\}$$
$$[a^{-1}|\,\lambda_b\,\lambda_b'] = \int \frac{1}{r_a}\,\Phi_b\,\Phi_b'\,d\tau \left.\vphantom{\int}\right\}\quad \text{(Formel (3.2)}\atop\text{1. u. 2. Teil)}$$

a) KOTANI, AMEMIYA, SIMOSE 1940

b) $J_{\alpha\hbar} \equiv [a^{-1}|\,\overset{\delta}{\alpha}_a\,\overset{1}{1}_b]$ $J_{\hbar\alpha} \equiv [b^{-1}|\,\overset{\delta}{\alpha}_a\,\overset{1}{1}_b]$

$$\bar\alpha = \frac{R}{2}\,(\delta+1);\quad \bar\beta = \frac{R}{2}\,(\delta-1)$$

c) $[a^{-1}|\,\overset{\delta}{2}_a\,\overset{1}{1}_b]$, $[a^{-1}|\,\overset{\delta}{3}_a\,\overset{1}{1}_b]$, $[b^{-1}|\,\overset{\delta}{2}_a\,\overset{1}{1}_b]$, $[b^{-1}|\,\overset{\delta}{3}_a,\,\overset{1}{1}_b]$

für

$\bar\beta = -0{,}5\,(0{,}25)\,0{,}5;\ \bar\alpha = 2{,}0\,(0{,}25)\,3{,}0$

und

$\bar\beta = 0{,}75\,(0{,}25)\,1{,}5;\ \ \bar\alpha = 2{,}0\,(0{,}25)\,3{,}25$

   sechsstellig ohne Zehnerpotenz

$K_{\hbar\hbar} \equiv [a^{-1}|\,\overset{1}{1}_a\,\overset{1}{1}_b]$

für $R = 0{,}5\,(0{,}25)\,3{,}5$

   sechsstellig ohne Zehnerpotenz

$K_{\alpha\alpha} \equiv [a^{-1}|\,\overset{\delta}{0}_b\,\overset{\delta}{\alpha}_b]$

$\dfrac{1}{\delta}[a^{-1}|\,\overset{\delta}{2}_b\,\overset{\delta}{2}_b]$, $\dfrac{1}{\delta}[a^{-1}|\,\overset{\delta}{3}_b\,\overset{\delta}{2}_b]$, $\dfrac{1}{\delta}[a^{-1}|\,\overset{\delta}{3}_b\,\overset{\delta}{3}_b]$,

$\dfrac{1}{\delta}[a^{-1}|\,\overset{\delta}{4}_b\,\overset{\delta}{4}_b]$

   für $\delta R = 1{,}0\,(0{,}25)\,5{,}5\,(0{,}5)\,7{,}0$
   sechsstellig ohne Zehnerpotenz

---

a) MURAI, ARAKI 1952

b) $R(\varphi\,\psi) = \int U_a^0\,\varphi_a\,\psi_b\,d\tau = [U_a^0|\,\lambda_a\,\lambda_b']$

$\quad Q(\psi) = \int U_a^0\,\psi_b^2\,d\tau = [U_a^0|\,\lambda_b\,\lambda_b']$

mit
$$U_a^0 = -(4r_a)^{-1}[16 + 12\,\varkappa_0\,r_a + 4(\varkappa_0 r_a)^2 + (\varkappa_0\,r_a)^3]e^{-\varkappa_0 r_a}$$

c) $\dfrac{1}{\varkappa_0}[U_a^0|\,\overset{\varkappa_0}{4}_a\,\overset{\varkappa}{4}_b]$; $\dfrac{1}{\varkappa_0}[U_a^0|\,\overset{\varkappa}{4}_a\,\overset{\varkappa}{4}_b]$; $\dfrac{1}{\varkappa_0}[U_a^0|\,\overset{\varkappa}{4}_b\,\overset{\varkappa}{4}_b]$

   für $\varkappa_0 R = 6\,(2)\,10;\ \varkappa R = 2\,(2)\,\varkappa_0 R$
   neunstellig ohne Zehnerpotenz

---

a) KOPINECK 1950, 1951, 1952
   Tabellen 16, 17, 18

b) $J_{\alpha\beta} \equiv e^2[b^{-1}|\,\overset{\delta}{\alpha}_a\,\overset{\delta}{\beta}_b]$; $K_{\alpha\beta} \equiv e^2[b^{-1}|\,\overset{\delta}{\alpha}_a\,\overset{\delta}{\beta}_a]$

c) Alle existierenden Integrale der K- und L-Schale
   für $\delta R = 0{,}5\,(0{,}5)\,7{,}0$
   fünfstellig mit Zehnerpotenz

---

a) Tabellen 79—92

b) $[a^{-1}|\,\overset{\beta p_1}{1}_a\,\overset{\beta p_2}{1}_b] = R^2\pi\left(\dfrac{\beta^3}{\pi}\right)^{\frac{1}{2}(p_1+p_2)} g(\alpha|p_1\,p_2)$

$\quad \alpha = \beta R$

c) $g(\alpha|10)$, $g(\alpha|11)$, $g(\alpha|12)$, $g(\alpha|13)$, $g(\alpha|14)$,
   $g(\alpha|16)$; $g(\alpha|20)$, $g(\alpha|22)$, $g(\alpha|23)$, $g(\alpha|24)$,
   $g(\alpha|26)$; $g(\alpha|33)$, $g(\alpha|34)$; $g(\alpha|40)$, $g(\alpha|44)$;
   $g(\alpha|50)$, $g(\alpha|51)$; $g(\alpha|60)$; $g(\alpha|80)$,
   und einige Vertauschungen von p_1, p_2
      für verschiedene α-Werte, verschiedenstellig
      mit Zehnerpotenz

$$[b^{-2}|\,\lambda_a\,\lambda_b'] = \int \frac{1}{r_b^2}\,\Phi_a\,\Phi_b'\,d\tau \left\{ {\text{(Formel (3.8)}\atop\text{1. u. 2. Teil)}} \right.$$

a) KOPINECK 1952
   Tabelle 18

b) $D_{\alpha\beta} \equiv e^2\,a_0\,[b^{-2}|\,\overset{\delta}{\alpha}_a\,\overset{\delta}{\beta}_b]$

c) $[b^{-2}|\,\overset{\delta}{1}_a\,\overset{\delta}{2}_b]$
   $\delta R = 0{,}5\,(0{,}5)\,7{,}0$
   fünfstellig mit Zehnerpotenz

Impulsintegrale:

$$[\varDelta|\,\lambda_a\,\lambda_b'|\,\lambda_a''\,\lambda_b'''] = \int \Phi_a\,\Phi_b'\,\varDelta\,\Phi_a''\,\Phi_b'''\,d\tau$$
   (Formel (3.3) 1. Teil)

a) Tabellen 79—92

b) $[\varDelta|\,\overset{\beta p_1}{1}_a\,\overset{\beta p_2}{1}_b|\,\overset{\beta p_3}{1}_a\,\overset{\beta p_4}{1}_b]$
   $= R\pi\left(\dfrac{\beta^3}{\pi}\right)^{\frac{1}{2}(p_1+p_2+p_3+p_4)} h(\alpha|p_1\,p_2\,p_3\,p_4);\ \alpha = \beta R$

c) $h(\alpha|0101)$, $h(\alpha|0102)$, $h(\alpha|0110)$,
   $h(\alpha|0111)$, $h(\alpha|0112)$, $h(\alpha|0120)$,
   $h(\alpha|0121)$, $h(\alpha|0122)$, $h(\alpha|0130)$, $h(\alpha|0131)$;
   $h(\alpha|0202)$, $h(\alpha|0211)$, $h(\alpha|0212)$,
   $h(\alpha|0220)$, $h(\alpha|0221)$, $h(\alpha|0222)$;
   $h(\alpha|0303)$, $h(\alpha|0313)$; $h(\alpha|1111)$,
   $h(\alpha|1112)$; $h(\alpha|1212)$, $h(\alpha|1221)$,
   $h(\alpha|1222)$; $h(\alpha|1313)$; $h(\alpha|2222)$
      für verschiedene α-Werte
      verschiedenstellig mit Zehnerpotenz

COULOMB-Integrale (s. Fußnote[1] auf Seite 20):
$$[\lambda_a\lambda_b'|\,\lambda_a''\lambda_b'''] = \iint \Phi_a(1)\,\Phi_b'(2)\,\frac{1}{r_{12}}\,\Phi_a''(1)\,\Phi_b'''(2)\,d\tau_1\,d\tau_2$$
   (Formel (2.4) 1. u. 2. Teil)

a) KOTANI, AMEMIYA, SIMOSE 1940

b) $M_{\alpha\beta} \equiv [\overset{\delta}{\alpha}_a\,\overset{1}{1}_b|\,\overset{\delta}{\beta}_a\,\overset{1}{1}_b]$

$\quad \bar\alpha = \dfrac{R}{2}\,(\delta+1);\quad \bar\beta = \dfrac{R}{2}\,(\delta-1)$

c) $[\overset{\delta}{2}_a\,\overset{1}{1}_b|\,\overset{\delta}{2}_a\,\overset{1}{1}_b]$; $[\overset{\delta}{3}_a\,\overset{1}{1}_b|\,\overset{\delta}{2}_a\,\overset{1}{1}_b]$
   $[\overset{\delta}{3}_a\,\overset{1}{1}_b|\,\overset{\delta}{3}_a\,\overset{1}{1}_b]$; $[\overset{\delta}{4}_a\,\overset{1}{1}_b|\,\overset{\delta}{4}_a\,\overset{1}{1}_b]$
   für $\bar\beta = -0{,}5\,(0{,}25)\,0{,}5;\ \bar\alpha = 2{,}0\,(0{,}25)\,3{,}0$
   und $\bar\beta = 0{,}75\,(0{,}25)\,1{,}5;\ \bar\alpha = 2{,}0\,(0{,}25)\,3{,}25$
      sechsstellig ohne Zehnerpotenz

a) MURAI, ARAKI 1952

b) $C(\varphi\,\psi,\,\chi\,\zeta) \equiv [\overset{\varkappa}{\lambda}_a\,\overset{\varkappa_0}{\lambda}_b'|\,\overset{\varkappa}{\lambda}_a''\,\overset{\varkappa_0}{\lambda}_b''']$

$\quad C(\varphi\,\psi,\,\chi\,\zeta) = \iint \varphi_a(1)\,\chi_b(2)\,\dfrac{1}{r_{12}}\,\psi_a(1)\,\zeta_b(2)\,d\tau_1\,d\tau_2$

c) $\dfrac{1}{\varkappa_0}[\overset{\varkappa}{4}_a\,\overset{\varkappa_0}{2}_b|\,\overset{\varkappa}{4}_a\,\overset{\varkappa_0}{2}_b]$; $\dfrac{1}{\varkappa_0}[\overset{\varkappa}{4}_a\,\overset{\varkappa_0}{3}_b|\,\overset{\varkappa}{4}_a\,\overset{\varkappa_0}{3}_b]$
   $\dfrac{1}{\varkappa_0}[\overset{\varkappa}{4}_a\,\overset{\varkappa_0}{4}_b|\,\overset{\varkappa}{4}_a\,\overset{\varkappa_0}{4}_b]$; $\dfrac{1}{\varkappa_0}[\overset{\varkappa}{5}_a\,\overset{\varkappa_0}{4}_b|\,\overset{\varkappa}{5}_a\,\overset{\varkappa_0}{4}_b]$; $\dfrac{1}{\varkappa_0}[\overset{\varkappa}{4}_a\,\overset{\varkappa_0}{4}_b|\,\overset{\varkappa}{5}_a\,\overset{\varkappa_0}{5}_b]$
   für $\varkappa_0 R = 6\,(2)\,10;\ \varkappa R = 2\,(2)\,\varkappa_0 R$
   sechs- bis achtstellig ohne Zehnerpotenz

a) KOPINECK 1950, 1951, 1952
   Tabellen 16, 17, 18

b) $C_{\alpha\beta\gamma\delta} = e^2 [\overset{\delta}{\alpha}_a \overset{\delta}{\beta}_b | \overset{\delta}{\gamma}_a \overset{\delta}{\delta}_b]$

c) alle existierenden Integrale der K- und L-Schale
   $\delta R = 0,5\,(0,5)\,7,0$
   fünfstellig mit Zehnerpotenz

Ionenintegrale:

$[\lambda_a \lambda_a' | \lambda_a'' \lambda_b''']$
$= \iint \Phi_a(1)\, \Phi_a'(2)\, \frac{1}{r_{12}}\, \Phi_a''(1)\, \Phi_b'''(2)\, d\tau_1\, d\tau_2$
(Formel (3.5) 1. u. 2. Teil)

---

a) KOTANI, AMEMIYA, SIMOSE 1940

b) $L_{\alpha\beta\gamma h} = [\overset{\delta}{\alpha}_a \overset{\delta}{\beta}_a | \overset{\delta}{\gamma}_a \overset{1}{1}_b];\quad L_{hh\alpha h} = [\overset{1}{1}_b \overset{1}{1}_b | \overset{\delta}{\alpha}_a \overset{1}{1}_b]$

$\bar{\alpha} = \frac{R}{2}(\delta + 1);\quad \bar{\beta} = \frac{R}{2}(\delta - 1)$

c) $[\overset{\delta}{2}_a \overset{\delta}{2}_a | \overset{\delta}{2}_a \overset{1}{1}_b];\ [\overset{\delta}{2}_a \overset{\delta}{3}_a | \overset{\delta}{2}_a \overset{1}{1}_b];\ [\overset{\delta}{2}_a \overset{\delta}{2}_a | \overset{\delta}{3}_a \overset{1}{1}_b]$
$[\overset{\delta}{2}_a \overset{\delta}{3}_a | \overset{\delta}{3}_a \overset{1}{1}_b];\ [\overset{\delta}{3}_a \overset{\delta}{2}_a | \overset{\delta}{3}_a \overset{1}{1}_b];\ [\overset{\delta}{3}_a \overset{\delta}{3}_a | \overset{\delta}{3}_a \overset{1}{1}_b]$
$[\overset{\delta}{4}_a \overset{\delta}{2}_a | \overset{\delta}{4}_a \overset{1}{1}_b];\ [\overset{\delta}{4}_a \overset{\delta}{4}_a | \overset{\delta}{2}_a \overset{1}{1}_b];\ [\overset{\delta}{4}_a \overset{\delta}{3}_a | \overset{\delta}{4}_a \overset{1}{1}_b]$
$[\overset{\delta}{4}_a \overset{\delta}{4}_a | \overset{\delta}{2}_a \overset{1}{1}_b];\ [\overset{1}{1}_b \overset{1}{1}_b | \overset{\delta}{2}_a \overset{1}{1}_b];\ [\overset{1}{1}_b \overset{1}{1}_b | \overset{\delta}{3}_a \overset{1}{1}_b]$
für $\bar{\beta} = -0,5\,(0,25)\,0,5;\quad \bar{\alpha} = 2,0\,(0,25)\,3,0$
und $\bar{\beta} = 0,75\,(0,25)\,1,5;\quad \bar{\alpha} = 2,0\,(0,25)\,3,25$
sechsstellig ohne Zehnerpotenz

---

a) MURAI, ARAKI 1952

b) $H(\varphi\psi, \chi\zeta) = [\overset{\varkappa}{\lambda}_a \overset{\varkappa_0}{\lambda}_b' | \overset{\varkappa_0}{\lambda}_b'' \overset{\varkappa_0}{\lambda}_b''']$ bzw.: $[\overset{\varkappa}{\lambda}_a \overset{\varkappa_0}{\lambda}_b' | \overset{\varkappa}{\lambda}_b'' \overset{\varkappa_0}{\lambda}_b''']$
$H(\varphi\psi, \chi\zeta)$
$= \iint \varphi_a(1)\, \chi_b(2)\, \frac{1}{r_{12}}\, \psi_b(1)\zeta_b(2)\, d\tau_1\, d\tau_2$

c) $\frac{1}{\varkappa_0}[\overset{\varkappa}{4}_a \overset{\varkappa_0}{2}_b | \overset{\varkappa_0}{4}_b \overset{\varkappa_0}{2}_b];\ \frac{1}{\varkappa_0}[\overset{\varkappa}{4}_a \overset{\varkappa_0}{2}_b | \overset{\varkappa}{4}_b \overset{\varkappa_0}{2}_b]$
für $\varkappa_0 R = 6\,(2)\,10;\ \varkappa R = 2\,(2)\,\varkappa_0 R$
achtstellig ohne Zehnerpotenz

$H(\varphi, \psi, \chi\zeta) = [\overset{\varkappa}{\lambda}_a \overset{\varkappa_0}{\lambda}_b' | \overset{\varkappa_0}{\lambda}_b'' \overset{\varkappa_0}{\lambda}_b''']$ bzw. $[\overset{\varkappa}{\lambda}_a \overset{\varkappa_0}{\lambda}_b' | \overset{\varkappa}{\lambda}_b'' \overset{\varkappa_0}{\lambda}_b''']$

$\frac{1}{\varkappa_0}[\overset{\varkappa}{4}_a \overset{\varkappa_0}{3}_b | \overset{\varkappa_0}{4}_b \overset{\varkappa_0}{3}_b];\ \frac{1}{\varkappa_0}[\overset{\varkappa}{4}_a \overset{\varkappa_0}{4}_b | \overset{\varkappa_0}{4}_b \overset{\varkappa_0}{4}_b];\ \frac{1}{\varkappa_0}[\overset{\varkappa}{5}_a \overset{\varkappa_0}{4}_b | \overset{\varkappa_0}{5}_b \overset{\varkappa_0}{4}_b]$

$\frac{1}{\varkappa_0}[\overset{\varkappa}{4}_a \overset{\varkappa_0}{4}_b | \overset{\varkappa_0}{5}_b \overset{\varkappa_0}{5}_b];\ \frac{1}{\varkappa_0}[\overset{\varkappa}{4}_a \overset{\varkappa_0}{3}_b | \overset{\varkappa}{4}_b \overset{\varkappa_0}{3}_b];\ \frac{1}{\varkappa_0}[\overset{\varkappa}{4}_a \overset{\varkappa_0}{4}_b | \overset{\varkappa}{4}_b \overset{\varkappa_0}{4}_b]$

$\frac{1}{\varkappa_0}[\overset{\varkappa}{5}_a \overset{\varkappa_0}{4}_b | \overset{\varkappa}{5}_b \overset{\varkappa_0}{4}_b];\ \frac{1}{\varkappa_0}[\overset{\varkappa}{4}_a \overset{\varkappa_0}{4}_b | \overset{\varkappa}{5}_b \overset{\varkappa_0}{5}_b]$

$\varkappa_0 R = 6 \qquad \varkappa R = 2\,(2)\,6$
$\varkappa_0 R = 8;\ 10;\ \varkappa R = 4\,(2)\,\varkappa_0 R$
sechs- bis achtstellig ohne Zehnerpotenz

---

a) KOPINECK 1950, 1951, 1952
   Tabellen 16, 17, 18

b) $L_{\alpha\beta\gamma\delta} = e^2 [\overset{\delta}{\alpha}_a \overset{\delta}{\beta}_a | \overset{\delta}{\gamma}_a \overset{\delta}{\delta}_b]$

c) alle existierenden Integrale der K- und L-Schale
   für $\delta R = 0,5\,(0,5)\,7,0$
   fünfstellig mit Zehnerpotenz

Austauschintegrale:

$[\lambda_b \lambda_a' | \lambda_a'' \lambda_b''']$
$= \iint \Phi_a'(2)\, \Phi_b(1)\, \frac{1}{r_{12}}\, \Phi_a''(1)\, \Phi_b'''(2)\, \delta\tau_1\, \delta\tau_2$
(Formel (3.4) 1. u. 2. Teil)

---

a) KOTANI, AMEMIYA, SIMOSE 1940

b) $N_{\alpha\beta} = [\overset{1}{1}_b \overset{\delta}{\alpha}_a | \overset{\delta}{\beta}_a \overset{1}{1}_b]$

$\bar{\alpha} = \frac{R}{2}(\delta + 1);\quad \bar{\beta} = \frac{R}{2}(\delta - 1)$

c) $[\overset{1}{1}_b \overset{\delta}{2}_a | \overset{\delta}{2}_a \overset{1}{1}_b];\ [\overset{1}{1}_b \overset{\delta}{3}_a | \overset{\delta}{2}_a \overset{1}{1}_b]$
$[\overset{1}{1}_b \overset{\delta}{3}_a | \overset{\delta}{3}_a \overset{1}{1}_b];\ [\overset{1}{1}_b \overset{\delta}{4}_a | \overset{\delta}{4}_a \overset{1}{1}_b]$
für $\bar{\beta} = -0,5\,(0,25)\,0,5;\quad \bar{\alpha} = 2,0\,(0,25)\,3,0$
$\bar{\beta} = 0,75\,(0,25)\,1,5;\quad \bar{\alpha} = 2,0\,(0,25)\,3,25$
sechsstellig ohne Zehnerpotenz

---

a) KOPINECK 1950, 1951, 1952
   Tabellen 16, 17, 18

b) $A_{\alpha\beta\gamma\delta} = e^2 [\overset{\delta}{\alpha}_b \overset{\delta}{\beta}_a | \overset{\delta}{\gamma}_a \overset{\delta}{\delta}_b]$

c) alle existierenden Integrale der K- und L-Schale
   $\delta R = 0,5\,(0,5)\,7,0$
   fünfstellig mit Zehnerpotenz

---

[1] Während der Korrektur erschienen von ROOTHAAN (1955) die Tabellen der COULOMB-Integrale der K- und L-Schale. Der Übergang zu unserer Bezeichnungsweise ist:

$$[\chi_a \chi_a' | \chi_b \chi_b'] = [\overset{\zeta_a}{\chi}_a \overset{\zeta_b}{\chi}_b | \overset{\zeta_a'}{\chi}_a' \overset{\zeta_b'}{\chi}_b']$$

$$\tau = (\zeta_a + \zeta_a' - \zeta_b - \zeta_b') / (\zeta_a + \zeta_a' + \zeta_b + \zeta_b');\qquad \varrho = \frac{1}{4}(\zeta_a + \zeta_a' + \zeta_b + \zeta_b')\,R$$

Die Hauptintegrale werden durch Hilfsintegrale dargestellt, die im Bereich $\tau = 0\,(0,1)\,0,9$ und $\varrho = 0\,(0,2)\,10,0$ tabelliert sind. Achtstellig ohne Zehnerpotenz.

Zweiter Teil

Integralformeln und Literaturverzeichnis
2.1 Einführung

Dieser Teil gliedert sich in sechs Abschnitte (2.1) bis (2.6), von denen die vier mittleren den verschiedenen Integraltypen und der Tatsache gleicher oder ungleicher Abschirmzahlen in den verwendeten Funktionen Rechnung tragen:

In (2.2) ist die Integralformel für die *Einzentrenintegrale* (3.9) angegeben, deren numerische Werte im Teil 3 als Tabellen 1 bis 15 zu finden sind.

Der Abschnitt (2.3) enthält die analytischen Darstellungen der *Wechselwirkungsintegrale* der K- und L-*Schale*, wenn die in den Integralen stehenden SLATER-Funktionen *gleiche effektive Abschirmzahlen* (δ) enthalten. Die Formelnummern im Teil 1 sind (3.1a) (3.2a) (3.4a) (3.5a) und (3.8a). Die dazugehörigen Zahlenwerte finden sich in den Tabellen 16, 17, 18. Da wir für diese Integrale auch die Bezeichnungen von KOPINECK (1950; 1951; 1952) beibehalten haben, soll noch einmal der Übergang zu der sonst hier verwendeten Bezeichnungsweise angegeben werden: Die SLATER-Funktionen $\varphi^{nlm}(i)$ (3.6) für die Zustände $1s$, $2s$, $2p\sigma$, $2p\pi$, $2p\pi'$ werden von uns, entsprechend einer fortlaufenden Numerierung, mit den Zahlen $1, 2, 3, 4$ und 5 bezeichnet (3.7) oder allgemein als $\lambda, \lambda', \lambda'', \lambda'''$ oder $\alpha, \beta, \gamma, \delta$. Bei KOPINECK ergibt sich die Unterscheidung (bei Funktionen und Integralen) durch die Indizes k, s, σ, π, π'. Die folgende Tabelle gibt diese Zusammenhänge noch einmal zusammengefaßt wieder, wobei auch die Quantenzahlen n, l, m des betreffenden Zustandes beigefügt worden sind.

Hier verwendete Bezeichnungsweise	Zustand	n	l	m	Bezeichnungsweise bei Kopineck
1	$1s$	1	0	0	k
2	$2s$	2	0	0	s
3	$2p\sigma$	2	1	0	σ
4	$2p\pi$	2	1	$+1$	π
5	$2p\pi'$	2	1	-1	π'

Für eine wasserstoffähnliche $2s$-Funktion wurde von KOPINECK das Zeichen s' eingeführt

$$\psi_{s'} = \mathfrak{R}\{\beta\,\psi_k - \psi_s\} \tag{1.1}$$

$\mathfrak{R}$ und β wurden durch Normierung von $\psi_{s'}$ und Orthogonalität von $\psi_{s'}$ auf der $1s$-Funktion $\sqrt{\dfrac{\varepsilon^3}{\pi}}\,e^{-\varepsilon r}$ bestimmt. Es ergab sich (KOPINECK 1952)

$$\mathfrak{R} = \frac{\varepsilon + \delta}{(\delta^2 + \varepsilon^2 - \varepsilon\,\delta)^{\frac{1}{2}}} \tag{1.2}$$

$$\beta = \sqrt{3}\,\frac{\delta}{\varepsilon + \delta}$$

Ferner gilt noch

$$S_{\alpha\beta} \equiv S_{\beta\alpha} \tag{1.3}$$

$$K_{\alpha\beta} \equiv K_{\beta\alpha} \quad \text{aber} \quad J_{\alpha\beta} \not\equiv J_{\beta\alpha}$$

$$C_{\alpha\beta\gamma\delta} \equiv C_{\gamma\beta\alpha\delta} \equiv C_{\alpha\delta\gamma\beta} \equiv C_{\gamma\delta\alpha\beta} \equiv C_{\delta\gamma\beta\alpha} \equiv C_{\delta\alpha\beta\gamma} \equiv C_{\beta\gamma\delta\alpha} \equiv C_{\beta\alpha\delta\gamma}$$

$$A_{\alpha\beta\gamma\delta} \equiv A_{\beta\alpha\delta\gamma} \equiv A_{\gamma\delta\alpha\beta} \equiv A_{\delta\gamma\beta\alpha}$$

$$L_{\alpha\beta\gamma\bar\delta} \equiv L_{\gamma\beta\alpha\delta}$$

Im Abschnitt (2.4) sind daher die Gleichungen zu finden, die den Übergang von den mit $\psi_{s'}$ gebildeten Integrale zu denen mit ψ_k und ψ_s darstellen.

Der Abschnitt (2.5) enthält die analytischen Darstellungen der *Überlappungs-* und *Übergangsintegrale* der K- und L-*Schale*, wenn die in den Integralen stehenden SLATER-Funktionen *ungleiche effektive Abschirmzahlen* (α, β) besitzen. Es sind dies die Integrale, (3.2) und (3.8) des Teil 1, wobei für $m = 0$, $n = -2$, oder für $m = -2$, $n = 0$ ist (3.8).

Die vorliegenden Integralformeln führen die Hauptintegrale auf Hilfsfunktionen zurück, die im Abschnitt (1.4) behandelt worden sind und zum Teil, in Erweiterung der bisher von anderen Autoren angegebenen Zahlenwerten, in den Tabellen 19 bis 78 des Teil 3 zu finden sind. Nur einfachere Integrale (z. B. COULOMB-Integrale) sind in der Formelsammlung explizit angegeben worden.

Auf einige abkürzende Bezeichnungen der Hilfsfunktionen muß noch hingewiesen werden: Im Absatz (2.3) werden für $A_n(1, \alpha)$, $G_\tau^\nu(m, \alpha)$ und $W_\tau^\nu(m, n; \alpha)$ die Abkürzungen $A_n(\alpha)$, $G_\tau^\nu(m)$ und $W_\tau^\nu(m, n)$ verwendet, wobei für $\nu = 0$ der Index ν weggelassen wird, und, im Teil 1 angegeben, $W_\tau^\nu(m, n, \alpha)$ $\equiv H_\tau^\nu(m\,\alpha; n\,\alpha)$ ist. Der Faktor $\left(\dfrac{Z\,e^2}{a_0}\right)$ bei allen Integralen in (2.3) ($Z =$ effektive Kernladung, $e =$ Elementarladung und $a_0 =$ BOHRscher Atomradius), geht bei Einführung von atomaren Einheiten [Fußnote im Abschnitt (1.2)] in $Z\,e^2$ über und hängt dann mit der effektiven Abschirmzahl δ durch die Gleichung

$$Z\,e^2 = 2\,\delta e^2 \tag{1.4}$$

zusammen. *Die Numerierung der Integralformeln ist die des Teil 1 (siehe Benutzungsanweisung).*

2.2 Einzentrenintegrale der K- und L-Schale für verschiedene effektive Abschirmzahlen (α, β) in den SLATER-Funktionen

(Teil 3, Tabellen 1 bis 15)

$$[a^{\pm k} | \overset{\alpha}{\lambda_a}\ \overset{\beta}{\lambda'_a}] = \left(\frac{2\alpha}{\alpha + \beta}\right)^{n+\frac{1}{2}} \left(\frac{2\beta}{\alpha + \beta}\right)^{n'+\frac{1}{2}} \frac{(n \mp n' \pm k)!}{[(2n)!\,(2n')!]^{\frac{1}{2}}} (\alpha + \beta)^{\mp k}\, \delta_{mm'}\, \delta_{ll'} \quad \cdots \quad (3.9)$$

wo:

$$\delta_{ll'} = \begin{cases} 1 & l = l' \\ 0 & l \neq l' \end{cases}$$

entsprechend $\delta_{mm'}$.

$n, l\ m$ sind die Quantenzahlen von λ_a, $n'\,l'\,m'$ entsprechend für λ'_a.

2.3 Wechselwirkungsintegrale der K- und L-Schale für gleiche effektive Abschirmzahlen δ in den SLATER-Funktionen

(Teil 3, Tabellen 16 bis 18)

Überlappungsintegrale:

$$S_{\alpha\beta} = [\overset{\delta}{\lambda_a}\ \overset{\delta}{\beta_b}] \quad \cdots \quad (3.1\,a)$$

$$S_{s's'} = e^{-\alpha}\left[1 + \alpha + \frac{1}{3}\alpha^2 + \frac{1}{15}\alpha^4\right]$$

$$S_{ss} = \frac{1}{24}\alpha^5\left[\frac{1}{5}A_0(\alpha) - \frac{2}{3}A_2(\alpha) + A_4(\alpha)\right]$$

$$S_{s\sigma} = \frac{1}{12\sqrt{3}}\alpha^5\left[-\frac{1}{5}A_1(\alpha) + A_3(\alpha)\right]$$

$$S_{\sigma\sigma} = \frac{1}{8}\alpha^5\left[-\frac{1}{3}A_0(\alpha) + \frac{6}{5}A_2(\alpha) - \frac{1}{3}A_4(\alpha)\right]$$

$$S_{\pi\pi} = \frac{1}{24}\alpha^5\left[\frac{1}{5}A_0(\alpha) - \frac{6}{5}A_2(\alpha) + A_4(\alpha)\right]$$

Übergangsintegrale:

$$J_{\alpha\beta} = e^2[b^{-1}|\overset{\delta}{\lambda_a}\ \overset{\delta}{\beta_b}] = e^2[a^{-1}|\overset{\delta}{\beta_a}\ \overset{\delta}{\lambda_b}] \quad \cdots \quad (3.2\,a)$$

$$J_{s's'} = \frac{e^{-\alpha}}{2}\left[\frac{1}{2} + \frac{\alpha}{2} - \frac{\alpha^2}{3} + \frac{\alpha^3}{6}\right]\left(\frac{Z\,e^2}{a_0}\right)$$

$$J_{ss} = \frac{1}{72}\,\alpha^4\,[-A_1(\alpha) + 3A_3(\alpha)]\left(\frac{Ze^2}{a_0}\right)$$

$$J_{\sigma s} = \frac{1}{24\sqrt{3}}\,[\alpha^4 - A_0(\alpha) + 3A_2(\alpha)]\left(\frac{Ze^2}{a_0}\right)$$

$$J_{s\sigma} = \frac{1}{24\sqrt{3}}\,\alpha^4\,[A_0(\alpha) + A_2(\alpha)]\left(\frac{Ze^2}{a_0}\right)$$

$$J_{\sigma\sigma} = \frac{1}{24}\,\alpha^4\,[3A_1(\alpha) - A_3(\alpha)]\left(\frac{Ze^2}{a_0}\right)$$

$$J_{\pi\pi} = \frac{1}{24}\,\alpha^4\,[-A_1(\alpha) + A_3(\alpha)]\left(\frac{Ze^2}{a_0}\right)$$

Übergangsintegrale:

$$D_{\alpha\beta} = e^2 a_0\,[a^{-2}|\overset{\delta}{\alpha}_a\,\overset{\delta}{\beta}_b] = e^2 a_0\,[b^{-2}|\overset{\delta}{\beta}_a\,\overset{\delta}{\alpha}_b] \quad\ldots\ldots\ldots\ldots\ldots \text{(3.8a)}$$

$$D_{ks} = \frac{1}{4\sqrt{3}}\,(1+\alpha)\,e^{-\alpha}\left(\frac{Z^2 e^2}{a_0}\right)$$

Übergangsintegrale:

$$K_{\alpha\beta} = e^2\,[b^{-1}|\overset{\delta}{\alpha}_a\,\overset{\delta}{\beta}_a] = e^2\,[a^{-1}|\overset{\delta}{\alpha}_b\,\overset{\delta}{\beta}_b] \quad\ldots\ldots\ldots\ldots\ldots \text{(3.2a)}$$

$$K_{s's'} = \left\{\frac{1}{2\alpha} - \frac{e^{-2\alpha}}{2}\left[\frac{1}{\alpha} + \frac{3}{2} + \alpha + \alpha^2\right]\right\}\left(\frac{Ze^2}{a_0}\right)$$

$$K_{ss} = \frac{2}{3}\,\alpha^4\left[\frac{4!}{(2\alpha)^5} + A_3(2\alpha) - A_4(2\alpha)\right]\left(\frac{Ze^2}{a_0}\right)$$

$$K_{s\sigma} = \frac{2}{3\sqrt{3}}\,\alpha^4\left[\frac{5!}{(2\alpha)^6} + A_2(2\alpha) - A_5(2\alpha)\right]\left(\frac{Ze^2}{a_0}\right)$$

$$K_{\sigma\sigma} = \frac{2}{15}\,\alpha^4\left[\frac{5!}{(2\alpha)^5} + \frac{2\cdot 6!}{(2\alpha)^7} + 2A_1(2\alpha) + 5A_3(2\alpha) - 5A_4(2\alpha) - 2A_6(2\alpha)\right]\left(\frac{Ze^2}{a_0}\right)$$

$$K_{\pi\pi} = \frac{2}{15}\,\alpha^4\left[\frac{5!}{(2\alpha)^5} - \frac{6!}{(2\alpha)^7} - A_1(2\alpha) + 5A_3(2\alpha) - 5A_4(2\alpha) + A_6(2\alpha)\right]\left(\frac{Ze^2}{a_0}\right)$$

COULOMB-*Integrale:*

$$C_{\alpha\beta\gamma\delta} = [\overset{\delta}{\alpha}_a\,\overset{\delta}{\beta}_b|\overset{\delta}{\gamma}_a\,\overset{\delta}{\delta}_b] \quad\ldots\ldots\ldots\ldots\ldots\ldots \text{(3.4a)}$$

$$C_{s's's's'} = \left\{\frac{1}{2\alpha} - \frac{e^{-2\alpha}}{2}\left[\frac{1}{\alpha} + \frac{435}{256} + \frac{179}{128}\alpha + \frac{143}{192}\alpha^2 + \frac{7}{24}\alpha^3 + \frac{1}{12}\alpha^4 + \frac{1}{120}\alpha^5 + \frac{1}{140}\alpha^6\right]\right\}\left(\frac{Ze^2}{a_0}\right)$$

$$C_{ssss} = \left\{\frac{1}{2\alpha} - \frac{e^{-2\alpha}}{2}\left[\frac{1}{\alpha} + \frac{419}{256} + \frac{163}{128}\alpha + \frac{119}{192}\alpha^2 + \frac{5}{24}\alpha^3 + \frac{1}{20}\alpha^4 + \frac{1}{120}\alpha^5 + \frac{1}{1260}\alpha^6\right]\right\}\left(\frac{Ze^2}{a_0}\right)$$

$$C_{\sigma sss} = \frac{1}{2\sqrt{3}}\left\{\frac{5}{2\alpha^2} - e^{-2\alpha}\left[\frac{5}{2\alpha^2} + \frac{5}{\alpha} + 5 + \frac{417}{128}\alpha + \frac{97}{64}\alpha^2\right.\right.$$

$$\left.\left. + \frac{25}{48}\alpha^3 + \frac{19}{144}\alpha^4 + \frac{59}{2520}\alpha^5 + \frac{1}{420}\alpha^6\right]\right\}\left(\frac{Ze^2}{a_0}\right)$$

$$C_{\sigma\sigma ss} = \frac{1}{2}\left\{\frac{25}{6\alpha^3} - e^{-2\alpha}\left[\frac{25}{6\alpha^3} + \frac{25}{3\alpha^2} + \frac{25}{3\alpha} + \frac{12985}{2304} + \frac{3385}{1152}\alpha\right.\right.$$

$$\left.\left. + \frac{719}{576}\alpha^2 + \frac{31}{72}\alpha^3 + \frac{29}{252}\alpha^4 + \frac{11}{504}\alpha^5 + \frac{1}{420}\alpha^6\right]\right\}\left(\frac{Ze^2}{a_0}\right)$$

$$C_{\sigma\sigma\sigma s} = \frac{1}{2\sqrt{3}}\left\{\frac{45}{2\alpha^4} + \frac{5}{2\alpha^2} - e^{-2\alpha}\left[\frac{45}{2\alpha^4} + \frac{45}{\alpha^3} + \frac{95}{2\alpha^2} + \frac{35}{\alpha} + 20\right.\right.$$

$$\left.\left. + \frac{3571}{384}\alpha + \frac{691}{192}\alpha^2 + \frac{391}{336}\alpha^3 + \frac{103}{336}\alpha^4 + \frac{17}{280}\alpha^5 + \frac{1}{140}\alpha^6\right]\right\}\left(\frac{Ze^3}{a_0}\right)$$

$$C_{\pi s \pi s} = \frac{1}{2}\left\{ -\frac{3}{2\alpha^3} + \frac{1}{\alpha} + e^{-2\alpha}\left[\frac{3}{2\alpha^3} + \frac{3}{\alpha^2} + \frac{2}{\alpha} + \frac{93}{256} - \frac{35}{128}\alpha \right.\right.$$
$$\left.\left. - \frac{71}{320}\alpha^2 - \frac{19}{240}\alpha^3 - \frac{9}{560}\alpha^4 - \frac{1}{630}\alpha^5\right]\right\}\left(\frac{Z e^2}{a_0}\right)$$

$$C_{\sigma s \sigma s} = 3 C_{ssss} - 2 C_{\pi s \pi s}$$

$$C_{\pi\pi ss} = \frac{1}{2}\left\{ \frac{25}{12\alpha^3} - e^{-2\alpha}\left[\frac{25}{12\alpha^3} + \frac{25}{6\alpha^2} + \frac{25}{6\alpha} + \frac{6215}{2304} \right.\right.$$
$$\left.\left. + \frac{1415}{1152}\alpha + \frac{29}{72}\alpha^2 + \frac{3}{32}\alpha^3 + \frac{73}{5040}\alpha^4 + \frac{1}{849}\alpha^5\right]\right\}\left(\frac{Z e^2}{a_0}\right)$$

$$C_{\pi\pi\sigma s} = \frac{1}{2\sqrt{3}}\left\{ \frac{45}{4\alpha^4} - e^{-2\alpha}\left[\frac{45}{4\alpha^4} + \frac{45}{2\alpha^3} + \frac{45}{2\alpha^2} + \frac{15}{\alpha} + \frac{15}{2} \right.\right.$$
$$\left.\left. + \frac{95}{32}\alpha + \frac{15}{16}\alpha^2 + \frac{51}{224}\alpha^3 + \frac{31}{336}\alpha^4 + \frac{1}{280}\alpha^5\right]\right\}\left(\frac{Z e^2}{a_0}\right)$$

$$C_{\pi\sigma\pi s} = \frac{3}{2} C_{\sigma sss} - \frac{1}{2} C_{\sigma\sigma\sigma s}$$

$$C_{\pi\pi\sigma\sigma} = \frac{1}{2}\left\{ \frac{27}{\alpha^5} - e^{-2\alpha}\left[\frac{27}{\alpha^5} + \frac{54}{\alpha^4} + \frac{54}{\alpha^3} + \frac{36}{\alpha^2} + \frac{18}{\alpha} + \frac{9243}{1280} \right.\right.$$
$$\left.\left. + \frac{1563}{640}\alpha + \frac{201}{280}\alpha^2 + \frac{201}{1120}\alpha^3 + \frac{19}{560}\alpha^4 + \frac{1}{280}\alpha^5\right]\right\}\left(\frac{Z e^2}{a_0}\right)$$

$$\left(-\frac{1}{2} C_{\pi\pi\pi\pi} + \frac{3}{2} C_{\pi\pi'\pi\pi'}\right) = C_1 = \frac{1}{2}\left\{ -\frac{3}{\alpha^3} + \frac{1}{\alpha} + e^{-2\alpha}\left[\frac{3}{\alpha^3} + \frac{6}{\alpha^2} \right.\right.$$
$$\left.\left. + \frac{5}{\alpha} + \frac{149}{64} + \frac{21}{32}\alpha + \frac{13}{120}\alpha^2 + \frac{1}{120}\alpha^3\right]\right\}\left(\frac{Z e^2}{a_0}\right)$$

$$C_{\pi\sigma\pi\sigma} = C_1 + \frac{1}{2}\left\{ -\frac{27}{\alpha^5} + \frac{9}{2\alpha^3} + e^{-2\alpha}\left[\frac{27}{\alpha^5} + \frac{54}{\alpha^4} + \frac{99}{2\alpha^3} + \frac{27}{\alpha^2} \right.\right.$$
$$\left.\left. + \frac{9}{\alpha} + \frac{1563}{1280} - \frac{357}{640}\alpha - \frac{1031}{2240}\alpha^2 - \frac{99}{560}\alpha^3 - \frac{23}{560}\alpha^4 - \frac{1}{210}\alpha^5\right]\right\}\left(\frac{Z e^2}{a_0}\right)$$

$$C_{\sigma\sigma\sigma\sigma} = 3 C_{\sigma s \sigma s} - 2 C_{\pi\sigma\pi\sigma}$$

$$C_{\pi\pi\pi\pi} = \frac{1}{4}\left(9 C_{\pi s \pi s} - 3 C_{\pi\sigma\pi\sigma}' - 2 C_1\right)$$

$$C_{\pi\pi'\pi\pi'} = \frac{1}{4}\left(3 C_{\pi s \pi s} - C_{\pi\sigma\pi\sigma} + 2 C_1\right)$$

$$C_{\pi\pi\pi'\pi'} = \frac{1}{4}\left(3 C_{\pi s \pi s} - C_{\pi\sigma\pi\sigma} - 2 C_1\right)$$

Ionenintegrale:

$$L_{\alpha\beta\gamma\bar\delta} = e^2[\overset{\delta}{\alpha_a}\,\overset{\delta}{\beta_a}\,|\,\overset{\delta}{\gamma_a}\,\overset{\delta}{\delta_b}] \quad\dots\dots\dots\dots\dots\dots\dots \quad (3.5\,a)$$

$$L_{\sigma\sigma\sigma\bar\sigma} = \frac{4}{105}\left(\frac{\alpha}{2}\right)^9\left\{\left[G_0(0) - G_0(4)\right]\left[-35 W_0(0,2) + 126 W_0(2,2) - 35 W_0(2,4)\right]\right.$$
$$+ G_0(1)\left[-70 W_0(0,3) + 252 W_0(2,3) - 70 W_0(3,4)\right]$$
$$+ G_0(2)\left[35 W_0(0,0) - 126 W_0(0,2) + 126 W_0(2,4) - 35 W_0(4,4)\right]$$
$$+ G_0(3)\left[70 W_0(0,1) - 252 W_0(1,2) + 70 W_0(1,4)\right]$$
$$+ \left[G_2(0) - G_2(4)\right]\left[-70 W_2(0,2) + 60 W_2(2,2) - 70 W_2(2,4)\right]$$
$$+ G_2(1)\left[-140 W_2(0,3) + 120 W_2(2,3) - 140 W_2(3,4)\right]$$
$$+ G_2(2)\left[70 W_2(0,0) - 60 W_2(0,2) + 60 W_2(2,4) - 70 W_2(4,4)\right]$$
$$+ G_2(3)\left[140 W_2(0,1) - 120 W_2(1,2) + 140 W_2(1,4)\right]$$
$$+ \left[G_4(0) - G_4(4)\right]\cdot 24 W_4(2,2)$$
$$+ 48 G_4(1)\cdot W_4(2,3)$$
$$\left. + 24 G_4(2)\left[-W_4(0,2) + W_4(2,4)\right] - 48 G_4(3)\cdot W_4(1,2)\right\}\left(\frac{Z e^2}{a_0}\right)$$

$$L_{\pi\sigma\pi\bar{\sigma}} = \frac{2}{105}\left(\frac{\alpha}{2}\right)^{9}\Big\{G_0\,(0)\,[35\,W_0\,(0,2) - 35\,W_0\,(0,4) - 126\,W_0\,(2,2) + 161\,W_0\,(2,4) - 35\,W_0\,(4,4)]$$
$$+\,G_0\,(2)\,[-35\,W_0\,(0,0) + 126\,W_0\,(0,2) - 126\,W_0\,(2,4) + 35\,W_0\,(4,4)]$$
$$+\,G_0\,(4)\,[35\,W_0\,(0,0) - 161\,W_0\,(0,2) + 35\,W_0\,(0,4) + 126\,W_0\,(2,2) - 35\,W_0\,(2,4)]$$
$$+\,G_2\,(0)\,[70\,W_2\,(0,2) - 70\,W_2\,(0,4) - 60\,W_2\,(2,2) + 130\,W_2\,(2,4) - 70\,W_2\,(4,4)]$$
$$+\,G_2\,(2)\,[-70\,W_2\,(0,0) + 60\,W_2\,(0,2) - 60\,W_2\,(2,4) + 70\,W_2\,(4,4)]$$
$$+\,G_2\,(4)\,[70\,W_2\,(0,0) - 130\,W_2\,(0,2) + 70\,W_2\,(0,4) + 60\,W_2\,(2,2) - 70\,W_2\,(2,4)]$$
$$+\,24\,G_4\,(0)\,[-W_4\,(2,2) + W_4\,(2,4)]$$
$$+\,24\,G_4\,(2)\,[W_4\,(0,2) - W_4\,(2,4)]$$
$$+\,24\,G_4\,(4)\,[-W_4\,(0,2) + W_4\,(2,2)]\Big\}\left(\frac{Z\,e^2}{a_0}\right)$$

$$L_{\sigma\pi\sigma\bar{\pi}} = \frac{2}{105}\left(\frac{\alpha}{2}\right)^{9}\Big\{[G_0\,(0) - G_0\,(4)]\,[+14\,W_0\,(0,2) - 84\,W_0\,(2,2) + 70\,W_0\,(2,4)]$$
$$+\,G_0\,(1)\,[28\,W_0\,(0,3) - 168\,W_0\,(2,3) + 140\,W_0\,(3,4)]$$
$$+\,G_0\,(2)\,[-14\,W_0\,(0,0) + 84\,W_0\,(0,2) - 56\,W_0\,(0,4) - 84\,W_0\,(2,4) + 70\,W_0\,(4,4)]$$
$$+\,G_0\,(3)\,[-28\,W_0\,(0,1) + 168\,W_0\,(1,2) - 140\,W_0\,(1,4)]$$
$$+\,[G_2\,(0) - G_2\,(4)]\,[10\,W_2\,(0,2) + 60\,W_2\,(2,2) - 70\,W_2\,(2,4)]$$
$$+\,G_2\,(1)\,[20\,W_2\,(0,3) + 120\,W_2\,(2,3) - 140\,W_2\,(3,4)]$$
$$+\,G_2\,(2)\,[-10\,W_2\,(0,0) - 60\,W_2\,(0,2) + 80\,W_2\,(0,4) + 60\,W_2\,(2,4) - 70\,W_2\,(4,4)]$$
$$+\,G_2\,(3)\,[-20\,W_2\,(0,1) - 120\,W_2\,(1,2) + 140\,W_2\,(1,4)]$$
$$+\,24\,[G_4\,(0) - G_4\,(4)]\,[-W_4\,(0,2) + W_4\,(2,2)]$$
$$+\,48\,G_4\,(1)\,[-W_4\,(0,3) + W_4\,(2,3)]$$
$$+\,24\,G_4\,(2)\,[W_4\,(0,0) - W_4\,(0,2) - W_4\,(0,4) + W_4\,(2,4)]$$
$$+\,48\,G_4\,(3)\,[W_4\,(0,1) - W_4\,(1,2)]\Big\}\left(\frac{Z\,e^2}{a_0}\right)$$

$$L_1 = (L_{\pi\pi\pi\bar{\pi}} - L_{\pi\pi\pi'\bar{\pi}'}) = (L_{\pi\pi'\pi\bar{\pi}'} + L_{\pi\pi\pi'\bar{\pi}'})$$
$$= \frac{1}{105}\left(\frac{\alpha}{2}\right)^{9}\Big\{G_0\,(0)\,[-14\,W_0\,(0,2) + 14\,W_0\,(0,4) + 84\,W_0\,(2,2) - 154\,W_0\,(2,4) + 70\,W_0\,(4,4)]$$
$$+\,G_0\,(2)\,[14\,W_0\,(0,0) - 84\,W_0\,(0,2) + 56\,W_0\,(0,4) + 84\,W_0\,(2,4) - 70\,W_0\,(4,4)]$$
$$+\,G_0\,(4)\,[-14\,W_0\,(0,0) + 98\,W_0\,(0,2) - 70\,W_0\,(0,4) - 84\,W_0\,(2,2) + 70\,W_0\,(2,4)]$$
$$+\,G_2\,(0)\,[-10\,W_2\,(0,2) + 10\,W_2\,(0,4) - 60\,W_2\,(2,2) + 130\,W_2\,(2,4) - 70\,W_2\,(4,4)]$$
$$+\,G_2\,(2)\,[10\,W_2\,(0,0) + 60\,W_2\,(0,2) - 80\,W_2\,(0,4) - 60\,W_2\,(2,4) + 70\,W_2\,(4,4)]$$
$$+\,G_2\,(4)\,[-10\,W_2\,(0,0) - 50\,W_2\,(0,2) + 70\,W_2\,(0,4) + 60\,W_2\,(2,2) - 70\,W_2\,(2,4)]$$
$$+\,24\,G_4\,(0)\,[W_4\,(0,2) - W_4\,(0,4) - W_4\,(2,2) + W_4\,(2,4)]$$
$$+\,24\,G_4\,(2)\,[-W_4\,(0,0) + W_4\,(0,2) + W_4\,(0,4) - W_4\,(2,4)]$$
$$+\,24\,G_4\,(4)\,[W_4\,(0,0) - 2\,W_4\,(0,2) + W_4\,(2,2)]\Big\}\left(\frac{Z\,e^2}{a_0}\right)$$

$$L_{\pi\pi\pi'\bar{\pi}'} = \frac{1}{75600}\left(\frac{\alpha}{2}\right)^{9}\Big\{G_2^2\,(0)\,[-75\,W_2^2\,(0,2) + 525\,W_2^2\,(2,2)]$$
$$+\,G_2^2\,(2)\,[75\,W_2^2\,(0,0) - 525\,W_2^2\,(0,2)]$$
$$-\,2\,G_4^2\,(0)\cdot W_4^2\,(0,2) + 2\,G_4^2\,(2)\cdot W_4^2\,(0,0)\Big\}\left(\frac{Z\,e^2}{a_0}\right)$$

$$L_{\pi\pi\pi\bar{\pi}} = L_1 + L_{\pi\pi\pi'\bar{\pi}'}$$

$$L_{\pi\pi'\pi\bar{\pi}'} = L_1 - L_{\pi\pi\pi'\bar{\pi}'}$$

$$
\begin{aligned}
L_{\delta\delta\delta\bar{\delta}} = \frac{4}{945} \left(\frac{\alpha}{2}\right)^{9} \Big\{ &7 G_0 \,(0)\, [3\,W_0\,(0,4) - 10\,W_0\,(2,4) + 15\,W_0\,(4,4)] \\
&+ 14\,G_0\,(1)\,[3\,W_0\,(0,3) - 10\,W_0\,(2,3) + 15\,W_0\,(3,4)] \\
&- 14\,G_0\,(3)\,[3\,W_0\,(0,1) - 10\,W_0\,(1,2) + 15\,W_0\,(1,4)] \\
&- 7\,G_0\,(4)\,[3\,W_0\,(0,0) - 10\,W_0\,(0,2) + 15\,W_\iota\,(0,4)] \\
&\div 5\,G_2\,(0)\,[12\,W_2\,(0,4) - 28\,W_2\,(2,4)] \\
&\div [10\,G_2\,(1)\,12\,W_2\,(0,3) - 28\,W_2\,(2,3)] \\
&- 10\,G_2\,(3)\,[12\,W_2\,(0,1) - 28\,W_2\,(1,2)] \\
&- 5\,G_2\,(4)\,[12\,W_2\,(0,0) - 28\,W_2\,(0,2)] \\
&+ 24\,[G_4\,(0)\,W_4\,(0,4) + 2\,G_4\,(1)\,W_4\,(0,3) - 2\,G_4\,(3)\,W_4\,(0,1) - G_4\,(4)\,W_4\,(0,0)] \Big\} \left(\frac{Z\,e^2}{a_0}\right)
\end{aligned}
$$

$$
\begin{aligned}
L_{\substack{\delta\sigma\delta\bar{\delta} \\ \delta\delta\delta\bar{\sigma}}} = \frac{4}{315\sqrt{3}} \left(\frac{\alpha}{2}\right)^{9} \Big\{ &[7\,G_0\,(0)\, -2\,W_0\,(1,4) + 10\,W_0\,(3,4)] \\
&+ 14\,G_0\,(1)\,[-2\,W_0\,(1,3) \div 10\,W_0\,(3,3)] \\
&- 14\,G_0\,(3)\,[-2\,W_0\,(1,1) \div 10\,W_0\,(1,3)] \\
&- 7\,G_0\,(4)\,[-2\,W_0\,(0,1) \div 10\,W_0\,(0,3)] \\
&\pm 21\,G_1\,(0)\,[3\,W_1\,(0,4) - 8\,W_1\,(2,4) + 5\,W_1\,(4,4)] \\
&\pm 42\,G_1\,(1)\,[3\,W_1\,(0,3) - 8\,W_1\,(2,3) + 5\,W_1\,(3,4)] \\
&\mp 42\,G_1\,(3)\,[3\,W_1\,(0,1) - 8\,W_1\,(1,2) + 5\,W_1\,(1,4)] \\
&\mp 21\,G_1\,(4)\,[3\,W_1\,(0,0) - 8\,W_1\,(0,2) + 5\,W_1\,(0,4)] \\
&+ 5\,G_2\,(0)\,[-2\,W_2\,(1,4) - 14\,W_2\,(3,4)] \\
&\div 10\,G_2\,(1)\,[-2\,W_2\,(1,3) - 14\,W_2\,(3,3)] \\
&- 10\,G_2\,(3)\,[-2\,W_2\,(1,1) - 14\,W_2\,(1,3)] \\
&- 5\,G_2\,(4)\,[-2\,W_2\,(0,1) - 14\,W_2\,(0,3)] \\
&\pm 42\,G_3\,(0)\,[W_3\,(0,4) - W_3\,(2,4)] \pm 84\,G_3\,(1)\,[W_3\,(0,3) - W_3\,(2,3)] \\
&\mp 84\,G_3\,(3)\,[W_3\,(0,1) - W_3\,(1,2)] \mp 42\,G_3\,(4)\,[W_3\,(0,0) - W_3\,(0,2)] \\
&+ 24\,[G_4\,(0)\,W_4\,(1,4) + 2\,G_4\,(1)\,W_4\,(1,3) - 2\,G_4\,(3)\,W_4\,(1,1) - G_4\,(4)\,W_4\,(0,1)] \Big\} \left(\frac{Z\,e^2}{a_0}\right)
\end{aligned}
$$

$$
\begin{aligned}
L_{\sigma\delta\delta\bar{\delta}} = \frac{4}{315\sqrt{3}} \left(\frac{\alpha}{2}\right)^{9} \Big\{ &G_0\,(0)\,[21\,W_0\,(0,3) - 70\,W_0\,(2,3) + 105\,W_0\,(3,4)] \\
&+ G_0\,(1)\,[21\,W_0\,(0,2) + 21\,W_0\,(0,4) - 70\,W_0\,(2,2) + 35\,W_0\,(2,4) + 105\,W_0\,(4,4)] \\
&+ G_0\,(2)\,[-21\,W_0\,(0,1) + 21\,W_0\,(0,3) + 70\,W_0\,(1,2) - 105\,W_0\,(1,4) - 70\,W_0\,(2,3) + 105\,W_0\,(3,4)] \\
&+ G_0\,(3)\,[-21\,W_0\,(0,0) + 49\,W_0\,(0,2) - 105\,W_0\,(0,4) + 70\,W_0\,(2,2) - 105\,W_0\,(2,4)] \\
&+ G_0\,(4)\,[-21\,W_0\,(0,1) + 70\,W_0\,(1,2) - 105\,W_0\,(1,4)] \\
&\div G_2\,(0)\,[60\,W_2\,(0,3) - 140\,W_2\,(2,3)] \\
&+ G_2\,(1)\,[60\,W_2\,(0,2) + 60\,W_2\,(0,4) - 140\,W_2\,(2,2) - 140\,W_2\,(2,4)] \\
&+ G_2\,(2)\,[-60\,W_2\,(0,1) + 60\,W_2\,(0,3) + 140\,W_2\,(1,2) - 140\,W_2\,(2,3)] \\
&+ G_2\,(3)\,[-60\,W_2\,(0,0) + 80\,W_2\,(0,2) + 140\,W_2\,(2,2)] \\
&+ G_2\,(4)\,[-60\,W_2\,(0,1) + 140\,W_2\,(1,2)] \\
&+ 24\,G_4\,(0)\,W_4\,(0,3) + 24\,G_4\,(1)\,[W_4\,(0,2) + W_4\,(0,4)] \\
&+ 24\,G_4\,(2)\,[-W_4\,(0,1) + W_4\,(0,3)] + 24\,G_4\,(3)\,[-W_4\,(0,0) - W_4\,(0,2)] \\
&- 24\,G_4\,(4)\,W_4\,(0,1) \Big\} \left(\frac{Z\,e^2}{a_0}\right)
\end{aligned}
$$

$$\begin{aligned}
L_{s\sigma s\bar\sigma} = \frac{4}{315}\left(\frac{\alpha}{2}\right)^9 \Big\{ & 7G_0(0)\,[-5W_0(0,4)+18W_0(2,4)-5W_0(4,4)] \\
& + 14G_0(1)\,[-5W_0(0,3)+18W_0(2,3)-5W_0(3,4)] \\
& - 14G_0(3)\,[-5W_0(0,1)+18W_0(1,2)-5W_0(1,4)] \\
& - 7G_0(4)\,[-5W_0(0,0)+18W_0(0,2)-5W_0(0,4)] \\
& + 10G_2(0)\,[-7W_2(0,4)+6W_2(2,4)-7W_2(4,4)] \\
& + 20G_2(1)\,[-7W_2(0,3)+6W_2(2,3)-7W_2(3,4)] \\
& - 20G_2(3)\,[-7W_2(0,1)+6W_2(1,2)-7W_2(1,4)] \\
& - 10G_2(4)\,[-7W_2(0,0)+6W_2(0,2)-7W_2(0,4)] \\
& + 24\,[G_4(0)\,W_4(2,4)+2G_4(1)\,W_4(2,3)-2G_4(3)\,W_4(1,2)-G_4(4)\,W_4(0,2)]\Big\}\left(\frac{Ze^2}{a_0}\right)
\end{aligned}$$

$$\begin{aligned}
L_{\substack{\sigma\sigma s\bar s \\ ss\sigma\bar\sigma}} = \frac{4}{315}\left(\frac{\alpha}{2}\right)^9 \Big\{ & 14G_0(0)\,[-W_0(1,3)+5W_0(3,3)] \\
& + 14G_0(1)\,[-W_0(1,2)-W_0(1,4)+5W_0(2,3)+5W_0(3,4)] \\
& + 14G_0(2)\,[+W_0(1,1)-6W_0(1,3)+5W_0(3,3)] \\
& + 14G_0(3)\,[W_0(0,1)-5W_0(0,3)+W_0(1,2)-5W_0(2,3)] \\
& + 14G_0(4)\,[W_0(1,1)-5W_0(1,3)] \\
& \pm 21G_1(0)\,[3W_1(0,3)-8W_1(2,3)+5W_1(3,4)] \\
& \pm 21G_1(1)\,[3W_1(0,2)+3W_1(0,4)-8W_1(2,2)-3W_1(2,4)+5W_1(4,4)] \\
& \pm 21G_1(2)\,[-3W_1(0,1)+3W_1(0,3)+8W_1(1,2)-5W_1(1,4)-8W_1(2,3)+5W_1(3,4)] \\
& \pm 21G_1(3)\,[-3W_1(0,0)+5W_1(0,2)-5W_1(0,4)+8W_1(2,2)-5W_1(2,4)] \\
& \pm 21G_1(4)\,[-3W_1(0,1)+8W_1(1,2)-5W_1(1,4)] \\
& + 10G_2(0)\,[-W_2(1,3)-7W_2(3,3)] \\
& + 10G_2(1)\,[-W_2(1,2)-W_2(1,4)-7W_2(2,3)-7W_2(3,4)] \\
& + 10G_2(2)\,[W_2(1,1)+6W_2(1,3)-7W_2(3,3)] \\
& + 10G_2(3)\,[W_2(0,1)+7W_2(0,3)+W_2(1,2)+7W_2(2,3)] \\
& + 10G_2(4)\,[W_2(1,1)+7W_2(1,3)] \\
& \pm 42G_3(0)\,[W_3(0,3)-W_3(2,3)] \\
& \pm 42G_3(1)\,[W_3(0,2)+W_3(0,4)-W_3(2,2)-W_3(2,4)] \\
& \pm 42G_3(2)\,[-W_3(0,1)+W_3(0,3)+W_3(1,2)-W_3(2,3)] \\
& \pm 42G_3(3)\,[-W_3(0,0)+W_3(2,2)] \\
& \pm 42G_3(4)\,[-W_3(0,1)+W_3(1,2)] \\
& + 24G_4(0)\,W_4(1,3)+24G_4(1)\,[W_4(1,2)+W_4(1,4)] \\
& + 24G_4(2)\,[W_4(1,3)-W_4(1,1)]+24G_4(3)\,[-W_4(0,1)-W_4(1,2)]-24G_4(4)\,W_4(1,1)\Big\}\left(\frac{Ze^2}{a_0}\right)
\end{aligned}$$

$$\begin{aligned}
L_{\sigma s\sigma\bar s} = \frac{4}{315}\left(\frac{\alpha}{2}\right)^9 \Big\{ & 7G_0(0)\,[3W_0(0,2)-10W_0(2,2)+15W_0(2,4)] \\
& + 14G_0(1)\,[3W_0(0,3)-10W_0(2,3)+15W_0(3,4)] \\
& + 7G_0(2)\,[-3W_0(0,0)+10W_0(0,2)-12W_0(0,4)-10W_0(2,4)+15W_0(4,4)] \\
& + 14G_0(3)\,[-3W_0(0,1)+10W_0(1,2)-15W_0(1,4)] \\
& + 7G_0(4)\,[-3W_0(0,2)+10W_0(2,2)-15W_0(2,4)] \\
& + 20G_2(0)\,[3W_2(0,2)-7W_2(2,2)] \\
& + 40G_2(1)\,[3W_2(0,3)-7W_2(2,3)] \\
& + 20G_2(2)\,[-3W_2(0,0)+7W_2(0,2)+3W_2(0,4)-7W_2(2,4)] \\
& + 40G_2(3)\,[-3W_2(0,1)+7W_2(1,2)] \\
& + 20G_2(4)\,[-3W_2(0,2)+7W_2(2,2)] \\
& + 24G_4(0)\,W_4(0,2)+48G_4(1)\,W_4(0,3) \\
& + 24G_4(2)\,[-W_4(0,0)+W_4(0,4)]-48G_4(3)\,W_4(0,1)-24G_4(4)\,W_4(0,2)\Big\}\left(\frac{Ze^2}{a_0}\right)
\end{aligned}$$

$$L_{s\sigma\sigma\bar{\sigma}} = \frac{4}{105\,\sqrt{3}} \left(\frac{\alpha}{2}\right)^9 \Big\{ 7\,G_0\,(0)\,[-5\,W_0\,(0,3) + 18\,W_0\,(2,3) - 5\,W_0\,(3,4)]$$
$$+\ 7\,G_0\,(1)\,[-5\,W_0\,(0,2) - 5\,W_0\,(0,4) + 18\,W_0\,(2,2) + 13\,W_0\,(2,4) - 5\,W_0\,(4,4)]$$
$$+\ 7\,G_0\,(2)\,[5\,W_0\,(0,1) - 5\,W_0\,(0,3) - 18\,W_0\,(1,2) + 5\,W_0\,(1,4) + 18\,W_0\,(2,3) - 5\,W_0\,(3,4)]$$
$$+\ 7\,G_0\,(3)\,[5\,W_0\,(0,0) - 13\,W_0\,(0,2) + 5\,W_0\,(0,4) - 18\,W_0\,(2,2) + 5\,W_0\,(2,4)]$$
$$+\ 7\,G_0\,(4)\,[5\,W_0\,(0,1) - 18\,W_0\,(1,2) + 5\,W_0\,(1,4)]$$
$$+\ 10\,G_2\,(0)\,[-7\,W_2\,(0,3) + 6\,W_2\,(2,3) - 7\,W_2\,(3,4)]$$
$$+\ 10\,G_2\,(1)\,[-7\,W_2\,(0,2) - 7\,W_2\,(0,4) + 6\,W_2\,(2,2) - W_2\,(2,4) - 7\,W_2\,(4,4)]$$
$$+\ 10\,G_2\,(2)\,[7\,W_2\,(0,1) - 7\,W_2\,(0,3) - 6\,W_2\,(1,2) + 7\,W_2\,(1,4) + 6\,W_2\,(2,3) - 7\,W_2\,(3,4)]$$
$$+\ 10\,G_2\,(3)\,[7\,W_2\,(0,0) + W_2\,(0,2) + 7\,W_2\,(0,4) - 6\,W_2\,(2,2) + 7\,W_2\,(2,4)]$$
$$+\ 10\,G_2\,(4)\,[7\,W_2\,(0,1) - 6\,W_2\,(1,2) + 7\,W_2\,(1,4)]$$
$$+\ 24\,G_4\,(0)\,[W_4\,(2,3) + 24\,G_4\,(1)\,[W_4\,(2,2) + W_4\,(2,4)]$$
$$+\ 24\,G_4\,(2)\,[W_4\,(2,3) - W_4\,(1,2)] - 24\,G_4\,(3)\,[W_4\,(0,2) + W_4\,(2,2)] - 24\,G_4\,(4)\,W\,(1,2) \Big\} \left(\frac{Z\,e^2}{a_0}\right)$$

$$L_{\substack{\sigma s \sigma \bar{u} \\ \sigma\sigma\sigma\bar{s}}} = \frac{4}{105\,\sqrt{3}} \left(\frac{\alpha}{2}\right)^9 \Big\{ 14\,[G_0\,(0) - G_0\,(4)]\,[-W_0\,(1,2) + 5\,W_0\,(2,3)]$$
$$+\ 28\,G_0\,(1)\,[-W_0\,(1,3) + 5\,W_0\,(3,3)]$$
$$+\ 14\,G_0\,(2)\,[W_0\,(0,1) - 5\,W_0\,(0,3) - W_0\,(1,4) + 5\,W_0\,(3,4)]$$
$$-\ 28\,G_0\,(3)\,[-W_0\,(1,1) + 5\,W_0\,(1,3)]$$
$$\pm\ 21\,[G_1\,(0) - G_1\,(4)]\,[-3\,W_1\,(0,2) + 8\,W_1\,(2,2) - 5\,W_1\,(2,4)]$$
$$\pm\ 42\,G_1\,(1)\,[-3\,W_1\,(0,3) + 8\,W_1\,(2,3) - 5\,W_1\,(3,4)]$$
$$\pm\ 21\,G_1\,(2)\,[3\,W_1\,(0,0) - 8\,W_1\,(0,2) + 2\,W_1\,(0,4) + 8\,W_1\,(2,4) - 5\,W_1\,(4,4)]$$
$$\mp\ 42\,G_1\,(3)\,[-3\,W_1\,(0,1) + 8\,W_1\,(1,2) - 5\,W_1\,(1,4)]$$
$$+\ 10\,[G_2\,(0) - G_2\,(4)]\,[-W_2\,(1,2) - 7\,W_2\,(2,3)]$$
$$+\ 20\,G_2\,(1)\,[-W_2\,(1,3) - 7\,W_2\,(3,3)]$$
$$+\ 10\,G_2\,(2)\,[W_2\,(0,1) + 7\,W_2\,(0,3) - W_2\,(1,4) - 7\,W_2\,(3,4)]$$
$$+\ 20\,G_2\,(3)\,[W_2\,(1,1) + 7\,W_2\,(1,3)]$$
$$\pm\ 42\,[G_3\,(0) - G_3\,(4)]\,[-W_3\,(0,2) + W_3\,(2,2)]$$
$$\pm\ 84\,G_3\,(1)\,[-W_3\,(0,3) + W_3\,(2,3)]$$
$$\pm\ 42\,G_3\,(2)\,[W_3\,(0,0) - W_3\,(0,2) - W_3\,(0,4) + W_3\,(2,4)]$$
$$\pm\ 84\,G_3\,(3)\,[W_3\,(0,1) - W_3\,(1,2)]$$
$$+\ 24\,[G_4\,(0) - G_4\,(4)]\,W_4\,(1,2) + 48\,G_4\,(1)\,W_4\,(1,3)$$
$$+\ 24\,G_4\,(2)\,[-W_4\,(0,1) + W_4\,(1,4)] - 48\,G_4\,(3)\,W_4\,(1,1) \Big\} \left(\frac{Z\,e^2}{a_0}\right)$$

$$L_{\substack{\pi\sigma\pi\bar{s} \\ \pi s\pi\bar{\sigma}}} = \frac{2}{105\,\sqrt{3}} \left(\frac{\alpha}{2}\right)^9 \Big\{ 14\,G_0\,(0)\,[W_0\,(1,2) - W_0\,(1,4) - 5\,W_0\,(2,3) + 5\,W_0\,(3,4)]$$
$$+\ 14\,G_0\,(2)\,[-W_0\,(0,1) + 5\,W_0\,(0,3) + W_0\,(1,4) - 5\,W_0\,(3,4)]$$
$$+\ 14\,G_0\,(4)\,[W_0\,(0,1) - 5\,W_0\,(0,3) - W_0\,(1,2) + 5\,W_0\,(2,3)]$$
$$\pm\ 21\,G_1\,(0)\,[-3\,W_1\,(0,2) + 3\,W_1\,(0,4) + 8\,W_1\,(2,2) - 13\,W_1\,(2,4) + 5\,W_1\,(4,4)]$$
$$\pm\ 21\,G_1\,(2)\,[3\,W_1\,(0,0) - 8\,W_1\,(0,2) + 2\,W_1\,(0,4) + 8\,W_1\,(2,4) - 5\,W_1\,(4,4)]$$
$$\pm\ 21\,G_1\,(4)\,[-3\,W_1\,(0,0) + 11\,W_1\,(0,2) - 5\,W_1\,(0,4) - 8\,W_1\,(2,2) + 5\,W_1\,(2,4)]$$
$$+\ 10\,G_2\,(0)\,[W_2\,(1,2) - W_2\,(1,4) + 7\,W_2\,(2,3) - 7\,W_2\,(3,4)]$$
$$+\ 10\,G_2\,(2)\,[-W_2\,(0,1) - 7\,W_2\,(0,3) + W_2\,(1,4) + 7\,W_2\,(3,4)]$$
$$-\ 10\,G_2\,(4)\,[W_2\,(0,1) + 7\,W_2\,(0,3) - W_2\,(1,2) - 7\,W_2\,(2,3)]$$
$$\pm\ 42\,G_3\,(0)\,[-W_3\,(0,2) + W_3\,(0,4) + W_3\,(2,2) - W_3\,(2,4)]$$
$$\pm\ 42\,G_3\,(2)\,[+W_3\,(0,0) - W_3\,(0,2) - W_3\,(0,4) + W_3\,(2,4)]$$
$$\pm\ 42\,G_3\,(4)\,[-W_3\,(0,0) + 2\,W_3\,(0,2) - W_3\,(2,2)]$$
$$+\ 24\,G_4\,(0)\,[-W_4\,(1,2) + W_4\,(1,4)]$$
$$+\ 24\,G_4\,(2)\,[W_4\,(0,1) - W_4\,(1,4)]$$
$$+\ 24\,G_4\,(4)\,[-W_4\,(0,1) + W_4\,(1,2)] \Big\} \left(\frac{Z\,e^2}{a_0}\right)$$

$$L_{\substack{\pi\pi\sigma\bar\delta\\ \sigma\delta\pi\bar\pi}} = \frac{1}{1575\sqrt{3}}\left(\frac{\alpha}{2}\right)^9 \Big\{ 325\, G_1^1\,(0)\,[W_1^1\,(1,2) - 5\,W_1^1\,(2,3)] + 325\, G_1^1\,(1)\,[W_1^1\,(1,3) - 5\,W_1^1\,(3,3)]$$
$$+\; 325\, G_1^1\,(2)\,[-W_1^1\,(0,1) + 5\,W_1^1\,(0,3)] + 325\, G_1^1\,(3)\,[-W_1^1\,(1,1) + 5\,W_1^1\,(1,3)]$$
$$\pm\; 25\, G_2^1\,(0)\,[-3\,W_2^1\,(0,2) + 7\,W_2^1\,(2,2)] \pm 25\, G_2^1\,(1)\,[-3\,W_2^1\,(0,3) + 7\,W_2^1\,(2,3)]$$
$$\pm\; 25\, G_2^1\,(2)\,[3\,W_2^1\,(0,0) - 7\,W_2^1\,(0,2)] \pm 25\, G_2^1\,(3)\,[3\,W_2^1\,(0,1) - 7\,W_2^1\,(1,2)]$$
$$+\; 35\,[G_3^1\,(0)\,W_3^1\,(1,2) + G_3^1\,(1)\,W_3^1\,(1,3) - G_3^1\,(2)\,W_3^1\,(0,1) - G_3^1\,(3)\,W_3^1\,(1,1)]$$
$$\pm\; 9\,[-G_4^1\,(0)\,W_4^1\,(0,2) - G_4^1\,(1)\,W_4^1\,(0,3) + G_4^1\,(2)\,W_4^1\,(0,0) + G_4^1\,(3)\,W_4^1\,(0,1)]\Big\}\left(\frac{Z\,e^2}{a_0}\right)$$

$$L_{\substack{\pi\pi\delta\bar\sigma\\ \delta\sigma\pi\bar\pi}} = \frac{1}{1575\sqrt{3}}\left(\frac{\alpha}{2}\right)^9 \Big\{ 325\, G_1^1\,[(0)\,W_1^1\,(0,3) - 5\,W_1^1\,(2,3)] + 325\, G_1^1\,(1)\,[W_1^1\,(0,2) - 5\,W_1^1\,(2,2)]$$
$$+\; 325\, G_1^1\,(2)\,[-W_1^1\,(0,1) + 5\,W_1^1\,(1,2)] + 325\, G_1^1\,(3)\,[-W_1^1\,(0,0) + 5\,W_1^1\,(0,2)]$$
$$\pm\; 25\, G_2^1\,(0)\,[-3\,W_2^1\,(1,3) + 7\,W_2^1\,(3,3)] \pm 25\, G_2^1\,(1)\,[-3\,W_2^1\,(1,2) + 7\,W_2^1\,(2,3)]$$
$$\pm\; 25\, G_2^1\,(2)\,[3\,W_2^1\,(1,1) - 7\,W_2^1\,(1,3)] \pm 25\, G_2^1\,(3)\,[3\,W_2^1\,(0,1) - 7\,W_2^1\,(0,3)]$$
$$+\; 35\,[G_3^1\,(0)\,W_3^1\,(0,3) + G_3^1\,(1)\,W_3^1\,(0,2) - G_3^1\,(2)\,W_3^1\,(0,1) - G_3^1\,(3)\,W_3^1\,(0,0)]$$
$$\pm\; 9\,[-G_4^1\,(0)\,W_4^1\,(1,3) - G_4^1\,(1)\,W_4^1\,(1,2) + G_4^1\,(2)\,W_4^1\,(1,1) + G_4^1\,(3)\,W_4^1\,(0,1)]\Big\}\left(\frac{Z\,e^2}{a_0}\right)$$

$$L_{\substack{\pi\pi\sigma\bar\sigma\\ \sigma\sigma\pi\bar\pi}} = \frac{1}{1575}\left(\frac{\alpha}{2}\right)^9 \Big\{ 325\, G_1^1\,(0)\,[W_1^1\,(0,2) - 5\,W_1^1\,(2,2)] + 325\, G_1^1\,(1)\,[W_1^1\,(0,3) - 5\,W_1^1\,(2,3)]$$
$$+\; 325\, G_1^1\,(2)\,[-W_1^1\,(0,0) + 5\,W_1^1\,(0,2)] + 325\, G_1^1\,(3)\,[-W_1^1\,(0,1) + 5\,W_1^1\,(1,2)]$$
$$\pm\; 25\, G_2^1\,(0)\,[-3\,W_2^1\,(1,2) + 7\,W_2^1\,(2,3)] \pm 25\, G_2^1\,(1)\,[-3\,W_2^1\,(1,3) + 7\,W_2^1\,(3,3)]$$
$$\pm\; 25\, G_2^1\,(2)\,[3\,W_2^1\,(0,1) - 7\,W_2^1\,(0,3)] \pm 25\, G_2^1\,(3)\,[3\,W_2^1\,(1,1) - 7\,W_2^1\,(1,3)]$$
$$-\; 35\,[G_3^1\,(0)\,W_3^1\,(0,2) + G_3^1\,(1)\,W_3^1\,(0,3) - G_3^1\,(2)\,W_3^1\,(0,0) - G_3^1\,(3)\,W_3^1\,(0,1)]$$
$$\pm\; 9\,[-G_4^1\,(0)\,W_4^1\,(1,2) - G_4^1\,(1)\,W_4^1\,(1,3) + G_4^1\,(2)\,W_4^1\,(0,1) + G_4^1\,(3)\,W_4^1\,(1,1)]\Big\}\left(\frac{Z\,e^2}{a_0}\right)$$

$$L_{\pi\delta\pi\bar\delta} = \frac{2}{315}\left(\frac{\alpha}{2}\right)^9 \Big\{ [7\,G_0\,(0)\,[-3\,W_0\,(0,2) + 3\,W_0\,(0,4) + 10\,W_0\,(2,2) - 25\,W_0\,(2,4) + 15\,W_0\,(4,4)]$$
$$+\; 7\,G_0\,(2)\,[3\,W_0\,(0,0) - 10\,W_0\,(0,2) + 12\,W_0\,(0,4) + 10\,W_0\,(2,4) - 15\,W_0\,(4,4)]$$
$$+\; 7\,G_0\,(4)\,[-3\,W_0\,(0,0) + 13\,W_0\,(0,2) - 15\,W_0\,(0,4) - 10\,W_0\,(2,2) + 15\,W_0\,(2,4)]$$
$$+\; 20\,G_2\,(0)\,[-3\,W_2\,(0,2) + 3\,W_2\,(0,4) + 7\,W_2\,(2,2) - 7\,W_2\,(2,4)]$$
$$+\; 20\,G_2\,(2)\,[3\,W_2\,(0,0) - 7\,W_2\,(0,2) - 3\,W_2\,(0,4) + 7\,W_2\,(2,4)]$$
$$+\; 20\,G_2\,(4)\,[-3\,W_2\,(0,0) + 10\,W_2\,(0,2) - 7\,W_2\,(2,2)]$$
$$+\; 24\,G_4\,(0)\,[-W_4\,(0,2) + W_4\,(0,4)]$$
$$+\; 24\,G_4\,(2)\,[W_4\,(0,0) - W_4\,(0,4)]$$
$$+\; 24\,G_4\,(4)\,[-W_4\,(0,0) + W_4\,(0,2)]\Big\}\left(\frac{Z\,e^2}{a_0}\right)$$

$$L_{\delta\pi\delta\bar\pi} = \frac{2}{315}\left(\frac{\alpha}{2}\right)^9 \Big\{ 14\,G_0\,(0)\,[W_0\,(0,4) - 6\,W_0\,(2,4) + 5\,W_0\,(4,4)]$$
$$+\; 28\,G_0\,(1)\,[W_0\,(0,3) - 6\,W_0\,(2,3) + 5\,W_0\,(3,4)]$$
$$+\; 28\,G_0\,(3)\,[-W_0\,(0,1) + 6\,W_0\,(1,2) - 5\,W_0\,(1,4)]$$
$$+\; 14\,G_0\,(4)\,[-W_0\,(0,0) + 6\,W_0\,(0,2) - 5\,W_0\,(0,4)]$$
$$+\; 10\,G_2\,(0)\,[W_2\,(0,4) + 6\,W_2\,(2,4) - 7\,W_2\,(4,4)]$$
$$+\; 20\,G_2\,(1)\,[W_2\,(0,3) + 6\,W_2\,(2,3) - 7\,W_2\,(3,4)]$$
$$+\; 20\,G_2\,(3)\,[-W_2\,(0,1) - 6\,W_2\,(1,2) + 7\,W_2\,(1,4)]$$
$$+\; 10\,G_2\,(4)\,[-W_2\,(0,0) - 6\,W_2\,(0,2) + 7\,W_2\,(0,4)]$$
$$+\; 24\,G_4\,(0)\,[-W_4\,(0,4) + W_4\,(2,4)]$$
$$+\; 48\,G_4\,(1)\,[-W_4\,(0,3) + W_4\,(2,3)]$$
$$+\; 48\,G_4\,(3)\,[W_4\,(0,1) - W_4\,(1,2)]$$
$$+\; 24\,G_4\,(4)\,[W_4\,(0,0) - W_4\,(0,2)]\Big\}\left(\frac{Z\,e^2}{a_0}\right)$$

$$L_{\substack{\pi\pi s\bar{s}\\ ss\pi\bar\pi}} = \frac{1}{4725}\left(\frac{\alpha}{2}\right)^9\Big\{325\,G_1^1\,(0)\,[W_1^1\,(1,3) - 5\,W_1^1\,(3,3)] + 325\,G_1^1\,(1)\,[W_1^1\,(1,2) - 5\,W_1^1\,(2,3)]$$

$$+\ 325\,G_1^1\,(2)\,[-W_1^1\,(1,1) + 5\,W_1^1\,(1,3)] + 325\,G_1^1\,(3)\,[-W_1^1\,(0,1) + 5\,W_1^1\,(0,3)]$$

$$\pm\ 25\,G_2^1\,(0)\,[-3\,W_2^1\,(0,3) + 7\,W_2^1\,(2,3)] \pm 25\,G_2^1\,(1)\,[-3\,W_2^1\,(0,2) + 7\,W_2^1\,(2,2)]$$

$$\pm\ 25\,G_2^1\,(2)\,[3\,W_2^1\,(0,1) - 7\,W_2^1\,(1,2)] \pm 25\,G_2^1\,(3)\,[3\,W_2^1\,(0,0) - 7\,W_2^1\,(0,2)]$$

$$+\ 35\,[G_3^1\,(0)\,W_3^1\,(1,3) + G_3^1\,(1)\,W_3^1\,(1,2) - G_3^1\,(2)\,W_3^1\,(1,1) - G_3^1\,(3)\,W_3^1\,(0,1)]$$

$$\pm 9\,[-G_4^1\,(0)\,W_4^1\,(0,3) - G_4^1\,(1)\,W_4^1\,(0,2) + G_4^1\,(2)\,W_4^1\,(0,1) + G_4^1\,(3)\,W_4^1\,(0,0)]\Big\}\left(\frac{Z\,e^2}{a_0}\right)$$

$$L_{s\pi\sigma\bar\pi} = \frac{2}{105\sqrt{3}}\left(\frac{\alpha}{2}\right)^9\Big\{14\,G_0\,(0)\,[W_0\,(0,3) - 6\,W_0\,(2,3) + 5\,W_0\,(3,4)]$$

$$+\ 14\,G_0\,(1)\,[W_0\,(0,2) + W_0\,(0,4) - 6\,W_0\,(2,2) - W_0\,(2,4) + 5\,W_0\,(4,4)]$$

$$+\ 14\,G_0\,(2)\,[-W_0\,(0,1) + W_0\,(0,3) + 6\,W_0\,(1,2) - 5\,W_0\,(1,4) - 6\,W_0\,(2,3) + 5\,W_0\,(3,4)]$$

$$+\ 14\,G_0\,(3)\,[-W_0\,(0,0) + 5\,W_0\,(0,2) - 5\,W_0\,(0,4) + 6\,W_0\,(2,2) - 5\,W_0\,(2,4)]$$

$$+\ 14\,G_0\,(4)\,[-W_0\,(0,1) + 6\,W_0\,(1,2) - 5\,W_0\,(1,4)]$$

$$+\ 10\,G_2\,(0)\,[W_2\,(0,3) + 6\,W_2\,(2,3) - 7\,W_2\,(3,4)]$$

$$+\ 10\,G_2\,(1)\,[W_2\,(0,2) + W_2\,(0,4) + 6\,W_2\,(2,2) - W_2\,(2,4) - 7\,W_2\,(4,4)]$$

$$+\ 10\,G_2\,(2)\,[-W_2\,(0,1) + W_2\,(0,3) - 6\,W_2\,(1,2) + 7\,W_2\,(1,4) + 6\,W_2\,(2,3) - 7\,W_2\,(3,4)]$$

$$+\ 10\,G_2\,(3)\,[-W_2\,(0,0) - 7\,W_2\,(0,2) + 7\,W_2\,(0,4) - 6\,W_2\,(2,2) + 7\,W_2\,(2,4)]$$

$$+\ 10\,G_2\,(4)\,[-W_2\,(0,1) - 6\,W_2\,(1,2) + 7\,W_2\,(1,4)]$$

$$+\ 24\,G_4\,(0)\,[-W_4\,(0,3) + W_4\,(2,3)]$$

$$+\ 24\,G_4\,(1)\,[-W_4\,(0,2) - W_4\,(0,4) + W_4\,(2,2) + W_4\,(2,4)]$$

$$+\ 24\,G_4\,(2)\,[W_4\,(0,1) - W_4\,(0,3) - W_4\,(1,2) + W_4\,(2,3)]$$

$$+\ 24\,G_4\,(3)\,[W_4\,(0,0) - W_4\,(2,2)] + 24\,G_4\,(4)\,[W_4\,(0,1) - W_4\,(1,2)]\Big\}\left(\frac{Z\,e^2}{a_0}\right)$$

$$L_{kkk\bar{k}} = \frac{4}{3}\left(\frac{\alpha}{2}\right)^5\Big\{G_0\,(0)\,[-W_0\,(0,2) + 3\,W_0\,(2,2)]$$

$$+\ G_0\,(2)\,[W_0\,(0,0) - 3\,W_0\,(0,2)]$$

$$-\ 2\,G_2\,(0)\,W_2\,(0,2) + 2\,G_2\,(2)\,W_2\,(0,0)\Big\}\left(Z\,\frac{e^2}{a_0}\right)$$

$$L_{\substack{kkk\bar{s}\\ ksk\bar{k}}} = \frac{4}{15\sqrt{3}}\left(\frac{\alpha}{2}\right)^6\Big\{5\,G_0\,(0)\,[-W_0\,(1,2) + 3\,W_0\,(2,3)]$$

$$+\ 5\,G_0\,(2)\,[W_0\,(0,1) - 3\,W_0\,(0,3)]$$

$$-10\,[G_2\,(0)\,W_2\,(1,2) - G_2\,(2)\,W_2\,(0,1)]$$

$$\mp\ 3\,G_1\,(0)\,[-3\,W_1\,(0,2) + 5\,W_1\,(2,2)]$$

$$\mp\ 3\,G_1\,(2)\,[3\,W_1\,(0,0) - 5\,W_1\,(0,2)]$$

$$\pm\ 6\,[G_3\,(0)\,W_3\,(0,2) - G_3\,(2)\,W_3\,(0,0)]\Big\}\left(Z\,\frac{e^2}{a_0}\right)$$

$$L_{kks\bar{k}} = \frac{4}{3\sqrt{3}}\left(\frac{\alpha}{2}\right)^6\Big\{G_0\,(0)\,[-W_0\,(0,3) + 3\,W_0\,(2,3)]$$

$$+\ G_0\,(1)\,[-W_0\,(0,2) + 3\,W_0\,(2,2)]$$

$$+\ G_0\,(2)\,[W_0\,(0,1) - 3\,W_0\,(1,2)]$$

$$+\ G_0\,(3)\,[W_0\,(0,0) - 3\,W_0\,(0,2)]$$

$$-\ 2\,[G_2\,(0)\,W_2\,(0,3) + G_2\,(1)\,W_2\,(0,2) - G_2\,(2)\,W_0\,(0,1) - G_2\,(3)\,W_2\,(0,0)]\Big\}\left(Z\,\frac{e^2}{a_0}\right)$$

$$L_{\substack{kks\bar{s}\\ks s\bar{k}}} = \frac{4}{45}\left(\frac{\alpha}{2}\right)^7 \Big\{5\,G_0\,(0)\,[-W_0\,(1,3) + 3\,W_0\,(3,3)]$$

$$+ \; 5\,G_0\,(1)\,[-W_0\,(1,2) + 3\,W_0\,(2,3)]$$
$$+ \; 5\,G_0\,(2)\,[W_0\,(1,1) - 3\,W_0\,(1,3)]$$
$$+ \; 5\,G_0\,(3)\,[W_0\,(0,1) - 3\,W_0\,(0,3)]$$
$$\pm \; 3\,G_1\,(0)\,[3\,W_1\,(0,3) - 5\,W_1\,(2,3)]$$
$$\pm \; 3\,G_1\,(1)\,[3\,W_1\,(0,2) - 5\,W_1\,(2,2)]$$
$$\pm \; 3\,G_1\,(2)\,[-3\,W_1\,(0,1) + 5\,W_1\,(1,2)]$$
$$\pm \; 3\,G_1\,(3)\,[-3\,W_1\,(0,0) + 5\,W_1\,(0,2)]$$
$$-10\,[G_2\,(0)\,W_2\,(1,3) + G_2\,(1)\,W_2\,(1,2) - G_2\,(2)\,W_2\,(1,1) - G_2\,(3)\,W_2\,(0,1)]$$
$$\pm \; 6\,[G_3\,(0)\,W_3\,(0,3) + G_3\,(1)\,W_3\,(0,2) - G_3\,(2)\,W_3\,(0,1) - G_3\,(3)\,W_3\,(0,0)]\Big\}\left(Z\,\frac{e^2}{a_0}\right)$$

$$L_{ksk\bar{s}} = \frac{4}{315}\left(\frac{\alpha}{2}\right)^7 \Big\{7\,G_0\,(0)\,[3\,W_0\,(0,2) - 10\,W_0\,(2,2) + 15\,W_0\,(2,4)]$$

$$+ \; 7\,G_0\,(2)\,[-3\,W_0\,(0,0) + 10\,W_0\,(0,2) - 15\,W_0\,(0,4)]$$
$$+20\,G_2\,(0)\,[3\,W_2\,(0,2) - 7\,W_2\,(2,2)]$$
$$+20\,G_2\,(2)\,[-3\,W_2\,(0,0) + 7\,W_2\,(0,2)]$$
$$+24\,[G_4\,(0)\,W_4\,(0,2) - G_4\,(2)\,W_4\,(0,0)]\Big\}\left(Z\,\frac{e^2}{a_0}\right)$$

$$L_{sks\bar{k}} = \frac{4}{9}\left(\frac{\alpha}{2}\right)^7 \Big\{G_0\,(0)\,[-W_0\,(0,4) + 3\,W_0\,(2,4)]$$

$$+ \; 2\,G_0\,(1)\,[-W_0\,(0,3) + 3\,W_0\,(2,3)]$$
$$+ \; 2\,G_0\,(3)\,[W_0\,(0,1) - 3\,W_0\,(1,2)]$$
$$+ \quad G_0\,(4)\,[W_0\,(0,0) - 3\,W_0\,(0,2)]$$
$$- \; 2\,G_2\,(0)\,W_2\,(0,4) - 4\,G_2\,(1)\,W_2\,(0,3)$$
$$+ \; 4\,G_2\,(3)\,W_2\,(0,1) + 2\,G_2\,(4)\,W_2\,(0,0)\Big\}\left(Z\,\frac{e^2}{a_0}\right)$$

$$L_{\substack{ssk\bar{k}\\sks\bar{s}}} = \frac{4}{45\sqrt{3}}\left(\frac{\alpha}{2}\right)^8 \Big\{5\,G_0\,(0)\,[-W_0\,(1,4) + 3\,W_0\,(3,4)]$$

$$+ \; 10\,G_0\,(1)\,[-W_0\,(1,3) + 3\,W_0\,(3,3)]$$
$$+ \; 10\,G_0\,(3)\,[W_0\,(1,1) - 3\,W_0\,(1,3)]$$
$$+ \quad 5\,G_0\,(4)\,[W_0\,(0,1) - 3\,W_0\,(0,3)]$$
$$\pm \quad 3\,G_1\,(0)\,[-3\,W_1\,(0,4) + 5\,W_1\,(2,4)]$$
$$\pm \quad 6\,G_1\,(1)\,[-3\,W_1\,(0,3) + 5\,W_1\,(2,3)]$$
$$\pm \quad 6\,G_1\,(3)\,[+3\,W_1\,(0,1) - 5\,W_1\,(1,2)]$$
$$\pm \quad 3\,G_1\,(4)\,[3\,W_1\,(0,0) - 5\,W_1\,(0,2)]$$
$$- \; 10\,G_2\,(0)\,W_2\,(1,4) - 20\,G_2\,(1)\,W_2\,(1,3)$$
$$+ \; 20\,G_2\,(3)\,W_2\,(1,1) + 10\,G_2\,(4)\,W_2\,(0,1)$$
$$\mp \quad 6\,G_3\,(0)\,W_3\,(0,4) \mp 12\,G_3\,(1)\,W_3\,(0,3)$$
$$\pm \; 12\,G_3\,(3)\,W_3\,(0,1) \pm 6\,G_3\,(4)\,W_3\,(0,0)\Big\}\left(Z\,\frac{e^2}{a_0}\right)$$

$$L_{ kss\bar{s}} = \frac{4}{315\sqrt{3}}\left(\frac{\alpha}{2}\right)^8 \Big\{[7\,G_0\,(0)\,3\,W_0\,(0,3) - 10\,W_0\,(2,3) + 15\,W_0\,(3,4)]$$

$$+ \; 7\,G_0\,(1)\,[3\,W_0\,(0,2) - 10\,W_0\,(2,2) + 15\,W_0\,(2,4)]$$
$$+ \; 7\,G_0\,(2)\,[-3\,W_0\,(0,1) + 10\,W_0\,(1,2) - 15\,W_0\,(1,4)]$$
$$+ \; 7\,G_0\,(3)\,[-3\,W_0\,(0,0) + 10\,W_0\,(0,2) - 15\,W_0\,(0,4)]$$
$$+20\,G_2\,(0)\,[3\,W_2\,(0,3) - 7\,W_2\,(2,3)]$$
$$+20\,G_2\,(1)\,[3\,W_2\,(0,2) - 7\,W_2\,(2,2)]$$
$$+20\,G_2\,(2)\,[-3\,W_2\,(0,1) + 7\,W_2\,(1,2)]$$
$$+20\,G_2\,(3)\,[-3\,W_2\,(0,0) + 7\,W_2\,(0,2)]$$
$$+ 24\,[G_4\,(0)\,W_4\,(0,3) + G_4\,(1)\,W_4\,(0,2) - G_4\,(2)\,W_4\,(0,1) - G_4\,(3)\,W_4\,(0,0)]\Big\}\left(Z\,\frac{e^2}{a_0}\right)$$

$$L_{\sigma k k \bar{k}} = L_{k k k \bar{k}}\left(\frac{\alpha}{2}\right) + \frac{4}{3}\left(\frac{\alpha}{2}\right)^6 \Big\{ G_0\,(1)\,[-W_0\,(0,3) + 3\,W_0\,(2,3)]$$
$$+\ G_0\,(3)\,[W_0\,(0,1) - 3\,W_0\,(1,2)]$$
$$-\ 2\,[G_2\,(1)\,W_2\,(0,3) - G_2\,(3)\,W_2\,(0,1)]\Big\}\left(\bar{\bar{Z}}\,\frac{e^2}{a_0}\right)$$

$$L_{\substack{\sigma s k \bar{k} \\ k k \bar{s}}} = L_{\substack{k s k \bar{k} \\ k k k \bar{s}}}\left(\frac{\alpha}{2}\right) + \frac{4}{15\sqrt{3}}\left(\frac{\alpha}{2}\right)^7 \Big\{ 5\,G_0\,(1)\,[-W_0\,(1,3) + 3\,W_0\,(3,3)]$$
$$+\ 5\,G_0\,(3)\,[W_0\,(1,1) - 3\,W_0\,(1,3)]$$
$$\pm\ 3\,G_1\,(1)\,[-3\,W_1\,(0,3) + 5\,W_1\,(2,3)]$$
$$\pm\ 3\,G_1\,(3)\,[3\,W_1\,(0,1) - 5\,W_1\,(1,2)]$$
$$-\ 10\,[G_2\,(1)\,W_2\,(1,3) - G_2\,(3)\,W_2\,(1,1)]$$
$$\mp\ 6\,[G_3\,(1)\,W_3\,(0,3) - G_3\,(3)\,W_3\,(0,1)]\Big\}\left(Z\,\frac{e^2}{a^0}\right)$$

$$L_{\sigma k s \bar{k}} = \frac{4}{3\sqrt{3}}\left(\frac{\alpha}{2}\right)^7 \Big\{ G_0\,(0)\,[-W_0\,(0,3) + 3\,W_0\,(2,3)]$$
$$+\ G_0\,(1)\,[-W_0\,(0,2) - W_0\,(0,4) + 3\,W_0\,(2,2) + 3\,W_0\,(2,4)]$$
$$+\ G_0\,(2)\,[W_0\,(0,1) - W_0\,(0,3) - 3\,W_0\,(1,2) + 3\,W_0\,(2,3)]$$
$$+\ G_0\,(3)\,[W_0\,(0,0) - 2\,W_0\,(0,2) - 3\,W_0\,(2,2)]$$
$$+\ G_0\,(4)\,[W_0\,(0,1) - 3\,W_0\,(1,2)]$$
$$-\ 2\,G_2\,(0)\,W_2\,(0,3)$$
$$-\ 2\,G_2\,(1)\,[W_2\,(0,2) + W_2\,(0,4)]$$
$$+\ 2\,G_2\,(2)\,[W_2\,(0,1) - W_2\,(0,3)]$$
$$+\ 2\,G_2\,(3)\,[W_2\,(0,0) + W_2\,(0,2)]$$
$$+\ 2\,G_2\,(4)\,W_2\,(0,1)\Big\}\left(Z\,\frac{e^2}{a_0}\right)$$

$$L_{\sigma s k \bar{s}} = L_{k s k \bar{s}}\left(\frac{\alpha}{2}\right) + \frac{4}{315}\left(\frac{\alpha}{2}\right)^8 \Big\{ 7\,G_0\,(1)\,[3\,W_0\,(0,3) - 10\,W_0\,(2,3) + 15\,W_0\,(3,4)]$$
$$+\ 7\,G_0\,(3)\,[-3\,W_0\,(0,1) + 10\,W_0\,(1,2) - 15\,W_0\,(1,4)]$$
$$+\ 20\,G_2\,(1)\,[3\,W_2\,(0,3) - 7\,W_2\,(2,3)]$$
$$+\ 20\,G_2\,(3)\,[-3\,W_2\,(0,1) + 7\,W_2\,(1,2)]$$
$$+\ 24\,[G_4\,(1)\,W_4\,(0,3) - G_4\,(3)\,W_4\,(0,1)]\Big\}\left(Z\,\frac{e^2}{a_0}\right)$$

$$L_{\substack{\sigma k s \bar{s} \\ \sigma s s \bar{k}}} = \frac{4}{45}\left(\frac{\alpha}{2}\right)^8 \Big\{ 5\,G_0\,(0)\,[-W_0\,(1,3) + 3\,W_0\,(3,3)]$$
$$+\ 5\,G_0\,(1)\,[-W_0\,(1,2) - W_0\,(1,4) + 3\,W_0\,(2,3) + 3\,W_0\,(3,4)]$$
$$-\ 5\,G_0\,(2)\,[-W_0\,(1,1) + 4\,W_0\,(1,3) - 3\,W_0\,(3,3)]$$
$$-\ 5\,G_0\,(3)\,[-W_0\,(0,1) + 3\,W_0\,(0,3) - W_0\,(1,2) + 3\,W_0\,(2,3)]$$
$$-\ 5\,G_0\,(4)\,[-W_0\,(1,1) + 3\,W_0\,(1,3)]$$
$$\pm\ 3\,G_1\,(0)\,[3\,W_1\,(0,3) - 5\,W_1\,(2,3)]$$
$$\pm\ 3\,G_1\,(1)\,[3\,W_1\,(0,2) + 3\,W_1\,(0,4) - 5\,W_1\,(2,2) - 5\,W_1\,(2,4)]$$
$$\mp\ 3\,G_1\,(2)\,[3\,W_1\,(0,1) - 3\,W_1\,(0,3) - 5\,W_1\,(1,2) + 5\,W_1\,(2,3)]$$
$$\mp\ 3\,G_1\,(3)\,[3\,W_1\,(0,0) - 2\,W_1\,(0,2) - 5\,W_1\,(2,2)]$$
$$\mp\ 3\,G_1\,(4)\,[3\,W_1\,(0,1) - 5\,W_1\,(1,2)]$$
$$-\ 10\,G_2\,(0)\,W_2\,(1,3) - 10\,G_2\,(1)\,[W_2\,(1,2) + W_2\,(1,4)]$$
$$+\ 10\,G_2\,(2)\,[W_2\,(1,1) - W_2\,(1,3)]$$
$$+\ 10\,G_2\,(3)\,[W_2\,(0,1) + W_2\,(1,2)] + 10\,G_2\,(4)\,W_2\,(1,1)$$
$$\pm\ 6\,G_3\,(0)\,W_3\,(0,3) \pm 6\,G_3\,(1)\,[W_3\,(0,2) + W_3\,(0,4)]$$
$$\mp\ 6\,G_3\,(2)\,[W_3\,(0,1) - W_3\,(0,3)]$$
$$\mp\ 6\,G_3\,(3)\,[W_3\,(0,0) + W_3\,(0,2)] \mp 6\,G_3\,(4)\,W_3\,(0,1)\Big\}\left(Z\,\frac{e^2}{a_0}\right)$$

$$L_{k\sigma k\bar{k}\atop kkk\bar\sigma} = L_{kkk\bar{k}}\left(\frac{\alpha}{2}\right) \pm \frac{4}{5}\left(\frac{\alpha}{2}\right)^6\Big\{G_1\,(0)\,[-3\,W_1\,(1,2) + 5\,W_1\,(2,3)]$$
$$+\ \ G_1\,(2)\,[3\,W_1\,(0,1) - 5\,W_1\,(0,3)]$$
$$-\ 2\,G_3\,(0)\,W_3\,(1,2) + 2\,G_3\,(2)\,W_3\,(0,1)\Big\}\left(Z\,\frac{e^2}{a_0}\right)$$

$$L_{k\sigma k\bar{s}\atop ksk\bar\sigma} = \frac{4}{105\sqrt{3}}\left(\frac{\alpha}{2}\right)^7\Big\{7\,G_0\,(0)\,[-2\,W_0\,(1,2) + 10\,W_0\,(2,3)]$$
$$-\ 7\,G_0\,(2)\,[-2\,W_0\,(0,1) + 10\,W_0\,(0,3)]$$
$$\pm\ 21\,G_1\,(0)\,[3\,W_1\,(0,2) - 8\,W_1\,(2,2) + 5\,W_1\,(2,4)]$$
$$\mp\ 21\,G_1\,(2)\,[3\,W_1\,(0,0) - 8\,W_1\,(0,2) + 5\,W_1\,(0,4)]$$
$$-\ 10\,G_2\,(0)\,[W_2\,(1,2) + 7\,W_2\,(2,3)]$$
$$+\ 10\,G_2\,(2)\,[W_2\,(0,1) + 7\,W_2\,(0,3)]$$
$$\pm\ 42\,G_3\,(0)\,[W_3\,(0,2) - W_3\,(2,2)]$$
$$\mp\ 42\,G_3\,(2)\,[W_3\,(0,0) - W_3\,(0,2)]$$
$$+\ 24\,[G_4\,(0)\,W_4\,(1,2) - G_4\,(2)\,W_4\,(0,1)]\Big\}\left(Z\,\frac{e^2}{a_0}\right)$$

$$L_{k\sigma sk\atop kks\bar\sigma} = L_{kksk}\left(\frac{\alpha}{2}\right) \pm \frac{4}{5\sqrt{3}}\left(\frac{\alpha}{2}\right)^7\Big\{G_1\,(0)\,[-3\,W_1\,(1,3) + 5\,W_1\,(3,3)]$$
$$+\ \ G_1\,(1)\,[-3\,W_1\,(1,2) + 5\,W_1\,(2,3)]$$
$$+\ \ G_1\,(2)\,[3\,W_1\,(1,1) - 5\,W_1\,(1,3)]$$
$$+\ \ G_1\,(3)\,[3\,W_1\,(0,1) - 5\,W_1\,(0,3)]$$
$$-\ 2\,[G_3\,(0)\,W_3\,(1,3) + G_3\,(1)\,W_3\,(1,2)]$$
$$+\ 2\,[G_3\,(2)\,W_3\,(1,1) + G_3\,(3)\,W_3\,(0,1)]\Big\}\left(Z\,\frac{e^2}{a_0}\right)$$

$$L_{k\sigma s\bar{s}\atop kss\bar\sigma} = \frac{4}{315}\left(\frac{\alpha}{2}\right)^8\Big\{14\,G_0\,(0)\,[-W_0\,(1,3) + 5\,W_0\,(3,3)]$$
$$+\ 14\,G_0\,(1)\,[-W_0\,(1,2) + 5\,W_0\,(2,3)]$$
$$-\ 14\,G_0\,(2)\,[-W_0\,(1,1) + 5\,W_0\,(1,3)]$$
$$-\ 14\,G_0\,(3)\,[-W_0\,(0,1) + 5\,W_0\,(0,3)]$$
$$\pm\ 21\,G_1\,(0)\,[3\,W_1\,(0,3) - 8\,W_1\,(2,3) + 5\,W_1\,(3,4)]$$
$$\pm\ 21\,G_1\,(1)\,[3\,W_1\,(0,2) - 8\,W_1\,(2,2) + 5\,W_1\,(2,4)]$$
$$\mp\ 21\,G_4\,(2)\,[3\,W_1\,(0,1) - 8\,W_1\,(1,2) + 5\,W_1\,(1,4)]$$
$$\mp\ 21\,G_1\,(3)\,[3\,W_1\,(0,0) - 8\,W_1\,(0,2) + 5\,W_1\,(0,4)]$$
$$-\ 10\,G_2\,(0)\,[W_2\,(1,3) + 7\,W_2\,(3,3)]$$
$$-\ 10\,G_2\,(1)\,[W_2\,(1,2) + 7\,W_2\,(2,3)]$$
$$+\ 10\,G_2\,(2)\,[W_2\,(1,1) + 7\,W_2\,(1,3)]$$
$$+\ 10\,G_2\,(3)\,[W_2\,(0,1) + 7\,W_2\,(0,3)]$$
$$\pm\ 42\,G_3\,(0)\,[W_3\,(0,3) - W_3\,(2,3)]$$
$$\pm\ 42\,G_3\,(1)\,[W_3\,(0,2) - W_3\,(2,2)]$$
$$\mp\ 42\,G_3\,(2)\,[W_3\,(0,1) - W_3\,(1,2)]$$
$$\mp\ 42\,G_3\,(3)\,[W_3\,(0,0) - W_3\,(0,2)]$$
$$+\ 24\,[G_4\,(0)\,W_4\,(1,3) + G_4\,(1)\,W_4\,(1,2)]$$
$$-\ 24\,[G_4\,(2)\,W_4\,(1,1) + G_4\,(3)\,W_4\,(0,1)]\Big\}\left(Z\,\frac{e^2}{a_0}\right)$$

$$L_{s\sigma sk\atop sks\bar\sigma} = L_{sksk}\left(\frac{\alpha}{2}\right) \pm \frac{4}{15}\left(\frac{\alpha}{2}\right)^8\Big\{G_1\,(0)\,[-3\,W_1\,(1,4) + 5\,W_1\,(3,4)]$$
$$+\ \ 2\,G_1\,(1)\,[-3\,W_1\,(1,3) + 5\,W_1\,(3,3)]$$
$$+\ \ 2\,G_1\,(3)\,[3\,W_1\,(1,1) - 5\,W_1\,(1,3)]$$
$$+\ \ \ G_1\,(4)\,[3\,W_1\,(0,1) - 5\,W_1\,(0,3)]$$
$$-\ 2\,G_3\,(0)\,W_3\,(1,4) - 4\,G_3\,(1)\,W_3\,(1,3)$$
$$+\ 4\,G_3\,(3)\,W_3\,(1,1) + 2\,G_3\,(4)\,W_3\,(0,1)\Big\}\left(Z\,\frac{e^2}{a_0}\right)$$

$$L_{k\sigma k\bar{\sigma}} = \frac{4}{105}\left(\frac{\alpha}{2}\right)^7 \Big\{ 7\,G_0\,(0)\,[-5\,W_0\,(0,2) + 18\,W_0\,(2,2) - 5\,W_0\,(2,4)]$$
$$-\ 7\,G_0\,(2)\,[-5\,W_0\,(0,0) + 18\,W_0\,(0,2) - 5\,W_0\,(0,4)]$$
$$+ 10\,G_2\,(0)\,[-7\,W_2\,(0,2) + 6\,W_2\,(2,2) - 7\,W_2\,(2,4)]$$
$$- 10\,G_2\,(2)\,[-7\,W_2\,(0,0) + 6\,W_2\,(0,2) - 7\,W_2\,(0,4)]$$
$$\div\ 24\,[G_4\,(0)\,W_4\,(2,2) - G_4\,(2)\,W_4\,(0,2)] \Big\} \left(Z\frac{e^2}{a_0} \right)$$

$$L_{k\sigma s\bar{\sigma}} = \frac{4}{105\sqrt{3}}\left(\frac{\alpha}{2}\right)^8 \Big\{ 7\,G_0\,(0)\,[-5\,W_0\,(0,3) + 18\,W_0\,(2,3) - 5\,W_0\,(3,4)]$$
$$+\ 7\,G_0\,(1)\,[-5\,W_0\,(0,2) + 18\,W_0\,(2,2) - 5\,W_0\,(2,4)]$$
$$-\ 7\,G_0\,(2)\,[-5\,W_0\,(0,1) + 18\,W_0\,(1,2) - 5\,W_0\,(1,4)]$$
$$-\ 7\,G_0\,(3)\,[-5\,W_0\,(0,0) + 18\,W_0\,(0,2) - 5\,W_0\,(0,4)]$$
$$+ 10\,G_2\,(0)\,[-7\,W_2\,(0,3) + 6\,W_2\,(2,3) - 7\,W_2\,(3,4)]$$
$$+ 10\,G_2\,(1)\,[-7\,W_2\,(0,2) + 6\,W_2\,(2,2) - 7\,W_2\,(2,4)]$$
$$- 10\,G_2\,(2)\,[-7\,W_2\,(0,1) + 6\,W_2\,(1,2) - 7\,W_2\,(1,4)]$$
$$- 10\,G_2\,(3)\,[-7\,W_2\,(0,0) + 6\,W_2\,(0,2) - 7\,W_2\,(0,4)]$$
$$\div\ 24\,[G_4\,(0)\,W_4\,(2,3) + G_4\,(1)\,W_4\,(2,2)]$$
$$- 24\,[G_4\,(2)\,W_4\,(1,2) + G_4\,(3)\,W_4\,(0,2)] \Big\} \left(Z\frac{e^2}{a_0} \right)$$

$$L_{\sigma\sigma k\bar{k} \atop k k\sigma\bar{\sigma}} = L_{\sigma k k\bar{k}}\left(\frac{\alpha}{2}\right) \pm \frac{4}{5}\left(\frac{\alpha}{2}\right)^7 \Big\{ G_1\,(0)\,[-3\,W_1\,(1,2) + 5\,W_1\,(2,3)]$$
$$+\ \ G_1\,(1)\,[-3\,W_1\,(1,3) + 5\,W_1\,(3,3)]$$
$$-\ \ G_1\,(2)\,[-3\,W_1\,(0,1) + 5\,W_1\,(0,3)]$$
$$-\ \ G_1\,(3)\,[-3\,W_1\,(1,1) + 5\,W_1\,(1,3)]$$
$$-\ 2\,[G_3\,(0)\,W_3\,(1,2) + G_3\,(1)\,W_3\,(1,3)]$$
$$+\ 2\,[G_3\,(2)\,W_3\,(0,1) + G_3\,(3)\,W_3\,(1,1)] \Big\} \left(Z\frac{e^2}{a_0} \right)$$

$$L_{\sigma\sigma k\bar{s} \atop k s\sigma\bar{\sigma}} = \frac{4}{105\sqrt{3}}\left(\frac{\alpha}{2}\right)^8 \Big\{ 14\,G_0\,(0)\,[-W_0\,(1,2) + 5\,W_0\,(2,3)]$$
$$+ 14\,G_0\,(1)\,[-W_0\,(1,3) + 5\,W_0\,(3,3)]$$
$$- 14\,G_0\,(2)\,[-W_0\,(0,1) + 5\,W_0\,(0,3)]$$
$$- 14\,G_0\,(3)\,[-W_0\,(1,1) + 5\,W_0\,(1,3)]$$
$$\pm 21\,G_1\,(0)\,[3\,W_1\,(0,2) - 8\,W_1\,(2,2) + 5\,W_1\,(2,4)]$$
$$\pm 21\,G_1\,(1)\,[3\,W_1\,(0,3) - 8\,W_1\,(2,3) + 5\,W_1\,(3,4)]$$
$$\mp 21\,G_1\,(2)\,[3\,W_1\,(0,0) - 8\,W_1\,(0,2) + 5\,W_1\,(0,4)]$$
$$\mp 21\,G_1\,(3)\,[3\,W_1\,(0,1) - 8\,W_1\,(1,2) + 5\,W_1\,(1,4)]$$
$$- 10\,G_2\,(0)\,[W_2\,(1,2) + 7\,W_2\,(2,3)]$$
$$- 10\,G_2\,(1)\,[W_2\,(1,3) + 7\,W_2\,(3,3)]$$
$$+ 10\,G_2\,(2)\,[W_2\,(0,1) + 7\,W_2\,(0,3)]$$
$$+ 10\,G_2\,(3)\,[W_2\,(1,1) + 7\,W_2\,(1,3)]$$
$$\pm 42\,G_3\,(0)\,[W_3\,(0,2) - W_3\,(2,2)]$$
$$\pm 42\,G_3\,(1)\,[W_3\,(0,3) - W_3\,(2,3)]$$
$$\mp 42\,G_3\,(2)\,[W_3\,(0,0) - W_3\,(0,2)]$$
$$\mp 42\,G_3\,(3)\,[W_3\,(0,1) - W_3\,(1,2)]$$
$$+ 24\,[G_4\,(0)\,W_4\,(1,2) + G_4\,(1)\,W_4\,(1,3)]$$
$$- 24\,[G_4\,(2)\,W_4\,(0,1) + G_4\,(3)\,W_4\,(1,1)] \Big\} \left(Z\frac{e^2}{a_0} \right)$$

$$
\begin{aligned}
L_{\substack{\sigma\sigma s k \\ s k \sigma \bar\sigma}} = L_{\sigma k s k}\left(\frac{\alpha}{2}\right) \pm \frac{4}{5\sqrt{3}}\left(\frac{\alpha}{2}\right)^8 \Big\{ & G_1(0)\,[-3W_1(1,3)+5W_1(3,3)] \\
+\; & G_1(1)\,[-3W_1(1,2)-3W_1(1,4)+5W_1(2,3)+5W_1(3,4)] \\
+\; & G_1(2)\,[3W_1(1,1)-8W_1(1,3)+5W_1(3,3)] \\
+\; & G_1(3)\,[3W_1(0,1)-5W_1(0,3)+3W_1(1,2)-5W_1(2,3)] \\
+\; & G_1(4)\,[3W_1(1,1)-5W_1(1,3)] \\
-\; & 2G_3(0)\,W_3(1,3)-2G_3(1)\,[W_3(1,2)+W_3(1,4)] \\
+\; & 2G_3(2)\,[W_3(1,1)-W_3(1,3)] \\
+\; & 2G_3(3)\,[W_3(0,1)+W_3(1,2)]+2G_3(4)\,W_3(1,1) \Big\}\left(Z\frac{e^2}{a_0}\right)
\end{aligned}
$$

$$
\begin{aligned}
L_{\sigma k \sigma k} = \frac{4}{3}\left(\frac{\alpha}{2}\right)^7 \Big\{ & [G_0(0)-G_0(4)]\,[-W_0(0,2)+3W_0(2,2)] \\
+\; & 2G_0(1)\,[-W_0(0,3)+3W_0(2,3)] \\
+\; & G_0(2)\,[W_0(0,0)-3W_0(0,2)-W_0(0,4)+3W_0(2,4)] \\
+\; & 2G_0(3)\,[W_0(0,1)-3W_0(1,2)] \\
-\; & 2[G_2(0)-G_2(4)]\,[W_2(0,2)-4G_2(1)\,W_2(0,3)] \\
+\; & 2G_2(2)\,[W_2(0,0)-W_2(0,4)]+4G_2(3)\,W_2(0,1) \Big\}\left(Z\frac{e^2}{a_0}\right)
\end{aligned}
$$

$$
\begin{aligned}
L_{\substack{\sigma k \sigma \bar s \\ \sigma s \sigma k}} = \frac{4}{15\sqrt{3}}\left(\frac{\alpha}{2}\right)^8 \Big\{ & 5\,[G_0(0)-G_0(4)]\,[-W_0(1,2)+3W_0(2,3)] \\
+\; & 10G_0(1)\,[-W_0(1,3)+3W_0(3,3)] \\
+\; & 5G_0(2)\,[W_0(0,1)-3W_0(0,3)-W_0(1,4)+3W_0(3,4)] \\
+\; & 10G_0(3)\,[W_0(1,1)-3W_0(1,3)] \\
\mp\; & 3\,[G_1(0)-G_1(4)]\,[-3W_1(0,2)+5W_1(2,2)] \\
\mp\; & 6G_1(1)\,[-3W_1(0,3)+5W_1(2,3)] \\
\mp\; & 3G_1(2)\,[3W_1(0,0)-5W_1(0,2)-3W_1(0,4)+5W_1(2,4)] \\
\mp\; & 6G_1(3)\,[3W_1(0,1)-5W_1(1,2)] \\
-\; & 10\,[G_2(0)-G_2(4)]\,W_2(1,2)-20G_2(1)\,W_2(1,3) \\
+\; & 10G_2(2)\,[W_2(0,1)-W_2(1,4)]+20G_2(3)\,W_2(1,1) \\
\pm\; & 6\,[G_3(0)-G_3(4)]\,W_3(0,2)\pm 12G_3(1)\,W_3(0,3) \\
\mp\; & 6G_3(2)\,[W_3(0,0)-W_3(0,4)]\mp 12G_3(3)\,W_3(0,1) \Big\}\left(Z\frac{e^2}{a_0}\right)
\end{aligned}
$$

$$
\begin{aligned}
L_{\substack{\sigma k \sigma \bar\sigma \\ \sigma\sigma\sigma k}} = L_{\sigma k \sigma k}\left(\frac{\alpha}{2}\right) \pm \frac{4}{5}\left(\frac{\alpha}{2}\right)^8 \Big\{ & [G_1(0)-G_1(4)]\,[3W_1(1,2)-5W_1(2,3)] \\
+\; & 2G_1(1)\,[3W_1(1,3)-5W_1(3,3)] \\
+\; & G_1(2)\,[-3W_1(0,1)+5W_1(0,3)+3W_1(1,4)-5W_1(3,4)] \\
+\; & 2G_1(3)\,[-3W_1(1,1)+5W_1(1,3)] \\
+\; & 2\,[G_3(0)-G_3(4)]\,W_3(1,2)+4G_3(1)\,W_3(1,3) \\
-\; & 2G_3(2)\,[W_3(0,1)-W_3(1,4)]-4G_3(3)\,W_3(1,1) \Big\}\left(Z\frac{e^2}{a_0}\right)
\end{aligned}
$$

$$
\begin{aligned}
L_{k\sigma\sigma\bar\sigma} = \frac{4}{105}\left(\frac{\alpha}{2}\right)^8 \Big\{ & 7G_0(0)\,[-5W_0(0,2)+18W_0(2,2)-5W_0(2,4)] \\
+\; & 7G_0(1)\,[-5W_0(0,3)+18W_0(2,3)-5W_0(3,4)] \\
+\; & 7G_0(2)\,[5W_0(0,0)-18W_0(0,2)+5W_0(0,4)] \\
+\; & 7G_0(3)\,[5W_0(0,1)-18W_0(1,2)+5W_0(1,4)] \\
+\; & 10G_2(0)\,[-7W_2(0,2)+6W_2(2,2)-7W_2(2,4)] \\
+\; & 10G_2(1)\,[-7W_2(0,3)+6W_2(2,3)-7W_2(3,4)] \\
+\; & 10G_2(2)\,[+7W_2(0,0)-6W_2(0,2)+7W_2(0,4)] \\
+\; & 10G_2(3)\,[+7W_2(0,1)-6W_2(1,2)+7W_2(1,4)] \\
+\; & 24\,[G_4(0)\,W_4(2,2)+G_4(1)\,W_4(2,3)] \\
-\; & 24\,[G_4(2)\,W_4(0,2)+G_4(3)\,W_4(1,2)] \Big\}\left(Z\frac{e^2}{a_0}\right)
\end{aligned}
$$

$$L_{\pi k \pi \bar{k}} = \frac{2}{3}\left(\frac{\alpha}{2}\right)^7 \Big\{ G_0(0)\,[W_0(0,2) - W_0(0,4) - 3W_0(2,2) + 3W_0(2,4)]$$
$$+ \quad G_0(2)\,[-W_0(0,0) + 3W_0(0,2) + W_0(0,4) - 3W_0(2,4)]$$
$$+ \quad G_0(4)\,[W_0(0,0) - 4W_0(0,2) + 3W_0(2,2)]$$
$$+ 2G_2(0)\,[W_2(0,2) - W_2(0,4)]$$
$$+ 2G_2(2)\,[-W_2(0,0) + W_2(0,4)]$$
$$+ 2G_2(4)\,[W_2(0,0) - W_2(0,2)]\Big\}\left(Z\frac{e^2}{a_0}\right)$$

$$L_{\substack{\pi k \pi \bar{s}\\ \pi s \pi \bar{k}}} = \frac{2}{15\sqrt{3}}\left(\frac{\alpha}{2}\right)^8 \Big\{ 5G_0(0)\,[W_0(1,2) - W_0(1,4) - 3W_0(2,3) + 3W_0(3,4)]$$
$$+ \quad 5G_0(2)\,[-W_0(0,1) + 3W_0(0,3) + W_0(1,4) - 3W_0(3,4)]$$
$$+ \quad 5G_0[(4)\,W_0(0,1) - 3W_0(0,3) - W_0(1,2) + 3W_0(2,3)]$$
$$\pm \quad 3G_1(0)\,[-3W_1(0,2) + 3W_1(0,4) + 5W_1(2,2) - 5W_1(2,4)]$$
$$\pm \quad 3G_1(2)\,[3W_1(0,0) - 5W_1(0,2) - 3W_1(0,4) + 5W_1(2,4)]$$
$$\pm \quad 3G_1(4)\,[-3W_1(0,0) + 8W_1(0,2) - 5W_1(2,2)]$$
$$+ 10G_2(0)\,[W_2(1,2) - W_2(1,4)]$$
$$+ 10G_2(2)\,[-W_2(0,1) + W_2(1,4)]$$
$$+ 10G_2(4)\,[W_2(0,1) - W_2(1,2)]$$
$$\pm \quad 6G_3(0)\,[-W_3(0,2) + W_3(0,4)]$$
$$\pm \quad 6G_3(2)\,[+W_3(0,0) - W_3(0,4)]$$
$$\pm \quad 6G_3(4)\,[-W_3(0,0) + W_3(0,2)]\Big\}\left(Z\frac{e^2}{a_0}\right)$$

$$L_{k \pi k \bar{\pi}} = \frac{4}{105}\left(\frac{\alpha}{2}\right)^7 \Big\{ 7G_0(0)\,[W_0(0,2) - 6W_0(2,2) + 5W_0(2,4)]$$
$$+ \quad 7G_0(2)\,[-W_0(0,0) + 6W_0(0,2) - 5W_0(0,4)]$$
$$+ \quad 5G_2(0)\,[W_2(0,2) + 6W_2(2,2) - 7W_2(2,4)]$$
$$+ \quad 5G_2(2)\,[-W_2(0,0) - 6W_2(0,2) + 7W_2(0,4)]$$
$$+ \quad 12G_4(0)\,[-W_4(0,2) + W_4(2,2)]$$
$$+ \quad 12G_4(2)\,[W_4(0,0) - W_4(0,2)]\Big\}\left(Z\frac{e^2}{a_0}\right)$$

$$L_{k \pi s \bar{\pi}} = \frac{4}{105\sqrt{3}}\left(\frac{\alpha}{2}\right)^8 \Big\{ 7G_0(0)\,[W_0(0,3) - 6W_0(2,3) + 5W_0(3,4)]$$
$$+ \quad 7G_0(1)\,[W_0(0,2) - 6W_0(2,2) + 5W_0(2,4)]$$
$$+ \quad 7G_0(2)\,[-W_0(0,1) + 6W_0(1,2) - 5W_0(1,4)]$$
$$+ \quad 7G_0(3)\,[-W_0(0,0) + 6W_0(0,2) - 5W_0(0,4)]$$
$$+ \quad 5G_2(0)\,[W_2(0,3) + 6W_2(2,3) - 7W_2(3,4)]$$
$$+ \quad 5G_2(1)\,[W_2(0,2) + 6W_2(2,2) - 7W_2(2,4)]$$
$$+ \quad 5G_2(2)\,[-W_2(0,1) - 6W_2(1,2) + 7W_2(1,4)]$$
$$+ \quad 5G_2(3)\,[-W_2(0,0) - 6W_2(0,2) + 7W_2(0,4)]$$
$$+ \quad 12G_4(0)\,[-W_4(0,3) + W_4(2,3)]$$
$$+ \quad 12G_4(1)\,[-W_4(0,2) + W_4(2,2)]$$
$$+ \quad 12G_4(2)\,[W_4(0,1) - W_4(1,2)]$$
$$+ \quad 12G_4(3)\,[W_4(0,0) - W_4(0,2)]\Big\}\left(Z\frac{e^2}{a_0}\right)$$

$$L_{k \pi \sigma \bar{\pi}} = L_{k \pi k \bar{\pi}}\left(\frac{\alpha}{2}\right) + \frac{4}{105}\left(\frac{\alpha}{2}\right)^8 \Big\{ 7G_0(1)\,[W_0(0,3) - 6W_0(2,3) + 5W_0(3,4)]$$
$$+ \quad 7G_0(3)\,[-W_0(0,1) + 6W_0(1,2) - 5W_0(1,4)]$$
$$+ \quad 5G_2(1)\,[W_2(0,3) + 6W_2(2,3) - 7W_2(3,4)]$$
$$+ \quad 5G_2(3)\,[-W_2(0,1) - 6W_2(1,2) + 7W_2(1,4)]$$
$$+ \quad 12G_4(1)\,[-W_4(0,3) + W_4(2,3)]$$
$$+ \quad 12G_4(3)\,[+W_4(0,1) - W_4(1,2)]\Big\}\left(Z\frac{e^2}{a_0}\right)$$

$$L_{\substack{\pi\sigma\pi\bar{k}\\ \pi k\pi\bar{\sigma}}} = L_{\pi k\pi\bar{k}}\left(\frac{\alpha}{2}\right) \pm \frac{2}{5}\left(\frac{\alpha}{2}\right)^8 \big\{ G_1(0)\,[3W_1(1,2) - 3W_1(1,4) - 5W_1(2,3) + 5W_1(3,4)]$$
$$+\ G_1(2)\,[-3W_1(0,1) + 5W_1(0,3) + 3W_1(1,4) - 5W_1(3,4)]$$
$$+\ G_1(4)\,[3W_1(0,1) - 5W_1(0,3) - 3W_1(1,2) + 5W_1(2,3)]$$
$$+\ 2G_3(0)\,[W_3(1,2) - W_3(1,4)]$$
$$+\ 2G_3(2)\,[-W_3(0,1) + W_3(1,4)]$$
$$+\ 2G_3(4)\,[W_3(0,1) - W_3(1,2)]\big\}\left(Z\,\frac{e^2}{a_0}\right)$$

$$L_{\pi\pi k\bar{k}} = L_{kk\pi\bar{\pi}} = \frac{1}{45}\left(\frac{\alpha}{2}\right)^7 \big\{ 9G_1^1(0)\,[W_1^1(0,2) - 5W_1^1(2,2)]$$
$$-\ 9\,[G_1^1(2)\,[W_1^1(0,0) - 5W_1^1(0,2)]$$
$$+\ G_3^1(0)\,W_3^1(0,2) - G_3^1(2)\,W_3^1(0,0)\big\}\left(Z\,\frac{e^2}{a_0}\right)$$

$$L_{\pi\pi s k} = L_{s k\pi\bar{\pi}}\frac{1}{45\sqrt{3}} = \left(\frac{\alpha}{2}\right)^8 \big\{ 9G_1^1(0)\,[W_1^1(0,3) - 5W_1^1(2,3)]$$
$$+\ 9G_1^1(1)\,[W_1^1(0,2) - 5W_1^1(2,2)]$$
$$-\ 9G_1^1(2)\,[W_1^1(0,1) - 5W_1^1(1,2)]$$
$$-\ 9G_1^1(3)\,[W_1^1(0,0) - 5W_1^1(0,2)]$$
$$+\ G_3^1(0)\,W_3^1(0,3) + G_3^1(1)\,W_3^1(0,2)$$
$$-\ G_3^1(2)\,W_3^1(0,1) - G_3^1(3)\,W_3^1(0,0)\big\}\left(Z\,\frac{e^2}{a_0}\right)$$

$$L_{\substack{\pi\pi k\bar{s}\\ k s\pi\bar{\pi}}} = \frac{1}{1575\sqrt{3}}\left(\frac{\alpha}{2}\right)^8 \big\{ 315\,G_1^1(0)\,[W_1^1(1,2) - 5W_1^1(2,3)]$$
$$-\ 315\,G_1^1(2)\,[W_1^1(0,1) - 5W_1^1(0,3)]$$
$$+\ 35\,[G_3^1(0)\,W_3^1(1,2) - G_3^1(2)\,W_3^1(0,1)]$$
$$\mp\ 25\,G_2^1(0)\,[3W_2^1(0,2) - 7W_2^1(2,2)]$$
$$\pm\ 25\,G_2^1(2)\,[3W_2^1(0,0) - 7W_2^1(0,2)]$$
$$\mp\ 9\,[G_4^1(0)\,W_4^1(0,2) - G_4^1(2)\,W_4^1(0,0)]\big\}\left(Z\,\frac{e^2}{a_0}\right)$$

$$L_{\pi\pi\sigma k} = L_{\sigma k\pi\bar{\pi}} = L_{\pi\pi k\bar{k}}\left(\frac{\alpha}{2}\right) + \frac{1}{45}\left(\frac{\alpha}{2}\right)^8 \big\{ 9G_1^1(1)\,[W_1^1(0,3) - 5W_1^1(2,3)]$$
$$-\ 9G_1^1(3)\,[W_1^1(0,1) - 5W_1^1(1,2)]$$
$$+\ G_3^1(1)\,W_3^1(0,3) - G_3^1(3)\,W_3^1(0,1)\big\}\left(Z\,\frac{e^2}{a_0}\right)$$

$$L_{\substack{\pi\pi k\bar{\sigma}\\ k\sigma\pi\bar{\pi}}} = L_{\pi\pi k\bar{k}}\left(\frac{\alpha}{2}\right) \mp \frac{1}{1575}\left(\frac{\alpha}{2}\right)^8 \big\{ 25\,G_2^1(0)\,[3W_2^1(1,2) - 7W_2^1(2,3)]$$
$$-\ 25\,G_2^1(2)\,[3W_2^1(0,1) - 7W_2^1(0,3)]$$
$$+\ 9\,[G_4^1(0)\,W_4^1(1,2) - G_4^1(2)\,W_4^1(0,1)]\big\}\left(Z\,\frac{e^2}{a_0}\right)$$

Austauschintegrale: $A_{\alpha\beta\gamma\delta} = e^2\,[\overset{\delta}{\alpha}_b\,\overset{\delta}{\beta}_a\,|\,\overset{\delta}{\gamma}_a\,\overset{\delta}{\delta}_b].$ (3.4a)

$$A_{ssss} = \frac{8}{405}\left(\frac{\alpha}{2}\right)^9 \Big[\frac{9}{5}\,W_0(0,0) - 12W_0(0,2) + 18W_0(0,4) + 20W_0(2,2) - 60W_0(2,4) + 45W_0(4,4)$$
$$+\ \frac{144}{49}\,W_2(0,0) - \frac{96}{7}\,W_2(0,2) + 16W_2(2,2) + \frac{64}{245}\,W_4(0,0)\Big]\left(\frac{Ze_2}{a_0}\right)$$

$$A_{s's's's'} = \frac{8}{45}\Big\{\left(\frac{\alpha}{2}\right)^5 \Big[5W_0(0,0) - 30W_0(0,2) + 45W_0(2,2) + 4W_2(0,0)\Big] - \left(\frac{\alpha}{2}\right)^6 \Big[20W_0(0,1) - 60W_0(0,3)$$
$$-\ 60W_0(1,2) + 180W_0(2,3) + 16W_2(0,1)\Big] + \left(\frac{\alpha}{2}\right)^7 \Big[-6W_0(0,0) + 38W_0(0,2) - 30W_0(0,4)$$
$$+\ 20W_0(1,1) - 120W_0(1,3) - 60W_0(2,2) + 90W_0(2,4) + 180W_0(3,3) - \frac{48}{7}\,W_2(0,0)$$
$$+\ 16W_2(0,2) + 16W_2(1,1)\Big] - \left(\frac{\alpha}{2}\right)^8 \Big[-12W_0(0,1) + 36W_0(0,3) + 40W_0(1,2) - 60W_0(1,4)$$
$$-\ 120W_0(2,3) + 180W_0(3,4) - \frac{96}{7}\,W_2(0,1) + 32W_2(1,2)\Big]\Big\}\left(\frac{Ze^2}{a_0}\right) + 9A_{ssss}$$

$$A_{\sigma sss}=\frac{16}{135\sqrt{3}}\left(\frac{\alpha}{2}\right)^9\left[-\frac{3}{5}W_0(0,1)+3W_0(0,3)+2W_0(1,2)-3W_0(1,4)-10W_0(2,3)+15W_0(3,4)\right.$$

$$\left.-\frac{12}{49}W_2(0,1)-\frac{12}{7}W_2(0,3)+\frac{4}{7}W_2(1,2)+4W_2(2,3)+\frac{32}{245}W_4(0,1)\right]\left(\frac{Ze^2}{a_0}\right)$$

$$A_{\sigma s\sigma s}=\frac{8}{45}\left(\frac{\alpha}{2}\right)^9\left[-W_0(0,0)+\frac{104}{15}W_0(0,2)-6W_0(0,4)-12W_0(2,2)+\frac{64}{3}W_0(2,4)-5W_0(4,4)\right.$$

$$\left.-\frac{8}{7}W_2(0,0)+\frac{536}{147}W_2(0,2)-\frac{8}{7}W_2(0,4)-\frac{16}{7}W_2(2,2)+\frac{8}{3}W_2(2,4)+\frac{64}{735}W_4(0,2)\right]\left(\frac{Ze^2}{a_0}\right)$$

$$A_{\sigma\sigma ss}=\frac{8}{135}\left(\frac{\alpha}{2}\right)^9\left[\frac{4}{5}W_0(1,1)-8W_0(1,3)+20W_0(3,3)+\frac{4}{49}W_2(1,1)+\frac{8}{7}W_2(1,3)+4W_2(3,3)\right.$$

$$+\frac{64}{245}W_4(1,1)-\frac{27}{5}W_1(0,0)+\frac{144}{5}W_1(0,2)-18W_1(0,4)-\frac{192}{5}W_1(2,2)+48W_1(2,4)$$

$$\left.-15W_1(4,4)-\frac{36}{35}W_3(0,0)+\frac{72}{35}W_3(0,2)-\frac{36}{35}W_3(2,2)\right]\left(\frac{Ze^2}{a_0}\right)$$

$$A_{\sigma ss\sigma}=\frac{8}{135}\left(\frac{\alpha}{2}\right)^9\left[\frac{4}{5}W_0(1,1)-8W_0(1,3)+20W_0(3,3)+\frac{4}{49}W_2(1,1)+\frac{8}{7}W_2(1,3)+4W_2(3,3)\right.$$

$$+\frac{64}{245}W_4(1,1)+\frac{27}{5}W_1(0,0)-\frac{144}{5}W_1(0,2)+18W_1(0,4)+\frac{192}{5}W_1(2,2)-48W_1(2,4)$$

$$\left.+15W_1(4,4)+\frac{36}{35}W_3(0,0)-\frac{72}{35}W_3(0,2)+\frac{36}{35}W_3(2,2)\right]\left(\frac{Ze^2}{a_0}\right)$$

$$A_{\sigma\sigma\sigma s}=\frac{16}{45\sqrt{3}}\left(\frac{\alpha}{2}\right)^9\left[W_0(0,1)-5W_0(0,3)-\frac{18}{5}W_0(1,2)+W_0(1,4)+18W_0(2,3)-5W_0(3,4)\right.$$

$$+\frac{2}{7}W_2(0,1)+2W_2(0,3)-\frac{12}{49}W_2(1,2)+\frac{2}{7}W_2(1,4)-\frac{12}{7}W_2(2,3)+2W_2(3,4)$$

$$\left.+\frac{32}{245}W_4(1,2)\right]\left(\frac{Ze^2}{a_0}\right)$$

$$A_{\pi s\pi s}=\frac{8}{135}\left(\frac{\alpha}{2}\right)^9\left[\frac{3}{5}W_0(0,0)-\frac{28}{5}W_0(0,2)+6W_0(0,4)+12W_0(2,2)-28W_0(2,4)+15W_0(4,4)\right.$$

$$+\frac{12}{49}W_2(0,0)+\frac{44}{49}W_2(0,2)-\frac{12}{7}W_2(0,4)-\frac{24}{7}W_2(2,2)+4W_2(2,4)-\frac{32}{245}W_4(0,0)$$

$$\left.+\frac{32}{245}W_4(0,2)\right]\left(\frac{Ze^2}{a_0}\right)$$

$$A_{\pi\pi ss}=\frac{4}{45}\left(\frac{\alpha}{2}\right)^9\left[-\frac{1}{5}W_1^1(1,1)+2W_1^1(1,3)-5W_1^1(3,3)-\frac{4}{105}W_3^1(1,1)+\frac{3}{49}W_2^1(0,0)\right.$$

$$\left.-\frac{2}{7}W_2^1(0,2)+\frac{1}{3}W_2^1(2,2)+\frac{4}{735}W_4^1(0,0)\right]\left(\frac{Ze^2}{a_0}\right)$$

$$A_{\pi ss\pi}=\frac{4}{45}\left(\frac{\alpha}{2}\right)^9\left[-\frac{1}{5}W_1^1(1,1)+2W_1^1(1,3)-5W_1^1(3,3)-\frac{4}{105}W_3^1(1,1)-\frac{3}{49}W_2^1(0,0)+\frac{2}{7}W_2^1(0,2)\right.$$

$$\left.-\frac{1}{3}W_2^1(2,2)-\frac{4}{735}W_4^1(0,0)\right]\left(\frac{Ze^2}{a_0}\right)$$

$$A_{\pi\sigma\pi s}=\frac{16}{45\sqrt{3}}\left(\frac{\alpha}{2}\right)^9\left[-\frac{1}{5}W_0(0,1)+W_0(0,3)+\frac{6}{5}W_0(1,2)-W_0(1,4)-6W_0(2,3)+5W_0(3,4)\right.$$

$$-\frac{1}{49}W_2(0,1)-\frac{1}{7}W_2(0,3)-\frac{6}{49}W_2(1,2)+\frac{1}{7}W_2(1,4)-\frac{6}{7}W_3(2,3)+W_2(3,4)-\frac{16}{245}W_4(0,1)$$

$$\left.+\frac{16}{245}W_4(1,2)\right]\left(\frac{Ze^2}{a_0}\right)$$

$$A_{\pi\pi\sigma s}=\frac{4}{15\sqrt{3}}\left(\frac{\alpha}{2}\right)^9\left[-\frac{1}{5}W_1^1(0,1)+W_1^1(0,3)+W_1^1(1,2)-5W_1^1(2,3)-\frac{4}{105}W_3^1(0,1)+\frac{3}{49}W_2^1(0,1)\right.$$

$$\left.-\frac{1}{7}W_2^1(0,3)-\frac{1}{7}W_2^1(1,2)+\frac{1}{3}W_2^1(2,3)+\frac{4}{735}W_4^1(0,1)\right]\left(\frac{Ze^2}{a_0}\right)$$

$$A_{\pi\sigma s\pi}= \frac{4}{15\sqrt{3}}\left(\frac{\alpha}{2}\right)^9\Big[-\tfrac{1}{5}W_1^1(0,1)+W_1^1(0,3)+W_1^1(1,2)-5W_1^1(2,3)-\frac{4}{105}W_3^1(0,1)$$
$$-\frac{3}{49}W_2^1(0,1)+\frac{1}{7}W_2^1(0,3)+\frac{1}{7}W_2^1(1,2)-\frac{1}{3}W_2^1(2,3)-\frac{4}{735}W_4^1(0,1)\Big]\left(\frac{Ze^2}{a_0}\right)$$

$$A_{\sigma\sigma\sigma\sigma}= \frac{8}{45}\left(\frac{\alpha}{2}\right)^9\Big[5W_0(0,0)-36W_0(0,2)+10W_0(0,4)+\frac{324}{5}W_0(2,2)$$
$$-36W_0(2,4)+5W_0(4,4)+4W_2(0,0)-\frac{48}{7}W_2(0,2)+8W_2(0,4)+\frac{144}{49}W_2(2,2)$$
$$-\frac{48}{7}W_2(2,4)+4W_2(4,4)+\frac{64}{245}W_4(2,2)\Big]\left(\frac{Ze^2}{a_0}\right)$$

$$A_{\pi\pi\sigma\sigma}= \frac{4}{15}\left(\frac{\alpha}{2}\right)^9\Big[-\tfrac{1}{5}W_1^1(0,0)+2W_1^1(0,2)-5W_1^1(2,2)+\frac{3}{49}W_2^1(1,1)-\frac{2}{7}W_2^1(1,3)+\frac{1}{3}W_2^1(3,3)$$
$$-\frac{4}{105}W_3^1(0,0)+\frac{4}{735}W_4^1(1,1)\Big]\left(\frac{Ze^2}{a_0}\right)$$

$$A_{\pi\sigma\sigma\pi}= \frac{4}{15}\left(\frac{\alpha}{2}\right)^9\Big[-\tfrac{1}{5}W_1^1(0,0)+2W_1^1(0,2)-5W_1^1(2,2)-\frac{3}{49}W_2^1(1,1)+\frac{2}{7}W_2^1(1,3)-\frac{1}{3}W_2^1(3,3)$$
$$-\frac{4}{105}W_3^1(0,0)-\frac{4}{735}W_4^1(1,1)\Big]\left(\frac{Ze^2}{a_0}\right)$$

$$A_{\pi\sigma\pi\sigma}= \frac{8}{45}\left(\frac{\alpha}{2}\right)^9\Big[-W_0(0,0)+\frac{48}{5}W_0(0,2)-6W_0(0,4)-\frac{108}{5}W_0(2,2)+24W_0(2,4)-5W_0(4,4)$$
$$-\frac{2}{7}W_2(0,0)-\frac{72}{49}W_2(0,2)+\frac{12}{7}W_2(0,4)+\frac{72}{49}W_2(2,2)-\frac{24}{7}W_2(2,4)+2W_2(4,4)$$
$$-\frac{32}{245}W_4(0,2)+\frac{32}{245}W_4(2,2)\Big]\left(\frac{Ze^2}{a_0}\right)$$

$$A_{\pi\pi\pi'\pi'}= \frac{1}{2205}\left(\frac{\alpha}{2}\right)^9\Big[W_2^2(0,0)-14\,W_2^2(0,2)+49W_2^2(2,2)+\frac{4}{45}W_4^2(0,0)\Big]\left(\frac{Ze^2}{a_0}\right)$$

$$A_{\pi\pi\pi\pi}= \frac{8}{45}\left(\frac{\alpha}{2}\right)^9\Big[\frac{1}{5}W_0(0,0)-\frac{12}{5}W_0(0,2)+2W_0(0,4)+\frac{36}{5}W_0(2,2)-12W_0(2,4)+5W_0(4,4)$$
$$+\frac{1}{49}W_2(0,0)+\frac{12}{49}W_2(0,2)-\frac{2}{7}W_2(0,4)+\frac{36}{49}W_2(2,2)-\frac{12}{7}W_2(2,4)+W_2(4,4)$$
$$+\frac{16}{245}W_4(0,0)-\frac{32}{245}W_4(0,2)+\frac{16}{245}W_4(2,2)\Big]\left(\frac{Ze^2}{a_0}\right)+A_{\pi\pi\pi'\pi}$$

$$A_{\pi\pi'\pi\pi'}= A_{\pi\pi\pi\pi}- 2 A_{\pi\pi\pi'\pi'}$$

$$A_{kkkk}= \frac{8}{45}\left(\frac{\alpha}{2}\right)^5[5W_0(0,0)-30W_0(0,2)+45W_0(2,2)+4W_2(0,0)]\left(Z\frac{e^2}{a_0}\right)$$

$$A_{kkks}= \frac{8}{45\sqrt{3}}\left(\frac{\alpha}{2}\right)^6[5W_0(0,1)-15W_0(0,3)-15W_0(1,2)+45W_0(2,3)+4W_2(0,1)]\left(Z\frac{e^2}{a_0}\right)$$

$$A_{ksks}= \frac{8}{945}\left(\frac{\alpha}{2}\right)^7[-21W_0(0,0)+133W_0(0,2)-105W_0(0,4)-210W_0(2,2)+315W_0(2,4)$$
$$-24W_2(0,0)+56W_2(0,2)]\left(Z\frac{e^2}{a_0}\right)$$

$$A_{\substack{kkss\\kssk}}= \left(\frac{\alpha}{2}\right)^7\Big\{\frac{8}{135}[5W_0(1,1)-30W_0(1,3)+45W_0(3,3)+4W_2(1,1)]$$
$$\mp\frac{8}{1575}[63W_1(0,0)-210W_1(0,2)+175W_1(2,2)+12W_3(0,0)]\Big\}\left(Z\frac{e^2}{a_0}\right)$$

$$A_{ksss}= \frac{8}{945\sqrt{3}}\left(\frac{\alpha}{2}\right)^8[-21W_0(0,1)+63W_0(0,3)+70W_0(1,2)-105W_0(1,4)$$
$$-210W_0(2,3)+315W_0(3,4)-24W_2(0,1)+56W_2(1,2)]\left(Z\frac{a^2}{e_0}\right)$$

$$A_{\sigma kkk} = \frac{8}{45}\left(\frac{\alpha}{2}\right)^6 [5\,W_0\,(0,0) - 30\,W_0\,(0,2) + 45\,W_0\,(2,2) + 4\,W_2\,(0,0)]\left(Z\,\frac{e^2}{a_0}\right)$$

$$= A_{xxxx}\left(\frac{\alpha}{2}\right)$$

$$A_{\sigma ksk} = \frac{16}{315\,\sqrt{3}}\left(\frac{\alpha}{2}\right)^7 [7\,W_0\,(0,1) - 35\,W_0\,(0,3) - 21\,W_0\,(1,2) + 105\,W_0\,(2,3)$$

$$+ 2\,W_2\,(0,1) + 14\,W_2\,(0,3)]\left(Z\,\frac{e^2}{a_0}\right)$$

$$A_{\substack{\sigma kks \\ \sigma skk}} = \left(\frac{\alpha}{2}\right)^7 \left\{ \frac{8}{45\,\sqrt{3}}\,[5\,W_0\,(0,1) - 15\,W_0\,(0,3) - 15\,W_0\,(1,2) + 45\,W_0\,(2,3) \right.$$

$$+ 4\,W_2\,(0,1)] \pm \frac{8}{525\,\sqrt{3}}\,[63\,W_1\,(0,1) - 105\,W_1\,(0,3)$$

$$\left. - 105\,W_1\,(1,2) + 175\,W_1\,(2,3) + 12\,W_3\,(0,1)] \right\}\left(Z\,\frac{e^2}{a_0}\right)$$

$$A_{\sigma sks} = \frac{8}{945}\left(\frac{\alpha}{2}\right)^8 [-21\,W_0\,(0,0) + 133\,W_0\,(0,2) - 105\,W_0\,(0,4) - 210\,W_0\,(2,2)$$

$$+ 315\,W_0\,(2,4) - 24\,W_2\,(0,0) + 56\,W_2\,(0,2)]\left(Z\,\frac{e^2}{a_0}\right)$$

$$A_{\substack{\sigma kss \\ \sigma ssk}} = \left(\frac{\alpha}{2}\right)^8 \left\{ \frac{16}{945}\,[7\,W_0\,(1,1) - 56\,W_0\,(1,3) + 105\,W_0\,(3,3) + 2\,W_2\,(1,1) \right.$$

$$+ 14\,W_2\,(1,3)] \pm \frac{8}{1575}\,[-63\,W_1\,(0,0) + 273\,W_1\,(0,2)$$

$$\left. - 105\,W_1\,(0,4) - 280\,W_1\,(2,2) + 175\,W_1\,(2,4) - 12\,W_3\,(0,0) + 12\,W_3\,(0,2)] \right\}\left(Z\,\frac{e^2}{a_0}\right)$$

$$A_{\sigma k\sigma k} = \frac{8}{315}\left(\frac{\alpha}{2}\right)^7 [35\,W_0\,(0,0) - 231\,W_0\,(0,2) + 35\,W_0\,(0,4) + 378\,W_0\,(2,2)$$

$$- 105\,W_0\,(2,4) + 28\,W_2\,(0,0) - 24\,W_2\,(0,2) + 28\,W_2\,(0,4)]\left(Z\,\frac{e^2}{a_0}\right)$$

$$A_{\sigma k\sigma s} = \frac{8}{315\,\sqrt{3}}\left(\frac{\alpha}{2}\right)^8 [35\,W_0\,(0,1) - 105\,W_0\,(0,3) - 126\,W_0\,(1,2) + 35\,W_0\,(1,4)$$

$$+ 378\,W_0\,(2,3) - 105\,W_0\,(3,4) + 28\,W_2\,(0,1) - 24\,W_2\,(1,2) + 28\,W_2\,(1,4)]\left(Z\,\frac{e^2}{a_0}\right)$$

$$A_{\substack{\sigma\sigma kk \\ \sigma kk\sigma}} = \left(\frac{\alpha}{2}\right)^7 \left\{ \frac{8}{45}\,[5\,W_0\,(0,0) - 30\,W_0\,(0,2) + 45\,W_0\,(2,2) + 4\,W_2\,(0,0)] \right.$$

$$\left. \mp \frac{8}{525}\,[63\,W_1\,(1,1) - 210\,W_1\,(1,3) + 175\,W_1\,(3,3) + 12\,W_3\,(1,1)] \right\}\left(Z\,\frac{e^2}{a_0}\right)$$

$$A_{\substack{\sigma\sigma ks \\ \sigma ks\sigma}} = \left(\frac{\alpha}{2}\right)^8 \left\{ \frac{16}{315\,\sqrt{3}}\,[7\,W_0\,(0,1) - 35\,W_0\,(0,3) - 21\,W_0\,(1,2) + 105\,W_0\,(2,3) \right.$$

$$+ 2\,W_2\,(0,1) + 14\,W_2\,(0,3)] \pm \frac{8}{525\,\sqrt{3}}\,[63\,W_1\,(0,1) - 105\,W_1\,(0,3)$$

$$\left. - 168\,W_1\,(1,2) + 105\,W_1\,(1,4) + 280\,W_1\,(2,3) + 12\,W_3\,(0,1) - 12\,W_3\,(1,2)] \right\}\left(Z\,\frac{e^2}{a_0}\right)$$

$$A_{\sigma\sigma\sigma k} = \frac{8}{315}\left(\frac{\alpha}{2}\right)^8 [35\,W_0\,(0,0) - 231\,W_0\,(0,2) + 35\,W_0\,(0,4) + 378\,W_0\,(2,2)$$

$$- 105\,W_0\,(2,4) + 28\,W_2\,(0,0) - 24\,W_2\,(0,2) + 28\,W_2\,(0,4)]\left(Z\,\frac{e^2}{a_0}\right)$$

$$= A_{\sigma k\sigma k}\left(\frac{\alpha}{2}\right)$$

$$A_{\pi k \pi k} = \frac{4}{315} \left(\frac{\alpha}{2}\right)^7 \left[- 14 W_0 (0,0) + 126 W_0 (0,2) - 70 W_0 (0,4) - 252 W_0 (2,2) \right.$$
$$\left. + 210 W_0 (2,4) - 4 W_2 (0,0) - 24 W_2 (0,2) + 28 W_2 (0,4)\right] \left(Z \frac{e^2}{a_0}\right)$$

$$A_{\pi s \pi k} = \frac{4}{315 \sqrt{3}} \left(\frac{\alpha}{2}\right)^8 \left[-14 W_0 (0,1) + 42 W_0 (0,3) + 84 W_0 (1,2) - 70 W_0 (1,4) - 252 W_0 (2,3) \right.$$
$$\left. + 210 W_0 (3,4) - 4 W_2 (0,1) - 24 W_2 (1,2) + 28 W_2 (1,4)\right] \left(Z \frac{e^2}{a_0}\right)$$

$$A_{\pi \pi k k} = A_{\pi k k \pi} = \frac{4}{1575} \left(\frac{\alpha}{2}\right)^7 \left[- 21 W_1^1 (0,0) + 210 W_1^1 (0,2) - 525 W_1^1 (2,2) - 4 W_3^1 (0,0)\right] \left(Z \frac{e^2}{a_0}\right)$$

$$A_{\pi \pi k s} = A_{\pi k s \pi} = \frac{4}{1575 \sqrt{3}} \left(\frac{\alpha}{2}\right)^8 \left[-21 W_1^1 (0,1) + 105 W_1^1 (1,2) + 105 W_1^1 (0,3) \right.$$
$$\left. - 525 W_1^1 (2,3) - 4 W_3^1 (0,1)\right] \left(Z \frac{e^2}{a_0}\right)$$

$$A_{\pi \sigma \pi k} = \frac{4}{315} \left(\frac{\alpha}{2}\right)^8 \left[- 14 W_0 (0,0) + 126 W_0 (0,2) - 70 W_0 (0,4) - 252 W_0 (2,2) \right.$$
$$\left. + 210 W_0 (2,4) - 4 W_2 (0,0) - 24 W_2 (0,2) + 28 W_2 (0,4)\right] \left(Z \frac{e^2}{a_0}\right)$$

$$= A_{\pi k \pi k} \left(\frac{\alpha}{2}\right)$$

$$A_{\pi \pi \sigma k} = A_{\pi \sigma k \pi} = \frac{4}{1575} \left(\frac{\alpha}{2}\right)^8 \left[- 21 W_1^1 (0,0) + 210 W_1^1 (0,2) + 525 W_1^1 (2,2) - 4 W_3^1 (0,0)\right] \left(Z \frac{e^2}{a_0}\right)$$

$$= A_{\pi \pi k k} \left(\frac{\alpha}{2}\right)$$

2.4 Übergang von den mit $\psi_{s'}$ gebildeten Integralen zu denen mit ψ_k und ψ_s

$$S_{s's'} = \mathfrak{N}^2 \left\{\beta^2 S_{kk} - 2\beta S_{ks} + S_{ss}\right\};$$
$$S_{s'\sigma} = S_{\sigma s'} = \mathfrak{N} \left\{\beta S_{k\sigma} - S_{s\sigma}\right\};$$
$$I_{s's'} = \mathfrak{N}^2 \left\{\beta^2 J_{kk} - \beta \left(J_{ks} + J_{sk}\right) + J_{ss}\right\};$$
$$I_{\sigma s'} = \mathfrak{N} \left\{\beta J_{\sigma k} - J_{\sigma s}\right\};$$
$$I_{s'\sigma} = \mathfrak{N} \left\{\beta J_{k\sigma} - J_{s\sigma}\right\};$$
$$K_{s's'} = \mathfrak{N}^2 \left\{\beta^2 K_{kk} - 2\beta K_{ks} + K_{ss}\right\};$$
$$K_{\sigma s'} = K_{s'\sigma} = \mathfrak{N} \left\{\beta K_{\sigma k} - K_{\sigma s}\right\};$$
$$D_{s's} = \mathfrak{N} \left\{\beta D_{ks} - D_{ss}\right\};$$
$$A_{s's's'} = \mathfrak{N}^4 \left\{\beta^4 A_{kkkk} - 4\beta^3 A_{kkks} - 4\beta A_{ksss} + 2\beta^2 \left(A_{ksks} + A_{kkss} + A_{kssk}\right) + A_{ssss}\right\};$$
$$A_{\sigma s's's'} = \mathfrak{N}^3 \left\{\beta^3 A_{\sigma kkk} - \beta^2 (A_{\sigma kks} + A_{\sigma skk} + A_{\sigma ksk}) + \beta (A_{\sigma kss} + A_{\sigma ssk} + A_{\sigma sks}) - A_{\sigma sss}\right\};$$
$$A_{\sigma s'\sigma s'} = \mathfrak{N}^2 \left\{\beta^2 A_{\sigma k\sigma k} - 2\beta A_{\sigma k\sigma s} + A_{\sigma s\sigma s}\right\};$$
$$A_{\sigma \sigma s's'} = \mathfrak{N}^2 \left\{\beta^2 A_{\sigma \sigma kk} - 2\beta A_{\sigma \sigma ks} + A_{\sigma \sigma ss}\right\};$$

$$A_{\sigma s' s' \sigma} = \mathfrak{R}^2\{\beta^2 A_{\sigma k k \sigma} - 2\beta A_{\sigma k s \sigma} + A_{\sigma s s \sigma}\};$$

$$A_{\sigma\sigma\sigma s'} = \mathfrak{R}\{\beta A_{\sigma\sigma\sigma k} - A_{\sigma\sigma\sigma s}\};$$

$$A_{\pi s' \pi s'} = \mathfrak{R}^2\{\beta^2 A_{\pi k \pi k} - 2\beta A_{\pi s \pi k} + A_{\pi s \pi s}\};$$

$$A_{\pi\pi s' s'} = \mathfrak{R}^2\{\beta^2 A_{\pi\pi k k} - 2\beta A_{\pi\pi s k} + A_{\pi\pi s s}\};$$

$$A_{\pi s' s' \pi} = \mathfrak{R}^2\{\beta^2 A_{\pi k k \pi} - 2\beta A_{\pi k s \pi} + A_{\pi s s \pi}\};$$

$$A_{\pi\sigma\pi s'} = \mathfrak{R}\{\beta A_{\pi\sigma\pi k} - A_{\pi\sigma\pi s}\};$$

$$A_{\pi\pi\sigma s'} = \mathfrak{R}\{\beta A_{\pi\pi\sigma k} - A_{\pi\pi\sigma s}\};$$

$$A_{\pi\sigma s'\pi} = \mathfrak{R}\{\beta A_{\pi\sigma k\pi} - A_{\pi\sigma s\pi}\};$$

$$L_{s' s' s' \bar{s}'} = \mathfrak{R}^4\{\beta^4 L_{kkk\bar{k}} - \beta^3(L_{kkk\bar{s}} + L_{ksk\bar{k}} + 2L_{kks\bar{k}}) + \beta^2(2L_{kks\bar{s}} + 2L_{kss\bar{k}} + L_{ksk\bar{s}} + L_{sks\bar{k}}) - \beta(L_{sss\bar{k}} + L_{sks\bar{s}} + 2L_{kss\bar{s}}) + L_{sss\bar{s}}\};$$

$$L_{s'\sigma s'\bar{s}'} = \mathfrak{R}^3\{\beta^3 L_{k\sigma k\bar{k}} - \beta^2(L_{k\sigma k\bar{s}} + 2L_{k\sigma s\bar{k}}) + \beta(L_{s\sigma s\bar{k}} + 2L_{k\sigma s\bar{s}}) - L_{s\sigma s\bar{s}}\};$$

$$L_{s' s' s'\bar{\sigma}} = \mathfrak{R}^3\{\beta^3 L_{kkk\bar{\sigma}} - \beta^2(L_{ksk\bar{\sigma}} + 2L_{kks\bar{\sigma}}) + \beta(L_{sks\bar{\sigma}} + 2L_{kss\bar{\sigma}}) - L_{sss\bar{\sigma}}\};$$

$$L_{\sigma s' s'\bar{s}'} = \mathfrak{R}^3\{\beta^3 L_{\sigma kk\bar{k}} - \beta^2(L_{\sigma sk\bar{k}} + L_{\sigma kk\bar{s}} + L_{\sigma ks\bar{k}}) + \beta(L_{\sigma ks\bar{s}} + L_{\sigma sk\bar{s}} + L_{\sigma ss\bar{k}}) - L_{\sigma ss\bar{s}}\};$$

$$L_{s'\sigma s'\bar{\sigma}} = \mathfrak{R}^2\{\beta^2 L_{k\sigma k\bar{\sigma}} - 2\beta L_{k\sigma s\bar{\sigma}} + L_{s\sigma s\bar{\sigma}}\};$$

$$L_{\sigma\sigma s'\bar{s}'} = \mathfrak{R}^2\{\beta^2 L_{\sigma\sigma k\bar{k}} - \beta(L_{\sigma\sigma k\bar{s}} + L_{\sigma\sigma s\bar{k}}) + L_{\sigma\sigma s\bar{s}}\};$$

$$L_{s' s'\sigma\bar{\sigma}} = \mathfrak{R}^2\{\beta^2 L_{kk\sigma\bar{\sigma}} - \beta(L_{ks\sigma\bar{\sigma}} + L_{sk\sigma\bar{\sigma}}) + L_{ss\sigma\bar{\sigma}}\};$$

$$L_{\sigma s'\sigma\bar{s}'} = \mathfrak{R}^2\{\beta^2 L_{\sigma k\sigma\bar{k}} - \beta(L_{\sigma k\sigma\bar{s}} + L_{\sigma s\sigma\bar{k}}) + L_{\sigma s\sigma\bar{s}}\};$$

$$L_{s'\sigma\sigma\bar{\sigma}} = \mathfrak{R}\{\beta L_{k\sigma\sigma\bar{\sigma}} - L_{s\sigma\sigma\bar{\sigma}}\};$$

$$L_{\sigma s'\sigma\bar{\sigma}} = \mathfrak{R}\{\beta L_{\sigma k\sigma\bar{\sigma}} - L_{\sigma s\sigma\bar{\sigma}}\};$$

$$L_{\sigma\sigma\sigma\bar{s}'} = \mathfrak{R}\{\beta L_{\sigma\sigma\sigma\bar{k}} - L_{\sigma\sigma\sigma\bar{s}}\};$$

$$L_{\pi s'\pi\bar{s}'} = \mathfrak{R}^2\{\beta^2 L_{\pi k\pi\bar{k}} - \beta(L_{\pi k\pi\bar{s}} + L_{\pi s\pi\bar{k}}) + L_{\pi s\pi\bar{s}}\};$$

$$L_{s'\pi s'\bar{\pi}} = \mathfrak{R}^2\{\beta^2 L_{k\pi k\bar{\pi}} - 2\beta L_{k\pi s\bar{\pi}} + L_{s\pi s\bar{\pi}}\};$$

$$L_{s'\pi\sigma\bar{\pi}} = \mathfrak{R}\{\beta L_{k\pi\sigma\bar{\pi}} - L_{s\pi\sigma\bar{\pi}}\};$$

$$L_{\pi\sigma\pi\bar{s}'} = \mathfrak{R}\{\beta L_{\pi\sigma\pi\bar{k}} - L_{\pi\sigma\pi\bar{s}}\};$$

$$L_{\pi s'\pi\bar{\sigma}} = \mathfrak{R}\{\beta L_{\pi k\pi\bar{\sigma}} - L_{\pi s\pi\bar{\sigma}}\};$$

$$L_{\pi\pi s'\bar{s}'} = \mathfrak{R}^2\{\beta^2 L_{\pi\pi k\bar{k}} - \beta(L_{\pi\pi k\bar{s}} + L_{\pi\pi s\bar{k}}) + L_{\pi\pi s\bar{s}}\};$$

$$L_{s' s'\pi\bar{\pi}} = \mathfrak{R}^2\{\beta^2 L_{kk\pi\bar{\pi}} - \beta(L_{ks\pi\bar{\pi}} + L_{sk\pi\bar{\pi}}) + L_{ss\pi\bar{\pi}}\};$$

$$L_{\pi\pi\sigma\bar{s}'} = \mathfrak{R}\{\beta L_{\pi\pi\sigma\bar{k}} - L_{\pi\pi\sigma\bar{s}}\};$$

$$L_{\sigma s'\pi\bar{\pi}} = \mathfrak{R}\{\beta L_{\sigma k\pi\bar{\pi}} - L_{\sigma s\pi\bar{\pi}}\};$$

$$L_{\pi\pi s'\bar{\sigma}} = \mathfrak{R}\{\beta L_{\pi\pi k\bar{\sigma}} - L_{\pi\pi s\bar{\sigma}}\};$$

$$L_{s'\sigma\pi\bar{\pi}} = \mathfrak{R}\{\beta L_{k\sigma\pi\bar{\pi}} - L_{s\sigma\pi\bar{\pi}}\};$$

$$C_{s's's'} = \mathfrak{N}^4 \{\beta^4 C_{kkkk} - 4\beta^3 C_{kkks} + 2\beta^2 (C_{ksks} + 2C_{kkss}) - 4\beta C_{ksss} + C_{ssss}\};$$

$$C_{\sigma s's'} = \mathfrak{N}^3 \{\beta^3 C_{\sigma kkk} - \beta^2 (C_{\sigma ksk} + 2C_{\sigma skk}) + \beta (C_{\sigma sks} + 2C_{\sigma kss}) - C_{\sigma sss}\};$$

$$C_{\sigma s'\sigma s'} = \mathfrak{N}^2 \{\beta^2 C_{\sigma k\sigma k} - 2\beta C_{\sigma k\sigma s} + C_{\sigma s\sigma s}\};$$

$$C_{\sigma\sigma s's'} = \mathfrak{N}^2 \{\beta^2 C_{\sigma\sigma kk} - 2\beta C_{\sigma\sigma ks} + C_{\sigma\sigma ss}\};$$

$$C_{\sigma\sigma\sigma s'} = \mathfrak{N} \{\beta C_{\sigma\sigma\sigma k} - C_{\sigma\sigma\sigma s}\};$$

$$C_{\pi s'\pi s'} = \mathfrak{N}^2 \{\beta^2 C_{\pi k\pi k} - 2\beta C_{\pi k\pi s} + C_{\pi s\pi s}\};$$

$$C_{\pi\pi s's'} = \mathfrak{N}^2 \{\beta^2 C_{\pi\pi kk} - 2\beta C_{\pi\pi ks} + C_{\pi\pi ss}\};$$

$$C_{\pi\pi\sigma s'} = \mathfrak{N} \{\beta C_{\pi\pi\sigma k} - C_{\pi\pi\sigma s}\};$$

$$C_{\pi\sigma\pi s'} = \mathfrak{N} \{\beta C_{\pi\sigma\pi k} - C_{\pi\sigma\pi s}\};$$

2.5. Überlappungs- und Übergangsintegrale der K- und L-Schale
für ungleiche effektive Abschirmzahlen α, β in den SLATER-Funktionen

Überlappungsintegrale: $\qquad [\overset{\alpha}{\lambda_a}\ \overset{\beta}{\lambda'_b}] = \int \Phi_a \Phi'_b \, d\tau \quad \dots\dots\dots\dots\dots\dots (3.1)$

$$[\overset{\alpha}{1_a}\ \overset{\beta}{1_b}] = \frac{1}{4} (\bar\alpha \bar\beta)^{3/2} [A_2 B_0 - A_0 B_2]$$

$$[\overset{\alpha}{1_a}\ \overset{\beta}{2_b}] = \frac{1}{8\sqrt{3}} \bar\alpha^{3/2} \bar\beta^{5/2} [A_3 B_0 - A_2 B_1 - A_1 B_2 + A_0 B_3]$$

$$[\overset{\alpha}{2_a}\ \overset{\beta}{1_b}] = \frac{1}{8\sqrt{3}} \bar\alpha^{5/2} \bar\beta^{3/2} [A_3 B_0 + A_2 B_1 - A_1 B_2 - A_0 B_3]$$

$$[\overset{\alpha}{1_a}\ \overset{\beta}{3_b}] = \frac{1}{8} \bar\alpha^{3/2} \bar\beta^{5/2} [-A_3 B_1 + A_2 B_0 + A_1 B_3 - A_0 B_2]$$

$$[\overset{\alpha}{3_a}\ \overset{\beta}{1_b}] = \frac{1}{8} \bar\alpha^{5/2} \bar\beta^{3/2} [A_3 B_1 + A_2 B_0 - A_1 B_3 - A_0 B_2]$$

$$[\overset{\alpha}{2_a}\ \overset{\beta}{2_b}] = \frac{1}{48} (\bar\alpha \bar\beta)^{5/2} [A_4 B_0 - 2 A_2 B_2 + A_0 B_4]$$

$$[\overset{\alpha}{2_a}\ \overset{\beta}{3_b}] = \frac{1}{16\sqrt{3}} (\bar\alpha \bar\beta)^{5/2} [-A_4 B_1 + A_3 (B_0 - B_2) + A_2 (B_1 + B_3) + A_1 (B_4 - B_2) - A_0 B_3]$$

$$[\overset{\alpha}{3_a}\ \overset{\beta}{2_b}] = \frac{1}{16\sqrt{3}} (\bar\alpha \bar\beta)^{5/2} [A_4 B_1 + A_3 (B_0 - B_2) - A_2 (B_1 + B_3) + A_1 (B_4 - B_2) + A_0 B_3]$$

$$[\overset{\alpha}{3_a}\ \overset{\beta}{3_b}] = \frac{1}{16} (\bar\alpha \bar\beta)^{5/2} [-A_4 B_2 + A_2 (B_0 + B_4) - A_0 B_2]$$

$$[\overset{\alpha}{4_a}\ \overset{\beta}{4_b}] = \frac{1}{32} (\bar\alpha \bar\beta)^{5/2} [(A_4 - A_2)(B_0 - B_2) + (A_2 - A_0)(B_4 - B_2)]$$

$$[\overset{\alpha}{5_a}\ \overset{\beta}{5_b}] = [\overset{\alpha}{4_a}\ \overset{\beta}{4_b}]$$

$$\text{mit} \quad A_n = A_n\left(1, \frac{\bar\alpha + \bar\beta}{2}\right) \cdots B_n = B_n\left(\frac{\bar\alpha - \bar\beta}{2}\right); \quad \bar\alpha = R\alpha, \quad \bar\beta = R\beta \quad \dots\dots\dots\dots\dots (4.8)$$

$\textit{Übergangsintegrale:}$
$$[b^{-1}|\overset{\alpha}{\lambda_a}\,\overset{\beta}{\lambda_b'}] = \int \frac{1}{r_b}\,\Phi_a\,\Phi_b'\,d\tau \quad \ldots \ldots \ldots \ldots \ldots \quad (3.2)$$

$$R\,[a^{-1}|\,\overset{\alpha}{1_a}\,\overset{\beta}{1_b}] = \frac{1}{2}\,(\bar\alpha\,\bar\beta)^{3/2}\,[A_1 B_0 - A_0 B_1]$$

$$R\,[b^{-1}|\,\overset{\alpha}{1_a}\,\overset{\beta}{1_b}] = \frac{1}{2}\,(\bar\alpha\,\bar\beta)^{3/2}\,[A_1 B_0 + A_0 B_1]$$

$$R\,[a^{-1}|\,\overset{\alpha}{1_a}\,\overset{\beta}{2_b}] = \frac{1}{4\sqrt{3}}\,\bar\alpha^{3/2}\,\bar\beta^{5/2}\,[A_2 B_0 - 2A_1 B_1 + A_0 B_2]$$

$$R\,[b^{-1}|\,\overset{\alpha}{1_a}\,\overset{\beta}{2_b}] = \frac{1}{4\sqrt{3}}\,\bar\alpha^{3/2}\,\bar\beta^{5/2}\,[A_2 B_0 - A_0 B_2]$$

$$R\,[a^{-1}|\,\overset{\alpha}{1_a}\,\overset{\beta}{3_b}] = \frac{1}{4}\,\bar\alpha^{3/2}\,\bar\beta^{5/2}\,[A_1 B_0 - A_0 B_1 - A_2 B_1 + A_1 B_2]$$

$$R\,[b^{-1}|\,\overset{\alpha}{1_a}\,\overset{\beta}{3_b}] = \frac{1}{4}\,\bar\alpha^{3/2}\,\bar\beta^{5/2}\,[A_1 B_0 + A_0 B_1 - A_2 B_1 - A_1 B_2]$$

$$R\,[a^{-1}|\,\overset{\alpha}{2_a}\,\overset{\beta}{1_b}] = \frac{1}{4\sqrt{3}}\,\bar\alpha^{5/2}\,\bar\beta^{3/2}\,[A_2 B_0 - A_0 B_2]$$

$$R\,[b^{-1}|\,\overset{\alpha}{2_a}\,\overset{\beta}{1_b}] = \frac{1}{4\sqrt{3}}\,\bar\alpha^{5/2}\,\bar\beta^{3/2}\,[A_2 B_0 + 2A_1 B_1 + A_0 B_2]$$

$$R\,[a^{-1}|\,\overset{\alpha}{2_a}\,\overset{\beta}{2_b}] = \frac{1}{24}\,(\bar\alpha\,\bar\beta)^{5/2}\,[A_3 B_0 - A_2 B_1 - A_1 B_2 + A_0 B_3]$$

$$R\,[b^{-1}|\,\overset{\alpha}{2_a}\,\overset{\beta}{2_b}] = \frac{1}{24}\,(\bar\alpha\,\bar\beta)^{5/2}\,[A_3 B_0 + A_2 B_1 - A_1 B_2 - A_0 B_3]$$

$$R\,[a^{-1}|\,\overset{\alpha}{3_a}\,\overset{\beta}{1_b}] = \frac{1}{4}\,\bar\alpha^{5/2}\,\bar\beta^{3/2}\,[A_1 B_0 + A_2 B_1 - A_0 B_1 - A_1 B_2]$$

$$R\,[a^{-1}|\,\overset{\alpha}{3_a}\,\overset{\beta}{1_b}] = \frac{1}{4}\,\bar\alpha^{5/2}\,\bar\beta^{3/2}\,[A_1 B_0 + A_2 B_1 + A_0 B_1 + A_1 B_2]$$

$$R\,[a^{-1}|\,\overset{\alpha}{2_a}\,\overset{\beta}{3_b}] = \frac{1}{8\sqrt{3}}\,(\bar\alpha\,\bar\beta)^{5/2}\,[A_2 B_0 - A_3 B_1 + A_1 B_3 - A_0 B_2]$$

$$R\,[b^{-1}|\,\overset{\alpha}{2_a}\,\overset{\beta}{3_b}] = \frac{1}{8\sqrt{3}}\,(\bar\alpha\,\bar\beta)^{5/2}\,[-A_3 B_1 + A_2(B_0 - 2B_2) + A_1(2B_1 - B_3) + A_0 B_2]$$

$$R\,[a^{-1}|\,\overset{\alpha}{3_a}\,\overset{\beta}{2_b}] = \frac{1}{8\sqrt{3}}\,(\bar\alpha\,\bar\beta)^{5/2}\,[+A_3 B_1 + A_2(B_0 - 2B_2) - A_1(2B_1 - B_3) + A_0 B_2]$$

$$R\,[b^{-1}|\,\overset{\alpha}{3_a}\,\overset{\beta}{2_b}] = \frac{1}{8\sqrt{3}}\,(\bar\alpha\,\bar\beta)^{5/2}\,[A_2 B_0 + A_3 B_1 - A_1 B_3 - A_0 B_2]$$

$$R\,[a^{-1}|\,\overset{\alpha}{3_a}\,\overset{\beta}{3_b}] = \frac{1}{8}\,(\bar\alpha\,\bar\beta)^{5/2}\,[A_1 B_0 - A_0 B_1 - A_3 B_2 + A_2 B_3]$$

$$R\,[b^{-1}|\,\overset{\alpha}{3_a}\,\overset{\beta}{3_b}] = \frac{1}{8}\,(\bar\alpha\,\bar\beta)^{5/2}\,[A_1 B_0 + A_0 B_1 - A_3 B_2 - A_2 B_3]$$

$$R\,[a^{-1}|\,\overset{\alpha}{4_a}\,\overset{\beta}{4_b}] = \frac{1}{16}\,(\bar\alpha\,\bar\beta)^{5/2}\,[(A_3 - A_1)(B_0 - B_2) - (A_2 - A_0)(B_1 - B_3)] = R\,[a^{-1}|\,\overset{\alpha}{5_a}\,\overset{\beta}{5_b}]$$

$$R\,[b^{-1}|\,\overset{\alpha}{4_a}\,\overset{\beta}{4_b}] = \frac{1}{16}\,(\bar\alpha\,\bar\beta)^{5/2}\,[(A_3 - A_1)(B_0 - B_2) + (A_2 - A_0)(B_1 - B_3)] = R\,[b^{-1}|\,\overset{\alpha}{5_a}\,\overset{\beta}{5_b}]$$

$$\text{mit}\quad A_n = A_n\!\left(1, \frac{\bar\alpha + \bar\beta}{2}\right),\quad B_n = B_n\!\left(\frac{\bar\alpha - \bar\beta}{2}\right);\quad \bar\alpha = R\alpha,\ \bar\beta = R\beta \quad \ldots \ldots \ldots \quad (4.8)$$

$$[b^{-1}|\overset{\alpha}{1_a}\overset{\beta}{\lambda'_a}] = \int \frac{1}{r_b}\,\Phi_a\,\Phi'_a\,d\tau. \quad\ldots\ldots\ldots\ldots \quad (3.2)$$

$$R\,[b^{-1}|\overset{\alpha}{1_a}\overset{\beta}{1_a}] = \frac{1}{2}\,(\bar\alpha\,\bar\beta)^{3/2}\,[A_1B_0 + A_0B_1]$$

$$R\,[b^{-1}|\overset{\alpha}{1_a}\overset{\beta}{2_a}] = \frac{1}{4\sqrt{3}}\,\bar\alpha^{3/2}\,\bar\beta^{5/2}[A_2B_0 + 2A_1B_1 + A_0B_2]$$

$$R\,[b^{-1}|\overset{\alpha}{2_a}\overset{\beta}{1_a}] = \frac{1}{4\sqrt{3}}\,\bar\alpha^{5/2}\,\bar\beta^{3/2}[A_2B_0 + 2\,A_1B_1 + A_0B_2]$$

$$R\,[b^{-1}|\overset{\alpha}{1_a}\overset{\beta}{3_a}] = \frac{1}{4}\cdot\bar\alpha^{3/2}\,\bar\beta^{5/2}\,[A_1B_0 + A_2B_1 + A_0B_1 + A_1B_2]$$

$$R\,[b^{-1}|\overset{\alpha}{3_a}\overset{\beta}{1_a}] = \frac{1}{4}\,\bar\alpha^{5/2}\,\bar\beta^{3/2}\,[A_1B_0 + A_2B_1 + A_0B_1 + A_1B_2]$$

$$R\,[b^{-1}|\overset{\alpha}{2_a}\overset{\beta}{2_a}] = \frac{1}{24}\,(\bar\alpha\,\bar\beta)^{5/2}\,[A_3B_0 + 3A_2B_1 + 3A_1B_2 + A_0B_3]$$

$$R\,[b^{-1}|\overset{\alpha}{2_a}\overset{\beta}{3_a}] = \frac{1}{8\sqrt{3}}\,(\bar\alpha\,\bar\beta)^{5/2}\,[A_0B_2 + A_1(2B_1 + B_3) + A_2(B_0 + 2B_2) + A_3B_1] = R\,[b^{-1}|\overset{\alpha}{3_a}\overset{\beta}{2_a}]$$

$$R\,[b^{-1}|\overset{\alpha}{3_a}\overset{\beta}{3_a}] = \frac{1}{8}\,(\bar\alpha\,\bar\beta)^{5/2}\,[A_0B_1 + A_1(B_0 + 2B_2) + A_2(2B_1 + B_3) + A_3B_2]$$

$$R\,[b^{-1}|\overset{\alpha}{4_a}\overset{\beta}{4_a}] = \frac{1}{16}\,\bar\alpha\,\bar\beta^{5/2}[(A_3 - A_1)(B_0 - B_2) + (A_2 - A_0)(B_1 - B_3)] = R\,[b^{-1}|\overset{\alpha}{5_a}\overset{\beta}{5_a}]$$

$$\text{wo}\quad [b^{-1}|\overset{\alpha}{\lambda_a}\overset{\beta}{\lambda'_a}] \equiv [a^{-1}|\overset{\alpha}{\lambda_b},\overset{\beta}{\lambda'_b}]$$

$$\text{und:}\quad A_n = A_n\left(1, \frac{\bar\alpha + \bar\beta}{2}\right),\quad B_n = B_n\left(\frac{\bar\alpha + \bar\beta}{2}\right);\ \bar\alpha = R\alpha,\ \bar\beta = R\beta \quad\ldots\ldots \quad (4.8)$$

$$[a^{-2}|\overset{\alpha}{\lambda_a}\overset{\beta}{\lambda'_b}] = \int \frac{1}{r_a^2}\,\Phi_a\,\Phi'_b\,d\tau \quad\ldots\ldots\ldots\ldots \quad (3.8)$$

$$R^2\,[a^{-2}|\overset{\alpha}{1_a}\overset{\beta}{1_b}] = (\bar\alpha\,\bar\beta)^{3/2}\,[D_0^0 - 2\,C_1]$$

$$R^2\,[a^{-2}|\overset{\alpha}{1_a}\overset{\beta}{2_b}] = \frac{1}{2\sqrt{3}}\,\bar\alpha^{3/2}\,\bar\beta^{5/2}[D_1^0 - 4D_0^1 + 4C_2]$$

$$R^2\,[a^{-2}|\overset{\alpha}{1_a}\overset{\beta}{3_b}] = \frac{1}{2}\,\bar\alpha^{3/2}\,\bar\beta^{5/2}[D_0^0 + 3D_0^2 - D_1^1 - 2C_1 - 2C_3]$$

$$R^2\,[a^{-1}|\overset{\alpha}{3_a}\overset{\beta}{1_b}] = \frac{1}{2}\,\bar\alpha^{5/2}\,\bar\beta^{3/2}[D_0^0 - 3D_0^2 + D_1^1 - 2C_1 + 2C_3]$$

$$R^2\,[a^{-2}|\overset{\alpha}{3_a}\overset{\beta}{2_b}] = \frac{1}{4\sqrt{3}}\,(\bar\alpha\,\bar\beta)^{5/2}\,[-4D_0^1 + 8D_0^3 - 5D_1^2 + D_1^0 + D_2^1 + 4C_2 - 4C_4]$$

$$R^2\,[a^{-2}|\overset{\alpha}{3_a}\overset{\beta}{3_b}] = \frac{1}{4}\,(\bar\alpha\,\bar\beta)^{5/2}\,[D_0^0 - 5D_0^4 + 4D_1^3 - D_2^2 - 2C_1 + 2C_5]$$

$$R^2\,[a^{-2}|\overset{\alpha}{4_a}\overset{\beta}{4_b}] = \frac{1}{8}\,(\bar\alpha\,\bar\beta)^{5/2}\,[-D_0^0 - 5D_0^4 + 6D_0^2 - 4D_1^1 + 4D_1^3 + D_2^0 - D_2^2 + 2C_1 + 2C_5 - 4C_3]$$

$$= R^2\,[a^{-2}|\overset{\alpha}{5_a}\overset{\beta}{5_b}]$$

$$\text{mit}\quad D_n^k = D_n^k\left(\frac{\bar\alpha + \bar\beta}{2}, \bar\beta\right),\quad C_k = C_k\left(\frac{\bar\alpha + \bar\beta}{2}, \bar\beta\right);\ \bar\alpha = R\alpha,\ \bar\beta = R\beta \quad\ldots\ldots\ldots \quad (4.27)$$

$[a^{-2}|\overset{\alpha}{\lambda_a}\overset{\beta}{\lambda'_b}]$ vertauschen von α und β ergibt: $[b^{-2}|\overset{\alpha}{\lambda'_a}\overset{\beta}{\lambda_b}]$

$$R^2\,[a^{-2}|\overset{\alpha}{1_b}\overset{\beta}{1_b}] = (\bar\alpha\,\bar\beta)^{3/2}\,[D_0^0 - 2\,C_1]$$

$$R^2\left[a^{-2}\big|\ \overset{\alpha}{1}_b\ \overset{\beta}{2}_b\right] = \frac{1}{2\sqrt{3}}\,\bar{\alpha}^{3/2}\,\bar{\beta}^{5/2}\,[D_1^0 - 4\,D_0^1 + 4\,C_2]$$

$$R^2\left[a^{-2}\big|\ \overset{\alpha}{2}_b\ \overset{\beta}{1}_b\right] = \frac{1}{2\sqrt{3}}\,\bar{\alpha}^{5/2}\,\bar{\beta}^{3/2}\,[D_1^0 - 4\,D_0^1 + 4\,C_2]$$

$$R^2\left[a^{-2}\big|\ \overset{\alpha}{1}_b\ \overset{\beta}{3}_b\right] = \frac{1}{2}\,\bar{\alpha}^{3/2}\,\bar{\beta}^{5/2}\,[D_0^0 + 3\,D_0^2 - D_1^1 - 2\,C_1 - 2\,C_3]$$

$$R^2\left[a^{-2}\big|\ \overset{\alpha}{3}_b\ \overset{\beta}{1}_b\right] = \frac{1}{2}\,\bar{\alpha}^{5/2}\,\bar{\beta}^{3/2}\,[D_0^0 + 3\,D_0^2 - D_1^1 - 2\,C_1 - 2\,C_3]$$

$$R^2\left[a^{-2}\big|\ \overset{\alpha}{2}_b\ \overset{\beta}{2}_b\right] = \frac{1}{12}\,(\bar{\alpha}\,\bar{\beta})^{5/2}\,[D_2^0 + 12\,D_0^2 - 6\,D_1^1 - 8\,C_3]$$

$$R^2\left[a^{-2}\big|\ \overset{\alpha}{2}_b\ \overset{\beta}{3}_b\right] = \frac{1}{4\sqrt{3}}\,(\bar{\alpha}\,\bar{\beta})^{5/2}\,[D_1^0 - 4\,D_0^1 - D_2^1 + 5\,D_1^2 - 8\,D_0^3 + 4\,C_2 + 4\,C_4]$$

$$R^2\left[a^{-2}\big|\ \overset{\alpha}{3}_b\ \overset{\beta}{2}_b\right] = R^2\left[a^{-2}\big|\ \overset{\alpha}{2}_b\ \overset{\beta}{3}_b\right]$$

$$R^2\left[a^{-2}\big|\ \overset{\alpha}{3}_b\ \overset{\beta}{3}_b\right] = \frac{1}{4}\,(\bar{\alpha}\,\bar{\beta})^{5/2}\,[D_0^0 - 2\,D_1^1 + D_2^2 + 6\,D_0^2 - 4\,D_1^3 + 5\,D_0^4 - 2\,C_1 - 2\,C_5 - 4\,C_3]$$

$$R^2\left[a^{-2}\big|\ \overset{\alpha}{4}_b\ \overset{\beta}{4}_b\right] = \frac{1}{8}\,(\bar{\alpha}\,\bar{\beta})^{5/2}\,[-D_0^0 + D_2^0 - D_2^2 - 4\,D_1^1 + 6\,D_0^2 + 4\,D_1^3 - 5\,D_0^4 - 4\,C_3 + 2\,C_1 + C_5] = R^2\left[a^{-2}\big|\ \overset{\alpha}{5}_b\ \overset{\beta}{5}_b\right]$$

$$\text{mit}\quad D_n^k = D_n^k\!\left(\frac{\bar{\alpha}+\bar{\beta}}{2},\ \bar{\alpha}+\bar{\beta}\right),\qquad C_k = C_k\!\left(\frac{\bar{\alpha}+\bar{\beta}}{2},\ \bar{\alpha}+\bar{\beta}\right);\qquad \bar{\alpha}=R\alpha,\quad \bar{\beta}=R\beta \ \dots \dots (4.27)$$

$\left[a^{-2}\big|\ \overset{\alpha}{\lambda}_b\ \overset{\beta}{\lambda}_b'\right]$ vertauschen von α und β ergibt: $\left[b^{-2}\big|\ \overset{\alpha}{\lambda}_a'\ \overset{\beta}{\lambda}_a\right]$

und ferner:

$$R^2\left[a^{-2}\big|\ \overset{\alpha}{2}_a\ \overset{\beta}{1}_b\right] = \frac{1}{2\sqrt{3}}\,\bar{\alpha}^{5/2}\,\bar{\beta}^{3/2}\,[A_1 B_0 - A_0 B_1]$$

$$R^2\left[b^{-2}\big|\ \overset{\alpha}{1}_a\ \overset{\beta}{2}_b\right] = \frac{1}{2\sqrt{3}}\,\bar{\alpha}^{3/2}\,\bar{\beta}^{5/2}\,[A_1 B_0 + A_0 B_1]$$

$$R^2\left[a^{-2}\big|\ \overset{\alpha}{2}_a\ \overset{\beta}{2}_b\right] = \frac{1}{12}\,(\bar{\alpha}\,\bar{\beta})^{5/2}\,[A_2 B_0 - 2\,A_1 B_1 + A_0 B_2]$$

$$R^2\left[b^{-2}\big|\ \overset{\alpha}{2}_a\ \overset{\beta}{2}_b\right] = \frac{1}{12}\,(\bar{\alpha}\,\bar{\beta})^{5/2}\,[A_2 B_0 + 2\,A_1 B_1 + A_0 B_2]$$

$$R^2\left[a^{-2}\big|\ \overset{\alpha}{2}_a\ \overset{\beta}{3}_b\right] = \frac{1}{4\sqrt{3}}\,(\bar{\alpha}\,\bar{\beta})^{5/2}\,[A_1\,(B_0 + B_2) - B_1\,(A_0 + A_2)]$$

$$R^2\left[b^{-2}\big|\ \overset{\alpha}{3}_a\ \overset{\beta}{2}_b\right] = \frac{1}{4\sqrt{3}}\,(\bar{\alpha}\,\bar{\beta})^{5/2}\,[A_1\,(B_0 + B_2) + B_1\,(A_0 + A_2)]$$

$$\text{mit}\quad B_n = B_n\!\left(\frac{\bar{\alpha}-\bar{\beta}}{2}\right),\qquad A_n = A_n\!\left(1,\frac{\bar{\alpha}+\bar{\beta}}{2}\right);\qquad \bar{\alpha}=R\alpha,\quad \bar{\beta}=R\beta \ \dots \dots (4.8)$$

2.6 Literaturverzeichnis

In der folgenden alphabetischen Zusammenstellung der im Teil 1 genannten Literatur sind darüber hinaus möglichst vollständig alle Arbeiten aufgenommen worden, die sich mit der Berechnung und Tabellierung der Wechselwirkungsintegrale beschäftigen. Diesen Literaturzitaten sind Abkürzungen beigefügt, aus denen die weiteren Einzelheiten der dort durchgeführten Rechnungen zu ersehen sind. Die Abkürzungen bedeuten:

S	Überlappungsintegrale	
K, J, D	Übergangsintegrale	
C	COULOMB-Integrale	liegen *analytisch* vor. [Bezeichnungs-
L	Ionenintegrale	weise $S, K, J, \dots$ entsprechend (3.1a)
A	Austauschintegrale	(3.2a) (3.4a) (3.5a) und (3.8a).]
H	Hilfsfunktionen	

Sind in den zitierten Arbeiten *Tabellen* bestimmter Integrale angegeben, so wird dies durch $\overline{S}, \overline{K}, \overline{J}, \ldots$ vermerkt.

Graphische Darstellungen der Integrale sind als $\underline{S}, \underline{K}, J, \ldots$ bezeichnet. Handelt es sich um *N-Zentrenintegrale* für $N \geq 3$, so ist $S_N, K_N, J_N, \ldots$ geschrieben worden.

Integrale der K-, KL- oder L-Schalen werden durch die Beifügungen (K) (KL) (L) usw. wiedergegeben.

$\neq$ bedeutet, daß die Integrale mit Funktionen *verschiedener effektiver Abschirmzahlen* gebildet sind.

ARAKI, G., u. W. WATARI (1951): Progr. Theor. Phys. **6**, 961 $\left(\overline{K}, \overline{J}, \overline{L}, \overline{A}; (L)\right)$.

— u. T. MURAI (1952): Progr. Theor. Phys. **8**, 615 $\left(\overline{K}, \overline{J}, \overline{L}, \overline{A}; (L)\right)$.

BARNETT, M. P., u. C. S. COULSON (1951: Trans. Roy. Soc. London 2 **43**, 221) $\left(C, L, A; (K), (KL), (L)\right)$.

BARTLETT, J. H. (1931): Phys. Rev. **87**, 507 $\left(\overline{S}, \overline{K}, \overline{J}, \overline{C}, \overline{A}, \overline{H}; (L)\right)$.

— u. B. H. FURRY (1931): Phys. Rev. **38**, 1615.

— u. B. H. FURRY (1932): Phys. Rev. **39**, 209 $\left(\overline{S}, \overline{K}, \overline{J}, \overline{C}, \overline{A}, \overline{H}; (K), (KL)\right)$.

BAYLISS, N. S. (1948): J. chem. Phys. **16**, 287.

BLEICK, W. E., u. J. E. MAYER (1934): J. chem. Phys. **2**, 252 $\left(S, K, J, C, A, H; (L)\right)$.

BORN, M. (1930): Z. Phys. **64**, 729.

BRENNAN, R. O., u. J. F. MULLIGAN (1952): J. chem. Phys. **20**, 1635 $\left(C, \overline{H}; (K), (KL), (L) \neq\right)$.

COOLIDGE, A. A. (1932): Phys. Rev. **42**, 189 (H).

COULSON, C. A. (1937): Proc. Cambridge phil. Soc. **33**, 104 (H).

— u. W. E. DUNCONSON (1938): Proc. roy. Soc. A **165**, 90 $\left(A, H; (K)\right)$.

— (1942) Proc. Cambridge phil. Soc. **38**, 210 $\left(S, K, J; (K), (KL), (L) \neq\right)$.

— (1947) Quart. Rev. **1**, 144.

— (1952): Valence. Oxford 1952; At the Clarendon press.

DELBRÜCK, M. (1930): Ann. Phys. **5**, 36 $\left(A, H; (K), (L)\right)$.

DICKINSON, B. N. (1933): J. chem. Phys. **1**, 317 $\left(S, K, J; (K)\right)$.

EYRING, H., I. WALTER u. G. E. KIMBALL (1944): Quantum Chemistry. New York. London 1944.

EYRING, H., u. R. S. BARKER (1953): J. chem. Phys. **21**, 912 $\left(K_3, J_3, H; (K) \neq\right)$.

— u. R. S. BARKER (1954): J. chem. Phys. **22**, 1177, 1182 $\left(K_3, J_3, H; (K) \neq\right)$.

GODADSE, G. S. (1935): Z. Phys. **96**, 542 $\left(K_3, J_3, S_3; (K)\right)$.

GOMBÁS, P. (1935): Z. Phys. **93**, 378

— (1949): Die statistische Theorie des Atoms und ihre Anwendungen. Springer, Wien 1949.

GRIFFING, V. (1947): J. chem. Phys. **15**, 421 $\left(S, H; (L)\right)$.

HARTMANN, H.: Theorie der chem. Bindung. Springer 1954.

HEITLER, W., u. F. LONDON (1927): Z. Phys. **44**, 455.

HELLMANN, H. (1935a): Acta physicochim. URSS **1**, 913.

— (1935b) J. chem. Phys. **3**, 61.

— (1936) Acta physicochim. URSS **5**, 323.

— u. KASSATOTSCHKIN (1936): Acta physicochim. URSS **5**, 323.

— Einführung in die Quantenchemie. Leipzig 1937.

HIRSCHFELDER, I. O., H. EYRING u. N. ROSEN (1936): J. chem. Phys. **4**, 121 $\left(S_3, \overline{K}_3, \underline{J}_3, \underline{C}_3, \underline{A}_3, H; (K)\right)$.

— u. D. STEVENSON (1937): J. chem. Phys. **5**, 933 $\left(K_3, J_3, C_3, A_3; (K)\right)$.

— DIAMOND, H., u. H. EYRING (1937): J. chem. Phys. **5**, 695 $\left(K_3, J_3, C_3, A_3, H; (K)\right)$.

— u. O. WEYGANDT (1938: J. chem. Phys. **6**, 806) $\left(S_3, \overline{K}_3, J_3, C_3, A_3, \overline{H}; (K)\right)$.

— u. I. W. LINNETT (1950): J. chem. Phys. **18**, 130 $\left(\overline{S}, \overline{K}, \overline{J}, \overline{C}, L, A; (L)\right)$.

HÜCKEL, E. (1931a): Z. Phys. **70**, 204.

— (1931b) Z. Phys. **72**, 310.

— (1932) Z. Phys. **76**, 628.

— (1933) Z. Phys. **83**, 632.

— (1937) Z. Elektrochem. **43**, 752.

HUND, F. (1928): Z. Phys. **51**, 759.

— (1929) Z. Phys. **63**, 719.

— Das Molekül und der Aufbau der Materie. Braunschweig 1940.

HYLLERAAS, E. A. (1928a: Z. Phys. **48**, 469).

HYLLERAAS, E. A. (1928b): Z. Phys. **51**, 150 $\left(\overline{A}, \overline{C}, \overline{H}; (K)\right)$.

HYLLERAAS, E. A. (1929): Z. Phys. **54**, 347.

— (1930a) Z. Phys. **60**, 624.

— (1930b) Z. Phys. **63**, 291.

— (1930c) Z. Phys. **65**, 209.

JAFFE, H. H. (1953): J. chem. Phys. **21**, 258 $\left(\overline{S}; (LM), (LO), (M), (MO) \neq\right)$.

JAMES, H. M., u. A. A. COOLIDGE (1933): J. chem. Phys. **1**, 825 (H).

— (1933) Phys. Rev. **43**, 589.

— (1934) J. chem. Phys. **2**, 794.

KEMBLE, E. C., u. C. ZENER (1929): Phys. Rev. **33**, 512 $\left(\overline{S}, \overline{C}, \overline{L}, \overline{A}, H; (K), (KL)\right)$.

KETELAAR, I. A. A. (1953): Chemical constitution. Elsevier publishing Company 1953

KOHLRAUSCH, K. W. (1950): Acta Physica Austriaca **3**, 452.

KOPINECK, H. J. (1950): Z. Naturforschg. **5**a, 420 $\left(\overline{S}, \overline{K}, \overline{J}, \overline{C}, \overline{L}, \overline{A}; (L)\right)$.

— (1951) Z. Naturforschg. **6**a, 177 $\left(L\,(\overline{L})\right)$.

— (1952) Z. Naturforschg. **7**a, 785 $\left(\overline{S}, \overline{K}, \overline{J}, \overline{D}, \overline{C}, \overline{L}, \overline{A}; (K), (KL), (L)\right)$.

KOTANI, M., AMEMIYA, A., u. T. SIMOSE (1938): Proc. physico-math. Soc. Japan **20**, Extra-Nr. 1 $\left(S, K, J, C\right.$
$\left. L, A, \overline{H}; (L)\right)$.

— AMEMIYA, A., u. T. SIMOSE (1940): Proc. physico-math. Soc. Japan **22**, Extra-Nr. 1 $\left(\overline{S}, \overline{K}, \overline{J}, \overline{C}, \overline{L}, \overline{A}; (K)\right.$
$\left. (KL)\,(L) \neq\right)$.

KUHN, H. (1948): Helv. chim. Acta **31**, 1441.

LONDON, F., u. R. EISENSCHITZ (1930): Z. Phys. **60**, 491 $\left(S, K, C, A, H; (K)\right)$.

LONGUETT-HIGGINS, W. C. (1948): Proc. phys. Soc. **60**, 270.

LUNDQUIST, S. O., u. O. O. LÖWDIN (1951): Ark. Fys. (Stockholm) **3**, 147 $(C_4, L_4, A_4, C_3, L_3, A_3)$.

Mc WEENY, R. (1955): Electronic structure of molecules. Some recent developments. Massachuetts institut of Technology. Technical report Nr. 7.

MULLIKEN, R. S. (1928): Phys. Rev. **32**, 186, 761.

— (1929) Phys. Rev. **33**, 730.

— (1949) J. Chim. physique **46**, 497.

— (1949) C. A. RIECKE, D. ORLOFF u. H. ORLOFF: J. chem. Phys. **17**, 1249 $\left(\overline{S}; (K), (KL), (KM), (KO), (L)\right.$
$\left. (LM), (M), (LO) \neq\right)$.

MURAI, T. (1952): Progr. Theor. Phys. **7**, 345 $\left(\overline{S}, \overline{K}, \overline{J}, \overline{C}; (L)\right)$.

NEUMANN, C.: Theorie des Potentials. Leipzig: Teubner 1887.

PARR, R. G., u. B. L. CRAWFORD (1948): J. chem. Phys. **16**, 526 $\left(\overline{S}, \overline{C}, \overline{L}; (K)\right)$.

PAULING, L.: Nature of the Chemical Bond. Cornell Univ. Press, Ithaka, N.Y. 1939.

PODOLANSKY, I. (1931): Ann. Phys. **10**, 868 $\left(A, H; (L)\right)$.

PREUSS, H. (1951): Z. Phys. **130**, 239.

— (1953) Z. Naturforschg. **8**a, 270.

— (1954) Z. Naturforschg. **9**a, 375 $\left(\overline{H} \neq\right)$.

RICE, O. K. (1940): Electronic structure and Chemical Binding. New York, London 1940.

ROOTHAAN, C. C. (1951a): Rev. mod. Phys. **23**, 72.

— (1951b) J. chem. Phys. **19**, 1445 $\left(S, K, J, C, L, A; (K), (KL), (L) \neq\right)$.

— (1955): Tables of Two-Center COULOMB-Integrals between 1 s, 2 s and 2 p orbitals. Laboratory of molecular structure and Spectra. Department of Physics — The University of Chicago, special technical report 1955.

ROSEN, N. (1931): Phys. Rev. **38**, 255, 2099 $\left(S, K, J, C, A, \overline{H}; (K), (KL), (L)\right)$

— (1933) u. S. IKEHARA: Phys. Rev. **43**, 5 $\left(\underline{C}, \underline{A}; (K)\right)$.

RÜDENBERG, K. (1951): J. chem. Phys. **19**, 1459 $\left(A; (K), (KL), (M), (LM), (KM), (L) \neq\right)$.

— (1954) J. chem. Phys. **22**, 1878.

SCHMIDT, O. (1938): Z. phys. Chem. B **93**, 76.

SCHUCHOWSKY, S. (1934): Acta physiocochim. URSS **1**, 901 $\left(S_3, K_3, J_3; (K)\right)$.

SCROCCO, E., u. O. SALVETTI (1951): Ric. Scient. **21**, 1629 $\left(\overline{L}; (L) \neq\right)$.

— u. O. SALVETTI (1952): Ric. Scient. **22**, 1766 $\left(\overline{C}, \underline{K}, \underline{J}, \underline{L}; (L) \neq\right)$.

— u. O. SALVETTI (1953): Ric. Scient. **23**, 3 $\left(\overline{A}; (L) \neq\right)$.

SKLAR, A. L., u. R. A. LYDDANE (1939): J. chem. Phys. **7**, 374 $\left(L, \overline{H}; (L)\right)$.

SLATER, J. C. (1930): Phys. Rev. **36**, 57.

— (1931a) Phys. Rev. **37**, 481.

— (1931b) Phys. Rev. **38**, 1109.

— (1932) Phys. Rev. **42**, 33.

SOMMERFELD, A.: Atombau und Spektrallinien II. Braunschweig 1939.

SUGIURA, Y. (1927): Z. Phys. **45**, 484 $\left(\overline{A}; (K)\right)$.

WHEATLY, P. J., u. I. W. LINNETT (1949): Trans. Faraday Soc. **45**, 897 $\left(\overline{S}, \overline{K}, \overline{J}, \overline{C}, \overline{A}; (K)\right)$.

ZENER, C., u. E. C. GUILLEMIN (1929): Phys. Rev. **34**, 999 (H).

Tabellen

Einteilung der tabellierten Funktionen und Integrale

3.1 Einzentrenintegrale mit verschiedenen Abschirmzahlen α, β in den Funktionen

tabelliert für $\alpha, \beta = 0,5\ (0,5)\ 10,0$

Formelnummer im 1. und 2. Teil

Tabellen 1, 2, 3 $\qquad [a^0\,|\,\overset{\alpha}{\varphi_a}\ \overset{\beta}{\varphi_\alpha'}] = \int \varphi_a\, \varphi_a'\, d\tau$ . . . . (3,9)

Tabellen 4, 5, 6 $\qquad [a^{-1}\,|\,\overset{\alpha}{\varphi_a}\ \overset{\beta}{\varphi_\alpha'}] = \int \varphi_a\, \dfrac{1}{\gamma_a}\, \varphi_a'\, d\tau$ . . . . (3,9)

Tabellen 7, 8, 9 $\qquad [a^{-2}\,|\,\overset{\alpha}{\varphi_a}\ \overset{\beta}{\varphi_a'}] = \int \varphi_a\, \dfrac{1}{\gamma_{a}^{2}}\, \varphi_a'\, d\tau$ . . . . (3,9)

Tabellen 10, 11, 12 $\quad [a^{+1}\,|\,\overset{\alpha}{\varphi_a}\ \overset{\beta}{\varphi_a'}] = \int \varphi_a\, \gamma_a\, \varphi_a'\, d\tau$ . . . . (3,9)

Tabellen 13, 14, 15 $\quad [a^{+2}\,|\,\overset{\alpha}{\varphi_a}\ \overset{\beta}{\varphi_a'}] = \int \varphi_a\, \gamma_{a}^{2}\, \varphi_a'\, d\tau$ . . . . (3,9)

3.2 Wechselwirkungsintegrale der K- und L-Schale mit gleichen Abschirmzahlen δ in den Funktionen (KOPINECK 1950, 1951, 1952)

tabelliert für $\delta R = 0,5\ (0,5)\ 7,0$

Tabellen 16, 17, 18 $\hfill$ Formelnummer im 1. und 2. Teil

$$S_{\alpha\beta} = [\overset{\delta}{\alpha_a}\ \overset{\delta}{\beta_b}] \quad\text{. . . . . (3,1 a)}$$

$$I_{\alpha\beta} = e^2\,[b^{-1}\,|\,\overset{\delta}{\alpha_a}\ \overset{\delta}{\beta_b}] = e^2\,[a^{-1}\,|\,\overset{\delta}{\beta_a}\ \overset{\delta}{\alpha_b}] \quad\text{. . . . . (3,2 a)}$$

$$K_{\alpha\beta} = e^2\,[b^{-1}\,|\,\overset{\delta}{\alpha_a}\ \overset{\delta}{\beta_a}] = e^2\,[a^{-1}\,|\,\overset{\delta}{\alpha_b}\ \overset{\delta}{\beta_b}] \quad\text{. . . . . (3,2 a)}$$

$$D_{\alpha\beta} = e^2 a_0\,[a^{-2}\,|\,\overset{\delta}{\alpha_a}\ \overset{\delta}{\beta_b}] = e^2 a_0\,[b^{-2}\,|\,\overset{\delta}{\beta_a}\ \overset{\delta}{\alpha_b}] \quad\text{. . . . (3,8 a)}$$

$$C_{\alpha\beta\gamma\delta} = e^2\,[\overset{\delta}{\alpha_a}\ \overset{\delta}{\beta_b}\,|\,\overset{\delta}{\gamma_a}\ \overset{\delta}{\delta_b}] \quad\text{. . . . . . . (3,4 a)}$$

$$L_{\alpha\beta\gamma\overline{\delta}} = e^2\,[\overset{\delta}{\alpha_a}\ \overset{\delta}{\beta_a}\,|\,\overset{\delta}{\gamma_a}\ \overset{\delta}{\delta_b}] \quad\text{. . . . . . . (3,5 a)}$$

$$A_{\alpha\beta\gamma\delta} = e^2\,[\overset{\delta}{\alpha_b}\ \overset{\delta}{\beta_a}\,|\,\overset{\delta}{\gamma_a}\ \overset{\delta}{\delta_b}] \quad\text{. . . . . . . (3,4 a)}$$

3.3 Hilfsfunktionen

Formelnummer im 1. Teil

Tabellen 19, 20 $\qquad A_n(\sigma, \alpha) = \displaystyle\int_\sigma^\infty e^{-\alpha x}\, x^n\, dx$ . . . . (4,8)

tabelliert für $\sigma = \pm 1$; $\quad n = 0\ (1)\ 10$; $\quad \alpha = 3,5\ (0,1)\ 12,0$

Rekursionsformel (4,8)

Tabellen 21 bis 38
$$H_\tau^\nu(m,\alpha;n,\beta) = \int\limits_1^\infty \int\limits_1^\infty Q_\tau^{(\nu)}\binom{\mu_1}{\mu_2} P_\tau^{(\nu)}\binom{\mu_2}{\mu_1}\, e^{-(\alpha\mu_1+\beta\mu_2)}\,[(\mu_1^2-1)(\mu_2^2-1)]^{\nu/2}\,\mu_1^m\,\mu_2^n\, d\mu_1\, d\mu_2 \qquad (4,10)$$

tabelliert für $\qquad \tau = 0 \qquad \nu = 0 \qquad m,\, n = 0\,(1)\,4 \qquad \alpha,\,\beta = 0,5\,(0,5)\,10,0$
Rekursionsformeln (4,12) (4,13)

Tabellen 39 bis 56
$$S(m,\alpha;n,\beta) = \int\limits_1^\infty x_1^m\, e^{-\alpha x_1}\, d x_1 \int\limits_1^{x_1} e^{-\beta x_2}\, x_2^n\, d x_2 \;\ldots\ldots\ldots \qquad (4,19)$$

tabelliert für $\qquad n,\, m = 0\,(1)\,5; \qquad \alpha,\,\beta = 0,5\,(0,5)\,10,0$
Rekursionsformeln (4,20) (4,21)

Tabellen 57 bis 68
$$D_n^k(\gamma,\delta) = \int\limits_{-1}^{+1} x^k\, A_n(1+x,\gamma)\, e^{+\delta x}\, d x \;\ldots\ldots\ldots \qquad (4,32)$$

tabelliert für $\quad n = 0\,(1)\,2; \quad k = 0\,(1)\,4-n; \quad \gamma = 1,0\,(0,25)\,10,0; \quad \delta = 0,5\,(0,5)\,20,0$
Rekursionsformel (4,33)

3.4 Integrale der K-Schale für verschiedene Werte p_1, p_2, p_3, p_4 und $\alpha = \beta\,R$

tabelliert für verschiedene α-Werte

Tabellen 79 bis 92 $\hspace{6cm}$ Formelnummern im 1. Teil

$$f(\alpha|p_1\, p_2) = \int e^{-\beta(p_1 r_a + p_2 r_b)}\, d\tau \;\ldots\ldots\ldots \qquad (5,1\,\text{a})\ \text{u.}\ (5,3)$$

$$g(\alpha|p_1\, p_2) = \int \frac{1}{r_a}\, e^{-\beta(p_1 r_a + p_2 r_b)}\, d\tau \;\ldots\ldots\ldots \qquad (5,1\,\text{a})\ \text{u.}\ (5,3)$$

$$h(\alpha|p_1\, p_2\, p_3\, p_4) = \int e^{-\beta(p_1 r_a + p_2 r_b)}\, \triangle\, e^{-\beta(p_3 r_a + p_4 r_b)}\, d\tau \;\ldots\ldots\ldots \qquad (5,1\,\text{a})\ \text{u.}\ (5,3)$$

3.1 Einzentrenintegrale mit verschiedenen Abschirmzahlen α, β in den verschiedenen Funktionen
(Tabellen 1—15.)

Tabelle 1. $[a^0 \mid 1_a^{\alpha} \, 1_a^{\beta}]$

α \ β	0,5	1,0	1,5	2,0	2,5	3,0	3,5	4,0	4,5	5,0
0,5	1,000000	0,838052	0,649519	0,512000	0.414087	0,342786	0,289379	0,248312	0,216000	0,190069
1,0	0,838052	1,000000	0,940604	0,838052	0,737557	0,649519	0,574850	0,512000	0,459008	0,414087
1,5	0,649519	0,940604	1,000000	0,969544	0,907730	0,838052	0,769873	0,706690	0,649519	0,598331
2,0	0,512000	0,838052	0,969544	1,000000	0,981539	0,940604	0,890531	0,838052	0,786527	0,737557
2,5	0,414087	0,737557	0,907730	0,981539	1,000000	0,987629	0,958624	0,921191	0,880085	0,838052
3,0	0,342786	0,649519	0,838052	0,940604	0,987629	1,000000	0,991137	0,969544	0,940604	0,907730
3,5	0,289379	0,574850	0,769873	0,890531	0,958624	0,991137	1,000000	0,993341	0,976654	0,953653
4,0	0,248312	0,512000	0,706690	0,838052	0,921191	0,969544	0,993341	1,000000	0,994814	0,981539
4,5	0,216000	0,459008	0,649519	0,786527	0,880085	0,940604	0,976654	0,994814	1,000000	0,995848
5,0	0,190069	0,414087	0,598331	0,737557	0,838052	0,907730	0,953653	0,981539	0,995848	1,000000
5,5	0,168902	0,375746	0,552684	0,691823	0,796662	0,873090	0,926848	0,962838	0,985038	0,996601
6,0	0,151367	0,342786	0,512000	0,649519	0,756781	0,838052	0,897942	0,940604	0,969544	0,987629
6,5	0,136654	0,314251	0,475693	0,610588	0,718857	0,803473	0,868085	0,916183	0,950825	0,974589
7,0	0,124168	0,289379	0,443218	0,574850	0,683087	0,769873	0,838052	0,890531	0,929956	0,958624
7,5	0,113466	0,267562	0,414087	0,542071	0,649519	0,737557	0,808362	0,864328	0,907730	0,940604
8,0	0,104213	0,248312	0,387874	0,512000	0,618112	0,706690	0,779352	0,838052	0,884736	0,921191
8,5	0,096149	0,231232	0,364213	0,484390	0,588776	0,677340	0,751237	0,812042	0,861404	0,900891
9,0	0,089071	0,216000	0,342786	0,459008	0,561397	0,649519	0,724145	0,786527	0,838052	0,880085
9,5	0,082819	0,202352	0,323321	0,435639	0,535848	0,623200	0,698148	0,761665	0,814911	0,859066
10,0	0,077264	0,190069	0,305586	0,414087	0,512000	0,598331	0,673272	0,737557	0,792145	0,838052

α \ β	5,5	6,0	6,5	7,0	7,5	8,0	8,5	9,0	9,5	10,0
0,5	0,168902	0,151367	0,136654	0,124168	0,113466	0,104213	0,096149	0,089071	0,082819	0,077264
1,0	0,375746	0,342786	0,314251	0,289379	0,267562	0,248312	0,231232	0,216000	0,202352	0,190069
1,5	0,552684	0,512000	0,475693	0,443218	0,414087	0,387874	0,364213	0,342786	0,323321	0,305586
2,0	0,691823	0,649519	0,610588	0,574850	0,542071	0,512000	0,484390	0,459008	0,435639	0,414087
2,5	0,796662	0,756781	0,718857	0,683087	0,649519	0,618112	0,588776	0,561397	0,535848	0,512000
3,0	0,873090	0,838052	0,803473	0,769873	0,737557	0,706690	0,677340	0,649519	0,623200	0,598331
3,5	0,926848	0,897942	0,868085	0,838052	0,808362	0,779352	0,751237	0,724145	0,698148	0,673272
4,0	0,962838	0,940604	0,916183	0,890531	0,864328	0,838052	0,812042	0,786527	0,761665	0,737557
4,5	0,985038	0,969544	0,950825	0,929956	0,907730	0,884736	0,861404	0,838052	0,814911	0,792145
5,0	0,996601	0,987629	0,974589	0,958624	0,940604	0,921191	0,900891	0,880085	0,859066	0,838052
5,5	1,000000	0,997166	0,989601	0,978478	0,964708	0,949003	0,931919	0,913890	0,895253	0,876272
6,0	0,997166	1,000000	0,997601	0,991137	0,981539	0,969544	0,955743	0,940604	0,924501	0,907730
6,5	0,989601	0,997601	1,000000	0,997943	0,992357	0,983991	0,973452	0,961233	0,947732	0,933272
7,0	0,978478	0,991137	0,997943	1,000000	0,998217	0,993341	0,985985	0,976654	0,965763	0,953653
7,5	0,964708	0,981539	0,992357	0,998217	1,000000	0,998440	0,994146	0,987629	0,979311	0,969544
8,0	0,949003	0,969544	0,983991	0,993341	0,998440	1,000000	0,998623	0,994814	0,989000	0,981539
8,5	0,931919	0,955743	0,973452	0,985985	0,994146	0,998623	1,000000	0,998776	0,995374	0,990155
9,0	0,913890	0,940604	0,961233	0,976654	0,987629	0,994814	0,998776	1,000000	0,998904	0,995848
9,5	0,895253	0,924501	0,947732	0,965763	0,979311	0,989000	0,995374	0,998904	1,000000	0,999014
10,0	0,876272	0,907730	0,933272	0,953653	0,969544	0,981539	0,990155	0,995848	0,999014	1,000000

Tabelle 2. $[a^0|\,{}^\alpha_{2_a}{}^\beta_{1_a}]\cdot 10$

α\\β	0,5	1,0	1,5	2,0	2,5	3,0	3,5	4,0	4,5	5,0
0,5	8,660254	4,838498	2,812500	1,773620	1,195365	0,848175	0,626524	0,477876	0,374123	0,299282
1,0	9,676997	8,660254	6,516696	4,838498	3,649963	2,812500	2,212599	1,773620	1,445502	1,195365
1,5	8,437500	9,775044	8,660254	7,197001	5,895882	4,838498	4,000376	3,338243	2,812500	2,391555
2,0	7,094480	9,676997	9,596002	8,660254	7,555889	6,516696	5,608890	4,838498	4,191707	3,649963
2,5	5,976826	9,124907	9,826471	9,444861	8,660254	7,775562	6,918273	6,136733	5,444114	4,838498
3,0	5,089048	8,437500	9,676997	9,775044	9,330674	8,660254	7,923232	7,197001	6,516696	5,895882
3,5	4,385668	7,744095	9,334211	9,815557	9,685582	9,243771	8,660254	8,029078	7,400815	6,801427
4,0	3,823011	7,094480	8,901982	9,676997	9,818772	9,596002	9,176089	8,660254	8,108559	7,555889
4,5	3,367107	6,504758	8,437500	9,431341	9,799406	9,775044	9,515334	9,122129	8,660254	8,170384
5,0	2,992815	5,976826	7,971850	9,124907	9,676997	9,826471	9,716324	9,444861	9,078205	8,660254
5,5	2,681682	5,506858	7,521459	8,787337	9,486530	9,785061	9,810460	9,655014	9,383743	9,041805
6,0	2,420083	5,089048	7,094480	8,437500	9,252584	9,676997	9,822825	9,775044	9,596002	9,330674
6,5	2,197844	4,717251	6,694389	8,087295	8,992366	9,521853	9,773184	9,823512	9,731550	9,541083
7,0	2,007269	4,385668	6,322035	7,744095	8,717889	9,334211	9,676997	9,815557	9,804448	9,685582
7,5	1,842463	4,089103	5,976826	7,412323	8,437500	9,124907	9,546301	9,763430	9,826471	9,775044
8,0	1,698849	3,823011	5,657415	7,094480	8,156961	8,901982	9,390448	9,676997	9,807409	9,818772
8,5	1,572834	3,583468	5,362099	6,791813	7,880199	8,671385	9,216691	9,564183	9,755360	9,824668
9,0	1,461563	3,367107	5,089049	6,504758	7,609840	8,437500	9,030648	9,431342	9,676997	9,799406
9,5	1,362745	3,171045	4,836440	6,233232	7,347586	8,203543	8,836663	9,283560	9,577811	9,748689
10,0	1,274525	2,992815	4,602525	5,976826	7,094480	7,971850	8,638088	9,124907	9,462315	9,676997

α\\β	5,5	6,0	6,5	7,0	7,5	8,0	8,5	9,0	9,5	10,0
0,5	0,243789	0,201674	0,169065	0,143376	0,122831	0,106178	0,092520	0,081198	0,071723	0,063726
1,0	1,001247	0,848175	0,725731	0,626524	0,545214	0,477876	0,421584	0,374123	0,333794	0,299282
1,5	2,051307	1,773620	1,544859	1,354722	1,195365	1,060765	0,946253	0,848175	0,763648	0,690379
2,0	3,195395	2,812500	2,488399	2,212599	1,976620	1,773620	1,598074	1,445502	1,312259	1,195365
2,5	4,312059	3,855243	3,458602	3,113532	2,812500	2,549050	2,317706	2,113845	1,933575	1,773620
3,0	5,337306	4,838498	4,394701	4,000376	3,649963	3,338243	3,060489	2,812500	2,590593	2,391555
3,5	6,243020	5,729981	5,262484	4,838498	4,454940	4,108321	3,795108	3,511919	3,255613	3,023331
4,0	7,021828	6,516696	6,045238	5,608890	5,207162	4,838498	4,500792	4,191707	3,908867	3,649963
4,5	7,677608	7,197001	6,737227	6,302859	5,895882	5,516668	5,164602	4,838498	4,536858	4,258042
5,0	8,219823	7,775562	7,339294	6,918273	6,516696	6,136733	5,779216	5,444115	5,130847	4,838498
5,5	8,660254	8,260244	7,856017	7,457004	7,069291	6,696645	6,341231	6,004116	5,685619	5,385556
6,0	9,011175	8,660254	8,293899	7,923232	7,555889	7,197001	6,849914	6,516696	6,198511	5,895883
6,5	9,284383	8,985057	8,660254	8,322350	7,980200	7,640064	7,306298	6,981858	6,668674	6,367929
7,0	9,490732	9,243771	8,962531	8,660254	8,346715	8,029078	7,712538	7,400815	7,096519	6,801427
7,5	9,639942	9,444861	9,207923	8,942909	8,660254	8,367813	8,071463	7,775562	7,483306	7,197001
8,0	9,740574	9,596002	9,403155	9,176089	8,925667	8,660254	8,386258	8,108559	7,830848	7,555889
8,5	9,800085	9,704045	9,554389	9,365225	9,147657	8,910399	8,660254	8,402519	8,141292	7,879724
9,0	9,824918	9,775044	9,667187	9,515334	9,330674	9,122128	8,896785	8,660254	8,416962	8,170384
9,5	9,820614	9,814309	9,746523	9,630990	9,478854	9,299132	9,099091	8,884571	8,660254	8,429876
10,0	9,791920	9,826471	9,796814	9,716324	9,596002	9,444861	9,270264	9,078205	8,873554	8,660254

Tabelle 3. $\left[a^0 \middle| \overset{\alpha}{2_a} \overset{\beta}{2_a}\right]$

$\alpha \backslash \beta$	0,5	1,0	1,5	2,0	2,5	3,0	3,5	4,0	4,5	5,0
0,5	1,000000	0,744936	0,487139	0,327680	0,230048	0,167895	0,126603	0,098099	0,077760	0,062833
1,0	0,744936	1,000000	0,902980	0,744936	0,602088	0,487139	0,397427	0,327680	0,273129	0,230048
1,5	0,487139	0,902980	1,000000	0,949758	0,850997	0,744936	0,646693	0,560679	0,487139	0,424851
2,0	0,327680	0,744936	0,949758	1,000000	0,969421	0,902980	0,824293	0,744936	0,670177	0,602088
2,5	0,230048	0,602088	0,850997	0,969421	1,000000	0,979467	0,931996	0,872134	0,808241	0,744936
3,0	0,167895	0,487139	0,744936	0,902980	0,979467	1,000000	0,985273	0,949758	0,902980	0,850997
3,5	0,126603	0,397427	0,646693	0,824293	0,931996	0,985273	1,000000	0,988926	0,961394	0,923954
4,0	0,098099	0,327680	0,560679	0,744936	0,872134	0,949758	0,988926	1,000000	0,991372	0,969421
4,5	0,077760	0,273129	0,487139	0,670177	0,808241	0,902980	0,961394	0,991372	1,000000	0,993089
5,0	0,062833	0,230048	0,424851	0,602088	0,744936	0,850997	0,923954	0,969421	0,993089	1,000000
5,5	0,051609	0,195655	0,372216	0,541160	0,684631	0,797563	0,881078	0,938834	0,975187	0,994341
6,0	0,042992	0,167895	0,327680	0,487139	0,628468	0,744936	0,835757	0,902980	0,949758	0,979467
6,5	0,036255	0,145254	0,289876	0,439454	0,576861	0,694414	0,789957	0,864245	0,919393	0,958008
7,0	0,030904	0,126603	0,257649	0,397427	0,529818	0,646693	0,744936	0,824293	0,886007	0,931996
7,5	0,026594	0,111099	0,230048	0,360380	0,487139	0,602088	0,701471	0,784267	0,850997	0,902980
8,0	0,023078	0,098099	0,206293	0,327680	0,448517	0,560679	0,660018	0,744936	0,815373	0,872134
8,5	0,020179	0,087112	0,185749	0,298762	0,413603	0,522410	0,620814	0,706801	0,779851	0,840337
9,0	0,017765	0,077760	0,167895	0,273129	0,382047	0,487139	0,583951	0,670177	0,744936	0,808241
9,5	0,015736	0,069745	0,152308	0,250348	0,353511	0,454687	0,549430	0,635243	0,710968	0,776326
10,0	0,014016	0,062833	0,138640	0,230048	0,327680	0,424851	0,517191	0,602088	0,678174	0,744936

$\alpha \backslash \beta$	5,5	6,0	6,5	7,0	7,5	8,0	8,5	9,0	9,5	10,0
0,5	0,051609	0,042992	0,036255	0,030904	0,026594	0,023078	0,020179	0,017765	0,015736	0,014016
1,0	0,195655	0,167895	0,145254	0,126603	0,111099	0,098099	0,087112	0,077760	0,069745	0,062833
1,5	0,372216	0,327680	0,289876	0,257649	0,230048	0,206293	0,185749	0,167895	0,152308	0,138640
2,0	0,541160	0,487139	0,439454	0,397427	0,360380	0,327680	0,298762	0,273129	0,250348	0,230048
2,5	0,684631	0,628468	0,576861	0,529818	0,487139	0,448517	0,413603	0,382047	0,353511	0,327680
3,0	0,797563	0,744936	0,694414	0,646693	0,602088	0,560679	0,522410	0,487139	0,454687	0,424851
3,5	0,881078	0,835757	0,789957	0,744936	0,701471	0,660018	0,620814	0,583951	0,549430	0,517191
4,0	0,938834	0,902980	0,864245	0,824293	0,784267	0,744936	0,706801	0,670177	0,635243	0,602088
4,5	0,975187	0,949758	0,919393	0,886007	0,850997	0,815373	0,779851	0,744936	0,710968	0,678174
5,0	0,994341	0,979467	0,958008	0,931996	0,902980	0,872134	0,840337	0,808241	0,776326	0,744936
5,5	1,000000	0,995281	0,982729	0,964388	0,941875	0,916459	0,889127	0,860643	0,831590	0,802413
6,0	0,995281	1,000000	0,996005	0,985273	0,969421	0,949758	0,927332	0,902980	0,877362	0,850997
6,5	0,982729	0,996005	1,000000	0,996574	0,987294	0,973460	0,956146	0,936227	0,914413	0,891279
7,0	0,964388	0,985273	0,996574	1,000000	0,997030	0,988926	0,976751	0,961394	0,943592	0,923954
7,5	0,941875	0,969421	0,987294	0,997030	1,000000	0,997401	0,990263	0,979467	0,965756	0,949758
8,0	0,916459	0,949758	0,973460	0,988926	0,997401	1,000000	0,997706	0,991372	0,981734	0,969421
8,5	0,889127	0,927332	0,956146	0,976751	0,990263	0,997706	1,000000	0,997960	0,992302	0,983646
9,0	0,860643	0,902980	0,936227	0,961394	0,979467	0,991372	0,997960	1,000000	0,998175	0,993089
9,5	0,831590	0,877362	0,914413	0,943592	0,965756	0,981734	0,992302	0,998175	1,000000	0,998357
10,0	0,802413	0,850997	0,891279	0,923954	0,949758	0,969421	0,983646	0,993089	0,998357	1,000000

Tabelle 4. $\left[a^{-1}\middle|1_a^{\alpha}\,1_a^{\beta}\right]$

α \ β	0,5	1,0	1,5	2,0	2,5	3,0	3,5	4,0	4,5	5,0
0,5	0,500000	0,628539	0,649519	0,640000	0,621130	0,599875	0,578758	0,558702	0,540000	0,522691
1,0	0,628539	1,000000	1,175755	1,257079	1,290726	1,299038	1,293412	1,280000	1,262273	1,242260
1,5	0,649519	1,175755	1,500000	1,696703	1,815461	1,885618	1,924682	1,943397	1,948557	1,944577
2,0	0,640000	1,257079	1,696703	2,000000	2,208462	2,351510	2,448960	2,514157	2,556213	2,581451
2,5	0,621130	1,290726	1,815461	2,208462	2,500000	2,715980	2,875872	2,993872	3,080298	3,142697
3,0	0,599875	1,299038	1,885618	2,351510	2,715980	3,000000	3,221197	3,393406	3,527265	3,630922
3,5	0,578758	1,293412	1,924682	2,448960	2,875872	3,221197	3,500000	3,725028	3,906617	4,053024
4,0	0,558702	1,280000	1,943397	2,514157	2,993872	3,393406	3,725028	4,000000	4,227960	4,416924
4,5	0,540000	1,262273	1,948557	2,556213	3,080298	3,527265	3,906617	4,227960	4,500000	4,730277
5,0	0,522691	1,242260	1,944577	2,581451	3,142697	3,630922	4,053024	4,416924	4,730277	5,000000
5,5	0,506707	1,221173	1,934394	2,594338	3,186648	3,710634	4,170817	4,573480	4,925188	5,232153
6,0	0,491943	1,199750	1,920000	2,598076	3,216318	3,771236	4,265223	4,703020	5,090109	5,431959
6,5	0,478287	1,178440	1,902773	2,594999	3,234857	3,816495	4,340423	4,809960	5,229539	5,603887
7,0	0,465628	1,157516	1,883676	2,586825	3,244665	3,849364	4,399775	4,897920	5,347246	5,751744
7,5	0,453865	1,137140	1,863390	2,574837	3,247595	3,872177	4,445991	4,969883	5,446383	5,878775
8,0	0,442907	1,117403	1,842403	2,560000	3,245087	3,886794	4,481273	5,028315	5,529600	5,987745
8,5	0,432672	1,098351	1,821064	2,543049	3,238270	3,894705	4,507419	5,075261	5,599129	6,081012
9,0	0,423089	1,080000	1,799625	2,524547	3,228034	3,897114	4,525909	5,112426	5,656854	6,160595
9,5	0,414095	1,062348	1,778267	2,504925	3,215088	3,894998	4,537961	5,141240	5,704375	6,228227
10,0	0,405636	1,045381	1,757119	2,484520	3,200000	3,889154	4,544588	5,162902	5,743052	6,285393

α \ β	5,5	6,0	6,5	7,0	7,5	8,0	8,5	9,0	9,5	10,0
0,5	0,506707	0,491943	0,478287	0,465628	0,453865	0,442907	0,432672	0,423089	0,414095	0,405636
1,0	1,221173	1,199750	1,178440	1,157516	1,137140	1,117403	1,098351	1,080000	1,062348	1,045381
1,5	1,934394	1,920000	1,902773	1,883676	1,863390	1,842403	1,821064	1,799625	1,778267	1,757119
2,0	2,594338	2,598076	2,594999	2,586825	2,574837	2,560000	2,543049	2,524547	2,504925	2,484520
2,5	3,186648	3,216318	3,234857	3,244665	3,247595	3,245087	3,238270	3,228034	3,215088	3,200000
3,0	3,710634	3,771236	3,816495	3,849364	3,872177	3,886794	3,894705	3,897114	3,894998	3,889154
3,5	4,170817	4,265223	4,340423	4,399775	4,445991	4,481273	4,507419	4,525909	4,537961	4,544588
4,0	4,573480	4,703020	4,809960	4,897920	4,969883	5,028315	5,075261	5,112426	5,141240	5,162902
4,5	4,925188	5,090109	5,229539	5,347246	5,446383	5,529600	5,599129	5,656854	5,704375	5,743052
5,0	5,232153	5,431959	5,603887	5,751744	5,878775	5,987745	6,081012	6,160595	6,228227	6,285393
5,5	5,500000	5,733704	5,937609	6,115487	6,270601	6,405772	6,523435	6,625701	6,714395	6,791108
6,0	5,733704	6,000000	6,235006	6,442393	6,625387	6,786811	6,929139	7,054530	7,164879	7,261844
6,5	5,937609	6,235006	6,500000	6,736116	6,946497	7,133933	7,300892	7,449556	7,581855	7,699493
7,0	6,115487	6,442393	6,736116	7,000000	7,237073	7,450056	7,641384	7,813234	7,967546	8,106049
7,5	6,270601	6,625387	6,946497	7,237073	7,500000	7,737906	7,953171	8,147939	8,324141	8,483515
8,0	6,405772	6,786811	7,133933	7,450056	7,737906	8,000000	8,238639	8,455920	8,653749	8,833849
8,5	6,523435	6,929139	7,300892	7,641384	7,953171	8,238639	8,500000	8,739288	8,958366	9,158933
9,0	6,625701	7,054530	7,449556	7,813234	8,147939	8,455920	8,739288	9,000000	9,239867	9,460553
9,5	6,714395	7,164879	7,581855	7,967546	8,324141	8,653749	8,958366	9,239867	9,500000	9,740386
10,0	6,791108	7,261844	7,699493	8,106049	8,483515	8,833849	9,158933	9,460553	9,740386	10,000000

$$\text{Tabelle 5.} \quad [a^{-1}\mid 2_a^{\;\alpha}\,1_a^{\;\beta}]$$

β / α	0,5	1,0	1,5	2,0	2,5	3,0	3,5	4,0	4,5	5,0
0,5	0,288675	0,241925	0,187500	0,147802	0,119537	0,098954	0,083537	0,071681	0,062354	0,054868
1,0	0,483850	0,577350	0,543058	0,483850	0,425829	0,375000	0,331890	0,295603	0,265009	0,239073
1,5	0,562500	0,814587	0,866025	0,839650	0,786118	0,725775	0,666729	0,612011	0,562500	0,518170
2,0	0,591207	0,967700	1,119534	1,154701	1,133383	1,086116	1,028297	0,967700	0,908203	0,851658
2,5	0,597683	1,064573	1,310196	1,416729	1,443376	1,425520	1,383655	1,329625	1,270293	1,209625
3,0	0,593722	1,125000	1,451550	1,629174	1,710624	1,732051	1,716700	1,679300	1,629174	1,572235
3,5	0,584756	1,161614	1,555702	1,799519	1,937117	2,002817	2,020726	2,007270	1,973551	1,927071
4,0	0,573452	1,182413	1,632030	1,935399	2,127401	2,239067	2,294022	2,309401	2,297425	2,266767
4,5	0,561184	1,192539	1,687500	2,043457	2,286528	2,443761	2,537422	2,584603	2,598076	2,587288
5,0	0,548683	1,195365	1,727234	2,129145	2,419249	2,620392	2,752959	2,833458	2,874765	2,886751
5,5	0,536337	1,193153	1,755007	2,196834	2,529742	2,772434	2,943138	3,057421	3,127915	3,164632
6,0	0,524351	1,187445	1,773620	2,250000	2,621566	2,903103	3,110561	3,258348	3,358601	3,421247
6,5	0,512830	1,179313	1,785171	2,291400	2,697710	3,015253	3,257728	3,438230	3,568235	3,657415
7,0	0,501817	1,169512	1,791243	2,323229	2,760665	3,111404	3,386949	3,599038	3,758372	3,874233
7,5	0,491324	1,158579	1,793048	2,347236	2,812500	3,193718	3,500310	3,742648	3,930589	4,072935
8,0	0,481341	1,146903	1,791515	2,364827	2,854937	3,264060	3,599672	3,870799	4,086421	4,254801
8,5	0,471850	1,134765	1,787366	2,377135	2,889407	3,324031	3,686676	3,985076	4,227323	4,421100
9,0	0,462828	1,122369	1,781167	2,385078	2,917106	3,375000	3,762770	4,086915	4,354649	4,573056
9,5	0,454248	1,109866	1,773361	2,389406	2,939034	3,418143	3,829221	4,177602	4,469645	4,711828
10,0	0,446084	1,097366	1,764301	2,390731	2,956034	3,454468	3,887140	4,258290	4,573452	4,838498

β / α	5,5	6,0	6,5	7,0	7,5	8,0	8,5	9,0	9,5	10,0
0,5	0,048758	0,043696	0,039448	0,035844	0,032755	0,030084	0,027756	0,025713	0,023908	0,022304
1,0	0,216937	0,197907	0,181433	0,167073	0,154477	0,143363	0,133502	0,124708	0,116828	0,109737
1,5	0,478638	0,443405	0,411962	0,383838	0,358610	0,335909	0,315418	0,269861	0,280004	0,264645
2,0	0,798849	0,750000	0,705046	0,663780	0,625930	0,591207	0,559326	0,530017	0,503033	0,478146
2,5	1,149883	1,092319	1,037581	0,985952	0,937500	0,892168	0,849825	0,810307	0,773430	0,739008
3,0	1,512237	1,451550	1,391655	1,333459	1,277487	1,224023	1,173187	1,125000	1,079414	1,036340
3,5	1,872906	1,814494	1,754161	1,693474	1,633478	1,574856	1,518043	1,463300	1,410766	1,360499
4,0	2,223579	2,172232	2,115834	2,056593	1,996079	1,935399	1,875330	1,816407	1,758990	1,703316
4,5	2,559203	2,518951	2,470317	2,416096	2,358353	2,298612	2,237994	2,177324	2,117200	2,058054
5,0	2,876938	2,851039	2,813396	2,767309	2,715290	2,659251	2,600647	2,540587	2,479909	2,419249
5,5	3,175427	3,166427	3,142407	3,107085	3,063359	3,013490	2,959241	2,901990	2,842809	2,782537
6,0	3,454284	3,464102	3,455791	3,433401	3,400150	3,358601	3,310792	3,258348	3,202564	3,144471
6,5	3,713753	3,743774	3,752777	3,745058	3,724093	3,692698	3,653149	3,607293	3,556626	3,502361
7,0	3,954472	4,005634	4,033139	4,041452	4,034246	4,014539	3,984812	3,947102	3,903085	3,854142
7,5	4,177308	4,250188	4,297031	4,322406	4,330127	4,323370	4,304780	4,276559	4,240540	4,198251
8,0	4,383258	4,478134	4,544858	4,588044	4,611595	4,618803	4,612442	4,594850	4,567995	4,533533
8,5	4,573373	4,690288	4,777195	4,838699	4,878751	4,900719	4,907477	4,901469	4,884775	4,859163
9,0	4,748710	4,887522	4,994713	5,074845	5,131871	5,169206	5,189791	5,196153	5,190460	5,174577
9,5	4,910307	5,070726	5,198146	5,297044	5,371350	5,424494	5,459455	5,478819	5,484828	5,479419
10,0	5,059159	5,240784	5,388248	5,505917	5,597668	5,666917	5,716663	5,749529	5,767810	5,773503

Tabelle 6. $\left[a^{-1}\middle|\overset{\alpha}{2_a}\overset{\beta}{2_a}\right]$

β / α	0,5	1,0	1,5	2,0	2,5	3,0	3,5	4,0	4,5	5,0
0,5	0,250000	0,279351	0,243570	0,204800	0,172536	0,146908	0,126603	0,110361	0,097200	0,086395
1,0	0,279351	0,500000	0,564362	0,558702	0,526827	0,487139	0,447106	0,409600	0,375552	0,345072
1,5	0,243570	0,564362	0,750000	0,831038	0,850997	0,838052	0,808366	0,770934	0,730709	0,690382
2,0	0,204800	0,558702	0,831038	1,000000	1,090599	1,128725	1,133403	1,117403	1,089038	1,053654
2,5	0,172536	0,526827	0,850997	1,090599	1,250000	1,346767	1,397993	1,417218	1,414422	1,396754
3,0	0,146908	0,487139	0,838052	1,128725	1,346767	1,500000	1,601068	1,662076	1,693087	1,701995
3,5	0,126603	0,447106	0,808366	1,133403	1,397993	1,601068	1,750000	1,854236	1,922788	1,963403
4,0	0,110361	0,409600	0,770934	1,117403	1,417218	1,662076	1,854236	2,000000	2,106665	2,181197
4,5	0,097200	0,375552	0,730709	1,089038	1,414422	1,693087	1,922788	2,106665	2,250000	2,358587
5,0	0,086395	0,345072	0,690382	1,053654	1,396754	1,701995	1,963403	2,181197	2,358587	2,500000
5,5	0,077414	0,317939	0,651377	1,014674	1,369263	1,694822	1,982425	2,229730	2,437968	2,610144
6,0	0,069862	0,293816	0,614400	0,974279	1,335496	1,676105	1,984924	2,257450	2,493114	2,693534
6,5	0,063446	0,272351	0,579751	0,933840	1,297936	1,649233	1,974893	2,268643	2,528331	2,754273
7,0	0,057945	0,253207	0,547504	0,894211	1,258319	1,616733	1,955456	2,266806	2,547270	2,795987
7,5	0,053187	0,236084	0,517608	0,855901	1,217848	1,580480	1,929046	2,254768	2,552992	2,821812
8,0	0,049042	0,220722	0,489947	0,819200	1,177356	1,541869	1,897552	2,234807	2,548040	2,834435
8,5	0,045404	0,206892	0,464371	0,784251	1,137409	1,501928	1,862441	2,208753	2,534517	2,836137
9,0	0,042192	0,194400	0,440725	0,751105	1,098386	1,461418	1,824846	2,178075	2,514157	2,828845
9,5	0,039339	0,183080	0,418848	0,719752	1,060533	1,420895	1,785647	2,143946	2,488388	2,814181
10,0	0,036792	0,172790	0,398590	0,690144	1,024000	1,380765	1,745521	2,107307	2,458381	2,793508

β / α	5,5	6,0	6,5	7,0	7,5	8,0	8,5	9,0	9,5	10,0
0,5	0,077414	0,069862	0,063446	0,057945	0,053187	0,049042	0,045404	0,042192	0,039339	0,036792
1,0	0,317939	0,293816	0,272351	0,253207	0,236084	0,220722	0,206892	0,194400	0,183080	0,172790
1,5	0,651377	0,614400	0,579751	0,547504	0,517608	0,489947	0,464371	0,440725	0,418848	0,398590
2,0	1,014674	0,974279	0,933840	0,894211	0,855901	0,819200	0,784251	0,751105	0,719752	0,690144
2,5	1,369263	1,335496	1,297936	1,258319	1,217848	1,177356	1,137409	1,098386	1,060533	1,024000
3,0	1,694822	1,676105	1,649233	1,616733	1,580480	1,541869	1,501928	1,461418	1,420895	1,380765
3,5	1,982425	1,984924	1,974893	1,955456	1,929046	1,897552	1,862441	1,824846	1,785647	1,745521
4,0	2,229730	2,257450	2,268643	2,266806	2,254768	2,234807	2,208753	2,178075	2,143946	2,107307
4,5	2,437968	2,493114	2,528331	2,547270	2,552992	2,548040	2,534517	2,514157	2,488388	2,458381
5,0	2,610144	2,693534	2,754273	2,795987	2,821812	2,834435	2,836137	2,828845	2,814181	2,793508
5,5	2,750000	2,861432	2,948188	3,013712	3,061093	3,093048	3,111945	3,119830	3,118464	3,109352
6,0	2,861432	3,000000	3,112515	3,202136	3,271796	3,324153	3,361580	3,386175	3,399776	3,403989
6,5	2,948188	3,112515	3,250000	3,363438	3,455528	3,528794	3,585549	3,627880	3,657653	3,676526
7,0	3,013712	3,202136	3,363438	3,500000	3,614234	3,708472	3,784911	3,845576	3,892318	3,926806
7,5	3,061093	3,271796	3,455528	3,614234	3,750000	3,864927	3,961052	4,040300	4,104464	4,155191
8,0	3,093048	3,324152	3,528794	3,708472	3,864927	4,000000	4,115537	4,213331	4,295085	4,362395
8,5	3,111945	3,361580	3,585549	3,784911	3,961052	4,115537	4,250000	4,366077	4,465358	4,549361
9,0	3,119830	3,386175	3,627880	3,845576	4,040300	4,213331	4,366077	4,500000	4,616559	4,717174
9,5	3,118464	3,399776	3,657653	3,892318	4,104464	4,295085	4,465358	4,616559	4,750000	4,866991
10,0	3,109352	3,403989	3,676526	3,926806	4,155191	4,362395	4,549361	4,717174	4,866991	5,000000

Tabelle 7. $\left[a^{-2}\left|\,1_a^{\alpha}\,1_a^{\beta}\,\right]\cdot\dfrac{1}{10}\right.$

β / α	0,5	1,0	1,5	2,0	2,5	3,0	3,5	4,0	4,5	5,0
0,5	0,050000	0,094281	0,129904	0,160000	0,186339	0,209956	0,231503	0,251416	0,270000	0,287480
1,0	0,094281	0,200000	0,293939	0,377124	0,451754	0,519615	0,582036	0,640000	0,694250	0,745356
1,5	0,129904	0,293939	0,450000	0,593846	0,726184	0,848528	0,962341	1,068868	1,169134	1,263975
2,0	0,160000	0,377124	0,593846	0,800000	0,993808	1,175755	1,346928	1,508495	1,661539	1,807016
2,5	0,186339	0,451754	0,726184	0,993808	1,250000	1,493789	1,725524	1,946017	2,156209	2,357023
3,0	0,209956	0,519615	0,848528	1,175755	1,493789	1,800000	2,093778	2,375384	2,645449	2,904738
3,5	0,231503	0,582036	0,962341	1,346928	1,725524	2,093778	2,450000	2,793771	3,125294	3,445071
4,0	0,251416	0,640000	1,068868	1,508495	1,946017	2,375384	2,793771	3,200000	3,593766	3,975233
4,5	0,270000	0,694250	1,169134	1,661539	2,156209	2,645449	3,125294	3,593766	4,050000	4,493764
5,0	0,287480	0,745356	1,263975	1,807016	2,357023	2,904738	3,445071	3,975233	4,493764	5,000000
5,5	0,304024	0,793763	1,354076	1,945754	2,549319	3,154039	3,753735	4,344807	4,925189	5,493762
6,0	0,319763	0,839825	1,440000	2,078461	2,733871	3,394113	4,051962	4,703021	5,344615	5,975156
6,5	0,334801	0,883830	1,522219	2,205749	2,911371	3,625671	4,340424	5,050459	5,752494	6,444471
7,0	0,349221	0,926013	1,601125	2,328143	3,082432	3,849364	4,619765	5,387712	6,149334	6,902095
7,5	0,363092	0,966569	1,677051	2,446095	3,247596	4,065786	4,890592	5,715367	6,535661	7,348470
8,0	0,376471	1,005663	1,750283	2,560000	3,407343	4,275473	5,153465	6,033979	6,912001	7,784069
8,5	0,389405	1,043434	1,821065	2,670202	3,562097	4,478911	5,408904	6,344076	7,278868	8,209367
9,0	0,401934	1,080000	1,889607	2,777002	3,712240	4,676538	5,657387	6,646155	7,636754	8,624836
9,5	0,414096	1,115465	1,956094	2,880664	3,858106	4,868748	5,899350	6,940674	7,986128	9,030931
10,0	0,425918	1,149919	2,020687	2,981425	4,000000	5,055901	6,135195	7,228065	8,327428	9,428092

β / α	5,5	6,0	6,5	7,0	7,5	8,0	8,5	9,0	9,5	10,0
0,5	0,304024	0,319763	0,334801	0,349221	0,363092	0,376471	0,389405	0,401934	0,414096	0,425918
1,0	0,793763	0,839825	0,883830	0,926013	0,966569	1,005663	1,043434	1,080000	1,115465	1,149919
1,5	1,354076	1,440000	1,522219	1,601125	1,677051	1,750283	1,821065	1,889607	1,956094	2,020687
2,0	1,945754	2,078461	2,205749	2,328143	2,446095	2,560000	2,670202	2,777002	2,880664	2,981425
2,5	2,549319	2,733871	2,911371	3,082432	3,247596	3,407343	3,562097	3,712240	3,858106	4,000000
3,0	3,154039	3,394113	3,625671	3,849364	4,065786	4,275473	4,478911	4,676538	4,868748	5,055901
3,5	3,753735	4,051962	4,340424	4,619765	4,890592	5,153465	5,408904	5,657387	5,899350	6,135195
4,0	4,344807	4,703021	5,050459	5,387712	5,715367	6,033979	6,344076	6,646155	6,940674	7,228065
4,5	4,925189	5,344615	5,752494	6,149334	6,535661	6,912001	7,278868	7,636754	7,986128	8,327428
5,0	5,493762	5,975156	6,444471	6,902095	7,348470	7,784069	8,209367	8,624836	9,030931	9,428092
5,5	6,050000	6,59376	7,12513	7,64436	8,15178	8,64779	9,13281	9,60727	10,07159	10,52622
6,0	6,59376	7,20000	7,79376	8,37511	8,94427	9,50154	10,04725	10,58180	11,10557	11,61895
6,5	7,12513	7,79376	8,45000	9,09376	9,72510	10,34421	10,95134	11,54681	12,13097	12,70416
7,0	7,64436	8,37511	9,09376	9,80000	10,49376	11,17509	11,84414	12,50118	13,14645	13,78028
7,5	8,15178	8,94427	9,72510	10,49376	11,25000	11,99375	12,72508	13,44411	14,15104	14,84615
8,0	8,64779	9,50154	10,34421	11,17509	11,99375	12,80000	13,59375	14,37507	15,14406	15,90093
8,5	9,13281	10,04725	10,95134	11,84414	12,72508	13,59375	14,45000	15,29376	16,12506	16,94403
9,0	9,60727	10,58180	11,54681	12,50118	13,44411	14,37507	15,29376	16,20000	17,09376	17,97506
9,5	10,07159	11,10577	12,13097	13,14645	14,15104	15,14406	16,12506	17,09376	18,05000	18,99376
10,0	10,52622	11,61895	12,70416	13,78028	14,84615	15,90093	16,94403	17,97506	18,99376	20,00000

Tabelle 8. $[a^{-2}|\overset{a}{2}_a\overset{\beta}{1}_a] \cdot \dfrac{1}{10}$

β / α	0,5	1,0	1,5	2,0	2,5	3,0	3,5	4,0	4,5	5,0
0,5	0,014434	0,018144	0,018750	0,018475	0,017930	0,017317	0,016707	0,016128	0,015588	0,015089
1,0	0,036289	0,057735	0,067882	0,072577	0,074520	0,075000	0,074675	0,073901	0,072877	0,071722
1,5	0,056250	0,101823	0,129904	0,146939	0,157224	0,163299	0,166682	0,168303	0,168750	0,168405
2,0	0,073901	0,145155	0,195918	0,230940	0,255011	0,271529	0,282782	0,290310	0,295166	0,298080
2,5	0,089652	0,186300	0,262039	0,318764	0,360844	0,392018	0,415096	0,432128	0,444603	0,453609
3,0	0,103901	0,225000	0,326599	0,407294	0,470421	0,519615	0,557928	0,587755	0,610940	0,628894
3,5	0,116951	0,261363	0,388925	0,494868	0,581135	0,650916	0,707254	0,752726	0,789420	0,819005
4,0	0,129027	0,295603	0,448808	0,580620	0,691405	0,783674	0,860258	0,923760	0,976406	1,020045
4,5	0,140296	0,327948	0,506250	0,664124	0,800285	0,916410	1,014969	1,098456	1,169134	1,228962
5,0	0,150888	0,358610	0,561351	0,745201	0,907218	1,048157	1,170007	1,275056	1,365513	1,443376
5,5	0,160901	0,387775	0,614252	0,823813	1,011897	1,178284	1,324412	1,452275	1,563957	1,661432
6,0	0,170414	0,415606	0,665108	0,900000	1,114165	1,306395	1,477517	1,629174	1,763265	1,881686
6,5	0,179491	0,442242	0,714068	0,973845	1,213969	1,432245	1,628864	1,805070	1,962529	2,103014
7,0	0,188182	0,467805	0,761278	1,045453	1,311316	1,555702	1,778148	1,979471	2,161064	2,324540
7,5	0,196529	0,492396	0,806872	1,114937	1,406250	1,676702	1,925171	2,152023	2,358353	2,545584
8,0	0,204570	0,516106	0,850970	1,182413	1,498842	1,795233	2,069811	2,322479	2,554013	2,765621
8,5	0,212333	0,539013	0,893683	1,247996	1,589174	1,911318	2,212006	2,490673	2,747760	2,984243
9,0	0,219843	0,561184	0,935113	1,311793	1,677336	2,025000	2,351731	2,656495	2,939388	3,201139
9,5	0,227124	0,582680	0,975349	1,373908	1,763421	2,136339	2,488993	2,819881	3,128752	3,416075
10,0	0,234194	0,603551	1,014473	1,434438	1,847521	2,245404	2,623819	2,980803	3,315753	3,628874

β / α	5,5	6,0	6,5	7,0	7,5	8,0	8,5	9,0	9,5	10,0
0,5	0,014627	0,014201	0,013807	0,013442	0,013102	0,012786	0,012490	0,012214	0,011954	0,011710
1,0	0,070504	0,069268	0,068037	0,066829	0,065653	0,064513	0,063413	0,062354	0,061335	0,060355
1,5	0,167523	0,166277	0,164785	0,163131	0,161374	0,159557	0,157709	0,155852	0,154002	0,152171
2,0	0,299568	0,300000	0,299645	0,298701	0,297317	0,295603	0,293646	0,291510	0,289244	0,286888
2,5	0,459953	0,464236	0,466911	0,468327	0,468750	0,468388	0,467404	0,465927	0,464058	0,461880
3,0	0,642701	0,653197	0,661036	0,666729	0,670681	0,673212	0,674583	0,675000	0,674633	0,673621
3,5	0,842808	0,861885	0,877081	0,889074	0,898413	0,905542	0,910826	0,914562	0,916998	0,918337
4,0	1,056200	1,086116	1,110813	1,131126	1,147745	1,161240	1,172081	1,180664	1,187318	1,192321
4,5	1,279601	1,322449	1,358674	1,389255	1,415012	1,436632	1,454696	1,469694	1,482040	1,492089
5,0	1,510393	1,568072	1,617703	1,660386	1,697056	1,728513	1,755437	1,778411	1,797934	1,814437
5,5	1,746485	1,820695	1,885444	1,941928	1,991183	2,034106	2,071469	2,103942	2,132107	2,156466
6,0	1,986213	2,078461	2,159870	2,231710	2,295101	2,351020	2,400324	2,443761	2,481987	2,515577
6,5	2,228252	2,339859	2,439305	2,527914	2,606865	2,677206	2,739862	2,795652	2,845301	2,889448
7,0	2,471545	2,603662	2,722369	2,829016	2,924828	3,010904	3,088229	3,157681	3,220045	3,276021
7,5	2,715250	2,868877	3,007922	3,133745	3,247595	3,350612	3,443824	3,528161	3,604459	3,673469
8,0	2,958699	3,134694	3,295022	3,441033	3,573986	3,695042	3,805264	3,905622	3,996995	4,080180
8,5	3,201361	3,400459	3,582896	3,749992	3,903001	4,043093	4,171356	4,288786	4,396298	4,494726
9,0	3,442815	3,665642	3,870903	4,059876	4,233793	4,393825	4,541067	4,676537	4,801176	4,915848
9,5	3,682730	3,929813	4,158517	4,370062	4,565648	4,746432	4,913509	5,067908	5,210586	5,342434
10,0	3,920848	4,192627	4,445304	4,680029	4,897959	5,100225	5,287913	5,462053	5,623615	5,773503

Tabelle 9. $[a^{-2}|\overset{\alpha}{2_a}\overset{\beta}{2_a}]\cdot\frac{1}{10}$

α \ β	0,5	1,0	1,5	2,0	2,5	3,0	3,5	4,0	4,5	5,0
0,5	0,008333	0,013968	0,016238	0,017067	0,017254	0,017139	0,016880	0,016554	0,016200	0,015839
1,0	0,013968	0,033333	0,047030	0,055870	0,061463	0,064952	0,067066	0,068267	0,068851	0,069014
1,5	0,016238	0,047030	0,075000	0,096954	0,113466	0,125708	0,134728	0,141338	0,146142	0,149583
2,0	0,017067	0,055870	0,096954	0,133333	0,163590	0,188121	0,207791	0,223481	0,235958	0,245853
2,5	0,017254	0,061463	0,113466	0,163590	0,208333	0,246907	0,279599	0,307064	0,330032	0,349189
3,0	0,017139	0,064952	0,125708	0,188121	0,246907	0,300000	0,346898	0,387818	0,423272	0,453865
3,5	0,016880	0,067066	0,134728	0,207791	0,279599	0,346898	0,408333	0,463559	0,512744	0,556297
4,0	0,016554	0,068267	0,141338	0,223481	0,307064	0,387818	0,463559	0,533333	0,596889	0,654359
4,5	0,016200	0,068851	0,146142	0,235958	0,330032	0,423272	0,512744	0,596889	0,675000	0,746886
5,0	0,015839	0,069014	0,149583	0,245853	0,349189	0,453865	0,556297	0,654359	0,746886	0,833333
5,5	0,015483	0,068887	0,151988	0,253669	0,365137	0,480200	0,594728	0,706081	0,812656	0,913551
6,0	0,015137	0,068557	0,153600	0,259808	0,378390	0,502832	0,628559	0,752483	0,872590	0,987629
6,5	0,014804	0,068088	0,154600	0,264588	0,389381	0,522257	0,658298	0,794025	0,927055	1,055805
7,0	0,014486	0,067522	0,155126	0,268263	0,398468	0,538911	0,684410	0,831162	0,976454	1,118395
7,5	0,014183	0,066891	0,155283	0,271035	0,405949	0,553168	0,707317	0,864328	1,021197	1,175755
8,0	0,013895	0,066216	0,155150	0,273067	0,412075	0,565352	0,727395	0,893923	1,061683	1,228255
8,5	0,013621	0,065516	0,154790	0,274488	0,417050	0,575739	0,744976	0,920314	1,098291	1,276262
9,0	0,013361	0,064800	0,154254	0,275405	0,421048	0,584567	0,760353	0,943833	1,131371	1,320128
9,5	0,013113	0,064078	0,153578	0,275905	0,424213	0,592040	0,773781	0,964776	1,161248	1,360187
10,0	0,012877	0,063356	0,152793	0,276058	0,426667	0,598331	0,785484	0,983410	1,188218	1,396754

α \ β	5,5	6,0	6,5	7,0	7,5	8,0	8,5	9,0	9,5	10,0
0,5	0,015483	0,015137	0,014804	0,014486	0,014183	0,013895	0,013621	0,013361	0,013113	0,012877
1,0	0,068887	0,068557	0,068088	0,067522	0,066891	0,066216	0,065516	0,064800	0,064078	0,063356
1,5	0,151988	0,153600	0,154600	0,155126	0,155528	0,155150	0,154790	0,154254	0,153578	0,152793
2,0	0,253669	0,259808	0,264588	0,268263	0,271035	0,273067	0,274488	0,275405	0,275905	0,276058
2,5	0,365137	0,378390	0,389381	0,398468	0,405949	0,412075	0,417050	0,421048	0,424213	0,426667
3,0	0,480200	0,502832	0,522257	0,538911	0,553168	0,565352	0,575739	0,584567	0,592040	0,598331
3,5	0,594728	0,628559	0,658298	0,684410	0,707317	0,727395	0,744976	0,760353	0,773781	0,785484
4,0	0,706081	0,752483	0,794025	0,831162	0,864328	0,893923	0,920314	0,943833	0,964776	0,983410
4,5	0,812656	0,872590	0,927055	0,976454	1,021197	1,061683	1,098291	1,131371	1,161248	1,188218
5,0	0,913551	0,987629	1,055805	1,118395	1,175755	1,228255	1,276262	1,320128	1,360187	1,396754
5,5	1,008333	1,096882	1,179275	1,255713	1,326473	1,391871	1,452241	1,507918	1,559232	1,606499
6,0	1,096882	1,200000	1,296881	1,387592	1,472308	1,551271	1,624764	1,693087	1,756551	1,815461
6,5	1,179275	1,296881	1,408333	1,513547	1,612580	1,705584	1,792775	1,874404	1,950748	2,022089
7,0	1,255713	1,387592	1,513547	1,633333	1,746880	1,854236	1,955537	2,050974	2,140775	2,225190
7,5	1,326473	1,472308	1,612580	1,746880	1,875000	1,996879	2,112561	2,222165	2,325863	2,423861
8,0	1,391871	1,551271	1,705584	1,854236	1,996879	2,133333	2,263545	2,387554	2,505466	2,617437
8,5	1,452241	1,624764	1,792775	1,955537	2,112561	2,263545	2,408333	2,546878	2,679215	2,805439
9,0	1,507918	1,693087	1,874404	2,050974	2,222165	2,387554	2,546878	2,700000	2,846878	2,987543
9,5	1,559232	1,756551	1,950748	2,140775	2,325863	2,505466	2,679215	2,846878	3,008333	3,163544
10,0	1,606499	1,815461	2,022089	2,225190	2,423861	2,617437	2,805439	2,987543	3,163544	3,333333

Tabelle 10. $\left[a+1\left|\begin{smallmatrix}a&\beta\\1_a&1_a\end{smallmatrix}\right.\right]$

α \ β	0,5	1,0	1,5	2,0	2,5	3,0	3,5	4,0	4,5	5,0
0,5	3,000000	1,676105	0,974279	0,614400	0,414087	0,293816	0,217034	0,165541	0,129600	0,103673
1,0	1,676105	1,500000	1,128725	0,838052	0,632192	0,487139	0,383233	0,307200	0,250368	0,207043
1,5	0,974279	1,128725	1,000000	0,831038	0,680798	0,558702	0,461924	0,385467	0,324760	0,276156
2,0	0,614400	0,838052	0,831038	0,750000	0,654359	0,564362	0,485744	0,419026	0,363013	0,316091
2,5	0,414087	0,632192	0,680798	0,654359	0,600000	0,538707	0,479312	0,425165	0,377179	0,335229
3,0	0,293816	0,487139	0,558702	0,564362	0,538707	0,500000	0,457448	0,415519	0,376242	0,340393
3,5	0,217034	0,383233	0,461924	0,485744	0,479312	0,457448	0,428571	0,397336	0,366245	0,336580
4,0	0,165541	0,307200	0,385467	0,419026	0,425165	0,415519	0,397336	0,375000	0,351111	0,327188
4,5	0,129600	0,250368	0,324760	0,363013	0,377179	0,376242	0,366245	0,351111	0,333333	0,314470
5,0	0,103674	0,207043	0,276153	0,316096	0,335221	0,340399	0,336583	0,327180	0,314478	0,300003
5,5	0,084451	0,173421	0,236865	0,276729	0,298748	0,308149	0,308949	0,304054	0,295511	0,284743
6,0	0,069862	0,146908	0,204800	0,243570	0,267099	0,279351	0,283561	0,282181	0,277013	0,269351
6,5	0,058566	0,125700	0,178385	0,215502	0,239619	0,253728	0,260425	0,261767	0,259316	0,254246
7,0	0,049667	0,108517	0,156430	0,191617	0,215712	0,230962	0,239444	0,242872	0,242597	0,239655
7,5	0,042550	0,094434	0,138029	0,171180	0,194856	0,210731	0,220462	0,225477	0,226933	0,225743
8,0	0,036781	0,082771	0,122487	0,153600	0,176603	0,192734	0,203309	0,209513	0,212337	0,212588
8,5	0,032050	0,073021	0,109264	0,138397	0,160575	0,176697	0,187809	0,194890	0,198786	0,200190
9,0	0,028128	0,064800	0,097939	0,125184	0,146451	0,162380	0,173795	0,181506	0,186234	0,188598
9,5	0,024846	0,057815	0,088179	0,113645	0,133962	0,149568	0,161111	0,169259	0,174624	0,177731
10,0	0,022075	0,051837	0,079718	0,103522	0,122880	0,138076	0,149616	0,158048	0,163892	0,167614

α \ β	5,5	6,0	6,5	7,0	7,5	8,0	8,5	9,0	9,5	10,0
0,5	0,084451	0,069862	0,058566	0,049667	0,042550	0,036781	0,032050	0,028128	0,024846	0,022075
1,0	0,173421	0,146908	0,125700	0,108517	0,094434	0,082771	0,073021	0,064800	0,057815	0,051837
1,5	0,236865	0,204800	0,178385	0,156430	0,138029	0,122487	0,109264	0,097939	0,088179	0,079718
2,0	0,276729	0,243570	0,215502	0,191617	0,171180	0,153600	0,138397	0,125184	0,113645	0,103522
2,5	0,298748	0,267099	0,239619	0,215712	0,194856	0,176603	0,160575	0,146451	0,133962	0,122880
3,0	0,308149	0,279351	0,253728	0,230962	0,210731	0,192734	0,176697	0,162380	0,149568	0,138076
3,5	0,308949	0,283561	0,260425	0,239444	0,220462	0,203309	0,187809	0,173795	0,161111	0,149616
4,0	0,304054	0,282181	0,261767	0,242872	0,225477	0,209513	0,194890	0,181506	0,169259	0,158048
4,5	0,295511	0,277013	0,259316	0,242597	0,226933	0,212337	0,198786	0,186234	0,174624	0,163892
5,0	0,284743	0,269353	0,254241	0,239656	0,225745	0,212583	0,200198	0,188590	0,177738	0,167611
5,5	0,272727	0,260130	0,247400	0,234835	0,222625	0,210890	0,199697	0,189081	0,179051	0,169601
6,0	0,260130	0,250000	0,239424	0,228724	0,218120	0,207760	0,197740	0,188121	0,178936	0,170199
6,5	0,247400	0,239424	0,230769	0,221765	0,212648	0,203584	0,194690	0,186045	0,177700	0,169686
7,0	0,234835	0,228724	0,221765	0,214286	0,206528	0,198668	0,190836	0,183123	0,175593	0,168292
7,5	0,222625	0,218120	0,212648	0,206528	0,200000	0,193246	0,186402	0,179569	0,172820	0,166208
8,0	0,210890	0,207760	0,203584	0,198668	0,193246	0,187500	0,181568	0,175555	0,169543	0,163590
8,5	0,199697	0,197740	0,194690	0,190836	0,186402	0,181568	0,176471	0,171219	0,165896	0,160566
9,0	0,189081	0,188121	0,186045	0,183123	0,179569	0,175555	0,171219	0,166667	0,161985	0,157239
9,5	0,179051	0,178936	0,177700	0,175593	0,172820	0,169543	0,165896	0,161985	0,157895	0,153694
10,0	0,169601	0,170199	0,169686	0,168292	0,166208	0,163590	0,160566	0,157239	0,153694	0,150000

Tabelle 11. $[a+1 \mid 2_a^\alpha 1_a^\beta]$

β / α	0,5	1,0	1,5	2,0	2,5	3,0	3,5	4,0	4,5	5,0
0,5	3,464102	1,290266	0,562500	0,283779	0,159382	0,096934	0,062652	0,042478	0,029930	0,021766
1,0	2,580532	1,732051	1,042671	0,645133	0,417139	0,281250	0,196675	0,141890	0,105127	0,079691
1,5	1,687500	1,564007	1,154701	0,822514	0,589588	0,430089	0,320030	0,242781	0,187500	0,147173
2,0	1,135117	1,290266	1,096686	0,866025	0,671635	0,521336	0,407919	0,322567	0,257951	0,208569
2,5	0,796910	1,042847	0,982647	0,839543	0,692820	0,565495	0,461218	0,377645	0,311092	0,258053
3,0	0,581606	0,843750	0,860177	0,782004	0,678594	0,577350	0,487584	0,411257	0,347557	0,294794
3,5	0,438567	0,688364	0,746737	0,713859	0,645705	0,568847	0,494872	0,428217	0,370041	0,320067
4,0	0,339823	0,567558	0,647417	0,645133	0,604232	0,548343	0,489391	0,433013	0,381579	0,335817
4,5	0,269369	0,473073	0,562500	0,580390	0,559966	0,521336	0,475767	0,429277	0,384900	0,344016
5,0	0,217659	0,398455	0,490575	0,521423	0,516106	0,491324	0,457239	0,419772	0,382240	0,346410
5,5	0,178779	0,338884	0,429798	0,468658	0,474327	0,460473	0,436020	0,406527	0,375350	0,344458
6,0	0,148928	0,290803	0,378372	0,421875	0,435416	0,430089	0,413593	0,391002	0,365562	0,339297
6,5	0,125591	0,251587	0,334719	0,380579	0,399661	0,400920	0,390927	0,374229	0,353875	0,331864
7,0	0,107054	0,219283	0,297508	0,344182	0,367069	0,373368	0,368647	0,356929	0,341024	0,322853
7,5	0,092123	0,192428	0,265637	0,312098	0,337500	0,347616	0,347138	0,339598	0,327549	0,312801
8,0	0,079946	0,169912	0,238207	0,283779	0,310741	0,323708	0,326624	0,322567	0,313837	0,302116
8,5	0,069904	0,150883	0,214484	0,258736	0,286553	0,301613	0,307223	0,306054	0,300165	0,291101
9,0	0,061539	0,134684	0,193869	0,236537	0,264690	0,281250	0,288981	0,290195	0,286726	0,279983
9,5	0,054510	0,120802	0,175871	0,216808	0,244920	0,262513	0,271897	0,275068	0,273652	0,268927
10,0	0,048553	0,108830	0,160088	0,199228	0,227023	0,245288	0,255943	0,260712	0,261029	0,258053

β / α	5,5	6,0	6,5	7,0	7,5	8,0	8,5	9,0	9,5	10,0
0,5	0,016253	0,012411	0,009661	0,007647	0,006142	0,004997	0,004112	0,003419	0,002869	0,002428
1,0	0,061615	0,048467	0,038706	0,031326	0,025657	0,021239	0,017751	0,014965	0,012716	0,010883
1,5	0,117218	0,094593	0,077243	0,063752	0,053127	0,044664	0,037850	0,032311	0,027769	0,024013
2,0	0,170421	0,140625	0,117101	0,098338	0,083226	0,070945	0,060879	0,052564	0,045644	0,039846
2,5	0,215603	0,181423	0,153716	0,131096	0,112500	0,097107	0,084280	0,073525	0,064453	0,056756
3,0	0,251167	0,215044	0,185040	0,160015	0,139046	0,121391	0,106452	0,093750	0,082899	0,073586
3,5	0,277468	0,241262	0,210499	0,184324	0,161998	0,142898	0,126504	0,112381	0,100173	0,089580
4,0	0,295656	0,260668	0,230295	0,203960	0,181119	0,161283	0,144025	0,128976	0,115818	0,104285
4,5	0,307104	0,274171	0,244990	0,219230	0,196529	0,176533	0,158911	0,143363	0,129625	0,117463
5,0	0,313136	0,282748	0,255280	0,230609	0,208534	0,188823	0,171236	0,155546	0,141541	0,129027
5,5	0,314918	0,287313	0,261867	0,238624	0,217517	0,198419	0,181178	0,165631	0,151616	0,138982
6,0	0,313432	0,288675	0,265405	0,243792	0,223878	0,205629	0,188963	0,173779	0,159962	0,147397
6,5	0,309479	0,287522	0,266469	0,246588	0,228006	0,210760	0,194835	0,180177	0,166717	0,154374
7,0	0,303703	0,284424	0,265556	0,247436	0,230254	0,214109	0,199033	0,185020	0,172037	0,160034
7,5	0,296614	0,279848	0,263084	0,246701	0,230940	0,215944	0,201787	0,188498	0,176078	0,164503
8,0	0,288610	0,274171	0,259397	0,244696	0,230340	0,216506	0,203303	0,190790	0,178991	0,167909
8,5	0,280002	0,267698	0,254784	0,241683	0,228691	0,216010	0,203771	0,192058	0,180918	0,170372
9,0	0,271032	0,260668	0,249476	0,237883	0,226198	0,214638	0,203355	0,192450	0,181988	0,172008
9,5	0,261883	0,253272	0,243663	0,233479	0,223032	0,212552	0,202202	0,192099	0,182321	0,172921
10,0	0,252695	0,245662	0,237499	0,228619	0,219337	0,209886	0,200438	0,191120	0,182022	0,173205

Tabelle 12. $\left[a^{+1}\middle|\,{}^{\alpha}_{}\,{}^{\beta}_{}\,2_a\,2_a\right]$

α \ β	0,5	1,0	1,5	2,0	2,5	3,0	3,5	4,0	4,5	5,0
0,5	5,000000	2,483118	1,217848	0,655360	0,383414	0,239850	0,158254	0,108998	0,077760	0,057121
1,0	2,483118	2,500000	1,805960	1,241559	0,860125	0,608924	0,441586	0,327680	0,248299	0,191707
1,5	1,217848	1,805960	1,666667	1,356797	1,063747	0,827706	0,646693	0,509709	0,405949	0,326808
2,0	0,655360	1,241559	1,356797	1,250000	1,077134	0,902980	0,749357	0,620780	0,515521	0,430063
2,5	0,383414	0,860125	1,063747	1,077134	1,000000	0,890424	0,776663	0,670872	0,577315	0,496624
3,0	0,239850	0,608924	0,827706	0,902980	0,890424	0,833333	0,757902	0,678398	0,601987	0,531873
3,5	0,158254	0,441586	0,646693	0,749357	0,776663	0,757902	0,714286	0,659284	0,600871	0,543502
4,0	0,108998	0,327680	0,509709	0,620780	0,670872	0,678398	0,659284	0,625000	0,583160	0,538567
4,5	0,077760	0,248299	0,405949	0,515521	0,577315	0,601987	0,600871	0,583160	0,555556	0,522679
5,0	0,057121	0,191707	0,326808	0,430063	0,496624	0,531873	0,543502	0,538567	0,522679	0,500000
5,5	0,043008	0,150503	0,265868	0,360773	0,427895	0,469155	0,489488	0,494123	0,487594	0,473496
6,0	0,033071	0,119925	0,218453	0,304462	0,369687	0,413853	0,439872	0,451490	0,452266	0,445212
6,5	0,025896	0,096836	0,181172	0,258503	0,320478	0,365481	0,394979	0,411545	0,417906	0,416525
7,0	0,020603	0,079127	0,151558	0,220793	0,278852	0,323347	0,354731	0,374679	0,385220	0,388331
7,5	0,016621	0,065352	0,127805	0,189673	0,243570	0,286708	0,318851	0,340986	0,354582	0,361192
8,0	0,013576	0,054499	0,108575	0,163840	0,213579	0,254854	0,286964	0,310390	0,326149	0,335436
8,5	0,011211	0,045849	0,092874	0,142268	0,188001	0,227135	0,258672	0,282720	0,299943	0,311236
9,0	0,009350	0,038880	0,079950	0,124150	0,166108	0,202975	0,233580	0,257760	0,275902	0,288658
9,5	0,007868	0,033212	0,069231	0,108847	0,147296	0,181875	0,211319	0,235275	0,253917	0,267699
10,0	0,006674	0,028560	0,060278	0,095853	0,131072	0,163404	0,191552	0,215031	0,233853	0,248312

α \ β	5,5	6,0	6,5	7,0	7,5	8,0	8,5	9,0	9,5	10,0
0,5	0,043008	0,033071	0,025896	0,020603	0,016621	0,013576	0,011211	0,009350	0,007868	0,006674
1,0	0,150503	0,119925	0,096836	0,079127	0,065352	0,054499	0,045849	0,038880	0,033212	0,028560
1,5	0,265868	0,218453	0,181172	0,151558	0,127805	0,108575	0,092874	0,079950	0,069231	0,060278
2,0	0,360773	0,304462	0,258503	0,220793	0,189673	0,163840	0,142268	0,124150	0,108847	0,095853
2,5	0,427895	0,369687	0,320478	0,278852	0,243570	0,213579	0,188001	0,166108	0,147296	0,131072
3,0	0,469155	0,413853	0,365481	0,323347	0,286708	0,254854	0,227135	0,202975	0,181875	0,163404
3,5	0,489488	0,439872	0,394979	0,354731	0,318851	0,286964	0,258672	0,233580	0,211319	0,191552
4,0	0,494123	0,451490	0,411545	0,374679	0,340986	0,310390	0,282720	0,257760	0,235275	0,215031
4,5	0,487594	0,452266	0,417906	0,385220	0,354582	0,326149	0,299943	0,275902	0,253917	0,233853
5,0	0,473496	0,445212	0,416525	0,388331	0,361192	0,335436	0,311236	0,288658	0,267699	0,248312
5,5	0,454545	0,432731	0,409470	0,385755	0,362259	0,339429	0,317545	0,296773	0,277197	0,258843
6,0	0,432731	0,416667	0,398402	0,378951	0,359045	0,339199	0,319770	0,300993	0,283020	0,265937
6,5	0,409470	0,398402	0,384615	0,369102	0,352605	0,335676	0,318715	0,302009	0,285754	0,270085
7,0	0,385755	0,378951	0,369102	0,357143	0,343803	0,329642	0,315081	0,300436	0,285937	0,271751
7,5	0,362259	0,359045	0,352605	0,343803	0,333333	0,321742	0,309457	0,296808	0,284046	0,271359
8,0	0,339429	0,339199	0,335676	0,329642	0,321742	0,312500	0,302335	0,291580	0,280495	0,269284
8,5	0,317545	0,319770	0,318715	0,315081	0,309457	0,302335	0,294118	0,285132	0,275639	0,265850
9,0	0,296773	0,300993	0,302009	0,300436	0,296808	0,291580	0,285132	0,277778	0,269777	0,261339
9,5	0,277197	0,283020	0,285754	0,285937	0,284046	0,280495	0,275639	0,269777	0,263158	0,255989
10,0	0,258843	0,265937	0,270085	0,271751	0,271359	0,269284	0,265850	0,261339	0,255989	0,250000

$$\text{Tabelle 13.} \quad [a^{+2}|\overset{\alpha}{1}_\alpha \overset{\beta}{1}_\alpha]$$

$\alpha \backslash \beta$	0,5	1,0	1,5	2,0	2,5	3,0	3,5	4,0	4,5	5,0
0,5	12,000000	4,469613	1,948557	0,983040	0,552116	0,335790	0,217034	0,147148	0,103680	0,075399
1,0	4,469613	3,000000	1,805960	1,117403	0,722505	0,487139	0,340652	0,245760	0,182086	0,138029
1,5	1,948557	1,805960	1,333333	0,949758	0,680798	0,496624	0,369539	0,280340	0,216506	0,169940
2,0	0,983040	1,117403	0,949758	0,750000	0,581653	0,451490	0,353268	0,279351	0,223392	0,180626
2,5	0,552116	0,722505	0,680798	0,581653	0,480000	0,391787	0,319541	0,261640	0,215531	0,178785
3,0	0,335790	0,487139	0,496624	0,451490	0,391787	0,333333	0,281506	0,237439	0,200662	0,170199
3,5	0,217034	0,340652	0,369539	0,353268	0,319541	0,281506	0,244898	0,211913	0,183123	0,158392
4,0	0,147148	0,245760	0,280340	0,279351	0,261640	0,237439	0,211913	0,187500	0,165229	0,145413
4,5	0,103680	0,182086	0,216506	0,223392	0,215531	0,200662	0,183123	0,165229	0,148148	0,132412
5,0	0,075399	0,138029	0,169940	0,180626	0,178785	0,170199	0,158392	0,145413	0,132412	0,120000
5,5	0,056301	0,106721	0,135351	0,147589	0,149374	0,145012	0,137311	0,128023	0,118205	0,108474
6,0	0,042992	0,083948	0,109227	0,121785	0,125694	0,124156	0,119394	0,112872	0,105529	0,097947
6,5	0,033466	0,067040	0,089192	0,101413	0,106497	0,106833	0,104170	0,099721	0,094297	0,088431
7,0	0,026489	0,054259	0,073614	0,085163	0,090826	0,092385	0,091217	0,088317	0,084382	0,079885
7,5	0,021275	0,044439	0,061346	0,072076	0,077942	0,080278	0,080168	0,078427	0,075644	0,072238
8,0	0,017309	0,036787	0,051573	0,061440	0,067277	0,070085	0,070716	0,069838	0,067948	0,065410
8,5	0,014244	0,030746	0,043706	0,052723	0,058391	0,061460	0,062603	0,062365	0,061165	0,059319
9,0	0,011843	0,025920	0,037310	0,045522	0,050940	0,054127	0,055614	0,055848	0,055180	0,053883
9,5	0,009938	0,022025	0,032065	0,039529	0,044654	0,047862	0,049573	0,050151	0,049892	0,049031
10,0	0,008410	0,018850	0,027728	0,034507	0,039322	0,042485	0,044331	0,045157	0,045212	0,044696

$\alpha \backslash \beta$	5,5	6,0	6,5	7,0	7,5	8,0	8,5	9,0	9,5	10,0
0,5	0,056301	0,042992	0,033466	0,026489	0,021275	0,017309	0,014244	0,011843	0,009938	0,008410
1,0	0,106721	0,083948	0,067040	0,054259	0,044439	0,036787	0,030746	0,025920	0,022025	0,018850
1,5	0,135351	0,109227	0,089192	0,073614	0,061346	0,051573	0,043706	0,037310	0,032065	0,027728
2,0	0,147589	0,121785	0,101413	0,085163	0,072076	0,061440	0,052723	0,045522	0,039529	0,034507
2,5	0,149374	0,125694	0,106497	0,090826	0,077942	0,067277	0,058391	0,050940	0,044654	0,039322
3,0	0,145012	0,124156	0,106833	0,092385	0,080278	0,070085	0,061460	0,054127	0,047862	0,042485
3,5	0,137311	0,119394	0,104170	0,091217	0,080168	0,070716	0,062603	0,055614	0,049573	0,044331
4,0	0,128023	0,112872	0,099721	0,088317	0,078427	0,069838	0,062365	0,055848	0,050151	0,045157
4,5	0,118205	0,105529	0,094297	0,084382	0,075644	0,067948	0,061165	0,055180	0,049892	0,045212
5,0	0,108474	0,097947	0,088431	0,079885	0,072238	0,065410	0,059318	0,053883	0,049031	0,044696
5,5	0,099174	0,090480	0,082467	0,075147	0,068500	0,062486	0,057056	0,052160	0,047747	0,043768
6,0	0,090480	0,833333	0,076616	0,070377	0,064628	0,059360	0,054549	0,050166	0,046177	0,042550
6,5	0,082467	0,076616	0,071006	0,065708	0,060757	0,056161	0,051917	0,048012	0,044425	0,041136
7,0	0,075147	0,070377	0,065708	0,061224	0,056973	0,052978	0,049248	0,045781	0,042568	0,039598
7,5	0,068500	0,064628	0,060757	0,056973	0,053333	0,049870	0,046601	0,043532	0,040663	0,037990
8,0	0,062486	0,059360	0,056161	0,052978	0,049870	0,046875	0,044016	0,041307	0,038753	0,036353
8,5	0,057056	0,054549	0,051917	0,049248	0,046601	0,044016	0,041522	0,039136	0,036866	0,034717
9,0	0,052160	0,050166	0,048012	0,045781	0,043532	0,041307	0,039136	0,037037	0,035024	0,033103
9,5	0,047747	0,046177	0,044425	0,042568	0,040663	0,038753	0,036866	0,035024	0,033241	0,031527
10,0	0,043768	0,042550	0,041136	0,039598	0,037990	0,036353	0,034717	0,033103	0,031527	0,030000

Tabelle 14. $\left[a^{-2}\middle|2_a{}^\alpha 1_a{}^\beta\right]$

β / α	0,5	1,0	1,5	2,0	2,5	3,0	3,5	4,0	4,5	5,0
0,5	17,320508	4,300887	1,406250	0,567558	0,265637	0,138477	0,078316	0,047198	0,029930	0,019787
1,0	8,601775	4,330127	2,085343	1,075222	0,595912	0,351563	0,218528	0,141890	0,095570	0,066409
1,5	4,218750	3,128014	1,924501	1,175021	0,736985	0,477876	0,320030	0,220710	0,156250	0,113210
2,0	2,270234	2,150444	1,566694	1,082532	0,746261	0,521336	0,370836	0,268805	0,198424	0,148978
2,5	1,328184	1,489781	1,228309	0,932826	0,692820	0,514087	0,384349	0,290496	0,222209	0,172035
3,0	0,830865	1,054688	0,955753	0,782004	0,616904	0,481125	0,375064	0,293755	0,231705	0,184246
3,5	0,548209	0,764849	0,746737	0,648962	0,538088	0,437575	0,353480	0,285478	0,231275	0,188275
4,0	0,377581	0,567558	0,588561	0,537611	0,464794	0,391674	0,326261	0,270633	0,224458	0,186565
4,5	0,269369	0,430067	0,468750	0,446454	0,399976	0,347557	0,297354	0,252516	0,213833	0,181061
5,0	0,197872	0,332046	0,377366	0,372445	0,344071	0,307077	0,268964	0,233206	0,201179	0,173205
5,5	0,148982	0,260680	0,306998	0,312439	0,296454	0,270867	0,242234	0,213962	0,187675	0,164024
6,0	0,114560	0,207716	0,252248	0,263672	0,256127	0,238938	0,217680	0,195501	0,174077	0,154226
6,5	0,089708	0,167724	0,209200	0,223870	0,222034	0,211011	0,195464	0,178204	0,160852	0,144289
7,0	0,071370	0,137052	0,175004	0,191212	0,193194	0,186684	0,175546	0,162241	0,148271	0,134522
7,5	0,057577	0,113193	0,147576	0,164262	0,168750	0,165531	0,157790	0,147651	0,136479	0,125121
8,0	0,047027	0,094395	0,125372	0,141890	0,147972	0,147140	0,142011	0,134403	0,125535	0,116198
8,5	0,038835	0,079412	0,107242	0,123207	0,130251	0,131136	0,128010	0,122422	0,115448	0,107815
9,0	0,032389	0,067342	0,092318	0,107517	0,115083	0,117188	0,115592	0,111614	0,106195	0,099994
9,5	0,027255	0,057525	0,079941	0,094264	0,102050	0,105005	0,104576	0,101877	0,097733	0,092733
10,0	0,023121	0,049468	0,069603	0,083011	0,090809	0,094341	0,094794	0,093111	0,090010	0,086018

β / α	5,5	6,0	6,5	7,0	7,5	8,0	8,5	9,0	9,5	10,0
0,5	0,013544	0,009547	0,006901	0,005098	0,003838	0,002939	0,002284	0,001799	0,001434	0,001156
1,0	0,047396	0,034619	0,025804	0,019579	0,015092	0,011799	0,009343	0,007482	0,006055	0,004947
1,5	0,083727	0,063062	0,048277	0,037501	0,029515	0,023507	0,018925	0,015386	0,012622	0,010441
2,0	0,113614	0,087891	0,068883	0,054632	0,043803	0,035472	0,028990	0,023893	0,019845	0,016602
2,5	0,134752	0,106720	0,085398	0,068998	0,056250	0,046241	0,038309	0,031967	0,026855	0,022702
3,0	0,147745	0,119469	0,097390	0,080008	0,066212	0,055178	0,046283	0,039063	0,033160	0,028302
3,5	0,154149	0,126980	0,105250	0,087773	0,073635	0,062130	0,052710	0,044953	0,038528	0,033178
4,0	0,155608	0,130334	0,109664	0,092709	0,078747	0,067201	0,057610	0,049606	0,042096	0,037245
4,5	0,153552	0,130558	0,111359	0,095317	0,081887	0,070613	0,061120	0,053097	0,046294	0,040505
5,0	0,149112	0,128522	0,110991	0,096087	0,083414	0,072624	0,063421	0,055552	0,048807	0,043009
5,5	0,143145	0,124919	0,109111	0,095450	0,083660	0,073489	0,064706	0,057114	0,050539	0,044833
6,0	0,136275	0,120281	0,106162	0,093766	0,082918	0,073439	0,065160	0,057926	0,051601	0,046061
6,5	0,128950	0,115009	0,102488	0,091329	0,081431	0,072676	0,064945	0,058122	0,052099	0,046780
7,0	0,121481	0,109394	0,098354	0,088370	0,079398	0,071370	0,064204	0,057819	0,052132	0,047069
7,5	0,114082	0,103647	0,093958	0,085069	0,076980	0,069659	0,063058	0,057121	0,051788	0,047001
8,0	0,106892	0,097918	0,089447	0,081565	0,074303	0,067658	0,061607	0,056115	0,051140	0,046641
8,5	0,100000	0,092310	0,084928	0,077962	0,071466	0,065457	0,059933	0,054874	0,050255	0,046047
9,0	0,093459	0,086889	0,080476	0,074339	0,068545	0,063129	0,058101	0,053458	0,049186	0,045265
9,5	0,087294	0,081701	0,076145	0,070751	0,065598	0,060729	0,056167	0,051919	0,047979	0,044339
10,0	0,081514	0,076769	0,071969	0,067241	0,062668	0,058302	0,054172	0,050295	0,046672	0,043301

Tabelle 15. $\left[a^{+2}\left|2_a^{\alpha}\,2_a^{\beta}\right.\right]$

α \ β	0,5	1,0	1,5	2,0	2,5	3,0	3,5	4,0	4,5	5,0
0,5	30,000000	9,932474	3,653545	1,572864	0,766827	0,411172	0,237381	0,145331	0,093312	0,062314
1,0	9,932474	7,500000	4,334304	2,483118	1,474501	0,913386	0,588781	0,393216	0,270372	0,191707
1,5	3,653545	4,334304	3,333333	2,325938	1,595620	1,103608	0,776032	0,556046	0,405949	0,301669
2,0	1,572864	2,483118	2,325938	1,875000	1,436179	1,083576	0,817481	0,620780	0,475865	0,368625
2,5	0,766827	1,474501	1,595620	1,436179	1,200000	0,971372	0,776663	0,619267	0,494842	0,397299
3,0	0,411172	0,913386	1,103608	1,083576	0,971372	0,833333	0,699602	0,581484	0,481589	0,398905
3,5	0,237381	0,588781	0,776032	0,817481	0,776663	0,699602	0,612245	0,527427	0,450653	0,383649
4,0	0,145331	0,393216	0,556046	0,620780	0,619267	0,581484	0,527427	0,468750	0,411642	0,359045
4,5	0,093312	0,270872	0,405949	0,475865	0,494842	0,481589	0,450653	0,411642	0,370370	0,330113
5,0	0,062314	0,191707	0,301669	0,368625	0,397299	0,398905	0,383649	0,359045	0,330113	0,300000
5,5	0,043008	0,138926	0,227887	0,288618	0,320921	0,331168	0,326325	0,312078	0,292556	0,270569
6,0	0,030527	0,102793	0,174763	0,228347	0,260956	0,275902	0,277814	0,270894	0,258438	0,242843
6,5	0,022197	0,077469	0,135879	0,182472	0,213652	0,230830	0,236987	0,235169	0,227949	0,217318
7,0	0,016482	0,059345	0,106982	0,147195	0,176117	0,194008	0,202704	0,204370	0,200985	0,194166
7,5	0,012466	0,046131	0,085203	0,119794	0,146142	0,163833	0,173918	0,177906	0,177291	0,173372
8,0	0,009583	0,036333	0,068574	0,098304	0,122045	0,139011	0,149721	0,155195	0,156552	0,154817
8,5	0,007474	0,028957	0,055725	0,081296	0,102546	0,118505	0,129336	0,135706	0,138435	0,138327
9,0	0,005905	0,023328	0,045686	0,067718	0,086665	0,101487	0,112119	0,118966	0,122623	0,123710
9,5	0,004721	0,018978	0,037762	0,056790	0,073648	0,087300	0,097532	0,104567	0,108822	0,110772
10,0	0,003814	0,015578	0,031450	0,047927	0,062915	0,075417	0,085134	0,092156	0,096767	0,099325

α \ β	5,5	6,0	6,5	7,0	7,5	8,0	8,5	9,0	9,5	10,0
0,5	0,043008	0,030527	0,022197	0,016482	0,012466	0,009583	0,007474	0,005905	0,004721	0,003814
1,0	0,138926	0,102793	0,077469	0,059345	0,046131	0,036333	0,028957	0,023328	0,018978	0,015578
1,5	0,227887	0,174763	0,135879	0,106982	0,085203	0,068574	0,055725	0,045686	0,037762	0,031450
2,0	0,288618	0,228347	0,182472	0,147195	0,119794	0,098304	0,081296	0,067718	0,056790	0,047927
2,5	0,320921	0,260956	0,213652	0,176117	0,146142	0,122045	0,102546	0,086665	0,073648	0,062915
3,0	0,331168	0,275902	0,230830	0,194008	0,163833	0,139011	0,118505	0,101487	0,087300	0,075417
3,5	0,326325	0,277814	0,236987	0,202704	0,173918	0,149721	0,129336	0,112119	0,097532	0,085134
4,0	0,312078	0,270894	0,235169	0,204370	0,177906	0,155195	0,135706	0,118966	0,104567	0,092156
4,5	0,292556	0,258438	0,227949	0,200985	0,177291	0,156552	0,138435	0,122623	0,108822	0,096767
5,0	0,270569	0,242843	0,217318	0,194166	0,173372	0,154817	0,138327	0,123710	0,110772	0,099325
5,5	0,247934	0,225773	0,204735	0,185162	0,167197	0,150857	0,136091	0,122803	0,110879	0,100197
6,0	0,225773	0,208333	0,191233	0,174900	0,159575	0,145371	0,132319	0,120397	0,109556	0,099726
6,5	0,204735	0,191233	0,177515	0,164045	0,151116	0,138900	0,127486	0,116907	0,107158	0,098213
7,0	0,185162	0,174900	0,164045	0,153061	0,142263	0,131857	0,121967	0,112663	0,103977	0,095912
7,5	0,167197	0,159575	0,151116	0,142263	0,133333	0,124545	0,116046	0,107930	0,100252	0,093037
8,0	0,150857	0,145371	0,138900	0,131857	0,124545	0,117187	0,109940	0,102911	0,096170	0,089761
8,5	0,136091	0,132319	0,127486	0,121967	0,116046	0,109940	0,103806	0,097759	0,091880	0,086222
9,0	0,122803	0,120397	0,116907	0,112663	0,107930	0,102911	0,097759	0,092593	0,087495	0,082528
9,5	0,110879	0,109556	0,107158	0,103977	0,100252	0,096170	0,091880	0,087495	0,083102	0,078766
10,0	0,100197	0,099726	0,098213	0,095912	0,093037	0,089761	0,086222	0,082528	0,078766	0,075000

3.2 Wechselwirkungsintegrale der K- und L-Schale mit gleichen Abschirmzahlen in den Funktionen (Tabellen 16, 17, 18)

Tabelle 16. *Werte der Zweizentren-Wechselwirkungsintegrale.*

$$\left(\alpha = \frac{Z}{2}\frac{R}{a_0}; \text{ mit: } Z = \text{Kernladungszahl}, \; R = \text{Kernabstand in (Å)}, \; a_0 = 0{,}5292 \text{ Å};\right.$$
$$\left.\text{es bedeutet: } 0{,}12345^{-2} = 0{,}12345 \cdot 10^{-2} = 0{,}0012345\right).$$

$\alpha =$	0,5	1,0	1,5	2,0	2,5	3,0	3,5
$S_{s's'} =$	0,96287	0,88291	0,80048	0,73081	0,67207	0,61736	0,56129
$S_{s's'}^2 =$	0,92712	0,77953	0,64077	0,53408	0,45168	0,38113	0,31505
$S_{ss} =$	0,98645	0,94831	0,88973	0,81502	0,72907	0,63727	0,54485
$S_{ss}^2 =$	0,97308	0,89929	0,79162	0,66426	0,53154	0,40611	0,29686
$S_{s\sigma} =$	0,14299	0,27611	0,38647	0,46361	0,50354	0,50878	0,48613
$S_{s\sigma}^2 =$	$0{,}20446^{-1}$	$0{,}76237^{-1}$	0,14936	0,21493	0,25355	0,25886	0,23632
$S_{\sigma\sigma} =$	−0,92749	−0,73576	−0,48252	−0,22556	$-0{,}51294^{-2}$	0,15932	0,26485
$S_{\sigma\sigma}^2 =$	0,86024	0,54134	0,23283	$0{,}50877^{-1}$	$0{,}26311^{-4}$	$0{,}25383^{-1}$	$0{,}70146^{-1}$
$S_{\pi\pi} =$	0,97550	0,90744	0,80885	0,69472	0,57802	0,46800	0,37017
$S_{\pi\pi}^2 =$	0,95160	0,82345	0,65424	0,48264	0,33411	0,21902	0,13703
$S_{ss}S_{s\sigma} =$	0,14105	0,26184	0,34385	0,37785	0,36712	0,32423	0,26487
$S_{ss}S_{\sigma\sigma} =$	−0,91492	−0,69773	−0,42931	−0,18384	$-0{,}37397^{-2}$	0,10153	0,14430
$S_{ss}S_{\pi\pi} =$	0,96228	0,86053	0,71966	0,56621	0,42142	0,29824	0,20169
$S_{s\sigma}S_{\sigma\sigma} =$	−0,13262	−0,20315	−0,18648	−0,10457	$-0{,}25829^{-2}$	$0{,}81059^{-1}$	0,12875
$S_{s\sigma}S_{\pi\pi} =$	0,13949	0,25055	0,31260	0,32208	0,29106	0,23811	0,17995
$S_{\sigma\sigma}S_{\pi\pi} =$	−0,90477	−0,66766	−0,39029	−0,15670	$-0{,}29649^{-2}$	$0{,}74562^{-1}$	$0{,}98040^{-1}$
$J_{ss} = Ze^2/a_0$	0,24640	0,23503	0,21616	0,19172	0,16446	0,13691	0,11104
$J_{\sigma s} = Ze^2/a_0$	$0{,}69307^{-1}$	0,12390	0,15700	0,16929	0,16538	0,15091	0,13094
$J_{s\sigma} = Ze^2/a_0$	$0{,}25534^{-1}$	$0{,}53099^{-1}$	$0{,}76489^{-1}$	$0{,}91158^{-1}$	$0{,}96265^{-1}$	$0{,}93420^{-1}$	$0{,}85175^{-1}$
$J_{\sigma\sigma} = Ze^2/a_0$	−0,22113	−0,15328	$-0{,}76701^{-1}$	$-0{,}11278^{-1}$	$0{,}35057^{-1}$	$0{,}62234^{-1}$	$0{,}73921^{-1}$
$J_{\pi\pi} = Ze^2/a_0$	0,24008	0,21460	0,18129	0,14661	0,11458	$0{,}87127^{-1}$	$0{,}64799^{-1}$
$J_{s's'} = Ze^2/a_0$		0,15328		0,10150		$0{,}87127^{-1}$	
$J_{s's'}S_{s's'} = Ze^2/a_0$		0,13533		$0{,}74177^{-1}$		$0{,}53789^{-1}$	
$J_{ss}S_{ss} = Ze^2/a_0$	0,24306	0,22288	0,19232	0,15626	0,11990	$0{,}87249^{-1}$	$0{,}60500^{-1}$
$J_{\sigma s}S_{s\sigma} = Ze^2/a_0$	$0{,}99102^{-2}$	$0{,}34210^{-1}$	$0{,}60676^{-1}$	$0{,}78485^{-1}$	$0{,}83275^{-1}$	$0{,}76780^{-1}$	$0{,}63654^{-1}$
$J_{s\sigma}S_{s\sigma} = Ze^2/a_0$	$0{,}36511^{-2}$	$0{,}14661^{-1}$	$0{,}29561^{-1}$	$0{,}42262^{-1}$	$0{,}48473^{-1}$	$0{,}47530^{-1}$	$0{,}41406^{-1}$
$J_{\sigma\sigma}S_{\sigma\sigma} = Ze^2/a_0$	0,20510	0,11278	$0{,}37010^{-1}$	$0{,}25439^{-2}$	$-0{,}17982^{-3}$	$0{,}99151^{-2}$	$0{,}19578^{-1}$
$J_{\pi\pi}S_{\pi\pi} = Ze^2/a_0$	0,23420	0,19474	0,14664	0,10185	$0{,}66230^{-1}$	$0{,}40775^{-1}$	$0{,}23987^{-1}$
$K_{s's'} = Ze^2/a_0$		0,21826		0,17674		0,14952	
$K_{ss} = Ze^2/a_0$	0,24891	0,24061	0,22339	0,20116	0,17816	0,15696	0,13859
$K_{s\sigma} = Ze^2/a_0$	$0{,}45964^{-1}$	$0{,}77067^{-1}$	$0{,}87999^{-1}$	$0{,}84590^{-1}$	$0{,}74332^{-1}$	$0{,}62339^{-1}$	$0{,}51178^{-1}$
$K_{\sigma\sigma} = Ze^2/a_0$	0,26217	0,27448	0,26815	0,24633	0,21783	0,18924	0,16380
$K_{\pi\pi} = Ze^2/a_0$	0,24228	0,22367	0,20100	0,17857	0,15832	0,14082	0,12598
$C_{s's's's'} = Ze^2/a_0$		0,14590		0,13676		0,12355	
$C_{ssss} = Ze^2/a_0$		0,17537	0,16812	0,15891	0,14842	0,13736	0,12633
$C_{\sigma sss} = Ze^2/a_0$		$0{,}20340^{-1}$	$0{,}27958^{-1}$	$0{,}33000^{-1}$	$0{,}35378^{-1}$	$0{,}35441^{-1}$	$0{,}33799^{-1}$
$C_{\sigma\sigma ss} = Ze^2/a_0$		$-0{,}29633^{-1}$	$-0{,}19353^{-1}$	$-0{,}89421^{-2}$	$-0{,}25369^{-3}$	$0{,}58603^{-2}$	$0{,}94078^{-2}$

Tabelle 16 (Fortsetzung).

4,0	4,5	5,0	5,5	6,0	6,5	7,0	$= \alpha$
0,50185	0,43978	0,37732	0,31708	0,26126	0,21136	0,16815	$= S_{\delta'\delta'}$
0,25185	0,19341	0,14237	0,10054	0,68257^{-1}	0,44673^{-1}	0,28274^{-1}	$= S^2_{\delta'\delta'}$
0,45626	0,37479	0,30246	0,24016	0,18789	0,14502	0,11056	$= S_{\delta\delta}$
0,20817	0,14047	0,91482^{-1}	0,57677^{-1}	0,35303^{-1}	0,21031^{-1}	0,12224^{-1}	$= S^2_{\delta\delta}$
0,44413	0,39108	0,33390	0,27771	0,22583	0,18007	0,14115	$= S_{\delta\sigma}$
0,19725	0,15294	0,11149	0,77123^{-1}	0,50999^{-1}	0,32425^{-1}	0,19923^{-1}	$= S^2_{\delta\sigma}$
0,31869	0,33257	0,31891	0,28868	0,25035	0,20987	0,17143	$= S_{\sigma\sigma}$
0,10156	0,11060	0,10170	0,83307^{-1}	0,62675^{-1}	0,44045^{-1}	0,29388^{-1}	$= S^2_{\sigma\sigma}$
0,28694	0,21857	0,16395	0,12134	0,88739^{-1}	0,64209^{-1}	0,46020^{-1}	$= S_{\pi\pi}$
0,82335^{-1}	0,47773^{-1}	0,26880^{-1}	0,14723^{-1}	0,78746^{-2}	0,41228^{-2}	0,21178^{-2}	$= S^2_{\pi\pi}$
0,20264	0,14657	0,10099	0,66695^{-1}	0,42431^{-1}	0,26114^{-1}	0,15606^{-1}	$= S_{\delta\delta}S_{\delta\sigma}$
0,14540	0,12464	0,96458^{-1}	0,69317^{-1}	0,47027^{-1}	0,30435^{-1}	0,18953^{-1}	$= S_{\delta\delta}S_{\sigma\sigma}$
0,13092	0,81918^{-1}	0,49588^{-1}	0,29141^{-1}	0,16673^{-1}	0,93116^{-2}	0,50880^{-2}	$= S_{\delta\delta}S_{\pi\pi}$
0,14154	0,13006	0,10648	0,80155^{-1}	0,56537^{-1}	0,37791^{-1}	0,24197^{-1}	$= S_{\delta\sigma}S_{\sigma\sigma}$
0,12744	0,85478^{-1}	0,54743^{-1}	0,33697^{-1}	0,20040^{-1}	0,11562^{-1}	0,64957^{-2}	$= S_{\delta\sigma}S_{\pi\pi}$
0,91442^{-1}	0,72690^{-1}	0,52285^{-1}	0,35022^{-1}	0,22216^{-1}	0,13476^{-1}	0,78892^{-2}	$= S_{\sigma\sigma}S_{\pi\pi}$
0,88017^{-1}	0,68390^{-1}	0,52219^{-1}	0,39264^{-1}	0,29125^{-1}	0,21346^{-1}	0,15477^{-1}	$Ze^2/a_0 = J_{\delta\delta}$
0,10927	0,88480^{-1}	0,69699^{-1}	0,53801^{-1}	0,40787^{-1}	0,30444^{-1}	0,22419^{-1}	$Ze^2/a_0 = J_{\sigma\delta}$
0,74022^{-1}	0,61933^{-1}	0,50248^{-1}	0,39743^{-1}	0,30769^{-1}	0,23391^{-1}	0,17505^{-1}	$Ze^2/a_0 = J_{\delta\sigma}$
0,74789^{-1}	0,69084^{-1}	0,60080^{-1}	0,50020^{-1}	0,40280^{-1}	0,31588^{-1}	0,24241^{-1}	$Ze^2/a_0 = J_{\sigma\sigma}$
0,47315^{-1}	0,34021^{-1}	0,24144^{-1}	0,16943^{-1}	0,11774^{-1}	0,81123^{-2}	0,55473^{-2}	$Ze^2/a_0 = J_{\pi\pi}$
0,71736^{-1}		0,52219^{-1}		0,34083^{-1}		0,20441^{-1}	$Ze^2/a_0 = J_{\delta'\delta'}$
0,36001^{-1}		0,19703^{-1}		0,89045^{-2}		0,34372^{-2}	$Ze^2/a_0 = J_{\delta'\delta'}S_{\delta'\delta'}$
0,40159^{-1}	0,25632^{-1}	0,15794^{-1}	0,94296^{-2}	0,54723^{-2}	0,30956^{-2}	0,17111^{-2}	$Ze^2/a_0 = J_{\delta\delta}S_{\delta\delta}$
0,48530^{-1}	0,34603^{-1}	0,23272^{-1}	0,14941^{-1}	0,92109^{-2}	0,54821^{-2}	0,31644^{-2}	$Ze^2/a_0 = J_{\sigma\delta}S_{\delta\sigma}$
0,32875^{-1}	0,24221^{-1}	0,16778^{-1}	0,11037^{-1}	0,69486^{-2}	0,42120^{-2}	0,24708^{-2}	$Ze^2/a_0 = J_{\delta\sigma}S_{\delta\sigma}$
0,23834^{-1}	0,22975^{-1}	0,19160^{-1}	0,14437^{-1}	0,10084^{-1}	0,66294^{-2}	0,41556^{-2}	$Ze^2/a_0 = J_{\sigma\sigma}S_{\sigma\sigma}$
0,13577^{-1}	0,74360^{-2}	0,39584^{-2}	0,20559^{-2}	0,10448^{-2}	0,52088^{-3}	0,25529^{-3}	$Ze^2/a_0 = J_{\pi\pi}S_{\pi\pi}$
0,12135		0,99280^{-1}		0,83199^{-1}		0,71405^{-1}	$Ze^2/a_0 = K_{\delta'\delta'}$

Tabelle 16 (Fortsetzung).

$\alpha =$	0,5	1,0	1,5	2,0	2,5	3,0	3,5
$C_{\sigma s\sigma s} = Ze^2/a_0$		$0{,}17741$	$0{,}17238$	$0{,}16561$	$0{,}15710$	$0{,}14724$	$0{,}13655$
$C_{\sigma\sigma\sigma s} = Ze^2/a_0$		$0{,}11325^{-1}$	$0{,}18619^{-1}$	$0{,}25840^{-1}$	$0{,}31555^{-1}$	$0{,}34875^{-1}$	$0{,}35696^{-1}$
$C_{\pi\pi ss} = Ze^2/a_0$		$0{,}36487^{-1}$	$0{,}32526^{-1}$	$0{,}27912^{-1}$	$0{,}23210^{-1}$	$0{,}18837^{-1}$	$0{,}15027^{-1}$
$C_{\pi s\pi s} = Ze^2/a_0$		$0{,}17435$	$0{,}16599$	$0{,}15556$	$0{,}14408$	$0{,}13242$	$0{,}12122$
$C_{\pi\pi\sigma s} = Ze^2/a_0$		$0{,}78402^{-2}$	$0{,}99387^{-2}$	$0{,}10609^{-1}$	$0{,}10146^{-1}$	$0{,}89922^{-2}$	$0{,}75477^{-2}$
$C_{\pi\sigma\pi s} = Ze^2/a_0$		$0{,}24848^{-1}$	$0{,}32628^{-1}$	$0{,}36580^{-1}$	$0{,}37290^{-1}$	$0{,}35724^{-1}$	$0{,}32850^{-1}$
$C_{\pi\pi\sigma\sigma} = Ze^2/a_0$		$-0{,}63317^{-2}$	$-0{,}27659^{-2}$	$0{,}26269^{-3}$	$0{,}22471^{-2}$	$0{,}31947^{-2}$	$0{,}33731^{-2}$
$C_{\pi\sigma\pi\sigma} = Ze^2/a_0$		$0{,}17252$	$0{,}16859$	$0{,}16192$	$0{,}15286$	$0{,}14223$	$0{,}13101$
$C_{\sigma\sigma\sigma\sigma} = Ze^2/a_0$		$0{,}18719$	$0{,}17996$	$0{,}17299$	$0{,}16559$	$0{,}15726$	$0{,}14768$
$C_{\pi\pi\pi\pi} = Ze^2/a_0$		$0{,}18430$	$0{,}17223$	$0{,}15833$	$0{,}14418$	$0{,}13080$	$0{,}11866$
$C_{\pi\pi'\pi\pi'} = Ze^2/a_0$		$0{,}16623$	$0{,}15715$	$0{,}14643$	$0{,}13520$	$0{,}12423$	$0{,}11399$
$C_{\pi\pi\pi'\pi'} = Ze^2/a_0$		$0{,}90352^{-2}$	$0{,}75401^{-2}$	$0{,}59504^{-2}$	$0{,}44905^{-2}$	$0{,}32757^{-2}$	$0{,}23314^{-2}$
$A_{ssss} = Ze^2/a_0$		$0{,}16266$	$0{,}14264$	$0{,}11908$	$0{,}94613^{-1}$	$0{,}71591^{-1}$	$0{,}51691^{-1}$
$A_{s's's's'} = Ze^2/a_0$		$0{,}11128$		$0{,}74778^{-1}$		$0{,}54493^{-1}$	
$A_{\sigma sss} = Ze^2/a_0$		$0{,}52522^{-1}$	$0{,}68816^{-1}$	$0{,}75163^{-1}$	$0{,}72275^{-1}$	$0{,}62913^{-1}$	$0{,}50478^{-1}$
$A_{\sigma s\sigma s} = Ze^2/a_0$		$-0{,}11837$	$-0{,}63872^{-1}$	$-0{,}16124^{-1}$	$0{,}16465^{-1}$	$0{,}32975^{-1}$	$0{,}37017^{-1}$
$A_{\sigma\sigma ss} = Ze^2/a_0$		$-0{,}13873^{-1}$	$0{,}10692^{-1}$	$0{,}32556^{-1}$	$0{,}46106^{-1}$	$0{,}50042^{-1}$	$0{,}46408^{-1}$
$A_{\sigma ss\sigma} = Ze^2/a_0$		$0{,}49642^{-1}$	$0{,}59081^{-1}$	$0{,}66544^{-1}$	$0{,}68434^{-1}$	$0{,}63923^{-1}$	$0{,}54648^{-1}$
$A_{\sigma\sigma\sigma s} = Ze^2/a_0$		$-0{,}35265^{-1}$	$-0{,}25882^{-1}$	$-0{,}40709^{-2}$	$0{,}18607^{-1}$	$0{,}34013^{-1}$	$0{,}39863^{-1}$
$A_{\pi s\pi s} = Ze^2/a_0$		$0{,}15449$	$0{,}12754$	$0{,}98686^{-1}$	$0{,}72008^{-1}$	$0{,}49835^{-1}$	$0{,}32896^{-1}$
$A_{\pi\pi ss} = Ze^2/a_0$		$0{,}34576^{-1}$	$0{,}28725^{-1}$	$0{,}22270^{-1}$	$0{,}16208^{-1}$	$0{,}11149^{-1}$	$0{,}72962^{-2}$
$A_{\pi ss\pi} = Ze^2/a_0$		$0{,}34973^{-1}$	$0{,}29381^{-1}$	$0{,}23054^{-1}$	$0{,}16977^{-1}$	$0{,}11805^{-1}$	$0{,}78014^{-2}$
$A_{\pi\sigma\pi s} = Ze^2/a_0$		$0{,}50452^{-1}$	$0{,}61812^{-1}$	$0{,}62162^{-1}$	$0{,}54602^{-1}$	$0{,}43309^{-1}$	$0{,}31692^{-1}$
$A_{\pi\pi\sigma s} = Ze^2/a_0$		$0{,}13789^{-1}$	$0{,}16283^{-1}$	$0{,}15792^{-1}$	$0{,}13415^{-1}$	$0{,}10325^{-1}$	$0{,}73539^{-2}$
$A_{\pi\sigma s\pi} = Ze^2/a_0$		$0{,}16375^{-1}$	$0{,}19339^{-1}$	$0{,}18760^{-1}$	$0{,}15941^{-1}$	$0{,}12273^{-1}$	$0{,}87453^{-2}$
$A_{\sigma\sigma\sigma\sigma} = Ze^2/a_0$		$0{,}10166$	$0{,}46784^{-1}$	$0{,}21996^{-1}$	$0{,}21636^{-1}$	$0{,}30702^{-1}$	$0{,}37966^{-1}$
$A_{\pi\pi\sigma\sigma} = Ze^2/a_0$		$-0{,}21496^{-2}$	$0{,}38857^{-2}$	$0{,}77893^{-2}$	$0{,}90721^{-2}$	$0{,}84125^{-2}$	$0{,}67886^{-2}$
$A_{\pi\sigma\sigma\pi} = Ze^2/a_0$		$0{,}16047^{-1}$	$0{,}19045^{-1}$	$0{,}19590^{-1}$	$0{,}17703^{-1}$	$0{,}14383^{-1}$	$0{,}10718^{-1}$
$A_{\pi\sigma\pi\sigma} = Ze^2/a_0$		$-0{,}10694$	$-0{,}53649^{-1}$	$-0{,}12011^{-1}$	$0{,}12393^{-1}$	$0{,}22114^{-1}$	$0{,}22588^{-1}$
$A_{\pi\pi\pi'\pi'} = Ze^2/a_0$		$0{,}85008^{-2}$	$0{,}65906^{-2}$	$0{,}47147^{-2}$	$0{,}31516^{-2}$	$0{,}19899^{-2}$	$0{,}11974^{-2}$
$A_{\pi\pi\pi\pi} = Ze^2/a_0$		$0{,}15786$	$0{,}12263$	$0{,}88023^{-1}$	$0{,}59114^{-1}$	$0{,}37536^{-1}$	$0{,}22731^{-1}$
$A_{\pi\pi'\pi\pi'} = Ze^2/a_0$		$0{,}14086$	$0{,}10945$	$0{,}78594^{-1}$	$0{,}52811^{-1}$	$0{,}33556^{-1}$	$0{,}20336^{-1}$
$L_{\sigma\sigma\sigma\bar\sigma} = Ze^2/a_0$		$-0{,}13648$	$-0{,}80912^{-1}$	$-0{,}26739^{-1}$	$0{,}16713^{-1}$	$0{,}45847^{-1}$	$0{,}61348^{-1}$
$L_{\pi\sigma\pi\bar\sigma} = Ze^2/a_0$		$-0{,}11892$	$-0{,}68546^{-1}$	$-0{,}20929^{-1}$	$0{,}16266^{-1}$	$0{,}40666^{-1}$	$0{,}53367^{-1}$
$L_{\sigma\pi\sigma\bar\pi} = Ze^2/a_0$		$0{,}15668$	$0{,}13762$	$0{,}11576$	$0{,}93811^{-1}$	$0{,}73643^{-1}$	$0{,}56280^{-1}$
$L_1 = Ze^2/a_0$		$0{,}16401$	$0{,}14227$	$0{,}11811$	$0{,}94533^{-1}$	$0{,}73415^{-1}$	$0{,}55604^{-1}$
$L_{\pi\pi'\bar\pi'} = Ze^2/a_0$		$0{,}91141^{-2}$	$0{,}76786^{-2}$	$0{,}61377^{-2}$	$0{,}46992^{-2}$	$0{,}34767^{-2}$	$0{,}24972^{-2}$
$L_{\pi\pi\pi\bar\pi} = Ze^2/a_0$		$0{,}17312$	$0{,}14995$	$0{,}12425$	$0{,}99232^{-1}$	$0{,}76892^{-1}$	$0{,}58101^{-1}$
$L_{\pi\pi'\pi\bar\pi'} = Ze^2/a_0$		$0{,}15490$	$0{,}13459$	$0{,}11197$	$0{,}89834^{-1}$	$0{,}69938^{-1}$	$0{,}53107^{-1}$

Tabelle 16 (Fortsetzung).

4,0	4,5	5,0	5,5	6,0	6,5	7,0	= α
$0{,}12569$	$0{,}11514$	$0{,}10527$	$0{,}96342^{-1}$	$0{,}88398^{-1}$	$0{,}81414^{-1}$	$0{,}75307^{-1}$	$Ze^2/a_0 = C_{\sigma\delta\sigma\delta}$
$0{,}34485^{-1}$	$0{,}31938^{-1}$	$0{,}28721^{-1}$	$0{,}25336^{-1}$	$0{,}22102^{-1}$	$0{,}19187^{-1}$	$0{,}16650^{-1}$	$Ze^2/a_0 = C_{\sigma\sigma\sigma\delta}$
$0{,}11862^{-1}$	$0{,}93200^{-2}$	$0{,}73251^{-2}$	$0{,}57817^{-2}$	$0{,}45962^{-2}$	$0{,}36869^{-2}$	$0{,}29876^{-2}$	$Ze^2/a_0 = C_{\pi\pi\delta\delta}$
$0{,}11087$	$0{,}10155$	$0{,}93298^{-1}$	$0{,}86040^{-1}$	$0{,}79680^{-1}$	$0{,}74103^{-1}$	$0{,}69199^{-1}$	$Ze^2/a_0 = C_{\pi\delta\pi\delta}$
$0{,}60951^{-2}$	$0{,}47931^{-2}$	$0{,}37063^{-2}$	$0{,}28399^{-2}$	$0{,}21699^{-2}$	$0{,}16612^{-2}$	$0{,}12787^{-2}$	$Ze^2/a_0 = C_{\pi\pi\sigma\delta}$
$0{,}29422^{-1}$	$0{,}25940^{-1}$	$0{,}22685^{-1}$	$0{,}19784^{-1}$	$0{,}17272^{-1}$	$0{,}15128^{-1}$	$0{,}13310^{-1}$	$Ze^2/a_0 = C_{\pi\sigma\pi\delta}$
$0{,}30970^{-2}$	$0{,}26189^{-2}$	$0{,}21012^{-2}$	$0{,}16293^{-2}$	$0{,}12368^{-2}$	$0{,}92779^{-3}$	$0{,}69263^{-3}$	$Ze^2/a_0 = C_{\pi\pi\sigma\sigma}$
$0{,}11997$	$0{,}10964$	$0{,}10028$	$0{,}91965^{-1}$	$0{,}84665^{-1}$	$0{,}78284^{-1}$	$0{,}72709^{-1}$	$Ze^2/a_0 = C_{\pi\sigma\pi\sigma}$
$0{,}13709$	$0{,}12608$	$0{,}11525$	$0{,}10510$	$0{,}95864^{-1}$	$0{,}87674^{-1}$	$0{,}80503^{-1}$	$Ze^2/a_0 = C_{\sigma\sigma\sigma\sigma}$
$0{,}10796$	$0{,}98645^{-1}$	$0{,}90590^{-1}$	$0{,}83621^{-1}$	$0{,}77567^{-1}$	$0{,}72280^{-1}$	$0{,}67635^{-1}$	$Ze^2/a_0 = C_{\pi\pi\pi\pi}$
$0{,}10468$	$0{,}96376^{-1}$	$0{,}89024^{-1}$	$0{,}82534^{-1}$	$0{,}76808^{-1}$	$0{,}71745^{-1}$	$0{,}67253^{-1}$	$Ze^2/a_0 = C_{\pi\pi'\pi\pi'}$
$0{,}16324^{-2}$	$0{,}11325^{-2}$	$0{,}78334^{-3}$	$0{,}54308^{-3}$	$0{,}37899^{-3}$	$0{,}26710^{-3}$	$0{,}19055^{-3}$	$Ze^2/a_0 = C_{\pi\pi\pi'\pi'}$
$0{,}35717^{-1}$	$0{,}23698^{-1}$	$0{,}15151^{-1}$	$0{,}93651^{-2}$	$0{,}56146^{-2}$	$0{,}32743^{-2}$	$0{,}18621^{-2}$	$Ze^2/a_0 = A_{\delta\delta\delta\delta}$
$0{,}37317^{-1}$		$0{,}21526^{-1}$		$0{,}10296^{-1}$		$0{,}41868^{-2}$	$Ze^2/a_0 = A_{\delta'\delta'\delta'\delta'}$
$0{,}37827^{-1}$	$0{,}26747^{-1}$	$0{,}17991^{-1}$	$0{,}11588^{-1}$	$0{,}71872^{-2}$	$0{,}43115^{-2}$	$0{,}25112^{-2}$	$Ze^2/a_0 = A_{\sigma\delta\delta\delta}$
$0{,}33552^{-1}$	$0{,}26841^{-1}$	$0{,}19687^{-1}$	$0{,}13518^{-1}$	$0{,}88052^{-2}$	$0{,}54906^{-2}$	$0{,}32995^{-2}$	$Ze^2/a_0 = A_{\sigma\delta\sigma\delta}$
$0{,}38528^{-1}$	$0{,}29395^{-1}$	$0{,}20962^{-1}$	$0{,}14140^{-1}$	$0{,}91027^{-2}$	$0{,}56302^{-2}$	$0{,}33640^{-2}$	$Ze^2/a_0 = A_{\sigma\sigma\delta\delta}$
$0{,}43233^{-1}$	$0{,}31994^{-1}$	$0{,}22358^{-1}$	$0{,}14871^{-1}$	$0{,}94770^{-2}$	$0{,}58184^{-2}$	$0{,}34570^{-2}$	$Ze^2/a_0 = A_{\sigma\delta\delta\sigma}$
$0{,}38030^{-1}$	$0{,}31854^{-1}$	$0{,}24298^{-1}$	$0{,}17247^{-1}$	$0{,}11554^{-1}$	$0{,}73787^{-2}$	$0{,}45260^{-2}$	$Ze^2/a_0 = A_{\sigma\sigma\sigma\delta}$
$0{,}20816^{-1}$	$0{,}12687^{-1}$	$0{,}74781^{-2}$	$0{,}42784^{-2}$	$0{,}23833^{-2}$	$0{,}12963^{-2}$	$0{,}69010^{-3}$	$Ze^2/a_0 = A_{\pi\delta\pi\delta}$
$0{,}45700^{-2}$	$0{,}27542^{-2}$	$0{,}16045^{-2}$	$0{,}90713^{-3}$	$0{,}49939^{-3}$	$0{,}26847^{-3}$	$0{,}14130^{-3}$	$Ze^2/a_0 = A_{\pi\pi\delta\delta}$
$0{,}49292^{-2}$	$0{,}29938^{-2}$	$0{,}17561^{-2}$	$0{,}99894^{-3}$	$0{,}55296^{-3}$	$0{,}29874^{-3}$	$0{,}15793^{-3}$	$Ze^2/a_0 = A_{\pi\delta\delta\pi}$
$0{,}21720^{-1}$	$0{,}14099^{-1}$	$0{,}87425^{-2}$	$0{,}52131^{-2}$	$0{,}30054^{-2}$	$0{,}16824^{-2}$	$0{,}91774^{-3}$	$Ze^2/a_0 = A_{\pi\sigma\pi\delta}$
$0{,}49192^{-2}$	$0{,}31239^{-2}$	$0{,}18989^{-2}$	$0{,}11118^{-2}$	$0{,}63034^{-3}$	$0{,}34744^{-3}$	$0{,}18682^{-3}$	$Ze^2/a_0 = A_{\pi\pi\sigma\delta}$
$0{,}58527^{-2}$	$0{,}37185^{-2}$	$0{,}22614^{-2}$	$0{,}13248^{-2}$	$0{,}75148^{-3}$	$0{,}41442^{-3}$	$0{,}22295^{-3}$	$Ze^2/a_0 = A_{\pi\sigma\delta\pi}$
$0{,}39253^{-1}$	$0{,}35264^{-1}$	$0{,}28471^{-1}$	$0{,}21152^{-1}$	$0{,}14705^{-1}$	$0{,}96815^{-2}$	$0{,}60910^{-2}$	$Ze^2/a_0 = A_{\sigma\sigma\sigma\sigma}$
$0{,}49680^{-2}$	$0{,}33763^{-2}$	$0{,}21640^{-2}$	$0{,}13222^{-2}$	$0{,}77612^{-3}$	$0{,}44040^{-3}$	$0{,}24269^{-3}$	$Ze^2/a_0 = A_{\pi\pi\sigma\sigma}$
$0{,}74438^{-2}$	$0{,}48772^{-2}$	$0{,}30433^{-2}$	$0{,}18221^{-2}$	$0{,}10528^{-2}$	$0{,}58993^{-3}$	$0{,}32179^{-3}$	$Ze^2/a_0 = A_{\pi\sigma\sigma\pi}$
$0{,}18738^{-1}$	$0{,}13782^{-1}$	$0{,}93350^{-2}$	$0{,}59442^{-2}$	$0{,}36049^{-2}$	$0{,}21008^{-2}$	$0{,}11840^{-2}$	$Ze^2/a_0 = A_{\pi\sigma\pi\sigma}$
$0{,}69167^{-3}$	$0{,}38577^{-3}$	$0{,}20875^{-3}$	$0{,}11001^{-3}$	$0{,}56659^{-4}$	$0{,}28590^{-4}$	$0{,}14167^{-4}$	$Ze^2/a_0 = A_{\pi\pi\pi'\pi'}$
$0{,}13220^{-1}$	$0{,}74263^{-2}$	$0{,}40481^{-2}$	$0{,}21495^{-2}$	$0{,}11153^{-2}$	$0{,}56695^{-3}$	$0{,}28301^{-3}$	$Ze^2/a_0 = A_{\pi\pi\pi\pi}$
$0{,}11837^{-1}$	$0{,}66548^{-2}$	$0{,}36306^{-2}$	~~$0{,}20395^{-2}$~~ *)	$0{,}10022^{-2}$	$0{,}50977^{-3}$	$0{,}25468^{-3}$	$Ze^2/a_0 = A_{\pi\pi'\pi\pi'}$
$0{,}66101^{-1}$	$0{,}63585^{-1}$	$0{,}56893^{-1}$	$0{,}48348^{-1}$	$0{,}39546^{-1}$	$0{,}31371^{-1}$	$0{,}24299^{-1}$	$Ze^2/a_0 = L_{\sigma\sigma\sigma\bar\sigma}$
$0{,}57026^{-1}$	$0{,}54735^{-1}$	$0{,}48966^{-1}$	$0{,}41685^{-1}$	$0{,}34184^{-1}$	$0{,}27216^{-1}$	$0{,}21156^{-1}$	$Ze^2/a_0 = L_{\pi\sigma\pi\bar\sigma}$
$0{,}42048^{-1}$	$0{,}30819^{-1}$	$0{,}22225^{-1}$	$0{,}15803^{-1}$	$0{,}11108^{-1}$	$0{,}77262^{-2}$	$0{,}53252^{-2}$	$Ze^2/a_0 = L_{\sigma\pi\sigma\bar\pi}$
$0{,}41243^{-1}$	$0{,}30057^{-1}$	$0{,}21579^{-1}$	$0{,}15294^{-1}$	$0{,}10721^{-1}$	$0{,}74425^{-2}$	$0{,}51230^{-2}$	$Ze^2/a_0 = L_1$
$0{,}17540^{-2}$	$0{,}12090^{-2}$	$0{,}82054^{-3}$	$0{,}54938^{-3}$	$0{,}36436^{-3}$	$0{,}23930^{-3}$	$0{,}15595^{-3}$	$Ze^2/a_0 = L_{\pi\pi\pi'\bar\pi'}$
$0{,}42997^{-1}$	$0{,}31266^{-1}$	$0{,}22400^{-1}$	$0{,}15843^{-1}$	$0{,}11085^{-1}$	$0{,}76818^{-2}$	$0{,}52790^{-2}$	$Ze^2/a_0 = L_{\pi\pi\pi\bar\pi}$
$0{,}39489^{-1}$	$0{,}28848^{-1}$	$0{,}20758^{-1}$	$0{,}14745^{-1}$	$0{,}10357^{-1}$	$0{,}72032^{-2}$	$0{,}49670^{-2}$	$Ze^2/a_0 = L_{\pi\pi'\pi\bar\pi'}$

*) $0{,}19295^{-2}$

Tabelle 17. *Werte der Ionenintegrale.*

$$\left(\alpha = \frac{Z}{2}\frac{R}{a_0} \;;\; \text{mit } Z = \text{Kernladungszahl}, \; R = \text{Kernabstand in (Å)}, \; a_0 = 0,5292 \text{ Å}; \right.$$
$$\left. \text{es bedeutet: } 0,12345^{-2} = 0,12345 \cdot 10^{-2}\right).$$

$\alpha =$	0,5	1,0	1,5	2,0	2,5	3,0	3,5
$L_{sss\bar{s}} = Ze^2/a_0$		$0,17037$	$0,15782$	$0,14207$	$0,12430$	$0,10581$	$0,87757^{-1}$
$L_{s\sigma s\bar{s}} = Ze^2/a_0$		$0,45167^{-1}$	$0,63056^{-1}$	$0,74861^{-1}$	$0,79848^{-1}$	$0,78705^{-1}$	$0,72976^{-1}$
$L_{sss\bar{\sigma}} = Ze^2/a_0$		$0,64505^{-1}$	$0,88124^{-1}$	$0,10233$	$0,10690$	$0,10338$	$0,94232^{-1}$
$L_{\sigma ss\bar{s}} = Ze^2/a_0$		$0,10156^{-1}$	$0,13984^{-1}$	$0,16476^{-1}$	$0,17493^{-1}$	$0,17110^{-1}$	$0,15717^{-1}$
$L_{s\sigma s\bar{\sigma}} = Ze^2/a_0$		$-0,12478$	$-0,72668^{-1}$	$-0,22865^{-1}$	$0,16416^{-1}$	$0,42388^{-1}$	$0,56037^{-1}$
$L_{\sigma\sigma s\bar{s}} = Ze^2/a_0$		$0,38482^{-1}$	$0,37071^{-1}$	$0,35328^{-1}$	$0,32957^{-1}$	$0,29835^{-1}$	$0,26112^{-1}$
$L_{ss\sigma\bar{\sigma}} = Ze^2/a_0$		$-0,28027^{-1}$	$-0,16303^{-1}$	$-0,47508^{-2}$	$0,44554^{-2}$	$0,10455^{-1}$	$0,13426^{-1}$
$L_{\sigma s s\bar{s}} = Ze^2/a_0$		$0,17081$	$0,15887$	$0,14387$	$0,12678$	$0,10871$	$0,90776^{-1}$
$L_{s\sigma\sigma\bar{\sigma}} = Ze^2/a_0$		$0,25243^{-3}$	$0,61418^{-2}$	$0,13671^{-1}$	$0,20199^{-1}$	$0,24192^{-1}$	$0,25376^{-1}$
$L_{\sigma s\sigma\bar{\sigma}} = Ze^2/a_0$		$0,58729^{-1}$	$0,82535^{-1}$	$0,98530^{-1}$	$0,10542$	$0,10395$	$0,96198^{-1}$
$L_{\sigma\sigma\sigma\bar{s}} = Ze^2/a_0$		$0,48665^{-1}$	$0,67898^{-1}$	$0,80773^{-1}$	$0,86434^{-1}$	$0,85482^{-1}$	$0,79448^{-1}$
$L_{\pi s\pi\bar{s}} = Ze^2/a_0$		$0,17015$	$0,15723$	$0,14116$	$0,12306$	$0,10436$	$0,86250^{-1}$
$L_{s\pi s\bar{\pi}} = Ze^2/a_0$		$0,16157$	$0,14072$	$0,11732$	$0,94293^{-1}$	$0,73495^{-1}$	$0,55833^{-1}$
$L_{\pi\pi s\bar{s}} = Ze^2/a_0$		$0,37045^{-1}$	$0,33469^{-1}$	$0,29058^{-1}$	$0,24313^{-1}$	$0,19678^{-1}$	$0,15470^{-1}$
$L_{ss\pi\bar{\pi}} = Ze^2/a_0$		$0,35928^{-1}$	$0,31376^{-1}$	$0,26133^{-1}$	$0,20886^{-1}$	$0,16117^{-1}$	$0,12077^{-1}$
$L_{s\pi\sigma\bar{\pi}} = Ze^2/a_0$		$0,11719^{-1}$	$0,14424^{-1}$	$0,14906^{-1}$	$0,13805^{-1}$	$0,11848^{-1}$	$0,96183^{-2}$
$L_{\pi\sigma\pi\bar{s}} = Ze^2/a_0$		$0,43418^{-1}$	$0,60635^{-1}$	$0,71913^{-1}$	$0,76554^{-1}$	$0,75321^{-1}$	$0,69750^{-1}$
$L_{\pi s\pi\bar{\sigma}} = Ze^2/a_0$		$0,67394^{-1}$	$0,90918^{-1}$	$0,10431$	$0,10764$	$0,10310$	$0,93260^{-1}$
$L_{\pi\pi\sigma\bar{s}} = Ze^2/a_0$		$0,27441^{-2}$	$0,37171^{-2}$	$0,42409^{-2}$	$0,43138^{-2}$	$0,40331^{-2}$	$0,35372^{-2}$
$L_{\sigma s\pi\bar{\pi}} = Ze^2/a_0$		$0,51639^{-2}$	$0,63702^{-2}$	$0,65724^{-2}$	$0,60516^{-2}$	$0,51448^{-2}$	$0,41265^{-2}$
$L_{\pi\pi s\bar{\sigma}} = Ze^2/a_0$		$0,19830^{-1}$	$0,25105^{-1}$	$0,26838^{-1}$	$0,25792^{-1}$	$0,23000^{-1}$	$0,19398^{-1}$
$L_{s\sigma\pi\bar{\pi}} = Ze^2/a_0$		$0,11718^{-1}$	$0,14424^{-1}$	$0,14906^{-1}$	$0,13805^{-1}$	$0,11849^{-1}$	$0,96181^{-2}$
$L_{\pi\pi\sigma\bar{\sigma}} = Ze^2/a_0$		$-0,65319^{-2}$	$-0,30859^{-2}$	$-0,73450^{-4}$	$0,20147^{-2}$	$0,31359^{-2}$	$0,34932^{-2}$
$L_{\sigma\sigma\pi\bar{\pi}} = Ze^2/a_0$		$0,10893^{-1}$	$0,10706^{-1}$	$0,99336^{-2}$	$0,86767^{-2}$	$0,71772^{-2}$	$0,56726^{-2}$

Tabelle 17 (Fortsetzung).

4,0	4,5	5,0	5,5	6,0	6,5	7,0	$= \alpha$
$0,71073^{-1}$	$0,56330^{-1}$	$0,43791^{-1}$	$0,33472^{-1}$	$0,25195^{-1}$	$0,18689^{-1}$	$0,13711^{-1}$	$Z e^2/a_0 = L_{s s s \bar{s}}$
$0,64481^{-1}$	$0,54765^{-1}$	$0,45025^{-1}$	$0,36031^{-1}$	$0,28180^{-1}$	$0,21614^{-1}$	$0,16297^{-1}$	$Z e^2/a_0 = L_{s \sigma s \bar{s}}$
$0,81998^{-1}$	$0,68693^{-1}$	$0,55788^{-1}$	$0,44154^{-1}$	$0,34190^{-1}$	$0,25990^{-1}$	$0,19433^{-1}$	$Z e^2/a_0 = L_{s s s \bar{\sigma}}$
$0,13712^{-1}$	$0,11470^{-1}$	$0,92611^{-2}$	$0,72674^{-2}$	$0,55658^{-2}$	$0,41734^{-2}$	$0,30759^{-2}$	$Z e^2/a_0 = L_{\sigma s s \bar{s}}$
$0,60071^{-1}$	$0,57699^{-1}$	$0,51613^{-1}$	$0,43915^{-1}$	$0,35964^{-1}$	$0,28586^{-1}$	$0,22201^{-1}$	$Z e^2/a_0 = L_{s \sigma s \bar{\sigma}}$
$0,22096^{-1}$	$0,18118^{-1}$	$0,14451^{-1}$	$0,11240^{-1}$	$0,85562^{-2}$	$0,64056^{-2}$	$0,47108^{-2}$	$Z e^2/a_0 = L_{\sigma \sigma s \bar{s}}$
$0,14062^{-1}$	$0,13185^{-1}$	$0,11512^{-1}$	$0,95431^{-2}$	$0,76111^{-2}$	$0,59030^{-2}$	$0,44600^{-2}$	$Z e^2/a_0 = L_{s s \sigma \bar{\sigma}}$
$0,73957^{-1}$	$0,58893^{-1}$	$0,45943^{-1}$	$0,35238^{-1}$	$0,26585^{-1}$	$0,19714^{-1}$	$0,14492^{-1}$	$Z e^2/a_0 = L_{\sigma s \sigma \bar{s}}$
$0,24278^{-1}$	$0,21708^{-1}$	$0,18433^{-1}$	$0,15039^{-1}$	$0,11868^{-1}$	$0,91282^{-2}$	$0,68678^{-2}$	$Z e^2/a_0 = L_{s \sigma \sigma \bar{\sigma}}$
$0,84706^{-1}$	$0,71581^{-1}$	$0,58509^{-1}$	$0,46488^{-1}$	$0,36121^{-1}$	$0,27531^{-1}$	$0,20592^{-1}$	$Z e^2/a_0 = L_{\sigma s \sigma \bar{\sigma}}$
$0,70342^{-1}$	$0,59790^{-1}$	$0,49167^{-1}$	$0,39289^{-1}$	$0,30705^{-1}$	$0,23534^{-1}$	$0,17693^{-1}$	$Z e^2/a_0 = L_{\sigma \sigma \sigma \bar{s}}$
$0,69634^{-1}$	$0,55054^{-1}$	$0,42714^{-1}$	$0,32592^{-1}$	$0,24508^{-1}$	$0,18173^{-1}$	$0,13319^{-1}$	$Z e^2/a_0 = L_{\pi s \pi \bar{s}}$
$0,41513^{-1}$	$0,30315^{-1}$	$0,21794^{-1}$	$0,15424^{-1}$	$0,10851^{-1}$	$0,75315^{-2}$	$0,51874^{-2}$	$Z e^2/a_0 = L_{s \pi s \bar{\pi}}$
$0,11856^{-1}$	$0,88894^{-2}$	$0,65397^{-2}$	$0,47327^{-2}$	$0,33764^{-2}$	$0,23790^{-2}$	$0,16580^{-2}$	$Z e^2/a_0 = L_{\pi \pi s \bar{s}}$
$0,88286^{-2}$	$0,63233^{-2}$	$0,44518^{-2}$	$0,30891^{-2}$	$0,21174^{-2}$	$0,14362^{-2}$	$0,96543^{-3}$	$Z e^2/a_0 = L_{s s \pi \bar{\pi}}$
$0,74820^{-2}$	$0,56319^{-2}$	$0,41312^{-2}$	$0,29662^{-2}$	$0,20915^{-2}$	$0,14546^{-2}$	$0,99953^{-3}$	$Z e^2/a_0 = L_{s \pi \sigma \bar{\pi}}$
$0,61554^{-1}$	$0,52258^{-1}$	$0,42962^{-1}$	$0,34387^{-1}$	$0,26914^{-1}$	$0,20656^{-1}$	$0,15593^{-1}$	$Z e^2/a_0 = L_{\pi \sigma \pi \bar{s}}$
$0,80644^{-1}$	$0,67253^{-1}$	$0,54434^{-1}$	$0,42971^{-1}$	$0,33221^{-1}$	$0,25218^{-1}$	$0,18849^{-1}$	$Z e^2/a_0 = L_{\pi s \pi \bar{\sigma}}$
$0,29456^{-2}$	$0,23572^{-2}$	$0,18255^{-2}$	$0,13764^{-2}$	$0,10148^{-2}$	$0,71142^{-3}$	$0,52299^{-3}$	$Z e^2/a_0 = L_{\pi \pi \sigma \bar{s}}$
$0,31619^{-2}$	$0,23417^{-2}$	$0,16874^{-2}$	$0,11893^{-2}$	$0,82357^{-3}$	$0,56973^{-3}$	$0,37878^{-3}$	$Z e^2/a_0 = L_{\sigma s \pi \bar{\pi}}$
$0,15668^{-1}$	$0,12229^{-1}$	$0,92849^{-2}$	$0,68888^{-2}$	$0,50166^{-2}$	$0,35976^{-2}$	$0,25400^{-2}$	$Z e^2/a_0 = L_{\pi \pi s \bar{\sigma}}$
$0,74819^{-2}$	$0,56321^{-2}$	$0,41297^{-2}$	$0,29634^{-2}$	$0,20916^{-2}$	$0,14511^{-2}$	$0,99927^{-3}$	$Z e^2/a_0 = L_{s \sigma \pi \bar{\pi}}$
$0,33437^{-2}$	$0,29296^{-2}$	$0,24160^{-2}$	$0,19094^{-2}$	$0,14551^{-2}$	$0,10757^{-2}$	$0,78656^{-3}$	$Z e^2/a_0 = L_{\pi \pi \sigma \bar{\sigma}}$
$0,43129^{-2}$	$0,31809^{-2}$	$0,22876^{-2}$	$0,16141^{-2}$	$0,11159^{-2}$	$0,76682^{-3}$	$0,51397^{-3}$	$Z e^2/a_0 = L_{\sigma \sigma \pi \bar{\pi}}$

Tabelle 18

$$\left(\alpha = \frac{Z}{2}\frac{R}{a_0}\;;\ \text{mit: } Z = \text{Kernladungszahl},\ R = \text{Kernabstand in (Å)},\ a_0 = 0{,}5292\ \text{Å};\right.$$
$$\left.\text{es bedeutet: } 0{,}12345^{-2} = 0{,}12345 \cdot 10^{-2} = 0{,}0012345\right).$$

$\alpha =$	1,0	1,5	2,0	2,5	3,0	3,5
$S_{kk} =$	0,85839	0,72517	0,58645	0,45831	0,34851	0,25919
$S_{ks} =$	0,81418	0,74879	0,66415	0,56969	0,47429	0,38465
$S_{k\sigma} =$	0,42919	0,54388	0,58645	0,57289	0,52277	0,45359
$J_{kk} = Ze^2/a_0$	0,36788	0,27891	0,20300	0,14365	$0{,}99574^{-1}$	$0{,}67944^{-1}$
$J_{ks} = Ze^2/a_0$	0,24780	0,20934	0,16929	0,13230	0,10061	$0{,}74823^{-1}$
$J_{sk} = Ze^2/a_0$	0,28320	0,25765	0,22139	0,18167	0,14372	0,11042
$J_{\sigma k} = Ze^2/a_0$	0,24525	0,27891	0,27067	0,23941	0,19915	0,15854
$J_{k\sigma} = Ze^2/a_0$	0,12263	0,13946	0,13534	0,11971	$0{,}99574^{-1}$	$0{,}79268^{-1}$
$K_{kk} = Ze^2/a_0$	0,36466	0,29184	0,23626	0,19528	0,16501	0,14227
$K_{ks} = Ze^2/a_0$	0,25721	0,22400	0,19139	0,16328	0,14040	0,12216
$K_{k\sigma} = Ze^2/a_0$	$0{,}93994^{-1}$	$0{,}90840^{-1}$	$0{,}76922^{-1}$	$0{,}61605^{-1}$	$0{,}48395^{-1}$	$0{,}38011^{-1}$
$D_{ks} = Z^2 e^2/a_0$	0,10620	$0{,}80515^{-1}$	$0{,}58602^{-1}$	$0{,}41468^{-1}$	$0{,}28745^{-1}$	$0{,}19614^{-1}$
$A_{kkkk} = Ze^2/a_0$	0,21833	0,14842	$0{,}92078^{-1}$	$0{,}53311^{-1}$	$0{,}29254^{-1}$	$0{,}15383^{-1}$
$A_{kkks} = Ze^2/a_0$	0,17839	0,13514	$0{,}93830^{-1}$	$0{,}61078^{-1}$	$0{,}36895^{-1}$	$0{,}21378^{-1}$
$A_{ksks} = Ze^2/a_0$	0,17584	0,13759	0,10024	$0{,}68666^{-1}$	$0{,}44585^{-1}$	$0{,}27627^{-1}$
$A_{kkss} = Ze^2/a_0$	0,14990	0,12438	$0{,}95317^{-1}$	$0{,}67963^{-1}$	$0{,}45507^{-1}$	$0{,}28866^{-1}$
$A_{kssk} = Ze^2/a_0$	0,15232	0,12812	$0{,}99433^{-1}$	$0{,}71699^{-1}$	$0{,}48471^{-1}$	$0{,}30996^{-1}$
$A_{ksss} = Ze^2/a_0$	0,15413	0,13214	0,10628	$0{,}80435^{-1}$	$0{,}57486^{-1}$	$0{,}39045^{-1}$
$A_{\sigma kkk} = Ze^2/a_0$	0,10916	0,11132	$0{,}92078^{-1}$	$0{,}66639^{-1}$	$0{,}43881^{-1}$	$0{,}26920^{-1}$
$A_{\sigma kks} = Ze^2/a_0$	$0{,}95144^{-1}$	0,10812	0,10011	$0{,}81434^{-1}$	$0{,}59071^{-1}$	$0{,}39942^{-1}$
$A_{\sigma skk} = Ze^2/a_0$	$0{,}83246^{-1}$	$0{,}94586^{-1}$	$0{,}87550^{-1}$	$0{,}71262^{-1}$	$0{,}51615^{-1}$	$0{,}34882^{-1}$
$A_{\sigma ksk} = Ze^2/a_0$	$0{,}60990^{-1}$	$0{,}70667^{-1}$	$0{,}66605^{-1}$	$0{,}54623^{-1}$	$0{,}40425^{-1}$	$0{,}27631^{-1}$
$A_{\sigma kss} = Ze^2/a_0$	$0{,}56731^{-1}$	$0{,}71529^{-1}$	$0{,}73979^{-1}$	$0{,}66690^{-1}$	$0{,}53535^{-1}$	$0{,}40423^{-1}$
$A_{\sigma ssk} = Ze^2/a_0$	$0{,}46255^{-1}$	$0{,}60097^{-1}$	$0{,}63813^{-1}$	$0{,}58776^{-1}$	$0{,}47941^{-1}$	$0{,}36747^{-1}$
$A_{\sigma sks} = Ze^2/a_0$	$0{,}87921^{-1}$	0,10319	0,10024	$0{,}85833^{-1}$	$0{,}66878^{-1}$	$0{,}48348^{-1}$
$A_{\sigma k\sigma k} = Ze^2/a_0$	$-0{,}12092$	$-0{,}52718^{-1}$	$-0{,}5844^{-2}$	$0{,}17319^{-1}$	$0{,}23750^{-1}$	$0{,}21516^{-1}$
$A_{\sigma k\sigma s} = Ze^2/a_0$	$-0{,}10939$	$-0{,}55120^{-1}$	$-0{,}10453^{-1}$	$0{,}17084^{-1}$	$0{,}28189^{-1}$	$0{,}29101^{-1}$
$A_{\sigma\sigma kk} = Ze^2/a_0$	$0{,}23130^{-1}$	$0{,}57482^{-1}$	$0{,}72155^{-1}$	$0{,}73856^{-1}$	$0{,}56249^{-1}$	$0{,}41007^{-1}$
$A_{\sigma kk\sigma} = Ze^2/a_0$	$0{,}86034^{-1}$	0,10949	0,11200	0,10234	$0{,}75395^{-1}$	$0{,}53213^{-1}$
$A_{\sigma\sigma ks} = Ze^2/a_0$	$0{,}38383^{-1}$	$0{,}67439^{-1}$	$0{,}85673^{-1}$	$0{,}88715^{-1}$	$0{,}79509^{-1}$	$0{,}63923^{-1}$
$A_{\sigma ks\sigma} = Ze^2/a_0$	$0{,}22607^{-1}$	$0{,}38561^{-1}$	$0{,}47537^{-1}$	$0{,}47843^{-1}$	$0{,}41767^{-1}$	$0{,}32785^{-1}$
$A_{\sigma\sigma\sigma k} = Ze^2/a_0$	$-0{,}60462^{-1}$	$-0{,}39539^{-1}$	$-0{,}5844^{-2}$	$0{,}21649^{-1}$	$0{,}35625^{-1}$	$0{,}37653^{-1}$
$A_{\pi k\pi k} = Ze^2/a_0$	0,16551	0,12095	$0{,}81132^{-1}$	$0{,}50817^{-1}$	$0{,}30111^{-1}$	$0{,}17047^{-1}$
$A_{\pi s\pi k} = Ze^2/a_0$	0,14570	0,11706	$0{,}86900^{-1}$	$0{,}60204^{-1}$	$0{,}39307^{-1}$	$0{,}24395^{-1}$
$\left.\begin{array}{l}A_{\pi\pi kk}\\A_{\pi kk\pi}\end{array}\right\} = \dfrac{Ze^2}{a_0}$	$0{,}27795^{-1}$	$0{,}20383^{-1}$	$0{,}13690^{-1}$	$0{,}8568^{-2}$	$0{,}5066^{-2}$	$0{,}28583^{-2}$
$\left.\begin{array}{l}A_{\pi\pi ks}\\A_{\pi ks\pi}\end{array}\right\} = \dfrac{Ze^2}{a_0}$	$0{,}30163^{-1}$	$0{,}23748^{-1}$	$0{,}17276^{-1}$	$0{,}11743^{-1}$	$0{,}7535^{-2}$	$0{,}45998^{-2}$
$A_{\pi\sigma\pi k} = Ze^2/a_0$	$0{,}8276^{-1}$	$0{,}9071^{-1}$	$0{,}81132^{-1}$	$0{,}63521^{-1}$	$0{,}45167^{-1}$	$0{,}29832^{-1}$
$\left.\begin{array}{l}A_{\pi\pi\sigma k}\\A_{\pi\sigma k\pi}\end{array}\right\} = \dfrac{Ze^2}{a_0}$	$0{,}13898^{-1}$	$0{,}15287^{-1}$	$0{,}13690^{-1}$	$0{,}10710^{-1}$	$0{,}7599^{-2}$	$0{,}50020^{-2}$

Tabelle 18 (Fortsetzung).

4,0	4,5	5,0	5,5	6,0	6,5	7,0	$= \alpha$
$0,18926$	$0,13609$	$0,96577^{-1}$	$0,67772^{-1}$	$0,47096^{-1}$	$0,32449^{-1}$	$0,22189^{-1}$	$= S_{kk}$
$0,30490$	$0,23691$	$0,18089$	$0,13602$	$0,10089$	$0,73944^{-1}$	$0,53613^{-1}$	$= S_{ks}$
$0,37852$	$0,30619$	$0,24144$	$0,18637$	$0,14129$	$0,10546$	$0,77662^{-1}$	$= S_{k\sigma}$
$0,45789^{-1}$	$0,30550^{-1}$	$0,20214^{-1}$	$0,13282^{-1}$	$0,86756^{-2}$	$0,56379^{-2}$	$0,36475^{-2}$	$Ze^2/a_0 = J_{kk}$
$0,54635^{-1}$	$0,39284^{-1}$	$0,27879^{-1}$	$0,19564^{-1}$	$0,13596^{-1}$	$0,93673^{-2}$	$0,64055^{-2}$	$Ze^2/a_0 = J_{ks}$
$0,82834^{-1}$	$0,60931^{-1}$	$0,44088^{-1}$	$0,31460^{-1}$	$0,22182^{-1}$	$0,15480^{-1}$	$0,10705^{-1}$	$Ze^2/a_0 = J_{sk}$
$0,12210$	$0,91649^{-1}$	$0,67379^{-1}$	$0,48701^{-1}$	$0,34702^{-1}$	$0,24431^{-1}$	$0,17021^{-1}$	$Ze^2/a_0 = J_{\sigma k}$
$0,61052^{-1}$	$0,45825^{-1}$	$0,33690^{-1}$	$0,24350^{-1}$	$0,17351^{-1}$	$0,12215^{-1}$	$0,8511^{-2}$	$Ze^2/a_0 = J_{k\sigma}$
$0,12479$	$0,11104$	$0,99973^{-1}$	$0,90899^{-1}$	$0,83330^{-1}$	$0,76922^{-1}$	$0,71428^{-1}$	$Ze^2/a_0 = K_{kk}$
$0,10764$	$0,9606^{-1}$	$0,86507^{-1}$	$0,78692^{-1}$	$0,72154^{-1}$	$0,66612^{-1}$	$0,61857^{-1}$	$Ze^2/a_0 = K_{ks}$
$0,30149^{-1}$	$0,24260^{-1}$	$0,19831^{-1}$	$0,16463^{-1}$	$0,13863^{-1}$	$0,11824^{-1}$	$0,10200^{-1}$	$Ze^2/a_0 = K_{k\sigma}$
$0,13218^{-1}$	$0,88190^{-2}$	$0,58352^{-2}$	$0,38342^{-2}$	$0,25044^{-2}$	$0,16275^{-2}$	$0,10530^{-2}$	$Z^2e^2/a_0 = D_{ks}$
$0,78136^{-2}$	$0,38568^{-2}$	$0,18585^{-2}$	$0,8774^{-3}$	$0,40701^{-3}$	$0,18593^{-3}$	$0,8380^{-4}$	$Ze^2/a_0 = A_{kkkk}$
$0,11888^{-1}$	$0,63843^{-2}$	$0,33286^{-2}$	$0,16886^{-2}$	$0,83932^{-3}$	$0,40917^{-3}$	$0,19609^{-3}$	$Ze^2/a_0 = A_{kkks}$
$0,16435^{-1}$	$0,94336^{-2}$	$0,52476^{-2}$	$0,28393^{-2}$	$0,14991^{-2}$	$0,77440^{-3}$	$0,39232^{-3}$	$Ze^2/a_0 = A_{ksks}$
$0,17479^{-1}$	$0,10171^{-1}$	$0,57170^{-2}$	$0,31185^{-2}$	$0,16569^{-2}$	$0,86024^{-3}$	$0,43752^{-3}$	$Ze^2/a_0 = A_{kkss}$
$0,18899^{-1}$	$0,11061^{-1}$	$0,62492^{-2}$	$0,34239^{-2}$	$0,18263^{-2}$	$0,95140^{-3}$	$0,48538^{-3}$	$Ze^2/a_0 = A_{kssk}$
$0,25330^{-1}$	$0,15775^{-1}$	$0,94740^{-2}$	$0,55096^{-2}$	$0,31175^{-2}$	$0,17149^{-2}$	$0,92444^{-3}$	$Ze^2/a_0 = A_{ksss}$
$0,15628^{-1}$	$0,86778^{-2}$	$0,4646^{-2}$	$0,2413^{-2}$	$0,12210^{-2}$	$0,60427^{-3}$	$0,2933^{-3}$	$Ze^2/a_0 = A_{\sigma kkk}$
$0,25390^{-1}$	$0,15344^{-1}$	$0,8892^{-2}$	$0,4964^{-2}$	$0,26923^{-2}$	$0,14222^{-2}$	$0,7342^{-3}$	$Ze^2/a_0 = A_{\sigma kks}$
$0,22162^{-1}$	$0,13386^{-1}$	$0,7752^{-2}$	$0,4324^{-2}$	$0,23437^{-2}$	$0,12374^{-2}$	$0,6384^{-3}$	$Ze^2/a_0 = A_{\sigma skk}$
$0,17691^{-1}$	$0,10795^{-1}$	$0,6297^{-2}$	$0,3541^{-2}$	$0,19303^{-2}$	$0,10242^{-2}$	$0,5308^{-3}$	$Ze^2/a_0 = A_{\sigma ksk}$
$0,28197^{-1}$	$0,18556^{-1}$	$0,11680^{-1}$	$0,7047^{-2}$	$0,41046^{-2}$	$0,23187^{-2}$	$0,12751^{-2}$	$Ze^2/a_0 = A_{\sigma kss}$
$0,25917^{-1}$	$0,17268^{-1}$	$0,10914^{-1}$	$0,6625^{-2}$	$0,38790^{-2}$	$0,22009^{-2}$	$0,12149^{-2}$	$Ze^2/a_0 = A_{\sigma ssk}$
$0,32870^{-1}$	$0,21226^{-1}$	$0,13119^{-1}$	$0,7808^{-2}$	$0,44973^{-2}$	$0,25168^{-2}$	$0,13731^{-2}$	$Ze^2/a_0 = A_{\sigma sks}$
$0,16302^{-1}$	$0,11089^{-1}$	$0,6999^{-2}$	$0,4175^{-2}$	$0,23823^{-2}$	$0,13108^{-2}$	$0,6997^{-3}$	$Ze^2/a_0 = A_{\sigma x\sigma k}$
$0,23909^{-1}$	$0,18137^{-1}$	$0,12424^{-1}$	$0,7995^{-2}$	$0,48951^{-2}$	$0,28774^{-2}$	$0,16344^{-2}$	$Ze^2/a_0 = A_{\sigma k\sigma s}$
$0,27540^{-1}$	$0,17350^{-1}$	$0,10386^{-1}$	$0,5960^{-2}$	$0,33025^{-2}$	$0,17756^{-2}$	$0,9303^{-3}$	$Ze^2/a_0 = A_{\sigma\sigma kk}$
$0,34972^{-1}$	$0,21700^{-1}$	$0,12846^{-1}$	$0,7310^{-2}$	$0,40237^{-2}$	$0,21522^{-2}$	$0,11229^{-2}$	$Ze^2/a_0 = A_{\sigma kk\sigma}$
$0,47140^{-1}$	$0,32559^{-1}$	$0,21227^{-1}$	$0,13202^{-1}$	$0,78889^{-2}$	$0,44807^{-2}$	$0,25525^{-2}$	$Ze^2/a_0 = A_{\sigma\sigma ks}$
$0,23624^{-1}$	$0,16019^{-1}$	$0,10257^{-1}$	$0,6274^{-2}$	$0,36929^{-2}$	$0,21767^{-2}$	$0,11631^{-2}$	$Ze^2/a_0 = A_{\sigma ks\sigma}$
$0,32604^{-1}$	$0,24950^{-1}$	$0,17498^{-1}$	$0,11481^{-1}$	$0,71469^{-2}$	$0,42601^{-2}$	$0,24490^{-2}$	$Ze^2/a_0 = A_{\sigma\sigma\sigma k}$
$0,9291^{-2}$	$0,4904^{-2}$	$0,25190^{-2}$	$0,12636^{-2}$	$0,6210^{-3}$	$0,2997^{-3}$	$0,14234^{-3}$	$Ze^2/a_0 = A_{\pi k\pi k}$
$0,14497^{-1}$	$0,8299^{-2}$	$0,45997^{-2}$	$0,24450^{-2}$	$0,13029^{-2}$	$0,6701^{-3}$	$0,33801^{-3}$	$Ze^2/a_0 = A_{\pi s\pi k}$
$0,15515^{-2}$	$0,8152^{-3}$	$0,4166^{-3}$	$0,20789^{-3}$	$0,10161^{-3}$	$0,4877^{-4}$	$0,2304^{-4}$	$\dfrac{Ze^2}{a_0} = \begin{cases} A_{\pi\pi kk} \\ A_{\pi kk\pi} \end{cases}$
$0,26960^{-2}$	$0,15205^{-2}$	$0,8321^{-3}$	$0,44303^{-3}$	$0,23030^{-3}$	$0,11721^{-3}$	$0,5854^{-4}$	$\dfrac{Ze^2}{a_0} = \begin{cases} A_{\pi\pi ks} \\ A_{\pi ks\pi} \end{cases}$
$0,18582^{-1}$	$0,11034^{-1}$	$0,62975^{-2}$	$0,34749^{-2}$	$0,18630^{-2}$	$0,9740^{-3}$	$0,49819^{-3}$	$Ze^2/a_0 = A_{\pi\sigma\pi k}$
$0,31030^{-2}$	$0,18342^{-2}$	$0,10415^{-2}$	$0,5717^{-3}$	$0,30483^{-3}$	$0,15850^{-3}$	$0,8064^{-4}$	$\dfrac{Ze^2}{a_0} = \begin{cases} A_{\pi\pi\sigma k} \\ A_{\pi\sigma k\pi} \end{cases}$

Tabelle 18 (Fortsetzung).

$\alpha =$	1,0	1,5	2,0	2,5	3,0	3,5
$L_{kkk\bar{k}} = Ze^2/a_0$	0,25352	0,20268	0,15402	0,11280	0,80371^{-1}	0,56078^{-1}
$L_{kkk\bar{s}} = Ze^2/a_0$	0,21199	0,19293	0,16768	0,13982	0,11252	0,87889^{-1}
$L_{ksk\bar{k}} = Ze^2/a_0$	0,20274	0,17711	0,14750	0,11807	0,91511^{-1}	0,69094^{-1}
$L_{kks\bar{k}} = Ze^2/a_0$	0,18671	0,15176	0,11716	0,87022^{-1}	0,62757^{-1}	0,44237^{-1}
$L_{kkss} = Ze^2/a_0$	0,16092	0,14650	0,12796	0,10734	0,86737^{-1}	0,68381^{-1}
$L_{kss\bar{k}} = Ze^2/a_0$	0,15653	0,13877	0,11705	0,94867^{-1}	0,74119^{-1}	0,56644^{-1}
$L_{ksk\bar{s}} = Ze^2/a_0$	0,20384	0,18856	0,16848	0,14640	0,12286	0,10071
$L_{sks\bar{k}} = Ze^2/a_0$	0,18360	0,15116	0,11829	0,88994^{-1}	0,64927^{-1}	0,46235^{-1}
$L_{sss\bar{k}} = Ze^2/a_0$	0,15982	0,14305	0,12219	0,10038	0,79660^{-1}	0,61228^{-1}
$L_{sks\bar{s}} = Ze^2/a_0$	0,16251	0,14828	0,12974	0,10947	0,89325^{-1}	0,70606^{-1}
$L_{kss\bar{s}} = Ze^2/a_0$	0,16260	0,15019	0,13470	0,11728	0,99270^{-1}	0,81847^{-1}
$L_{\sigma\sigma sk} = Ze^2/a_0$	0,40778^{-1}	0,41750^{-1}	0,39825^{-1}	0,35378^{-1}	0,29567^{-1}	0,23516^{-1}
$L_{sk\sigma\bar{\sigma}} = Ze^2/a_0$	$-$0,22118^{-1}	$-$0,98750^{-2}	0,5139^{-3}	0,74739^{-2}	0,11017^{-1}	0,11969^{-1}
$L_{k\sigma\sigma\bar{\sigma}} = Ze^2/a_0$	0,30260^{-2}	0,92900^{-2}	0,16063^{-1}	0,21158^{-1}	0,23577^{-1}	0,23492^{-1}
$L_{\sigma k\sigma\bar{\sigma}} = Ze^2/a_0$	0,95689^{-1}	0,12108	0,12954	0,12359	0,11175	0,94688^{-1}
$L_{\sigma\sigma\sigma k} = Ze^2/a_0$	0,90615^{-1}	0,11191	0,11618	0,10707	0,93728^{-1}	0,76817^{-1}
$L_{\pi k\pi\bar{k}} = Ze^2/a_0$	0,18102	0,14911	0,11601	0,86860^{-1}	0,63143^{-1}	0,44851^{-1}
$L_{\pi k\pi\bar{s}} = Ze^2/a_0$	0,16246	0,14800	0,12928	0,10865	0,88263^{-1}	0,69642^{-1}
$L_{\pi s\pi\bar{k}} = Ze^2/a_0$	0,15848	0,14077	0,11948	0,97483^{-1}	0,76924^{-1}	0,59034^{-1}
$L_{k\pi k\bar{\pi}} = Ze^2/a_0$	0,19165	0,16447	0,13495	0,10678	0,82042^{-1}	0,61539^{-1}
$L_{k\pi s\bar{\pi}} = Ze^2/a_0$	0,15339	0,13265	0,10972	0,87485^{-1}	0,67679^{-1}	0,51068^{-1}
$L_{k\pi\sigma\bar{\pi}} = Ze^2/a_0$	0,10484^{-1}	0,12607^{-1}	0,12717^{-1}	0,11511^{-1}	0,96758^{-2}	0,77121^{-2}
$L_{\pi\sigma\pi\bar{k}} = Ze^2/a_0$	0,79083^{-1}	0,96864^{-1}	0,99392^{-1}	0,91987^{-1}	0,79363^{-1}	0,65073^{-1}
$L_{\pi k\pi\bar{\sigma}} = Ze^2/a_0$	0,10193	0,12680	0,13262	0,12516	0,11007	0,91906^{-1}
$L_{\pi\pi k\bar{k}}$, $L_{kk\pi\bar{\pi}} = \dfrac{Ze^2}{a_0}$	0,30576^{-1}	0,25036^{-1}	0,19412^{-1}	0,14431^{-1}	0,10384^{-1}	0,72856^{-2}
$L_{\pi\pi sk}$, $L_{sk\pi\bar{\pi}} = \dfrac{Ze^2}{a_0}$	0,31548^{-1}	0,26353^{-1}	0,20872^{-1}	0,15839^{-1}	0,11616^{-1}	0,82903^{-2}
$L_{\pi\pi k\bar{s}} = Ze^2/a_0$	0,33935^{-1}	0,30536^{-1}	0,26336^{-1}	0,21847^{-1}	0,17512^{-1}	0,13629^{-1}
$L_{ks\pi\pi} = Ze^2/a_0$	0,32460^{-1}	0,27890^{-1}	0,22803^{-1}	0,17884^{-1}	0,13554^{-1}	0,9989^{-2}
$L_{\pi\pi\sigma k}$, $L_{\sigma k\pi\bar{\pi}} = \dfrac{Ze^2}{a_0}$	0,43612^{-2}	0,50797^{-2}	0,49301^{-2}	0,42765^{-2}	0,34377^{-2}	0,26188^{-2}
$L_{\pi\pi k\bar{\sigma}} = Ze^2/a_0$	0,20090^{-1}	0,24245^{-1}	0,26107^{-1}	0,24568^{-1}	0,21477^{-1}	0,17787^{-1}
$L_{k\sigma\pi\pi} = Ze^2/a_0$	0,10485^{-1}	0,12609^{-1}	0,12717^{-1}	0,11511^{-1}	0,96761^{-2}	0,77129^{-2}
$L_{\sigma kk\bar{k}} = Ze^2/a_0$	0,19169^{-1}	0,20941^{-1}	0,19111^{-1}	0,15706^{-1}	0,12033^{-1}	0,88033^{-2}
$L_{\sigma sk\bar{k}} = Ze^2/a_0$	0,17544^{-1}	0,20839^{-1}	0,21210^{-1}	0,18995^{-1}	0,15748^{-1}	0,12358^{-1}
$L_{\sigma kk\bar{s}} = Ze^2/a_0$	0,65860^{-2}	0,98912^{-2}	0,11382^{-1}	0,11770^{-1}	0,11039^{-1}	0,96396^{-2}
$L_{\sigma ks\bar{k}} = Ze^2/a_0$	0,18660^{-1}	0,21250^{-1}	0,20170^{-1}	0,17138^{-1}	0,13528^{-1}	0,10139^{-1}
$L_{\sigma ks\bar{s}} = Ze^2/a_0$	0,74403^{-2}	0,10643^{-1}	0,12771^{-1}	0,12966^{-1}	0,12310^{-1}	0,10898^{-1}
$L_{\sigma ss\bar{k}} = Ze^2/a_0$	0,18337^{-1}	0,22933^{-1}	0,24042^{-1}	0,21944^{-1}	0,18714^{-1}	0,15042^{-1}
$L_{\sigma sk\bar{s}} = Ze^2/a_0$	0,82853^{-2}	0,11949^{-1}	0,14084^{-1}	0,14846^{-1}	0,14385^{-1}	0,13050^{-1}
$L_{k\sigma kk} = Ze^2/a_0$	0,11745	0,12320	0,12313	0,11125	0,93974^{-1}	0,75661^{-1}
$L_{k\sigma k\bar{s}} = Ze^2/a_0$	0,50553^{-1}	0,71306^{-1}	0,84736^{-1}	0,89889^{-1}	0,87846^{-1}	0,80670^{-1}
$L_{k\sigma sk} = Ze^2/a_0$	0,81102^{-1}	0,97715^{-1}	0,99217^{-1}	0,90833^{-1}	0,77544^{-1}	0,62957^{-1}
$L_{k\sigma s\bar{s}} = Ze^2/a_0$	0,41707^{-1}	0,58462^{-1}	0,69413^{-1}	0,73834^{-1}	0,72452^{-1}	0,66847^{-1}
$L_{s\sigma s\bar{k}} = Ze^2/a_0$	0,76459^{-1}	0,10186	0,10499	0,97430^{-1}	0,84151^{-1}	0,68987^{-1}
$L_{kkk\bar{\sigma}} = Ze^2/a_0$	0,16237	0,18083	0,18491	0,17075	0,14714	0,12061
$L_{ksk\bar{\sigma}} = Ze^2/a_0$	0,90510^{-1}	0,12010	0,13504	0,13667	0,12838	0,11405
$L_{kks\bar{\sigma}} = Ze^2/a_0$	0,10554	0,12992	0,13511	0,12672	0,11073	0,91873^{-1}

Tabelle 18 (Fortsetzung).

4,0	4,5	5,0	5,5	6,0	6,5	7,0	$= \alpha$
$0{,}38491^{-1}$	$0{,}26075^{-1}$	$0{,}17477^{-1}$	$0{,}11610^{-1}$	$0{,}76557^{-2}$	$0{,}50163^{-2}$	$0{,}32689^{-2}$	$Ze^2/a_0 = L_{kkk\bar{k}}$
$0{,}66952^{-1}$	$0{,}49939^{-1}$	$0{,}36594^{-1}$	$0{,}26409^{-1}$	$0{,}18811^{-1}$	$0{,}13248^{-1}$	$0{,}92378^{-2}$	$Ze^2/a_0 = L_{kkk\bar{s}}$
$0{,}51060^{-1}$	$0{,}37066^{-1}$	$0{,}26512^{-1}$	$0{,}18783^{-1}$	$0{,}13079^{-1}$	$0{,}90512^{-2}$	$0{,}62121^{-2}$	$Ze^2/a_0 = L_{ksk\bar{k}}$
$0{,}30626^{-1}$	$0{,}20900^{-1}$	$0{,}14096^{-1}$	$0{,}94144^{-2}$	$0{,}62369^{-2}$	$0{,}41033^{-2}$	$0{,}26835^{-2}$	$Ze^2/a_0 = L_{kks\bar{k}}$
$0{,}52433^{-1}$	$0{,}39351^{-1}$	$0{,}28998^{-1}$	$0{,}21035^{-1}$	$0{,}15053^{-1}$	$0{,}10648^{-1}$	$0{,}74534^{-2}$	$Ze^2/a_0 = L_{kks\bar{s}}$
$0{,}42180^{-1}$	$0{,}30815^{-1}$	$0{,}22154^{-1}$	$0{,}15713^{-1}$	$0{,}11015^{-1}$	$0{,}76470^{-2}$	$0{,}52618^{-2}$	$Ze^2/a_0 = L_{kss\bar{k}}$
$0{,}80626^{-1}$	$0{,}63209^{-1}$	$0{,}48644^{-1}$	$0{,}36834^{-1}$	$0{,}27490^{-1}$	$0{,}20255^{-1}$	$0{,}14755^{-1}$	$Ze^2/a_0 = L_{ksk\bar{s}}$
$0{,}32293^{-1}$	$0{,}22206^{-1}$	$0{,}15075^{-1}$	$0{,}10098^{-1}$	$0{,}67426^{-2}$	$0{,}44551^{-2}$	$0{,}29248^{-2}$	$Ze^2/a_0 = L_{sks\bar{k}}$
$0{,}45986^{-1}$	$0{,}33639^{-1}$	$0{,}24466^{-1}$	$0{,}17456^{-1}$	$0{,}12294^{-1}$	$0{,}85618^{-2}$	$0{,}59101^{-2}$	$Ze^2/a_0 = L_{sss\ddot{k}}$
$0{,}54482^{-1}$	$0{,}40935^{-1}$	$0{,}30472^{-1}$	$0{,}22228^{-1}$	$0{,}15991^{-1}$	$0{,}11357^{-1}$	$0{,}79821^{-2}$	$Ze^2/a_0 = L_{sks\bar{s}}$
$0{,}65894^{-1}$	$0{,}51932^{-1}$	$0{,}40161^{-1}$	$0{,}30764^{-1}$	$0{,}22882^{-1}$	$0{,}16919^{-1}$	$0{,}12362^{-1}$	$Ze^2/a_0 = L_{kss\bar{s}}$
$0{,}17980^{-1}$	$0{,}13325^{-1}$	$0{,}96333^{-2}$	$0{,}68172^{-2}$	$0{,}47467^{-2}$	$0{,}32631^{-2}$	$0{,}23408^{-2}$	$Ze^2/a_0 = L_{\sigma\sigma s\bar{k}}$
$0{,}11288^{-1}$	$0{,}97766^{-2}$	$0{,}79955^{-2}$	$0{,}62682^{-2}$	$0{,}47598^{-2}$	$0{,}35247^{-2}$	$0{,}24582^{-2}$	$Ze^2/a_0 = L_{sk\sigma\bar{\sigma}}$
$0{,}21615^{-1}$	$0{,}18743^{-1}$	$0{,}15529^{-1}$	$0{,}12411^{-1}$	$0{,}96373^{-2}$	$0{,}73047^{-2}$	$0{,}54296^{-2}$	$Ze^2/a_0 = L_{k\sigma\sigma\bar{\sigma}}$
$0{,}76891^{-1}$	$0{,}60369^{-1}$	$0{,}46126^{-1}$	$0{,}34454^{-1}$	$0{,}25080^{-1}$	$0{,}18230^{-1}$	$0{,}13014^{-1}$	$Ze^2/a_0 = L_{\sigma k\sigma\bar{\sigma}}$
$0{,}60430^{-1}$	$0{,}46057^{-1}$	$0{,}34214^{-1}$	$0{,}24936^{-1}$	$0{,}18051^{-1}$	$0{,}12623^{-1}$	$0{,}87818^{-2}$	$Ze^2/a_0 = L_{\sigma\sigma\sigma\bar{k}}$
$0{,}31075^{-1}$	$0{,}21484^{-1}$	$0{,}14578^{-1}$	$0{,}97912^{-2}$	$0{,}65198^{-2}$	$0{,}43094^{-2}$	$0{,}28664^{-2}$	$Ze^2/a_0 = L_{\pi k\pi\bar{k}}$
$0{,}53595^{-1}$	$0{,}40414^{-1}$	$0{,}29866^{-1}$	$0{,}21745^{-1}$	$0{,}15620^{-1}$	$0{,}11086^{-1}$	$0{,}77863^{-2}$	$Ze^2/a_0 = L_{\pi k\pi\bar{s}}$
$0{,}44264^{-1}$	$0{,}32512^{-1}$	$0{,}23543^{-1}$	$0{,}16793^{-1}$	$0{,}11833^{-1}$	$0{,}82520^{-2}$	$0{,}57022^{-2}$	$Ze^2/a_0 = L_{\pi s\pi\bar{k}}$
$0{,}45250^{-1}$	$0{,}32724^{-1}$	$0{,}23335^{-1}$	$0{,}16440^{-1}$	$0{,}11463^{-1}$	$0{,}79205^{-2}$	$0{,}54293^{-2}$	$Ze^2/a_0 = L_{k\pi k\bar{\pi}}$
$0{,}37744^{-1}$	$0{,}27416^{-1}$	$0{,}19623^{-1}$	$0{,}13870^{-1}$	$0{,}96965^{-2}$	$0{,}67157^{-2}$	$0{,}46127^{-2}$	$Ze^2/a_0 = L_{k\pi s\bar{\pi}}$
$0{,}59077^{-2}$	$0{,}43870^{-2}$	$0{,}31802^{-2}$	$0{,}22586^{-2}$	$0{,}15816^{-2}$	$0{,}10917^{-2}$	$0{,}74521^{-3}$	$Ze^2/a_0 = L_{k\pi\sigma\bar{\pi}}$
$0{,}50941^{-1}$	$0{,}39307^{-1}$	$0{,}29384^{-1}$	$0{,}21530^{-1}$	$0{,}15522^{-1}$	$0{,}11038^{-1}$	$0{,}72340^{-2}$	$Ze^2/a_0 = L_{\pi\sigma\pi\bar{k}}$
$0{,}73358^{-1}$	$0{,}57372^{-1}$	$0{,}43507^{-1}$	$0{,}32322^{-1}$	$0{,}23596^{-1}$	$0{,}16973^{-1}$	$0{,}12831^{-1}$	$Ze^2/a_0 = L_{\pi k\pi\bar{\sigma}}$
$0{,}50101^{-2}$	$0{,}33905^{-2}$	$0{,}22649^{-2}$	$0{,}14973^{-2}$	$0{,}98068^{-3}$	$0{,}63767^{-3}$	$0{,}41207^{-3}$	$\dfrac{Ze^2}{a_0} = \begin{cases} L_{kk\pi\bar{\pi}} \\ L_{\pi\pi k\bar{k}} \end{cases}$
$0{,}57874^{-2}$	$0{,}39692^{-2}$	$0{,}26829^{-2}$	$0{,}17913^{-2}$	$0{,}11847^{-2}$	$0{,}77673^{-3}$	$0{,}50561^{-3}$	$\dfrac{Ze^2}{a_0} = \begin{cases} L_{sk\pi\bar{\pi}} \\ L_{\pi\pi s\bar{k}} \end{cases}$
$0{,}10342^{-1}$	$0{,}76798^{-2}$	$0{,}55988^{-2}$	$0{,}40175^{-2}$	$0{,}28436^{-2}$	$0{,}19867^{-2}$	$0{,}13767^{-2}$	$Ze^2/a_0 = L_{\pi\pi k\bar{s}}$
$0{,}71951^{-2}$	$0{,}50857^{-2}$	$0{,}35388^{-2}$	$0{,}24303^{-2}$	$0{,}16507^{-2}$	$0{,}11083^{-2}$	$0{,}74118^{-3}$	$Ze^2/a_0 = L_{ks\pi\bar{\pi}}$
$0{,}19141^{-2}$	$0{,}13579^{-2}$	$0{,}94071^{-3}$	$0{,}64064^{-3}$	$0{,}42851^{-3}$	$0{,}28346^{-3}$	$0{,}18579^{-3}$	$\dfrac{Ze^2}{a_0} = \begin{cases} L_{\sigma k\pi\bar{\pi}} \\ L_{\pi\pi\sigma\bar{k}} \end{cases}$
$0{,}14133^{-1}$	$0{,}10870^{-1}$	$0{,}81441^{-2}$	$0{,}59735^{-2}$	$0{,}43025^{-2}$	$0{,}30532^{-2}$	$0{,}21393^{-2}$	$Ze^2/a_0 = L_{\pi\pi k\bar{\sigma}}$
$0{,}59076^{-2}$	$0{,}43876^{-2}$	$0{,}31805^{-2}$	$0{,}22618^{-2}$	$0{,}15816^{-2}$	$0{,}10916^{-2}$	$0{,}74526^{-3}$	$Ze^2/a_0 = L_{k\sigma\pi\bar{\pi}}$
$0{,}62278^{-2}$	$0{,}42970^{-2}$	$0{,}29087^{-2}$	$0{,}19409^{-2}$	$0{,}12796^{-2}$	$0{,}83569^{-3}$	$0{,}54168^{-3}$	$Ze^2/a_0 = L_{\sigma kk\bar{k}}$
$0{,}93120^{-2}$	$0{,}68034^{-2}$	$0{,}48538^{-2}$	$0{,}33981^{-2}$	$0{,}23447^{-2}$	$0{,}15947^{-2}$	$0{,}10746^{-2}$	$Ze^2/a_0 = L_{\sigma sk\bar{k}}$
$0{,}79753^{-2}$	$0{,}63279^{-2}$	$0{,}48587^{-2}$	$0{,}36335^{-2}$	$0{,}26608^{-2}$	$0{,}19107^{-2}$	$0{,}13528^{-2}$	$Ze^2/a_0 = L_{\sigma kk\bar{s}}$
$0{,}73172^{-2}$	$0{,}51338^{-2}$	$0{,}35258^{-2}$	$0{,}23792^{-2}$	$0{,}15844^{-2}$	$0{,}10443^{-2}$	$0{,}68558^{-3}$	$Ze^2/a_0 = L_{\sigma ks\bar{k}}$
$0{,}91394^{-2}$	$0{,}73492^{-2}$	$0{,}57092^{-2}$	$0{,}43193^{-2}$	$0{,}31804^{-2}$	$0{,}23120^{-2}$	$0{,}16494^{-2}$	$Ze^2/a_0 = L_{\sigma ks\bar{s}}$
$0{,}11563^{-1}$	$0{,}85937^{-2}$	$0{,}62161^{-2}$	$0{,}43966^{-2}$	$0{,}30573^{-2}$	$0{,}21051^{-2}$	$0{,}14281^{-2}$	$Ze^2/a_0 = L_{\sigma ss\bar{k}}$
$0{,}11240^{-1}$	$0{,}92845^{-2}$	$0{,}74130^{-2}$	$0{,}57569^{-2}$	$0{,}43660^{-2}$	$0{,}32465^{-2}$	$0{,}24324^{-2}$	$Ze^2/a_0 = L_{\sigma sk\bar{s}}$
$0{,}58768^{-1}$	$0{,}44395^{-1}$	$0{,}32796^{-1}$	$0{,}23801^{-1}$	$0{,}17013^{-1}$	$0{,}12008^{-1}$	$0{,}83807^{-2}$	$Ze^2/a_0 = L_{k\sigma k\bar{k}}$
$0{,}70570^{-1}$	$0{,}59389^{-1}$	$0{,}48425^{-1}$	$0{,}38469^{-1}$	$0{,}29887^{-1}$	$0{,}22792^{-1}$	$0{,}17102^{-1}$	$Ze^2/a_0 = L_{k\sigma k\bar{s}}$
$0{,}49223^{-1}$	$0{,}37378^{-1}$	$0{,}27739^{-1}$	$0{,}20190^{-1}$	$0{,}14471^{-1}$	$0{,}10225^{-1}$	$0{,}71525^{-2}$	$Ze^2/a_0 = L_{k\sigma s\bar{k}}$
$0{,}58746^{-1}$	$0{,}49647^{-1}$	$0{,}40633^{-1}$	$0{,}32383^{-1}$	$0{,}25213^{-1}$	$0{,}19292^{-1}$	$0{,}14508^{-1}$	$Ze^2/a_0 = L_{k\sigma s\bar{s}}$
$0{,}54570^{-1}$	$0{,}41815^{-1}$	$0{,}31447^{-1}$	$0{,}23227^{-1}$	$0{,}16898^{-1}$	$0{,}12165^{-1}$	$0{,}86135^{-2}$	$Ze^2/a_0 = L_{s\sigma s\bar{k}}$
$0{,}95195^{-1}$	$0{,}72944^{-1}$	$0{,}54586^{-1}$	$0{,}40055^{-1}$	$0{,}28921^{-1}$	$0{,}20598^{-1}$	$0{,}14502^{-1}$	$Ze^2/a_0 = L_{kkk\bar{\sigma}}$
$0{,}97021^{-1}$	$0{,}79724^{-1}$	$0{,}63684^{-1}$	$0{,}49694^{-1}$	$0{,}38009^{-1}$	$0{,}28587^{-1}$	$0{,}21188^{-1}$	$Ze^2/a_0 = L_{ksk\bar{\sigma}}$
$0{,}73282^{-1}$	$0{,}56671^{-1}$	$0{,}42741^{-1}$	$0{,}31589^{-1}$	$0{,}22950^{-1}$	$0{,}16446^{-1}$	$0{,}11632^{-1}$	$Ze^2/a_0 = L_{kks\bar{\sigma}}$

Tabelle 18 (Fortsetzung).

$\alpha =$	1,0	1,5	2,0	2,5	3,0	3,5
$L_{ks s\bar\sigma} = Ze^2/a_0$	$0{,}66376^{-1}$	$0{,}89520^{-1}$	$0{,}10242$	$0{,}10537$	$0{,}10045$	$0{,}90394^{-1}$
$L_{sks\bar\sigma} = Ze^2/a_0$	$0{,}10714$	$0{,}12488$	$0{,}13159$	$0{,}12505$	$0{,}11063$	$0{,}92833^{-1}$
$L_{k\sigma k\bar\sigma} = Ze^2/a_0$	$-0{,}14287$	$-0{,}77160^{-1}$	$-0{,}17703^{-1}$	$0{,}26601^{-1}$	$0{,}53988^{-1}$	$0{,}66886^{-1}$
$L_{k\sigma s\bar\sigma} = Ze^2/a_0$	$-0{,}11652$	$-0{,}65439^{-1}$	$-0{,}17834^{-1}$	$0{,}18624^{-1}$	$0{,}41935^{-1}$	$0{,}53528^{-1}$
$L_{\sigma k\sigma\bar k} = Ze^2/a_0$	$0{,}18630$	$0{,}15533$	$0{,}12286$	$0{,}93261^{-1}$	$0{,}68493^{-1}$	$0{,}49001^{-1}$
$L_{\sigma k\sigma\bar s} = Ze^2/a_0$	$0{,}16263$	$0{,}14888$	$0{,}13101$	$0{,}11112$	$0{,}91128^{-1}$	$0{,}72534^{-1}$
$L_{\sigma s\sigma\bar k} = Ze^2/a_0$	$0{,}16250$	$0{,}14757$	$0{,}12794$	$0{,}10616$	$0{,}84813^{-1}$	$0{,}65616^{-1}$
$L_{\sigma\sigma k\bar k} = Ze^2/a_0$	$0{,}39487^{-1}$	$0{,}39211^{-1}$	$0{,}36102^{-1}$	$0{,}31011^{-1}$	$0{,}25127^{-1}$	$0{,}19473^{-1}$
$L_{kk\sigma\bar\sigma} = Ze^2/a_0$	$-0{,}20319^{-1}$	$-0{,}77996^{-2}$	$0{,}21196^{-2}$	$0{,}82539^{-2}$	$0{,}10972^{-1}$	$0{,}11339^{-1}$
$L_{\sigma\sigma k\bar s} = Ze^2/a_0$	$0{,}34843^{-1}$	$0{,}33272^{-1}$	$0{,}31384^{-1}$	$0{,}28890^{-1}$	$0{,}25761^{-1}$	$0{,}22180^{-1}$
$L_{ks\sigma\bar\sigma} = Ze^2/a_0$	$-0{,}24395^{-1}$	$-0{,}13003^{-1}$	$-0{,}24165^{-2}$	$0{,}54821^{-2}$	$0{,}10203^{-1}$	$0{,}12206^{-1}$
$C_{kkkk} = Ze^2/a_0$	$0{,}27726$	$0{,}24517$	$0{,}21299$	$0{,}18419$	$0{,}15990$	$0{,}13997$
$C_{kkss} = Ze^2/a_0$	$0{,}16208$	$0{,}15136$	$0{,}13865$	$0{,}12538$	$0{,}11261$	$0{,}10097$
$C_{ksks} = Ze^2/a_0$	$0{,}20847$	$0{,}19639$	$0{,}18136$	$0{,}16505$	$0{,}14893$	$0{,}13396$
$C_{kkks} = Ze^2/a_0$	$0{,}20878$	$0{,}19121$	$0{,}17151$	$0{,}15212$	$0{,}13448$	$0{,}11914$
$C_{ksss} = Ze^2/a_0$	$0{,}16642$	$0{,}15811$	$0{,}14771$	$0{,}13618$	$0{,}12441$	$0{,}11310$
$C_{kkk\sigma} = Ze^2/a_0$	$0{,}41834^{-1}$	$0{,}49610^{-1}$	$0{,}49830^{-1}$	$0{,}45638^{-1}$	$0{,}39641^{-1}$	$0{,}33456^{-1}$
$C_{k\sigma ss} = Ze^2/a_0$	$0{,}25742^{-1}$	$0{,}33968^{-1}$	$0{,}38210^{-1}$	$0{,}38960^{-1}$	$0{,}37197^{-1}$	$0{,}33966^{-1}$
$C_{s\sigma sk} = Ze^2/a_0$	$0{,}17093^{-1}$	$0{,}23394^{-1}$	$0{,}27247^{-1}$	$0{,}28618^{-1}$	$0{,}27980^{-1}$	$0{,}26021^{-1}$
$C_{k\sigma ks} = Ze^2/a_0$	$0{,}41580^{-1}$	$0{,}52607^{-1}$	$0{,}56392^{-1}$	$0{,}54780^{-1}$	$0{,}50013^{-1}$	$0{,}43931^{-1}$
$C_{k\sigma sk} = Ze^2/a_0$	$0{,}23695^{-1}$	$0{,}30298^{-1}$	$0{,}32800^{-1}$	$0{,}32128^{-1}$	$0{,}29528^{-1}$	$0{,}26068^{-1}$
$C_{\sigma k\sigma k} = Ze^2/a_0$	$0{,}21809$	$0{,}21269$	$0{,}20180$	$0{,}18665$	$0{,}16941$	$0{,}15205$
$C_{\sigma k\sigma s} = Ze^2/a_0$	$0{,}17057$	$0{,}16589$	$0{,}15851$	$0{,}14872$	$0{,}13734$	$0{,}12537$
$C_{\sigma\sigma kk} = Ze^2/a_0$	$-0{,}21359^{-1}$	$-0{,}94679^{-2}$	$0{,}151\quad^{-4}$	$0{,}59088^{-2}$	$0{,}86505^{-2}$	$0{,}92486^{-2}$
$C_{\sigma\sigma ks} = Ze^2/a_0$	$-0{,}25070^{-1}$	$-0{,}14362^{-1}$	$-0{,}45423^{-2}$	$0{,}29618^{-2}$	$0{,}74468^{-2}$	$0{,}94806^{-2}$
$C_{\sigma\sigma\sigma k} = Ze^2/a_0$	$0{,}7326\quad^{-2}$	$0{,}14512^{-1}$	$0{,}21718^{-1}$	$0{,}26904^{-1}$	$0{,}29294^{-1}$	$0{,}29173^{-1}$
$C_{\pi k\pi k} = Ze^2/a_0$	$0{,}20366$	$0{,}18825$	$0{,}17113$	$0{,}15425$	$0{,}13869$	$0{,}12492$
$C_{\pi k\pi s} = Ze^2/a_0$	$0{,}16435$	$0{,}15422$	$0{,}14231$	$0{,}12991$	$0{,}11795$	$0{,}10696$
$C_{\pi\pi kk} = Ze^2/a_0$	$0{,}30979^{-1}$	$0{,}25761^{-1}$	$0{,}20431^{-1}$	$0{,}15693^{-1}$	$0{,}11827^{-1}$	$0{,}88399^{-2}$
$C_{\pi\pi ks} = Ze^2/a_0$	$0{,}32688^{-1}$	$0{,}28379^{-1}$	$0{,}23594^{-1}$	$0{,}18974^{-1}$	$0{,}14906^{-1}$	$0{,}11542^{-1}$
$C_{\pi\pi\sigma k} = Ze^2/a_0$	$0{,}90025^{-2}$	$0{,}10807^{-1}$	$0{,}10851^{-1}$	$0{,}97590^{-2}$	$0{,}81591^{-2}$	$0{,}64939^{-2}$
$C_{\pi\sigma\pi k} = Ze^2/a_0$	$0{,}21976^{-1}$	$0{,}27834^{-1}$	$0{,}30012^{-1}$	$0{,}29474^{-1}$	$0{,}27323^{-1}$	$0{,}24446^{-1}$

Tabelle 18 (Fortsetzung).

4,0	4,5	5,0	5,5	6,0	6,5	7,0	$= \alpha$
$0{,}77742^{-1}$	$0{,}64477^{-1}$	$0{,}51911^{-1}$	$0{,}40776^{-1}$	$0{,}31388^{-1}$	$0{,}23708^{-1}$	$0{,}17646^{-1}$	$Z e^2/a_0 = L_{ks s\bar\sigma}$
$0{,}75002^{-1}$	$0{,}58628^{-1}$	$0{,}44833^{-1}$	$0{,}33595^{-1}$	$0{,}24746^{-1}$	$0{,}17939^{-1}$	$0{,}12886^{-1}$	$Z e^2/a_0 = L_{sks\bar\sigma}$
$0{,}69233^{-1}$	$0{,}64910^{-1}$	$0{,}57051^{-1}$	$0{,}47877^{-1}$	$0{,}38834^{-1}$	$0{,}30572^{-1}$	$0{,}23555^{-1}$	$Z e^2/a_0 = L_{k\sigma k\bar\sigma}$
$0{,}56319^{-1}$	$0{,}53461^{-1}$	$0{,}47299^{-1}$	$0{,}39940^{-1}$	$0{,}32520^{-1}$	$0{,}25815^{-1}$	$0{,}19891^{-1}$	$Z e^2/a_0 = L_{k\sigma s\bar\sigma}$
$0{,}34330^{-1}$	$0{,}23650^{-1}$	$0{,}16068^{-1}$	$0{,}10798^{-1}$	$0{,}71884^{-2}$	$0{,}47466^{-2}$	$0{,}31136^{-2}$	$Z e^2/a_0 = L_{\sigma k\sigma k}$
$0{,}56254^{-1}$	$0{,}42653^{-1}$	$0{,}31721^{-1}$	$0{,}23192^{-1}$	$0{,}16727^{-1}$	$0{,}11898^{-1}$	$0{,}83738^{-2}$	$Z e^2/a_0 = L_{\sigma k\sigma\bar s}$
$0{,}49430^{-1}$	$0{,}36419^{-1}$	$0{,}26349^{-1}$	$0{,}18781^{-1}$	$0{,}13209^{-1}$	$0{,}91814^{-2}$	$0{,}63260^{-2}$	$Z e^2/a_0 = L_{\sigma s\sigma k}$
$0{,}14568^{-1}$	$0{,}10600^{-1}$	$0{,}75318^{-2}$	$0{,}52756^{-2}$	$0{,}36350^{-2}$	$0{,}24753^{-2}$	$0{,}16584^{-2}$	$Z e^2/a_0 = L_{\sigma\sigma k\bar k}$
$0{,}10343^{-1}$	$0{,}87364^{-2}$	$0{,}70118^{-2}$	$0{,}53994^{-2}$	$0{,}40428^{-2}$	$0{,}29567^{-2}$	$0{,}21333^{-2}$	$Z e^2/a_0 = L_{kk\sigma\bar\sigma}$
$0{,}18466^{-1}$	$0{,}14917^{-1}$	$0{,}11733^{-1}$	$0{,}90153^{-2}$	$0{,}68240^{-2}$	$0{,}50255^{-2}$	$0{,}36629^{-2}$	$Z e^2/a_0 = L_{\sigma\sigma k\bar s}$
$0{,}12268^{-1}$	$0{,}11177^{-1}$	$0{,}95410^{-2}$	$0{,}77713^{-2}$	$0{,}60811^{-2}$	$0{,}46725^{-2}$	$0{,}34924^{-2}$	$Z e^2/a_0 = L_{ks\sigma\bar\sigma}$
$0{,}12378$	$0{,}11060$	$0{,}99785^{-1}$	$0{,}90820^{-1}$	$0{,}83296^{-1}$	$0{,}76908^{-1}$	$0{,}71422^{-1}$	$Z e^2/a_0 = C_{kkkk}$
$0{,}90713^{-1}$	$0{,}81860^{-1}$	$0{,}74295^{-1}$	$0{,}67849^{-1}$	$0{,}62345^{-1}$	$0{,}57621^{-1}$	$0{,}53539^{-1}$	$Z e^2/a_0 = C_{kkss}$
$0{,}12060$	$0{,}10897$	$0{,}98969^{-1}$	$0{,}90421^{-1}$	$0{,}83105^{-1}$	$0{,}76913^{-1}$	$0{,}71424^{-1}$	$Z e^2/a_0 = C_{ksks}$
$0{,}10615$	$0{,}95272^{-1}$	$0{,}86175^{-1}$	$0{,}78540^{-1}$	$0{,}72085^{-1}$	$0{,}66581^{-1}$	$0{,}61843^{-1}$	$Z e^2/a_0 = C_{kkks}$
$0{,}10267$	$0{,}93338^{-1}$	$0{,}85133^{-1}$	$0{,}77993^{-1}$	$0{,}71805^{-1}$	$0{,}66440^{-1}$	$0{,}61774^{-1}$	$Z e^2/a_0 = C_{ksss}$
$0{,}27871^{-1}$	$0\ 23155^{-1}$	$0{,}19309^{-1}$	$0{,}16221^{-1}$	$0{,}13753^{-1}$	0.11775^{-1}	$0{,}10382^{-1}$	$Z e^2/a_0 = C_{kkk\sigma}$
$0{,}30119^{-1}$	$0{,}26234^{-1}$	$0{,}22638^{-1}$	$0{,}19474^{-1}$	$0{,}16773^{-1}$	$0{,}14506^{-1}$	$0{,}12617^{-1}$	$Z e^2/a_0 = C_{k\sigma ss}$
$0{,}23392^{-1}$	$0{,}20577^{-1}$	$0{,}17880^{-1}$	$0{,}15454^{-1}$	$0{,}13352^{\ 1}$	$0{,}11571^{-1}$	$0{,}10076^{-1}$	$Z e^2/a_0 = C_{s\sigma sk}$
$0{,}37732^{-1}$	$0{,}32054^{-1}$	$0{,}27147^{-1}$	$0{,}23042^{-1}$	$0{,}19665^{-1}$	$0{,}16908^{-1}$	$0{,}14648^{-1}$	$Z e^2/a_0 = C_{k\sigma ks}$
$0{,}22473^{-1}$	$0{,}19141^{-1}$	$0{,}16240^{-1}$	$0{,}13801^{-1}$	$0{,}11787^{-1}$	$0{,}10137^{-1}$	$0{,}87857^{-2}$	$Z e^2/a_0 = C_{k\sigma sk}$
$0{,}13586$	$0{,}12149$	$0{,}10909$	$0{,}98549^{-1}$	$0{,}89634^{-1}$	$0{,}82088^{-1}$	$0{,}75666^{-1}$	$Z e^2/a_0 = C_{\sigma k\sigma k}$
$0{,}11368$	$0{,}10282$	$0{,}93095^{-1}$	$0{,}84579^{-1}$	$0{,}77212^{-1}$	$0{,}70873^{-1}$	$0{,}65417^{-1}$	$Z e^2/a_0 = C_{\sigma k\sigma s}$
$0{,}86579^{-2}$	$0{,}75560^{-2}$	$0{,}63432^{-2}$	$0{,}52177^{-2}$	$0{,}42551^{-2}$	$0{,}34666^{-2}$	$0{,}28349^{-2}$	$Z e^2/a_0 = C_{\sigma\sigma kk}$
$0{,}98262^{-2}$	$0{,}91987^{-2}$	$0{,}81260^{-2}$	$0{,}69385^{-2}$	$0{,}58134^{-2}$	$0{,}48274^{-2}$	$0{,}39997^{-2}$	$Z e^2/a_0 = C_{\sigma\sigma ks}$
$0{,}27324^{-1}$	$0{,}24562^{-1}$	$0{,}21514^{-1}$	$0{,}18568^{-1}$	$0{,}15923^{-1}$	$0{,}13646^{-1}$	$0{,}11733^{-1}$	$Z e^2/a_0 = C_{\sigma\sigma\sigma k}$
$0{,}11297$	$0{,}10270$	$0{,}93909^{-1}$	$0{,}86357^{-1}$	$0{,}79840^{-1}$	$0{,}74182^{-1}$	$0{,}69238^{-1}$	$Z e^2/a_0 = C_{\pi k\pi k}$
$0{,}97173^{-1}$	$0{,}88599^{-1}$	$0{,}81152^{-1}$	$0{,}74700^{-1}$	$0{,}69101^{-1}$	$0{,}64224^{-1}$	$0{,}59952^{-1}$	$Z e^2/a_0 = C_{\pi k\pi s}$
$0{,}66075^{-2}$	$0{,}49701^{-2}$	$0{,}37782^{-2}$	$0{,}29103^{-2}$	$0{,}22743^{-2}$	$0{,}18035^{-2}$	$0{,}14505^{-2}$	$Z e^2/a_0 = C_{\pi\pi kk}$
$0{,}88793^{-2}$	$0{,}68295^{-2}$	$0{,}52783^{-2}$	$0{,}41137^{-2}$	$0{,}32403^{-2}$	$0{,}25833^{-2}$	$0{,}20840^{-2}$	$Z e^2/a_0 = C_{\pi\pi ks}$
$0{,}50039^{-2}$	$0{,}37805^{-2}$	$0{,}28278^{-2}$	$0{,}21097^{-2}$	$0{,}15789^{-2}$	$0{,}11900^{-2}$	$0{,}9057^{\ -3}$	$Z e^2/a_0 = C_{\pi\pi\sigma k}$
$0{,}21426^{-1}$	$0{,}18585^{-1}$	$0{,}16063^{-1}$	$0{,}13897^{-1}$	$0{,}12067^{-1}$	$0{,}10533^{-1}$	$0{,}92478^{-2}$	$Z e^2/a_0 = C_{\pi\sigma\pi k}$

3.3 Hilfsfunktionen.

$$\text{Tabelle 19. } A_n(1, \alpha) = \int_1^\infty e^{-\alpha x} x^n \, dx$$

$$A_n(1, \alpha)$$

$n=$ α	0	1	2	3	4	5
3,5	0,00862782	0,01109291	0,01496663	0,02145636	0,03314938	0,05598409
3,6	0,00758992	0,00969823	0,01297783	0,01840478	0,02803968	0,04653392
3,7	0,00668203	0,00848799	0,01127013	0,01581998	0,02378471	0,03882354
3,8	0,00588704	0,00743626	0,00980087	0,01362457	0,02022870	0,03250375
3,9	0,00519023	0,00652106	0,00853437	0,01175513	0,01724678	0,02730149
4,0	0,00457891	0,00572363	0,00744073	0,01015945	0,01473836	0,02300186
4,1	0,00404211	0,00502799	0,00649480	0,00879441	0,01262203	0,01943483
4,2	0,00357037	0,00442046	0,00567535	0,00762420	0,01083152	0,01646504
4,3	0,00315548	0,00388931	0,00496446	0,00661905	0,00931274	0,01398425
4,4	0,00279030	0,00342446	0,00434688	0,00575409	0,00802129	0,01190541
4,5	0,00246866	0,00301726	0,00380967	0,00500844	0,00692062	0,01015824
4,6	0,00218518	0,00266022	0,00334180	0,00436462	0,00598050	0,00868573
4,7	0,00193516	0,00234690	0,00293384	0,00380783	0,00517587	0,00744141
4,8	0,00171453	0,00207172	0,00257775	0,00332562	0,00448588	0,00638732
4,9	0,00151971	0,00182986	0,00226659	0,00290742	0,00389311	0,00549228
5,0	0,00134759	0,00161711	0,00199443	0,00254425	0,00338299	0,00473058
5,1	0,00119544	0,00142984	0,00175616	0,00222847	0,00294326	0,00408099
5,2	0,00106087	0,00126489	0,00154737	0,00195359	0,00256364	0,00352591
5,3	0,00094181	0,00111951	0,00136427	0,00171404	0,00223542	0,00305070
5,4	0,00083640	0,00099129	0,00120355	0,00150504	0,00195125	0,00264312
5,5	0,00074305	0,00087815	0,00106237	0,00132253	0,00170489	0,00229295
5,6	0,00066033	0,00077825	0,00093828	0,00116298	0,00149103	0,00199161
5,7	0,00058701	0,00068999	0,00082911	0,00102338	0,00130517	0,00173190
5,8	0,00052199	0,00061199	0,00073302	0,00090114	0,00114347	0,00150774
5,9	0,00046431	0,00054301	0,00064838	0,00079399	0,00100262	0,00131399
6,0	0,00041312	0,00048198	0,00057378	0,00070002	0,00087980	0,00114629
6,1	0,00036768	0,00042796	0,00050799	0,00061752	0,00077261	0,00100097
6,2	0,00032733	0,00038012	0,00044995	0,00054504	0,00067897	0,00087488
6,3	0,00029148	0,00033774	0,00039870	0,00048133	0,00059708	0,00076535
6,4	0,00025962	0,00030018	0,00035343	0,00042529	0,00052542	0,00067011
6,5	0,00023130	0,00026688	0,00031341	0,00037595	0,00046265	0,00058718
6,6	0,00020611	0,00023734	0,00027804	0,00033250	0,00040763	0,00051493
6,7	0,00018372	0,00021114	0,00024674	0,00029420	0,00035936	0,00045190
6,8	0,00016378	0,00018787	0,00021905	0,00026043	0,00031698	0,00039686
6,9	0,00014605	0,00016722	0,00019452	0,00023063	0,00027957	0,00034878
7,0	0,00013027	0,00014888	0,00017280	0,00020433	0,00024703	0,00030672
7,1	0,00011621	0,00013258	0,00015356	0,00018109	0,00021824	0,00026990
7,2	0,00010369	0,00011809	0,00013649	0,00016056	0,00019289	0,00023764
7,3	0,00009254	0,00010522	0,00012136	0,00014241	0,00017057	0,00020937
7,4	0,00008260	0,00009376	0,00010794	0,00012636	0,00015090	0,00018456
7,5	0,00007374	0,00008357	0,00009603	0,00011215	0,00013356	0,00016278
7,6	0,00006585	0,00007451	0,00008545	0,00009958	0,00011826	0,00014365
7,7	0,00005881	0,00006644	0,00007607	0,00008844	0,00010475	0,00012683

Tabelle 19 (Fortsetzung).

6	7	8	9	10	$= n$ / α
0,10460055	0,21782893	0,50652252	1,31111432	3,75466875	3,5
0,08514646	0,17315248	0,39237323	0,98852300	2,75348716	3,6
0,06863913	0,13843175	0,30599392	0,75099159	2,03638903	3,7
0,05720876	0,11127160	0,24014305	0,57464690	1,51811573	3,8
0,04719253	0,08989478	0,18958978	0,44270511	1,14033153	3,9
0,03908170	0,07297188	0,15052267	0,34325492	0,86271621	4,0
0,03248333	0,05950147	0,12014255	0,26776966	0,65713886	4,1
0,02709187	0,04872349	0,09637703	0,21009258	0,50379079	4,2
0,02266838	0,04005749	0,07768106	0,16574374	0,38860604	4,3
0,01902496	0,03305729	0,06289446	0,13143808	0,30151321	4,4
0,01601299	0,02737776	0,05114024	0,10474914	0,23524454	4,5
0,01351439	0,02275056	0,04175138	0,08387266	0,18451706	4,6
0,01143484	0,01896578	0,03421735	0,06745776	0,14546232	4,7
0,00969869	0,01585846	0,02814529	0,05448696	0,11522903	4,8
0,00824495	0,01329821	0,02323108	0,04418905	0,09170144	4,9
0,00702428	0,01118159	0,01923813	0,03597623	0,07330006	5,0
0,00599661	0,00942608	0,01598144	0,02939799	0,05883856	5,1
0,00512924	0,00796562	0,01331568	0,02410726	0,04742099	5,2
0,00439543	0,00674710	0,01112612	0,01983522	0,03836676	5,3
0,00377320	0,00572759	0,00932172	0,01637261	0,03115605	5,4
0,00324445	0,00487235	0,00783010	0,01355594	0,02539022	5,5
0,00279421	0,00415309	0,00659332	0,01125675	0,02076167	5,6
0,00241006	0,00354674	0,00556489	0,00937368	0,01703207	5,7
0,00208173	0,00303443	0,00470741	0,00782659	0,01401612	5,8
0,00180057	0,00260058	0,00399053	0,00655156	0,01156866	5,9
0,00155942	0,00223245	0,00338972	0,00549771	0,00957597	6,0
0,00135225	0,00191944	0,00288500	0,00462423	0,00794839	6,1
0,00117399	0,00165280	0,00245997	0,00389826	0,00661484	6,2
0,00102038	0,00142524	0,00210130	0,00329334	0,00551900	6,3
0,00088784	0,00123070	0,00179799	0,00278805	0,00461594	6,4
0,00077331	0,00106410	0,00154096	0,00236493	0,00386965	6,5
0,00067423	0,00092121	0,00132273	0,00200985	0,00325134	6,6
0,00058840	0,00079847	0,00113711	0,00171118	0,00273773	6,7
0,00051396	0,00069287	0,00097893	0,00145943	0,00231002	6,8
0,00044934	0,00060191	0,00084392	0,00124682	0,00195304	6,9
0,00039317	0,00052344	0,00072849	0,00106689	0,00165441	7,0
0,00034429	0,00045566	0,00062963	0,00091434	0,00140401	7,1
0,00030173	0,00039704	0,00054484	0,00078475	0,00119362	7,2
0,00026462	0,00034629	0,00047204	0,00067450	0,00101651	7,3
0,00023225	0,00030229	0,00040940	0,00058052	0,00086709	7,4
0,00020397	0,00026412	0,00035547	0,00050030	0,00074082	7,5
0,00017926	0,00023095	0,00030895	0,00043172	0,00063390	7,6
0,00015764	0,00020212	0,00026880	0,00037299	0,00054321	7,7

Tabelle 19 (Fortsetzung). $A_n(1, \alpha)$

α \ $n =$	0	1	2	3	4	5
7,8	0,00005253	0,00005926	0,00006772	0,00007858	0,00009282	0,00011203
7,9	0,00004693	0,00005287	0,00006031	0,00006983	0,00008229	0,00009901
8,0	0,00004193	0,00004717	0,00005373	0,00006208	0,00007297	0,00008754
8,1	0,00003747	0,00004210	0,00004787	0,00005520	0,00006473	0,00007743
8,2	0,00003349	0,00003758	0,00004266	0,00004910	0,00005744	0,00006852
8,3	0,00002994	0,00003355	0,00003802	0,00004368	0,00005099	0,00006066
8,4	0,00002677	0,00002995	0,00003390	0,00003888	0,00004528	0,00005372
8,5	0,00002393	0,00002675	0,00003023	0,00003461	0,00004022	0,00004760
8,6	0,00002141	0,00002389	0,00002696	0,00003081	0,00003574	0,00004218
8,7	0,00001915	0,00002135	0,00002405	0,00002744	0,00003176	0,00003740
8,8	0,00001713	0,00001907	0,00002146	0,00002445	0,00002824	0,00003317
8,9	0,00001532	0,00001704	0,00001915	0,00002178	0,00002511	0,00002943
9,0	0,00001371	0,00001523	0,00001710	0,00001941	0,00002234	0,00002612
9,1	0,00001227	0,00001362	0,00001526	0,00001730	0,00001988	0,00002319
9,2	0,00001098	0,00001217	0,00001363	0,00001542	0,00001769	0,00002059
9,3	0,00000983	0,00001089	0,00001217	0,00001376	0,00001575	0,00001829
9,4	0,00000880	0,00000974	0,00001087	0,00001227	0,00001402	0,00001626
9,5	0,00000788	0,00000871	0,00000971	0,00001094	0,00001250	0,00001445
9,6	0,00000705	0,00000779	0,00000868	0,00000977	0,00001112	0,00001285
9,7	0,00000632	0,00000697	0,00000775	0,00000872	0,00000991	0,00001143
9,8	0,00000566	0,00000623	0,00000693	0,00000778	0,00000883	0,00001016
9,9	0,00000507	0,00000558	0,00000619	0,00000694	0,00000787	0,00000904
10,0	0,00000454	0,00000499	0,00000554	0,00000620	0,00000702	0,00000805
10,1	0,00000407	0,00000447	0,00000495	0,00000554	0,00000626	0,00000717
10,2	0,00000364	0,00000400	0,00000443	0,00000494	0,00000558	0,00000638
10,3	0,00000326	0,00000358	0,00000396	0,00000442	0,00000498	0,00000568
10,4	0,00000292	0,00000321	0,00000354	0,00000395	0,00000444	0,00000506
10,5	0,00000262	0,00000287	0,00000317	0,00000353	0,00000397	0,00000451
10,6	0,00000235	0,00000257	0,00000283	0,00000315	0,00000354	0,00000402
10,7	0,00000210	0,00000230	0,00000253	0,00000281	0,00000316	0,00000358
10,8	0,00000189	0,00000206	0,00000227	0,00000252	0,00000282	0,00000319
10,9	0,00000169	0,00000185	0,00000203	0,00000225	0,00000252	0,00000285
11,0	0,00000152	0,00000165	0,00000182	0,00000201	0,00000225	0,00000254
11,1	0,00000136	0,00000148	0,00000163	0,00000180	0,00000201	0,00000226
11,2	0,00000122	0,00000133	0,00000146	0,00000161	0,00000180	0,00000202
11,3	0,00000109	0,00000119	0,00000130	0,00000144	0,00000160	0,00000180
11,4	0,00000098	0,00000107	0,00000117	0,00000129	0,00000143	0,00000161
11,5	0,00000088	0,00000096	0,00000104	0,00000115	0,00000128	0,00000144
11,6	0,00000079	0,00000086	0,00000093	0,00000103	0,00000114	0,00000128
11,7	0,00000071	0,00000077	0,00000084	0,00000092	0,00000102	0,00000115
11,8	0,00000063	0,00000069	0,00000075	0,00000083	0,00000091	0,00000102
11,9	0,00000057	0,00000062	0,00000067	0,00000074	0,00000082	0,00000091
12,0	0,00000051	0,00000055	0,00000060	0,00000066	0,00000073	0,00000082

Tabelle 19 (Fortsetzung).

6	7	8	9	10	$= n$ / α
0,00013871	0,00017701	0,00023408	0,00032262	0,00046615	7,8
0,00012213	0,00015514	0,00020403	0,00027937	0,00040057	7,9
0,00010759	0,00013607	0,00017801	0,00024219	0,00034467	8,0
0,00009483	0,00011943	0,00015543	0,00021017	0,00029695	8,1
0,00008363	0,00010488	0,00013582	0,00018257	0,00025613	8,2
0,00007379	0,00009218	0,00011879	0,00015875	0,00022120	8,3
0,00006514	0,00008105	0,00010396	0,00013816	0,00019125	8,4
0,00005753	0,00007132	0,00009106	0,00012035	0,00016553	8,5
0,00005084	0,00006279	0,00007981	0,00010493	0,00014342	8,6
0,00004494	0,00005531	0,00007001	0,00009157	0,00012440	8,7
0,00003975	0,00004875	0,00006144	0,00007997	0,00010800	8,8
0,00003516	0,00004298	0,00005396	0,00006989	0,00009385	8,9
0,00003113	0,00003792	0,00004742	0,00006113	0,00008164	9,0
0,00002756	0,00003347	0,00004170	0,00005351	0,00007107	9,1
0,00002441	0,00002956	0,00003668	0,00004687	0,00006193	9,2
0,00002163	0,00002611	0,00003229	0,00004108	0,00005401	9,3
0,00001918	0,00002308	0,00002844	0,00003603	0,00004714	9,4
0,00001700	0,00002041	0,00002506	0,00003162	0,00004117	9,5
0,00001509	0,00001805	0,00002210	0,00002777	0,00003599	9,6
0,00001338	0,00001598	0,00001949	0,00002441	0,00003148	9,7
0,00001188	0,00001414	0,00001721	0,00002146	0,00002756	9,8
0,00001055	0,00001253	0,00001519	0,00001888	0,00002414	9,9
0,00000937	0,00001109	0,00001341	0,00001661	0,00002115	10,0
0,00000832	0,00000984	0,00001186	0,00001463	0,00001856	10,1
0,00000739	0,00000872	0,00001048	0,00001289	0,00001628	10,2
0,00000657	0,00000773	0,00000927	0,00001137	0,00001430	10,3
0,00000584	0,00000686	0,00000820	0,00001002	0,00001257	10,4
0,00000520	0,00000609	0,00000726	0,00000885	0,00001105	10,5
0,00000462	0,00000540	0,00000643	0,00000781	0,00000972	10,6
0,00000411	0,00000480	0,00000569	0,00000690	0,00000855	10,7
0,00000366	0,00000426	0,00000505	0,00000609	0,00000753	10,8
0,00000326	0,00000378	0,00000447	0,00000538	0,00000663	10,9
0,00000290	0,00000336	0,00000396	0,00000476	0,00000585	11,0
0,00000259	0,00000299	0,00000352	0,00000421	0,00000516	11,1
0,00000230	0,00000266	0,00000312	0,00000373	0,00000455	11,2
0,00000205	0,00000237	0,00000277	0,00000330	0,00000402	11,3
0,00000183	0,00000210	0,00000246	0,00000292	0,00000354	11,4
0,00000163	0,00000187	0,00000218	0,00000259	0,00000313	11,5
0,00000145	0,00000167	0,00000194	0,00000229	0,00000277	11,6
0,00000130	0,00000148	0,00000172	0,00000204	0,00000245	11,7
0,00000115	0,00000132	0,00000153	0,00000180	0,00000216	11,8
0,00000103	0,00000117	0,00000136	0,00000160	0,00000191	11,9
0,00000092	0,00000105	0,00000121	0,00000142	0,00000169	12,0

$$\text{Tabelle 20. } A_n(-1, \alpha) = \int\limits_{-1}^{\infty} e^{-\alpha x} x^n dx$$

$$A_n(-1, \alpha)$$

α \\ $n=$	0	1	2	3	4	5
	+	−	+	−	+	−
3,5	9,461557	6,758255	5,599697	4,661817	4,133767	3,556176
3,6	10,166176	7,342238	6,087155	5,093547	4,506679	3,906899
3,7	10,931704	7,977189	6,619709	5,564371	4,916167	4,288235
3,8	11,763469	8,667820	7,201459	6,078107	5,365462	4,703651
3,9	12,667294	9,419270	7,836899	6,638910	5,858156	5,156838
4,0	13,649537	10,237153	8,530961	7,251317	6,398221	5,651762
4,1	14,717143	11,127596	9,289047	7,920279	6,990041	6,192702
4,2	15,877698	12,097293	10,117082	8,651211	7,638449	6,784305
4,3	17,139487	13,153559	11,021552	9,450032	8,348759	7,431627
4,4	18,511561	14,304388	12,009566	10,323220	9,126815	8,140180
4,5	20,003807	15,558516	13,088911	11,277866	9,979037	8,915988
4,6	21,627025	16,925498	14,268113	12,321734	10,912473	9,765641
4,7	23,393016	18,415778	15,556514	13,463325	11,934866	10,696349
4,8	25,314670	20,040781	16,964345	14,711954	13,054708	11,716016
4,9	27,406077	21,813000	18,502812	16,077825	14,281322	12,833299
5,0	29,682632	23,746105	20,184190	17,572118	15,624937	14,057694
5,1	32,161158	25,855048	22,021923	19,207085	17,096777	15,399612
5,2	34,860046	28,156191	24,030742	20,996156	18,709156	16,870473
5,3	37,799397	30,667436	26,226780	22,954050	20,475586	18,482807
5,4	41,001187	33,408375	28,627715	25,096901	22,410890	20,250363
5,5	44,489441	36,400452	31,252913	27,442398	24,531334	22,188229
5,6	48,290429	39,667138	34,123594	30,009932	26,854763	24,312962
5,7	52,432876	43,234126	37,263008	32,820767	29,400759	26,642737
5,8	56,948199	47,129544	40,696632	35,898217	32,190808	29,197502
5,9	61,870757	51,384188	44,452388	39,267847	35,248487	31,999157
6,0	67,238132	56,031776	48,560873	42,957695	38,599668	35,071741
6,1	73,09143	61,10923	53,05562	46,99851	42,27274	38,44164
6,2	79,47565	66,65699	57,97339	51,42401	46,29887	42,13785
6,3	86,43998	72,71935	63,35448	56,27119	50,71225	46,19217
6,4	94,03828	79,34480	69,24303	61,58061	55,55040	50,63953
6,5	102,32948	86,58648	75,68748	67,39679	60,85453	55,51830
6,6	111,37806	94,50259	82,74091	73,76855	66,66984	60,87060
6,7	121,25460	103,15690	90,46149	80,74945	73,04597	66,74268
6,8	132,03636	112,61925	98,91305	88,39825	80,03739	73,18534
6,9	143,80793	122,96620	108,16555	96,77943	87,70391	80,25437
7,0	156,66188	134,28161	118,29570	105,96372	96,11118	88,01103
7,1	170,69959	146,65739	129,38764	116,02875	105,33127	96,52263
7,2	186,03205	160,19426	141,53364	127,05970	115,44333	105,86307
7,3	202,78081	175,00262	154,83489	139,15003	126,53422	116,11354
7,4	221,07897	191,20344	169,40237	152,40234	138,69933	127,36321
7,5	241,07232	208,92934	185,35783	166,92919	152,04342	139,71004
7,6	262,92051	228,32570	202,83480	182,85414	166,68149	153,26164
7,7	286,79844	249,55189	221,97977	200,31281	182,73983	168,13621

Tabelle 20 (Fortsetzung).

6	7	8	9	10	$= n$ α
+	−	+	−	+	
3,365255	2,731048	3,219162	1,183712	6,079521	3,5
3,654677	3,059858	3,366490	1,749950	5,305202	3,6
3,977809	3,406118	3,567123	2,254917	4,837334	3,7
4,336652	3,774899	3,816312	2,724835	4,592852	3,8
4,733697	4,170915	4,111570	3,179055	4,515871	3,9
5,171895	4,598721	4,452094	3,632325	4,568724	4,0
5,654652	5,062859	4,838394	4,096279	4,726219	4,1
6,185832	5,567977	5,272027	4,580496	4,971754	4,2
6,769775	6,118923	5,755444	5,093208	5,294817	4,3
7,411316	6,720831	6,291868	5,641831	5,689216	4,4
8,115822	7,379194	6,885239	6,233327	6,151968	4,5
8,889233	8,099932	7,540187	6,874485	6,682492	4,6
9,738101	8,889460	8,262019	7,572127	7,282106	4,7
10,669650	9,754763	9,056731	9,333299	7,953631	4,8
11,691833	10,703459	9,931043	9,165386	8,701207	4,9
12,813398	11,743874	10,892434	10,076251	9,530130	5,0
14,043968	12,885124	11,949199	11,074336	10,446774	5,1
15,394116	14,137197	13,110512	12,168776	11,458554	5,2
16,875465	15,511047	14,386496	13,369499	12,573927	5,3
18,500784	17,018690	15,788314	14,687332	13,802425	5,4
20,284101	18,673313	17,328259	16,134109	15,154699	5,5
22,240827	20,489395	19,019864	17,722790	16,642590	5,6
24,387890	22,482836	20,878019	19,467583	18,279222	5,7
26,743886	24,671095	22,919103	21,384075	20,079105	5,8
29,329241	27,073352	25,161126	23,489378	22,058252	5,9
32,166390	29,710676	27,623896	25,802287	24,234320	6,0
35,27998	32,60621	30,32919	28,34345	26,62677	6,1
38,69708	35,78539	33,30095	31,13556	29,25700	6,2
42,44744	39,27616	36,56549	34,20356	32,14861	6,3
46,56372	43,10921	40,15177	37,57486	35,32756	6,4
51,08181	47,31829	44,09158	41,27960	38,82240	6,5
56,04115	51,94047	48,41990	45,35091	42,66455	6,6
61,48503	57,01650	53,17519	49,82524	46,88857	6,7
67,46106	62,59115	58,39971	54,74262	51,53251	6,8
74,02152	68,71363	64,13995	60,14712	56,63818	6,9
81,22385	75,43803	70,44699	66,08718	62,25162	7,0
89,13116	82,82379	77,37700	72,61606	68,42345	7,1
97,81282	90,93625	84,99177	79,79233	75,20936	7,2
107,34502	99,84722	93,35919	87,68043	82,67063	7,3
117,81151	109,63566	102,55394	96,35121	90,87464	7,4
129,30429	120,38832	112,65811	105,88258	99,89554	7,5
141,92448	132,20059	123,76199	116,36026	109,81491	7,6
155,78321	145,17734	135,96484	127,87849	120,72247	7,7

Tabelle 20 $A_n(-1, \alpha)$ (Fortsetzung).

α \ $n=$	0	1	2	3	4	5
	+	—	+	—	+	—
7,8	312,89769	272,78260	242,95343	219,45406	200,35714	184,46362
7,9	341,42814	298,20939	265,93209	240,44127	219,68572	202,38654
8,0	372,61975	326,04228	291,10918	263,45380	240,89284	222,06172
8,1	406,72445	356,51156	318,69690	288,68855	264,16219	243,66136
8,2	444,01833	389,86975	348,92816	316,36169	289,69556	267,37470
8,3	484,80391	426,39380	382,05841	346,71051	317,71451	293,40961
8,4	529,41272	466,38740	418,36809	379,99553	348,46246	321,99459
8,5	578,20811	510,18362	458,16490	416,50285	382,20677	353,38059
8,6	631,58832	558,14782	501,78650	456,54652	419,24109	387,84349
8,7	689,98992	610,68072	549,60355	500,47146	459,88809	425,68642
8,8	753,89137	668,22189	602,02276	548,65634	504,50213	467,24243
8,9	823,81725	731,25351	659,49061	601,51703	553,47250	512,87764
9,0	900,34266	800,30459	722,49719	659,51026	607,22699	562,99433
9,1	984,0981	875,9555	791,5804	723,1375	666,2355	618,0347
9,2	1075,7749	958,8429	867,3308	792,9496	731,0142	678,4846
9,3	1176,1311	1049,6654	950,3966	869,5516	802,1304	744,8782
9,4	1285,9980	1149,1897	1041,4895	953,6077	880,2075	817,8025
9,5	1406,2871	1258,2569	1141,3909	1045,8478	965,9301	897,9028
9,6	1537,9981	1377,7900	1250,9585	1147,0736	1060,0508	985,8883
9,7	1682,2276	1508,8020	1371,1344	1258,1654	1163,3965	1082,5387
9,8	1840,1781	1652,4048	1502,9526	1380,0905	1276,8758	1188,7108
9,9	2013,1688	1809,8184	1647,5489	1513,9115	1401,4873	1305,3469
10,0	2202,6466	1982,3820	1806,1702	1660,7955	1538,3284	1433,4824
10,1	2410,1990	2171,5655	1980,1861	1822,0249	1688,6049	1574,2559
10,2	2637,5674	2378,9823	2171,1002	1999,0084	1853,6424	1728,9191
10,3	2886,6621	2606,4036	2380,5643	2193,2938	2034,8975	1898,8477
10,4	3159,5795	2855,7738	2610,3922	2406,5817	2233,9711	2085,5549
10,5	3458,6194	3129,2271	2862,5761	2640,7405	2452,6230	2290,7037
10,6	3786,3055	3429,1069	3139,3042	2897,8232	2692,7873	2516,1228
10,7	4145,4071	3757,9859	3442,9798	3180,0856	2956,5900	2763,8230
10,8	4538,9632	4118,6888	3776,2430	3490,0068	3246,3680	3036,0150
10,9	4970,3087	4514,3170	4141,9936	3830,3104	3564,6901	3335,1297
11,0	5443,1038	4948,2762	4543,4172	4203,9900	3914,3801	3663,8401
11,1	5961,3658	5424,3057	4984,0133	4614,3351	4298,5422	4025,0854
11,2	6529,5038	5946,5125	5467,6266	5064,9609	4720,5893	4422,0978
11,3	7152,3573	6519,4053	5998,4803	5559,8404	5184,2723	4858,4315
11,4	7835,2387	7147,9370	6581,2148	6103,3401	5693,7159	5337,9949
11,5	8583,9798	7837,5468	7220,9283	6700,2594	6253,4548	5865,0866
11,6	9404,9824	8594,2080	7923,2225	7355,8732	6868,4745	6444,4331
11,7	10305,2746	9424,4819	8694,2521	8075,9791	7544,2561	7081,2335
11,8	11292,5721	10335,5744	9540,7798	8866,9501	8286,8263	7781,2051
11,9	12375,3465	11335,4014	10470,2372	9735,7910	9102,8118	8550,6357
12,0	13562,8990	12432,6575	11490,7894	10690,2018	9999,4985	9396,4414

Tabelle 20 (Fortsetzung).

6	7	8	9	10	$= n$ / α
+	—	+	—	+	
171,00259	159,43382	149,37582	140,54097	132,71695	7,8
187,71684	175,09676	164,11496	154,46172	145,90697	7,9
206,07346	192,30547	180,31427	169,76619	160,41201	8,0
226,23455	211,21311	198,11891	186,59234	176,36355	8,1
248,37831	231,98807	217,68851	205,09192	193,90622	8,2
272,70058	254,81546	239,19865	225,43188	213,19923	8,3
299,41657	279,89890	262,84232	247,79593	234,41756	8,4
328,76299	307,46212	288,83200	272,38599	257,75399	8,5
360,99983	337,75124	317,40112	299,42436	283,42045	8,6
396,41307	371,03686	348,80660	329,15549	311,65027	8,7
435,31699	407,61649	383,33091	361,84838	342,70003	8,8
478,05704	447,81733	421,28480	397,79890	376,85219	8,9
525,01311	491,99912	463,01010	437,33255	414,41759	9,0
576,6027	540,5575	508,8827	480,8075	455,7382	9,1
633,2849	593,9276	559,3161	528,6179	501,1903	9,2
695,5645	652,5879	614,7652	581,1971	551,1880	9,3
763,9964	717,0645	675,7303	639,0221	606,1872	9,4
839,1905	787,9361	742,7619	702,6179	666,6893	9,5
921,8179	865,8392	816,4654	772,5618	733,2462	9,6
1012,6160	951,4737	897,5070	849,4891	806,4656	9,7
1112,3959	1045,6095	986,6193	934,0991	887,0157	9,8
1222,0494	1149,0934	1084,6084	1027,1611	975,6323	9,9
1342,5571	1262,8566	1192,3613	1129,5214	1073,1252	10,0
1474,9974	1387,9235	1310,8536	1242,1116	1180,3855	10,1
1620,5561	1525,4210	1441,1587	1365,9567	1298,3941	10.2
1780,5371	1676,5883	1584,4576	1502,1845	1428,2304	10,3
1956,3747	1842,7888	1742,0496	1652,0365	1571,0828	10,4
2149,6458	2025,5221	1915,3644	1816,8784	1728,2589	10,5
2362,0850	2226,4380	2105,9749	1998,2136	1901,1983	10,6
2595,5998	2447,3511	2315,6118	2197,6962	2091,4854	10,7
2852,2881	2690,2578	2546,1795	2417,1468	2300,8642	10,8
3134,4574	2957,3543	2799,7733	2658,5692	2531,2543	10,9
3444,6456	3251,0566	3078,6990	2924,1683	2784,7690	11,0
3785,6439	3574,0228	3385,4935	3216,3711	3063,7342	11,1
4160,5228	3929,1771	3722,9487	3537,8485	3370,7104	11,2
4572,6591	4319,7365	4094,1366	3891,5405	3708,5162	11,3
5025,7679	4749,2409	4502,4381	4280,6824	4080,2542	11,4
5523,9347	5221,5848	4951,5731	4708,8356	4489,3402	11,5
6071,6550	5741,0527	5445,6358	5179,9202	4939,5341	11,6
6673,8728	6312,3593	5989,1315	5698,2504	5434,9752	11,7
7336,0271	6940,6917	6587,0184	6268,5750	5980,2204	11,8
8064,1018	7631,7572	7244,7534	6896,1214	6580,2866	11,9
8864,6784	8391,8366	7968,3413	7586,6430	7240,6966	12,0

Hilfsfunktionen

Tabellen 21—38

$$H_\tau^\nu(m,\alpha;n,\beta) = \int\limits_1^\infty\int\limits_1^\infty Q_\tau^\nu\!\left(\genfrac{}{}{0pt}{}{\mu_1}{\mu_2}\right) P_\tau^\nu\!\left(\genfrac{}{}{0pt}{}{\mu_2}{\mu_1}\right) e^{-(\alpha\mu_1+\beta\mu_2)} \left[(\mu_1^2-1)(\mu_2^2-1)\right]^{\nu/2} \mu_1^m \mu_2^n \, d\mu_1 \, d\mu_2$$

Vertauschen von α und β ergibt $H_\tau^\nu(n,\alpha;m,\beta)$ $\qquad \nu=0 \quad \tau=0 \qquad$ .123456-2 bedeutet 0,00123456

Tabellen 21—38.

$\alpha =$	0,5	1,0	1,5	2,0	2,5	3,0	3,5	4,0	4,5
$\beta = 0,5$									
$H_0^0(0,\alpha;0,\beta)$	$.526387^{0}$	$.193530^{0}$	$.849562^{-1}$	$.404820^{-1}$	$.202414^{-1}$	$.104487^{-1}$	$.551768^{-2}$	$.296387^{-2}$	$.161337^{-2}$
$H_0^0(0,\alpha;1,\beta)$	$.123333^{+1}$	$.431422^{0}$	$.184494^{0}$	$.864939^{-1}$	$.427577^{-1}$	$.218901^{-1}$	$.114868^{-1}$	$.613945^{-2}$	$.332845^{-2}$
$H_0^0(0,\alpha;2,\beta)$	$.398818^{+1}$	$.132421^{+1}$	$.552261^{0}$	$.255081^{0}$	$.124889^{0}$	$.634979^{-1}$	$.331490^{-1}$	$.176470^{-1}$	$.953680^{-2}$
$H_0^0(0,\alpha;3,\beta)$	$.182236^{+2}$	$.580788^{+1}$	$.238080^{+1}$	$.108947^{+1}$	$.530342^{0}$	$.268586^{0}$	$.139820^{0}$	$.742754^{-1}$	$.400734^{-1}$
$H_0^0(0,\alpha;4,\beta)$	$.11394^{+3}$	$.35417^{+2}$	$.14395^{+2}$	$.65603^{+1}$	$.31860^{+1}$	$.16112^{+1}$	$.83789^{0}$	$.44478^{0}$	$.23984^{0}$
$H_0^0(1,\alpha;1,\beta)$	$.307060^{+1}$	$.793569^{0}$	$.293071^{0}$	$.125735^{0}$	$.585597^{-1}$	$.287148^{1}$	$.145840^{-1}$	$.759791^{-2}$	$.403510^{-2}$
$H_0^0(1,\alpha;2,\beta)$	$.105727^{+2}$	$.252536^{+1}$	$.897814^{0}$	$.376845^{0}$	$.173065^{0}$	$.840441^{-1}$	$.423854^{-1}$	$.219640^{-1}$	$.116160^{-1}$
$H_0^0(1,\alpha;3,\beta)$	$.507963^{+2}$	$.113595^{+2}$	$.392820^{+1}$	$.162508^{+1}$	$.739867^{0}$	$.357256^{0}$	$.179457^{0}$	$.927225^{-1}$	$.489284^{-1}$
$H_0^0(1,\alpha;4,\beta)$	$.32814^{+3}$	$.70195^{+2}$	$.23911^{+2}$	$.98244^{+1}$	$.44563^{+1}$	$.21470^{+1}$	$.10769^{+1}$	$.55581^{0}$	$.29307^{0}$
$H_0^0(2,\alpha;2,\beta)$	$.389213^{+2}$	$.589561^{+1}$	$.167416^{+1}$	$.614524^{0}$	$.258325^{0}$	$.117864^{0}$	$.567619^{-1}$	$.283909^{-1}$	$.146010^{-1}$
$H_0^0(2,\alpha;3,\beta)$	$.197865^{+3}$	$.274196^{+2}$	$.747555^{+1}$	$.268546^{+1}$	$.111456^{+1}$	$.504373^{0}$	$.241537^{0}$	$.120324^{0}$	$.616937^{-1}$
$H_0^0(2,\alpha;4,\beta)$	$.13309^{+4}$	$.17271^{+3}$	$.45960^{+2}$	$.16330^{+2}$	$.67382^{+1}$	$.30388^{+1}$	$.14520^{+1}$	$.72225^{0}$	$.36992^{0}$
$H_0^0(3,\alpha;3,\beta)$	$.105880^{+4}$	$.836012^{+2}$	$.168811^{+2}$	$.503924^{+1}$	$.184925^{+1}$	$.767513^{0}$	$.345100^{0}$	$.163885^{0}$	$.809574^{-1}$
$H_0^0(3,\alpha;4,\beta)$	$.74144^{+4}$	$.53931^{+3}$	$.10520^{+3}$	$.30894^{+2}$	$.11239^{+2}$	$.46413^{+1}$	$.20798^{+1}$	$.98556^{0}$	$.48611^{0}$
$H_0^0(4,\alpha;4,\beta)$	$.53770^{+5}$	$.21203^{+4}$	$.29076^{+3}$	$.67858^{+2}$	$.21080^{+2}$	$.77793^{+1}$	$.32092^{+1}$	$.14285^{+1}$	$.67130^{0}$
$\beta = 1,0$									
$H_0^0(0,\alpha;0,\beta)$	$.193530^{0}$	$.739964^{-1}$	$.331768^{-1}$	$.160228^{-1}$	$.808686^{-2}$	$.420343^{-2}$	$.223212^{-2}$	$.120379^{-2}$	$.657535^{-3}$
$H_0^0(0,\alpha;1,\beta)$	$.342772^{0}$	$.127018^{0}$	$.559065^{-1}$	$.266670^{1}$	$.133389^{-1}$	$.688636^{-2}$	$.363642^{-2}$	$.159316^{-2}$	$.106306^{-2}$
$H_0^0(0,\alpha;2,\beta)$	$.730320^{0}$	$.260365^{0}$	$.112156^{0}$	$.527612^{-1}$	$.261369^{-1}$	$.133973^{-1}$	$.703574^{-2}$	$.376252^{-2}$	$.204061^{-2}$
$H_0^0(0,\alpha;3,\beta)$	$.194353^{+1}$	$.664948^{0}$	$.280396^{0}$	$.130204^{0}$	$.639421^{-1}$	$.325721^{-1}$	$.170261^{-1}$	$.907223^{-2}$	$.490617^{-2}$
$H_0^0(0,\alpha;4,\beta)$	$.65462^{+1}$	$.215861^{+1}$	$.894713^{0}$	$.411451^{0}$	$.200189^{0}$	$.101867^{0}$	$.530859^{-1}$	$.282213^{-1}$	$.152344^{-1}$
$H_0^0(1,\alpha;1,\beta)$	$.793569^{0}$	$.223903^{0}$	$.863826^{-1}$	$.380251^{1}$	$.180086^{-1}$	$.893434^{-2}$	$.457681^{-2}$	$.240008^{-2}$	$.128122^{-2}$
$H_0^0(1,\alpha;2,\beta)$	$.177065^{+1}$	$.473323^{0}$	$.177076^{0}$	$.764362^{-1}$	$.357171^{-1}$	$.175482^{-1}$	$.892370^{-2}$	$.465289^{-2}$	$.247249^{-2}$
$H_0^0(1,\alpha;3,\beta)$	$.494683^{+1}$	$.124618^{+1}$	$.451757^{0}$	$.191345^{0}$	$.883075^{-1}$	$.430115^{-1}$	$.217336^{-1}$	$.112774^{-1}$	$.596998^{-2}$
$H_0^0(1,\alpha;4,\beta)$	$.17409^{+2}$	$.414748^{+1}$	$.146382^{+1}$	$.610873^{0}$	$.279354^{0}$	$.135237^{0}$	$.680423^{-1}$	$.351949^{-1}$	$.185864^{-1}$
$H_0^0(2,\alpha;2,\beta)$	$.589561^{+1}$	$.103784^{+1}$	$.317321^{0}$	$.121361^{0}$	$.523159^{-1}$	$.242693^{-1}$	$.118240^{-1}$	$.596431^{-2}$	$.308704^{-2}$
$H_0^0(2,\alpha;3,\beta)$	$.173013^{+2}$	$.283589^{+1}$	$.831021^{0}$	$.309564^{0}$	$.131155^{0}$	$.601176^{-1}$	$.290365^{-1}$	$.145519^{-1}$	$.749418^{-2}$
$H_0^0(2,\alpha;4,\beta)$	$.63775^{+2}$	$.974307^{+1}$	$.274914^{+1}$	$.100219^{+1}$	$.418999^{0}$	$.190388^{0}$	$.914023^{-1}$	$.456073^{-1}$	$.234108^{-1}$
$H_0^0(3,\alpha;3,\beta)$	$.836012^{+2}$	$.805697^{+1}$	$.179505^{+1}$	$.564466^{0}$	$.213440^{0}$	$.902579^{-1}$	$.410757^{-1}$	$.196721^{-1}$	$.977713^{-2}$
$H_0^0(3,\alpha;4,\beta)$	$.32020^{+3}$	$.286636^{+2}$	$.609146^{+1}$	$.186068^{+1}$	$.690746^{0}$	$.288568^{0}$	$.130229^{0}$	$.619966^{-1}$	$.306762^{-1}$
$H_0^0(4,\alpha;4,\beta)$	$.21203^{+4}$	$.105394^{+3}$	$.161589^{+2}$	$.398536^{+1}$	$.127511^{+1}$	$.478576^{0}$	$.199481^{0}$	$.893932^{-1}$	$.421991^{-1}$
$\beta = 1,5$									
$H_0^0(0,\alpha;0,\beta)$	$.849562^{-1}$	$.331768^{-1}$	$.150642^{-1}$	$.733797^{-2}$	$.372675^{-2}$	$.194636^{-2}$	$.103720^{-2}$	$.561214^{-3}$	$.307322^{-3}$
$H_0^0(0,\alpha;1,\beta)$	$.131536^{0}$	$.502786^{-1}$	$.225222^{-1}$	$.108666^{-1}$	$.547957^{-2}$	$.284593^{-2}$	$.150982^{-2}$	$.813952^{-3}$	$.444356^{-3}$
$H_0^0(0,\alpha;2,\beta)$	$.230263^{0}$	$.856220^{-1}$	$.377180^{-1}$	$.179922^{-1}$	$.899777^{-2}$	$.464375^{-2}$	$.245137^{-2}$	$.131624^{-2}$	$.716186^{-3}$
$H_0^0(0,\alpha;3,\beta)$	$.470263^{0}$	$.169246^{0}$	$.731637^{-1}$	$.344724^{-1}$	$.170901^{-1}$	$.876340^{-2}$	$.460310^{-2}$	$.246184^{-2}$	$.133523^{-2}$
$H_0^0(0,\alpha;4,\beta)$	$.11468^{+1}$	$.398758^{0}$	$.169190^{0}$	$.787959^{-1}$	$.387575^{-1}$	$.197618^{-1}$	$.103361^{-1}$	$.550976^{-2}$	$.298047^{-2}$
$H_0^0(1,\alpha;1,\beta)$	$.293071^{0}$	$.863826^{-1}$	$.341759^{-1}$	$.152892^{-1}$	$.732236^{-2}$	$.366247^{-2}$	$.188783^{-2}$	$.994784^{-3}$	$.533110^{-3}$
$H_0^0(1,\alpha;2,\beta)$	$.530144^{0}$	$.150653^{0}$	$.582557^{-1}$	$.256601^{-1}$	$.121528^{-1}$	$.602782^{-2}$	$.308691^{-2}$	$.161824^{-2}$	$.863573^{-3}$
$H_0^0(1,\alpha;3,\beta)$	$.112510^{+1}$	$.305861^{0}$	$.115184^{0}$	$.498677^{-1}$	$.233361^{-1}$	$.114739^{-1}$	$.583708^{-2}$	$.304414^{-2}$	$.161778^{-2}$
$H_0^0(1,\alpha;4,\beta)$	$.28565^{+1}$	$.739980^{0}$	$.271219^{0}$	$.115467^{0}$	$.534333^{-1}$	$.260661^{-1}$	$.131838^{-1}$	$.684529^{-2}$	$.362529^{-2}$
$H_0^0(2,\alpha;2,\beta)$	$.167416^{+1}$	$.317321^{0}$	$.101460^{0}$	$.399106^{-1}$	$.175295^{-1}$	$.823900^{-2}$	$.405252^{-2}$	$.205896^{-2}$	$.107166^{-2}$
$H_0^0(2,\alpha;3,\beta)$	$.368498^{+1}$	$.664605^{0}$	$.205434^{0}$	$.789770^{-1}$	$.341334^{-1}$	$.158562^{-1}$	$.773088^{-2}$	$.390015^{-2}$	$.201967^{-2}$
$H_0^0(2,\alpha;4,\beta)$	$.97306^{+1}$	$.165970^{+1}$	$.495029^{0}$	$.185976^{0}$	$.791460^{-1}$	$.363702^{-1}$	$.175936^{-1}$	$.882585^{-2}$	$.454827^{-2}$
$H_0^0(3,\alpha;3,\beta)$	$.168811^{+2}$	$.179505^{+1}$	$.427285^{0}$	$.140128^{0}$	$.544518^{-1}$	$.234545^{-1}$	$.108129^{-1}$	$.522739^{-2}$	$.261638^{-2}$
$H_0^0(3,\alpha;4,\beta)$	$.45887^{+2}$	$.463045^{+1}$	$.105761^{+1}$	$.336893^{0}$	$.128282^{0}$	$.544640^{-1}$	$.248458^{-1}$	$.119173^{-1}$	$.592888^{-2}$
$H_0^0(4,\alpha;4,\beta)$	$.29076^{+3}$	$.161589^{+2}$	$.269110^{+1}$	$.700005^{0}$	$.231698^{0}$	$.889089^{-1}$	$.376160^{-1}$	$.170327^{-1}$	$.810068^{-2}$

Tabellen 21—23 (Fortsetzung).

5,0	5,5	6,0	6,5	7,0	7,5	8,0	9,0	10,0	$= \alpha$

$\beta = 0,5$

5,0	5,5	6,0	6,5	7,0	7,5	8,0	9,0	10,0	$= \alpha$
$.887626^{-3}$	$.492626^{-3}$	$.275403^{-3}$	$.154918^{-3}$	$.876072^{-4}$	$.497709^{-4}$	$.283898^{-4}$	$.933276^{-5}$	$.310322^{-5}$	$H_0^0(0,\alpha;0,\beta)$
$.182508^{-2}$	$.101005^{-2}$	$.563311^{-3}$	$.316212^{-3}$	$.178496^{-3}$	$.101244^{-3}$	$.576689^{-4}$	$.189124^{-4}$	$.627621^{-5}$	$H_0^0(0,\alpha;1,\beta)$
$.521575^{-2}$	$.288032^{-2}$	$.160346^{-2}$	$.898692^{-3}$	$.506611^{-3}$	$.287016^{-3}$	$.163315^{-3}$	$.534655^{-4}$	$.177180^{-4}$	$H_0^0(0,\alpha;2,\beta)$
$.218873^{-1}$	$.120738^{-1}$	$.671532^{-2}$	$.376087^{-2}$	$.211868^{-2}$	$.119964^{-2}$	$.682268^{-3}$	$.223173^{-3}$	$.739084^{-4}$	$H_0^0(0,\alpha;3,\beta)$
$.13094^{\ 0}$	$.72204^{-1}$	$.40147^{-1}$	$.22479^{-1}$	$.12661^{-1}$	$.71676^{-2}$	$.40758^{-2}$	$.13329^{-2}$	$.44133^{-3}$	$H_0^0(0,\alpha;4,\beta)$
$.217533^{-2}$	$.118691^{-2}$	$.654000^{-3}$	$.363325^{-3}$	$.203245^{-3}$	$.114372^{-3}$	$.646910^{-4}$	$.209652^{-4}$	$.689075^{-5}$	$H_0^0(1,\alpha;1,\beta)$
$.624127^{-2}$	$.339603^{-2}$	$.186698^{-2}$	$.103519^{-2}$	$.578129^{-3}$	$.324864^{-3}$	$.183520^{-3}$	$.593523^{-4}$	$.194754^{-4}$	$H_0^0(1,\alpha;2,\beta)$
$.262432^{-1}$	$.142595^{-1}$	$.783013^{-2}$	$.433739^{-2}$	$.242036^{-2}$	$.135912^{-2}$	$.767313^{-3}$	$.247909^{-3}$	$.812834^{-4}$	$H_0^0(1,\alpha;3,\beta)$
$.15710^{\ 0}$	$.85320^{-1}$	$.46833^{-1}$	$.25935^{-1}$	$.14468^{-1}$	$.81227^{-2}$	$.45850^{-2}$	$.14809^{-2}$	$.48544^{-3}$	$H_0^0(1,\alpha;4,\beta)$
$.766976^{-2}$	$.409628^{-2}$	$.221708^{-2}$	$.121312^{-2}$	$.669832^{-3}$	$.372691^{-3}$	$.208723^{-3}$	$.665350^{-4}$	$.215814^{-4}$	$H_0^0(2,\alpha;2,\beta)$
$.323317^{-1}$	$.172360^{-1}$	$.931492^{-2}$	$.509061^{-2}$	$.280793^{-2}$	$.156096^{-2}$	$.873555^{-3}$	$.278129^{-3}$	$.901298^{-4}$	$H_0^0(2,\alpha;3,\beta)$
$.19371^{\ 0}$	$.10320^{\ 0}$	$.55746^{-1}$	$.30453^{-1}$	$.16792^{-1}$	$.93323^{-2}$	$.52214^{-2}$	$.16618^{-2}$	$.53837^{-3}$	$H_0^0(2,\alpha;4,\beta)$
$.411860^{-1}$	$.214324^{-1}$	$.113538^{-1}$	$.610172^{-2}$	$.331804^{-2}$	$.182209^{-2}$	$.100892^{-2}$	$.315653^{-3}$	$.100888^{-3}$	$H_0^0(3,\alpha;3,\beta)$
$.24703^{\ 0}$	$.12844^{\ 0}$	$.67996^{-1}$	$.36523^{-1}$	$.19853^{-1}$	$.10898^{-1}$	$.60327^{-2}$	$.18866^{-2}$	$.60277^{-3}$	$H_0^0(3,\alpha;4,\beta)$
$.32832^{\ 0}$	$.16552^{\ 0}$	$.85438^{-1}$	$.44937^{-1}$	$.23997^{-1}$	$.12976^{-1}$	$.70904^{-2}$	$.21709^{-2}$	$.68233^{-3}$	$H_0^0(4,\alpha;4,\beta)$

$\beta = 1,0$

5,0	5,5	6,0	6,5	7,0	7,5	8,0	9,0	10,0	$= \alpha$
$.362792^{-3}$	$.201833^{-3}$	$.113068^{-3}$	$.637163^{-4}$	$.360882^{-4}$	$.205305^{-4}$	$.117251^{-4}$	$.386247^{-5}$	$.128649^{-5}$	$H_0^0(0,\alpha;0,\beta)$
$.584790^{-3}$	$.324511^{-3}$	$.181394^{-3}$	$.102024^{-3}$	$.576883^{-4}$	$.327698^{-4}$	$.186902^{-4}$	$.614295^{-5}$	$.204224^{-5}$	$H_0^0(0,\alpha;1,\beta)$
$.111925^{-2}$	$.619556^{-3}$	$.345588^{-3}$	$.194020^{-3}$	$.109532^{-3}$	$.621326^{-4}$	$.353934^{-4}$	$.116084^{-4}$	$.387443^{-5}$	$H_0^0(0,\alpha;2,\beta)$
$.268463^{-2}$	$.148317^{-2}$	$.825943^{-3}$	$.463046^{-3}$	$.261089^{-3}$	$.147946^{-3}$	$.841972^{-4}$	$.275716^{-4}$	$.913891^{-5}$	$H_0^0(0,\alpha;3,\beta)$
$.832419^{-2}$	$.459342^{-2}$	$.255547^{-2}$	$.143148^{-2}$	$.806569^{-3}$	$.456763^{-3}$	$.259808^{-3}$	$.850022^{-4}$	$.281549^{-4}$	$H_0^0(0,\alpha;4,\beta)$
$.693587^{-3}$	$.379730^{-3}$	$.209834^{-3}$	$.116854^{-3}$	$.655046^{-4}$	$.369277^{-4}$	$.209200^{-4}$	$.679760^{-5}$	$.223890^{-5}$	$H_0^0(1,\alpha;1,\beta)$
$.133349^{-2}$	$.727804^{-3}$	$.401123^{-3}$	$.222882^{-3}$	$.124699^{-3}$	$.701794^{-4}$	$.396986^{-4}$	$.128674^{-4}$	$.422961^{-5}$	$H_0^0(1,\alpha;2,\beta)$
$.320999^{-2}$	$.174762^{-2}$	$.961185^{-3}$	$.533141^{-3}$	$.297836^{-3}$	$.167402^{-3}$	$.945877^{-4}$	$.306008^{-4}$	$.100437^{-4}$	$H_0^0(1,\alpha;3,\beta)$
$.997473^{-2}$	$.542226^{-2}$	$.297850^{-2}$	$.165036^{-2}$	$.921151^{-3}$	$.517353^{-3}$	$.292131^{-3}$	$.944083^{-4}$	$.309602^{-4}$	$H_0^0(1,\alpha;4,\beta)$
$.162969^{-2}$	$.873851^{-3}$	$.474496^{-3}$	$.268326^{-3}$	$.144064^{-3}$	$.803097^{-4}$	$.450509^{-4}$	$.143994^{-4}$	$.468035^{-5}$	$H_0^0(2,\alpha;2,\beta)$
$.394063^{-2}$	$.210623^{-2}$	$.114066^{-2}$	$.624435^{-3}$	$.344918^{-3}$	$.191971^{-3}$	$.107541^{-3}$	$.342952^{-4}$	$.111275^{-4}$	$H_0^0(2,\alpha;3,\beta)$
$.122789^{-1}$	$.654985^{-2}$	$.354144^{-2}$	$.193612^{-2}$	$.106827^{-2}$	$.594008^{-3}$	$.332491^{-3}$	$.105895^{-3}$	$.343244^{-4}$	$H_0^0(2,\alpha;4,\beta)$
$.499665^{-2}$	$.260925^{-2}$	$.138605^{-2}$	$.746534^{-3}$	$.406689^{-3}$	$.223668^{-3}$	$.124004^{-3}$	$.388739^{-4}$	$.124435^{-4}$	$H_0^0(3,\alpha;3,\beta)$
$.156243^{-1}$	$.813755^{-2}$	$.431364^{-2}$	$.231939^{-2}$	$.126176^{-2}$	$.693113^{-3}$	$.383887^{-3}$	$.120153^{-3}$	$.384144^{-4}$	$H_0^0(3,\alpha;4,\beta)$
$.207049^{-1}$	$.104627^{-1}$	$.541023^{-2}$	$.284947^{-2}$	$.152332^{-2}$	$.824434^{-3}$	$.450803^{-3}$	$.138177^{-3}$	$.434636^{-4}$	$H_0^0(4,\alpha;4,\beta)$

$\beta = 1,5$

5,0	5,5	6,0	6,5	7,0	7,5	8,0	9,0	10,0	$= \alpha$
$.169924^{-3}$	$.947064^{-4}$	$.531383^{-4}$	$.299855^{-4}$	$.170039^{-4}$	$.968380^{-5}$	$.553578^{-5}$	$.182657^{-5}$		$H_0^0(0,\alpha;0,\beta)$
$.245054^{-3}$	$.136274^{-3}$	$.763122^{-4}$	$.429887^{-4}$	$.243408^{-4}$	$.138435^{-4}$	$.790411^{-5}$	$.260259^{-5}$		$H_0^0(0,\alpha;1,\beta)$
$.393864^{-3}$	$.218507^{-3}$	$.122113^{-3}$	$.686670^{-4}$	$.388194^{-4}$	$.220475^{-4}$	$.125727^{-4}$	$.413113^{-5}$		$H_0^0(0,\alpha;2,\beta)$
$.732352^{-3}$	$.405384^{-3}$	$.226116^{-3}$	$.126941^{-3}$	$.716606^{-4}$	$.406483^{-4}$	$.231541^{-4}$	$.759352^{-5}$		$H_0^0(0,\alpha;3,\beta)$
$.163124^{-2}$	$.901342^{-3}$	$.501998^{-3}$	$.281459^{-3}$	$.158713^{-3}$	$.899400^{-4}$	$.511880^{-4}$	$.167635^{-4}$		$H_0^0(0,\alpha;4,\beta)$
$.289519^{-3}$	$.158930^{-3}$	$.880200^{-4}$	$.491118^{-4}$	$.275763^{-4}$	$.155685^{-4}$	$.883106^{-5}$	$.287569^{-5}$		$H_0^0(1,\alpha;1,\beta)$
$.467349^{-3}$	$.255794^{-3}$	$.141312^{-3}$	$.786761^{-4}$	$.440934^{-4}$	$.248523^{-4}$	$.140766^{-4}$	$.457247^{-5}$		$H_0^0(1,\alpha;2,\beta)$
$.872553^{-3}$	$.476233^{-3}$	$.262467^{-3}$	$.145835^{-3}$	$.815891^{-4}$	$.459159^{-4}$	$.259724^{-4}$	$.841766^{-5}$		$H_0^0(1,\alpha;3,\beta)$
$.194988^{-2}$	$.106181^{-2}$	$.584091^{-3}$	$.324020^{-3}$	$.181030^{-3}$	$.101758^{-3}$	$.575005^{-4}$	$.186042^{-4}$		$H_0^0(1,\alpha;4,\beta)$
$.568267^{-3}$	$.305811^{-3}$	$.166549^{-3}$	$.916034^{-4}$	$.508006^{-4}$	$.283708^{-4}$	$.159401^{-4}$	$.510810^{-5}$		$H_0^0(2,\alpha;2,\beta)$
$.106633^{-2}$	$.571805^{-3}$	$.310490^{-3}$	$.170344^{-3}$	$.942655^{-4}$	$.525474^{-4}$	$.294761^{-4}$	$.942056^{-5}$		$H_0^0(2,\alpha;3,\beta)$
$.239268^{-2}$	$.127929^{-2}$	$.692985^{-3}$	$.379431^{-3}$	$.209615^{-3}$	$.116678^{-3}$	$.653680^{-4}$	$.208488^{-4}$		$H_0^0(2,\alpha;4,\beta)$
$.134437^{-2}$	$.705026^{-3}$	$.375797^{-3}$	$.202972^{-3}$	$.110830^{-3}$	$.610720^{-4}$	$.339151^{-4}$	$.106603^{-4}$		$H_0^0(3,\alpha;3,\beta)$
$.303105^{-2}$	$.158410^{-2}$	$.841777^{-3}$	$.453503^{-3}$	$.247103^{-3}$	$.135920^{-3}$	$.753648^{-4}$	$.236301^{-4}$		$H_0^0(3,\alpha;4,\beta)$
$.399656^{-2}$	$.202802^{-2}$	$.105209^{-2}$	$.555545^{-3}$	$.297608^{-3}$	$.161342^{-3}$	$.883471^{-4}$	$.271385^{-4}$		$H_0^0(4,\alpha;4,\beta)$

Tabellen 24—26.

$\alpha =$	0,5	1,0	1,5	2,0	2,5	3,0	3,5	4,0	4,5

$\beta = 2,0$

	0,5	1,0	1,5	2,0	2,5	3,0	3,5	4,0	4,5
$H_0^0 (0, \alpha; 0, \beta)$	$.404820^{-1}$	$.160228^{-1}$	$.733797^{-2}$	$.359622^{-2}$	$.183479^{-2}$	$.961693^{-3}$	$.513961^{-3}$	$.278758^{-3}$	$.152953^{-3}$
$H_0^0 (0, \alpha; 1, \beta)$	$.577742^{-1}$	$.225137^{-1}$	$.102047^{-1}$	$.496361^{-2}$	$.251783^{-2}$	$.131364^{-2}$	$.699421^{-3}$	$.378161^{-3}$	$.206946^{-3}$
$H_0^0 (0, \alpha; 2, \beta)$	$.900477^{-1}$	$.343876^{-1}$	$.153857^{-1}$	$.741510^{-2}$	$.373546^{-2}$	$.193844^{-2}$	$.102762^{-2}$	$.553638^{-3}$	$.302075^{-3}$
$H_0^0 (0, \alpha; 3, \beta)$	$.157009^{0}$	$.584773^{-1}$	$.257625^{-1}$	$.122849^{-1}$	$.614072^{-2}$	$.316772^{-2}$	$.167145^{-2}$	$.897103^{-3}$	$.487949^{-3}$
$H_0^0 (0, \alpha; 4, \beta)$	$.31329^{0}$	$.113385^{0}$	$.491126^{-1}$	$.231578^{-1}$	$.114837^{-1}$	$.588890^{-2}$	$.309309^{-2}$	$.165410^{-2}$	$.897040^{-3}$
$H_0^0 (1, \alpha; 1, \beta)$	$.125735^{0}$	$.380251^{-1}$	$.152892^{-1}$	$.691582^{-2}$	$.333868^{-2}$	$.168000^{-2}$	$.870027^{-3}$	$.460179^{-3}$	$.247368^{-3}$
$H_0^0 (1, \alpha; 2, \beta)$	$.200727^{0}$	$.591602^{-1}$	$.233826^{-1}$	$.104485^{-1}$	$.499853^{-2}$	$.249767^{-2}$	$.128631^{-2}$	$.677301^{-3}$	$.362727^{-3}$
$H_0^0 (1, \alpha; 3, \beta)$	$.360436^{0}$	$.102829^{0}$	$.398015^{-1}$	$.175312^{-1}$	$.829981^{-2}$	$.411480^{-2}$	$.210622^{-2}$	$.110363^{-2}$	$.588704^{-3}$
$H_0^0 (1, \alpha; 4, \beta)$	$.74363^{0}$	$.204205^{0}$	$.772041^{-1}$	$.334795^{1}$	$.156778^{-1}$	$.771045^{-2}$	$.392272^{-2}$	$.204568^{-2}$	$.108707^{-2}$
$H_0^0 (2, \alpha; 2, \beta)$	$.614524^{0}$	$.121361^{0}$	$.399106^{-1}$	$.160034^{-1}$	$.712471^{-2}$	$.338195^{-2}$	$.167593^{-2}$	$.856427^{-3}$	$.447810^{-3}$
$H_0^0 (2, \alpha; 3, \beta)$	$.113330^{+1}$	$.216192^{0}$	$.692950^{-1}$	$.272762^{-1}$	$.119792^{-1}$	$.562822^{-2}$	$.276704^{-2}$	$.140517^{-2}$	$.731030^{-3}$
$H_0^0 (2, \alpha; 4, \beta)$	$.24117^{+1}$	$.441275^{0}$	$.137318^{0}$	$.529527^{-1}$	$.229187^{-1}$	$.106533^{-1}$	$.519547^{-2}$	$.262195^{-2}$	$.135733^{-2}$
$H_0^0 (3, \alpha; 3, \beta)$	$.503924^{+1}$	$.564466^{0}$	$.140128^{0}$	$.473484^{-1}$	$.187907^{-1}$	$.821699^{-2}$	$.383039^{-2}$	$.186730^{-2}$	$.940651^{-3}$
$H_0^0 (3, \alpha; 4, \beta)$	$.10952^{+2}$	$.118333^{+1}$	$.284395^{0}$	$.937369^{-1}$	$.365185^{-1}$	$.157499^{-1}$	$.726530^{-2}$	$.351323^{-2}$	$.175854^{-2}$
$H_0^0 (4, \alpha; 4, \beta)$	$.67858^{+2}$	$.398536^{+1}$	$.700005^{0}$	$.189584^{0}$	$.645893^{-1}$	$.252984^{-1}$	$.108626^{-1}$	$.497218^{-2}$	$.238400^{-2}$

$\beta = 2,5$

	0,5	1,0	1,5	2,0	2,5	3,0	3,5	4,0	4,5
$H_0^0 (0, \alpha; 0, \beta)$	$.202414^{-1}$	$.808686^{-2}$	$.372675^{-2}$	$.183479^{-2}$	$.939425^{-3}$	$.493782^{-3}$	$.264503^{-3}$	$.143736^{-3}$	$.789962^{-4}$
$H_0^0 (0, \alpha; 1, \beta)$	$.273360^{-1}$	$.107928^{-1}$	$.493347^{-2}$	$.241416^{-2}$	$.123018^{-2}$	$.644116^{-3}$	$.343932^{-3}$	$.186396^{-3}$	$.102206^{-3}$
$H_0^0 (0, \alpha; 2, \beta)$	$.394548^{-1}$	$.153406^{-1}$	$.694089^{-2}$	$.337114^{-2}$	$.170795^{-2}$	$.890187^{-3}$	$.473549^{-3}$	$.255845^{-3}$	$.139918^{-3}$
$H_0^0 (0, \alpha; 3, \beta)$	$.619827^{-1}$	$.236397^{-1}$	$.105630^{-1}$	$.508486^{-2}$	$.255897^{-2}$	$.132677^{-2}$	$.702832^{-3}$	$.378411^{-3}$	$.206352^{-3}$
$H_0^0 (0, \alpha; 4, \beta)$	$.10806^{0}$	$.402736^{-1}$	$.177373^{-1}$	$.845342^{-2}$	$.422307^{-2}$	$.217730^{-2}$	$.114828^{-2}$	$.616036^{-3}$	$.334941^{-3}$
$H_0^0 (1, \alpha; 1, \beta)$	$.585597^{-1}$	$.180086^{-1}$	$.732236^{-2}$	$.333868^{-2}$	$.162142^{-2}$	$.819664^{-3}$	$.426043^{-3}$	$.226019^{-3}$	$.121797^{-3}$
$H_0^0 (1, \alpha; 2, \beta)$	$.860651^{-1}$	$.259710^{-1}$	$.104217^{-1}$	$.470601^{-2}$	$.226858^{-2}$	$.114013^{-2}$	$.589823^{-3}$	$.311691^{-3}$	$.167418^{-3}$
$H_0^0 (1, \alpha; 3, \beta)$	$.138303^{0}$	$.407336^{-1}$	$.160797^{-1}$	$.717611^{-2}$	$.342904^{-2}$	$.171168^{-2}$	$.880737^{-3}$	$.463391^{-3}$	$.248002^{-3}$
$H_0^0 (1, \alpha; 4, \beta)$	$.24769^{0}$	$.708211^{-1}$	$.274204^{-1}$	$.120734^{-1}$	$.571274^{-2}$	$.283054^{-2}$	$.144804^{-2}$	$.758367^{-3}$	$.404348^{-3}$
$H_0^0 (2, \alpha; 2, \beta)$	$.258325^{0}$	$.523159^{-1}$	$.175295^{-1}$	$.712471^{-2}$	$.320371^{-2}$	$.153223^{-2}$	$.763751^{-3}$	$.392102^{-3}$	$.205793^{-3}$
$H_0^0 (2, \alpha; 3, \beta)$	$.423422^{0}$	$.836505^{-1}$	$.274873^{-1}$	$.110089^{-1}$	$.489512^{-2}$	$.232094^{-2}$	$.114897^{-2}$	$.586610^{-3}$	$.306484^{-3}$
$H_0^0 (2, \alpha; 4, \beta)$	$.77672^{0}$	$.148766^{0}$	$.477475^{-1}$	$.187966^{-1}$	$.825198^{-2}$	$.387489^{-2}$	$.190392^{-2}$	$.966304^{-3}$	$.502452^{-3}$
$H_0^0 (3, \alpha; 3, \beta)$	$.184925^{+1}$	$.213440^{0}$	$.544518^{-1}$	$.187907^{-1}$	$.757548^{-2}$	$.335195^{-2}$	$.157661^{-2}$	$.773955^{-3}$	$.392027^{-3}$
$H_0^0 (3, \alpha; 4, \beta)$	$.34446^{+1}$	$.387713^{0}$	$.965004^{-1}$	$.326370^{-1}$	$.129525^{-1}$	$.566175^{-2}$	$.263779^{-2}$	$.128516^{-2}$	$.647028^{-3}$
$H_0^0 (4, \alpha; 4, \beta)$	$.21080^{+2}$	$.127511^{+1}$	$.231698^{0}$	$.645893^{-1}$	$.225032^{-1}$	$.896442^{-2}$	$.389859^{-2}$	$.180198^{-2}$	$.870526^{-3}$

$\beta = 3,0$

	0,5	1,0	1,5	2,0	2,5	3,0	3,5	4,0	4,5
$H_0^0 (0, \alpha; 0, \beta)$	$.104487^{-1}$	$.420343^{-2}$	$.194636^{-2}$	$.961693^{-3}$	$.493782^{-3}$	$.260137^{-3}$	$.139612^{-3}$	$.759892^{-4}$	$.418205^{-4}$
$H_0^0 (0, \alpha; 1, \beta)$	$.135566^{-1}$	$.540318^{-2}$	$.248553^{-2}$	$.122195^{-2}$	$.624904^{-3}$	$.328136^{-3}$	$.175623^{-3}$	$.953662^{-4}$	$.523788^{-4}$
$H_0^0 (0, \alpha; 2, \beta)$	$.185278^{-1}$	$.729678^{-2}$	$.332908^{-2}$	$.162659^{-2}$	$.827824^{-3}$	$.432991^{-3}$	$.230994^{-3}$	$.125092^{-3}$	$.685459^{-4}$
$H_0^0 (0, \alpha; 3, \beta)$	$.270494^{-1}$	$.104933^{-1}$	$.473914^{-2}$	$.229839^{-2}$	$.116304^{-2}$	$.605561^{-3}$	$.321859^{-3}$	$.173762^{-3}$	$.949669^{-4}$
$H_0^0 (0, \alpha; 4, \beta)$	$.42858^{-1}$	$.163219^{-1}$	$.728316^{-2}$	$.350181^{-2}$	$.176051^{-2}$	$.911991^{-3}$	$.482753^{-3}$	$.259752^{-3}$	$.141567^{-3}$
$H_0^0 (1, \alpha; 1, \beta)$	$.287148^{-1}$	$.893434^{-2}$	$.366247^{-2}$	$.168000^{-2}$	$.819664^{-3}$	$.415874^{-3}$	$.216802^{-3}$	$.115296^{-3}$	$.622584^{-4}$
$H_0^0 (1, \alpha; 2, \beta)$	$.398008^{-1}$	$.122066^{-1}$	$.495233^{-2}$	$.225396^{-2}$	$.109299^{-2}$	$.551832^{-3}$	$.286523^{-3}$	$.151863^{-3}$	$.817706^{-4}$
$H_0^0 (1, \alpha; 3, \beta)$	$.591451^{-1}$	$.178068^{-1}$	$.713111^{-2}$	$.321459^{-2}$	$.154738^{-2}$	$.776723^{-3}$	$.401403^{-3}$	$.211931^{-3}$	$.113746^{-3}$
$H_0^0 (1, \alpha; 4, \beta)$	$.95751^{-1}$	$.281715^{-1}$	$.111056^{-1}$	$.494972^{-2}$	$.236239^{-2}$	$.117803^{-2}$	$.605613^{-3}$	$.318394^{-3}$	$.170288^{-3}$
$H_0^0 (2, \alpha; 2, \beta)$	$.117864^{0}$	$.242693^{-1}$	$.823900^{-2}$	$.338195^{-2}$	$.153223^{-2}$	$.737125^{-3}$	$.369136^{-3}$	$.190223^{-3}$	$.100146^{-3}$
$H_0^0 (2, \alpha; 3, \beta)$	$.177804^{0}$	$.359474^{-1}$	$.120213^{-1}$	$.487692^{-2}$	$.218934^{-2}$	$.104560^{-2}$	$.520542^{-3}$	$.266957^{-3}$	$.139982^{-3}$
$H_0^0 (2, \alpha; 4, \beta)$	$.29326^{0}$	$.579265^{-1}$	$.190149^{-1}$	$.760579^{-2}$	$.337764^{-2}$	$.159959^{-2}$	$.791050^{-3}$	$.403510^{-3}$	$.210655^{-3}$
$H_0^0 (3, \alpha; 3, \beta)$	$.656513^{0}$	$.902579^{-1}$	$.234545^{-1}$	$.821699^{-2}$	$.335195^{-2}$	$.149678^{-2}$	$.709085^{-3}$	$.350076^{-3}$	$.178137^{-3}$
$H_0^0 (3, \alpha; 4, \beta)$	$.12805^{+1}$	$.147889^{0}$	$.377140^{-1}$	$.130026^{-1}$	$.523537^{-2}$	$.231367^{-2}$	$.108700^{-2}$	$.533058^{-3}$	$.269760^{-3}$
$H_0^0 (4, \alpha; 4, \beta)$	$.77793^{+1}$	$.478576^{0}$	$.889089^{-1}$	$.252984^{-1}$	$.896442^{-2}$	$.361923^{-2}$	$.159059^{-2}$	$.741284^{-3}$	$.360462^{-3}$

Tabellen 24—26 (Fortsetzung).

5,0	5,5	6,0	6,5	7,0	7,5	8,0	9,0	10,0	$= \alpha$

$\beta = 2{,}0$

5,0	5,5	6,0	6,5	7,0	7,5	8,0	9,0	10,0	$= \alpha$
$.847145^{-4}$	$.472842^{-4}$	$.265643^{-4}$	$.150068^{-4}$	$.851840^{-5}$	$.485558^{-5}$	$.277791^{-5}$	$.917849^{-6}$	$.306472^{-6}$	$H_0^0\,(0,\alpha;0,\beta)$
$.114359^{-3}$	$.637048^{-4}$	$.357276^{-4}$	$.201526^{-4}$	$.114238^{-4}$	$.650375^{-5}$	$.371676^{-5}$	$.122572^{-5}$	$.408624^{-6}$	$H_0^0\,(0,\alpha;1,\beta)$
$.166506^{-3}$	$.925529^{-4}$	$.518088^{-4}$	$.291751^{-4}$	$.165141^{-4}$	$.938953^{-5}$	$.535967^{-5}$	$.176399^{-5}$	$.587091^{-6}$	$H_0^0\,(0,\alpha;2,\beta)$
$.268258^{-3}$	$.148780^{-3}$	$.831234^{-4}$	$.467313^{-4}$	$.264128^{-4}$	$.149982^{-4}$	$.855132^{-5}$	$.280890^{-5}$	$.933351^{-6}$	$H_0^0\,(0,\alpha;3,\beta)$
$.491958^{-3}$	$.272287^{-3}$	$.151861^{-3}$	$.852463^{-4}$	$.481186^{-4}$	$.272921^{-4}$	$.155449^{-4}$	$.509731^{-5}$	$.169138^{-5}$	$H_0^0\,(0,\alpha;4,\beta)$
$.134682^{-3}$	$.740914^{-4}$	$.411094^{-4}$	$.229738^{-4}$	$.129176^{-4}$	$.730167^{-5}$	$.414620^{-5}$	$.135262^{-5}$	$.446944^{-6}$	$H_0^0\,(1,\alpha;1,\beta)$
$.196873^{-3}$	$.108016^{-3}$	$.597954^{-4}$	$.333499^{-4}$	$.187191^{-4}$	$.105646^{-4}$	$.599087^{-5}$	$.194982^{-5}$	$.643039^{-6}$	$H_0^0\,(1,\alpha;2,\beta)$
$.318475^{-3}$	$.174251^{-3}$	$.962342^{-4}$	$.535641^{-4}$	$.300121^{-4}$	$.169119^{-4}$	$.957706^{-5}$	$.310979^{-5}$	$.102367^{-5}$	$H_0^0\,(1,\alpha;3,\beta)$
$.586247^{-3}$	$.319933^{-3}$	$.176306^{-3}$	$.979501^{-4}$	$.547940^{-4}$	$.308334^{-4}$	$.174394^{-4}$	$.565121^{-5}$	$.185719^{-5}$	$H_0^0\,(1,\alpha;4,\beta)$
$.238343^{-3}$	$.128657^{-3}$	$.702482^{-4}$	$.387211^{-4}$	$.215135^{-4}$	$.120341^{-4}$	$.677085^{-5}$	$.217482^{-5}$	$.709655^{-6}$	$H_0^0\,(2,\alpha;2,\beta)$
$.387474^{-3}$	$.208436^{-3}$	$.113477^{-3}$	$.623934^{-4}$	$.345916^{-4}$	$.193135^{-4}$	$.108487^{-4}$	$.347509^{-5}$	$.113145^{-5}$	$H_0^0\,(2,\alpha;3,\beta)$
$.716576^{-3}$	$.384211^{-3}$	$.208603^{-3}$	$.114433^{-3}$	$.633180^{-4}$	$.352923^{-4}$	$.197950^{-4}$	$.632534^{-5}$	$.205549^{-5}$	$H_0^0\,(2,\alpha;4,\beta)$
$.485792^{-3}$	$.255803^{-3}$	$.136804^{-3}$	$.740936^{-4}$	$.405513^{-4}$	$.223895^{-4}$	$.124546^{-4}$	$.392550^{-5}$	$.126177^{-5}$	$H_0^0\,(3,\alpha;3,\beta)$
$.903556^{-3}$	$.473812^{-3}$	$.252528^{-3}$	$.136377^{-3}$	$.744579^{-4}$	$.410249^{-4}$	$.227799^{-4}$	$.715882^{-5}$	$.229579^{-5}$	$H_0^0\,(3,\alpha;4,\beta)$
$.118350^{-2}$	$.603471^{-3}$	$.314274^{-3}$	$.166465^{-3}$	$.894038^{-4}$	$.485713^{-4}$	$.266438^{-4}$	$.820770^{-5}$	$.259138^{-5}$	$H_0^0\,(4,\alpha;4,\beta)$

$\beta = 2{,}5$

5,0	5,5	6,0	6,5	7,0	7,5	8,0	9,0	10,0	$= \alpha$
$.438143^{-4}$	$.244853^{-4}$	$.137706^{-4}$	$.778675^{-5}$	$.442377^{-5}$	$.252350^{-5}$	$.144471^{-5}$		$.159735^{-6}$	$H_0^0\,(0,\alpha;0,\beta)$
$.565746^{-4}$	$.315612^{-4}$	$.177229^{-4}$	$.100079^{-4}$	$.567869^{-5}$	$.323580^{-5}$	$.185065^{-5}$		$.203965^{-6}$	$H_0^0\,(0,\alpha;1,\beta)$
$.772749^{-4}$	$.430250^{-4}$	$.241189^{-4}$	$.135991^{-4}$	$.770606^{-5}$	$.438575^{-5}$	$.250562^{-5}$		$.275206^{-6}$	$H_0^0\,(0,\alpha;2,\beta)$
$.113687^{-3}$	$.631655^{-4}$	$.353448^{-4}$	$.198968^{-4}$	$.112588^{-4}$	$.639969^{-5}$	$.365211^{-5}$		$.399721^{-6}$	$H_0^0\,(0,\alpha;3,\beta)$
$.184075^{-3}$	$.102059^{-3}$	$.570050^{-4}$	$.320398^{-4}$	$.181051^{-4}$	$.102787^{-4}$	$.585941^{-5}$		$.639164^{-6}$	$H_0^0\,(0,\alpha;4,\beta)$
$.664520^{-4}$	$.366218^{-4}$	$.203506^{-4}$	$.113881^{-4}$	$.641075^{-5}$	$.362743^{-5}$	$.206174^{-5}$		$.222884^{-6}$	$H_0^0\,(1,\alpha;1,\beta)$
$.910902^{-4}$	$.500808^{-4}$	$.277725^{-4}$	$.155132^{-4}$	$.871904^{-5}$	$.492656^{-5}$	$.279658^{-5}$		$.301126^{-6}$	$H_0^0\,(1,\alpha;2,\beta)$
$.134516^{-3}$	$.737709^{-4}$	$.408192^{-4}$	$.227570^{-4}$	$.127687^{-4}$	$.720402^{-5}$	$.408398^{-5}$		$.437950^{-6}$	$H_0^0\,(1,\alpha;3,\beta)$
$.218654^{-3}$	$.119592^{-3}$	$.660259^{-4}$	$.367395^{-4}$	$.205799^{-4}$	$.115941^{-4}$	$.656428^{-5}$		$.701170^{-6}$	$H_0^0\,(1,\alpha;4,\beta)$
$.109870^{-3}$	$.594602^{-4}$	$.325366^{-4}$	$.179677^{-4}$	$.999900^{-5}$	$.560103^{-5}$	$.315524^{-5}$		$.331934^{-6}$	$H_0^0\,(2,\alpha;2,\beta)$
$.163011^{-3}$	$.879391^{-4}$	$.479899^{-4}$	$.264396^{-4}$	$.146836^{-4}$	$.821052^{-5}$	$.461797^{-5}$		$.483490^{-6}$	$H_0^0\,(2,\alpha;3,\beta)$
$.266194^{-3}$	$.143135^{-3}$	$.778963^{-4}$	$.428156^{-4}$	$.237302^{-4}$	$.132457^{-4}$	$.743850^{-5}$		$.775194^{-6}$	$H_0^0\,(2,\alpha;4,\beta)$
$.203355^{-3}$	$.107468^{-3}$	$.576458^{-4}$	$.312994^{-4}$	$.171666^{-4}$	$.949542^{-5}$	$.529034^{-5}$		$.538439^{-6}$	$H_0^0\,(3,\alpha;3,\beta)$
$.333975^{-3}$	$.175777^{-3}$	$.939648^{-4}$	$.508717^{-4}$	$.278323^{-4}$	$.153621^{-4}$	$.854305^{-5}$		$.864728^{-6}$	$H_0^0\,(3,\alpha;4,\beta)$
$.434722^{-3}$	$.222716^{-3}$	$.116430^{-3}$	$.618647^{-4}$	$.333127^{-4}$	$.181379^{-4}$	$.996814^{-5}$		$.974616^{-6}$	$H_0^0\,(4,\alpha;4,\beta)$

$\beta = 3{,}0$

5,0	5,5	6,0	6,5	7,0	7,5	8,0	9,0	10,0	$= \alpha$
$.232229^{-4}$	$.129915^{-4}$	$.731320^{-5}$	$.413872^{-5}$	$.235300^{-5}$	$.134314^{-5}$	$.769407^{-6}$	$.254788^{-6}$	$.852338^{-7}$	$H_0^0\,(0,\alpha;0,\beta)$
$.290347^{-4}$	$.162176^{-4}$	$.911672^{-5}$	$.515304^{-5}$	$.292643^{-5}$	$.166880^{-5}$	$.955093^{-6}$	$.315775^{-6}$	$.105494^{-6}$	$H_0^0\,(0,\alpha;1,\beta)$
$.379202^{-4}$	$.211435^{-4}$	$.118674^{-4}$	$.669861^{-5}$	$.379951^{-5}$	$.216418^{-5}$	$.123743^{-5}$	$.408413^{-6}$	$.136244^{-6}$	$H_0^0\,(0,\alpha;2,\beta)$
$.524193^{-4}$	$.291715^{-4}$	$.163457^{-4}$	$.921264^{-5}$	$.521857^{-5}$	$.296909^{-5}$	$.169578^{-5}$	$.558664^{-6}$	$.186082^{-6}$	$H_0^0\,(0,\alpha;3,\beta)$
$.779567^{-4}$	$.432951^{-4}$	$.242169^{-4}$	$.136280^{-4}$	$.770920^{-5}$	$.438084^{-5}$	$.249939^{-5}$	$.821889^{-6}$	$.273341^{-6}$	$H_0^0\,(0,\alpha;4,\beta)$
$.340271^{-4}$	$.187805^{-4}$	$.104499^{-4}$	$.585439^{-5}$	$.329898^{-5}$	$.186836^{-5}$	$.106278^{-5}$	$.347738^{-6}$	$.115183^{-6}$	$H_0^0\,(1,\alpha;1,\beta)$
$.445825^{-4}$	$.245544^{-4}$	$.136374^{-4}$	$.762769^{-5}$	$.429203^{-5}$	$.242763^{-5}$	$.137931^{-5}$	$.450399^{-6}$	$.148939^{-6}$	$H_0^0\,(1,\alpha;2,\beta)$
$.618464^{-4}$	$.339827^{-4}$	$.188354^{-4}$	$.105162^{-4}$	$.590808^{-5}$	$.333702^{-5}$	$.189364^{-5}$	$.617028^{-6}$	$.203682^{-6}$	$H_0^0\,(1,\alpha;3,\beta)$
$.923180^{-4}$	$.506000^{-4}$	$.279851^{-4}$	$.155957^{-4}$	$.874750^{-5}$	$.493370^{-5}$	$.279613^{-5}$	$.909126^{-6}$	$.299574^{-6}$	$H_0^0\,(1,\alpha;4,\beta)$
$.536041^{-4}$	$.290730^{-4}$	$.159383^{-4}$	$.881571^{-5}$	$.491276^{-5}$	$.275530^{-5}$	$.155383^{-5}$	$.501040^{-6}$	$.164005^{-6}$	$H_0^0\,(2,\alpha;2,\beta)$
$.746746^{-4}$	$.403847^{-4}$	$.220849^{-4}$	$.121893^{-4}$	$.678003^{-5}$	$.379624^{-5}$	$.213771^{-5}$	$.687595^{-6}$	$.224612^{-6}$	$H_0^0\,(2,\alpha;3,\beta)$
$.111965^{-3}$	$.603650^{-4}$	$.329248^{-4}$	$.181311^{-4}$	$.100652^{-4}$	$.562597^{-5}$	$.316325^{-5}$	$.101487^{-5}$	$.330838^{-6}$	$H_0^0\,(2,\alpha;4,\beta)$
$.927517^{-4}$	$.491691^{-4}$	$.264431^{-4}$	$.143893^{-4}$	$.790694^{-5}$	$.438076^{-5}$	$.244420^{-5}$	$.774193^{-6}$	$.249189^{-6}$	$H_0^0\,(3,\alpha;3,\beta)$
$.139819^{-3}$	$.738382^{-4}$	$.395822^{-4}$	$.214798^{-4}$	$.117751^{-4}$	$.651037^{-5}$	$.362581^{-5}$	$.114500^{-5}$	$.368581^{-6}$	$H_0^0\,(3,\alpha;4,\beta)$
$.180956^{-3}$	$.931038^{-4}$	$.488436^{-4}$	$.260289^{-4}$	$.140505^{-4}$	$.766617^{-5}$	$.422072^{-5}$	$.130789^{-5}$	$.414803^{-6}$	$H_0^0\,(4,\alpha;4,\beta)$

Hilfsfunktionen

Tabellen 27—29.

$\beta = 3,5$

$\alpha =$	0,5	1,0	1,5	2,0	2,5	3,0	3,5	4,0	4,5
$H_0^0(0,\alpha;0,\beta)$	.551768^{-2}	.223212^{-2}	.103720^{-2}	.513961^{-3}	.264503^{-3}	.139612^{-3}	.750471^{-4}	.409029^{-4}	.225373^{-4}
$H_0^0(0,\alpha;1,\beta)$	.694385^{-2}	.278734^{-2}	.128853^{-2}	.635820^{-3}	.326105^{-3}	.171642^{-3}	.920444^{-4}	.500642^{-4}	.275360^{-3}
$H_0^0(0,\alpha;2,\beta)$	.911181^{-2}	.362281^{-2}	.166350^{-2}	.816630^{-3}	.417125^{-3}	.218811^{-3}	.117010^{-3}	.634911^{-4}	.348491^{-4}
$H_0^0(0,\alpha;3,\beta)$	.126035^{-1}	.495113^{-2}	.225460^{-2}	.109993^{-2}	.559088^{-3}	.292124^{-3}	.155705^{-3}	.842560^{-4}	.461384^{-4}
$H_0^0(0,\alpha;4,\beta)$	.18613^{-1}	.720383^{-2}	.324768^{-2}	.157277^{-2}	.794907^{-3}	.413469^{-3}	.219574^{-3}	.118455^{-3}	.646986^{-4}
$H_0^0(1,\alpha;1,\beta)$	.145840^{-1}	.457681^{-2}	.188783^{-2}	.870027^{-3}	.426043^{-3}	.216802^{-3}	.113298^{-3}	.603737^{-4}	.326577^{-4}
$H_0^0(1,\alpha;2,\beta)$	.193532^{-1}	.600543^{-2}	.245657^{-2}	.112489^{-2}	.548040^{-3}	.277723^{-3}	.144633^{-3}	.768480^{-4}	.414647^{-4}
$H_0^0(1,\alpha;3,\beta)$	.271497^{-1}	.830398^{-2}	.336155^{-2}	.152718^{-2}	.739444^{-3}	.372863^{-3}	.193391^{-3}	.102407^{-3}	.550973^{-4}
$H_0^0(1,\alpha;4,\beta)$	.40795^{-1}	.122536^{-1}	.489731^{-2}	.220386^{-2}	.105933^{-2}	.531099^{-3}	.274184^{-3}	.144636^{-3}	.775688^{-4}
$H_0^0(2,\alpha;2,\beta)$	.567619^{-1}	.118240^{-1}	.405252^{-2}	.167593^{-2}	.763751^{-3}	.369136^{-3}	.185550^{-3}	.959131^{-4}	.506247^{-4}
$H_0^0(2,\alpha;3,\beta)$	.805644^{-1}	.165506^{-1}	.560590^{-2}	.229647^{-2}	.103864^{-2}	.498927^{-3}	.249534^{-3}	.128450^{-3}	675604^{-4}
$H_0^0(2,\alpha;4,\beta)$	.12284^{0}	.247904^{-1}	.827388^{-2}	.335041^{-2}	.150160^{-2}	.716129^{-3}	.356085^{-3}	.182425^{-3}	.955700^{-4}
$H_0^0(3,\alpha;3,\beta)$	.345100^{0}	.410757^{-1}	.108129^{-1}	.383039^{-2}	.157661^{-2}	.709085^{-3}	.337859^{-3}	.167580^{-3}	.855997^{-4}
$H_0^0(3,\alpha;4,\beta)$	.53069^{0}	.623421^{-1}	.161751^{-1}	.565675^{-2}	.230358^{-2}	.102703^{-2}	.485865^{-3}	.239579^{-3}	.121781^{-4}
$H_0^0(4,\alpha;4,\beta)$	.32092^{+1}	.199481^{0}	.376160^{-1}	.108626^{-1}	.389859^{-2}	.159059^{-2}	.704987^{-3}	.330808^{-3}	.161754^{-3}

$\beta = 4,0$

$\alpha =$	0,5	1,0	1,5	2,0	2,5	3,0	3,5	4,0	4,5
$H_0^0(0,\alpha;0,\beta)$	.296387^{-2}	.120379^{-2}	.561214^{-3}	.278758^{-3}	.143736^{-3}	.759892^{-4}	.409029^{-4}	.223194^{-4}	.123104^{-4}
$H_0^0(0,\alpha;1,\beta)$	.364142^{-2}	.146984^{-2}	.682148^{-3}	.337617^{-3}	.173577^{-3}	.915405^{-4}	.491707^{-4}	.267823^{-4}	.147486^{-4}
$H_0^0(0,\alpha;2,\beta)$	.463029^{-2}	.185448^{-2}	.855848^{-3}	.421746^{-3}	.216068^{-3}	.113618^{-3}	.608792^{-4}	.330898^{-4}	.181886^{-4}
$H_0^0(0,\alpha;3,\beta)$	.614602^{-2}	.243763^{-2}	.111724^{-2}	.547659^{-3}	.279400^{-3}	.146416^{-3}	.782286^{-4}	.424162^{-4}	.232663^{-4}
$H_0^0(0,\alpha;4,\beta)$	.86039^{-2}	.337148^{-2}	.153236^{-2}	.746446^{-3}	.378944^{-3}	.197793^{-3}	.105333^{-3}	.569551^{-4}	.311680^{-4}
$H_0^0(1,\alpha;1,\beta)$	.759791^{-2}	.240008^{-2}	.994784^{-3}	.460179^{-3}	.226019^{-3}	.115296^{-3}	.603737^{-4}	.322282^{-4}	.147584^{-4}
$H_0^0(1,\alpha;2,\beta)$	.974982^{-2}	.305213^{-2}	.125646^{-2}	.578127^{-3}	.282726^{-3}	.143710^{-3}	.750280^{-4}	.399480^{-4}	.215928^{-4}
$H_0^0(1,\alpha;3,\beta)$	.130902^{-1}	.405097^{-2}	.165352^{-2}	.755841^{-3}	.367706^{-3}	.186111^{-3}	.968218^{-4}	.513986^{-4}	.277115^{-4}
$H_0^0(1,\alpha;4,\beta)$	.18585^{-1}	.566909^{-2}	.228987^{-2}	.103843^{-2}	.502045^{-3}	.252838^{-3}	.130999^{-3}	.693050^{-4}	.372583^{-4}
$H_0^0(2,\alpha;2,\beta)$	.283909^{-1}	.596431^{-2}	.205896^{-2}	.856427^{-3}	.392102^{-3}	.190223^{-3}	.959131^{-4}	.497059^{-4}	.262924^{-4}
$H_0^0(2,\alpha;3,\beta)$	.384729^{-1}	.799532^{-2}	.273414^{-2}	.112850^{-2}	.513412^{-3}	.247787^{-3}	.124400^{-3}	.642355^{-4}	.338735^{-4}
$H_0^0(2,\alpha;4,\beta)$	.55263^{-1}	.113267^{-1}	.382780^{-2}	.156493^{-2}	.706556^{-3}	.338904^{-3}	.169286^{-3}	.870468^{-4}	.457409^{-4}
$H_0^0(3,\alpha;3,\beta)$	.163885^{0}	.196721^{-1}	.522739^{-2}	.186730^{-2}	.773955^{-3}	.350076^{-3}	.167580^{-3}	.834404^{-4}	.427574^{-4}
$H_0^0(3,\alpha;4,\beta)$	.23696^{0}	.281640^{-1}	.739965^{-2}	.261605^{-2}	.107478^{-2}	.488258^{-3}	.229602^{-3}	.113740^{-3}	.580341^{-4}
$H_0^0(4,\alpha;4,\beta)$	.14285^{+1}	.893932^{-1}	.170327^{-1}	.497218^{-2}	.180198^{-2}	.741284^{-3}	.330808^{-3}	.156104^{-3}	.766853^{-4}

$\beta = 4,5$

$\alpha =$	0,5	1,0	1,5	2,0	2,5	3,0	3,5	4,0	4,5
$H_0^0(0,\alpha;0,\beta)$	.161337^{-2}	.657535^{-3}	.307322^{-3}	.152953^{-3}	.789962^{-4}	.418205^{-4}	.225373^{-4}	.123104^{-4}	.679592^{-5}
$H_0^0(0,\alpha;1,\beta)$	.194405^{-2}	.788196^{-3}	.366973^{-3}	.182080^{-3}	.938008^{-4}	.495513^{-4}	.266541^{-4}	.145357^{-4}	.801301^{-5}
$H_0^0(0,\alpha;2,\beta)$	.241084^{-2}	.971150^{-3}	.450020^{-3}	.222456^{-3}	.114252^{-3}	.602016^{-4}	.323128^{-4}	.175886^{-4}	.968012^{-5}
$H_0^0(0,\alpha;3,\beta)$	.309810^{-2}	.123799^{-2}	.570358^{-3}	.280677^{-3}	.143633^{-3}	.754558^{-4}	.403980^{-4}	.219419^{-4}	.120534^{-4}
$H_0^0(0,\alpha;4,\beta)$	.41601^{-2}	.164592^{-2}	.752977^{-3}	.368558^{-3}	.187800^{-3}	.983143^{-4}	.524828^{-4}	.284353^{-4}	.155873^{-4}
$H_0^0(1,\alpha;1,\beta)$	.403510^{-2}	.128122^{-2}	.533110^{-3}	.247368^{-3}	.121797^{-3}	.622584^{-4}	.326577^{-4}	.174584^{-4}	.946944^{-5}
$H_0^0(1,\alpha;2,\beta)$	.504197^{-2}	.158913^{-2}	.657492^{-3}	.303708^{-3}	.148986^{-3}	.759219^{-4}	.397209^{-4}	.211867^{-4}	.114693^{-4}
$H_0^0(1,\alpha;3,\beta)$	.654052^{-2}	.204231^{-2}	.839068^{-3}	.385446^{-3}	.188242^{-3}	.955738^{-4}	.498484^{-4}	.265189^{-4}	.143234^{-4}
$H_0^0(1,\alpha;4,\beta)$	.88851^{-2}	.274217^{-2}	.111688^{-2}	.509639^{-3}	.247571^{-3}	.125152^{-3}	.650411^{-4}	.344967^{-4}	.185844^{-4}
$H_0^0(2,\alpha;2,\beta)$	.146010^{-1}	.308704^{-2}	.107166^{-2}	.447810^{-3}	.205793^{-3}	.100146^{-3}	.506247^{-4}	.262924^{-4}	.139332^{-4}
$H_0^0(2,\alpha;3,\beta)$	.190832^{-1}	.400008^{-2}	.137800^{-2}	.572134^{-3}	.261534^{-3}	.126710^{-3}	.638150^{-4}	.330383^{-4}	.174607^{-4}
$H_0^0(2,\alpha;4,\beta)$	.26168^{-1}	.542537^{-2}	.185113^{-2}	.762534^{-3}	.346333^{-3}	.166909^{-3}	.836922^{-4}	.431697^{-4}	.227438^{-4}
$H_0^0(3,\alpha;3,\beta)$	.809574^{-1}	.977713^{-2}	.261638^{-2}	.940651^{-3}	.392027^{-3}	.178137^{-3}	.855997^{-4}	.417574^{-4}	.219692^{-4}
$H_0^0(3,\alpha;4,\beta)$	.11159^{0}	.133745^{-1}	.354700^{-2}	.126453^{-2}	.523165^{-3}	.236255^{-3}	.112934^{-3}	.561617^{-4}	.287479^{-4}
$H_0^0(4,\alpha;4,\beta)$	.67130^{0}	.421991^{-1}	.810068^{-2}	.238400^{-2}	.870526^{-3}	.360462^{-3}	.161754^{-3}	.766853^{-4}	.378183^{-4}

Tabellen 27 — 29 (Fortsetzung).

$\beta = 3{,}5$

5,0	5,5	6,0	6,5	7,0	7,5	8,0	9,0	10,0	$= \alpha$
$.125278^{-4}$	$.701470^{-5}$	$.395191^{-5}$	$.223809^{-5}$	$.127325^{-5}$	$.727221^{-6}$		$.138153^{-6}$		$H_0^0(0,\alpha;0,\beta)$
$.152825^{-4}$	$.854529^{-5}$	$.480825^{-5}$	$.272004^{-5}$	$.154588^{-5}$	$.882134^{-6}$		$.167200^{-6}$		$H_0^0(0,\alpha;1,\beta)$
$.193065^{-4}$	$.107784^{-4}$	$.605628^{-5}$	$.342178^{-5}$	$.194253^{-5}$	$.110735^{-5}$		$.209358^{-6}$		$H_0^0(0,\alpha;2,\beta)$
$.255093^{-4}$	$.142161^{-4}$	$.797556^{-5}$	$.449998^{-5}$	$.255148^{-5}$	$.145289^{-5}$		$.273939^{-6}$		$H_0^0(0,\alpha;3,\beta)$
$.356922^{-4}$	$.198531^{-4}$	$.111195^{-4}$	$.626470^{-5}$	$.354746^{-5}$	$.201769^{-5}$		$.379354^{-6}$		$H_0^0(0,\alpha;4,\beta)$
$.178754^{-4}$	$.987860^{-5}$	$.550286^{-5}$	$.308595^{-5}$	$.174048^{-5}$	$.986491^{-6}$		$.183961^{-6}$		$H_0^0(1,\alpha;1,\beta)$
$.226470^{-4}$	$.124921^{-4}$	$.694715^{-5}$	$.389017^{-5}$	$.219119^{-5}$	$.124048^{-5}$		$.230654^{-6}$		$H_0^0(1,\alpha;2,\beta)$
$.300190^{-4}$	$.165233^{-4}$	$.917200^{-5}$	$.512763^{-5}$	$.288402^{-5}$	$.163060^{-5}$		$.302235^{-6}$		$H_0^0(1,\alpha;3,\beta)$
$.421481^{-4}$	$.231457^{-4}$	$.128223^{-4}$	$.715573^{-5}$	$.401850^{-5}$	$.226892^{-5}$		$.419156^{-6}$		$H_0^0(1,\alpha;4,\beta)$
$.271561^{-4}$	$.147557^{-4}$	$.810220^{-5}$	$.448766^{-5}$	$.250389^{-5}$	$.140580^{-5}$		$.256298^{-6}$		$H_0^0(2,\alpha;2,\beta)$
$.361326^{-4}$	$.195829^{-4}$	$.107288^{-4}$	$.593093^{-5}$	$.330348^{-5}$	$.185190^{-5}$		$.336386^{-6}$		$H_0^0(2,\alpha;3,\beta)$
$.509425^{-4}$	$.275312^{-4}$	$.150467^{-4}$	$.830030^{-5}$	$.461465^{-5}$	$.258272^{-5}$		$.467309^{-6}$		$H_0^0(2,\alpha;4,\beta)$
$.447109^{-4}$	$.237650^{-4}$	$.128096^{-4}$	$.698392^{-5}$	$.384406^{-5}$	$.213286^{-5}$		$.378212^{-6}$		$H_0^0(3,\alpha;3,\beta)$
$.633494^{-4}$	$.335552^{-4}$	$.180331^{-4}$	$.980673^{-5}$	$.538580^{-5}$	$.298246^{-5}$		$.526442^{-6}$		$H_0^0(3,\alpha;4,\beta)$
$.815711^{-4}$	$.421265^{-4}$	$.221692^{-4}$	$.118452^{-4}$	$.640837^{-5}$	$.350321^{-5}$		$.600287^{-6}$		$H_0^0(4,\alpha;4,\beta)$

$\beta = 4{,}0$

5,0	5,5	6,0	6,5	7,0	7,5	8,0	9,0	10,0	$= \alpha$
$.684909^{-5}$	$.383807^{-5}$	$.216380^{-5}$	$.122621^{-5}$	$.697991^{-6}$		$.228720^{-6}$	$.758746^{-7}$	$.254205^{-7}$	$H_0^0(0,\alpha;0,\beta)$
$.819412^{-5}$	$.458607^{-5}$	$.258262^{-5}$	$.146208^{-5}$	$.831495^{-6}$		$.272034^{-6}$	$.901220^{-7}$	$.301591^{-7}$	$H_0^0(0,\alpha;1,\beta)$
$.100891^{-4}$	$.563865^{-5}$	$.317136^{-5}$	$.179334^{-5}$	$.101884^{-5}$		$.332736^{-6}$	$.110069^{-6}$	$.367879^{-7}$	$H_0^0(0,\alpha;2,\beta)$
$.128822^{-4}$	$.718815^{-5}$	$.403713^{-5}$	$.228003^{-5}$	$.129388^{-5}$		$.421737^{-6}$	$.139295^{-6}$	$.464895^{-7}$	$H_0^0(0,\alpha;3,\beta)$
$.172209^{-4}$	$.959303^{-5}$	$.537947^{-5}$	$.303398^{-5}$	$.171963^{-5}$		$.559343^{-6}$	$.184416^{-6}$	$.614648^{-7}$	$H_0^0(0,\alpha;4,\beta)$
$.956813^{-5}$	$.529359^{-5}$	$.295168^{-5}$	$.165671^{-5}$	$.935115^{-6}$		$.302107^{-6}$	$.990778^{-7}$	$.328817^{-7}$	$H_0^0(1,\alpha;1,\beta)$
$.118113^{-4}$	$.652365^{-5}$	$.363214^{-5}$	$.203593^{-5}$	$.114779^{-5}$		$.370058^{-6}$	$.121157^{-6}$	$.401517^{-7}$	$H_0^0(1,\alpha;2,\beta)$
$.151251^{-4}$	$.833794^{-5}$	$.463447^{-5}$	$.259390^{-5}$	$.146042^{-5}$		$.469786^{-6}$	$.153522^{-6}$	$.507987^{-7}$	$H_0^0(1,\alpha;3,\beta)$
$.202858^{-4}$	$.111591^{-4}$	$.619106^{-5}$	$.345948^{-5}$	$.194495^{-5}$		$.624122^{-6}$	$.203553^{-6}$	$.672428^{-7}$	$H_0^0(1,\alpha;4,\beta)$
$.141297^{-4}$	$.768981^{-5}$	$.422821^{-5}$	$.234476^{-5}$	$.130965^{-5}$		$.415806^{-6}$	$.134490^{-6}$	$.441333^{-7}$	$H_0^0(2,\alpha;2,\beta)$
$.181558^{-4}$	$.985827^{-5}$	$.540968^{-5}$	$.299465^{-5}$	$.167003^{-5}$		$.528822^{-6}$	$.170677^{-6}$	$.559086^{-7}$	$H_0^0(2,\alpha;3,\beta)$
$.244431^{-4}$	$.132381^{-4}$	$.724814^{-5}$	$.400456^{-5}$	$.222940^{-5}$		$.703920^{-6}$	$.226665^{-6}$	$.741077^{-7}$	$H_0^0(2,\alpha;4,\beta)$
$.223932^{-4}$	$.119296^{-4}$	$.644272^{-5}$	$.351855^{-5}$	$.193950^{-5}$		$.602628^{-6}$	$.191651^{-6}$	$.620417^{-7}$	$H_0^0(3,\alpha;3,\beta)$
$.302835^{-4}$	$.160829^{-4}$	$.866243^{-5}$	$.471975^{-5}$	$.259631^{-5}$		$.803969^{-6}$	$.254991^{-6}$	$.823665^{-7}$	$H_0^0(3,\alpha;4,\beta)$
$.388211^{-4}$	$.201136^{-4}$	$.106137^{-4}$	$.568418^{-5}$	$.308133^{-5}$		$.931936^{-6}$	$.290287^{-6}$	$.924415^{-7}$	$H_0^0(4,\alpha;4,\beta)$

$\beta = 4{,}5$

5,0	5,5	6,0	6,5	7,0	7,5	8,0	9,0	10,0	$= \alpha$
$.378401^{-5}$	$.212195^{-5}$	$.119706^{-5}$	$.678748^{-6}$		$.221006^{-6}$	$.126784^{-6}$			$H_0^0(0,\alpha;0,\beta)$
$.445652^{-5}$	$.249622^{-5}$	$.140665^{-5}$	$.796859^{-6}$		$.259049^{-6}$	$.148505^{-6}$			$H_0^0(0,\alpha;1,\beta)$
$.537539^{-5}$	$.300710^{-5}$	$.169273^{-5}$	$.957928^{-6}$		$.310854^{-6}$	$.178064^{-6}$			$H_0^0(0,\alpha;2,\beta)$
$.668226^{-5}$	$.373277^{-5}$	$.209850^{-5}$	$.118619^{-5}$		$.384162^{-6}$	$.219867^{-6}$			$H_0^0(0,\alpha;3,\beta)$
$.862550^{-5}$	$.481050^{-5}$	$.270053^{-5}$	$.152455^{-5}$		$.492677^{-6}$	$.281712^{-6}$			$H_0^0(0,\alpha;4,\beta)$
$.519550^{-5}$	$.287726^{-5}$	$.160571^{-5}$	$.901942^{-6}$		$.289132^{-6}$	$.164782^{-6}$			$H_0^0(1,\alpha;1,\beta)$
$.628198^{-5}$	$.347365^{-5}$	$.193596^{-5}$	$.108614^{-5}$		$.347459^{-6}$	$.197847^{-6}$			$H_0^0(1,\alpha;2,\beta)$
$.782986^{-5}$	$.432211^{-5}$	$.240516^{-5}$	$.134754^{-5}$		$.430090^{-6}$	$.244656^{-6}$			$H_0^0(1,\alpha;3,\beta)$
$.101365^{-4}$	$.558458^{-5}$	$.310242^{-5}$	$.173558^{-5}$		$.552539^{-6}$	$.313971^{-6}$			$H_0^0(1,\alpha;4,\beta)$
$.749968^{-5}$	$.408714^{-5}$	$.225000^{-5}$	$.124906^{-5}$		$.392764^{-6}$	$.222062^{-6}$			$H_0^0(2,\alpha;2,\beta)$
$.937635^{-5}$	$.509943^{-5}$	$.280222^{-5}$	$.155313^{-5}$		$.487064^{-6}$	$.275062^{-6}$			$H_0^0(2,\alpha;3,\beta)$
$.121806^{-4}$	$.660917^{-5}$	$.362448^{-5}$	$.200530^{-5}$		$.626988^{-6}$	$.353636^{-6}$			$H_0^0(2,\alpha;4,\beta)$
$.115321^{-4}$	$.615557^{-5}$	$.333000^{-5}$	$.182127^{-5}$		$.559090^{-6}$	$.313005^{-6}$			$H_0^0(3,\alpha;3,\beta)$
$.150418^{-4}$	$.800662^{-5}$	$.432090^{-5}$	$.235822^{-5}$		$.721374^{-6}$	$.403264^{-6}$			$H_0^0(3,\alpha;4,\beta)$
$.192080^{-4}$	$.997954^{-5}$	$.527859^{-5}$	$.283270^{-5}$		$.843670^{-6}$	$.466593^{-6}$			$H_0^0(4,\alpha;4,\beta)$

Tabellen 30—32.

$\alpha =$	0,5	1,0	1,5	2,0	2,5	3,0	3,5	4,0	4,5

$\beta = 5,0$

	0,5	1,0	1,5	2,0	2,5	3,0	3,5	4,0	4,5
$H_0^0\,(0,\alpha;0,\beta)$	$.887626^{-3}$	$.362792^{-3}$	$.169924^{-3}$	$.847145^{-4}$	$.438143^{-4}$	$.232229^{-4}$	$.125278^{-4}$	$.684909^{-5}$	$.378401^{-5}$
$H_0^0\,(0,\alpha;1,\beta)$	$.105253^{-2}$	$.428292^{-3}$	$.199938^{-3}$	$.994113^{-4}$	$.513010^{-4}$	$.271394^{-4}$	$.146165^{-4}$	$.797950^{-5}$	$.440292^{-5}$
$H_0^0\,(0,\alpha;2,\beta)$	$.127892^{-2}$	$.517584^{-3}$	$.240648^{-3}$	$.119268^{-3}$	$.613849^{-4}$	$.324013^{-4}$	$.174169^{-4}$	$.949240^{-5}$	$.523001^{-5}$
$H_0^0\,(0,\alpha;3,\beta)$	$.160128^{-2}$	$.643700^{-3}$	$.297816^{-3}$	$.147032^{-3}$	$.754360^{-4}$	$.397132^{-4}$	$.212994^{-4}$	$.115860^{-4}$	$.637274^{-5}$
$H_0^0\,(0,\alpha;4,\beta)$	$.20800^{-2}$	$.829242^{-3}$	$.381379^{-3}$	$.187418^{-3}$	$.957989^{-4}$	$.502781^{-4}$	$.268959^{-4}$	$.145978^{-4}$	$.801398^{-5}$
$H_0^0\,(1,\alpha;1,\beta)$	$.217533^{-2}$	$.693587^{-3}$	$.289519^{-3}$	$.134682^{-3}$	$.664520^{-4}$	$.340271^{-4}$	$.178754^{-4}$	$.956813^{-5}$	$.519550^{-5}$
$H_0^0\,(1,\alpha;2,\beta)$	$.266009^{-2}$	$.842945^{-3}$	$.350186^{-3}$	$.162276^{-3}$	$.798123^{-4}$	$.407586^{-4}$	$.213625^{-4}$	$.114119^{-4}$	$.618593^{-5}$
$H_0^0\,(1,\alpha;3,\beta)$	$.335685^{-2}$	$.105559^{-2}$	$.435948^{-3}$	$.201072^{-3}$	$.985256^{-4}$	$.501489^{-4}$	$.262131^{-4}$	$.139707^{-4}$	$.755768^{-5}$
$H_0^0\,(1,\alpha;4,\beta)$	$.44027^{-2}$	$.137126^{-2}$	$.562231^{-3}$	$.257847^{-3}$	$.125753^{-3}$	$.637731^{-4}$	$.332291^{-4}$	$.176724^{-4}$	$.953275^{-5}$
$H_0^0\,(2,\alpha;2,\beta)$	$.766976^{-2}$	$.162969^{-2}$	$.568267^{-3}$	$.238343^{-3}$	$.109870^{-3}$	$.536041^{-4}$	$.271561^{-4}$	$.141297^{-4}$	$.749968^{-5}$
$H_0^0\,(2,\alpha;3,\beta)$	$.973858^{-2}$	$.205486^{-2}$	$.711991^{-3}$	$.297022^{-3}$	$.136303^{-3}$	$.662480^{-4}$	$.334532^{-4}$	$.173581^{-4}$	$.919116^{-5}$
$H_0^0\,(2,\alpha;4,\beta)$	$.12871^{-1}$	$.269195^{-2}$	$.925396^{-3}$	$.383509^{-3}$	$.175031^{-3}$	$.846854^{-4}$	$.426004^{-4}$	$.220328^{-4}$	$.116341^{-4}$
$H_0^0\,(3,\alpha;3,\beta)$	$.411860^{-1}$	$.499665^{-2}$	$.134437^{-2}$	$.485792^{-3}$	$.203355^{-3}$	$.927517^{-4}$	$.447109^{-4}$	$.223932^{-4}$	$.115321^{-4}$
$H_0^0\,(3,\alpha;4,\beta)$	$.54660^{-1}$	$.659178^{-2}$	$.176061^{-2}$	$.631843^{-3}$	$.262877^{-3}$	$.119270^{-3}$	$.572355^{-4}$	$.285559^{-4}$	$.146572^{-4}$
$H_0^0\,(4,\alpha;4,\beta)$	$.32832^{0}$	$.207049^{-1}$	$.399656^{-2}$	$.118350^{-2}$	$.434722^{-3}$	$.180956^{-3}$	$.815711^{-4}$	$.388211^{-4}$	$.192080^{-4}$

$\beta = 5,5$

	0,5	1,0	1,5	2,0	2,5	3,0	3,5	4,0	4,5
$H_0^0\,(0,\alpha;0,\beta)$	$.492626^{-3}$	$.201833^{-3}$	$.947064^{-4}$	$.472842^{-4}$	$.244853^{-4}$	$.129915^{-4}$	$.701470^{-5}$	383807^{-5}	$.212195^{-5}$
$H_0^0\,(0,\alpha;1,\beta)$	$.576321^{-3}$	$.235226^{-3}$	$.110057^{-3}$	$.548194^{-4}$	$.283313^{-4}$	$.150067^{-4}$	$.809086^{-5}$	$.442114^{-5}$	$.244150^{-5}$
$H_0^0\,(0,\alpha;2,\beta)$	$.688540^{-3}$	$.279724^{-3}$	$.130421^{-3}$	$.647807^{-4}$	$.334014^{-4}$	$.176571^{-4}$	$.950354^{-5}$	$.518528^{-5}$	$.285969^{-5}$
$H_0^0\,(0,\alpha;3,\beta)$	$.84390^{-3}$	$.340893^{-3}$	$.158271^{-3}$	$.783511^{-4}$	$.402869^{-4}$	$.212475^{-4}$	$.114131^{-4}$	$.621640^{-5}$	$.342315^{-5}$
$H_0^0\,(0,\alpha;4,\beta)$	$.10671^{-2}$	$.428035^{-3}$	$.197719^{-3}$	$.974885^{-4}$	$.499638^{-4}$	$.262795^{-4}$	$.140835^{-4}$	$.765563^{-5}$	$.420838^{-5}$
$H_0^0\,(1,\alpha;1,\beta)$	$.118691^{-2}$	$.379730^{-3}$	$.158930^{-3}$	$.740914^{-4}$	$.366218^{-4}$	$.187805^{-4}$	$.987860^{-5}$	$.529359^{-5}$	$.287726^{-5}$
$H_0^0\,(1,\alpha;2,\beta)$	$.142572^{-2}$	$.453772^{-3}$	$.189145^{-3}$	$.878843^{-4}$	$.433188^{-4}$	$.221625^{-4}$	$.116338^{-4}$	$.622313^{-5}$	$.337720^{-5}$
$H_0^0\,(1,\alpha;3,\beta)$	$.175906^{-2}$	$.556275^{-3}$	$.230715^{-3}$	$.106769^{-3}$	$.524522^{-4}$	$.267603^{-4}$	$.140139^{-4}$	$.748077^{-5}$	$.405239^{-5}$
$H_0^0\,(1,\alpha;4,\beta)$	$.22423^{-2}$	$.703473^{-3}$	$.289987^{-3}$	$.133547^{-3}$	$.653476^{-4}$	$.332293^{-4}$	$.173530^{-4}$	$.924110^{-5}$	$.499561^{-5}$
$H_0^0\,(2,\alpha;2,\beta)$	$.409628^{-2}$	$.873851^{-3}$	$.305811^{-3}$	$.128657^{-3}$	$.594602^{-4}$	$.290730^{-4}$	$.147557^{-4}$	$.768981^{-5}$	$.408714^{-5}$
$H_0^0\,(2,\alpha;3,\beta)$	$.508008^{-2}$	$.107749^{-2}$	$.375078^{-3}$	$.157080^{-3}$	$.723158^{-4}$	$.352424^{-4}$	$.178364^{-4}$	$.927265^{-5}$	$.491795^{-5}$
$H_0^0\,(2,\alpha;4,\beta)$	$.65172^{-2}$	$.137233^{-2}$	$.474579^{-3}$	$.197645^{-3}$	$.905662^{-4}$	$.439631^{-4}$	$.221759^{-4}$	$.114957^{-4}$	$.608195^{-5}$
$H_0^0\,(3,\alpha;3,\beta)$	$.214324^{-1}$	$.260925^{-2}$	$.705026^{-3}$	$.255803^{-3}$	$.107468^{-3}$	$.491691^{-4}$	$.237650^{-4}$	$.119296^{-4}$	$.615557^{-5}$
$H_0^0\,(3,\alpha;4,\beta)$	$.27588^{-1}$	$.334258^{-2}$	$.897820^{-3}$	$.323879^{-3}$	$.135365^{-3}$	$.616541^{-4}$	$.296835^{-4}$	$.148506^{-4}$	$.764045^{-5}$
$H_0^0\,(4,\alpha;4,\beta)$	$.16552^{0}$	$.104627^{-1}$	$.202802^{-2}$	$.603471^{-3}$	$.222716^{-3}$	$.931038^{-4}$	$.421265^{-4}$	$.201136^{-4}$	$.997954^{-5}$

$\beta = 6,0$

	0,5	1,0	1,5	2,0	2,5	3,0	3,5	4,0	4,5
$H_0^0\,(0,\alpha;0,\beta)$	$.275403^{-3}$	$.113068^{-3}$	$.531383^{-4}$	$.265643^{-4}$	$.137706^{-4}$	$.731320^{-5}$	$.395191^{-5}$	$.216380^{-5}$	$.119706^{-5}$
$H_0^0\,(0,\alpha;1,\beta)$	$.318511^{-3}$	$.130333^{-3}$	$.610971^{-4}$	$.304796^{-4}$	$.157725^{-4}$	$.836366^{-5}$	$.451356^{-5}$	$.246842^{-5}$	$.136415^{-5}$
$H_0^0\,(0,\alpha;2,\beta)$	$.375149^{-3}$	$.152894^{-3}$	$.714556^{-4}$	$.355594^{-4}$	$.183632^{-4}$	$.972019^{-5}$	$.523756^{-5}$	$.286049^{-5}$	$.157892^{-5}$
$H_0^0\,(0,\alpha;3,\beta)$	$.451701^{-3}$	$.183197^{-3}$	$.853055^{-4}$	$.423274^{-4}$	$.218051^{-4}$	$.115182^{-4}$	$.619531^{-5}$	$.337830^{-5}$	$.186217^{-5}$
$H_0^0\,(0,\alpha;4,\beta)$	$.55858^{-3}$	$.225202^{-3}$	$.104405^{-3}$	$.516239^{-4}$	$.265180^{-4}$	$.139739^{-4}$	$.750066^{-5}$	$.408278^{-5}$	$.224697^{-5}$
$H_0^0\,(1,\alpha;1,\beta)$	$.654000^{-3}$	$.209834^{-3}$	$.880200^{-4}$	$.411094^{-4}$	$.203506^{-4}$	$.104499^{-4}$	$.550286^{-5}$	$.295168^{-5}$	$.160571^{-5}$
$H_0^0\,(1,\alpha;2,\beta)$	$.773898^{-3}$	$.247204^{-3}$	$.103331^{-3}$	$.481204^{-4}$	$.237633^{-4}$	$.121768^{-4}$	$.640063^{-5}$	$.342779^{-5}$	$.186210^{-5}$
$H_0^0\,(1,\alpha;3,\beta)$	$.937122^{-3}$	$.297714^{-3}$	$.123912^{-3}$	$.575041^{-4}$	$.283148^{-4}$	$.144734^{-4}$	$.759169^{-5}$	$.405816^{-5}$	$.220097^{-5}$
$H_0^0\,(1,\alpha;4,\beta)$	$.11669^{-2}$	$.368229^{-3}$	$.152465^{-3}$	$.704586^{-4}$	$.345737^{-4}$	$.176214^{-4}$	$.922004^{-5}$	$.491808^{-5}$	$.266239^{-5}$
$H_0^0\,(2,\alpha;2,\beta)$	$.221708^{-2}$	$.474496^{-3}$	$.166549^{-3}$	$.702482^{-4}$	$.325366^{-4}$	$.159383^{-4}$	$.810220^{-5}$	$.422821^{-5}$	$.225000^{-5}$
$H_0^0\,(2,\alpha;3,\beta)$	$.269638^{-2}$	$.574297^{-3}$	$.200674^{-3}$	$.843115^{-4}$	$.389197^{-4}$	$.190103^{-4}$	$.963985^{-5}$	$.501977^{-5}$	$.266616^{-5}$
$H_0^0\,(2,\alpha;4,\beta)$	$.33755^{-2}$	$.714632^{-3}$	$.248331^{-3}$	$.103839^{-3}$	$.477432^{-4}$	$.232393^{-4}$	$.117498^{-4}$	$.610303^{-5}$	$.323438^{-5}$
$H_0^0\,(3,\alpha;3,\beta)$	$.113538^{-1}$	$.138605^{-2}$	$.375797^{-3}$	$.136804^{-3}$	$.576458^{-4}$	$.264431^{-4}$	$.128096^{-4}$	$.644272^{-5}$	$.333000^{-5}$
$H_0^0\,(3,\alpha;4,\beta)$	$.142539^{-1}$	$.173318^{-2}$	$.467601^{-3}$	$.169399^{-3}$	$.710660^{-4}$	$.324728^{-4}$	$.156773^{-4}$	$.786181^{-5}$	$.405301^{-5}$
$H_0^0\,(4,\alpha;4,\beta)$	$.85438^{-1}$	$.541023^{-2}$	$.105209^{-2}$	$.314274^{-3}$	$.116430^{-3}$	$.488436^{-4}$	$.221692^{-4}$	$.106137^{-4}$	$.527859^{-5}$

Tabellen 30—32 (Fortsetzung).

5,0	5,5	6,0	6,5	7,0	7,5	8,0	9,0	10,0	$= \alpha$

$\beta = 5,0$

5,0	5,5	6,0	6,5	7,0	7,5	8,0	9,0	10,0	$= \alpha$
$.210843^{-5}$	$.118308^{-5}$	$.667790^{-6}$		$.215859^{-6}$	$.123464^{-6}$	$.708551^{-7}$	$.235394^{-7}$	$.789634^{-8}$	$H_0^0(0,\alpha;0,\beta)$
$.245049^{-5}$	$.137362^{-5}$	$.774620^{-6}$		$.249989^{-6}$	$.142885^{-6}$	$.819476^{-7}$	$.271933^{-7}$	$.911297^{-8}$	$H_0^0(0,\alpha;1,\beta)$
$.290703^{-5}$	$.162763^{-5}$	$.916904^{-6}$		$.295373^{-6}$	$.168692^{-6}$	$.966793^{-7}$	$.320409^{-7}$	$.107258^{-7}$	$H_0^0(0,\alpha;2,\beta)$
$.353694^{-5}$	$.197771^{-5}$	$.111280^{-5}$		$.357758^{-6}$	$.204143^{-6}$	$.116903^{-6}$	$.386893^{-7}$	$.129359^{-7}$	$H_0^0(0,\alpha;3,\beta)$
$.444040^{-5}$	$.247922^{-5}$	$.139316^{-5}$		$.446892^{-6}$	$.254761^{-6}$	$.145763^{-6}$	$.481673^{-7}$	$.160843^{-7}$	$H_0^0(0,\alpha;4,\beta)$
$.285333^{-5}$	$.158151^{-5}$	$.883277^{-6}$		$.280605^{-6}$	$.159345^{-6}$	$.908601^{-7}$	$.298543^{-7}$	$.992377^{-8}$	$H_0^0(1,\alpha;1,\beta)$
$.339207^{-5}$	$.187755^{-5}$	$.104734^{-5}$		$.332032^{-6}$	$.188379^{-6}$	$.107327^{-6}$	$.352240^{-7}$	$.116910^{-7}$	$H_0^0(1,\alpha;2,\beta)$
$.413697^{-5}$	$.228631^{-5}$	$.127359^{-5}$		$.402812^{-6}$	$.228306^{-6}$	$.129957^{-6}$	$.425706^{-7}$	$.141142^{-7}$	$H_0^0(1,\alpha;3,\beta)$
$.520764^{-5}$	$.287296^{-5}$	$.159791^{-5}$		$.504069^{-6}$	$.285379^{-6}$	$.162281^{-6}$	$.530665^{-7}$	$.175685^{-7}$	$H_0^0(1,\alpha;4,\beta)$
$.404230^{-5}$	$.220560^{-5}$	$.121548^{-5}$		$.377904^{-6}$	$.212711^{-6}$	$.120344^{-6}$	$.390208^{-7}$	$.128310^{-7}$	$H_0^0(2,\alpha;2,\beta)$
$.494366^{-5}$	$.269246^{-5}$	$.148137^{-5}$		$.459313^{-6}$	$.258235^{-6}$	$.145945^{-6}$	$.472350^{-7}$	$.155082^{-7}$	$H_0^0(2,\alpha;3,\beta)$
$.624263^{-5}$	$.339281^{-5}$	$.186327^{-5}$		$.575951^{-6}$	$.323388^{-6}$	$.182556^{-6}$	$.589654^{-7}$	$.193272^{-7}$	$H_0^0(2,\alpha;4,\beta)$
$.606534^{-5}$	$.324301^{-5}$	$.175696^{-5}$		$.531659^{-6}$	$.296002^{-6}$	$.165865^{-6}$	$.529206^{-7}$	$.171773^{-7}$	$H_0^0(3,\alpha;3,\beta)$
$.768696^{-5}$	$.409984^{-5}$	$.221634^{-5}$		$.668243^{-6}$	$.371480^{-6}$	$.207877^{-6}$	$.661708^{-7}$	$.214369^{-7}$	$H_0^0(3,\alpha;4,\beta)$
$.978306^{-5}$	$.509498^{-5}$	$.270050^{-5}$		$.789617^{-6}$	$.433655^{-6}$	$.240123^{-6}$	$.751159^{-7}$	$.240024^{-7}$	$H_0^0(4,\alpha;4,\beta)$

$\beta = 5,5$

5,0	5,5	6,0	6,5	7,0	7,5	8,0	9,0	10,0	$= \alpha$
$.118308^{-5}$	$.664229^{-6}$		$.212903^{-6}$	$.121361^{-6}$	$.694412^{-7}$				$H_0^0(0,\alpha;0,\beta)$
$.135984^{-5}$	$.762754^{-6}$		$.244088^{-6}$	$.139039^{-6}$	$.795048^{-7}$				$H_0^0(0,\alpha;1,\beta)$
$.159088^{-5}$	$.891401^{-6}$		$.284736^{-6}$	$.162065^{-6}$	$.926042^{-7}$				$H_0^0(0,\alpha;2,\beta)$
$.190177^{-5}$	$.106432^{-5}$		$.339274^{-6}$	$.192936^{-6}$	$.110156^{-6}$				$H_0^0(0,\alpha;3,\beta)$
$.233446^{-5}$	$.130471^{-5}$		$.414952^{-6}$	$.235742^{-6}$	$.134475^{-6}$				$H_0^0(0,\alpha;4,\beta)$
$.158151^{-5}$	$.877247^{-6}$		$.275755^{-6}$	$.155938^{-6}$	$.885962^{-7}$				$H_0^0(1,\alpha;1,\beta)$
$.185376^{-5}$	$.102700^{-5}$		$.322148^{-6}$	$.182008^{-6}$	$.103322^{-6}$				$H_0^0(1,\alpha;2,\beta)$
$.222086^{-5}$	$.122864^{-5}$		$.384481^{-6}$	$.217004^{-6}$	$.123074^{-6}$				$H_0^0(1,\alpha;3,\beta)$
$.273282^{-5}$	$.150947^{-5}$		$.471095^{-6}$	$.265587^{-6}$	$.150474^{-6}$				$H_0^0(1,\alpha;4,\beta)$
$.220560^{-5}$	$.120471^{-5}$		$.369551^{-6}$	$.206931^{-6}$	$.116554^{-6}$				$H_0^0(2,\alpha;2,\beta)$
$.264899^{-5}$	$.144450^{-5}$		$.441880^{-6}$	$.247140^{-6}$	$.139053^{-6}$				$H_0^0(2,\alpha;3,\beta)$
$.326892^{-5}$	$.177920^{-5}$		$.542554^{-6}$	$.303044^{-6}$	$.170304^{-6}$				$H_0^0(2,\alpha;4,\beta)$
$.324301^{-5}$	$.173652^{-5}$		$.516464^{-6}$	$.285665^{-6}$	$.159187^{-6}$				$H_0^0(3,\alpha;3,\beta)$
$.401510^{-5}$	$.214517^{-5}$		$.635648^{-6}$	$.351045^{-6}$	$.195349^{-6}$				$H_0^0(3,\alpha;4,\beta)$
$.509498^{-5}$	$.265893^{-5}$		$.760202^{-6}$	$.414038^{-6}$	$.227665^{-6}$				$H_0^0(4,\alpha;4,\beta)$

$\beta = 6,0$

5,0	5,5	6,0	6,5	7,0	7,5	8,0	9,0	10,0	$= \alpha$
$.667790^{-6}$		$.211938^{-6}$	$.120340^{-6}$	$.686241^{-7}$		$.225580^{-7}$	$.750338^{-8}$	$.251969^{-8}$	$H_0^0(0,\alpha;0,\beta)$
$.760286^{-6}$		$.240901^{-6}$	$.136688^{-6}$	$.778957^{-7}$		$.255761^{-7}$	$.849882^{-8}$	$.285150^{-8}$	$H_0^0(0,\alpha;1,\beta)$
$.879043^{-6}$		$.278016^{-6}$	$.157622^{-6}$	$.897595^{-7}$		$.294335^{-7}$	$.976984^{-8}$	$.327482^{-8}$	$H_0^0(0,\alpha;2,\beta)$
$.103547^{-5}$		$.326808^{-6}$	$.185118^{-6}$	$.105332^{-6}$		$.344905^{-7}$	$.114345^{-7}$	$.382881^{-8}$	$H_0^0(0,\alpha;3,\beta)$
$.124771^{-5}$		$.392871^{-6}$	$.222317^{-6}$	$.126383^{-6}$		$.413185^{-7}$	$.136800^{-7}$	$.457549^{-8}$	$H_0^0(0,\alpha;4,\beta)$
$.883277^{-6}$		$.274179^{-6}$	$.154296^{-6}$	$.872978^{-7}$		$.283196^{-7}$	$.931964^{-8}$	$.310205^{-8}$	$H_0^0(1,\alpha;1,\beta)$
$.102304^{-5}$		$.316886^{-6}$	$.178166^{-6}$	$.100719^{-6}$		$.326257^{-7}$	$.107234^{-7}$	$.356548^{-8}$	$H_0^0(1,\alpha;2,\beta)$
$.120748^{-5}$		$.373114^{-6}$	$.209563^{-6}$	$.118357^{-6}$		$.382765^{-7}$	$.125626^{-7}$	$.417236^{-8}$	$H_0^0(1,\alpha;3,\beta)$
$.145823^{-5}$		$.449362^{-6}$	$.252096^{-6}$	$.142230^{-6}$		$.459136^{-7}$	$.150473^{-7}$	$.499086^{-8}$	$H_0^0(1,\alpha;4,\beta)$
$.121548^{-5}$		$.366854^{-6}$	$.204166^{-6}$	$.114400^{-6}$		$.365198^{-7}$	$.118652^{-7}$	$.390824^{-8}$	$H_0^0(2,\alpha;2,\beta)$
$.143788^{-5}$		$.432759^{-6}$	$.240557^{-6}$	$.134645^{-6}$		$.429023^{-7}$	$.139171^{-7}$	$.457801^{-8}$	$H_0^0(2,\alpha;3,\beta)$
$.174096^{-5}$		$.522295^{-6}$	$.289935^{-6}$	$.162087^{-6}$		$.515382^{-7}$	$.166896^{-7}$	$.548201^{-8}$	$H_0^0(2,\alpha;4,\beta)$
$.175696^{-5}$		$.511592^{-6}$	$.280768^{-6}$	$.155438^{-6}$		$.486501^{-7}$	$.155633^{-7}$	$.506270^{-8}$	$H_0^0(3,\alpha;3,\beta)$
$.213360^{-5}$		$.618931^{-6}$	$.339142^{-6}$	$.187490^{-6}$		$.585407^{-7}$	$.186902^{-7}$	$.606977^{-8}$	$H_0^0(3,\alpha;4,\beta)$
$.270050^{-5}$		$.750852^{-6}$	$.404849^{-6}$	$.220767^{-6}$		$.674280^{-7}$	$.211664^{-7}$	$.678267^{-8}$	$H_0^0(4,\alpha;4,\beta)$

Tabellen 33—35.

$\beta = 6{,}5$

$\alpha =$	0,5	1,0	1,5	2,0	2,5	3,0	3,5	4,0	4,5
$H_0^0(0,\alpha;0,\beta)$	$.154918^{-3}$	$.637163^{-4}$	$.299855^{-4}$	$.150068^{-4}$	$.778675^{-5}$	$.413872^{-5}$	$.223809^{-5}$	$.122621^{-5}$	$.678748^{-6}$
$H_0^0(0,\alpha;1,\beta)$	$.177399^{-3}$	$.727502^{-4}$	$.341601^{-4}$	$.170645^{-4}$	$.884050^{-5}$	$.469238^{-5}$	$.253444^{-5}$	$.138709^{-5}$	$.767133^{-6}$
$H_0^0(0,\alpha;2,\beta)$	$.206419^{-3}$	$.843556^{-4}$	$.395038^{-4}$	$.196909^{-4}$	$.101824^{-4}$	$.539604^{-5}$	$.291046^{-5}$	$.159093^{-5}$	$.878852^{-6}$
$H_0^0(0,\alpha;3,\beta)$	$.244838^{-3}$	$.996344^{-4}$	$.465103^{-4}$	$.231235^{-4}$	$.119315^{-4}$	$.631132^{-5}$	$.339868^{-5}$	$.185519^{-5}$	$.102354^{-5}$
$H_0^0(0,\alpha;4,\beta)$	$.29718^{-3}$	$.120320^{-3}$	$.559525^{-4}$	$.277329^{-4}$	$.142737^{-4}$	$.753399^{-5}$	$.404957^{-5}$	$.220691^{-5}$	$.121585^{-5}$
$H_0^0(1,\alpha;1,\beta)$	$.363325^{-3}$	$.116854^{-3}$	$.491118^{-4}$	$.229738^{-4}$	$.113881^{-4}$	$.585439^{-5}$	$.308595^{-5}$	$.165671^{-5}$	$.901942^{-6}$
$H_0^0(1,\alpha;2,\beta)$	$.424481^{-3}$	$.136001^{-3}$	$.569835^{-4}$	$.265883^{-4}$	$.131513^{-4}$	$.674827^{-5}$	$.355136^{-5}$	$.190385^{-5}$	$.103518^{-5}$
$H_0^0(1,\alpha;3,\beta)$	$.505960^{-3}$	$.161351^{-3}$	$.673548^{-4}$	$.313319^{-4}$	$.154581^{-4}$	$.791460^{-5}$	$.415729^{-5}$	$.222500^{-5}$	$.120803^{-5}$
$H_0^0(1,\alpha;4,\beta)$	$.61779^{-3}$	$.195891^{-3}$	$.814078^{-4}$	$.377313^{-4}$	$.185589^{-4}$	$.947787^{-5}$	$.496745^{-5}$	$.265351^{-5}$	$.143827^{-5}$
$H_0^0(2,\alpha;2,\beta)$	$.121312^{-2}$	$.260326^{-3}$	$.916034^{-4}$	$.387211^{-4}$	$.179677^{-4}$	$.881571^{-5}$	$.448766^{-5}$	$.234476^{-5}$	$.124906^{-5}$
$H_0^0(2,\alpha;3,\beta)$	$.145136^{-2}$	$.310179^{-3}$	$.108725^{-3}$	$.458035^{-4}$	$.211922^{-4}$	$.103715^{-4}$	$.526802^{-5}$	$.274718^{-5}$	$.146094^{-5}$
$H_0^0(2,\alpha;4,\beta)$	$.17802^{-2}$	$.378541^{-3}$	$.132064^{-3}$	$.554084^{-4}$	$.255465^{-4}$	$.124650^{-4}$	$.631500^{-5}$	$.328576^{-5}$	$.174392^{-5}$
$H_0^0(3,\alpha;3,\beta)$	$.610172^{-2}$	$.746534^{-3}$	$.202972^{-3}$	$.740936^{-4}$	$.312994^{-4}$	$.143893^{-4}$	$.698392^{-5}$	$.351855^{-5}$	$.182127^{-5}$
$H_0^0(3,\alpha;4,\beta)$	$.75016^{-2}$	$.914846^{-3}$	$.247705^{-3}$	$.900499^{-4}$	$.378958^{-4}$	$.173633^{-4}$	$.840238^{-5}$	$.422217^{-5}$	$.218049^{-5}$
$H_0^0(4,\alpha;4,\beta)$	$.44937^{-1}$	$.284947^{-2}$	$.555545^{-3}$	$.166465^{-3}$	$.618647^{-4}$	$.260290^{-4}$	$.118452^{-4}$	$.568418^{-5}$	$.283270^{-5}$

$\beta = 7{,}0$

$\alpha =$	0,5	1,0	1,5	2,0	2,5	3,0	3,5	4,0	4,5
$H_0^0(0,\alpha;0,\beta)$	$.876072^{-4}$	$.360882^{-4}$	$.170039^{-4}$	$.851840^{-5}$	$.442377^{-5}$	$.235300^{-5}$	$.127325^{-5}$	$.697991^{-6}$	
$H_0^0(0,\alpha;1,\beta)$	$.994568^{-4}$	$.408639^{-4}$	$.192156^{-4}$	$.961043^{-5}$	$.498380^{-5}$	$.264760^{-5}$	$.143110^{-5}$	$.783759^{-6}$	
$H_0^0(0,\alpha;2,\beta)$	$.114518^{-3}$	$.469079^{-4}$	$.220056^{-4}$	$.109844^{-4}$	$.568691^{-5}$	$.301680^{-5}$	$.162861^{-5}$	$.890936^{-6}$	
$H_0^0(0,\alpha;3,\beta)$	$.134100^{-3}$	$.547268^{-4}$	$.256017^{-4}$	$.127502^{-4}$	$.658839^{-5}$	$.348921^{-5}$	$.188092^{-5}$	$.102765^{-5}$	
$H_0^0(0,\alpha;4,\beta)$	$.16022^{-3}$	$.65098^{-4}$	$.303520^{-4}$	$.150752^{-4}$	$.777221^{-5}$	$.410824^{-5}$	$.221092^{-5}$	$.120618^{-5}$	
$H_0^0(1,\alpha;1,\beta)$	$.203245^{-3}$	$.655046^{-4}$	$.275763^{-4}$	$.129176^{-4}$	$.641075^{-5}$	$.329898^{-5}$	$.174048^{-5}$	$.935115^{-6}$	
$H_0^0(1,\alpha;2,\beta)$	$.234860^{-3}$	$.754411^{-4}$	$.316737^{-4}$	$.148036^{-4}$	$.733261^{-5}$	$.376708^{-5}$	$.198454^{-5}$	$.106487^{-5}$	
$H_0^0(1,\alpha;3,\beta)$	$.276197^{-3}$	$.883613^{-4}$	$.369785^{-4}$	$.172367^{-4}$	$.851846^{-5}$	$.436778^{-5}$	$.229710^{-5}$	$.123074^{-5}$	
$H_0^0(1,\alpha;4,\beta)$	$.33170^{-3}$	$.105598^{-3}$	$.440205^{-4}$	$.204539^{-4}$	$.100814^{-4}$	$.515737^{-5}$	$.270702^{-5}$	$.144787^{-5}$	
$H_0^0(2,\alpha;2,\beta)$	$.669832^{-3}$	$.144064^{-3}$	$.508006^{-4}$	$.215135^{-4}$	$.999900^{-5}$	$.491276^{-5}$	$.250389^{-5}$	$.130965^{-5}$	
$H_0^0(2,\alpha;3,\beta)$	$.790258^{-3}$	$.169369^{-3}$	$.595251^{-4}$	$.251340^{-4}$	$.116518^{-4}$	$.571200^{-5}$	$.290554^{-5}$	$.151711^{-5}$	
$H_0^0(2,\alpha;4,\beta)$	$.95277^{-3}$	$.203322^{-3}$	$.711689^{-4}$	$.299442^{-4}$	$.138392^{-4}$	$.676641^{-5}$	$.343398^{-5}$	$.178943^{-5}$	
$H_0^0(3,\alpha;3,\beta)$	$.331804^{-2}$	$.406689^{-3}$	$.110830^{-3}$	$.405513^{-4}$	$.171666^{-4}$	$.790694^{-5}$	$.384406^{-5}$	$.193950^{-5}$	
$H_0^0(3,\alpha;4,\beta)$	$.40082^{-2}$	$.489952^{-3}$	$.133051^{-3}$	$.485093^{-4}$	$.204680^{-4}$	$.939987^{-5}$	$.455795^{-5}$	$.229438^{-5}$	
$H_0^0(4,\alpha;4,\beta)$	$.23997^{-1}$	$.152332^{-2}$	$.297608^{-3}$	$.894038^{-4}$	$.333127^{-4}$	$.140505^{-4}$	$.640837^{-5}$	$.308133^{-5}$	

$\beta = 7{,}5$

$\alpha =$	0,5	1,0	1,5	2,0	2,5	3,0	3,5	4,0	4,5
$H_0^0(0,\alpha;0,\beta)$	$.497709^{-4}$	$.205305^{-4}$	$.968380^{-5}$	$.485558^{-5}$	$.252350^{-5}$	$.134314^{-5}$	$.727221^{-6}$		$.221006^{-6}$
$H_0^0(0,\alpha;1,\beta)$	$.560749^{-4}$	$.230777^{-4}$	$.108658^{-4}$	$.544008^{-5}$	$.282365^{-5}$	$.150120^{-5}$	$.811989^{-6}$		$.246348^{-6}$
$H_0^0(0,\alpha;2,\beta)$	$.639787^{-4}$	$.262590^{-4}$	$.123376^{-4}$	$.616618^{-5}$	$.319577^{-5}$	$.169683^{-5}$	$.916759^{-6}$		$.277596^{-6}$
$H_0^0(0,\alpha;3,\beta)$	$.74092^{-4}$	$.303115^{-4}$	$.142063^{-4}$	$.708564^{-5}$	$.366594^{-5}$	$.194357^{-5}$	$.104868^{-5}$		$.316844^{-6}$
$H_0^0(0,\alpha;4,\beta)$	$.87336^{-4}$	$.355916^{-4}$	$.166319^{-4}$	$.827557^{-5}$	$.427295^{-5}$	$.226146^{-5}$	$.121837^{-5}$		$.367188^{-6}$
$H_0^0(1,\alpha;1,\beta)$	$.114372^{-3}$	$.369277^{-4}$	$.155685^{-4}$	$.730167^{-5}$	$.362743^{-5}$	$.186836^{-5}$	$.986491^{-6}$		$.289132^{-6}$
$H_0^0(1,\alpha;2,\beta)$	$.130905^{-3}$	$.421416^{-4}$	$.177242^{-4}$	$.829604^{-5}$	$.411433^{-5}$	$.211596^{-5}$	$.111575^{-5}$		$.326290^{-6}$
$H_0^0(1,\alpha;3,\beta)$	$.152167^{-3}$	$.488141^{-4}$	$.204723^{-4}$	$.955961^{-5}$	$.473142^{-5}$	$.242908^{-5}$	$.127890^{-5}$		$.373047^{-6}$
$H_0^0(1,\alpha;4,\beta)$	$.18017^{-3}$	$.575529^{-4}$	$.240554^{-4}$	$.112012^{-4}$	$.553078^{-5}$	$.283368^{-5}$	$.148928^{-5}$		$.433141^{-6}$
$H_0^0(2,\alpha;2,\beta)$	$.372691^{-3}$	$.803097^{-4}$	$.283708^{-4}$	$.120341^{-4}$	$.560103^{-5}$	$.275530^{-5}$	$.140580^{-5}$		$.392764^{-6}$
$H_0^0(2,\alpha;3,\beta)$	$.434441^{-3}$	$.933321^{-4}$	$.328754^{-4}$	$.139087^{-4}$	$.645882^{-5}$	$.317094^{-5}$	$.161503^{-5}$		$.449896^{-6}$
$H_0^0(2,\alpha;4,\beta)$	$.51614^{-3}$	$.110474^{-3}$	$.387771^{-4}$	$.163548^{-4}$	$.757427^{-5}$	$.370985^{-5}$	$.188564^{-5}$		$.523494^{-6}$
$H_0^0(3,\alpha;3,\beta)$	$.182209^{-2}$	$.223668^{-3}$	$.610720^{-4}$	$.223895^{-4}$	$.949542^{-5}$	$.438076^{-5}$	$.213286^{-5}$		$.559090^{-6}$
$H_0^0(3,\alpha;4,\beta)$	$.21684^{-2}$	$.265561^{-3}$	$.722923^{-4}$	$.264217^{-4}$	$.111733^{-4}$	$.514154^{-5}$	$.249747^{-5}$		$.652127^{-6}$
$H_0^0(4,\alpha;4,\beta)$	$.12976^{-1}$	$.824434^{-3}$	$.161342^{-3}$	$.485713^{-4}$	$.181379^{-4}$	$.766617^{-5}$	$.350321^{-5}$		$.843670^{-6}$

Tabellen 33—35 (Fortsetzung).

$\beta = 6,5$

5,0	5,5	6,0	6,5	7,0	7,5	8,0	9,0	10,0	$= \alpha$
	$.212903^{-6}$	$.120340^{-6}$	$.683565^{-7}$		$.223272^{-7}$				$H_0^0(0,\alpha;0,\beta)$
	$.240210^{-6}$	$.135678^{-6}$	$.770183^{-7}$		$.251272^{-7}$				$H_0^0(0,\alpha;1,\beta)$
	$.274695^{-6}$	$.155031^{-6}$	$.879393^{-7}$		$.286530^{-7}$				$H_0^0(0,\alpha;2,\beta)$
	$.319245^{-6}$	$.180011^{-6}$	$.102024^{-6}$		$.331942^{-7}$				$H_0^0(0,\alpha;3,\beta)$
	$.378322^{-6}$	$.213105^{-6}$	$.120670^{-6}$		$.391977^{-7}$				$H_0^0(0,\alpha;4,\beta)$
	$.275755^{-6}$	$.154296^{-6}$	$.868745^{-7}$		$.279632^{-7}$				$H_0^0(1,\alpha;1,\beta)$
	$.315807^{-6}$	$.176543^{-6}$	$.993171^{-7}$		$.319211^{-7}$				$H_0^0(1,\alpha;2,\beta)$
	$.367633^{-6}$	$.205300^{-6}$	$.115385^{-6}$		$.370244^{-7}$				$H_0^0(1,\alpha;3,\beta)$
	$.436475^{-6}$	$.243456^{-6}$	$.136685^{-6}$		$.437781^{-7}$				$H_0^0(1,\alpha;4,\beta)$
	$.369551^{-6}$	$.204166^{-6}$	$.113701^{-6}$		$.359477^{-7}$				$H_0^0(2,\alpha;2,\beta)$
	$.431008^{-6}$	$.237831^{-6}$	$.132305^{-6}$		$.417505^{-7}$				$H_0^0(2,\alpha;3,\beta)$
	$.512807^{-6}$	$.282580^{-6}$	$.157005^{-6}$		$.494397^{-7}$				$H_0^0(2,\alpha;4,\beta)$
	$.516464^{-6}$	$.280768^{-6}$	$.154227^{-6}$		$.476910^{-7}$				$H_0^0(3,\alpha;3,\beta)$
	$.615973^{-6}$	$.334330^{-6}$	$.183397^{-6}$		$.565693^{-7}$				$H_0^0(3,\alpha;4,\beta)$
	$.760202^{-6}$	$.404849^{-6}$	$.218557^{-6}$		$.657393^{-7}$				$H_0^0(4,\alpha;4,\beta)$

$\beta = 7,0$

5,0	5,5	6,0	6,5	7,0	7,5	8,0	9,0	10,0	$= \alpha$
$.215859^{-6}$	$.121361^{-6}$	$.686241^{-7}$		$.222516^{-7}$		$.732340^{-8}$	$.243851^{-8}$		$H_0^0(0,\alpha;0,\beta)$
$.241978^{-6}$	$.135947^{-6}$	$.768212^{-7}$		$.248804^{-7}$		$.818036^{-8}$	$.272148^{-8}$		$H_0^0(0,\alpha;1,\beta)$
$.274546^{-6}$	$.154118^{-6}$	$.870246^{-7}$		$.281482^{-7}$		$.924445^{-8}$	$.307254^{-8}$		$H_0^0(0,\alpha;2,\beta)$
$.315991^{-6}$	$.177221^{-6}$	$.999857^{-7}$		$.322932^{-7}$		$.105927^{-7}$	$.351691^{-8}$		$H_0^0(0,\alpha;3,\beta)$
$.369978^{-6}$	$.207284^{-6}$	$.116837^{-6}$		$.376745^{-7}$		$.123409^{-7}$	$.409260^{-8}$		$H_0^0(0,\alpha;4,\beta)$
$.280605^{-6}$	$.155938^{-6}$	$.872978^{-7}$		$.278466^{-7}$		$.904751^{-8}$	$.298136^{-8}$		$H_0^0(1,\alpha;1,\beta)$
$.318841^{-6}$	$.177022^{-6}$	$.990166^{-7}$		$.315379^{-7}$		$.102339^{-7}$	$.336869^{-8}$		$H_0^0(1,\alpha;2,\beta)$
$.367585^{-6}$	$.203867^{-6}$	$.113923^{-6}$		$.362253^{-7}$		$.117385^{-7}$	$.385935^{-8}$		$H_0^0(1,\alpha;3,\beta)$
$.431197^{-6}$	$.238860^{-6}$	$.133333^{-6}$		$.423179^{-7}$		$.136915^{-7}$	$.449550^{-8}$		$H_0^0(1,\alpha;4,\beta)$
$.377904^{-6}$	$.206931^{-6}$	$.114400^{-6}$		$.357613^{-7}$		$.114390^{-7}$	$.372277^{-8}$		$H_0^0(2,\alpha;2,\beta)$
$.436499^{-6}$	$.238724^{-6}$	$.131831^{-6}$		$.411317^{-7}$		$.131359^{-7}$	$.426927^{-8}$		$H_0^0(2,\alpha;3,\beta)$
$.513135^{-6}$	$.280245^{-6}$	$.154566^{-6}$		$.481213^{-7}$		$.153408^{-7}$	$.497844^{-8}$		$H_0^0(2,\alpha;4,\beta)$
$.531659^{-6}$	$.285665^{-6}$	$.155438^{-6}$		$.473799^{-7}$		$.148685^{-7}$	$.476682^{-8}$		$H_0^0(3,\alpha;3,\beta)$
$.626520^{-6}$	$.336091^{-6}$	$.182611^{-6}$		$.555251^{-7}$		$.173891^{-7}$	$.556548^{-8}$		$H_0^0(3,\alpha;4,\beta)$
$.789617^{-6}$	$.414038^{-6}$	$.220767^{-6}$		$.651947^{-7}$		$.199818^{-7}$	$.629039^{-8}$		$H_0^0(4,\alpha;4,\beta)$

$\beta = 7,5$

5,0	5,5	6,0	6,5	7,0	7,5	8,0	9,0	10,0	$= \alpha$
$.123464^{-6}$	$.694412^{-7}$		$.223272^{-7}$		$.730160^{-8}$				$H_0^0(0,\alpha;0,\beta)$
$.137520^{-6}$	$.772953^{-7}$		$.248233^{-7}$		$.810966^{-8}$				$H_0^0(0,\alpha;1,\beta)$
$.154836^{-6}$	$.869622^{-7}$		$.278909^{-7}$		$.910163^{-8}$				$H_0^0(0,\alpha;2,\beta)$
$.176562^{-6}$	$.990804^{-7}$		$.317306^{-7}$		$.103417^{-7}$				$H_0^0(0,\alpha;3,\beta)$
$.204399^{-6}$	$.114592^{-6}$		$.366376^{-7}$		$.119245^{-7}$				$H_0^0(0,\alpha;4,\beta)$
$.159345^{-6}$	$.885962^{-7}$		$.279632^{-7}$		$.901474^{-8}$				$H_0^0(1,\alpha;1,\beta)$
$.179652^{-6}$	$.998016^{-7}$		$.314527^{-7}$		$.101269^{-7}$				$H_0^0(1,\alpha;2,\beta)$
$.205175^{-6}$	$.113869^{-6}$		$.358256^{-7}$		$.115185^{-7}$				$H_0^0(1,\alpha;3,\beta)$
$.237934^{-6}$	$.131904^{-6}$		$.414212^{-7}$		$.132966^{-7}$				$H_0^0(1,\alpha;4,\beta)$
$.212711^{-6}$	$.116554^{-6}$		$.359477^{-7}$		$.113880^{-7}$				$H_0^0(2,\alpha;2,\beta)$
$.243350^{-6}$	$.133193^{-6}$		$.410007^{-7}$		$.129679^{-7}$				$H_0^0(2,\alpha;3,\beta)$
$.282757^{-6}$	$.154565^{-6}$		$.474759^{-7}$		$.149889^{-7}$				$H_0^0(2,\alpha;4,\beta)$
$.296002^{-6}$	$.159187^{-6}$		$.476910^{-7}$		$.147861^{-7}$				$H_0^0(3,\alpha;3,\beta)$
$.344694^{-6}$	$.185103^{-6}$		$.553165^{-7}$		$.171151^{-7}$				$H_0^0(3,\alpha;4,\beta)$
$.433655^{-6}$	$.227665^{-6}$		$.657393^{-7}$		$.198429^{-7}$				$H_0^0(4,\alpha;4,\beta)$

Tabellen 36—38.

$\alpha =$	0,5	1,0	1,5	2,0	2,5	3,0	3,5	4,0	4,5

$\beta = 8,0$

	0,5	1,0	1,5	2,0	2,5	3,0	3,5	4,0	4,5
$H_0^0 (0, \alpha; 0, \beta)$	$.283898^{-4}$	$.117251^{-4}$	$.553578^{-5}$	$.277791^{-5}$	$.144471^{-5}$	$.769407^{-6}$		$.228720^{-6}$	$.126784^{-6}$
$H_0^0 (0, \alpha; 1, \beta)$	$.317709^{-4}$	$.130944^{-4}$	$.617528^{-5}$	$.309312^{-5}$	$.160675^{-5}$	$.854828^{-6}$		$.253672^{-6}$	$.140511^{-6}$
$H_0^0 (0, \alpha; 2, \beta)$	$.359585^{-4}$	$.147845^{-4}$	$.695572^{-5}$	$.348025^{-5}$	$.180542^{-5}$	$.959390^{-6}$		$.284138^{-6}$	$.157254^{-6}$
$H_0^0 (0, \alpha; 3, \beta)$	$.41242^{-4}$	$.169081^{-4}$	$.793724^{-5}$	$.396407^{-5}$	$.205319^{-5}$	$.108958^{-5}$		$.321967^{-6}$	$.178020^{-6}$
$H_0^0 (0, \alpha; 4, \beta)$	$.48048^{-4}$	$.196315^{-4}$	$.919166^{-5}$	$.458074^{-5}$	$.236830^{-5}$	$.125483^{-5}$		$.369842^{-6}$	$.204269^{-6}$
$H_0^0 (1, \alpha; 1, \beta)$	$.646910^{-4}$	$.209200^{-4}$	$.883106^{-5}$	$.414620^{-5}$	$.206174^{-5}$	$.106278^{-5}$		$.302107^{-6}$	$.164782^{-6}$
$H_0^0 (1, \alpha; 2, \beta)$	$.734236^{-4}$	$.236822^{-4}$	$.997580^{-5}$	$.467528^{-5}$	$.232121^{-5}$	$.119491^{-5}$		$.338893^{-6}$	$.184669^{-6}$
$H_0^0 (1, \alpha; 3, \beta)$	$.844916^{-4}$	$.271676^{-4}$	$.114152^{-4}$	$.533859^{-5}$	$.264573^{-5}$	$.135982^{-5}$		$.384660^{-6}$	$.209378^{-6}$
$H_0^0 (1, \alpha; 4, \beta)$	$.98825^{-4}$	$.316584^{-4}$	$.132624^{-4}$	$.618705^{-5}$	$.305972^{-5}$	$.156973^{-5}$		$.442703^{-6}$	$.240670^{-6}$
$H_0^0 (2, \alpha; 2, \beta)$	$.208723^{-3}$	$.450509^{-4}$	$.159401^{-4}$	$.677085^{-5}$	$.315524^{-5}$	$.155383^{-5}$		$.415806^{-6}$	$.222062^{-6}$
$H_0^0 (2, \alpha; 3, \beta)$	$.240777^{-3}$	$.518318^{-4}$	$.182925^{-4}$	$.775226^{-5}$	$.360528^{-5}$	$.177229^{-5}$		$.472851^{-6}$	$.252210^{-6}$
$H_0^0 (2, \alpha; 4, \beta)$	$.28245^{-3}$	$.606089^{-4}$	$.213246^{-4}$	$.901264^{-5}$	$.418143^{-5}$	$.205121^{-5}$		$.545377^{-6}$	$.290474^{-6}$
$H_0^0 (3, \alpha; 3, \beta)$	$.100892^{-2}$	$.124004^{-3}$	$.339151^{-4}$	$.124546^{-4}$	$.529034^{-5}$	$.244420^{-5}$		$.602628^{-6}$	$.313005^{-6}$
$H_0^0 (3, \alpha; 4, \beta)$	$.11853^{-2}$	$.145391^{-3}$	$.396607^{-4}$	$.145255^{-4}$	$.615444^{-5}$	$.283692^{-5}$		$.696730^{-6}$	$.361286^{-6}$
$H_0^0 (4, \alpha; 4, \beta)$	$.70904^{-2}$	$.450803^{-3}$	$.883471^{-4}$	$.266438^{-4}$	$.996814^{-5}$	$.422072^{-5}$		$.931936^{-6}$	$.466593^{-6}$

$\beta = 9,0$

	0,5	1,0	1,5	2,0	2,5	3,0	3,5	4,0	4,5
$H_0^0 (0, \alpha; 0, \beta)$	$.933276^{-5}$	$.386247^{-5}$	$.182657^{-5}$	$.917849^{-6}$		$.254788^{-6}$	$.138153^{-6}$	$.758746^{-7}$	
$H_0^0 (0, \alpha; 1, \beta)$	$.103256^{-4}$	$.426617^{-5}$	$.201479^{-5}$	$.101129^{-5}$		$.280206^{-6}$	$.151818^{-6}$	$.833206^{-7}$	
$H_0^0 (0, \alpha; 2, \beta)$	$.115301^{-4}$	$.475446^{-5}$	$.224192^{-5}$	$.112383^{-5}$		$.310734^{-6}$	$.168210^{-6}$	$.922438^{-7}$	
$H_0^0 (0, \alpha; 3, \beta)$	$.130137^{-4}$	$.535395^{-5}$	$.252008^{-5}$	$.126138^{-5}$		$.347924^{-6}$	$.188153^{-6}$	$.103088^{-6}$	
$H_0^0 (0, \alpha; 4, \beta)$	$.14873^{-4}$	$.610249^{-5}$	$.286642^{-5}$	$.143225^{-5}$		$.393959^{-6}$	$.212805^{-6}$	$.116476^{-6}$	
$H_0^0 (1, \alpha; 1, \beta)$	$.209652^{-4}$	$.679670^{-5}$	$.287569^{-5}$	$.135262^{-5}$		$.347738^{-6}$	$.183961^{-6}$	$.990778^{-7}$	
$H_0^0 (1, \alpha; 2, \beta)$	$.234638^{-4}$	$.759188^{-5}$	$.320617^{-5}$	$.150586^{-5}$		$.386202^{-6}$	$.204105^{-6}$	$.109828^{-6}$	
$H_0^0 (1, \alpha; 3, \beta)$	$.265532^{-4}$	$.857045^{-5}$	$.361216^{-5}$	$.169365^{-5}$		$.433162^{-6}$	$.228660^{-6}$	$.122914^{-6}$	
$H_0^0 (1, \alpha; 4, \beta)$	$.30442^{-4}$	$.979710^{-5}$	$.411941^{-5}$	$.192764^{-5}$		$.491429^{-6}$	$.259077^{-6}$	$.139102^{-6}$	
$H_0^0 (2, \alpha; 2, \beta)$	$.665350^{-4}$	$.143994^{-4}$	$.510810^{-5}$	$.217482^{-5}$		$.501040^{-6}$	$.256298^{-6}$	$.134490^{-6}$	
$H_0^0 (2, \alpha; 3, \beta)$	$.754415^{-4}$	$.162932^{-4}$	$.576825^{-5}$	$.245139^{-5}$		$.563017^{-6}$	$.287628^{-6}$	$.150755^{-6}$	
$H_0^0 (2, \alpha; 4, \beta)$	$.86688^{-4}$	$.186760^{-4}$	$.659605^{-5}$	$.279716^{-5}$		$.640127^{-6}$	$.326532^{-6}$	$.170917^{-6}$	
$H_0^0 (3, \alpha; 3, \beta)$	$.315653^{-3}$	$.388739^{-4}$	$.106603^{-4}$	$.392550^{-5}$		$.774193^{-6}$	$.378212^{-6}$	$.191651^{-6}$	
$H_0^0 (3, \alpha; 4, \beta)$	$.36311^{-3}$	$.446518^{-4}$	$.122202^{-4}$	$.449053^{-5}$		$.882258^{-6}$	$.430291^{-6}$	$.217714^{-6}$	
$H_0^0 (4, \alpha; 4, \beta)$	$.21709^{-2}$	$.138177^{-3}$	$.271385^{-4}$	$.820770^{-5}$		$.130789^{-5}$	$.600287^{-6}$	$.290287^{-6}$	

$\beta = 10,0$

	0,5	1,0	1,5	2,0	2,5	3,0	3,5	4,0	4,5
$H_0^0 (0, \alpha; 0, \beta)$	$.310322^{-5}$	$.128649^{-5}$		$.306472^{-6}$	$.159735^{-6}$	$.852338^{-7}$		$.254205^{-7}$	
$H_0^0 (0, \alpha; 1, \beta)$	$.340155^{-5}$	$.140818^{-5}$		$.334767^{-6}$	$.174336^{-6}$	$.929559^{-7}$		$.276882^{-7}$	
$H_0^0 (0, \alpha; 2, \beta)$	$.375731^{-5}$	$.155293^{-5}$		$.368305^{-6}$	$.191620^{-6}$	$.102086^{-6}$		$.303642^{-7}$	
$H_0^0 (0, \alpha; 3, \beta)$	$.41871^{-5}$	$.172733^{-5}$		$.408552^{-6}$	$.212331^{-6}$	$.113012^{-6}$		$.335596^{-7}$	
$H_0^0 (0, \alpha; 4, \beta)$	$.47139^{-5}$	$.194042^{-5}$		$.457516^{-6}$	$.237485^{-6}$	$.126264^{-6}$		$.374264^{-7}$	
$H_0^0 (1, \alpha; 1, \beta)$	$.689075^{-5}$	$.223890^{-5}$		$.446944^{-6}$	$.222884^{-6}$	$.115183^{-6}$		$.328817^{-7}$	
$H_0^0 (1, \alpha; 2, \beta)$	$.762564^{-5}$	$.247345^{-5}$		$.492465^{-6}$	$.245322^{-6}$	$.126658^{-6}$		$.360991^{-7}$	
$H_0^0 (1, \alpha; 3, \beta)$	$.851625^{-5}$	$.275686^{-5}$		$.547222^{-6}$	$.272266^{-6}$	$.140417^{-6}$		$.399470^{-7}$	
$H_0^0 (1, \alpha; 4, \beta)$	$.96118^{-5}$	$.310430^{-5}$		$.614014^{-6}$	$.305068^{-6}$	$.157139^{-6}$		$.446112^{-7}$	
$H_0^0 (2, \alpha; 2, \beta)$	$.215814^{-4}$	$.468035^{-5}$		$.709655^{-6}$	$.331934^{-6}$	$.164005^{-6}$		$.441333^{-7}$	
$H_0^0 (2, \alpha; 3, \beta)$	$.241396^{-4}$	$.522648^{-5}$		$.789990^{-6}$	$.369015^{-6}$	$.182107^{-6}$		$.489037^{-7}$	
$H_0^0 (2, \alpha; 4, \beta)$	$.27295^{-4}$	$.589812^{-5}$		$.888265^{-6}$	$.414277^{-6}$	$.204161^{-6}$		$.546971^{-7}$	
$H_0^0 (3, \alpha; 3, \beta)$	$.100888^{-3}$	$.124435^{-4}$		$.126177^{-5}$	$.538439^{-6}$	$.249189^{-6}$		$.620427^{-7}$	
$H_0^0 (3, \alpha; 4, \beta)$	$.11417^{-3}$	$.140659^{-4}$		$.142166^{-5}$	$.605696^{-6}$	$.280607^{-6}$		$.695083^{-7}$	
$H_0^0 (4, \alpha; 4, \beta)$	$.68233^{-3}$	$.434636^{-4}$		$.259138^{-5}$	$.974616^{-6}$	$.414803^{-6}$		$.924415^{-7}$	

Tabellen 36—38 (Fortsetzung).

$\beta = 8{,}0$

5,0	5,5	6,0	6,5	7,0	7,5	8,0	9,0	10,0	= α
$.708551^{-7}$		$.225580^{-7}$		$.732340^{-8}$		$.241278^{-8}$		$.270494^{-9}$	$H_0^0(0, \alpha; 0, \beta)$
$.784731^{-7}$		$.249535^{-7}$		$.809287^{-8}$		$.266394^{-8}$		$.298221^{-9}$	$H_0^0(0, \alpha; 1, \beta)$
$.877566^{-7}$		$.278683^{-7}$		$.902797^{-8}$		$.296886^{-8}$		$.331829^{-9}$	$H_0^0(0, \alpha; 2, \beta)$
$.992597^{-7}$		$.314741^{-7}$		$.101832^{-7}$		$.334517^{-8}$		$.373237^{-9}$	$H_0^0(0, \alpha; 3, \beta)$
$.113785^{-6}$		$.360193^{-7}$		$.116375^{-7}$		$.381834^{-8}$		$.425219^{-9}$	$H_0^0(0, \alpha; 4, \beta)$
$.908601^{-7}$		$.283196^{-7}$		$.904751^{-8}$		$.294344^{-8}$		$.323894^{-9}$	$H_0^0(1, \alpha; 1, \beta)$
$.101737^{-6}$		$.316617^{-7}$		$.101023^{-7}$		$.328304^{-8}$		$.360626^{-9}$	$H_0^0(1, \alpha; 2, \beta)$
$.115235^{-6}$		$.358013^{-7}$		$.114069^{-7}$		$.370250^{-8}$		$.405912^{-9}$	$H_0^0(1, \alpha; 3, \beta)$
$.132309^{-6}$		$.410265^{-7}$		$.130509^{-7}$		$.423042^{-8}$		$.462798^{-9}$	$H_0^0(1, \alpha; 4, \beta)$
$.120344^{-6}$		$.365198^{-7}$		$.114390^{-7}$		$.366513^{-8}$		$.394500^{-9}$	$H_0^0(2, \alpha; 2, \beta)$
$.136528^{-6}$		$.413503^{-7}$		$.129311^{-7}$		$.413755^{-8}$		$.444383^{-9}$	$H_0^0(2, \alpha; 3, \beta)$
$.157038^{-6}$		$.474571^{-7}$		$.148137^{-7}$		$.473274^{-8}$		$.507087^{-9}$	$H_0^0(2, \alpha; 4, \beta)$
$.165865^{-6}$		$.486501^{-7}$		$.148685^{-7}$		$.467608^{-8}$		$.490209^{-9}$	$H_0^0(3, \alpha; 3, \beta)$
$.191166^{-6}$		$.559298^{-7}$		$.170578^{-7}$		$.535535^{-8}$		$.559902^{-9}$	$H_0^0(3, \alpha; 4, \beta)$
$.240123^{-6}$		$.674280^{-7}$		$.199818^{-7}$		$.614178^{-8}$		$.623717^{-9}$	$H_0^0(4, \alpha; 4, \beta)$

$\beta = 9{,}0$

5,0	5,5	6,0	6,5	7,0	7,5	8,0	9,0	10,0	= α
$.235394^{-7}$		$.750338^{-8}$		$.243851^{-8}$			$.268210^{-9}$		$H_0^0(0, \alpha; 0, \beta)$
$.258178^{-7}$		$.822110^{-8}$		$.266938^{-8}$			$.293175^{-9}$		$H_0^0(0, \alpha; 1, \beta)$
$.285434^{-7}$		$.907852^{-8}$		$.294487^{-8}$			$.322914^{-9}$		$H_0^0(0, \alpha; 2, \beta)$
$.318497^{-7}$		$.101170^{-7}$		$.327815^{-8}$			$.358825^{-9}$		$H_0^0(0, \alpha; 3, \beta)$
$.359234^{-7}$		$.113946^{-7}$		$.368762^{-8}$			$.402863^{-9}$		$H_0^0(0, \alpha; 4, \beta)$
$.298543^{-7}$		$.931964^{-8}$		$.298136^{-8}$			$.320652^{-9}$		$H_0^0(1, \alpha; 1, \beta)$
$.330419^{-7}$		$.103013^{-7}$		$.329175^{-8}$			$.353405^{-9}$		$H_0^0(1, \alpha; 2, \beta)$
$.369140^{-7}$		$.114917^{-7}$		$.366761^{-8}$			$.392983^{-9}$		$H_0^0(1, \alpha; 3, \beta)$
$.416921^{-7}$		$.129578^{-7}$		$.412986^{-8}$			$.441551^{-9}$		$H_0^0(1, \alpha; 4, \beta)$
$.390208^{-7}$		$.118652^{-7}$		$.372277^{-8}$			$.389777^{-9}$		$H_0^0(2, \alpha; 2, \beta)$
$.436524^{-7}$		$.132517^{-7}$		$.415201^{-8}$			$.433764^{-9}$		$H_0^0(2, \alpha; 3, \beta)$
$.493779^{-7}$		$.149618^{-7}$		$.468053^{-8}$			$.487786^{-9}$		$H_0^0(2, \alpha; 4, \beta)$
$.529206^{-7}$		$.155633^{-7}$		$.476682^{-8}$			$.483125^{-9}$		$H_0^0(3, \alpha; 3, \beta)$
$.599631^{-7}$		$.175971^{-7}$		$.538029^{-8}$			$.543805^{-9}$		$H_0^0(3, \alpha; 4, \beta)$
$.751159^{-7}$		$.211664^{-7}$		$.629039^{-8}$			$.612743^{-9}$		$H_0^0(4, \alpha; 4, \beta)$

$\beta = 10{,}0$

5,0	5,5	6,0	6,5	7,0	7,5	8,0	9,0	10,0	= α
$.789634^{-8}$		$.251969^{-8}$				$.270494^{-9}$		$.304106^{-10}$	$H_0^0(0, \alpha; 0, \beta)$
$.859158^{-8}$		$.273905^{-8}$				$.293608^{-9}$		$.329711^{-10}$	$H_0^0(0, \alpha; 1, \beta)$
$.941072^{-8}$		$.299717^{-8}$				$.320754^{-9}$		$.359743^{-10}$	$H_0^0(0, \alpha; 2, \beta)$
$.103874^{-7}$		$.330447^{-8}$				$.353007^{-9}$		$.395372^{-10}$	$H_0^0(0, \alpha; 3, \beta)$
$.115668^{-7}$		$.367512^{-8}$				$.391827^{-9}$		$.438191^{-10}$	$H_0^0(0, \alpha; 4, \beta)$
$.992377^{-8}$		$.310205^{-8}$				$.323894^{-9}$		$.357642^{-10}$	$H_0^0(1, \alpha; 1, \beta)$
$.108802^{-7}$		$.339718^{-8}$				$.354068^{-9}$		$.390419^{-10}$	$H_0^0(1, \alpha; 2, \beta)$
$.120219^{-7}$		$.374890^{-8}$				$.389946^{-9}$		$.429326^{-10}$	$H_0^0(1, \alpha; 3, \beta)$
$.134027^{-7}$		$.417362^{-8}$				$.433162^{-9}$		$.476113^{-10}$	$H_0^0(1, \alpha; 4, \beta)$
$.128310^{-7}$		$.390824^{-8}$				$.394500^{-9}$		$.426438^{-10}$	$H_0^0(2, \alpha; 2, \beta)$
$.141939^{-7}$		$.431723^{-8}$				$.434811^{-9}$		$.469223^{-10}$	$H_0^0(2, \alpha; 3, \beta)$
$.158449^{-7}$		$.481173^{-8}$				$.483412^{-9}$		$.520705^{-10}$	$H_0^0(2, \alpha; 4, \beta)$
$.171773^{-7}$		$.506170^{-8}$				$.490209^{-9}$		$.516646^{-10}$	$H_0^0(3, \alpha; 3, \beta)$
$.192030^{-7}$		$.564961^{-8}$				$.545514^{-9}$		$.573751^{-10}$	$H_0^0(3, \alpha; 4, \beta)$
$.240024^{-7}$		$.678267^{-8}$				$.623717^{-9}$		$.637681^{-10}$	$H_0^0(4, \alpha; 4, \beta)$

Hilfsfunktionen

Tabellen 39—56.

$$S(m, \alpha; n, \beta) = \int_1^\infty x_1^m e^{-\alpha x_1}\, dx_1 \int_1^{x_1} x_2^n e^{-\beta x_2}\, dx_2$$

Tabelle 39.

$\alpha =$	0,5	1,0	1,5	2,0	2,5	3,0	3,5	4,0	4,5
$\beta = 0{,}5$									
$S(0, \alpha; 0, \beta)$	$.735759^{0}$	$.148753^{0}$	$.451118^{-1}$	$.164170^{-1}$	$.663828^{-2}$	$.287594^{-2}$	$.130826^{-2}$	$.617166^{-3}$	$.299464^{-3}$
$S(0, \alpha; 1, \beta)$	$.147152^{1}$	$.247921^{0}$	$.676676^{-1}$	$.229838^{-1}$	$.885102^{-2}$	$.369764^{-2}$	$.163532^{-2}$	$.754314^{-3}$	$.359357^{-3}$
$S(0, \alpha; 2, \beta)$	$.367879^{1}$	$.479318^{0}$	$.112779^{0}$	$.348040^{-1}$	$.125390^{-1}$	$.498888^{-2}$	$.212592^{-2}$	$.952417^{-3}$	$.443207^{-3}$
$S(0, \alpha; 3, \beta)$	$.117721^{2}$	$.110739^{1}$	$.214280^{0}$	$.581817^{-1}$	$.191772^{-1}$	$.715212^{-2}$	$.290270^{-2}$	$.125211^{-2}$	$.565389^{-3}$
$S(0, \alpha; 4, \beta)$	$.478243^{2}$	$.310178^{1}$	$.473672^{0}$	$.109508^{0}$	$.322079^{-1}$	$.110498^{-1}$	$.421096^{-2}$	$.173016^{-2}$	$.751774^{-3}$
$S(0, \alpha; 5, \beta)$	$.23987^{3}$	$.104879^{2}$	$.122928^{1}$	$.235432^{0}$	$.60318^{-1}$	$.186614^{-1}$	$.65719^{-2}$	$.253956^{-2}$	$.105123^{-2}$
$S(1, \alpha; 0, \beta)$	$.294304^{1}$	$.396676^{0}$	$.977421^{-1}$	$.311923^{-1}$	$.115063^{-1}$	$.465629^{-2}$	$.200911^{-2}$	$.908606^{-3}$	$.425905^{-3}$
$S(1, \alpha; 1, \beta)$	$.662183^{1}$	$.727239^{0}$	$.157891^{0}$	$.462959^{-1}$	$.160794^{-1}$	$.622142^{-2}$	$.259316^{-2}$	$.114100^{-2}$	$.523064^{-3}$
$S(1, \alpha; 2, \beta)$	$.191297^{2}$	$.158671^{1}$	$.289467^{0}$	$.755839^{-1}$	$.241928^{-1}$	$.881508^{-2}$	$.351011^{-2}$	$.149022^{-2}$	$.663879^{-3}$
$S(1, \alpha; 3, \beta)$	$.713686^{2}$	$.420918^{1}$	$.616526^{0}$	$.138599^{0}$	$.398788^{-1}$	$.134338^{-1}$	$.504030^{-2}$	$.204318^{-2}$	$.877417^{-3}$
$S(1, \alpha; 4, \beta)$	$.335506^{3}$	$.135898^{2}$	$.154508^{1}$	$.290187^{0}$	$.732013^{-1}$	$.223446^{-1}$	$.777509^{-2}$	$.297210^{-2}$	$.121830^{-2}$
$S(1, \alpha; 5, \beta)$	$.19196^{4}$	$.525889^{2}$	$.455252^{1}$	$.699171^{0}$	$.151401^{0}$	$.410873^{-1}$	$.130439^{-1}$	$.463813^{-2}$	$.179456^{-2}$
$S(2, \alpha; 0, \beta)$	$.154509^{2}$	$.127267^{1}$	$.243102^{0}$	$.659963^{-1}$	$.217440^{-1}$	$.809307^{-2}$	$.327399^{-2}$	$.140672^{-2}$	$.632498^{-3}$
$S(2, \alpha; 1, \beta)$	$.382595^{2}$	$.256187^{1}$	$.424802^{0}$	$.104478^{0}$	$.320407^{-1}$	$.112997^{-1}$	$.438451^{-2}$	$.182261^{-2}$	$.797862^{-3}$
$S(2, \alpha; 2, \beta)$	$.124343^{3}$	$.627520^{1}$	$.859630^{0}$	$.185092^{0}$	$.515622^{-1}$	$.169265^{-1}$	$.621674^{-2}$	$.247526^{-2}$	$.104683^{-2}$
$S(2, \alpha; 3, \beta)$	$.525332^{3}$	$.189064^{2}$	$.205133^{1}$	$.374032^{0}$	$.922212^{-1}$	$.276173^{-1}$	$.945214^{-2}$	$.356115^{-2}$	$.144120^{-2}$
$S(2, \alpha; 4, \beta)$	$.278190^{4}$	$.692806^{2}$	$.579310^{1}$	$.871643^{0}$	$.185836^{0}$	$.497633^{-1}$	$.156091^{-1}$	$.548930^{-2}$	$.210242^{-2}$
$S(2, \alpha; 5, \beta)$	$.17758^{5}$	$.301798^{3}$	$.191806^{2}$	$.234367^{1}$	$.424733^{0}$	$.100001^{0}$	$.283027^{-1}$	$.916350^{-2}$	$.328239^{-2}$
$S(3, \alpha; 0, \beta)$	$.104478^{3}$	$.492539^{1}$	$.700485^{0}$	$.157176^{0}$	$.452701^{-1}$	$.152452^{-1}$	$.570898^{-2}$	$.230715^{-2}$	$.987054^{-3}$
$S(3, \alpha; 1, \beta)$	$.277381^{3}$	$.107874^{2}$	$.132328^{1}$	$.266225^{0}$	$.706568^{-1}$	$.223495^{-1}$	$.796911^{-2}$	$.309711^{-2}$	$.128368^{-2}$
$S(3, \alpha; 2, \beta)$	$.985917^{3}$	$.293136^{2}$	$.294855^{1}$	$.513071^{0}$	$.122193^{0}$	$.355879^{-1}$	$.119006^{-1}$	$.439601^{-2}$	$.174913^{-2}$
$S(3, \alpha; 3, \beta)$	$.459187^{4}$	$.988202^{2}$	$.783566^{1}$	$.114250^{1}$	$.237940^{0}$	$.624841^{-1}$	$.192680^{-1}$	$.667411^{-2}$	$.252175^{-2}$
$S(3, \alpha; 4, \beta)$	$.267713^{5}$	$.404461^{3}$	$.246968^{2}$	$.295196^{1}$	$.526615^{0}$	$.122373^{0}$	$.342284^{-1}$	$.109614^{-1}$	$.388641^{-2}$
$S(3, \alpha; 5, \beta)$	$.18719^{6}$	$.195418^{4}$	$.908488^{2}$	$.879429^{1}$	$.132595^{1}$	$.268842^{0}$	$.672658^{-1}$	$.196577^{-1}$	$.646339^{-2}$
$S(4, \alpha; 0, \beta)$	$.883646^{3}$	$.228034^{2}$	$.234163^{1}$	$.423861^{0}$	$.104640^{0}$	$.313767^{-1}$	$.107355^{-1}$	$.403731^{-2}$	$.162916^{-2}$
$S(4, \alpha; 1, \beta)$	$.245891^{4}$	$.536376^{2}$	$.475804^{1}$	$.767882^{0}$	$.173369^{0}$	$.484607^{-1}$	$.156795^{-1}$	$.563667^{-2}$	$.219229^{-2}$
$S(4, \alpha; 2, \beta)$	$.932722^{4}$	$.159355^{3}$	$.115958^{2}$	$.160760^{1}$	$.322783^{0}$	$.823174^{-1}$	$.247669^{-1}$	$.839925^{-2}$	$.311573^{-2}$
$S(4, \alpha; 3, \beta)$	$.468149^{5}$	$.591900^{3}$	$.340057^{2}$	$.392950^{1}$	$.684316^{0}$	$.155922^{0}$	$.428697^{-1}$	$.135185^{-1}$	$.472636^{-2}$
$S(4, \alpha; 4, \beta)$	$.294810^{6}$	$.266663^{4}$	$.118346^{3}$	$.111827^{2}$	$.165886^{1}$	$.332005^{0}$	$.821246^{-1}$	$.237465^{-1}$	$.772972^{-2}$
$S(4, \alpha; 5, \beta)$	$.22233^{+7}$	$.141096^{5}$	$.478503^{3}$	$.366087^{2}$	$.457698^{1}$	$.795494^{0}$	$.174948^{0}$	$.458450^{-1}$	$.137400^{-1}$
$S(5, \alpha; 0, \beta)$	$.907632^{4}$	$.124505^{3}$	$.903474^{1}$	$.129508^{1}$	$.269598^{0}$	$.709559^{-1}$	$.219084^{-1}$	$.758619^{-2}$	$.286141^{-2}$
$S(5, \alpha; 1, \beta)$	$.260289^{5}$	$.310289^{3}$	$.195931^{2}$	$.250116^{1}$	$.474013^{0}$	$.115635^{0}$	$.335655^{-1}$	$.110491^{-1}$	$.399683^{-2}$
$S(5, \alpha; 2, \beta)$	$.103352^{6}$	$.993397^{3}$	$.517633^{2}$	$.566349^{1}$	$.949178^{0}$	$.209805^{0}$	$.562304^{-1}$	$.173435^{-1}$	$.594672^{-2}$
$S(5, \alpha; 3, \beta)$	$.548789^{6}$	$.400829^{4}$	$.165840^{3}$	$.151025^{2}$	$.218490^{1}$	$.428710^{0}$	$.104249^{0}$	$.296832^{-1}$	$.952665^{-2}$
$S(5, \alpha; 4, \beta)$	$.367386^{7}$	$.196260^{5}$	$.630724^{3}$	$.469769^{2}$	$.577316^{1}$	$.990379^{0}$	$.215394^{0}$	$.558704^{-1}$	$.165833^{-1}$
$S(5, \alpha; 5, \beta)$	$.29490^{8}$	$.112501^{6}$	$.277625^{4}$	$.167618^{3}$	$.173454^{2}$	$.257738^{1}$	$.496416^{0}$	$.116117^{0}$	$.315555^{-1}$

Tabelle 39 (Fortsetzung).

5,0	5,5	6,0	6,5	7,0	7,5	8,0	9,0	10,0	$= \alpha$
									$\beta = 0,5$
$.148610^{-3}$	$.751137^{-4}$	$.385497^{-4}$	$.200414^{-4}$	$.105349^{-4}$	$.559104^{-5}$	$.299218^{-5}$	$.875459^{-6}$	$.262252^{-6}$	$S\,(0,\ \alpha;\ 0,\ \beta)$
$.175630^{-3}$	$.876326^{-4}$	$.444805^{-4}$	$.229043^{-4}$	$.119396^{-4}$	$.628992^{-5}$	$.334421^{-5}$	$.967614^{-6}$	$.287229^{-6}$	$S\,(0,\ \alpha;\ 1,\ \beta)$
$.212475^{-3}$	$.104325^{-3}$	$.522360^{-4}$	$.265855^{-4}$	$.137188^{-4}$	$.716352^{-5}$	$.377904^{-5}$	$.107917^{-5}$	$.316962^{-6}$	$S\,(0,\ \alpha;\ 2,\ \beta)$
$.264504^{-3}$	$.127276^{-3}$	$.626586^{-4}$	$.314351^{-4}$	$.160225^{-4}$	$.827737^{-5}$	$.432597^{-5}$	$.121625^{-5}$	$.352812^{-6}$	$S\,(0,\ \alpha;\ 3,\ \beta)$
$.340977^{-3}$	$.159964^{-3}$	$.771088^{-4}$	$.380042^{-4}$	$.190803^{-4}$	$.972973^{-5}$	$.502793^{-5}$	$.138756^{-5}$	$.396657^{-6}$	$S\,(0,\ \alpha;\ 4,\ \beta)$
$.458588^{-3}$	$.208416^{-3}$	$.97863\ ^{-4}$	$.471873^{-4}$	$.232551^{-4}$	$.116720^{-4}$	$.594979^{-5}$	$.160574^{-5}$	$.451136^{-6}$	$S\,(0,\ \alpha;\ 5,\ \beta)$
$.205352^{-3}$	$.101290^{-3}$	$.509054^{-4}$	$.259877^{-4}$	$.134446^{-4}$	$.703540^{-5}$	$.371823^{-5}$	$.106489^{-5}$	$.313454^{-6}$	$S\,(1,\ \alpha;\ 0,\ \beta)$
$.247601^{-3}$	$.120258^{-3}$	$.596493^{-4}$	$.301092^{-4}$	$.154245^{-4}$	$.800218^{-5}$	$.419707^{-5}$	$.118668^{-5}$	$.345684^{-6}$	$S\,(1,\ \alpha;\ 1,\ \beta)$
$.307001^{-3}$	$.146244^{-3}$	$.713646^{-4}$	$.355252^{-4}$	$.179823^{-4}$	$.923249^{-5}$	$.479834^{-5}$	$.133616^{-5}$	$.384509^{-6}$	$S\,(1,\ \alpha;\ 2,\ \beta)$
$.393878^{-3}$	$.183105^{-3}$	$.875519^{-4}$	$.428404^{-4}$	$.213692^{-4}$	$.108334^{-4}$	$.556867^{-5}$	$.152270^{-5}$	$.431938^{-6}$	$S\,(1,\ \alpha;\ 3,\ \beta)$
$.526785^{-3}$	$.237502^{-3}$	$.110716^{-3}$	$.530341^{-4}$	$.259809^{-4}$	$.129694^{-4}$	$.657828^{-5}$	$.175993^{-5}$	$.490801^{-6}$	$S\,(1,\ \alpha;\ 4,\ \beta)$
$.740606^{-3}$	$.321425^{-3}$	$.145196^{-3}$	$.677471^{-4}$	$.324612^{-4}$	$.159014^{-4}$	$.793576^{-5}$	$.206803^{-5}$	$.565158^{-6}$	$S\,(1,\ \alpha;\ 5,\ \beta)$
$.294616^{-3}$	$.141157^{-3}$	$.692045^{-4}$	$.345817^{-4}$	$.175601^{-4}$	$.903963^{-5}$	$.470861^{-5}$	$.131581^{-5}$	$.379653^{-6}$	$S\,(2,\ \alpha;\ 0,\ \beta)$
$.363546^{-3}$	$.171006^{-3}$	$.825418^{-4}$	$.406995^{-4}$	$.204295^{-4}$	$.104113^{-4}$	$.537523^{-5}$	$.147996^{-5}$	$.421948^{-6}$	$S\,(2,\ \alpha;\ 1,\ \beta)$
$.463778^{-3}$	$.213144^{-3}$	$.100897^{-3}$	$.489352^{-4}$	$.242181^{-4}$	$.121917^{-4}$	$.622751^{-5}$	$.168449^{-5}$	$.473558^{-6}$	$S\,(2,\ \alpha;\ 2,\ \beta)$
$.616140^{-3}$	$.275001^{-3}$	$.127048^{-3}$	$.603690^{-4}$	$.293606^{-4}$	$.145610^{-4}$	$.734195^{-5}$	$.194414^{-5}$	$.537523^{-6}$	$S\,(2,\ \alpha;\ 3,\ \beta)$
$.859603^{-3}$	$.369895^{-3}$	$.165791^{-3}$	$.768058^{-4}$	$.365621^{-4}$	$.178036^{-4}$	$.883661^{-5}$	$.228072^{-5}$	$.618204^{-6}$	$S\,(2,\ \alpha;\ 4,\ \beta)$
$.127071^{-2}$	$.522783^{-3}$	$.225748^{-3}$	$.101374^{-3}$	$.470060^{-4}$	$.223834^{-4}$	$.108990^{-4}$	$.272737^{-5}$	$.721979^{-6}$	$S\,(2,\ \alpha;\ 5,\ \beta)$
$.441275^{-3}$	$.204271^{-3}$	$.972609^{-4}$	$.473959^{-4}$	$.235482^{-4}$	$.118932^{-4}$	$.609169^{-5}$	$.165485^{-5}$	$.466708^{-6}$	$S\,(3,\ \alpha;\ 0,\ \beta)$
$.559105^{-3}$	$.253240^{-3}$	$.118380^{-3}$	$.567886^{-4}$	$.278357^{-4}$	$.138942^{-4}$	$.704364^{-5}$	$.188088^{-5}$	$.523241^{-6}$	$S\,(3,\ \alpha;\ 1,\ \beta)$
$.736856^{-3}$	$.324678^{-3}$	$.148313^{-3}$	$.697728^{-4}$	$.336343^{-4}$	$.165488^{-4}$	$.828510^{-5}$	$.216725^{-5}$	$.593204^{-6}$	$S\,(3,\ \alpha;\ 2,\ \beta)$
$.101857^{-2}$	$.433532^{-3}$	$.192410^{-3}$	$.883502^{-4}$	$.417222^{-4}$	$.201695^{-4}$	$.994525^{-5}$	$.253767^{-5}$	$.681301^{-6}$	$S\,(3,\ \alpha;\ 3,\ \beta)$
$.149023^{-2}$	$.607661^{-3}$	$.260246^{-3}$	$.115978^{-3}$	$.534009^{-4}$	$.252645^{-4}$	$.122288^{-4}$	$.302805^{-5}$	$.794408^{-6}$	$S\,(3,\ \alpha;\ 4,\ \beta)$
$.232845^{-2}$	$.901468^{-3}$	$.369701^{-3}$	$.158863^{-3}$	$.709271^{-4}$	$.326873^{-4}$	$.154699^{-4}$	$.369433^{-5}$	$.942805^{-6}$	$S\,(3,\ \alpha;\ 5,\ \beta)$
$.693998^{-3}$	$.308525^{-3}$	$.141949^{-3}$	$.671710^{-4}$	$.325364^{-4}$	$.160728^{-4}$	$.807378^{-5}$	$.212306^{-5}$	$.583340^{-6}$	$S\,(4,\ \alpha;\ 0,\ \beta)$
$.905874^{-3}$	$.392592^{-3}$	$.176784^{-3}$	$.821342^{-4}$	$.391613^{-4}$	$.190824^{-4}$	$.947160^{-5}$	$.244171^{-5}$	$.660432^{-6}$	$S\,(4,\ \alpha;\ 1,\ \beta)$
$.123837^{-2}$	$.519660^{-3}$	$.227761^{-3}$	$.103425^{-3}$	$.483586^{-4}$	$.231712^{-4}$	$.113346^{-4}$	$.285285^{-5}$	$.757325^{-6}$	$S\,(4,\ \alpha;\ 2,\ \beta)$
$.178933^{-2}$	$.721196^{-3}$	$.305623^{-3}$	$.134898^{-3}$	$.615726^{-4}$	$.289001^{-4}$	$.138877^{-4}$	$.339567^{-5}$	$.881468^{-6}$	$S\,(4,\ \alpha;\ 3,\ \beta)$
$.275820^{-2}$	$.105825^{-2}$	$.430324^{-3}$	$.183445^{-3}$	$.812965^{-4}$	$.372085^{-4}$	$.174972^{-4}$	$.413100^{-5}$	$.104398^{-5}$	$S\,(4,\ \alpha;\ 4,\ \beta)$
$.457394^{-2}$	$.165520^{-2}$	$.640623^{-3}$	$.261899^{-3}$	$.112003^{-3}$	$.497251^{-4}$	$.227795^{-4}$	$.515598^{-5}$	$.126184^{-5}$	$S\,(4,\ \alpha;\ 5,\ \beta)$
$.115259^{-2}$	$.488895^{-3}$	$.216155^{-3}$	$.988573^{-4}$	$.464954^{-4}$	$.223873^{-4}$	$.109959^{-4}$	$.278523^{-5}$	$.742806^{-6}$	$S\,(5,\ \alpha;\ 0,\ \beta)$
$.155476^{-2}$	$.640433^{-3}$	$.276206^{-3}$	$.123668^{-3}$	$.571114^{-4}$	$.270667^{-4}$	$.131118^{-4}$	$.324613^{-5}$	$.850260^{-6}$	$S\,(5,\ \alpha;\ 1,\ \beta)$
$.221284^{-2}$	$.878318^{-3}$	$.367151^{-3}$	$.160086^{-3}$	$.722732^{-4}$	$.335905^{-4}$	$.159991^{-4}$	$.385273^{-5}$	$.987609^{-6}$	$S\,(5,\ \alpha;\ 2,\ \beta)$
$.335535^{-2}$	$.127195^{-2}$	$.511513^{-3}$	$.215842^{-3}$	$.947622^{-4}$	$.430008^{-4}$	$.200626^{-4}$	$.467168^{-5}$	$.116695^{-5}$	$S\,(5,\ \alpha;\ 3,\ \beta)$
$.546939^{-2}$	$.196163^{-2}$	$.752759^{-3}$	$.305249^{-3}$	$.129542^{-3}$	$.570975^{-4}$	$.259803^{-4}$	$.580907^{-5}$	$.140671^{-5}$	$S\,(5,\ \alpha;\ 4,\ \beta)$
$.965198^{-2}$	$.324581^{-2}$	$.117880^{-2}$	$.455984^{-3}$	$.185834^{-3}$	$.791059^{-4}$	$.349289^{-4}$	$.743892^{-5}$	$.173576^{-5}$	$S\,(5,\ \alpha;\ 5,\ \beta)$

Tabelle 40.

$\alpha =$	0,5	1,0	1,5	2,0	2,5	3,0	3,5	4,0	4,5
$\beta = 1,0$									
$S\,(0,\,\alpha;\,0,\,\beta)$	$.297507^{0}$	$.676676^{-1}$	$.218893^{-1}$	$.829784^{-2}$	$.345113^{-2}$	$.152630^{-2}$	$.705333^{-3}$	$.336897^{-3}$	$.165122^{-3}$
$S\,(0,\,\alpha;\,1,\,\beta)$	$.495845^{0}$	$.101501^{0}$	$.306451^{-1}$	$.110638^{-1}$	$.443717^{-2}$	$.190788^{-2}$	$.862074^{-3}$	$.404277^{-3}$	$.195144^{-3}$
$S\,(0,\,\alpha;\,2,\,\beta)$	$.958633^{0}$	$.169169^{0}$	$.464054^{-1}$	$.156737^{-1}$	$.598665^{-2}$	$.248024^{-2}$	$.108848^{-2}$	$.498608^{-3}$	$.236084^{-3}$
$S\,(0,\,\alpha;\,3,\,\beta)$	$.221477^{1}$	$.321421^{0}$	$.775758^{-1}$	$.239714^{-1}$	$.858254^{-2}$	$.338649^{-2}$	$.143098^{-2}$	$.636061^{-3}$	$.293895^{-3}$
$S\,(0,\,\alpha;\,4,\,\beta)$	$.620357^{1}$	$.710509^{0}$	$.146011^{0}$	$.402599^{-1}$	$.132598^{-1}$	$.491279^{-2}$	$.197732^{-2}$	$.845747^{-3}$	$.378863^{-3}$
$S\,(0,\,\alpha;\,5,\,\beta)$	$.209759^{2}$	$.184394^{1}$	$.313909^{0}$	$.75398^{-1}$	$.223936^{-1}$	$.76673^{-2}$	$.290235^{-2}$	$.118264^{-2}$	$.509543^{-3}$
$S\,(1,\,\alpha;\,0,\,\beta)$	$.109086^{1}$	$.169169^{0}$	$.452380^{-1}$	$.152127^{-1}$	$.581762^{-2}$	$.241665^{-2}$	$.106360^{-2}$	$.488501^{-3}$	$.231838^{-3}$
$S\,(1,\,\alpha;\,1,\,\beta)$	$.195032^{1}$	$.270671^{0}$	$.668355^{-1}$	$.212056^{-1}$	$.776152^{-2}$	$.311620^{-2}$	$.133478^{-2}$	$.599677^{-3}$	$.279449^{-3}$
$S\,(1,\,\alpha;\,2,\,\beta)$	$.413204^{1}$	$.490591^{0}$	$.108513^{0}$	$.318084^{-1}$	$.109772^{-1}$	$.421323^{-2}$	$.174198^{-2}$	$.760714^{-3}$	$.346358^{-3}$
$S\,(1,\,\alpha;\,3,\,\beta)$	$.106331^{2}$	$.103193^{1}$	$.197728^{0}$	$.522457^{-1}$	$.166928^{-1}$	$.604162^{-2}$	$.238617^{-2}$	$.100476^{-2}$	$.444173^{-3}$
$S\,(1,\,\alpha;\,4,\,\beta)$	$.333832^{2}$	$.255445^{1}$	$.411251^{0}$	$.955276^{-1}$	$.276975^{-1}$	$.930488^{-2}$	$.346730^{-2}$	$.139408^{-2}$	$.593736^{-3}$
$S\,(1,\,\alpha;\,5,\,\beta)$	$.126154^{3}$	$.744344^{1}$	$.984547^{0}$	$.196792^{0}$	$.507976^{-1}$	$.155830^{-1}$	$.540439^{-2}$	$.205172^{-2}$	$.834219^{-3}$
$S\,(2,\,\alpha;\,0,\,\beta)$	$.532607^{1}$	$.507507^{0}$	$.106723^{0}$	$.308864^{-1}$	$.106407^{-1}$	$.409134^{-2}$	$.169625^{-2}$	$.742859^{-3}$	$.339123^{-3}$
$S\,(2,\,\alpha;\,1,\,\beta)$	$.100161^{2}$	$.862763^{0}$	$.166690^{0}$	$.451772^{-1}$	$.147918^{-1}$	$.546395^{-2}$	$.219372^{-2}$	$.935901^{-3}$	$.418095^{-3}$
$S\,(2,\,\alpha;\,2,\,\beta)$	$.227317^{2}$	$.169169^{1}$	$.290694^{0}$	$.720683^{-1}$	$.220415^{-1}$	$.772161^{-2}$	$.297274^{-2}$	$.122610^{-2}$	$.532801^{-3}$
$S\,(2,\,\alpha;\,3,\,\beta)$	$.635085^{2}$	$.390781^{1}$	$.577548^{0}$	$.127643^{0}$	$.357478^{-1}$	$.116950^{-1}$	$.426588^{-2}$	$.168503^{-2}$	$.706953^{-3}$
$S\,(2,\,\alpha;\,4,\,\beta)$	$.217735^{3}$	$.107084^{2}$	$.132361^{1}$	$.254621^{0}$	$.639983^{-1}$	$.192305^{-1}$	$.655646^{-2}$	$.245311^{-2}$	$.984871^{-3}$
$S\,(2,\,\alpha;\,5,\,\beta)$	$.897855^{3}$	$.345528^{2}$	$.350539^{1}$	$.576307^{0}$	$.127770^{0}$	$.347126^{-1}$	$.109104^{-1}$	$.382125^{-2}$	$.145351^{-2}$
$S\,(3,\,\alpha;\,0,\,\beta)$	$.341472^{2}$	$.184394^{1}$	$.291021^{0}$	$.703012^{-1}$	$.213514^{-1}$	$.747783^{-2}$	$.288491^{-2}$	$.119321^{-2}$	$.519977^{-3}$
$S\,(3,\,\alpha;\,1,\,\beta)$	$.663000^{2}$	$.329880^{1}$	$.479390^{0}$	$.108026^{0}$	$.310099^{-1}$	$.103767^{-1}$	$.385765^{-2}$	$.154767^{-2}$	$.657594^{-3}$
$S\,(3,\,\alpha;\,2,\,\beta)$	$.157366^{3}$	$.691902^{1}$	$.895299^{0}$	$.183500^{0}$	$.488435^{-1}$	$.153889^{-1}$	$.545041^{-2}$	$.210222^{-2}$	$.864744^{-3}$
$S\,(3,\,\alpha;\,3,\,\beta)$	$.465253^{3}$	$.173229^{2}$	$.193037^{1}$	$.350558^{0}$	$.847376^{-1}$	$.247223^{-1}$	$.823161^{-2}$	$.301984^{-2}$	$.119229^{-2}$
$S\,(3,\,\alpha;\,4,\,\beta)$	$.169965^{4}$	$.517911^{2}$	$.483988^{1}$	$.761447^{0}$	$.163929^{0}$	$.435545^{-1}$	$.134420^{-1}$	$.463523^{-2}$	$.173933^{-2}$
$S\,(3,\,\alpha;\,5,\,\beta)$	$.748471^{4}$	$.182390^{3}$	$.140492^{2}$	$.188480^{1}$	$.355932^{0}$	$.848868^{-1}$	$.239633^{-1}$	$.767547^{-2}$	$.270903^{-2}$
$S\,(4,\,\alpha;\,0,\,\beta)$	$.279381^{3}$	$.808628^{1}$	$.922067^{0}$	$.180862^{0}$	$.474221^{-1}$	$.148832^{-1}$	$.527436^{-2}$	$.203895^{-2}$	$.841065^{-3}$
$S\,(4,\,\alpha;\,1,\,\beta)$	$.551376^{3}$	$.150391^{2}$	$.159228^{1}$	$.291449^{0}$	$.720094^{-1}$	$.215029^{-1}$	$.731110^{-2}$	$.273032^{-2}$	$.109407^{-2}$
$S\,(4,\,\alpha;\,2,\,\beta)$	$.134313^{4}$	$.332756^{2}$	$.316274^{1}$	$.526094^{0}$	$.119990^{0}$	$.335458^{-1}$	$.108042^{-1}$	$.385829^{-2}$	$.148965^{-2}$
$S\,(4,\,\alpha;\,3,\,\beta)$	$.411526^{4}$	$.889576^{2}$	$.734031^{1}$	$.108063^{1}$	$.222712^{0}$	$.572870^{-1}$	$.172298^{-1}$	$.581524^{-2}$	$.214256^{-2}$
$S\,(4,\,\alpha;\,4,\,\beta)$	$.156947^{5}$	$.285896^{3}$	$.199447^{2}$	$.254323^{1}$	$.464896^{0}$	$.108247^{0}$	$.299738^{-1}$	$.944476^{-2}$	$.328609^{-2}$
$S\,(4,\,\alpha;\,5,\,\beta)$	$.724634^{5}$	$.108392^{4}$	$.628246^{2}$	$.683892^{1}$	$.109394^{1}$	$.227601^{0}$	$.573150^{-1}$	$.166695^{-1}$	$.542045^{-2}$
$S\,(5,\,\alpha;\,0,\,\beta)$	$.281479^{4}$	$.422754^{2}$	$.338747^{1}$	$.527553^{0}$	$.117238^{0}$	$.324727^{-1}$	$.104372^{-1}$	$.373134^{-2}$	$.144406^{-2}$
$S\,(5,\,\alpha;\,1,\,\beta)$	$.559796^{4}$	$.807952^{2}$	$.608289^{1}$	$.887716^{0}$	$.185859^{0}$	$.488655^{-1}$	$.150196^{-1}$	$.516897^{-2}$	$.193662^{-2}$
$S\,(5,\,\alpha;\,2,\,\beta)$	$.138246^{5}$	$.186044^{3}$	$.127351^{2}$	$.169475^{1}$	$.327111^{0}$	$.802336^{-1}$	$.232568^{-1}$	$.761826^{-2}$	$.273791^{-2}$
$S\,(5,\,\alpha;\,3,\,\beta)$	$.432502^{5}$	$.523519^{3}$	$.315061^{2}$	$.372192^{1}$	$.648033^{0}$	$.145653^{0}$	$.392254^{-1}$	$.120786^{-1}$	$.412064^{-2}$
$S\,(5,\,\alpha;\,4,\,\beta)$	$.169533^{6}$	$.178384^{4}$	$.918426^{2}$	$.942739^{1}$	$.145424^{1}$	$.294830^{0}$	$.727481^{-1}$	$.208000^{-1}$	$.666364^{-2}$
$S\,(5,\,\alpha;\,5,\,\beta)$	$.808539^{6}$	$.719145^{4}$	$.310878^{3}$	$.273366^{2}$	$.368974^{1}$	$.666907^{0}$	$.149091^{0}$	$.391619^{-1}$	$.116650^{-1}$

Tabelle 40 (Fortsetzung).

5,0	5,5	6,0	6,5	7,0	7,5	8,0	9,0	10,0	$= \alpha$
									$\beta = 1,0$
$.826251^{-4}$	$.420542^{-4}$	$.217115^{-4}$	$.113453^{-4}$	$.599040^{-5}$	$.319166^{-5}$	$.171402^{-5}$	$.504444^{-6}$	$.151834^{-6}$	$S\,(0,\,\alpha;\,0,\,\beta)$
$.963959^{-4}$	$.485241^{-4}$	$.248130^{-4}$	$.128580^{-4}$	$.673919^{-5}$	$.356715^{-5}$	$.190448^{-5}$	$.554887^{-6}$	$.165637^{-6}$	$S\,(0,\,\alpha;\,1,\,\beta)$
$.114757^{-3}$	$.569848^{-4}$	$.288009^{-4}$	$.147741^{-4}$	$.767519^{-5}$	$.403098^{-5}$	$.213723^{-5}$	$.615421^{-6}$	$.181948^{-6}$	$S\,(0,\,\alpha;\,2,\,\beta)$
$.140004^{-3}$	$.683549^{-4}$	$.340547^{-4}$	$.172550^{-4}$	$.886861^{-5}$	$.461436^{-5}$	$.242644^{-5}$	$.689070^{-6}$	$.201456^{-6}$	$S\,(0,\,\alpha;\,3,\,\beta)$
$.175961^{-3}$	$.841187^{-4}$	$.411713^{-4}$	$.205480^{-4}$	$.104247^{-4}$	$.536313^{-5}$	$.279244^{-5}$	$.780072^{-6}$	$.225091^{-6}$	$S\,(0,\,\alpha;\,4,\,\beta)$
$.229259^{-3}$	$.106761^{-3}$	$.511195^{-4}$	$.250440^{-4}$	$.125057^{-4}$	$.634644^{-5}$	$.326538^{-5}$	$.89447^{-6}$	$.254146^{-6}$	$S\,(0,\,\alpha;\,5,\,\beta)$
$.112921^{-3}$	$.561704^{-4}$	$.284317^{-4}$	$.146035^{-4}$	$.759498^{-5}$	$.399270^{-5}$	$.211873^{-5}$	$.610937^{-6}$	$.180820^{-6}$	$S\,(1,\,\alpha;\,0,\,\beta)$
$.134036^{-3}$	$.658072^{-4}$	$.329364^{-4}$	$.167523^{-4}$	$.863794^{-5}$	$.450661^{-5}$	$.237530^{-5}$	$.677075^{-6}$	$.198513^{-6}$	$S\,(1,\,\alpha;\,1,\,\beta)$
$.162955^{-3}$	$.787157^{-4}$	$.388549^{-4}$	$.195279^{-4}$	$.996505^{-5}$	$.515183^{-5}$	$.269358^{-5}$	$.757450^{-6}$	$.219650^{-6}$	$S\,(1,\,\alpha;\,2,\,\beta)$
$.203962^{-3}$	$.965470^{-4}$	$.468470^{-4}$	$.232026^{-4}$	$.116917^{-4}$	$.597838^{-5}$	$.309575^{-5}$	$.856634^{-6}$	$.245235^{-6}$	$S\,(1,\,\alpha;\,3,\,\beta)$
$.264451^{-3}$	$.122055^{-3}$	$.579815^{-4}$	$.282052^{-4}$	$.139951^{-4}$	$.706152^{-5}$	$.361444^{-5}$	$.981153^{-6}$	$.276656^{-6}$	$S\,(1,\,\alpha;\,4,\,\beta)$
$.357735^{-3}$	$.160014^{-3}$	$.740481^{-4}$	$.352334^{-4}$	$.171562^{-4}$	$.851769^{-5}$	$.429911^{-5}$	$.114051^{-5}$	$.315874^{-6}$	$S\,(1,\,\alpha;\,5,\,\beta)$
$.159925^{-3}$	$.774103^{-4}$	$.382782^{-4}$	$.192675^{-4}$	$.984520^{-5}$	$.509571^{-5}$	$.266692^{-5}$	$.751185^{-6}$	$.218114^{-6}$	$S\,(2,\,\alpha;\,0,\,\beta)$
$.193618^{-3}$	$.922847^{-4}$	$.450335^{-4}$	$.224095^{-4}$	$.113366^{-4}$	$.581612^{-5}$	$.302026^{-5}$	$.839531^{-6}$	$.241158^{-6}$	$S\,(2,\,\alpha;\,1,\,\beta)$
$.241143^{-3}$	$.112743^{-3}$	$.541228^{-4}$	$.265566^{-4}$	$.132719^{-4}$	$.673694^{-5}$	$.346584^{-5}$	$.948393^{-6}$	$.269019^{-6}$	$S\,(2,\,\alpha;\,2,\,\beta)$
$.310844^{-3}$	$.141869^{-3}$	$.667352^{-4}$	$.321832^{-4}$	$.158463^{-4}$	$.794067^{-5}$	$.403931^{-5}$	$.108484^{-5}$	$.303193^{-6}$	$S\,(2,\,\alpha;\,3,\,\beta)$
$.417665^{-3}$	$.184987^{-3}$	$.848554^{-4}$	$.400590^{-4}$	$.193684^{-4}$	$.955456^{-5}$	$.479456^{-5}$	$.125916^{-5}$	$.345790^{-6}$	$S\,(2,\,\alpha;\,4,\,\beta)$
$.589584^{-3}$	$.251660^{-3}$	$.111922^{-3}$	$.514747^{-4}$	$.243406^{-4}$	$.117807^{-4}$	$.581510^{-5}$	$.148668^{-5}$	$.399846^{-6}$	$S\,(2,\,\alpha;\,5,\,\beta)$
$.235959^{-3}$	$.110579^{-3}$	$.531938^{-4}$	$.261477^{-4}$	$.130880^{-4}$	$.665265^{-5}$	$.342654^{-5}$	$.939465^{-6}$	$.266890^{-6}$	$S\,(3,\,\alpha;\,0,\,\beta)$
$.292132^{-3}$	$.134456^{-3}$	$.636881^{-4}$	$.308908^{-4}$	$.152832^{-4}$	$.768957^{-5}$	$.392504^{-5}$	$.105992^{-5}$	$.297438^{-6}$	$S\,(3,\,\alpha;\,1,\,\beta)$
$.373945^{-3}$	$.168257^{-3}$	$.781809^{-4}$	$.373008^{-4}$	$.181938^{-4}$	$.904122^{-5}$	$.456508^{-5}$	$.121061^{-5}$	$.334853^{-6}$	$S\,(3,\,\alpha;\,2,\,\beta)$
$.498390^{-3}$	$.217986^{-3}$	$.988958^{-4}$	$.462343^{-4}$	$.221611^{-4}$	$.108478^{-4}$	$.540569^{-5}$	$.140275^{-5}$	$.381417^{-6}$	$S\,(3,\,\alpha;\,3,\,\beta)$
$.697089^{-3}$	$.294374^{-3}$	$.129667^{-3}$	$.591226^{-4}$	$.277397^{-4}$	$.133312^{-4}$	$.653827^{-5}$	$.165296^{-5}$	$.440409^{-6}$	$S\,(3,\,\alpha;\,4,\,\beta)$
$.103170^{-2}$	$.417442^{-3}$	$.177375^{-3}$	$.784456^{-4}$	$.358611^{-4}$	$.168540^{-4}$	$.810829^{-5}$	$.198660^{-5}$	$.516640^{-6}$	$S\,(3,\,\alpha;\,5,\,\beta)$
$.364728^{-3}$	$.164540^{-3}$	$.766339^{-4}$	$.366388^{-4}$	$.179036^{-4}$	$.891120^{-5}$	$.450571^{-5}$	$.119761^{-5}$	$.331847^{-6}$	$S\,(4,\,\alpha;\,0,\,\beta)$
$.462964^{-3}$	$.204547^{-3}$	$.935783^{-4}$	$.440537^{-4}$	$.212391^{-4}$	$.104475^{-4}$	$.522790^{-5}$	$.136555^{-5}$	$.373123^{-6}$	$S\,(4,\,\alpha;\,1,\,\beta)$
$.611040^{-3}$	$.262972^{-3}$	$.117649^{-3}$	$.543349^{-4}$	$.257662^{-4}$	$.124935^{-4}$	$.617349^{-5}$	$.157918^{-5}$	$.424399^{-6}$	$S\,(4,\,\alpha;\,2,\,\beta)$
$.845202^{-3}$	$.352008^{-3}$	$.153170^{-3}$	$.690857^{-4}$	$.321024^{-4}$	$.152948^{-4}$	$.744316^{-5}$	$.185668^{-5}$	$.489238^{-6}$	$S\,(4,\,\alpha;\,3,\,\beta)$
$.123562^{-2}$	$.494265^{-3}$	$.207859^{-3}$	$.910711^{-4}$	$.412806^{-4}$	$.192516^{-4}$	$.919677^{-5}$	$.222568^{-5}$	$.572849^{-6}$	$S\,(4,\,\alpha;\,4,\,\beta)$
$.192490^{-2}$	$.733582^{-3}$	$.296065^{-3}$	$.125245^{-3}$	$.550905^{-4}$	$.250363^{-4}$	$.116958^{-4}$	$.272931^{-5}$	$.683050^{-6}$	$S\,(4,\,\alpha;\,5,\,\beta)$
$.593987^{-3}$	$.256343^{-3}$	$.114981^{-3}$	$.532277^{-4}$	$.252941^{-4}$	$.122872^{-4}$	$.608145^{-5}$	$.155982^{-5}$	$.420071^{-6}$	$S\,(5,\,\alpha;\,0,\,\beta)$
$.774848^{-3}$	$.326555^{-3}$	$.143510^{-3}$	$.652680^{-4}$	$.305406^{-4}$	$.146365^{-4}$	$.715838^{-5}$	$.179977^{-5}$	$.477021^{-6}$	$S\,(5,\,\alpha;\,1,\,\beta)$
$.105753^{-2}$	$.432538^{-3}$	$.185280^{-3}$	$.824298^{-4}$	$.378434^{-4}$	$.178384^{-4}$	$.859875^{-5}$	$.211056^{-5}$	$.548871^{-6}$	$S\,(5,\,\alpha;\,2,\,\beta)$
$.152315^{-2}$	$.600182^{-3}$	$.249056^{-3}$	$.107831^{-3}$	$.483597^{-4}$	$.223382^{-4}$	$.105796^{-4}$	$.252252^{-5}$	$.641304^{-6}$	$S\,(5,\,\alpha;\,3,\,\beta)$
$.233516^{-2}$	$.879320^{-3}$	$.351031^{-3}$	$.147026^{-3}$	$.640846^{-4}$	$.288820^{-4}$	$.133896^{-4}$	$.308286^{-5}$	$.762818^{-6}$	$S\,(5,\,\alpha;\,4,\,\beta)$
$.384010^{-2}$	$.137047^{-2}$	$.522454^{-3}$	$.210316^{-3}$	$.885888^{-4}$	$.387620^{-4}$	$.175146^{-4}$	$.386711^{-5}$	$.926444^{-6}$	$S\,(5,\,\alpha;\,5,\,\beta)$

Hilfsfunktionen

Tabelle 41.

$\alpha =$	0,5	1,0	1,5	2,0	2,5	3,0	3,5	4,0	4,5

$\beta = 1,5$

	0,5	1,0	1,5	2,0	2,5	3,0	3,5	4,0	4,5
$S(0, \alpha; 0, \beta)$	.135335 ^{0}	.328340^{-1}	.110638^{-1}	.431391^{-2}	.183156^{-2}	.822889^{-3}	.385026^{-3}	.185762^{-3}	.918056^{-4}
$S(0, \alpha; 1, \beta)$	.203003 ^{0}	.459676^{-1}	.147517^{-1}	.554646^{-2}	.228946^{-2}	.100575^{-2}	.462031^{-3}	.219537^{-3}	.107107^{-3}
$S(0, \alpha; 2, \beta)$	.338338 ^{0}	.696081^{-1}	.208983^{-1}	.748332^{-2}	.297629^{-2}	.126989^{-2}	.569838^{-3}	.265594^{-3}	.127508^{-3}
$S(0, \alpha; 3, \beta)$	.642843 ^{0}	.116364 ^{0}	.319620^{-1}	.107282^{-1}	.406378^{-2}	.166948^{-2}	.726928^{-3}	.330630^{-3}	.155560^{-3}
$S(0, \alpha; 4, \beta)$	.142102 ^{1}	.219016 ^{0}	.536799^{-1}	.165747^{-1}	.589535^{-2}	.230687^{-2}	.966567^{-3}	.426221^{-3}	.195512^{-3}
$S(0, \alpha; 5, \beta)$	.368788 ^{1}	.470865 ^{0}	.100530 ^{0}	.279920^{-1}	.92007 $^{-2}$	.338608^{-2}	.135159^{-2}	.573236^{-3}	.254731^{-3}
$S(1, \alpha; 0, \beta)$	.473673 ^{0}	.788016^{-1}	.221276^{-1}	.770341^{-2}	.302208^{-2}	.128005^{-2}	.572038^{-3}	.265978^{-3}	.127508^{-3}
$S(1, \alpha; 1, \beta)$	.744344 ^{0}	.115576 ^{0}	.307328^{-1}	.102565^{-1}	.389207^{-2}	.160514^{-2}	.701847^{-3}	.320478^{-3}	.151309^{-3}
$S(1, \alpha; 2, \beta)$	.131952 ^{1}	.185972 ^{0}	.458943^{-1}	.144698^{-1}	.525430^{-2}	.209278^{-2}	.889739^{-3}	.397030^{-3}	.183895^{-3}
$S(1, \alpha; 3, \beta)$	.270671 ^{1}	.335380 ^{0}	.749880^{-1}	.219388^{-1}	.752086^{-2}	.286337^{-2}	.117426^{-2}	.508878^{-3}	.230081^{-3}
$S(1, \alpha; 4, \beta)$	.652993 ^{1}	.689882 ^{0}	.136317 ^{0}	.362794^{-1}	.115589^{-1}	.415504^{-2}	.162776^{-2}	.679792^{-3}	.298179^{-3}
$S(1, \alpha; 5, \beta)$	.185748 ^{2}	.163378 ^{1}	.279145 ^{0}	.662961^{-1}	.193130^{-1}	.646635^{-2}	.239310^{-2}	.954421^{-3}	.403145^{-3}
$S(2, \alpha; 0, \beta)$	.223303 ^{1}	.227211 ^{0}	.504017^{-1}	.151867^{-1}	.539396^{-2}	.212326^{-2}	.896717^{-3}	.398583^{-3}	.184178^{-3}
$S(2, \alpha; 1, \beta)$	.362022 ^{1}	.347515 ^{0}	.729391^{-1}	.209847^{-1}	.717744^{-2}	.273958^{-2}	.112798^{-2}	.490871^{-3}	.222808^{-3}
$S(2, \alpha; 2, \beta)$	.669910 ^{1}	.590959 ^{0}	.114872 ^{0}	.310445^{-1}	.100988^{-1}	.370206^{-2}	.147499^{-2}	.624737^{-3}	.277243^{-3}
$S(2, \alpha; 3, \beta)$	.145147 ^{2}	.114163 ^{1}	.200514 ^{0}	.499308^{-1}	.152174^{-1}	.529499^{-2}	.202260^{-2}	.827675^{-3}	.356990^{-3}
$S(2, \alpha; 4, \beta)$	.373187 ^{2}	.254268 ^{1}	.393880 ^{0}	.885797^{-1}	.248798^{-1}	.810769^{-2}	.293708^{-2}	.115101^{-2}	.479062^{-3}
$S(2, \alpha; 5, \beta)$	.113631 ^{3}	.655654 ^{1}	.878214 ^{0}	.175211 ^{0}	.446392^{-1}	.134368^{-1}	.456223^{-2}	.169530^{-2}	.675275^{-3}
$S(3, \alpha; 0, \beta)$	.140410 ^{2}	.797998 ^{0}	.132766 ^{0}	.335083^{-1}	.105365^{-1}	.379274^{-2}	.149554^{-2}	.629569^{-3}	.278345^{-3}
$S(3, \alpha; 1, \beta)$	.231423 ^{2}	.126156 ^{1}	.199558 ^{0}	.480518^{-1}	.145083^{-1}	.504645^{-2}	.193341^{-2}	.794375^{-3}	.344051^{-3}
$S(3, \alpha; 2, \beta)$	.438825 ^{2}	.224374 ^{1}	.330275 ^{0}	.745588^{-1}	.213193^{-1}	.708814^{-2}	.261587^{-2}	.104179^{-2}	.439561^{-3}
$S(3, \alpha; 3, \beta)$	.982873 ^{2}	.458779 ^{1}	.613153 ^{0}	.127196 ^{0}	.338936^{-1}	.106327^{-1}	.374060^{-2}	.143187^{-2}	.584532^{-3}
$S(3, \alpha; 4, \beta)$	.263244 ^{3}	.109170 ^{2}	.129378 ^{1}	.241784 ^{0}	.590445^{-1}	.172336^{-1}	.571224^{-2}	.208134^{-2}	.815475^{-3}
$S(3, \alpha; 5, \beta)$	.839248 ^{3}	.302272 ^{2}	.311688 ^{1}	.516077 ^{0}	.113776 ^{0}	.304836^{-1}	.940708^{-2}	.322900^{-2}	.120346^{-2}
$S(4, \alpha; 0, \beta)$	.113749 ^{3}	.341101 ^{1}	.407721 ^{0}	.835913^{-1}	.227538^{-1}	.736386^{-2}	.267576^{-2}	.105579^{-2}	.442930^{-3}
$S(4, \alpha; 1, \beta)$	.188827 ^{3}	.551711 ^{1}	.632685 ^{0}	.124096 ^{0}	.324140^{-1}	.101147^{-1}	.356121^{-2}	.136761^{-2}	.560555^{-3}
$S(4, \alpha; 2, \beta)$	.362259 ^{3}	.101379 ^{2}	.109286 ^{1}	.201418 ^{0}	.497435^{-1}	.147885^{-1}	.499651^{-2}	.185290^{-2}	.737259^{-3}
$S(4, \alpha; 3, \beta)$	.825630 ^{3}	.216401 ^{2}	.214110 ^{1}	.363307 ^{0}	.834185^{-1}	.233028^{-1}	.746970^{-2}	.264995^{-2}	.101568^{-2}
$S(4, \alpha; 4, \beta)$	.226341 ^{4}	.542257 ^{2}	.481054 ^{1}	.736829 ^{0}	.154680 ^{0}	.400249^{-1}	.120249^{-1}	.403887^{-2}	.147814^{-2}
$S(4, \alpha; 5, \beta)$	.742270 ^{4}	.158949 ^{3}	.124041 ^{2}	.168771 ^{1}	.319344 ^{0}	.755611^{-1}	.210299^{-1}	.661798^{-2}	.229145^{-2}
$S(5, \alpha; 0, \beta)$	.114118 ^{4}	.175259 ^{2}	.145960 ^{1}	.236970 ^{0}	.547083^{-1}	.156592^{-1}	.517411^{-2}	.189298^{-2}	.746876^{-3}
$S(5, \alpha; 1, \beta)$	.189946 ^{4}	.287485 ^{2}	.232107 ^{1}	.362539 ^{0}	.804607^{-1}	.221955^{-1}	.709438^{-2}	.252063^{-2}	.969377^{-3}
$S(5, \alpha; 2, \beta)$	.366192 ^{4}	.539784 ^{2}	.414888 ^{1}	.612459 ^{0}	.128676 ^{0}	.337734^{-1}	.103326^{-1}	.353421^{-2}	.131528^{-2}
$S(5, \alpha; 3, \beta)$	.841376 ^{4}	.118758 ^{3}	.849744 ^{1}	.116153 ^{1}	.227046 ^{0}	.558847^{-1}	.161676^{-1}	.526997^{-2}	.188181^{-2}
$S(5, \alpha; 4, \beta)$	.233429 ^{5}	.309168 ^{3}	.201275 ^{2}	.249763 ^{1}	.446663 ^{0}	.101625 ^{0}	.274573^{-1}	.843757^{-2}	.286409^{-2}
$S(5, \alpha; 5, \beta)$	.777708 ^{5}	.946939 ^{3}	.549995 ^{2}	.609661 ^{1}	.983774 ^{0}	.204350 ^{0}	.509856^{-1}	.146200^{-1}	.467405^{-2}

Tabelle 41 (Fortsetzung).

5,0	5,5	6,0	6,5	7,0	7,5	8,0	9,0	10,0	$= \alpha$
									$\beta = 1,5$
$.462597^{-4}$	$.236852^{-4}$	$.122908^{-4}$	$.645120^{-5}$	$.341964^{-5}$	$.182829^{-5}$	$.984892^{-6}$	$.291391^{-6}$	$.880878^{-7}$	$S\,(0,\,\alpha;\,0,\,\beta)$
$.533765^{-4}$	$.270688^{-4}$	$.139295^{-4}$	$.725761^{-5}$	$.382194^{-5}$	$.203143^{-5}$	$.108857^{-5}$	$.319141^{-6}$	$.957475^{-7}$	$S\,(0,\,\alpha;\,1,\,\beta)$
$.626832^{-4}$	$.314192^{-4}$	$.160053^{-4}$	$.826559^{-5}$	$.431891^{-5}$	$.227972^{-5}$	$.121406^{-5}$	$.352179^{-6}$	$.104740^{-6}$	$S\,(0,\,\alpha;\,2,\,\beta)$
$.751903^{-4}$	$.371506^{-4}$	$.186929^{-4}$	$.955080^{-5}$	$.494396^{-5}$	$.258820^{-5}$	$.136828^{-5}$	$.392014^{-6}$	$.115411^{-6}$	$S\,(0,\,\alpha;\,3,\,\beta)$
$.925306^{-4}$	$.449141^{-4}$	$.222603^{-4}$	$.112266^{-4}$	$.574620^{-5}$	$.297861^{-5}$	$.156101^{-5}$	$.440729^{-6}$	$.128231^{-6}$	$S\,(0,\,\alpha;\,4,\,\beta)$
$.117437^{-3}$	$.557668^{-4}$	$.271309^{-4}$	$.134678^{-4}$	$.679975^{-5}$	$.348307^{-5}$	$.180648^{-5}$	$.501262^{-6}$	$.143840^{-6}$	$S\,(0,\,\alpha;\,5,\,\beta)$
$.626285^{-4}$	$.313753^{-4}$	$.159780^{-4}$	$.825010^{-5}$	$.431047^{-5}$	$.227521^{-5}$	$.121168^{-5}$	$.351519^{-6}$	$.104556^{-6}$	$S\,(1,\,\alpha;\,0,\,\beta)$
$.733586^{-4}$	$.363407^{-4}$	$.183269^{-4}$	$.938216^{-5}$	$.486491^{-5}$	$.255057^{-5}$	$.135013^{-5}$	$.387640^{-6}$	$.114314^{-6}$	$S\,(1,\,\alpha;\,1,\,\beta)$
$.877270^{-4}$	$.428631^{-4}$	$.213604^{-4}$	$.108224^{-4}$	$.556094^{-5}$	$.289216^{-5}$	$.152004^{-5}$	$.431144^{-6}$	$.125885^{-6}$	$S\,(1,\,\alpha;\,2,\,\beta)$
$.107569^{-3}$	$.516688^{-4}$	$.253758^{-4}$	$.126960^{-4}$	$.645248^{-5}$	$.332370^{-5}$	$.173205^{-5}$	$.484287^{-6}$	$.139772^{-6}$	$S\,(1,\,\alpha;\,3,\,\beta)$
$.135943^{-3}$	$.639330^{-4}$	$.308410^{-4}$	$.151950^{-4}$	$.762064^{-5}$	$.388022^{-5}$	$.200160^{-5}$	$.550232^{-6}$	$.156663^{-6}$	$S\,(1,\,\alpha;\,4,\,\beta)$
$.178150^{-3}$	$.816248^{-4}$	$.385172^{-4}$	$.186240^{-4}$	$.919086^{-5}$	$.461475^{-5}$	$.235164^{-5}$	$.633522^{-6}$	$.177519^{-6}$	$S\,(1,\,\alpha;\,5,\,\beta)$
$.877346^{-4}$	$.428284^{-4}$	$.213313^{-4}$	$.108041^{-4}$	$.555048^{-5}$	$.288645^{-5}$	$.151698^{-5}$	$.430295^{-6}$	$.125651^{-6}$	$S\,(2,\,\alpha;\,0,\,\beta)$
$.104534^{-3}$	$.503653^{-4}$	$.248018^{-4}$	$.124376^{-4}$	$.633394^{-5}$	$.326836^{-5}$	$.170581^{-5}$	$.478155^{-6}$	$.138274^{-6}$	$S\,(2,\,\alpha;\,1,\,\beta)$
$.127622^{-3}$	$.605007^{-4}$	$.293805^{-4}$	$.145566^{-4}$	$.733504^{-5}$	$.374985^{-5}$	$.194102^{-5}$	$.536540^{-6}$	$.153408^{-6}$	$S\,(2,\,\alpha;\,2,\,\beta)$
$.160465^{-3}$	$.745555^{-4}$	$.355896^{-4}$	$.173743^{-4}$	$.864332^{-5}$	$.436939^{-5}$	$.223949^{-5}$	$.608881^{-6}$	$.171795^{-6}$	$S\,(2,\,\alpha;\,3,\,\beta)$
$.209041^{-3}$	$.947337^{-4}$	$.442759^{-4}$	$.212275^{-4}$	$.103968^{-4}$	$.518506^{-5}$	$.262623^{-5}$	$.700101^{-6}$	$.194468^{-6}$	$S\,(2,\,\alpha;\,4,\,\beta)$
$.284079^{-3}$	$.124852^{-3}$	$.568589^{-4}$	$.266646^{-4}$	$.128146^{-4}$	$.628693^{-5}$	$.313920^{-5}$	$.817392^{-6}$	$.222891^{-6}$	$S\,(2,\,\alpha;\,5,\,\beta)$
$.127831^{-3}$	$.605116^{-4}$	$.293585^{-4}$	$.145373^{-4}$	$.732274^{-5}$	$.374278^{-5}$	$.193715^{-5}$	$.535446^{-6}$	$.153106^{-6}$	$S\,(3,\,\alpha;\,0,\,\beta)$
$.155251^{-3}$	$.723861^{-4}$	$.346612^{-4}$	$.169671^{-4}$	$.846074^{-5}$	$.428594^{-5}$	$.220069^{-5}$	$.600114^{-6}$	$.169713^{-6}$	$S\,(3,\,\alpha;\,1,\,\beta)$
$.194010^{-3}$	$.887671^{-4}$	$.418212^{-4}$	$.201863^{-4}$	$.994333^{-5}$	$.498302^{-5}$	$.253436^{-5}$	$.680109^{-6}$	$.189863^{-6}$	$S\,(3,\,\alpha;\,2,\,\beta)$
$.250942^{-3}$	$.112152^{-3}$	$.517903^{-4}$	$.245710^{-4}$	$.119237^{-4}$	$.589810^{-5}$	$.296563^{-5}$	$.780787^{-6}$	$.214673^{-6}$	$S\,(3,\,\alpha;\,3,\,\beta)$
$.338244^{-3}$	$.146843^{-3}$	$.661579^{-4}$	$.307316^{-4}$	$.146444^{-4}$	$.713035^{-5}$	$.353613^{-5}$	$.909976^{-6}$	$.245728^{-6}$	$S\,(3,\,\alpha;\,4,\,\beta)$
$.478640^{-3}$	$.200553^{-3}$	$.876747^{-4}$	$.396922^{-4}$	$.185009^{-4}$	$.883758^{-5}$	$.431055^{-5}$	$.107937^{-5}$	$.285312^{-6}$	$S\,(3,\,\alpha;\,5,\,\beta)$
$.194796^{-3}$	$.889226^{-4}$	$.418327^{-4}$	$.201726^{-4}$	$.993063^{-5}$	$.497475^{-5}$	$.252959^{-5}$	$.678705^{-6}$	$.189473^{-6}$	$S\,(4,\,\alpha;\,0,\,\beta)$
$.241638^{-3}$	$.108411^{-3}$	$.502384^{-4}$	$.239091^{-4}$	$.116345^{-4}$	$.576891^{-5}$	$.290682^{-5}$	$.767979^{-6}$	$.211726^{-6}$	$S\,(4,\,\alpha;\,1,\,\beta)$
$.309871^{-3}$	$.136043^{-3}$	$.618763^{-4}$	$.289744^{-4}$	$.139014^{-4}$	$.680794^{-5}$	$.339301^{-5}$	$.880097^{-6}$	$.239080^{-6}$	$S\,(4,\,\alpha;\,2,\,\beta)$
$.413574^{-3}$	$.176736^{-3}$	$.785468^{-4}$	$.360549^{-4}$	$.170022^{-4}$	$.820199^{-5}$	$.403411^{-5}$	$.102363^{-5}$	$.273257^{-6}$	$S\,(4,\,\alpha;\,3,\,\beta)$
$.578787^{-3}$	$.239247^{-3}$	$.103351^{-3}$	$.462972^{-4}$	$.213771^{-4}$	$.101257^{-4}$	$.490141^{-5}$	$.121134^{-5}$	$.316735^{-6}$	$S\,(4,\,\alpha;\,4,\,\beta)$
$.855898^{-3}$	$.339837^{-3}$	$.141835^{-3}$	$.616857^{-4}$	$.277657^{-4}$	$.128645^{-4}$	$.610860^{-5}$	$.146274^{-5}$	$.373169^{-6}$	$S\,(4,\,\alpha;\,5,\,\beta)$
$.312233^{-3}$	$.136606^{-3}$	$.619915^{-4}$	$.289853^{-4}$	$.138931^{-4}$	$.679958^{-5}$	$.338747^{-5}$	$.878321^{-6}$	$.238577^{-6}$	$S\,(5,\,\alpha;\,0,\,\beta)$
$.396301^{-3}$	$.170041^{-3}$	$.758609^{-4}$	$.349437^{-4}$	$.165298^{-4}$	$.799627^{-5}$	$.394259^{-5}$	$.100448^{-5}$	$.268998^{-6}$	$S\,(5,\,\alpha;\,1,\,\beta)$
$.522691^{-3}$	$.218846^{-3}$	$.955835^{-4}$	$.432223^{-4}$	$.201182^{-4}$	$.959496^{-5}$	$.467192^{-5}$	$.116555^{-5}$	$.306927^{-6}$	$S\,(5,\,\alpha;\,2,\,\beta)$
$.721765^{-3}$	$.293121^{-3}$	$.124701^{-3}$	$.551200^{-4}$	$.251533^{-4}$	$.117908^{-4}$	$.565466^{-5}$	$.137558^{-5}$	$.355073^{-6}$	$S\,(5,\,\alpha;\,3,\,\beta)$
$.105177^{-2}$	$.411477^{-3}$	$.169511^{-3}$	$.728731^{-4}$	$.324632^{-4}$	$.149016^{-4}$	$.701671^{-5}$	$.165599^{-5}$	$.417412^{-6}$	$S\,(5,\,\alpha;\,4,\,\beta)$
$.162983^{-2}$	$.609742^{-3}$	$.241667^{-3}$	$.100477^{-3}$	$.434803^{-4}$	$.194614^{-4}$	$.896416^{-5}$	$.204024^{-5}$	$.499928^{-6}$	$S\,(5,\,\alpha;\,5,\,\beta)$

Tabelle 42.

$\alpha =$	0,5	1,0	1,5	2,0	2,5	3,0	3,5	4,0	4,5
$\beta = 2,0$									
$S\,(0,\alpha;0,\beta)$	$.656680^{-1}$	$.165957^{-1}$	$.575188^{-2}$	$.228945^{-2}$	$.987466^{-3}$	$.449196^{-3}$	$.212300^{-3}$	$.103281^{-3}$	$.513996^{-4}$
$S\,(0,\alpha;1,\beta)$	$.919352^{-1}$	$.221276^{-1}$	$.739528^{-2}$	$.286182^{-2}$	$.120690^{-2}$	$.539036^{-3}$	$.250900^{-3}$	$.120495^{-3}$	$.593073^{-4}$
$S\,(0,\alpha;2,\beta)$	$.139216^{\ 0}$	$.313474^{-1}$	$.997776^{-2}$	$.372036^{-2}$	$.152387^{-2}$	$.664811^{-3}$	$.303536^{-3}$	$.143446^{-3}$	$.696480^{-4}$
$S\,(0,\alpha;3,\beta)$	$.232727^{\ 0}$	$.479431^{-1}$	$.143042^{-1}$	$.507973^{-2}$	$.200338^{-2}$	$.848082^{-3}$	$.377865^{-3}$	$.175004^{-3}$	$.835448^{-4}$
$S\,(0,\alpha;4,\beta)$	$.438032^{\ 0}$	$.805199^{-1}$	$.220996^{-1}$	$.736918^{-2}$	$.276825^{-2}$	$.112766^{-2}$	$.487109^{-3}$	$.219951^{-3}$	$.102812^{-3}$
$S\,(0,\alpha;5,\beta)$	$.941731^{\ 0}$	$.150796^{\ 0}$	$.373227^{-1}$	$.115009^{-1}$	$.406330^{-2}$	$.157685^{-2}$	$.655127^{-3}$	$.286573^{-3}$	$.130485^{-3}$
$S\,(1,\alpha;0,\beta)$	$.223271^{\ 0}$	$.387233^{-1}$	$.112299^{-1}$	$.400655^{-2}$	$.160189^{-2}$	$.688768^{-3}$	$.311557^{-3}$	$.146315^{-3}$	$.707294^{-4}$
$S\,(1,\alpha;1,\beta)$	$.323087^{\ 0}$	$.534750^{-1}$	$.149079^{-1}$	$.515127^{-2}$	$.200663^{-2}$	$.844489^{-3}$	$.375222^{-3}$	$.173570^{-3}$	$.828273^{-4}$
$S\,(1,\alpha;2,\beta)$	$.511160^{\ 0}$	$.792905^{-1}$	$.209561^{-1}$	$.693991^{-2}$	$.261293^{-2}$	$.106969^{-2}$	$.464590^{-3}$	$.210866^{-3}$	$.990223^{-4}$
$S\,(1,\alpha;3,\beta)$	$.903487^{\ 0}$	$.128463^{\ 0}$	$.316357^{-1}$	$.990905^{-2}$	$.356960^{-2}$	$.141036^{-2}$	$.595072^{-3}$	$.263702^{-3}$	$.121377^{-3}$
$S\,(1,\alpha;4,\beta)$	$.181780^{\ 1}$	$.231315^{\ 0}$	$.520558^{-1}$	$.151855^{-1}$	$.517059^{-2}$	$.195275^{-2}$	$.794302^{-3}$	$.341562^{-3}$	$.153333^{-3}$
$S\,(1,\alpha;5,\beta)$	$.420929^{\ 1}$	$.468982^{\ 0}$	$.946154^{-1}$	$.252911^{-1}$	$.803051^{-2}$	$.286703^{-2}$	$.111416^{-2}$	$.461498^{-3}$	$.200845^{-3}$
$S\,(2,\alpha;0,\beta)$	$.103230^{\ 1}$	$.108794^{\ 0}$	$.249509^{-1}$	$.772691^{-2}$	$.280538^{-2}$	$.112399^{-2}$	$.481569^{-3}$	$.216604^{-3}$	$.101083^{-3}$
$S\,(2,\alpha;1,\beta)$	$.152507^{\ 1}$	$.154893^{\ 0}$	$.341815^{-1}$	$.102310^{-1}$	$.360868^{-2}$	$.141108^{-2}$	$.592277^{-3}$	$.261790^{-3}$	$.120357^{-3}$
$S\,(2,\alpha;2,\beta)$	$.248267^{\ 1}$	$.239101^{\ 0}$	$.500410^{-1}$	$.143091^{-1}$	$.485859^{-2}$	$.184079^{-2}$	$.752590^{-3}$	$.325384^{-3}$	$.146822^{-3}$
$S\,(2,\alpha;3,\beta)$	$.455568^{\ 1}$	$.407722^{\ 0}$	$.795037^{-1}$	$.214100^{-1}$	$.691898^{-2}$	$.251710^{-2}$	$.995168^{-3}$	$.418425^{-3}$	$.184431^{-3}$
$S\,(2,\alpha;4,\beta)$	$.959701^{\ 1}$	$.780817^{\ 0}$	$.139141^{\ 0}$	$.347264^{-1}$	$.105417^{-1}$	$.364326^{-2}$	$.138087^{-2}$	$.560636^{-3}$	$.239996^{-3}$
$S\,(2,\alpha;5,\beta)$	$.234151^{\ 2}$	$.169700^{\ 1}$	$.271373^{\ 0}$	$.617770^{-1}$	$.173755^{-1}$	$.563856^{-2}$	$.202876^{-2}$	$.788861^{-3}$	$.325731^{-3}$
$S\,(3,\alpha;0,\beta)$	$.642653^{\ 1}$	$.374325^{\ 0}$	$.642061^{-1}$	$.166701^{-1}$	$.536983^{-2}$	$.197207^{-2}$	$.790638^{-3}$	$.337457^{-3}$	$.150934^{-3}$
$S\,(3,\alpha;1,\beta)$	$.958847^{\ 1}$	$.545199^{\ 0}$	$.904626^{-1}$	$.227157^{-1}$	$.709867^{-2}$	$.253874^{-2}$	$.994777^{-3}$	$.416293^{-3}$	$.183050^{-3}$
$S\,(3,\alpha;2,\beta)$	$.158378^{\ 2}$	$.868098^{\ 0}$	$.137405^{\ 0}$	$.329646^{-1}$	$.989360^{-2}$	$.341765^{-2}$	$.130021^{-2}$	$.530612^{-3}$	$.228367^{-3}$
$S\,(3,\alpha;3,\beta)$	$.296599^{\ 2}$	$.154135^{\ 1}$	$.228741^{\ 0}$	$.516558^{-1}$	$.147080^{-1}$	$.485853^{-2}$	$.177999^{-2}$	$.703674^{-3}$	$.294802^{-3}$
$S\,(3,\alpha;4,\beta)$	$.641600^{\ 2}$	$.310148^{\ 1}$	$.423502^{\ 0}$	$.885755^{-1}$	$.236011^{-1}$	$.737046^{-2}$	$.257570^{-2}$	$.978589^{-3}$	$.396464^{-3}$
$S\,(3,\alpha;5,\beta)$	$.161606^{\ 3}$	$.713167^{\ 1}$	$.880428^{\ 0}$	$.167927^{\ 0}$	$.413067^{-1}$	$.120513^{-1}$	$.397611^{-2}$	$.143908^{-2}$	$.559590^{-3}$
$S\,(4,\alpha;0,\beta)$	$.518503^{\ 2}$	$.157782^{\ 1}$	$.193316^{\ 0}$	$.407094^{-1}$	$.113600^{-1}$	$.375709^{-2}$	$.139070^{-2}$	$.557408^{-3}$	$.236975^{-3}$
$S\,(4,\alpha;1,\beta)$	$.776495^{\ 2}$	$.233159^{\ 1}$	$.278556^{\ 0}$	$.569323^{-1}$	$.154212^{-1}$	$.496184^{-2}$	$.179202^{-2}$	$.702867^{-3}$	$.293197^{-3}$
$S\,(4,\alpha;2,\beta)$	$.129028^{\ 3}$	$.379058^{\ 1}$	$.436146^{\ 0}$	$.854700^{-1}$	$.222350^{-1}$	$.689829^{-2}$	$.241293^{-2}$	$.920467^{-3}$	$.374841^{-3}$
$S\,(4,\alpha;3,\beta)$	$.243857^{\ 3}$	$.692444^{\ 1}$	$.755196^{\ 0}$	$.139798^{\ 0}$	$.344838^{-1}$	$.102052^{-1}$	$.342637^{-2}$	$.126179^{-2}$	$.498513^{-3}$
$S\,(4,\alpha;4,\beta)$	$.534395^{\ 3}$	$.144466^{\ 2}$	$.146702^{\ 1}$	$.252412^{\ 0}$	$.582179^{-1}$	$.162400^{-1}$	$.518083^{-2}$	$.182602^{-2}$	$.694848^{-3}$
$S\,(4,\alpha;5,\beta)$	$.136893^{\ 4}$	$.346653^{\ 2}$	$.322188^{\ 1}$	$.507481^{\ 0}$	$.107990^{\ 0}$	$.280605^{-1}$	$.841725^{-2}$	$.281351^{-2}$	$.102296^{-2}$
$S\,(5,\alpha;0,\beta)$	$.519445^{\ 3}$	$.803989^{\ 1}$	$.681709^{\ 0}$	$.113274^{\ 0}$	$.267833^{-1}$	$.783868^{-2}$	$.264184^{-2}$	$.983334^{-3}$	$.393791^{-3}$
$S\,(5,\alpha;1,\beta)$	$.778821^{\ 3}$	$.119761^{\ 2}$	$.998255^{\ 0}$	$.161872^{\ 0}$	$.372475^{-1}$	$.106112^{-1}$	$.348701^{-2}$	$.126844^{-2}$	$.497622^{-3}$
$S\,(5,\alpha;2,\beta)$	$.129686^{\ 4}$	$.197119^{\ 2}$	$.159904^{\ 1}$	$.250161^{\ 0}$	$.554210^{-1}$	$.152243^{-1}$	$.483915^{-2}$	$.170870^{-2}$	$.652957^{-3}$
$S\,(5,\alpha;3,\beta)$	$.245969^{\ 4}$	$.366629^{\ 2}$	$.285500^{\ 1}$	$.424755^{\ 0}$	$.894238^{-1}$	$.234214^{-1}$	$.713198^{-2}$	$.242466^{-2}$	$.896339^{-3}$
$S\,(5,\alpha;4,\beta)$	$.354200^{\ 4}$	$.783717^{\ 2}$	$.576415^{\ 1}$	$.802658^{\ 0}$	$.158335^{\ 0}$	$.390587^{-1}$	$.112743^{-1}$	$.365695^{-2}$	$.129759^{-2}$
$S\,(5,\alpha;5,\beta)$	$.139937^{\ 5}$	$.193805^{\ 3}$	$.132427^{\ 2}$	$.170006^{\ 1}$	$.310079^{\ 0}$	$.712008^{-1}$	$.192790^{-1}$	$.591088^{-2}$	$.199654^{-2}$

Tabelle 42 (Fortsetzung).

5,0	5,5	6,0	6,5	7,0	7,5	8,0	9,0	10,0	$= \alpha$
									$\beta = 2,0$
$.260538^{-4}$	$.134081^{-4}$	$.698880^{-5}$	$.368269^{-5}$	$.195889^{-5}$	$.105055^{-5}$	$.567499^{-6}$	$.168704^{-6}$	$.512016^{-7}$	$S(0, \alpha; 0, \beta)$
$.297756^{-4}$	$.151959^{-4}$	$.786241^{-5}$	$.411594^{-5}$	$.217653^{-5}$	$.116114^{-5}$	$.624248^{-6}$	$.184040^{-6}$	$.554686^{-7}$	$S(0, \alpha; 1, \beta)$
$.345611^{-4}$	$.174603^{-4}$	$.895440^{-5}$	$.465113^{-5}$	$.244256^{-5}$	$.129590^{-5}$	$.692348^{-6}$	$.202165^{-6}$	$.604465^{-7}$	$S(0, \alpha; 2, \beta)$
$.408656^{-4}$	$.203922^{-4}$	$.103467^{-4}$	$.532425^{-5}$	$.277306^{-5}$	$.145950^{-5}$	$.775203^{-6}$	$.223839^{-6}$	$.663133^{-7}$	$S(0, \alpha; 3, \beta)$
$.494055^{-4}$	$.242840^{-4}$	$.121622^{-4}$	$.618822^{-5}$	$.319136^{-5}$	$.166508^{-5}$	$.877581^{-6}$	$.250101^{-6}$	$.733062^{-7}$	$S(0, \alpha; 4, \beta)$
$.613434^{-4}$	$.295974^{-4}$	$.145900^{-4}$	$.732282^{-5}$	$.373186^{-5}$	$.192690^{-5}$	$.100629^{-5}$	$.282386^{-6}$	$.817460^{-7}$	$S(0, \alpha; 5, \beta)$
$.349865^{-4}$	$.176337^{-4}$	$.902721^{-5}$	$.468251^{-5}$	$.245638^{-5}$	$.130121^{-5}$	$.695186^{-6}$	$.202786^{-6}$	$.605886^{-7}$	$S(1, \alpha; 0, \beta)$
$.405162^{-4}$	$.202232^{-4}$	$.102648^{-4}$	$.528436^{-5}$	$.275349^{-5}$	$.144982^{-5}$	$.770380^{-6}$	$.222615^{-6}$	$.659933^{-7}$	$S(1, \alpha; 1, \beta)$
$.477779^{-4}$	$.235668^{-4}$	$.118391^{-4}$	$.603983^{-5}$	$.312201^{-5}$	$.163217^{-5}$	$.861747^{-6}$	$.246303^{-6}$	$.723579^{-7}$	$S(1, \alpha; 2, \beta)$
$.575786^{-4}$	$.279916^{-4}$	$.138866^{-4}$	$.700734^{-5}$	$.358751^{-5}$	$.185968^{-5}$	$.974481^{-6}$	$.274971^{-6}$	$.799376^{-7}$	$S(1, \alpha; 3, \beta)$
$.712245^{-4}$	$.340127^{-4}$	$.166172^{-4}$	$.827485^{-5}$	$.418776^{-5}$	$.214892^{-5}$	$.111599^{-5}$	$.310175^{-6}$	$.890767^{-7}$	$S(1, \alpha; 4, \beta)$
$.909026^{-4}$	$.424673^{-4}$	$.203631^{-4}$	$.997832^{-5}$	$.497991^{-5}$	$.252446^{-5}$	$.129705^{-5}$	$.354109^{-6}$	$.100249^{-6}$	$S(1, \alpha; 5, \beta)$
$.485557^{-4}$	$.238726^{-4}$	$.119635^{-4}$	$.609192^{-5}$	$.314438^{-5}$	$.164199^{-5}$	$.866146^{-6}$	$.247229^{-6}$	$.725641^{-7}$	$S(2, \alpha; 0, \beta)$
$.570721^{-4}$	$.277461^{-4}$	$.137683^{-4}$	$.695021^{-5}$	$.355979^{-5}$	$.184612^{-5}$	$.967798^{-6}$	$.273309^{-6}$	$.795120^{-7}$	$S(2, \alpha; 1, \beta)$
$.685168^{-4}$	$.328537^{-4}$	$.161085^{-4}$	$.804662^{-5}$	$.408336^{-5}$	$.210032^{-5}$	$.109302^{-5}$	$.304834^{-6}$	$.877778^{-7}$	$S(2, \alpha; 2, \beta)$
$.843750^{-4}$	$.397762^{-4}$	$.192190^{-4}$	$.947892^{-5}$	$.475686^{-5}$	$.242282^{-5}$	$.124991^{-5}$	$.343490^{-6}$	$.977335^{-7}$	$S(2, \alpha; 3, \beta)$
$.107124^{-3}$	$.494543^{-4}$	$.234705^{-4}$	$.113978^{-4}$	$.564329^{-5}$	$.284059^{-5}$	$.145027^{-5}$	$.391660^{-6}$	$.109890^{-6}$	$S(2, \alpha; 4, \beta)$
$.141049^{-3}$	$.634644^{-4}$	$.294664^{-4}$	$.140426^{-4}$	$.684034^{-5}$	$.339455^{-5}$	$.171165^{-5}$	$.452769^{-6}$	$.124962^{-6}$	$S(2, \alpha; 5, \beta)$
$.699991^{-4}$	$.334136^{-4}$	$.163284^{-4}$	$.813592^{-5}$	$.412066^{-5}$	$.211630^{-5}$	$.110001^{-5}$	$.306250^{-6}$	$.880826^{-7}$	$S(3, \alpha; 0, \beta)$
$.836489^{-4}$	$.394182^{-4}$	$.190463^{-4}$	$.939602^{-5}$	$.471698^{-5}$	$.240353^{-5}$	$.124050^{-5}$	$.341203^{-6}$	$.971598^{-7}$	$S(3, \alpha; 1, \beta)$
$.102454^{-3}$	$.475176^{-4}$	$.226444^{-4}$	$.110366^{-4}$	$.548187^{-5}$	$.276704^{-5}$	$.141617^{-5}$	$.383997^{-6}$	$.108079^{-6}$	$S(3, \alpha; 2, \beta)$
$.129259^{-3}$	$.587821^{-4}$	$.275409^{-4}$	$.132266^{-4}$	$.648545^{-5}$	$.323668^{-5}$	$.163999^{-5}$	$.437229^{-6}$	$.121395^{-6}$	$S(3, \alpha; 3, \beta)$
$.168962^{-3}$	$.749968^{-4}$	$.344140^{-4}$	$.162329^{-4}$	$.783605^{-5}$	$.385761^{-5}$	$.193124^{-5}$	$.504633^{-6}$	$.137879^{-6}$	$S(3, \alpha; 4, \beta)$
$.230326^{-3}$	$.992482^{-4}$	$.444008^{-4}$	$.204908^{-4}$	$.970602^{-5}$	$.470006^{-5}$	$.231929^{-5}$	$.591685^{-6}$	$.158632^{-6}$	$S(3, \alpha; 5, \beta)$
$.105405^{-3}$	$.485848^{-4}$	$.230478^{-4}$	$.111949^{-4}$	$.554603^{-5}$	$.279377^{-5}$	$.142758^{-5}$	$.386212^{-6}$	$.108539^{-6}$	$S(4, \alpha; 0, \beta)$
$.128263^{-3}$	$.582652^{-4}$	$.272877^{-4}$	$.131050^{-4}$	$.642728^{-5}$	$.320879^{-5}$	$.162654^{-5}$	$.434031^{-6}$	$.120610^{-6}$	$S(4, \alpha; 1, \beta)$
$.160597^{-3}$	$.716443^{-4}$	$.330277^{-4}$	$.156435^{-4}$	$.757928^{-5}$	$.374330^{-5}$	$.187936^{-5}$	$.493397^{-6}$	$.135307^{-6}$	$S(4, \alpha; 2, \beta)$
$.208095^{-3}$	$.907724^{-4}$	$.410394^{-4}$	$.191118^{-4}$	$.912347^{-5}$	$.444760^{-5}$	$.220738^{-5}$	$.568404^{-6}$	$.153470^{-6}$	$S(4, \alpha; 3, \beta)$
$.280866^{-3}$	$.119174^{-3}$	$.526103^{-4}$	$.239991^{-4}$	$.112522^{-4}$	$.539963^{-5}$	$.264303^{-5}$	$.665042^{-6}$	$.176295^{-6}$	$S(4, \alpha; 4, \beta)$
$.397639^{-3}$	$.163146^{-3}$	$.699654^{-4}$	$.311261^{-4}$	$.142796^{-4}$	$.672359^{-5}$	$.323681^{-5}$	$.792298^{-6}$	$.205512^{-6}$	$S(4, \alpha; 5, \beta)$
$.166748^{-3}$	$.737654^{-4}$	$.337966^{-4}$	$.159343^{-4}$	$.769331^{-5}$	$.378942^{-5}$	$.189853^{-5}$	$.496948^{-6}$	$.136016^{-6}$	$S(5, \alpha; 0, \beta)$
$.206897^{-3}$	$.900544^{-4}$	$.406712^{-4}$	$.189325^{-4}$	$.903770^{-5}$	$.440674^{-5}$	$.218786^{-5}$	$.563861^{-6}$	$.152380^{-6}$	$S(5, \alpha; 1, \beta)$
$.265285^{-3}$	$.113153^{-3}$	$.502019^{-4}$	$.230058^{-4}$	$.108313^{-4}$	$.521691^{-5}$	$.256199^{-5}$	$.648189^{-6}$	$.172565^{-6}$	$S(5, \alpha; 2, \beta)$
$.353792^{-3}$	$.147152^{-3}$	$.638671^{-4}$	$.287110^{-4}$	$.132912^{-4}$	$.630731^{-5}$	$.305703^{-5}$	$.756543^{-6}$	$.197878^{-6}$	$S(5, \alpha; 3, \beta)$
$.494245^{-3}$	$.199306^{-3}$	$.842068^{-4}$	$.369772^{-4}$	$.167706^{-4}$	$.781664^{-5}$	$.372906^{-5}$	$.898795^{-6}$	$.230207^{-6}$	$S(5, \alpha; 4, \beta)$
$.728519^{-3}$	$.283010^{-3}$	$.115749^{-3}$	$.494098^{-4}$	$.218623^{-4}$	$.997176^{-5}$	$.466767^{-5}$	$.109008^{-5}$	$.272340^{-6}$	$S(5, \alpha; 5, \beta)$

Tabelle 43.

$\alpha =$	0,5	1,0	1,5	2,0	2,5	3,0	3,5	4,0	4,5
$\beta = 2,5$									
$S\,(0,\alpha;0,\beta)$	$.331914^{-1}$	$.862782^{-2}$	$.305261^{-2}$	$.123433^{-2}$	$.539036^{-3}$	$.247683^{-3}$	$.118036^{-3}$	$.578246^{-4}$	$.289486^{-4}$
$S\,(0,\alpha;1,\beta)$	$.442552^{-1}$	$.110929^{-1}$	$.381576^{-2}$	$.150863^{-2}$	$.646843^{-3}$	$.292716^{-3}$	$.137709^{-3}$	$.667206^{-4}$	$.330841^{-4}$
$S\,(0,\alpha;2,\beta)$	$.626948^{-1}$	$.149666^{-1}$	$.496049^{-2}$	$.190483^{-2}$	$.797773^{-3}$	$.354125^{-3}$	$.163939^{-3}$	$.783540^{-4}$	$.384012^{-4}$
$S\,(0,\alpha;3,\beta)$	$.958862^{-1}$	$.214564^{-1}$	$.677297^{-2}$	$.250422^{-2}$	$.101770^{-2}$	$.440841^{-3}$	$.200005^{-3}$	$.939879^{-4}$	$.454062^{-4}$
$S\,(0,\alpha;4,\beta)$	$.161040^{\ 0}$	$.331494^{-1}$	$.982558^{-2}$	$.346031^{-2}$	$.135319^{-2}$	$.568294^{-3}$	$.251373^{-3}$	$.115663^{-3}$	$.548951^{-4}$
$S\,(0,\alpha;5,\beta)$	$.301592^{\ 0}$	$.559842^{-1}$	$.153345^{-1}$	$.507911^{-2}$	$.189222^{-2}$	$.764315^{-3}$	$.327512^{-3}$	$.146796^{-3}$	$.681594^{-4}$
$S\,(1,\alpha;0,\beta)$	$.110638^{\ 0}$	$.197207^{-1}$	$.585083^{-2}$	$.212580^{-2}$	$.862457^{-3}$	$.375278^{-3}$	$.171433^{-3}$	$.811768^{-4}$	$.395172^{-4}$
$S\,(1,\alpha;1,\beta)$	$.151205^{\ 0}$	$.260595^{-1}$	$.750432^{-2}$	$.265915^{-2}$	$.105651^{-2}$	$.451698^{-3}$	$.203284^{-3}$	$.950342^{-4}$	$.157532^{-4}$
$S\,(1,\alpha;2,\beta)$	$.221276^{\ 0}$	$.364230^{-1}$	$.100800^{-1}$	$.345664^{-2}$	$.133681^{-2}$	$.558884^{-3}$	$.246845^{-3}$	$.113576^{-3}$	$.539399^{-4}$
$S\,(1,\alpha;3,\beta)$	$.352812^{\ 0}$	$.546058^{-1}$	$.143409^{-1}$	$.471242^{-2}$	$.176027^{-2}$	$.715242^{-3}$	$.308517^{-3}$	$.139160^{-3}$	$.649854^{-4}$
$S\,(1,\alpha;4,\beta)$	$.623670^{\ 0}$	$.891335^{-1}$	$.218850^{-1}$	$.680927^{-2}$	$.243351^{-2}$	$.953746^{-3}$	$.399334^{-3}$	$.175712^{-3}$	$.803584^{-4}$
$S\,(1,\alpha;5,\beta)$	$.123956^{\ 1}$	$.160585^{\ 0}$	$.362774^{-1}$	$.105461^{-1}$	$.356659^{-2}$	$.133625^{-2}$	$.539124^{-3}$	$.230027^{-3}$	$.102518^{-3}$
$S\,(2,\alpha;0,\beta)$	$.505247^{\ 0}$	$.544081^{-1}$	$.127616^{-1}$	$.403063^{-2}$	$.148774^{-2}$	$.604310^{-3}$	$.261900^{-3}$	$.118942^{-3}$	$.559644^{-4}$
$S\,(2,\alpha;1,\beta)$	$.700707^{\ 0}$	$.735755^{-1}$	$.167787^{-1}$	$.516337^{-2}$	$.186291^{-2}$	$.741974^{-3}$	$.316167^{-3}$	$.141505^{-3}$	$.657411^{-4}$
$S\,(2,\alpha;2,\beta)$	$.104614^{\ 1}$	$.105995^{\ 0}$	$.232655^{-1}$	$.691695^{-2}$	$.242264^{-2}$	$.940885^{-3}$	$.392427^{-3}$	$.172452^{-3}$	$.788684^{-4}$
$S\,(2,\alpha;3,\beta)$	$.171284^{\ 1}$	$.165196^{\ 0}$	$.344558^{-1}$	$.979154^{-2}$	$.330045^{-2}$	$.124114^{-2}$	$.503808^{-3}$	$.216376^{-3}$	$.970419^{-4}$
$S\,(2,\alpha;4,\beta)$	$.313105^{\ 1}$	$.282867^{\ 0}$	$.552344^{-1}$	$.148158^{-1}$	$.475652^{-2}$	$.171731^{-2}$	$.673739^{-3}$	$.281185^{-3}$	$.123086^{-3}$
$S\,(2,\alpha;5,\beta)$	$.647629^{\ 1}$	$.538998^{\ 0}$	$.970179^{-1}$	$.242349^{-1}$	$.732591^{-2}$	$.251495^{-2}$	$.945914^{-3}$	$.381037^{-3}$	$.161883^{-3}$
$S\,(3,\alpha;0,\beta)$	$.312737^{\ 1}$	$.184681^{\ 0}$	$.322962^{-1}$	$.855017^{-2}$	$.280299^{-2}$	$.104515^{-2}$	$.424491^{-3}$	$.183195^{-3}$	$.827159^{-4}$
$S\,(3,\alpha;1,\beta)$	$.436528^{\ 1}$	$.253876^{\ 0}$	$.433830^{-1}$	$.112054^{-1}$	$.358868^{-2}$	$.131027^{-2}$	$.522373^{-3}$	$.221792^{-3}$	$.987224^{-4}$
$S\,(3,\alpha;2,\beta)$	$.657845^{\ 1}$	$.373970^{\ 0}$	$.618656^{-1}$	$.154545^{-1}$	$.479940^{-2}$	$.170520^{-2}$	$.663879^{-3}$	$.276135^{-3}$	$.120739^{-3}$
$S\,(3,\alpha;3,\beta)$	$.109134^{\ 2}$	$.600187^{\ 0}$	$.949660^{-1}$	$.226938^{-1}$	$.677025^{-2}$	$.232263^{-2}$	$.877384^{-3}$	$.355611^{-3}$	$.152066^{-3}$
$S\,(3,\alpha;4,\beta)$	$.203044^{\ 2}$	$.106643^{\ 1}$	$.159117^{\ 0}$	$.359125^{-1}$	$.101805^{-1}$	$.334143^{-2}$	$.121533^{-2}$	$.476914^{-3}$	$.198377^{-3}$
$S\,(3,\alpha;5,\beta)$	$.429391^{\ 2}$	$.212352^{\ 1}$	$.294384^{\ 0}$	$.619225^{-1}$	$.164863^{-1}$	$.512498^{-2}$	$.177928^{-2}$	$.671017^{-3}$	$.269807^{-3}$
$S\,(4,\alpha;0,\beta)$	$.251800^{\ 2}$	$.771872^{\ 0}$	$.959486^{-1}$	$.205606^{-1}$	$.583797^{-2}$	$.196183^{-2}$	$.736505^{-3}$	$.298858^{-3}$	$.128420^{-3}$
$S\,(4,\alpha;1,\beta)$	$.352238^{\ 2}$	$.107149^{+1}$	$.131023^{\ 0}$	$.274899^{-1}$	$.763413^{-2}$	$.251134^{-2}$	$.924511^{-3}$	$.368589^{-3}$	$.155913^{-3}$
$S\,(4,\alpha;2,\beta)$	$.532640^{\ 2}$	$.160048^{\ 1}$	$.191029^{\ 0}$	$.389156^{-1}$	$.104888^{-1}$	$.335508^{-2}$	$.120427^{-2}$	$.469464^{-3}$	$.194694^{-3}$
$S\,(4,\alpha;3,\beta)$	$.888253^{\ 2}$	$.261858^{\ 1}$	$.301891^{\ 0}$	$.590765^{-1}$	$.153050^{-1}$	$.472095^{-2}$	$.164057^{-2}$	$.621636^{-3}$	$.251489^{-3}$
$S\,(4,\alpha;4,\beta)$	$.166516^{\ 3}$	$.477225^{\ 1}$	$.524660^{\ 0}$	$.973952^{-1}$	$.239840^{-1}$	$.706527^{-2}$	$.235745^{-2}$	$.862154^{-3}$	$.338220^{-3}$
$S\,(4,\alpha;5,\beta)$	$.355790^{\ 3}$	$.980519^{\ 1}$	$.101386^{\ 1}$	$.176220^{\ 0}$	$.407686^{-1}$	$.113520^{-1}$	$.360424^{-2}$	$.126225^{-2}$	$.476916^{-3}$
$S\,(5,\alpha;0,\beta)$	$.252101^{\ 3}$	$.391535^{\ 1}$	$.335163^{\ 0}$	$.564807^{-1}$	$.135682^{-1}$	$.403404^{-2}$	$.137966^{-2}$	$.520369^{-3}$	$.210849^{-3}$
$S\,(5,\alpha;1,\beta)$	$.352875^{\ 3}$	$.546204^{\ 1}$	$.462797^{\ 0}$	$.767311^{-1}$	$.180780^{-1}$	$.526705^{-2}$	$.176628^{-2}$	$.654065^{-3}$	$.260607^{-3}$
$S\,(5,\alpha;2,\beta)$	$.534158^{\ 3}$	$.822024^{\ 1}$	$.685413^{\ 0}$	$.110978^{\ 0}$	$.254501^{-1}$	$.721592^{-2}$	$.235822^{-2}$	$.852855^{-3}$	$.332646^{-3}$
$S\,(5,\alpha;3,\beta)$	$.892335^{\ 3}$	$.135994^{\ 2}$	$.110665^{\ 1}$	$.173261^{\ 0}$	$.383053^{-1}$	$.104783^{-1}$	$.331216^{-2}$	$.116229^{-2}$	$.441318^{-3}$
$S\,(5,\alpha;4,\beta)$	$.167744^{\ 4}$	$.251724^{\ 2}$	$.197770^{\ 1}$	$.295863^{\ 0}$	$.623585^{-1}$	$.162941^{-1}$	$.493855^{-2}$	$.166893^{-2}$	$.612887^{-3}$
$S\,(5,\alpha;5,\beta)$	$.359886^{\ 4}$	$.527806^{\ 2}$	$.395468^{\ 1}$	$.558171^{\ 0}$	$.110857^{\ 0}$	$.273833^{-1}$	$.788490^{-2}$	$.254523^{-2}$	$.897551^{-3}$

Tabelle 43 (Fortsetzung).

5,0	5,5	6,0	6,5	7,0	7,5	8,0	9,0	10,0	$= \alpha$
									$\beta = 2,5$
$.147489^{-4}$	$.762415^{-5}$	$.398958^{-5}$	$.210957^{-5}$	$.112559^{-5}$	$.605332^{-6}$	$.327815^{-6}$	$.978752^{-7}$	$.298132^{-7}$	$S\,(0,\ \alpha;\ 0,\ \beta)$
$.167154^{-4}$	$.857716^{-5}$	$.445893^{\ 5}$	$.234397^{-5}$	$.124408^{-5}$	$.665865^{-6}$	$.359036^{-6}$	$.106386^{-6}$	$.321983^{-7}$	$S\,(0,\ \alpha;\ 1,\ \beta)$
$.192064^{-4}$	$.976843^{-5}$	$.503873^{-5}$	$.263044^{-5}$	$.138750^{-5}$	$.738505^{-6}$	$.396203^{-6}$	$.116377^{-6}$	$.349649^{-7}$	$S\,(0,\ \alpha;\ 2,\ \beta)$
$.224315^{-4}$	$.112873^{-4}$	$.576796^{-5}$	$.298637^{-5}$	$.156375^{-5}$	$.826884^{-6}$	$.441016^{-6}$	$.128235^{-6}$	$.382048^{-7}$	$S\,(0,\ \alpha;\ 3,\ \beta)$
$.267124^{-4}$	$.132678^{-4}$	$.670390^{-5}$	$.343685^{-5}$	$.178401^{-5}$	$.936085^{-6}$	$.495821^{-6}$	$.142479^{-6}$	$.420388^{-7}$	$S\,(0,\ \alpha;\ 4,\ \beta)$
$.325571^{-4}$	$.159164^{-4}$	$.793304^{-5}$	$.401893^{-5}$	$.206453^{-5}$	$.107336^{-5}$	$.563919^{-6}$	$.159822^{-6}$	$.466287^{-7}$	$S\,(0\ ,\alpha;\ 5,\ \beta)$
$.196652^{-4}$	$.996338^{-5}$	$.512387^{-5}$	$.266851^{-5}$	$.140487^{-5}$	$.746577^{-6}$	$.400012^{-6}$	$.117261^{-6}$	$.351796^{-7}$	$S\,(1,\ \alpha;\ 0,\ \beta)$
$.225495^{-4}$	$.113279^{-4}$	$.578189^{-5}$	$.299105^{-5}$	$.156523^{-5}$	$.827288^{-6}$	$.441081^{-6}$	$.128198^{-6}$	$.381848^{-7}$	$S\,(1,\ \alpha;\ 1,\ \beta)$
$.262727^{-4}$	$.130634^{-4}$	$.660773^{-5}$	$.339107^{-5}$	$.176196^{-5}$	$.925350^{-6}$	$.490540^{-6}$	$.141165^{-6}$	$.417013^{-7}$	$S\,(1,\ \alpha;\ 2,\ \beta)$
$.311987^{-4}$	$.153201^{-4}$	$.766523^{-5}$	$.389629^{-5}$	$.200741^{-5}$	$.104634^{-5}$	$.550948^{-6}$	$.156727^{-6}$	$.458593^{-7}$	$S\,(1,\ \alpha;\ 3,\ \beta)$
$.378996^{-4}$	$.183289^{-4}$	$.905036^{-5}$	$.454768^{-5}$	$.231940^{-5}$	$.119819^{-5}$	$.625897^{-6}$	$.175653^{-6}$	$.508326^{-7}$	$S\,(1,\ \alpha;\ 4,\ \beta)$
$.473061^{-4}$	$.224554^{-4}$	$.109115^{-4}$	$.540714^{-5}$	$.272445^{-5}$	$.139247^{-5}$	$.720545^{-6}$	$.199019^{-6}$	$.568579^{-7}$	$S\,(1,\ \alpha;\ 5,\ \beta)$
$.270724^{-4}$	$.133915^{-4}$	$.674669^{-5}$	$.345153^{-5}$	$.178889^{-5}$	$.937593^{-6}$	$.496206^{-6}$	$.142435^{-6}$	$.420009^{-7}$	$S\,(2,\ \alpha;\ 0,\ \beta)$
$.314512^{-4}$	$.154066^{-4}$	$.769525^{-5}$	$.390671^{-5}$	$.201096^{-5}$	$.104749^{-5}$	$.551287^{-6}$	$.156723^{-6}$	$.458418^{-7}$	$S\,(2,\ \alpha;\ 1,\ \beta)$
$.372215^{-4}$	$.180181^{-4}$	$.890647^{-5}$	$.448025^{-5}$	$.228743^{-5}$	$.118285^{-5}$	$.618455^{-6}$	$.173849^{-6}$	$.503790^{-7}$	$S\,(2,\ \alpha;\ 2,\ \beta)$
$.450366^{-4}$	$.214875^{-4}$	$.104881^{-4}$	$.521779^{-5}$	$.263809^{-5}$	$.135240^{-5}$	$.701656^{-6}$	$.194651^{-6}$	$.558006^{-7}$	$S\,(2,\ \alpha;\ 3,\ \beta)$
$.559545^{-4}$	$.262266^{-4}$	$.126062^{-4}$	$.618815^{-5}$	$.309220^{-5}$	$.156887^{-5}$	$.806529^{-6}$	$.220295^{-6}$	$.623615^{-7}$	$S\,(2,\ \alpha;\ 4,\ \beta)$
$.717462^{-4}$	$.329060^{-4}$	$.155239^{-4}$	$.749796^{-5}$	$.369418^{-5}$	$.185120^{-5}$	$.941321^{-6}$	$.252434^{-6}$	$.704139^{-7}$	$S\,(2,\ \alpha;\ 5,\ \beta)$
$.386749^{-4}$	$.185918^{-4}$	$.914130^{-5}$	$.457940^{-5}$	$.233042^{-5}$	$.120192^{-5}$	$.627093^{-6}$	$.175713^{-6}$	$.508051^{-7}$	$S\,(3,\ \alpha;\ 0,\ \beta)$
$.455831^{-4}$	$.216714^{-4}$	$.105515^{-4}$	$.523995^{-5}$	$.264585^{-5}$	$.135508^{-5}$	$.702554^{-6}$	$.194720^{-6}$	$.557913^{-7}$	$S\,(3,\ \alpha;\ 1,\ \beta)$
$.548900^{-4}$	$.257446^{-4}$	$.123863^{-4}$	$.608675^{-5}$	$.304487^{-5}$	$.154652^{-5}$	$.795841^{-6}$	$.217772^{-6}$	$.617424^{-7}$	$S\,(3,\ \alpha;\ 2,\ \beta)$
$.678166^{-4}$	$.312820^{-4}$	$.148334^{-4}$	$.719707^{-5}$	$.356013^{-5}$	$.179032^{-5}$	$.913176^{-6}$	$.246144^{-6}$	$.689352^{-7}$	$S\,(3,\ \alpha;\ 3,\ \beta)$
$.863966^{-4}$	$.390459^{-4}$	$.181898^{-4}$	$.869030^{-5}$	$.424099^{-5}$	$.210743^{-5}$	$.106363^{-5}$	$.281640^{-6}$	$.777509^{-7}$	$S\,(3,\ \alpha;\ 4,\ \beta)$
$.114142^{-3}$	$.503133^{-4}$	$.229390^{-4}$	$.107562^{-4}$	$.516418^{-5}$	$.252971^{-5}$	$.126076^{-5}$	$.326860^{-6}$	$.887244^{-7}$	$S\,(3,\ \alpha;\ 5,\ \beta)$
$.576523^{-4}$	$.267891^{-4}$	$.127981^{-4}$	$.625494^{-5}$	$.311568^{-5}$	$.157711^{-5}$	$.809367^{-6}$	$.220573^{-6}$	$.623608^{-7}$	$S\,(4,.\ \alpha;\ 0,\ \beta)$
$.690237^{-4}$	$.316775^{-4}$	$.149674^{-4}$	$.724352^{-5}$	$.357646^{-5}$	$.179609^{-5}$	$.915197^{-6}$	$.246365^{-6}$	$.689453^{-7}$	$S\,(4,\ \alpha;\ 1,\ \beta)$
$.847067^{-4}$	$.382849^{-4}$	$.178469^{-4}$	$.853454^{-5}$	$.416944^{-5}$	$.207417^{-5}$	$.104798^{-5}$	$.278049^{-6}$	$.768920^{-7}$	$S\,(4,\ \alpha;\ 2,\ \beta)$
$.107077^{-3}$	$.474910^{-4}$	$.217757^{-4}$	$.102632^{-4}$	$.495012^{-5}$	$.243472^{-5}$	$.121777^{-5}$	$.317606^{-6}$	$.866165^{-7}$	$S\,(4,\ \alpha;\ 3,\ \beta)$
$.140212^{-3}$	$.607617^{-4}$	$.273036^{-4}$	$.126434^{-4}$	$.600439^{-5}$	$.291320^{-5}$	$.143958^{-5}$	$.367889^{-6}$	$.987007^{-7}$	$S\,(4,\ \alpha;\ 4,\ \beta)$
$.191376^{-3}$	$.806258^{-4}$	$.353521^{-4}$	$.160243^{-4}$	$.746905^{-5}$	$.356482^{-5}$	$.173628^{-5}$	$.433098^{-6}$	$.113975^{-6}$	$S\,(4,\ \alpha;\ 5,\ \beta)$
$.902095^{-4}$	$.402703^{-4}$	$.185981^{-4}$	$.883043^{-5}$	$.429003^{-5}$	$.212478^{-5}$	$.106977^{-5}$	$.282363^{-6}$	$.778091^{-7}$	$S\,(5,\ \alpha;\ 0,\ \beta)$
$.109818^{-3}$	$.483593^{-4}$	$.220622^{-4}$	$.103608^{-4}$	$.498413^{-5}$	$.244675^{-5}$	$.122205^{-5}$	$.318130^{-6}$	$.866676^{-7}$	$S\,(5,\ \alpha;\ 1,\ \beta)$
$.137531^{-3}$	$.595450^{-4}$	$.267591^{-4}$	$.123993^{-4}$	$.589393^{-5}$	$.286266^{-5}$	$.141617^{-5}$	$.362680^{-6}$	$.974884^{-7}$	$S\,(5,\ \alpha;\ 2,\ \beta)$
$.178172^{-3}$	$.755383^{-4}$	$.333234^{-4}$	$.151903^{-4}$	$.711677^{-5}$	$.341238^{-5}$	$.166887^{-5}$	$.419163^{-6}$	$.110909^{-6}$	$S\,(5,\ \alpha;\ 3,\ \beta)$
$.240274^{-3}$	$.992723^{-4}$	$.428124^{-4}$	$.191308^{-4}$	$.880694^{-5}$	$.415778^{-5}$	$.200564^{-5}$	$.492210^{-6}$	$.127836^{-6}$	$S\,(5,\ \alpha;\ 4,\ \beta)$
$.339541^{-3}$	$.135963^{-3}$	$.570490^{-4}$	$.248861^{-4}$	$.112165^{-4}$	$.519752^{-5}$	$.246623^{-5}$	$.588769^{-6}$	$.149589^{-6}$	$S\,(5,\ \alpha;\ 5,\ \beta)$

Tabelle 44.

$\alpha =$	0,5	1,0	1,5	2,0	2,5	3,0	3,5	4,0	4,5
$\beta = 3,0$									
$S\,(0,\,\alpha;\,0,\,\beta)$	$.172556^{-1}$	$.457891^{-2}$	$.164578^{-2}$	$.673795^{-3}$	$.297220^{-3}$	$.137708^{-3}$	$.660852^{-4}$	$.325672^{-4}$	$.163877^{-4}$
$S\,(0,\,\alpha;\,1,\,\beta)$	$.221858^{-1}$	$.572364^{-2}$	$.201151^{-2}$	$.808554^{-3}$	$.351260^{-3}$	$.160660^{-3}$	$.762522^{-4}$	$.372197^{-4}$	$.185727^{-4}$
$S\,(0,\,\alpha;\,2,\,\beta)$	$.299333^{-1}$	$.744073^{-2}$	$.253978^{-2}$	$.997216^{-3}$	$.424951^{-3}$	$.191262^{-3}$	$.895474^{-4}$	$.432014^{-4}$	$.213404^{-4}$
$S\,(0,\,\alpha;\,3,\,\beta)$	$.429127^{-1}$	$.101595^{-1}$	$.333896^{-2}$	$.127212^{-2}$	$.529009^{-3}$	$.233339^{-3}$	$.107415^{-3}$	$.510821^{-4}$	$.249238^{-4}$
$S\,(0,\,\alpha;\,4,\,\beta)$	$.662988^{-1}$	$.147384^{-1}$	$.461375^{-2}$	$.169149^{-2}$	$.681955^{-3}$	$.293268^{-3}$	$.132187^{-3}$	$.617569^{-4}$	$.296804^{-4}$
$S\,(0,\,\alpha;\,5,\,\beta)$	$.111968^{\ 0}$	$.230019^{-1}$	$.677216^{-2}$	$.236527^{-2}$	$.917179^{-3}$	$.382099^{-3}$	$.167766^{-3}$	$.766793^{-4}$	$.361746^{-4}$
$S\,(1,\,\alpha;\,0,\,\beta)$	$.566971^{-1}$	$.103025^{-1}$	$.310869^{-2}$	$.114545^{-2}$	$.470148^{-3}$	$.206563^{-3}$	$.951337^{-4}$	$.453615^{-4}$	$.222144^{-4}$
$S\,(1,\,\alpha;\,1,\,\beta)$	$.743049^{-1}$	$.131644^{-1}$	$.388078^{-2}$	$.140149^{-2}$	$.565454^{-3}$	$.244815^{-3}$	$.111334^{-3}$	$.525062^{-4}$	$.254677^{-4}$
$S\,(1,\,\alpha;\,2,\,\beta)$	$.102779^{\ 0}$	$.176002^{-1}$	$.503215^{-2}$	$.177073^{-2}$	$.698991^{-3}$	$.297093^{-3}$	$.133000^{-3}$	$.618824^{-4}$	$.296662^{-4}$
$S\,(1,\,\alpha;\,3,\,\beta)$	$.152124^{\ 0}$	$.248978^{-1}$	$.683972^{-2}$	$.232756^{-2}$	$.893559^{-3}$	$.371048^{-3}$	$.162877^{-3}$	$.745274^{-4}$	$.352190^{-4}$
$S\,(1,\,\alpha;\,4,\,\beta)$	$.244566^{\ 0}$	$.377402^{-1}$	$.984799^{-2}$	$.321104^{-2}$	$.118996^{-2}$	$.479854^{-3}$	$.205535^{-3}$	$.921186^{-4}$	$.427703^{-4}$
$S\,(1,\,\alpha;\,5,\,\beta)$	$.433137^{\ 0}$	$.620836^{-1}$	$.151901^{-1}$	$.469477^{-2}$	$.166465^{-2}$	$.647174^{-3}$	$.268880^{-3}$	$.117462^{-3}$	$.533662^{-4}$
$S\,(2,\,\alpha;\,0,\,\beta)$	$.256722^{\ 0}$	$.280458^{-1}$	$.668470^{-2}$	$.214267^{-2}$	$.801069^{-3}$	$.328970^{-3}$	$.143910^{-3}$	$.658822^{-4}$	$.312135^{-4}$
$S\,(2,\,\alpha;\,1,\,\beta)$	$.340132^{\ 0}$	$.364882^{-1}$	$.851334^{-2}$	$.267362^{-2}$	$.981374^{-3}$	$.396549^{-3}$	$.171034^{-3}$	$.773351^{-4}$	$.362428^{-4}$
$S\,(2,\,\alpha;\,2,\,\beta)$	$.477416^{\ 0}$	$.499387^{-1}$	$.113233^{-1}$	$.346223^{-2}$	$.124115^{-2}$	$.491330^{-3}$	$.208187^{-3}$	$.926982^{-4}$	$.428654^{-4}$
$S\,(2,\,\alpha;\,3,\,\beta)$	$.720465^{\ 0}$	$.727975^{-1}$	$.158918^{-1}$	$.469285^{-2}$	$.163203^{-2}$	$.629464^{-3}$	$.260840^{-3}$	$.113943^{-3}$	$.518275^{-4}$
$S\,(2,\,\alpha;\,4,\,\beta)$	$.118746^{\ 1}$	$.114562^{\ 0}$	$.238060^{-1}$	$.672318^{-2}$	$.224975^{-2}$	$.839710^{-3}$	$.338396^{-3}$	$.144352^{-3}$	$.643364^{-4}$
$S\,(2,\,\alpha;\,5,\,\beta)$	$.216821^{\ 1}$	$.197139^{\ 0}$	$.385053^{-1}$	$.102856^{-1}$	$.328066^{-2}$	$.117560^{-2}$	$.457674^{-3}$	$.189591^{-3}$	$.824116^{-4}$
$S\,(3,\,\alpha;\,0,\,\beta)$	$.158324^{\ 1}$	$.942969^{-1}$	$.167084^{-1}$	$.448613^{-2}$	$.149029^{-2}$	$.562309^{-3}$	$.230766^{-3}$	$.100494^{-3}$	$.457328^{-4}$
$S\,(3,\,\alpha;\,1,\,\beta)$	$.210709^{\ 1}$	$.124203^{\ 0}$	$.216404^{-1}$	$.570192^{-2}$	$.185960^{-2}$	$.689817^{-3}$	$.278788^{-3}$	$.119758^{-3}$	$.538423^{-4}$
$S\,(3,\,\alpha;\,2,\,\beta)$	$.297646^{\ 1}$	$.172818^{\ 0}$	$.294187^{-1}$	$.755863^{-2}$	$.240656^{-2}$	$.873429^{-3}$	$.346213^{-3}$	$.146203^{-3}$	$.647515^{-4}$
$S\,(3,\,\alpha;\,3,\,\beta)$	$.453199^{\ 1}$	$.257474^{\ 0}$	$.424589^{-1}$	$.105514^{-1}$	$.325621^{-2}$	$.114927^{-2}$	$.444524^{-3}$	$.183750^{-3}$	$.798791^{-4}$
$S\,(3,\,\alpha;\,4,\,\beta)$	$.756044^{\ 1}$	$.416658^{\ 0}$	$.658638^{-1}$	$.156756^{-1}$	$.464864^{-2}$	$.158386^{-2}$	$.594082^{-3}$	$.239123^{-3}$	$.101584^{-3}$
$S\,(3,\,\alpha;\,5,\,\beta)$	$.140223^{\ 2}$	$.741940^{\ 0}$	$.111104^{\ 0}$	$.250474^{-1}$	$.706883^{-2}$	$.230551^{-2}$	$.832566^{-3}$	$.324314^{-3}$	$.133935^{-3}$
$S\,(4,\,\alpha;\,0,\,\beta)$	$.127322^{\ 2}$	$.391926^{\ 0}$	$.491694^{-1}$	$.106637^{-1}$	$.306642^{-2}$	$.104301^{-2}$	$.395919^{-3}$	$.162251^{-3}$	$.703318^{-4}$
$S\,(4,\,\alpha;\,1,\,\beta)$	$.169687^{\ 2}$	$.519814^{\ 0}$	$.644800^{-1}$	$.137691^{-1}$	$.389255^{-2}$	$.130186^{-2}$	$.486382^{-3}$	$.196438^{-3}$	$.840344^{-4}$
$S\,(4,\,\alpha;\,2,\,\beta)$	$.240209^{\ 2}$	$.730354^{\ 0}$	$.891252^{-1}$	$.186294^{-1}$	$.514827^{-2}$	$.168438^{-2}$	$.616619^{-3}$	$.244495^{-3}$	$.102884^{-3}$
$S\,(4,\,\alpha;\,3,\,\beta)$	$.366916^{\ 2}$	$.110287^{\ 1}$	$.131476^{\ 0}$	$.266936^{-1}$	$.715888^{-2}$	$.227651^{-2}$	$.812056^{-3}$	$.314609^{-3}$	$.129697^{\ 3}$
$S\,(4,\,\alpha;\,4,\,\beta)$	$.614966^{\ 2}$	$.181716^{\ 1}$	$.209730^{\ 0}$	$.409702^{-1}$	$.105699^{-1}$	$.324172^{-2}$	$.111923^{-2}$	$.421244^{-3}$	$.169291^{-3}$
$S\,(4,\,\alpha;\,5,\,\beta)$	$.114801^{\ 3}$	$.331102^{\ 1}$	$.366110^{\ 0}$	$.680829^{-1}$	$.167325^{-1}$	$.490658^{-2}$	$.162720^{-2}$	$.591037^{-3}$	$.230233^{-3}$
$S\,(5,\,\alpha;\,0,\,\beta)$	$.127434^{\ 3}$	$.198263^{\ 1}$	$.170670^{\ 0}$	$.290247^{-1}$	$.705003^{-2}$	$.212046^{-2}$	$.733366^{-3}$	$.279493^{-3}$	$.114321^{-3}$
$S\,(5,\,\alpha;\,1,\,\beta)$	$.169896^{\ 3}$	$.263815^{\ 1}$	$.225609^{\ 0}$	$.379350^{-1}$	$.908287^{-2}$	$.268957^{-2}$	$.915778^{-3}$	$.343839^{-3}$	$.138699^{-3}$
$S\,(5,\,\alpha;\,2,\,\beta)$	$.240645^{\ 3}$	$.372474^{\ 1}$	$.315336^{\ 0}$	$.521643^{-1}$	$.122455^{-1}$	$.355145^{-2}$	$.118491^{-2}$	$.436479^{-3}$	$.173009^{-3}$
$S\,(5,\,\alpha;\,3,\,\beta)$	$.367929^{\ 3}$	$.566487^{\ 1}$	$.472345^{\ 0}$	$.763531^{-1}$	$.174498^{-1}$	$.492409^{-2}$	$.160035^{-2}$	$.575382^{-3}$	$.223101^{-3}$
$S\,(5,\,\alpha;\,4,\,\beta)$	$.617588^{\ 3}$	$.942904^{\ 1}$	$.768934^{\ 0}$	$.120414^{\ 0}$	$.265621^{-1}$	$.723544^{-2}$	$.227459^{-2}$	$.793278^{-3}$	$.299281^{-3}$
$S\,(5,\,\alpha;\,5,\,\beta)$	$.115552^{\ 4}$	$.174178^{\ 2}$	$.137720^{\ 1}$	$.206857^{\ 0}$	$.436211^{-1}$	$.113696^{-1}$	$.343019^{-2}$	$.115240^{-2}$	$.420443^{\ 3}$

Tabelle 44 (Fortsetzung).

5,0	5,5	6,0	6,5	7,0	7,5	8,0	9,0	10,0	$= \alpha$
									$\beta = 3,0$
$.838657^{-5}$	$.435226^{-5}$	$.228537^{-5}$	$.121218^{-5}$	$.648570^{-6}$	$.349669^{-6}$	$.189792^{-6}$	$.568907^{-7}$	$.173872^{-7}$	$S\,(0,\,\alpha;\,0,\,\beta)$
$.943489^{-5}$	$.486429^{-5}$	$.253928^{-5}$	$.133977^{-5}$	$.713426^{-6}$	$.382971^{-6}$	$.207046^{-6}$	$.616317^{-7}$	$.187246^{-7}$	$S\,(0,\,\alpha;\,1,\,\beta)$
$.107453^{-4}$	$.549679^{-5}$	$.284966^{-5}$	$.149423^{-5}$	$.791255^{-6}$	$.422616^{-6}$	$.227437^{-6}$	$.671628^{-7}$	$.202679^{-7}$	$S\,(0,\,\alpha;\,2,\,\beta)$
$.124161^{-4}$	$.629231^{-5}$	$.323524^{-5}$	$.168404^{-5}$	$.885946^{-6}$	$.470416^{-6}$	$.251820^{-6}$	$.736815^{-7}$	$.220643^{-7}$	$S\,(0,\,\alpha;\,3,\,\beta)$
$.145946^{-4}$	$.731335^{-5}$	$.372326^{-5}$	$.192124^{-5}$	$.100295^{-5}$	$.528875^{-6}$	$.281363^{-6}$	$.814514^{-7}$	$.241762^{-7}$	$S\,(0,\,\alpha;\,4,\,\beta)$
$.175081^{-4}$	$.865424^{-5}$	$.435383^{-5}$	$.222336^{-5}$	$.115005^{-5}$	$.601515^{-6}$	$.317685^{-6}$	$.908289^{-7}$	$.266857^{-7}$	$S\,(0,\,\alpha;\,5,\,\beta)$
$.111122^{-4}$	$.565562^{-5}$	$.292019^{-5}$	$.152626^{-5}$	$.806080^{-6}$	$.429594^{-6}$	$.230770^{-6}$	$.679530^{-7}$	$.204633^{-7}$	$S\,(1,\,\alpha;\,0,\,\beta)$
$.126323^{-4}$	$.638121^{-5}$	$.327287^{-5}$	$.170035^{-5}$	$.893173^{-6}$	$.473678^{-6}$	$.253317^{-6}$	$.740107^{-7}$	$.221403^{-7}$	$S\,(1,\,\alpha;\,1,\,\beta)$
$.145651^{-4}$	$.729173^{-5}$	$.371020^{-5}$	$.191392^{-5}$	$.998983^{-6}$	$.526765^{-6}$	$.280250^{-6}$	$.811440^{-7}$	$.240911^{-7}$	$S\,(1,\,\alpha;\,2,\,\beta)$
$.170778^{-4}$	$.845741^{-5}$	$.426245^{-5}$	$.218033^{-5}$	$.112951^{-5}$	$.591598^{-6}$	$.312840^{-6}$	$.896383^{-7}$	$.263826^{-7}$	$S\,(1,\,\alpha;\,3,\,\beta)$
$.204271^{-4}$	$.998394^{-5}$	$.497438^{-5}$	$.251893^{-5}$	$.129332^{-5}$	$.672031^{-6}$	$.352855^{-6}$	$.998791^{-7}$	$.291033^{-7}$	$S\,(1,\,\alpha;\,4,\,\beta)$
$.250194^{-4}$	$.120346^{-4}$	$.591356^{-5}$	$.295845^{-5}$	$.150289^{-5}$	$.773593^{-6}$	$.402785^{-6}$	$.112397^{-6}$	$.323722^{-7}$	$S\,(1,\,\alpha;\,5,\,\beta)$
$.151902^{-4}$	$.755339^{-5}$	$.382305^{-5}$	$.196385^{-5}$	$.102156^{-5}$	$.537174^{-6}$	$.285129^{-6}$	$.822635^{-7}$	$.243605^{-7}$	$S\,(2,\,\alpha;\,0,\,\beta)$
$.174690^{-4}$	$.861275^{-5}$	$.432621^{-5}$	$.220722^{-5}$	$.114114^{-5}$	$.596730^{-6}$	$.315150^{-6}$	$.901283^{-7}$	$.264924^{-7}$	$S\,(2,\,\alpha;\,1,\,\beta)$
$.204206^{-4}$	$.996489^{-5}$	$.495998^{-5}$	$.251014^{-5}$	$.128837^{-5}$	$.669346^{-6}$	$.351426^{-6}$	$.994833^{-7}$	$.289944^{-7}$	$S\,(2,\,\alpha;\,2,\,\beta)$
$.243393^{-4}$	$.117297^{-4}$	$.577466^{-5}$	$.289423^{-5}$	$.147276^{-5}$	$.759273^{-6}$	$.395894^{-6}$	$.110749^{-6}$	$.319622^{-7}$	$S\,(2,\,\alpha;\,3,\,\beta)$
$.296886^{-4}$	$.140917^{-4}$	$.684605^{-5}$	$.339146^{-5}$	$.170812^{-5}$	$.872600^{-6}$	$.451289^{-6}$	$.124501^{-6}$	$.355243^{-7}$	$S\,(2,\,\alpha;\,4,\,\beta)$
$.372223^{-4}$	$.173436^{-4}$	$.829160^{-5}$	$.405034^{-5}$	$.201499^{-5}$	$.101822^{-5}$	$.521536^{-6}$	$.141546^{-6}$	$.398558^{-7}$	$S\,(2,\,\alpha;\,5,\,\beta)$
$.215301^{-4}$	$.104123^{-4}$	$.514678^{-5}$	$.259043^{-5}$	$.132376^{-5}$	$.685287^{-6}$	$.358744^{-6}$	$.101103^{-6}$	$.293725^{-7}$	$S\,(3,\,\alpha;\,0,\,\beta)$
$.250760^{-4}$	$.120112^{-4}$	$.588636^{-5}$	$.293996^{-5}$	$.149201^{-5}$	$.767568^{-6}$	$.399544^{-6}$	$.111494^{-6}$	$.321239^{-7}$	$S\,(3,\,\alpha;\,1,\,\beta)$
$.297606^{-4}$	$.140896^{-4}$	$.683384^{-5}$	$.338188^{-5}$	$.170220^{-5}$	$.869253^{-6}$	$.449469^{-6}$	$.123990^{-6}$	$.353840^{-7}$	$S\,(3,\,\alpha;\,2,\,\beta)$
$.361213^{-4}$	$.168591^{-4}$	$.807525^{-5}$	$.395220^{-5}$	$.196978^{-5}$	$.997101^{-6}$	$.511534^{-6}$	$.139222^{-6}$	$.392923^{-7}$	$S\,(3,\,\alpha;\,3,\,\beta)$
$.450277^{-4}$	$.206537^{-4}$	$.974344^{-5}$	$.470534^{-5}$	$.231764^{-5}$	$.116097^{-5}$	$.590072^{-6}$	$.158069^{-6}$	$.440387^{-7}$	$S\,(3,\,\alpha;\,4,\,\beta)$
$.579345^{-4}$	$.260169^{-4}$	$.120493^{-4}$	$.572580^{-5}$	$.278061^{-5}$	$.137557^{-5}$	$.691434^{-6}$	$.181786^{-6}$	$.498863^{-7}$	$S\,(3,\,\alpha;\,5,\,\beta)$
$.318187^{-4}$	$.148860^{-4}$	$.715444^{-5}$	$.351536^{-5}$	$.175938^{-5}$	$.894362^{-6}$	$.460735^{-6}$	$.126386^{-6}$	$.359252^{-7}$	$S\,(4,\,\alpha;\,0,\,\beta)$
$.375690^{-4}$	$.173897^{-4}$	$.827807^{-5}$	$.403256^{-5}$	$.200262^{-5}$	$.101088^{-5}$	$.517457^{-6}$	$.140382^{-6}$	$.395352^{-7}$	$S\,(4,\,\alpha;\,1,\,\beta)$
$.453261^{-4}$	$.207081^{-4}$	$.974381^{-5}$	$.469756^{-5}$	$.231129^{-5}$	$.115699^{-5}$	$.587809^{-6}$	$.157412^{-6}$	$.438572^{-7}$	$S\,(4,\,\alpha;\,2,\,\beta)$
$.561116^{-4}$	$.252285^{-4}$	$.117039^{-4}$	$.557217^{-5}$	$.271118^{-5}$	$.134372^{-5}$	$.676607^{-6}$	$.178445^{-6}$	$.490983^{-7}$	$S\,(4,\,\alpha;\,3,\,\beta)$
$.716233^{-4}$	$.315777^{-4}$	$.143991^{-4}$	$.675202^{-5}$	$.324141^{-5}$	$.158747^{-5}$	$.790894^{-6}$	$.204857^{-6}$	$.555450^{-7}$	$S\,(4,\,\alpha;\,4,\,\beta)$
$.947855^{-4}$	$.408044^{-4}$	$.182218^{-4}$	$.838920^{-5}$	$.396283^{-5}$	$.191326^{-5}$	$.941211^{-6}$	$.238637^{-6}$	$.636006^{-7}$	$S\,(4,\,\alpha;\,5,\,\beta)$
$.493269^{-4}$	$.221869^{-4}$	$.103159^{-4}$	$.492748^{-5}$	$.240675^{-5}$	$.119776^{-5}$	$.605644^{-6}$	$.161043^{-6}$	$.446483^{-7}$	$S\,(5,\,\alpha;\,0,\,\beta)$
$.590867^{-4}$	$.262699^{-4}$	$.120863^{-4}$	$.571837^{-5}$	$.276904^{-5}$	$.136731^{-5}$	$.686485^{-6}$	$.180295^{-6}$	$.494712^{-7}$	$S\,(5,\,\alpha;\,1,\,\beta)$
$.725407^{-4}$	$.317929^{-4}$	$.144403^{-4}$	$.675356^{-5}$	$.323651^{-5}$	$.158326^{-5}$	$.788220^{-6}$	$.204020^{-6}$	$.553100^{-7}$	$S\,(5,\,\alpha;\,2,\,\beta)$
$.917127^{-4}$	$.394918^{-4}$	$.176568^{-4}$	$.814271^{-5}$	$.385360^{-5}$	$.186409^{-5}$	$.918736^{-6}$	$.233740^{-6}$	$.624787^{-7}$	$S\,(5,\,\alpha;\,3,\,\beta)$
$.120061^{-3}$	$.505900^{-4}$	$.221882^{-4}$	$.100595^{-4}$	$.468920^{-5}$	$.223794^{-5}$	$.108980^{-5}$	$.271653^{-6}$	$.714186^{-7}$	$S\,(5,\,\alpha;\,4,\,\beta)$
$.163719^{-3}$	$.671919^{-4}$	$.287912^{-4}$	$.127871^{-4}$	$.585308^{-5}$	$.274863^{-5}$	$.131941^{-5}$	$.321003^{-6}$	$.827613^{-7}$	$S\,(5,\,\alpha;\,5,\,\beta)$

Tabelle 45.

$\alpha =$	0,5	1,0	1,5	2,0	2,5	3,0	3,5	4,0	4,5

$\beta = 3,5$

	0,5	1,0	1,5	2,0	2,5	3,0	3,5	4,0	4,5
$S\,(0,\ \alpha;\ 0,\ \beta)$	$.915782^{-2}$	$.246867^{-2}$	$.898393^{-3}$	$.371525^{-3}$	$.165250^{-3}$	$.770994^{-4}$	$.372197^{-4}$	$.184361^{-4}$	$.931841^{-5}$
$S\,(0,\ \alpha;\ 1,\ \beta)$	$.114473^{-1}$	$.301726^{-2}$	$.107807^{-2}$	$.439075^{-3}$	$.192792^{-3}$	$.889608^{-4}$	$.425368^{-4}$	$.208943^{-4}$	$.104832^{-4}$
$S\,(0,\ \alpha;\ 2,\ \beta)$	$.148815^{-1}$	$.380967^{-2}$	$.132962^{-2}$	$.531188^{-3}$	$.229514^{-3}$	$.104472^{-3}$	$.493729^{-4}$	$.240079^{-4}$	$.119392^{-4}$
$S\,(0,\ \alpha;\ 3,\ \beta)$	$.203189^{-1}$	$.500845^{-2}$	$.169617^{-2}$	$.661263^{-3}$	$.280007^{-3}$	$.125317^{-3}$	$.583795^{-4}$	$.280393^{-4}$	$.137956^{-4}$
$S\,(0,\ \alpha;\ 4,\ \beta)$	$.294767^{-1}$	$.692062^{-2}$	$.225533^{-2}$	$.852443^{-3}$	$.351922^{-3}$	$.154218^{-3}$	$.705793^{-4}$	$.333904^{-4}$	$.162162^{-4}$
$S\,(0\ ,\alpha;\ 5,\ \beta)$	$.460039^{-1}$	$.101583^{-1}$	$.315371^{-2}$	$.114647^{-2}$	$.458518^{-3}$	$.195728^{-3}$	$.876335^{-4}$	$.406963^{-4}$	$.194534^{-4}$
$S\,(1,\ \alpha;\ 0,\ \beta)$	$.297629^{-1}$	$.548592^{-2}$	$.167700^{-2}$	$.624837^{-3}$	$.258892^{-3}$	$.114661^{-3}$	$.531710^{-4}$	$.255033^{-4}$	$.125540^{-4}$
$S\,(1,\ \alpha;\ 1,\ \beta)$	$.377760^{-1}$	$.682693^{-2}$	$.204834^{-2}$	$.750725^{-3}$	$.306631^{-3}$	$.134126^{-3}$	$.615263^{-4}$	$.292315^{-4}$	$.142688^{-4}$
$S\,(1,\ \alpha;\ 2,\ \beta)$	$.500818^{-1}$	$.881812^{-2}$	$.258258^{-2}$	$.926858^{-3}$	$.371813^{-3}$	$.160141^{-3}$	$.724861^{-4}$	$.340413^{-4}$	$.164488^{-4}$
$S\,(1,\ \alpha;\ 3,\ \beta)$	$.701146^{-1}$	$.119291^{-1}$	$.338610^{-2}$	$.118307^{-2}$	$.463925^{-3}$	$.195990^{-3}$	$.872593^{-4}$	$.404003^{-4}$	$.192819^{-4}$
$S\,(1,\ \alpha;\ 4,\ \beta)$	$.104957^{\ 0}$	$.170789^{-1}$	$.465727^{-2}$	$.157269^{-2}$	$.599287^{-3}$	$.247134^{-3}$	$.107799^{-3}$	$.490441^{-4}$	$.230571^{-4}$
$S\,(1,\ \alpha;\ 5,\ \beta)$	$.170171^{\ 0}$	$.261712^{-1}$	$.678533^{-2}$	$.219546^{-2}$	$.807175^{-3}$	$.323014^{-3}$	$.137372^{-3}$	$.611674^{-4}$	$.282315^{-4}$
$S\,(2,\ \alpha;\ 0,\ \beta)$	$.133933^{\ 0}$	$.147815^{-1}$	$.356562^{-2}$	$.115603^{-2}$	$.436628^{-3}$	$.180913^{-3}$	$.797564^{-4}$	$.367596^{-4}$	$.175187^{-4}$
$S\,(2,\ \alpha;\ 1,\ \beta)$	$.171423^{\ 0}$	$.186623^{-1}$	$.442728^{-2}$	$.141199^{-2}$	$.525312^{-3}$	$.214734^{-3}$	$.935373^{-4}$	$.426551^{-4}$	$.201373^{-4}$
$S\,(2,\ \alpha;\ 2,\ \beta)$	$.229804^{\ 0}$	$.245568^{-1}$	$.569877^{-2}$	$.177930^{-2}$	$.649372^{-3}$	$.260979^{-3}$	$.112000^{-3}$	$.504111^{-4}$	$.235268^{-4}$
$S\,(2,\ \alpha;\ 3,\ \beta)$	$.326462^{\ 0}$	$.340164^{-1}$	$.766852^{-2}$	$.232955^{-2}$	$.829658^{-3}$	$.326389^{-3}$	$.137496^{-3}$	$.608966^{-4}$	$.280233^{-4}$
$S\,(2,\ \alpha;\ 4,\ \beta)$	$.497992^{\ 0}$	$.501707^{-1}$	$.108925^{-1}$	$.319492^{-2}$	$.110320^{-2}$	$.422528^{-3}$	$.173934^{-3}$	$.755153^{-4}$	$.341562^{-4}$
$S\,(2,\ \alpha;\ 5,\ \beta)$	$.826629^{\ 0}$	$.797202^{-1}$	$.165015^{-1}$	$.463163^{-2}$	$.153872^{-2}$	$.570042^{-3}$	$.228052^{-3}$	$.966135^{-4}$	$.427857^{-4}$
$S\,(3,\ \alpha;\ 0,\ \beta)$	$.823918^{\ 0}$	$.493530^{-1}$	$.882741^{-2}$	$.239530^{-2}$	$.803960^{-3}$	$.306230^{-3}$	$.126742^{-3}$	$.556090^{-4}$	$.254748^{-4}$
$S\,(3,\ \alpha;\ 1,\ \beta)$	$.105801^{\ 1}$	$.629075^{-1}$	$.111099^{-1}$	$.297043^{-2}$	$.982296^{-3}$	$.368952^{-3}$	$.150754^{-3}$	$.653818^{-4}$	$.296411^{-4}$
$S\,(3,\ \alpha;\ 2,\ \beta)$	$.142483^{\ 1}$	$.838288^{-1}$	$.145513^{-1}$	$.381543^{-2}$	$.123776^{-2}$	$.456707^{-3}$	$.183634^{-3}$	$.785048^{-4}$	$.351381^{-4}$
$S\,(3,\ \alpha;\ 3,\ \beta)$	$.203694^{\ 1}$	$.118062^{\ 0}$	$.200199^{-1}$	$.511654^{-2}$	$.161936^{-2}$	$.584161^{-3}$	$.230188^{-3}$	$.966658^{-4}$	$.425907^{-4}$
$S\,(3,\ \alpha;\ 4,\ \beta)$	$.313390^{\ 1}$	$.177890^{\ 0}$	$.292395^{-1}$	$.722855^{-2}$	$.221682^{-2}$	$.777228^{-3}$	$.298640^{-3}$	$.122666^{-3}$	$.530092^{-4}$
$S\,(3,\ \alpha;\ 5,\ \beta)$	$.526082^{\ 1}$	$.290301^{\ 0}$	$.458284^{-1}$	$.108625^{-1}$	$.320235^{-2}$	$.108370^{-2}$	$.403612^{-3}$	$.161328^{-3}$	$.680806^{-4}$
$S\,(4,\ \alpha;\ 0,\ \beta)$	$.662082^{\ 1}$	$.204333^{\ 0}$	$.257951^{-1}$	$.564305^{-2}$	$.163826^{-2}$	$.562524^{-3}$	$.215428^{-3}$	$.889995^{-4}$	$.388605^{-4}$
$S\,(4,\ \alpha;\ 1,\ \beta)$	$.851012^{\ 1}$	$.261788^{\ 0}$	$.327801^{-1}$	$.708733^{-2}$	$.203019^{-2}$	$.687665^{-3}$	$.259924^{-3}$	$.106078^{-3}$	$.458012^{-4}$
$S\,(4,\ \alpha;\ 2,\ \beta)$	$.114768^{\ 2}$	$.351328^{\ 0}$	$.434862^{-1}$	$.925307^{-2}$	$.260419^{-2}$	$.866715^{-3}$	$.322201^{-3}$	$.129498^{-3}$	$.551424^{-4}$
$S\,(4,\ \alpha;\ 3,\ \beta)$	$.164414^{\ 2}$	$.499626^{\ 0}$	$.608408^{-1}$	$.126693^{-1}$	$.348395^{-2}$	$.113358^{-2}$	$.412626^{-3}$	$.162696^{-3}$	$.680968^{-4}$
$S\,(4,\ \alpha;\ 4,\ \beta)$	$.253722^{\ 2}$	$.762700^{\ 0}$	$.907974^{-1}$	$.183721^{-1}$	$.490280^{-2}$	$.154996^{-2}$	$.549441^{-3}$	$.211534^{-3}$	$.866761^{-4}$
$S\,(4,\ \alpha;\ 5,\ \beta)$	$.427731^{\ 2}$	$.126595^{\ 1}$	$.146193^{\ 0}$	$.285030^{-1}$	$.732285^{-2}$	$.223324^{-2}$	$.766096^{-3}$	$.286406^{-3}$	$.114336^{-3}$
$S\,(5,\ \alpha;\ 0,\ \beta)$	$.662542^{\ 2}$	$.103182^{\ 1}$	$.891373^{-1}$	$.152541^{-1}$	$.373503^{-2}$	$.113327^{-2}$	$.395387^{-3}$	$.151946^{-3}$	$.626318^{-4}$
$S\,(5,\ \alpha;\ 1,\ \beta)$	$.851793^{\ 2}$	$.132495^{\ 1}$	$.113950^{\ 0}$	$.193405^{-1}$	$.468415^{-2}$	$.140388^{-2}$	$.483654^{-3}$	$.183591^{-3}$	$.747987^{-4}$
$S\,(5,\ \alpha;\ 2,\ \beta)$	$.114914^{\ 3}$	$.178402^{\ 1}$	$.152408^{\ 0}$	$.255689^{-1}$	$.610136^{-2}$	$.179922^{-2}$	$.609841^{-3}$	$.227902^{-3}$	$.915077^{-4}$
$S\,(5,\ \alpha;\ 3,\ \beta)$	$.164715^{\ 3}$	$.254927^{\ 1}$	$.215628^{\ 0}$	$.355882^{-1}$	$.832379^{-2}$	$.240295^{-2}$	$.797603^{-3}$	$.292238^{-3}$	$.115220^{-3}$
$S\,(5,\ \alpha;\ 4,\ \beta)$	$.254409^{\ 3}$	$.391825^{\ 1}$	$.326642^{\ 0}$	$.527083^{-1}$	$.120047^{-1}$	$.337157^{-2}$	$.108974^{-2}$	$.389496^{-3}$	$.150127^{-3}$
$S\,(5,\ \alpha;\ 5,\ \beta)$	$.429456^{\ 3}$	$.656501^{\ 1}$	$.536178^{\ 0}$	$.839525^{-1}$	$.184761^{-1}$	$.501196^{-2}$	$.156711^{-2}$	$.543214^{-3}$	$.203633^{-3}$

Tabelle 45 (Fortsetzung).

5,0	5,5	6,0	6,5	7,0	7,5	8,0	9,0	10,0	$= \alpha$
									$\beta = 3,5$
$.478749^{-5}$	$.249313^{-5}$	$.131319^{-5}$	$.698460^{-6}$	$.374646^{-6}$	$.202445^{-6}$	$.110110^{-6}$	$.331258^{-7}$		$S\,(0,\,\alpha;\,0,\,\beta)$
$.535072^{-5}$	$.277014^{-5}$	$.145142^{-5}$	$.768305^{-6}$	$.410325^{-6}$	$.220848^{-6}$	$.119684^{-6}$	$.357759^{-7}$		$S\,(0,\,\alpha;\,1,\,\beta)$
$.604648^{-5}$	$.310871^{-5}$	$.161875^{-5}$	$.852121^{-6}$	$.452803^{-6}$	$.242600^{-6}$	$.130924^{-6}$	$.388500^{-7}$		$S\,(0,\,\alpha;\,2,\,\beta)$
$.692155^{-5}$	$.352935^{-5}$	$.182438^{-5}$	$.954097^{-6}$	$.504018^{-6}$	$.268608^{-6}$	$.144264^{-6}$	$.424498^{-7}$		$S\,(0,\,\alpha;\,3,\,\beta)$
$.804468^{-5}$	$.406173^{-5}$	$.208135^{-5}$	$.108010^{-5}$	$.566652^{-6}$	$.300120^{-6}$	$.160288^{-6}$	$.467097^{-7}$		$S\,(0,\,\alpha;\,4,\,\beta)$
$.951966^{-5}$	$.474965^{-5}$	$.240864^{-5}$	$.123851^{-5}$	$.644480^{-6}$	$.338863^{-6}$	$.179801^{-6}$	$.518096^{-7}$		$S\,(0,\,\alpha;\,5,\,\beta)$
$.630822^{-5}$	$.322344^{-5}$	$.167029^{-5}$	$.875762^{-6}$	$.463847^{-6}$	$.247842^{-6}$	$.133448^{-6}$	$.394565^{-7}$		$S\,(1,\,\alpha;\,0,\,\beta)$
$.711662^{-5}$	$.361237^{-5}$	$.186066^{-5}$	$.970322^{-6}$	$.511420^{-6}$	$.272044^{-6}$	$.145885^{-6}$	$.428250^{-7}$		$S\,(1,\,\alpha;\,1,\,\beta)$
$.813083^{-5}$	$.409459^{-5}$	$.209417^{-5}$	$.108519^{-5}$	$.568704^{-6}$	$.300955^{-6}$	$.160629^{-6}$	$.467665^{-7}$		$S\,(1,\,\alpha;\,2,\,\beta)$
$.942900^{-5}$	$.470343^{-5}$	$.238541^{-5}$	$.122688^{-5}$	$.638654^{-6}$	$.335935^{-6}$	$.178321^{-6}$	$.514264^{-7}$		$S\,(1,\,\alpha;\,3,\,\beta)$
$.111286^{-4}$	$.548815^{-5}$	$.275553^{-5}$	$.140468^{-5}$	$.725429^{-6}$	$.378878^{-6}$	$.199836^{-6}$	$.569997^{-7}$		$S\,(1,\,\alpha;\,4,\,\beta)$
$.134112^{-4}$	$.652313^{-5}$	$.323588^{-5}$	$.163210^{-5}$	$.834988^{-6}$	$.432461^{-6}$	$.226393^{-6}$	$.637510^{-7}$		$S\,(1,\,\alpha;\,5,\,\beta)$
$.856978^{-5}$	$.428087^{-5}$	$.217551^{-5}$	$.112159^{-5}$	$.585331^{-6}$	$.308690^{-6}$	$.164286^{-6}$	$.476181^{-7}$		$S\,(2,\,\alpha;\,0,\,\beta)$
$.976819^{-5}$	$.484295^{-5}$	$.244459^{-5}$	$.125266^{-5}$	$.650137^{-6}$	$.341152^{-6}$	$.180735^{-6}$	$.519665^{-7}$		$S\,(2,\,\alpha;\,1,\,\beta)$
$.112970^{-4}$	$.555068^{-5}$	$.277940^{-5}$	$.141400^{-5}$	$.729139^{-6}$	$.380374^{-6}$	$.200446^{-6}$	$.571023^{-7}$		$S\,(2,\,\alpha;\,2,\,\beta)$
$.132913^{-4}$	$.645998^{-5}$	$.320377^{-5}$	$.161601^{-5}$	$.826952^{-6}$	$.428445^{-6}$	$.224381^{-6}$	$.632378^{-7}$		$S\,(2,\,\alpha;\,3,\,\beta)$
$.159587^{-4}$	$.765524^{-5}$	$.375294^{-5}$	$.187378^{-5}$	$.950185^{-6}$	$.488312^{-6}$	$.253878^{-6}$	$.706611^{-7}$		$S\,(2,\,\alpha;\,4,\,\beta)$
$.196285^{-4}$	$.926705^{-5}$	$.448035^{-5}$	$.220974^{-5}$	$.110849^{-5}$	$.564219^{-6}$	$.290833^{-6}$	$.797696^{-7}$		$S\,(2,\,\alpha;\,5,\,\beta)$
$.120634^{-4}$	$.586439^{-5}$	$.291213^{-5}$	$.147175^{-5}$	$.754874^{-6}$	$.392084^{-6}$	$.205871^{-6}$	$.583225^{-7}$		$S\,(3,\,\alpha;\,0,\,\beta)$
$.139056^{-4}$	$.670334^{-5}$	$.330365^{-5}$	$.165825^{-5}$	$.845283^{-6}$	$.436581^{-6}$	$.228064^{-6}$	$.640319^{-7}$		$S\,(3,\,\alpha;\,1,\,\beta)$
$.162979^{-4}$	$.777728^{-5}$	$.379834^{-5}$	$.189113^{-5}$	$.956969^{-6}$	$.491013^{-6}$	$.254967^{-6}$	$.708438^{-7}$		$S\,(3,\,\alpha;\,2,\,\beta)$
$.194820^{-4}$	$.918319^{-5}$	$.443632^{-5}$	$.218742^{-5}$	$.109733^{-5}$	$.558657^{-6}$	$.288061^{-6}$	$.790737^{-7}$		$S\,(3,\,\alpha;\,3,\,\beta)$
$.238393^{-4}$	$.110706^{-4}$	$.527819^{-5}$	$.257238^{-5}$	$.127715^{-5}$	$.644220^{-6}$	$.329438^{-6}$	$.891564^{-7}$		$S\,(3,\,\alpha;\,4,\,\beta)$
$.299896^{-4}$	$.136768^{-4}$	$.641796^{-5}$	$.308439^{-5}$	$.151251^{-5}$	$.754602^{-6}$	$.382117^{-6}$	$.101701^{-6}$		$S\,(3,\,\alpha;\,5,\,\beta)$
$.176954^{-4}$	$.832674^{-5}$	$.402277^{-5}$	$.198579^{-5}$	$.998009^{-6}$	$.509232^{-6}$	$.263224^{-6}$	$.726308^{-7}$		$S\,(4,\,\alpha;\,0,\,\beta)$
$.206441^{-4}$	$.962480^{-5}$	$.461107^{-5}$	$.225897^{-5}$	$.112750^{-5}$	$.571707^{-6}$	$.293832^{-6}$	$.802683^{-7}$		$S\,(4,\,\alpha;\,1,\,\beta)$
$.245455^{-4}$	$.113158^{-4}$	$.536666^{-5}$	$.260534^{-5}$	$.128976^{-5}$	$.649154^{-6}$	$.331402^{-6}$	$.894806^{-7}$		$S\,(4,\,\alpha;\,2,\,\beta)$
$.298497^{-4}$	$.135737^{-4}$	$.635927^{-5}$	$.305366^{-5}$	$.149697^{-5}$	$.746846^{-6}$	$.378265^{-6}$	$.100747^{-6}$		$S\,(4,\,\alpha;\,3,\,\beta)$
$.372839^{-4}$	$.166734^{-4}$	$.769659^{-5}$	$.364751^{-5}$	$.176725^{-5}$	$.872498^{-6}$	$.437774^{-6}$	$.114737^{-6}$		$S\,(4,\,\alpha;\,4,\,\beta)$
$.480630^{-4}$	$.210619^{-4}$	$.954974^{-5}$	$.445460^{-5}$	$.212818^{-5}$	$.103765^{-5}$	$.514864^{-6}$	$.132407^{-6}$		$S\,(4,\,\alpha;\,5,\,\beta)$
$.272151^{-4}$	$.123194^{-4}$	$.576094^{-5}$	$.276604^{-5}$	$.135734^{-5}$	$.678352^{-6}$	$.344316^{-6}$	$.921602^{-7}$		$S\,(5,\,\alpha;\,0,\,\beta)$
$.321514^{-4}$	$.144094^{-4}$	$.667699^{-5}$	$.317924^{-5}$	$.154828^{-5}$	$.768417^{-6}$	$.387564^{-6}$	$.102588^{-6}$		$S\,(5,\,\alpha;\,1,\,\beta)$
$.388096^{-4}$	$.171821^{-4}$	$.787394^{-5}$	$.371166^{-5}$	$.179118^{-5}$	$.881664^{-6}$	$.441361^{-6}$	$.115314^{-6}$		$S\,(5,\,\alpha;\,2,\,\beta)$
$.480621^{-4}$	$.209617^{-4}$	$.947719^{-5}$	$.441347^{-5}$	$.210671^{-5}$	$.102681^{-5}$	$.509471^{-6}$	$.131082^{-6}$		$S\,(5,\,\alpha;\,3,\,\beta)$
$.613552^{-4}$	$.262727^{-4}$	$.116849^{-4}$	$.536229^{-5}$	$.252620^{-5}$	$.121686^{-5}$	$.597414^{-6}$	$.150949^{-6}$		$S\,(5,\,\alpha;\,4,\,\beta)$
$.811696^{-4}$	$.339905^{-4}$	$.148198^{-4}$	$.668160^{-5}$	$.309847^{-5}$	$.147166^{-5}$	$.713469^{-6}$	$.176450^{-6}$		$S\,(5,\,\alpha;\,5,\,\beta)$

Tabelle 46.

$\alpha =$	0,5	1,0	1,5	2,0	2,5	3,0	3,5	4,0	4,5
$\beta = 4,0$									
$S\ (0, \alpha;\ 0, \beta)$	$.493733^{-2}$	$.134759^{-2}$	$.495366^{-3}$	$.206563^{-3}$	$.925193^{-4}$	$.434230^{-4}$	$.210699^{-4}$	$.104832^{-4}$	$.531944^{-5}$
$S\ (0, \alpha;\ 1, \beta)$	$.603452^{-2}$	$.161711^{-2}$	$.585433^{-3}$	$.240990^{-3}$	$.106753^{-3}$	$.496262^{-4}$	$.238792^{-4}$	$.117936^{-4}$	$.594524^{-5}$
$S\ (0, \alpha;\ 2, \beta)$	$.761934^{-2}$	$.199443^{-2}$	$.708251^{-3}$	$.286893^{-3}$	$.125366^{-3}$	$.576019^{-4}$	$.274377^{-4}$	$.134316^{-4}$	$.671831^{-5}$
$S\ (0, \alpha;\ 3, \beta)$	$.100169^{-1}$	$.254425^{-2}$	$.881684^{-3}$	$.350009^{-3}$	$.150381^{-3}$	$.681094^{-4}$	$.320449^{-4}$	$.155201^{-4}$	$.769060^{-5}$
$S\ (0, \alpha;\ 4, \beta)$	$.138412^{-1}$	$.338299^{-2}$	$.113659^{-2}$	$.439902^{-3}$	$.185061^{-3}$	$.823426^{-4}$	$.381605^{-4}$	$.182432^{-4}$	$.893853^{-5}$
$S\ (0, \alpha;\ 5, \beta)$	$.203165^{-1}$	$.473057^{-2}$	$.152863^{-2}$	$.573147^{-3}$	$.234873^{-3}$	$.102239^{-3}$	$.465102^{-4}$	$.218851^{-4}$	$.105774^{-4}$
$S\ (1, \alpha;\ 0, \beta)$	$.159092^{-1}$	$.296470^{-2}$	$.915677^{-3}$	$.344271^{-3}$	$.143761^{-3}$	$.641005^{-4}$	$.298992^{-4}$	$.144144^{-4}$	$.712735^{-5}$
$S\ (1, \alpha;\ 1, \beta)$	$.196884^{-1}$	$.361154^{-2}$	$.109854^{-2}$	$.407388^{-3}$	$.168068^{-3}$	$.741438^{-4}$	$.342603^{-4}$	$.163800^{-4}$	$.803947^{-5}$
$S\ (1, \alpha;\ 2, \beta)$	$.252556^{-1}$	$.453868^{-2}$	$.135385^{-2}$	$.493455^{-3}$	$.200527^{-3}$	$.873101^{-4}$	$.398843^{-4}$	$.188780^{-4}$	$.918356^{-5}$
$S\ (1, \alpha;\ 3, \beta)$	$.338750^{-1}$	$.592724^{-2}$	$.172438^{-2}$	$.614906^{-3}$	$.245214^{-3}$	$.105046^{-3}$	$.473162^{-4}$	$.221233^{-4}$	$.106476^{-4}$
$S\ (1, \alpha;\ 4, \beta)$	$.479990^{-1}$	$.811357^{-2}$	$.228636^{-2}$	$.793099^{-3}$	$.308899^{-3}$	$.129687^{-3}$	$.574132^{-4}$	$.264460^{-4}$	$.125637^{-4}$
$S\ (1, \alpha;\ 5, \beta)$	$.726590^{-1}$	$.117549^{-1}$	$.318205^{-2}$	$.106628^{-2}$	$.403275^{-3}$	$.165136^{-3}$	$.715667^{-4}$	$.323684^{-4}$	$.151364^{-4}$
$S\ (2, \alpha;\ 0, \beta)$	$.712561^{-1}$	$.792383^{-2}$	$.192915^{-2}$	$.631164^{-3}$	$.240375^{-3}$	$.100336^{-3}$	$.445229^{-4}$	$.206388^{-4}$	$.988603^{-5}$
$S\ (2, \alpha;\ 1, \beta)$	$.887704^{-1}$	$.976733^{-2}$	$.234640^{-2}$	$.757396^{-3}$	$.284835^{-3}$	$.117539^{-3}$	$.516223^{-4}$	$.237101^{-4}$	$.112637^{-4}$
$S\ (2, \alpha;\ 2, \beta)$	$.114864\ ^{0}$	$.124604^{-1}$	$.294173^{-2}$	$.933357^{-3}$	$.345483^{-3}$	$.140549^{-3}$	$.609515^{-4}$	$.276822^{-4}$	$.130201^{-4}$
$S\ (2, \alpha;\ 3, \beta)$	$.155817\ ^{0}$	$.165851^{-1}$	$.382781^{-2}$	$.118805^{-2}$	$.431045^{-3}$	$.172270^{-3}$	$.735481^{-4}$	$.329469^{-4}$	$.153097^{-4}$
$S\ (2, \alpha;\ 4, \beta)$	$.224022\ ^{0}$	$.232514^{-1}$	$.521144^{-2}$	$.157281^{-2}$	$.556445^{-3}$	$.217514^{-3}$	$.910856^{-4}$	$.401201^{-4}$	$.183697^{-4}$
$S\ (2, \alpha;\ 5, \beta)$	$.345391\ ^{0}$	$.346913^{-1}$	$.749096^{-2}$	$.218251^{-2}$	$.748259^{-3}$	$.284570^{-3}$	$.116358^{-3}$	$.502023^{-4}$	$.225762^{-4}$
$S\ (3, \alpha;\ 0, \beta)$	$.437553\ ^{0}$	$.263157^{-1}$	$.473999^{-2}$	$.129675^{-2}$	$.438831^{-3}$	$.168445^{-3}$	$.702074^{-4}$	$.309992^{-4}$	$.142813^{-4}$
$S\ (3, \alpha;\ 1, \beta)$	$.546464\ ^{0}$	$.326850^{-1}$	$.582940^{-2}$	$.157600^{-2}$	$.526863^{-3}$	$.199881^{-3}$	$.824082^{-4}$	$.360258^{-4}$	$.164477^{-4}$
$S\ (3, \alpha;\ 2, \beta)$	$.709498\ ^{0}$	$.421116^{-1}$	$.741209^{-2}$	$.197318^{-2}$	$.649454^{-3}$	$.242789^{-3}$	$.987544^{-4}$	$.426469^{-4}$	$.192575^{-4}$
$S\ (3, \alpha;\ 3, \beta)$	$.966925\ ^{0}$	$.567794^{-1}$	$.981858^{-2}$	$.256179^{-2}$	$.826580^{-3}$	$.303326^{-3}$	$.121319^{-3}$	$.516073^{-4}$	$.229923^{-4}$
$S\ (3, \alpha;\ 4, \beta)$	$.139889\ ^{1}$	$.809358^{-1}$	$.136711^{-1}$	$.347544^{-2}$	$.109337^{-2}$	$.391994^{-3}$	$.153536^{-3}$	$.641083^{-4}$	$.280954^{-4}$
$S\ (3, \alpha;\ 5, \beta)$	$.217463\ ^{1}$	$.123312\ ^{0}$	$.202020^{-1}$	$.496863^{-2}$	$.151430^{-2}$	$.527398^{-3}$	$.201299^{-3}$	$.821530^{-4}$	$.352869^{-4}$
$S\ (4, \alpha;\ 0, \beta)$	$.351427\ ^{1}$	$.108646\ ^{0}$	$.137766^{-1}$	$.303341^{-2}$	$.887191^{-3}$	$.306936^{-3}$	$.118398^{-3}$	$.492424^{-4}$	$.216330^{-4}$
$S\ (4, \alpha;\ 1, \beta)$	$.439202\ ^{1}$	$.135470\ ^{0}$	$.170737^{-1}$	$.372514^{-2}$	$.107786^{-2}$	$.368748^{-3}$	$.140691^{-3}$	$.579110^{-4}$	$.251976^{-4}$
$S\ (4, \alpha;\ 2, \beta)$	$.570801\ ^{1}$	$.175471\ ^{0}$	$.219285^{-1}$	$.472608^{-2}$	$.134845^{-2}$	$.454774^{-3}$	$.171140^{-3}$	$.695440^{-4}$	$.299036^{-4}$
$S\ (4, \alpha;\ 3, \beta)$	$.779016\ ^{1}$	$.238299\ ^{0}$	$.294311^{-1}$	$.623981^{-2}$	$.174817^{-2}$	$.578914^{-3}$	$.214113^{-3}$	$.856255^{-4}$	$.362865^{-4}$
$S\ (4, \alpha;\ 4, \beta)$	$.112934\ ^{2}$	$.342981\ ^{0}$	$.416764^{-1}$	$.864574^{-2}$	$.236578^{-2}$	$.765486^{-3}$	$.277033^{-3}$	$.108610^{-3}$	$.452098^{-4}$
$S\ (4, \alpha;\ 5, \beta)$	$.176065\ ^{2}$	$.529224\ ^{0}$	$.629093^{-1}$	$.126861^{-1}$	$.336885^{-2}$	$.105883^{-2}$	$.373002^{-3}$	$.142700^{-3}$	$.581120^{-4}$
$S\ (5, \alpha;\ 0, \beta)$	$.351630\ ^{2}$	$.547960\ ^{0}$	$.474505^{-1}$	$.815668^{-2}$	$.200926^{-2}$	$.613799^{-3}$	$.215650^{-3}$	$.834382^{-4}$	$.346141^{-4}$
$S\ (5, \alpha;\ 1, \beta)$	$.439523\ ^{2}$	$.684377\ ^{0}$	$.590753^{-1}$	$.100926^{-1}$	$.246504^{-2}$	$.745636^{-3}$	$.259265^{-3}$	$.992859^{-4}$	$.407831^{-4}$
$S\ (5, \alpha;\ 2, \beta)$	$.571348\ ^{2}$	$.888536\ ^{0}$	$.763433^{-1}$	$.129314^{-1}$	$.312255^{-2}$	$.932437^{-3}$	$.319949^{-3}$	$.120948^{-3}$	$.490752^{-4}$
$S\ (5, \alpha;\ 3, \beta)$	$.780039\ ^{2}$	$.121073\ ^{1}$	$.103324\ ^{0}$	$.172944^{-1}$	$.411272^{-2}$	$.120769^{-2}$	$.407440^{-3}$	$.151533^{-3}$	$.605544^{-4}$
$S\ (5, \alpha;\ 4, \beta)$	$.113143\ ^{3}$	$.175088\ ^{1}$	$.147959\ ^{0}$	$.243632^{-1}$	$.567754^{-2}$	$.163144^{-2}$	$.538708^{-3}$	$.196309^{-3}$	$.769790^{-4}$
$S\ (5, \alpha;\ 5, \beta)$	$.176536\ ^{3}$	$.271942\ ^{1}$	$.226624\ ^{0}$	$.365033^{-1}$	$.828556^{-2}$	$.231618^{-2}$	$.744525^{-3}$	$.264543^{-3}$	$.101354^{-3}$

Tabelle 46 (Fortsetzung).

5,0	5,5	6,0	6,5	7,0	7,5	8,0	9,0	10,0	$= \alpha$
									$\beta = 4,0$
$.274244^{-5}$	$.143257^{-5}$	$.756666^{-6}$	$.403464^{-6}$	$.216905^{-6}$	$.117450^{-6}$	$.640021^{-7}$	$.193191^{-7}$	$.593949^{-8}$	$S\,(0,\,\alpha;\,0,\,\beta)$
$.304715^{-5}$	$.158337^{-5}$	$.832332^{-6}$	$.441890^{-6}$	$.236622^{-6}$	$.127663^{-6}$	$.693356^{-7}$	$.208051^{-7}$	$.636374^{-8}$	$S\,(0,\,\alpha;\,1,\,\beta)$
$.341959^{-5}$	$.176591^{-5}$	$.923132^{-6}$	$.487633^{-6}$	$.259928^{-6}$	$.139653^{-6}$	$.755582^{-7}$	$.225198^{-7}$	$.684860^{-8}$	$S\,(0,\,\alpha;\,2,\,\beta)$
$.388231^{-5}$	$.199023^{-5}$	$.103360^{-5}$	$.542787^{-6}$	$.287795^{-6}$	$.153881^{-6}$	$.828918^{-7}$	$.245159^{-7}$	$.740705^{-8}$	$S\,(0,\,\alpha;\,3,\,\beta)$
$.446790^{-5}$	$.227056^{-5}$	$.117011^{-5}$	$.610241^{-6}$	$.321557^{-6}$	$.170974^{-6}$	$.916328^{-7}$	$.268624^{-7}$	$.805579^{-8}$	$S\,(0,\,\alpha;\,4,\,\beta)$
$.522460^{-5}$	$.262759^{-5}$	$.134171^{-5}$	$.694055^{-6}$	$.363068^{-6}$	$.191787^{-6}$	$.102182^{-6}$	$.295508^{-7}$	$.881656^{-8}$	$S\,(0,\,\alpha;\,5,\,\beta)$
$.359564^{-5}$	$.184384^{-5}$	$.958443^{-6}$	$.503961^{-6}$	$.267610^{-6}$	$.143323^{-6}$	$.773360^{-7}$	$.229517^{-7}$	$.695768^{-8}$	$S\,(1,\,\alpha;\,0,\,\beta)$
$.402901^{-5}$	$.205380^{-5}$	$.106185^{-5}$	$.555617^{-6}$	$.293731^{-6}$	$.156675^{-6}$	$.842250^{-7}$	$.248315^{-7}$	$.748497^{-8}$	$S\,(1,\,\alpha;\,1,\,\beta)$
$.456621^{-5}$	$.231130^{-5}$	$.118746^{-5}$	$.617809^{-6}$	$.324927^{-6}$	$.172502^{-6}$	$.923365^{-7}$	$.270182^{-7}$	$.809191^{-8}$	$S\,(1,\,\alpha;\,2,\,\beta)$
$.524437^{-5}$	$.263242^{-5}$	$.134237^{-5}$	$.693747^{-6}$	$.362671^{-6}$	$.191492^{-6}$	$.101994^{-6}$	$.295864^{-7}$	$.879649^{-8}$	$S\,(1,\,\alpha;\,3,\,\beta)$
$.611819^{-5}$	$.304043^{-5}$	$.153674^{-5}$	$.787938^{-6}$	$.409005^{-6}$	$.214584^{-6}$	$.113637^{-6}$	$.325355^{-7}$	$.962214^{-8}$	$S\,(1,\,\alpha;\,4,\,\beta)$
$.727044^{-5}$	$.356985^{-5}$	$.178530^{-5}$	$.906845^{-6}$	$.466808^{-6}$	$.243084^{-6}$	$.127856^{-6}$	$.362985^{-7}$	$.105997^{-7}$	$S\,(1,\,\alpha;\,5,\,\beta)$
$.485784^{-5}$	$.243640^{-5}$	$.124261^{-5}$	$.642699^{-6}$	$.336388^{-6}$	$.177872^{-6}$	$.948922^{-7}$	$.276202^{-7}$	$.824013^{-8}$	$S\,(2,\,\alpha;\,0,\,\beta)$
$.549390^{-5}$	$.273706^{-5}$	$.138756^{-5}$	$.713746^{-6}$	$.371718^{-6}$	$.195661^{-6}$	$.103948^{-6}$	$.300341^{-7}$	$.890404^{-8}$	$S\,(2,\,\alpha;\,1,\,\beta)$
$.629439^{-5}$	$.311103^{-5}$	$.156593^{-5}$	$.800335^{-6}$	$.414393^{-6}$	$.216975^{-6}$	$.114717^{-6}$	$.328664^{-7}$	$.967417^{-8}$	$S\,(2,\,\alpha;\,2,\,\beta)$
$.732235^{-5}$	$.358485^{-5}$	$.178918^{-5}$	$.907516^{-6}$	$.466687^{-6}$	$.242851^{-6}$	$.127681^{-6}$	$.362255^{-7}$	$.105759^{-7}$	$S\,(2,\,\alpha;\,3,\,\beta)$
$.867279^{-5}$	$.419772^{-5}$	$.207394^{-5}$	$.104251^{-5}$	$.531800^{-6}$	$.274736^{-6}$	$.143503^{-6}$	$.402563^{-7}$	$.116424^{-7}$	$S\,(2,\,\alpha;\,4,\,\beta)$
$.104927^{-4}$	$.500909^{-5}$	$.244496^{-5}$	$.121587^{-5}$	$.614333^{-6}$	$.314671^{-6}$	$.163107^{-6}$	$.451568^{-7}$	$.129184^{-7}$	$S\,(2,\,\alpha;\,5,\,\beta)$
$.679701^{-5}$	$.331917^{-5}$	$.165491^{-5}$	$.839419^{-6}$	$.431961^{-6}$	$.225030^{-6}$	$.118476^{-6}$	$.337227^{-7}$	$.987907^{-8}$	$S\,(3,\,\alpha;\,0,\,\beta)$
$.776425^{-5}$	$.376350^{-5}$	$.186389^{-5}$	$.939563^{-6}$	$.480866^{-6}$	$.249239^{-6}$	$.130513^{-6}$	$.368738^{-7}$	$.107270^{-7}$	$S\,(3,\,\alpha;\,1,\,\beta)$
$.900125^{-5}$	$.432453^{-5}$	$.212468^{-5}$	$.106344^{-5}$	$.540664^{-6}$	$.278577^{-6}$	$.145201^{-6}$	$.406052^{-7}$	$.117188^{-7}$	$S\,(3,\,\alpha;\,2,\,\beta)$
$.106189^{-4}$	$.504748^{-5}$	$.245629^{-5}$	$.121892^{-5}$	$.614950^{-6}$	$.314654^{-6}$	$.162974^{-6}$	$.450792^{-7}$	$.128908^{-7}$	$S\,(3,\,\alpha;\,3,\,\beta)$
$.127882^{-4}$	$.600063^{-5}$	$.288682^{-5}$	$.141800^{-5}$	$.708874^{-6}$	$.359744^{-6}$	$.184954^{-6}$	$.505092^{-7}$	$.142912^{-7}$	$S\,(3,\,\alpha;\,4,\,\beta)$
$.157798^{-4}$	$.728983^{-5}$	$.345902^{-5}$	$.167842^{-5}$	$.829979^{-6}$	$.417128^{-6}$	$.212594^{-6}$	$.571952^{-7}$	$.159856^{-7}$	$S\,(3,\,\alpha;\,5,\,\beta)$
$.990552^{-5}$	$.468451^{-5}$	$.227338^{-5}$	$.112581^{-5}$	$.568393^{-6}$	$.290991^{-6}$	$.150871^{-6}$	$.418503^{-7}$	$.120074^{-7}$	$S\,(4,\,\alpha;\,0,\,\beta)$
$.114360^{-4}$	$.536470^{-5}$	$.258431^{-5}$	$.127231^{-5}$	$.637847^{-6}$	$.324714^{-6}$	$.167489^{-6}$	$.460391^{-7}$	$.131074^{-7}$	$S\,(4,\,\alpha;\,1,\,\beta)$
$.134265^{-4}$	$.623722^{-5}$	$.297815^{-5}$	$.145449^{-5}$	$.723892^{-6}$	$.366088^{-6}$	$.187694^{-6}$	$.510512^{-7}$	$.144055^{-7}$	$S\,(4,\,\alpha;\,2,\,\beta)$
$.160796^{-4}$	$.738186^{-5}$	$.348738^{-5}$	$.168695^{-5}$	$.832360^{-6}$	$.417665^{-6}$	$.212527^{-6}$	$.571256^{-7}$	$.159548^{-7}$	$S\,(4,\,\alpha;\,3,\,\beta)$
$.197148^{-4}$	$.892169^{-5}$	$.416110^{-5}$	$.198987^{-5}$	$.971764^{-6}$	$.483122^{-6}$	$.243906^{-6}$	$.645925^{-7}$	$.178266^{-7}$	$S\,(4,\,\alpha;\,4,\,\beta)$
$.248505^{-4}$	$.110520^{-4}$	$.507557^{-5}$	$.239398^{-5}$	$.115484^{-5}$	$.567850^{-6}$	$.283871^{-6}$	$.739162^{-7}$	$.201188^{-7}$	$S\,(4,\,\alpha;\,5,\,\beta)$
$.151301^{-4}$	$.688625^{-5}$	$.323620^{-5}$	$.156083^{-5}$	$.769062^{-6}$	$.385781^{-6}$	$.196477^{-6}$	$.529009^{-7}$	$.148203^{-7}$	$S\,(5,\,\alpha;\,0,\,\beta)$
$.176615^{-4}$	$.796911^{-5}$	$.371529^{-5}$	$.177877^{-5}$	$.870548^{-6}$	$.433989^{-6}$	$.219774^{-6}$	$.585813^{-7}$	$.162717^{-7}$	$S\,(5,\,\alpha;\,1,\,\beta)$
$.210110^{-4}$	$.938117^{-5}$	$.433165^{-5}$	$.205568^{-5}$	$.998025^{-6}$	$.493908^{-6}$	$.248449^{-6}$	$.654523^{-7}$	$.180013^{-7}$	$S\,(5,\,\alpha;\,2,\,\beta)$
$.255639^{-4}$	$.112684^{-4}$	$.514269^{-5}$	$.241490^{-5}$	$.116124^{-5}$	$.569702^{-6}$	$.284321^{-6}$	$.738804^{-7}$	$.200875^{-7}$	$S\,(5,\,\alpha;\,3,\,\beta)$
$.319414^{-4}$	$.138609^{-4}$	$.623714^{-5}$	$.289177^{-5}$	$.137468^{-5}$	$.667474^{-6}$	$.330015^{-6}$	$.843804^{-7}$	$.226378^{-7}$	$S\,(5,\,\alpha;\,4,\,\beta)$
$.411782^{-4}$	$.175328^{-4}$	$.775586^{-5}$	$.354128^{-5}$	$.166048^{-5}$	$.796364^{-6}$	$.389400^{-6}$	$.976879^{-7}$	$.258021^{-7}$	$S\,(5,\,\alpha;\,5,\,\beta)$

Tabelle 47.

$\alpha =$	0,5	1,0	1,5	2,0	2,5	3,0	3,5	4,0	4,5

$\beta = 4,5$

	0,5	1,0	1,5	2,0	2,5	3,0	3,5	4,0	4,5
$S(0, \alpha; 0, \beta)$	$.269518^{-2}$	$.743049^{-3}$	$.275417^{-3}$	$.115649^{-3}$	$.521075^{-4}$	$.245815^{-4}$	$.119808^{-4}$	$.598436^{-5}$	$.304716^{-5}$
$S(0, \alpha; 1, \beta)$	$.323421^{-2}$	$.878149^{-3}$	$.321320^{-3}$	$.133441^{-3}$	$.595515^{-4}$	$.278591^{-4}$	$.134784^{-4}$	$.668840^{-5}$	$.338573^{-5}$
$S(0, \alpha; 2, \beta)$	$.398886^{-2}$	$.106238^{-2}$	$.382523^{-3}$	$.156708^{-3}$	$.691222^{-4}$	$.320106^{-4}$	$.153504^{-4}$	$.755811^{-5}$	$.379953^{-5}$
$S(0, \alpha; 3, \beta)$	$.508850^{-2}$	$.132253^{-2}$	$.466679^{-3}$	$.187976^{-3}$	$.817313^{-4}$	$.373858^{-4}$	$.177372^{-4}$	$.865193^{-5}$	$.431366^{-5}$
$S(0, \alpha; 4, \beta)$	$.676598^{-2}$	$.170489^{-2}$	$.586536^{-3}$	$.231327^{-3}$	$.988110^{-4}$	$.445206^{-4}$	$.208494^{-4}$	$.100559^{-4}$	$.496434^{-5}$
$S(0, \alpha; 5, \beta)$	$.946115^{-2}$	$.229295^{-2}$	$.764196^{-3}$	$.293591^{-3}$	$.122687^{-3}$	$.542620^{-4}$	$.250117^{-4}$	$.118996^{-4}$	$.580511^{-5}$
$S(1, \alpha; 0, \beta)$	$.862457^{-2}$	$.162120^{-2}$	$.504931^{-3}$	$.191266^{-3}$	$.803945^{-4}$	$.360529^{-4}$	$.169015^{-4}$	$.818450^{-5}$	$.406287^{-5}$
$S(1, \alpha; 1, \beta)$	$.104573^{-1}$	$.194053^{-2}$	$.596737^{-3}$	$.223429^{-3}$	$.929428^{-4}$	$.412970^{-4}$	$.192014^{-4}$	$.923020^{-5}$	$.455193^{-5}$
$S(1, \alpha; 2, \beta)$	$.130662^{-1}$	$.238490^{-2}$	$.721694^{-3}$	$.266330^{-3}$	$.109380^{-3}$	$.480560^{-4}$	$.221230^{-4}$	$.105415^{-4}$	$.515801^{-5}$
$S(1, \alpha; 3, \beta)$	$.169430^{-1}$	$.302741^{-2}$	$.897655^{-3}$	$.325315^{-3}$	$.131504^{-3}$	$.569825^{-4}$	$.259172^{-4}$	$.122188^{-4}$	$.592293^{-5}$
$S(1, \alpha; 4, \beta)$	$.229931^{-1}$	$.399783^{-2}$	$.115522^{-2}$	$.409256^{-3}$	$.162211^{-3}$	$.691021^{-4}$	$.309687^{-4}$	$.144135^{-4}$	$.690830^{-5}$
$S(1, \alpha; 5, \beta)$	$.329709^{-1}$	$.553739^{-2}$	$.154908^{-2}$	$.533454^{-3}$	$.206343^{-3}$	$.860784^{-4}$	$.378858^{-4}$	$.173590^{-4}$	$.820726^{-5}$
$S(2, \alpha; 0, \beta)$	$.384872^{-1}$	$.430477^{-2}$	$.105576^{-2}$	$.347974^{-3}$	$.133438^{-3}$	$.560459^{-4}$	$.250084^{-4}$	$.116504^{-4}$	$.560526^{-5}$
$S(2, \alpha; 1, \beta)$	$.469177^{-1}$	$.520358^{-2}$	$.126233^{-2}$	$.411405^{-3}$	$.156086^{-3}$	$.649171^{-4}$	$.287094^{-4}$	$.132670^{-4}$	$.633675^{-5}$
$S(2, \alpha; 2, \beta)$	$.590309^{-1}$	$.647469^{-2}$	$.154880^{-2}$	$.497657^{-3}$	$.186315^{-3}$	$.765579^{-4}$	$.334912^{-4}$	$.153266^{-4}$	$.725679^{-5}$
$S(2, \alpha; 3, \beta)$	$.772330^{-1}$	$.834777^{-2}$	$.196107^{-2}$	$.618907^{-3}$	$.227890^{-3}$	$.922503^{-4}$	$.398215^{-4}$	$.180090^{-4}$	$.843754^{-5}$
$S(2, \alpha; 4, \beta)$	$.106021^{0}$	$.112401^{-1}$	$.257991^{-2}$	$.795914^{-3}$	$.287037^{-3}$	$.114059^{-3}$	$.484360^{-4}$	$.215908^{-4}$	$.998759^{-5}$
$S(2, \alpha; 5, \beta)$	$.154247^{0}$	$.159471^{-1}$	$.355374^{-2}$	$.106550^{-2}$	$.374449^{-3}$	$.145425^{-3}$	$.605270^{-4}$	$.265095^{-4}$	$.120749^{-4}$
$S(3, \alpha; 0, \beta)$	$.236011^{0}$	$.142368^{-1}$	$.257821^{-2}$	$.709937^{-3}$	$.241857^{-3}$	$.934317^{-4}$	$.391730^{-4}$	$.173897^{-4}$	$.805051^{-5}$
$S(3, \alpha; 1, \beta)$	$.288272^{0}$	$.173156^{-1}$	$.311119^{-2}$	$.848434^{-3}$	$.286114^{-3}$	$.109438^{-3}$	$.454575^{-4}$	$.200061^{-4}$	$.918883^{-5}$
$S(3, \alpha; 2, \beta)$	$.363646^{0}$	$.217170^{-1}$	$.386179^{-2}$	$.104008^{-2}$	$.346265^{-3}$	$.130820^{-3}$	$.537184^{-4}$	$.233945^{-4}$	$.106430^{-4}$
$S(3, \alpha; 3, \beta)$	$.477447^{0}$	$.282878^{-1}$	$.496175^{-2}$	$.131502^{-2}$	$.430736^{-3}$	$.160241^{-3}$	$.648723^{-4}$	$.278908^{-4}$	$.125423^{-4}$
$S(3, \alpha; 4, \beta)$	$.658489^{0}$	$.385927^{-1}$	$.664812^{-2}$	$.172592^{-2}$	$.553820^{-3}$	$.202099^{-3}$	$.803945^{-4}$	$.340232^{-4}$	$.150856^{-4}$
$S(3, \alpha; 5, \beta)$	$.963956^{0}$	$.556715^{-1}$	$.936729^{-2}$	$.236874^{-2}$	$.740733^{-3}$	$.263916^{-3}$	$.102739^{-3}$	$.426478^{-4}$	$.185880^{-4}$
$S(4, \alpha; 0, \beta)$	$.189496^{1}$	$.586523^{-1}$	$.746176^{-2}$	$.165120^{-2}$	$.485782^{-3}$	$.169096^{-3}$	$.656185^{-4}$	$.274456^{-4}$	$.121203^{-4}$
$S(4, \alpha; 1, \beta)$	$.231564^{1}$	$.715554^{-1}$	$.906071^{-2}$	$.199046^{-2}$	$.580469^{-3}$	$.200179^{-3}$	$.769631^{-4}$	$.319057^{-4}$	$.139730^{-4}$
$S(4, \alpha; 2, \beta)$	$.292322^{1}$	$.901126^{-1}$	$.113377^{-1}$	$.246681^{-2}$	$.711292^{-3}$	$.242418^{-3}$	$.921320^{-4}$	$.377786^{-4}$	$.163777^{-4}$
$S(4, \alpha; 3, \beta)$	$.384194^{1}$	$.118023^{0}$	$.147196^{-1}$	$.316209^{-2}$	$.898552^{-3}$	$.301695^{-3}$	$.113018^{-3}$	$.457209^{-4}$	$.195759^{-4}$
$S(4, \alpha; 4, \beta)$	$.530639^{1}$	$.162201^{0}$	$.199881^{-1}$	$.422232^{-2}$	$.117751^{-2}$	$.387956^{-3}$	$.142738^{-3}$	$.567888^{-4}$	$.239475^{-4}$
$S(4, \alpha; 5, \beta)$	$.778360^{1}$	$.236242^{0}$	$.286446^{-1}$	$.591994^{-2}$	$.161193^{-2}$	$.518659^{-3}$	$.186613^{-3}$	$.727369^{-4}$	$.301078^{-4}$
$S(5, \alpha; 0, \beta)$	$.189580^{2}$	$.295554^{0}$	$.256367^{-1}$	$.442159^{-2}$	$.109425^{-2}$	$.336089^{-3}$	$.118752^{-3}$	$.462065^{-4}$	$.192722^{-4}$
$S(5, \alpha; 1, \beta)$	$.231704^{2}$	$.361022^{0}$	$.312420^{-1}$	$.536281^{-2}$	$.131821^{-2}$	$.401622^{-3}$	$.140687^{-3}$	$.542662^{-4}$	$.224428^{-4}$
$S(5, \alpha; 2, \beta)$	$.292546^{2}$	$.455435^{0}$	$.392807^{-1}$	$.669908^{-2}$	$.163196^{-2}$	$.492069^{-3}$	$.170495^{-3}$	$.650533^{-4}$	$.266246^{-4}$
$S(5, \alpha; 3, \beta)$	$.384579^{2}$	$.597947^{0}$	$.513253^{-1}$	$.867570^{-2}$	$.208850^{-2}$	$.621316^{-3}$	$.212313^{-3}$	$.799167^{-4}$	$.322890^{-4}$
$S(5, \alpha; 4, \beta)$	$.531359^{2}$	$.824560^{0}$	$.702922^{-1}$	$.117383^{-1}$	$.278177^{-2}$	$.813364^{-3}$	$.273109^{-3}$	$.101075^{-3}$	$.401935^{-4}$
$S(5, \alpha; 5, \beta)$	$.779826^{2}$	$.120660^{1}$	$.101866^{0}$	$.167347^{-1}$	$.388562^{-2}$	$.111137^{-2}$	$.365067^{-3}$	$.132304^{-3}$	$.515949^{-4}$

Tabelle 47 (Fortsetzung).

5,0	5,5	6,0	6,5	7,0	7,5	8,0	9,0	10,0	$= \alpha$
									$\beta = 4,5$
$.157583^{-5}$	$.825453^{-6}$	$.437086^{-6}$	$.233590^{-6}$	$.125840^{-6}$	$.682691^{-7}$	$.372665^{-7}$			$S\,(0,\,\alpha;\,0,\,\beta)$
$.174171^{-5}$	$.907998^{-6}$	$.478712^{-6}$	$.254824^{-6}$	$.136782^{-6}$	$.739581^{-7}$	$.402479^{-7}$			$S\,(0,\,\alpha;\,1,\,\beta)$
$.194250^{-5}$	$.100705^{-5}$	$.528270^{-6}$	$.279922^{-6}$	$.149628^{-6}$	$.805953^{-7}$	$.437062^{-7}$			$S\,(0,\,\alpha;\,2,\,\beta)$
$.218925^{-5}$	$.112757^{-5}$	$.588020^{-6}$	$.309932^{-6}$	$.164873^{-6}$	$.884179^{-7}$	$.477560^{-7}$			$S\,(0,\,\alpha;\,3,\,\beta)$
$.249762^{-5}$	$.127648^{-5}$	$.661093^{-6}$	$.346293^{-6}$	$.183187^{-6}$	$.977417^{-7}$	$.525485^{-7}$			$S\,(0,\,\alpha;\,4,\,\beta)$
$.289035^{-5}$	$.146368^{-5}$	$.751893^{-6}$	$.390995^{-6}$	$.205487^{-6}$	$.108995^{-6}$	$.582858^{-7}$			$S\,(0,\,\alpha;\,5,\,\beta)$
$.205687^{-5}$	$.105808^{-5}$	$.551561^{-6}$	$.290763^{-6}$	$.154759^{-6}$	$.830607^{-7}$	$.449062^{-7}$			$S\,(1,\,\alpha;\,0,\,\beta)$
$.229084^{-5}$	$.117214^{-5}$	$.608054^{-6}$	$.319126^{-6}$	$.169168^{-6}$	$.904565^{-7}$	$.487372^{-7}$			$S\,(1,\,\alpha;\,1,\,\beta)$
$.257775^{-5}$	$.131067^{-5}$	$.676065^{-6}$	$.352997^{-6}$	$.186248^{-6}$	$.991638^{-7}$	$.532193^{-7}$			$S\,(1,\,\alpha;\,2,\,\beta)$
$.293547^{-5}$	$.148149^{-5}$	$.759098^{-6}$	$.393975^{-6}$	$.206740^{-6}$	$.109531^{-6}$	$.585180^{-7}$			$S\,(1,\,\alpha;\,3,\,\beta)$
$.338989^{-5}$	$.169578^{-5}$	$.862075^{-6}$	$.444272^{-6}$	$.231656^{-6}$	$.122027^{-6}$	$.648545^{-7}$			$S\,(1,\,\alpha;\,4,\,\beta)$
$.397939^{-5}$	$.196980^{-5}$	$.992055^{-6}$	$.507013^{-6}$	$.262405^{-6}$	$.137299^{-6}$	$.725295^{-7}$			$S\,(1,\,\alpha;\,5,\,\beta)$
$.276525^{-5}$	$.139181^{-5}$	$.712124^{-6}$	$.369388^{-6}$	$.193845^{-6}$	$.102745^{-6}$	$.549327^{-7}$			$S\,(2,\,\alpha;\,0,\,\beta)$
$.310559^{-5}$	$.155380^{-5}$	$.790705^{-6}$	$.408126^{-6}$	$.213207^{-6}$	$.112540^{-6}$	$.599403^{-7}$			$S\,(2,\,\alpha;\,1,\,\beta)$
$.352872^{-5}$	$.175309^{-5}$	$.886449^{-6}$	$.454908^{-6}$	$.236401^{-6}$	$.124185^{-6}$	$.658533^{-7}$			$S\,(2,\,\alpha;\,2,\,\beta)$
$.406455^{-5}$	$.200242^{-5}$	$.100493^{-5}$	$.512219^{-6}$	$.264555^{-6}$	$.138203^{-6}$	$.729154^{-7}$			$S\,(2,\,\alpha;\,3,\,\beta)$
$.475728^{-5}$	$.232032^{-5}$	$.115410^{-5}$	$.583559^{-6}$	$.299237^{-6}$	$.155307^{-6}$	$.814574^{-7}$			$S\,(2,\,\alpha;\,4,\,\beta)$
$.567382^{-5}$	$.273430^{-5}$	$.134560^{-5}$	$.673960^{-6}$	$.342668^{-6}$	$.176496^{-6}$	$.919355^{-7}$			$S\,(2,\,\alpha;\,5,\,\beta)$
$.384840^{-5}$	$.188674^{-5}$	$.944083^{-6}$	$.480419^{-6}$	$.247949^{-6}$	$.129516^{-6}$	$.683558^{-7}$			$S\,(3,\,\alpha;\,0,\,\beta)$
$.436097^{-5}$	$.212401^{-5}$	$.105645^{-5}$	$.534659^{-6}$	$.274561^{-6}$	$.142758^{-6}$	$.750261^{-7}$			$S\,(3,\,\alpha;\,1,\,\beta)$
$.500759^{-5}$	$.241992^{-5}$	$.119512^{-5}$	$.600954^{-6}$	$.306801^{-6}$	$.158669^{-6}$	$.829809^{-7}$			$S\,(3,\,\alpha;\,2,\,\beta)$
$.584005^{-5}$	$.279590^{-5}$	$.136920^{-5}$	$.683270^{-6}$	$.346430^{-6}$	$.178047^{-6}$	$.925870^{-7}$			$S\,(3,\,\alpha;\,3,\,\beta)$
$.693643^{-5}$	$.328365^{-5}$	$.159196^{-5}$	$.787291^{-6}$	$.395941^{-6}$	$.202006^{-6}$	$.104350^{-6}$			$S\,(3,\,\alpha;\,4,\,\beta)$
$.841764^{-5}$	$.393131^{-5}$	$.188315^{-5}$	$.921344^{-6}$	$.458920^{-6}$	$.232122^{-6}$	$.118976^{-6}$			$S\,(3,\,\alpha;\,5,\,\beta)$
$.557634^{-5}$	$.264865^{-5}$	$.129048^{-5}$	$.641936^{-6}$	$.324872^{-6}$	$.166817^{-6}$	$.867264^{-7}$			$S\,(4,\,\alpha;\,0,\,\beta)$
$.637914^{-5}$	$.300843^{-5}$	$.145619^{-5}$	$.720016^{-6}$	$.362378^{-6}$	$.185132^{-6}$	$.957990^{-7}$			$S\,(4,\,\alpha;\,1,\,\beta)$
$.740740^{-5}$	$.346361^{-5}$	$.166349^{-5}$	$.816678^{-6}$	$.408364^{-6}$	$.207390^{-6}$	$.106734^{-6}$			$S\,(4,\,\alpha;\,2,\,\beta)$
$.875411^{-5}$	$.405140^{-5}$	$.192771^{-5}$	$.938430^{-6}$	$.465656^{-6}$	$.234841^{-6}$	$.120097^{-6}$			$S\,(4,\,\alpha;\,3,\,\beta)$
$.105625^{-4}$	$.482798^{-5}$	$.227166^{-5}$	$.109477^{-5}$	$.538315^{-6}$	$.269260^{-6}$	$.136675^{-6}$			$S\,(4,\,\alpha;\,4,\,\beta)$
$.130594^{-4}$	$.588048^{-5}$	$.272997^{-5}$	$.129990^{-5}$	$.632302^{-6}$	$.313211^{-6}$	$.157595^{-6}$			$S\,(4,\,\alpha;\,5,\,\beta)$
$.846670^{-5}$	$.387156^{-5}$	$.182730^{-5}$	$.884793^{-6}$	$.437538^{-6}$	$.220206^{-6}$	$.112490^{-6}$			$S\,(5,\,\alpha;\,0,\,\beta)$
$.978046^{-5}$	$.443861^{-5}$	$.208023^{-5}$	$.100072^{-5}$	$.491891^{-6}$	$.246188^{-6}$	$.125118^{-6}$			$S\,(5,\,\alpha;\,1,\,\beta)$
$.114895^{-4}$	$.516676^{-5}$	$.240115^{-5}$	$.114617^{-5}$	$.559385^{-6}$	$.278142^{-6}$	$.140512^{-6}$			$S\,(5,\,\alpha;\,2,\,\beta)$
$.137675^{-4}$	$.612297^{-5}$	$.281678^{-5}$	$.133215^{-5}$	$.644675^{-6}$	$.318085^{-6}$	$.159561^{-6}$			$S\,(5,\,\alpha;\,3,\,\beta)$
$.168878^{-4}$	$.741041^{-5}$	$.336758^{-5}$	$.157505^{-5}$	$.754574^{-6}$	$.368919^{-6}$	$.183529^{-6}$			$S\,(5,\,\alpha;\,4,\,\beta)$
$.212935^{-4}$	$.919269^{-5}$	$.411637^{-5}$	$.189980^{-5}$	$.899277^{-6}$	$.434920^{-6}$	$.214249^{-6}$			$S\,(5,\,\alpha;\,5,\,\beta)$

Tabelle 48.

$\alpha =$	0,5	1,0	1,5	2,0	2,5	3,0	3,5	4,0	4,5
$\beta = 5,0$									
$S\,(0,\,\alpha;\,0,\,\beta)$	$.148610^{-2}$	$.413125^{-3}$	$.154199^{-3}$	$.651344^{-4}$	$.294978^{-4}$	$.139776^{-4}$	$.683927^{-5}$	$.342805^{-5}$	$.175092^{-5}$
$S\,(0,\,\alpha;\,1,\,\beta)$	$.175630^{-2}$	$.481980^{-3}$	$.177922^{-3}$	$.744393^{-4}$	$.334309^{-4}$	$.157248^{-4}$	$.764390^{-5}$	$.380894^{-5}$	$.193523^{-5}$
$S\,(0,\,\alpha;\,2,\,\beta)$	$.212475^{-2}$	$.573785^{-3}$	$.208944^{-3}$	$.864027^{-4}$	$.384127^{-4}$	$.179088^{-4}$	$.863783^{-5}$	$.427447^{-5}$	$.215834^{-5}$
$S\,(0,\,\alpha;\,3,\,\beta)$	$.264505^{-2}$	$.700018^{-3}$	$.250635^{-3}$	$.102164^{-3}$	$.448629^{-4}$	$.206934^{-4}$	$.988792^{-5}$	$.485287^{-5}$	$.243250^{-5}$
$S\,(0,\,\alpha;\,4,\,\beta)$	$.340978^{-2}$	$.879804^{-3}$	$.308436^{-3}$	$.123514^{-3}$	$.534247^{-4}$	$.243243^{-4}$	$.114924^{-4}$	$.558488^{-5}$	$.277513^{-5}$
$S\,(0,\,\alpha;\,5,\,\beta)$	$.458590^{-2}$	$.114630^{-2}$	$.391457^{-3}$	$.153359^{-3}$	$.651143^{-4}$	$.291803^{-4}$	$.135995^{-4}$	$.653076^{-5}$	$.321151^{-5}$
$S\,(1,\,\alpha;\,0,\,\beta)$	$.472850^{-2}$	$.895105^{-3}$	$.280721^{-3}$	$.107007^{-3}$	$.452300^{-4}$	$.203840^{-4}$	$.959797^{-5}$	$.466596^{-5}$	$.232432^{-5}$
$S\,(1,\,\alpha;\,1,\,\beta)$	$.563735^{-2}$	$.105576^{-2}$	$.327559^{-3}$	$.123622^{-3}$	$.517851^{-4}$	$.231504^{-4}$	$.108218^{-4}$	$.522671^{-5}$	$.258839^{-5}$
$S\,(1,\,\alpha;\,2,\,\beta)$	$.689456^{-2}$	$.127380^{-2}$	$.389931^{-3}$	$.145365^{-3}$	$.602280^{-4}$	$.266630^{-4}$	$.123559^{-4}$	$.592149^{-5}$	$.291213^{-5}$
$S\,(1,\,\alpha;\,3,\,\beta)$	$.869988^{-2}$	$.157982^{-2}$	$.475525^{-3}$	$.174596^{-3}$	$.713699^{-4}$	$.312221^{-4}$	$.143175^{-4}$	$.679809^{-5}$	$.331569^{-5}$
$S\,(1,\,\alpha;\,4,\,\beta)$	$.114054^{-1}$	$.202610^{-2}$	$.597081^{-3}$	$.215116^{-3}$	$.864842^{-4}$	$.372884^{-4}$	$.168831^{-4}$	$.792698^{-5}$	$.382821^{-5}$
$S\,(1,\,\alpha;\,5,\,\beta)$	$.156607^{-1}$	$.270572^{-2}$	$.776516^{-3}$	$.273264^{-3}$	$.107635^{-3}$	$.455897^{-4}$	$.203245^{-4}$	$.941459^{-5}$	$.449292^{-5}$
$S\,(2,\,\alpha;\,0,\,\beta)$	$.210387^{-1}$	$.236400^{-2}$	$.583239^{-3}$	$.193409^{-3}$	$.745967^{-4}$	$.314982^{-4}$	$.141224^{-4}$	$.660746^{-5}$	$.319137^{-5}$
$S\,(2,\,\alpha;\,1,\,\beta)$	$.251945^{-1}$	$.281155^{-2}$	$.687380^{-3}$	$.225787^{-3}$	$.862910^{-4}$	$.361270^{-4}$	$.160718^{-4}$	$.746622^{-5}$	$.358289^{-5}$
$S\,(2,\,\alpha;\,2,\,\beta)$	$.309880^{-1}$	$.342741^{-2}$	$.828343^{-3}$	$.268879^{-3}$	$.101607^{-3}$	$.420997^{-4}$	$.185529^{-4}$	$.854562^{-5}$	$.406941^{-5}$
$S\,(2,\,\alpha;\,3,\,\beta)$	$.393854^{-1}$	$.430594^{-2}$	$.102549^{-2}$	$.327955^{-3}$	$.122210^{-3}$	$.499951^{-4}$	$.217810^{-4}$	$.992981^{-5}$	$.468515^{-5}$
$S\,(2,\,\alpha;\,4,\,\beta)$	$.521107^{-1}$	$.561162^{-2}$	$.131165^{-2}$	$.411700^{-3}$	$.150777^{-3}$	$.607218^{-4}$	$.260864^{-4}$	$.117454^{-4}$	$.548067^{-5}$
$S\,(2,\,\alpha;\,5,\,\beta)$	$.723874^{-1}$	$.764389^{-2}$	$.174475^{-2}$	$.534983^{-3}$	$.191756^{-3}$	$.757507^{-4}$	$.319912^{-4}$	$.141879^{-4}$	$.653248^{-5}$
$S\,(3,\,\alpha;\,0,\,\beta)$	$.128877\ ^{0}$	$.779200^{-2}$	$.141711^{-2}$	$.392278^{-3}$	$.134379^{-3}$	$.521916^{-4}$	$.219928^{-4}$	$.980847^{-5}$	$.456008^{-5}$
$S\,(3,\,\alpha;\,1,\,\beta)$	$.154576\ ^{0}$	$.931445^{-2}$	$.168319^{-2}$	$.462194^{-3}$	$.156974^{-3}$	$.604513^{-4}$	$.252683^{-4}$	$.111846^{-4}$	$.516373^{-5}$
$S\,(3,\,\alpha;\,2,\,\beta)$	$.190514\ ^{0}$	$.114285^{-1}$	$.204814^{-2}$	$.556678^{-3}$	$.187043^{-3}$	$.712800^{-4}$	$.295020^{-4}$	$.129400^{-4}$	$.592446^{-5}$
$S\,(3,\,\alpha;\,3,\,\beta)$	$.242801\ ^{0}$	$.144772^{-1}$	$.256653^{-2}$	$.688517^{-3}$	$.228242^{-3}$	$.858579^{-4}$	$.351083^{-4}$	$.152292^{-4}$	$.690268^{-5}$
$S\,(3,\,\alpha;\,4,\,\beta)$	$.322409\ ^{0}$	$.190673^{-1}$	$.333270^{-2}$	$.879269^{-3}$	$.286580^{-3}$	$.106079^{-3}$	$.427370^{-4}$	$.182897^{-4}$	$.818941^{-5}$
$S\,(3,\,\alpha;\,5,\,\beta)$	$.449985\ ^{0}$	$.263214^{-1}$	$.451682^{-2}$	$.116672^{-2}$	$.372296^{-3}$	$.135086^{-3}$	$.534389^{-4}$	$.224962^{-4}$	$.992538^{-5}$
$S\,(4,\,\alpha;\,0,\,\beta)$	$.103443\ ^{1}$	$.320478^{-1}$	$.408740^{-2}$	$.908071^{-3}$	$.268431^{-3}$	$.939131^{-4}$	$.366271^{-4}$	$.153934^{-4}$	$.682853^{-5}$
$S\,(4,\,\alpha;\,1,\,\beta)$	$.124120\ ^{1}$	$.384041^{-1}$	$.487998^{-2}$	$.107775^{-2}$	$.316273^{-3}$	$.109782^{-3}$	$.424775^{-4}$	$.177153^{-4}$	$.780150^{-5}$
$S\,(4,\,\alpha;\,2,\,\beta)$	$.153060\ ^{1}$	$.472735^{-1}$	$.597726^{-2}$	$.130994^{-2}$	$.380858^{-3}$	$.130903^{-3}$	$.501555^{-4}$	$.207219^{-4}$	$.904543^{-5}$
$S\,(4,\,\alpha;\,3,\,\beta)$	$.195216\ ^{1}$	$.601414^{-1}$	$.755347^{-2}$	$.163875^{-2}$	$.470834^{-3}$	$.159835^{-3}$	$.605010^{-4}$	$.247099^{-4}$	$.106713^{-4}$
$S\,(4,\,\alpha;\,4,\,\beta)$	$.259493\ ^{1}$	$.796590^{-1}$	$.991452^{-2}$	$.212278^{-2}$	$.600717^{-3}$	$.200774^{-3}$	$.748601^{-4}$	$.301449^{-4}$	$.128499^{-4}$
$S\,(4,\,\alpha;\,5,\,\beta)$	$.362699\ ^{1}$	$.110783\ ^{0}$	$.136215^{-1}$	$.286688^{-2}$	$.795798^{-3}$	$.260844^{-3}$	$.954606^{-4}$	$.377795^{-4}$	$.158507^{-4}$
$S\,(5,\,\alpha;\,0,\,\beta)$	$.103489\ ^{2}$	$.161385\ ^{0}$	$.140161^{-1}$	$.242353^{-2}$	$.601977^{-3}$	$.185702^{-3}$	$.659239^{-4}$	$.257725^{-4}$	$.107988^{-4}$
$S\,(5,\,\alpha;\,1,\,\beta)$	$.124185\ ^{2}$	$.193580\ ^{0}$	$.167821^{-1}$	$.289095^{-2}$	$.714134^{-3}$	$.218833^{-3}$	$.771211^{-4}$	$.299260^{-4}$	$.124476^{-4}$
$S\,(5,\,\alpha;\,2,\,\beta)$	$.153158\ ^{2}$	$.238600\ ^{0}$	$.206336^{-1}$	$.353657^{-2}$	$.867364^{-3}$	$.263529^{-3}$	$.920280^{-4}$	$.353830^{-4}$	$.145861^{-4}$
$S\,(5,\,\alpha;\,3,\,\beta)$	$.195372\ ^{2}$	$.304097\ ^{0}$	$.262055^{-1}$	$.446112^{-2}$	$.108386^{-2}$	$.325727^{-3}$	$.112448^{-3}$	$.427426^{-4}$	$.174274^{-4}$
$S\,(5,\,\alpha;\,4,\,\beta)$	$.259764\ ^{2}$	$.403793\ ^{0}$	$.346250^{-1}$	$.584040^{-2}$	$.140156^{-2}$	$.415354^{-3}$	$.141331^{-3}$	$.529645^{-4}$	$.213058^{-4}$
$S\,(5,\,\alpha;\,5,\,\beta)$	$.363207\ ^{2}$	$.563492\ ^{0}$	$.479847^{-1}$	$.799440^{-2}$	$.188793^{-2}$	$.549630^{-3}$	$.183667^{-3}$	$.676339^{-4}$	$.267608^{-4}$

Tabelle 48 (Fortsetzung).

5,0	5,5	6,0	6,5	7,0	7,5	8,0	9,0	10,0	$=\alpha$
									$\beta = 5,0$
$.907999^{-6}$	$.476822^{-6}$	$.253056^{-6}$	$.135520^{-6}$	$.731453^{-7}$	$.397510^{-7}$	$.217339^{-7}$	$.659942^{-8}$	$.203935^{-8}$	$S\ (0,\ \alpha;\ 0,\ \beta)$
$.998798^{-6}$	$.522233^{-6}$	$.276060^{-6}$	$.147304^{-6}$	$.792408^{-7}$	$.529310^{-7}$	$.234058^{-7}$	$.707082^{-8}$	$.217531^{-8}$	$S\ (0,\ \alpha;\ 1,\ \beta)$
$.110776^{-5}$	$.576294^{-6}$	$.303249^{-6}$	$.161138^{-6}$	$.863522^{-7}$	$.466199^{-7}$	$.253348^{-7}$	$.760955^{-8}$	$.232939^{-8}$	$S\ (0,\ \alpha;\ 2,\ \beta)$
$.124033^{-5}$	$.641478^{-6}$	$.335760^{-6}$	$.177556^{-6}$	$.947333^{-7}$	$.509397^{-7}$	$.275804^{-7}$	$.823005^{-8}$	$.250523^{-8}$	$S\ (0,\ \alpha;\ 3,\ \beta)$
$.140413^{-5}$	$.721193^{-6}$	$.375149^{-6}$	$.197278^{-6}$	$.104723^{-6}$	$.560517^{-7}$	$.302202^{-7}$	$.895088^{-8}$	$.270741^{-8}$	$S\ (0,\ \alpha;\ 4,\ \beta)$
$.161007^{-5}$	$.820247^{-6}$	$.423578^{-6}$	$.221293^{-6}$	$.116780^{-6}$	$.621715^{-7}$	$.333571^{-7}$	$.979618^{-8}$	$.294182^{-8}$	$S\ (0,\ \alpha;\ 5,\ \beta)$
$.118040^{-5}$	$.608928^{-6}$	$.318237^{-6}$	$.168153^{-6}$	$.896900^{-7}$	$.482312^{-7}$	$.261225^{-7}$	$.780409^{-8}$	$.237924^{-8}$	$S\ (1,\ \alpha;\ 0,\ \beta)$
$.130752^{-5}$	$.671247^{-6}$	$.349259^{-6}$	$.183800^{-6}$	$.976722^{-7}$	$.523441^{-7}$	$.282606^{-7}$	$.839520^{-8}$	$.254692^{-8}$	$S\ (1,\ \alpha;\ 1,\ \beta)$
$.146188^{-5}$	$.746257^{-6}$	$.386301^{-6}$	$.202346^{-6}$	$.107069^{-6}$	$.571558^{-7}$	$.307473^{-7}$	$.907556^{-8}$	$.273816^{-8}$	$S\ (1,\ \alpha;\ 2,\ \beta)$
$.165219^{-5}$	$.837827^{-6}$	$.431111^{-6}$	$.224594^{-6}$	$.118257^{-6}$	$.628437^{-7}$	$.336678^{-7}$	$.986533^{-8}$	$.295793^{-8}$	$S\ (1,\ \alpha;\ 3,\ \beta)$
$.189089^{-5}$	$.951373^{-6}$	$.486103^{-6}$	$.251643^{-6}$	$.131740^{-6}$	$.696452^{-7}$	$.371346^{-7}$	$.107907^{-7}$	$.321256^{-8}$	$S\ (1,\ \alpha;\ 4,\ \beta)$
$.219605^{-5}$	$.109467^{-5}$	$.554695^{-6}$	$.285021^{-6}$	$.148218^{-6}$	$.778829^{-7}$	$.412992^{-7}$	$.118863^{-7}$	$.351026^{-8}$	$S\ (1,\ \alpha;\ 5,\ \beta)$
$.157992^{-5}$	$.797723^{-6}$	$.409328^{-6}$	$.212877^{-6}$	$.111978^{-6}$	$.594816^{-7}$	$.318655^{-7}$	$.934379^{-8}$	$.280524^{-8}$	$S\ (2,\ \alpha;\ 0,\ \beta)$
$.176333^{-5}$	$.885566^{-6}$	$.452179^{-6}$	$.234109^{-6}$	$.122640^{-6}$	$.648982^{-7}$	$.346456^{-7}$	$.100957^{-7}$	$.301461^{-8}$	$S\ (2,\ \alpha;\ 1,\ \beta)$
$.198888^{-5}$	$.992560^{-6}$	$.503918^{-6}$	$.259538^{-6}$	$.135314^{-6}$	$.712932^{-7}$	$.379070^{-7}$	$.109677^{-7}$	$.325504^{-8}$	$S\ (2,\ \alpha;\ 2,\ \beta)$
$.227094^{-5}$	$.112491^{-5}$	$.567283^{-6}$	$.290399^{-6}$	$.150568^{-6}$	$.789300^{-7}$	$.417740^{-7}$	$.119885^{-7}$	$.353341^{-8}$	$S\ (2,\ \alpha;\ 3,\ \beta)$
$.263039^{-5}$	$.129149^{-5}$	$.646132^{-6}$	$.328405^{-6}$	$.169175^{-6}$	$.881654^{-7}$	$.464132^{-7}$	$.131957^{-7}$	$.385859^{-8}$	$S\ (2,\ \alpha;\ 4,\ \beta)$
$.309824^{-5}$	$.150524^{-5}$	$.746017^{-6}$	$.375987^{-6}$	$.192222^{-6}$	$.994920^{-7}$	$.520515^{-7}$	$.146397^{-7}$	$.424224^{-8}$	$S\ (2,\ \alpha;\ 5,\ \beta)$
$.218828^{-5}$	$.107660^{-5}$	$.540424^{-6}$	$.275807^{-6}$	$.142724^{-6}$	$.747324^{-7}$	$.395300^{-7}$	$.113446^{-7}$	$.334680^{-8}$	$S\ (3,\ \alpha;\ 0,\ \beta)$
$.246213^{-5}$	$.120423^{-5}$	$.601239^{-6}$	$.305329^{-6}$	$.157283^{-6}$	$.820110^{-7}$	$.432123^{-7}$	$.123161^{-7}$	$.361179^{-8}$	$S\ (3,\ \alpha;\ 1,\ \beta)$
$.280339^{-5}$	$.136164^{-5}$	$.675538^{-6}$	$.341080^{-6}$	$.174772^{-6}$	$.906889^{-7}$	$.475722^{-7}$	$.134521^{-7}$	$.391833^{-8}$	$S\ (3,\ \alpha;\ 2,\ \beta)$
$.323660^{-5}$	$.155912^{-5}$	$.767741^{-6}$	$.385007^{-6}$	$.196064^{-6}$	$.101165^{-6}$	$.527948^{-7}$	$.147940^{-7}$	$.427610^{-8}$	$S\ (3,\ \alpha;\ 3,\ \beta)$
$.379806^{-5}$	$.181163^{-5}$	$.884186^{-6}$	$.439860^{-6}$	$.222378^{-6}$	$.113989^{-6}$	$.591317^{-7}$	$.163969^{-7}$	$.469776^{-8}$	$S\ (3,\ \alpha;\ 4,\ \beta)$
$.454289^{-5}$	$.214143^{-5}$	$.103415^{-5}$	$.509601^{-6}$	$.255443^{-6}$	$.129931^{-6}$	$.669313^{-7}$	$.183355^{-7}$	$.520012^{-8}$	$S\ (3,\ \alpha;\ 5,\ \beta)$
$.315475^{-5}$	$.150417^{-5}$	$.735434^{-6}$	$.367005^{-6}$	$.186280^{-6}$	$.959090^{-7}$	$.499852^{-7}$	$.139929^{-7}$	$.404613^{-8}$	$S\ (4,\ \alpha;\ 0,\ \beta)$
$.357977^{-5}$	$.169605^{-5}$	$.824404^{-6}$	$.409187^{-6}$	$.206656^{-6}$	$.105911^{-6}$	$.549632^{-7}$	$.152700^{-7}$	$.438653^{-8}$	$S\ (4,\ \alpha;\ 1,\ \beta)$
$.411675^{-5}$	$.193582^{-5}$	$.934457^{-6}$	$.460872^{-6}$	$.231405^{-6}$	$.117961^{-6}$	$.609156^{-7}$	$.167765^{-7}$	$.478341^{-8}$	$S\ (4,\ \alpha;\ 2,\ \beta)$
$.480911^{-5}$	$.224108^{-5}$	$.107295^{-5}$	$.525215^{-6}$	$.261911^{-6}$	$.132678^{-6}$	$.681242^{-7}$	$.185734^{-7}$	$.525062^{-8}$	$S\ (4,\ \alpha;\ 3,\ \beta)$
$.572231^{-5}$	$.263793^{-5}$	$.125060^{-5}$	$.606751^{-6}$	$.300135^{-6}$	$.150928^{-6}$	$.769778^{-7}$	$.207431^{-7}$	$.580655^{-8}$	$S\ (4,\ \alpha;\ 4,\ \beta)$
$.695770^{-5}$	$.316598^{-5}$	$.148343^{-5}$	$.712130^{-6}$	$.348909^{-6}$	$.173944^{-6}$	$.880232^{-7}$	$.233986^{-7}$	$.647586^{-8}$	$S\ (4,\ \alpha;\ 5,\ \beta)$
$.476481^{-5}$	$.218768^{-5}$	$.103644^{-5}$	$.503604^{-6}$	$.249837^{-6}$	$.126111^{-6}$	$.645979^{-7}$	$.175700^{-7}$	$.496488^{-8}$	$S\ (5,\ \alpha;\ 0,\ \beta)$
$.545380^{-5}$	$.248740^{-5}$	$.117110^{-5}$	$.565736^{-6}$	$.279147^{-6}$	$.140201^{-6}$	$.714816^{-7}$	$.192811^{-7}$	$.540934^{-8}$	$S\ (5,\ \alpha;\ 1,\ \beta)$
$.633657^{-5}$	$.286702^{-5}$	$.133983^{-5}$	$.642805^{-6}$	$.315164^{-6}$	$.157364^{-6}$	$.797990^{-7}$	$.213186^{-7}$	$.593189^{-8}$	$S\ (5,\ \alpha;\ 2,\ \beta)$
$.749296^{-5}$	$.335773^{-5}$	$.155527^{-5}$	$.740080^{-6}$	$.360141^{-6}$	$.178586^{-6}$	$.899895^{-7}$	$.237742^{-7}$	$.655276^{-8}$	$S\ (5,\ \alpha;\ 3,\ \beta)$
$.904578^{-5}$	$.400670^{-5}$	$.183616^{-5}$	$.865261^{-6}$	$.417324^{-6}$	$.205266^{-6}$	$.102669^{-6}$	$.267734^{-7}$	$.729909^{-8}$	$S\ (5,\ \alpha;\ 4,\ \beta)$
$.111892^{-4}$	$.488697^{-5}$	$.221105^{-5}$	$.102986^{-5}$	$.491484^{-6}$	$.239431^{-6}$	$.118716^{-6}$	$.304911^{-7}$	$.820783^{-8}$	$S\ (5,\ \alpha;\ 5,\ \beta)$

Tabelle 49.

$\alpha =$	0,5	1,0	1,5	2,0	2,5	3,0	3,5	4,0	4,5
$\beta = 5,5$									
$S\,(0, \alpha;\, 0, \beta)$	$.826251^{-3}$	$.231298^{-3}$	$.868459^{-4}$	$.368723^{-4}$	$.167731^{-4}$	$.797915^{-5}$	$.391777^{-5}$	$.196978^{-5}$	$.100889^{-5}$
$S\,(0, \alpha;\, 1, \beta)$	$.963959^{-3}$	$.266883^{-3}$	$.992525^{-4}$	$.417886^{-4}$	$.188698^{-4}$	$.891787^{-5}$	$.435307^{-5}$	$.217713^{-5}$	$.110978^{-5}$
$S\,(0, \alpha;\, 2, \beta)$	$.114757^{-2}$	$.313416^{-3}$	$.115204^{-3}$	$.480159^{-4}$	$.214906^{-4}$	$.100775^{-4}$	$.488512^{-5}$	$.242813^{-5}$	$.123084^{-5}$
$S\,(0, \alpha;\, 3, \beta)$	$.140004^{-2}$	$.375952^{-3}$	$.136219^{-3}$	$.560787^{-4}$	$.248321^{-4}$	$.115359^{-4}$	$.554615^{-5}$	$.273656^{-5}$	$.137814^{-5}$
$S\,(0, \alpha;\, 4, \beta)$	$.175961^{-2}$	$.462653^{-3}$	$.164685^{-3}$	$.667809^{-4}$	$.291892^{-4}$	$.134078^{-4}$	$.638272^{-5}$	$.312202^{-5}$	$.156014^{-5}$
$S\,(0, \alpha;\, 5, \beta)$	$.229259^{-2}$	$.587185^{-3}$	$.204478^{-3}$	$.813929^{-4}$	$.350164^{-4}$	$.158661^{-4}$	$.746373^{-5}$	$.361295^{-5}$	$.178895^{-5}$
$S\,(1, \alpha;\, 0, \beta)$	$.261646^{-2}$	$.498181^{-3}$	$.157150^{-3}$	$.602247^{-4}$	$.255790^{-4}$	$.115776^{-4}$	$.547244^{-5}$	$.266958^{-5}$	$.133397^{-5}$
$S\,(1, \alpha;\, 1, \beta)$	$.307549^{-2}$	$.580299^{-3}$	$.181372^{-3}$	$.689102^{-4}$	$.290385^{-4}$	$.130501^{-4}$	$.612886^{-5}$	$.297241^{-5}$	$.147746^{-5}$
$S\,(1, \alpha;\, 2, \beta)$	$.369518^{-2}$	$.689368^{-3}$	$.213021^{-3}$	$.800866^{-4}$	$.334283^{-4}$	$.148951^{-4}$	$.694189^{-5}$	$.334359^{-5}$	$.165166^{-5}$
$S\,(1, \alpha;\, 3, \beta)$	$.455968^{-2}$	$.838606^{-3}$	$.255498^{-3}$	$.948202^{-4}$	$.391220^{-4}$	$.172531^{-4}$	$.796733^{-5}$	$.380616^{-5}$	$.186640^{-5}$
$S\,(1, \alpha;\, 4, \beta)$	$.581181^{-2}$	$.104984^{-2}$	$.314268^{-3}$	$.114783^{-3}$	$.466920^{-4}$	$.203354^{-4}$	$.928737^{-5}$	$.439346^{-5}$	$.213566^{-5}$
$S\,(1, \alpha;\, 5, \beta)$	$.770403^{-2}$	$.136050^{-2}$	$.398432^{-3}$	$.142683^{-3}$	$.570420^{-4}$	$.244675^{-4}$	$.110261^{-4}$	$.515488^{-5}$	$.247981^{-5}$
$S\,(2, \alpha;\, 0, \beta)$	$.116134^{-1}$	$.130978^{-2}$	$.324737^{-3}$	$.108241^{-3}$	$.419538^{-4}$	$.177959^{-4}$	$.801223^{-5}$	$.376292^{-5}$	$.182372^{-5}$
$S\,(2, \alpha;\, 1, \beta)$	$.137020^{-1}$	$.153655^{-2}$	$.378048^{-3}$	$.124989^{-3}$	$.480629^{-4}$	$.202360^{-4}$	$.904835^{-5}$	$.422277^{-5}$	$.203479^{-5}$
$S\,(2, \alpha;\, 2, \beta)$	$.165403^{-1}$	$.184139^{-2}$	$.448714^{-3}$	$.146868^{-3}$	$.559318^{-4}$	$.233379^{-4}$	$.103495^{-4}$	$.479382^{-5}$	$.229421^{-5}$
$S\,(2, \alpha;\, 3, \beta)$	$.205313^{-1}$	$.226440^{-2}$	$.545142^{-3}$	$.176213^{-3}$	$.663140^{-4}$	$.273682^{-4}$	$.120165^{-4}$	$.551604^{-5}$	$.261847^{-5}$
$S\,(2, \alpha;\, 4, \beta)$	$.263661^{-1}$	$.287299^{-2}$	$.681138^{-3}$	$.216770^{-3}$	$.803890^{-4}$	$.327357^{-4}$	$.142007^{-4}$	$.644838^{-5}$	$.303144^{-5}$
$S\,(2, \alpha;\, 5, \beta)$	$.352810^{-1}$	$.378510^{-2}$	$.880201^{-3}$	$.274743^{-3}$	$.100063^{-3}$	$.400851^{-4}$	$.171356^{-4}$	$.768002^{-5}$	$.356860^{-5}$
$S\,(3, \alpha;\, 0, \beta)$	$.710805^{-1}$	$.430529^{-2}$	$.785692^{-3}$	$.218440^{-3}$	$.751767^{-4}$	$.293318^{-4}$	$.124138^{-4}$	$.555875^{-5}$	$.259395^{-5}$
$S\,(3, \alpha;\, 1, \beta)$	$.839716^{-1}$	$.507230^{-2}$	$.920782^{-3}$	$.254264^{-3}$	$.868647^{-4}$	$.336438^{-4}$	$.141385^{-4}$	$.628910^{-5}$	$.291667^{-5}$
$S\,(3, \alpha;\, 2, \beta)$	$.101534^{\ 0}$	$.611135^{-2}$	$.110191^{-2}$	$.301694^{-3}$	$.102135^{-3}$	$.392040^{-4}$	$.163347^{-4}$	$.720832^{-5}$	$.331844^{-5}$
$S\,(3, \alpha;\, 3, \beta)$	$.126307^{\ 0}$	$.756651^{-2}$	$.135240^{-2}$	$.366306^{-3}$	$.122612^{-3}$	$.465469^{-4}$	$.191935^{-4}$	$.838868^{-5}$	$.382791^{-5}$
$S\,(3, \alpha;\, 4, \beta)$	$.162661^{\ 0}$	$.968308^{-2}$	$.171123^{-2}$	$.457215^{-3}$	$.150896^{-3}$	$.565091^{-4}$	$.230070^{-4}$	$.993887^{-5}$	$.448743^{-5}$
$S\,(3, \alpha;\, 5, \beta)$	$.218466^{\ 0}$	$.128963^{-1}$	$.224606^{-2}$	$.589850^{-3}$	$.191278^{-3}$	$.704392^{-4}$	$.282366^{-4}$	$.120267^{-4}$	$.536113^{-5}$
$S\,(4, \alpha;\, 0, \beta)$	$.570404^{\ 0}$	$.176838^{-1}$	$.225987^{-2}$	$.503660^{-3}$	$.149472^{-3}$	$.525168^{-4}$	$.205699^{-4}$	$.868077^{-5}$	$.386588^{-5}$
$S\,(4, \alpha;\, 1, \beta)$	$.674065^{\ 0}$	$.208764^{-1}$	$.265990^{-2}$	$.589921^{-3}$	$.174000^{-3}$	$.607245^{-4}$	$.236220^{-4}$	$.990205^{-5}$	$.438155^{-5}$
$S\,(4, \alpha;\, 2, \beta)$	$.815395^{\ 0}$	$.252187^{-1}$	$.320053^{-2}$	$.705375^{-3}$	$.206451^{-3}$	$.714507^{-4}$	$.275619^{-4}$	$.114600^{-4}$	$.503198^{-5}$
$S\,(4, \alpha;\, 3, \beta)$	$.101492^{\ 1}$	$.313301^{-1}$	$.395535^{-2}$	$.864672^{-3}$	$.250609^{-3}$	$.858360^{-4}$	$.327704^{-4}$	$.134913^{-4}$	$.586906^{-5}$
$S\,(4, \alpha;\, 4, \beta)$	$.130807^{\ 1}$	$.402733^{-1}$	$.504895^{-2}$	$.109217^{-2}$	$.312636^{-3}$	$.105700^{-3}$	$.398426^{-4}$	$.162056^{-4}$	$.697090^{-5}$
$S\,(4, \alpha;\, 5, \beta)$	$.175872^{\ 1}$	$.539500^{-1}$	$.670075^{-2}$	$.142986^{-2}$	$.402920^{-3}$	$.134038^{-3}$	$.497370^{-4}$	$.199334^{-4}$	$.845819^{-5}$
$S\,(5, \alpha;\, 0, \beta)$	$.570633^{\ 1}$	$.890062^{-1}$	$.773736^{-2}$	$.134054^{-2}$	$.333960^{-3}$	$.103394^{-3}$	$.368493^{-4}$	$.144639^{-4}$	$.608438^{-5}$
$S\,(5, \alpha;\, 1, \beta)$	$.674377^{\ 1}$	$.105155^{\ 0}$	$.912844^{-2}$	$.157679^{-2}$	$.391035^{-3}$	$.120386^{-3}$	$.426393^{-4}$	$.166292^{-4}$	$.695066^{-5}$
$S\,(5, \alpha;\, 2, \beta)$	$.815841^{\ 1}$	$.127158^{\ 0}$	$.110174^{-1}$	$.189550^{-2}$	$.467331^{-3}$	$.142858^{-3}$	$.502091^{-4}$	$.194275^{-4}$	$.805756^{-5}$
$S\,(5, \alpha;\, 3, \beta)$	$.101560^{\ 2}$	$.158192^{\ 0}$	$.136702^{-1}$	$.233942^{-2}$	$.572420^{-3}$	$.173414^{-3}$	$.603637^{-4}$	$.231308^{-4}$	$.950324^{-5}$
$S\,(5, \alpha;\, 4, \beta)$	$.130917^{\ 2}$	$.203731^{\ 0}$	$.175411^{-1}$	$.298057^{-2}$	$.722147^{-3}$	$.216285^{-3}$	$.743847^{-4}$	$.281636^{-4}$	$.114382^{-4}$
$S\,(5, \alpha;\, 5, \beta)$	$.176065^{\ 2}$	$.273620^{\ 0}$	$.234388^{-1}$	$.394505^{-2}$	$.943708^{-3}$	$.278574^{-3}$	$.943781^{-4}$	$.352093^{-4}$	$.140996^{-4}$

Tabelle 49 (Fortsetzung).

5,0	5,5	6,0	6,5	7,0	7,5	8,0	9,0	10,0	$= \alpha$
									$\beta = 5,5$
$.524504^{-6}$	$.276061^{-6}$	$.146813^{-6}$	$.787720^{-7}$	$.425903^{-7}$	$.231829^{-7}$				$S\,(0,\,\alpha;\,0,\,\beta)$
$.574456^{-6}$	$.301158^{-6}$	$.159579^{-6}$	$.853363^{-7}$	$.459976^{-7}$	$.249662^{-7}$				$S\,(0,\,\alpha;\,1,\,\beta)$
$.633923^{-6}$	$.330816^{-6}$	$.174566^{-6}$	$.929946^{-7}$	$.499499^{-7}$	$.270238^{-7}$				$S\,(0,\,\alpha;\,2,\,\beta)$
$.705625^{-6}$	$.366283^{-6}$	$.192352^{-6}$	$.102021^{-6}$	$.545783^{-7}$	$.294191^{-7}$				$S\,(0,\,\alpha;\,3,\,\beta)$
$.793313^{-6}$	$.409254^{-6}$	$.213718^{-6}$	$.112779^{-6}$	$.600554^{-7}$	$.322349^{-7}$				$S\,(0,\,\alpha;\,4,\,\beta)$
$.902272^{-6}$	$.462086^{-6}$	$.239733^{-6}$	$.125763^{-6}$	$.666124^{-7}$	$.355809^{-7}$				$S\,(0,\,\alpha;\,5,\,\beta)$
$.679357^{-6}$	$.351351^{-6}$	$.184048^{-6}$	$.974550^{-7}$	$.520819^{-7}$	$.280572^{-7}$				$S\,(1,\,\alpha;\,0,\,\beta)$
$.748815^{-6}$	$.385573^{-6}$	$.201163^{-6}$	$.106123^{-6}$	$.565210^{-7}$	$.303526^{-7}$				$S\,(1,\,\alpha;\,1.\,\beta)$
$.832410^{-6}$	$.426432^{-6}$	$.221446^{-6}$	$.116327^{-6}$	$.617140^{-7}$	$.330223^{-7}$				$S\,(1,\,\alpha;\,2,\,\beta)$
$.934438^{-6}$	$.475851^{-6}$	$.245777^{-6}$	$.128474^{-6}$	$.678523^{-7}$	$.361575^{-7}$				$S\,(1,\,\alpha;\,3,\,\beta)$
$.106093^{-5}$	$.536495^{-6}$	$.275353^{-6}$	$.143114^{-6}$	$.751918^{-7}$	$.398789^{-7}$				$S\,(1,\,\alpha;\,4,\,\beta)$
$.122054^{-5}$	$.612124^{-6}$	$.311847^{-6}$	$.161002^{-6}$	$.840803^{-7}$	$.443489^{-7}$				$S\,(1,\,\alpha;\,5,\,\beta)$
$.905667^{-6}$	$.458581^{-6}$	$.235915^{-6}$	$.122981^{-6}$	$.648305^{-7}$	$.345057^{-7}$				$S\,(2,\,\alpha;\,0,\,\beta)$
$.100515^{-5}$	$.506492^{-6}$	$.259406^{-6}$	$.134674^{-6}$	$.707272^{-7}$	$.375132^{-7}$				$S\,(2,\,\alpha;\,1,\,\beta)$
$.112628^{-5}$	$.564321^{-6}$	$.287533^{-6}$	$.148572^{-6}$	$.776879^{-7}$	$.410409^{-7}$				$S\,(2,\,\alpha;\,2,\,\beta)$
$.127605^{-5}$	$.635122^{-6}$	$.321659^{-6}$	$.165294^{-6}$	$.859988^{-7}$	$.452229^{-7}$				$S\,(2,\,\alpha;\,3,\,\beta)$
$.146446^{-5}$	$.723198^{-6}$	$.363676^{-6}$	$.185689^{-6}$	$.960477^{-7}$	$.502392^{-7}$				$S\,(2,\,\alpha;\,4,\,\beta)$
$.170611^{-5}$	$.834720^{-6}$	$.416262^{-6}$	$.210942^{-6}$	$.108369^{-6}$	$.563349^{-7}$				$S\,(2,\,\alpha;\,5,\,\beta)$
$.124903^{-5}$	$.616419^{-6}$	$.310309^{-6}$	$.158781^{-6}$	$.823628^{-7}$	$.432214^{-7}$				$S\,(3,\,\alpha;\,0,\,\beta)$
$.139640^{-5}$	$.685524^{-6}$	$.343421^{-6}$	$.174936^{-6}$	$.903670^{-7}$	$.472402^{-7}$				$S\,(3,\,\alpha;\,1,\,\beta)$
$.157804^{-5}$	$.769898^{-6}$	$.383500^{-6}$	$.194335^{-6}$	$.999073^{-7}$	$.519972^{-7}$				$S\,(3,\,\alpha;\,2,\,\beta)$
$.180572^{-5}$	$.874539^{-6}$	$.432721^{-6}$	$.217943^{-6}$	$.111421^{-6}$	$.576940^{-7}$				$S\,(3,\,\alpha;\,3,\,\beta)$
$.209657^{-5}$	$.100660^{-5}$	$.494150^{-6}$	$.247106^{-6}$	$.125510^{-6}$	$.646042^{-7}$				$S\,(3,\,\alpha;\,4,\,\beta)$
$.247609^{-5}$	$.117655^{-5}$	$.572204^{-6}$	$.283732^{-6}$	$.143016^{-6}$	$.731067^{-7}$				$S\,(3,\,\alpha;\,5,\,\beta)$
$.179253^{-5}$	$.857560^{-6}$	$.420591^{-6}$	$.210490^{-6}$	$.107120^{-6}$	$.552863^{-7}$				$S\,(4,\,\alpha;\,0,\,\beta)$
$.201940^{-5}$	$.960649^{-6}$	$.468681^{-6}$	$.233416^{-6}$	$.118251^{-6}$	$.607757^{-7}$				$S\,(4,\,\alpha;\,1,\,\beta)$
$.230252^{-5}$	$.108803^{-5}$	$.527558^{-6}$	$.261244^{-6}$	$.131654^{-6}$	$.673367^{-7}$				$S\,(4,\,\alpha;\,2,\,\beta)$
$.266247^{-5}$	$.124816^{-5}$	$.600793^{-6}$	$.295522^{-6}$	$.148015^{-6}$	$.752787^{-7}$				$S\,(4,\,\alpha;\,3,\,\beta)$
$.312968^{-5}$	$.145332^{-5}$	$.693507^{-6}$	$.338439^{-6}$	$.168292^{-6}$	$.850283^{-7}$				$S\,(4,\,\alpha;\,4,\,\beta)$
$.375031^{-5}$	$.172184^{-5}$	$.813210^{-6}$	$.393157^{-6}$	$.193845^{-6}$	$.971850^{-7}$				$S\,(4,\,\alpha;\,5,\,\beta)$
$.269481^{-5}$	$.124169^{-5}$	$.590226^{-6}$	$.287679^{-6}$	$.143127^{-6}$	$.724385^{-7}$				$S\,(5,\,\alpha;\,0,\,\beta)$
$.305948^{-5}$	$.140143^{-5}$	$.662459^{-6}$	$.321204^{-6}$	$.159029^{-6}$	$.801219^{-7}$				$S\,(5,\,\alpha;\,1,\,\beta)$
$.352041^{-5}$	$.160125^{-5}$	$.751944^{-6}$	$.362360^{-6}$	$.178385^{-6}$	$.893997^{-7}$				$S\,(5,\,\alpha;\,2,\,\beta)$
$.411489^{-5}$	$.185594^{-5}$	$.864734^{-6}$	$.413699^{-6}$	$.202297^{-6}$	$.100759^{-6}$				$S\,(5,\,\alpha;\,3,\,\beta)$
$.489912^{-5}$	$.218737^{-5}$	$.100966^{-5}$	$.478890^{-6}$	$.232331^{-6}$	$.114880^{-6}$				$S\,(5,\,\alpha;\,4,\,\beta)$
$.596000^{-5}$	$.262880^{-5}$	$.119991^{-5}$	$.563327^{-6}$	$.270749^{-6}$	$.132738^{-6}$				$S\,(5,\,\alpha;\,5,\,\beta)$

Tabelle 50.

$\alpha =$	0,5	1,0	1,5	2,0	2,5	3,0	3,5	4,0	4,5
$\beta = 6,0$									
$S\,(0,\,\alpha;\,0,\,\beta)$	$.462597^{-3}$	$.130269^{-3}$	$.491630^{-4}$	$.209664^{-4}$	$.957498^{-5}$	$.457073^{-5}$	$.225118^{-5}$	$.113500^{-5}$	$.582782^{-6}$
$S\,(0,\,\alpha;\,1,\,\beta)$	$.533765^{-3}$	$.148879^{-3}$	$.557181^{-4}$	$.235872^{-4}$	$.107015^{-4}$	$.507859^{-5}$	$.248815^{-5}$	$.124850^{-5}$	$.638285^{-6}$
$S\,(0,\,\alpha;\,2,\,\beta)$	$.626832^{-3}$	$.172806^{-3}$	$.640212^{-4}$	$.268632^{-4}$	$.120930^{-4}$	$.569930^{-5}$	$.277500^{-5}$	$.138470^{-5}$	$.704359^{-6}$
$S\,(0,\,\alpha;\,3,\,\beta)$	$.751904^{-3}$	$.204328^{-3}$	$.747715^{-4}$	$.310401^{-4}$	$.138431^{-4}$	$.647051^{-5}$	$.312750^{-5}$	$.155041^{-5}$	$.784028^{-6}$
$S\,(0,\,\alpha;\,4,\,\beta)$	$.925307^{-3}$	$.247028^{-3}$	$.890412^{-4}$	$.364865^{-4}$	$.160894^{-4}$	$.744652^{-5}$	$.356803^{-5}$	$.175516^{-5}$	$.881459^{-6}$
$S\,(0,\,\alpha;\,5,\,\beta)$	$.117437^{-2}$	$.306717^{-3}$	$.108524^{-3}$	$.437704^{-4}$	$.190393^{-4}$	$.870767^{-5}$	$.412909^{-5}$	$.201256^{-5}$	$.100252^{-5}$
$S\,(1,\,\alpha;\,0,\,\beta)$	$.145896^{-2}$	$.279148^{-3}$	$.884935^{-4}$	$.340704^{-4}$	$.145314^{-4}$	$.660217^{-5}$	$.313134^{-5}$	$.153225^{-5}$	$.767792^{-6}$
$S\,(1,\,\alpha;\,1,\,\beta)$	$.169436^{-2}$	$.321684^{-3}$	$.101167^{-3}$	$.386568^{-4}$	$.163735^{-4}$	$.739216^{-5}$	$.348590^{-5}$	$.169682^{-5}$	$.846201^{-6}$
$S\,(1,\,\alpha;\,2,\,\beta)$	$.200557^{-2}$	$.377134^{-3}$	$.117452^{-3}$	$.444717^{-4}$	$.186803^{-4}$	$.837028^{-5}$	$.392036^{-5}$	$.189658^{-5}$	$.940551^{-6}$
$S\,(1,\,\alpha;\,3,\,\beta)$	$.242911^{-2}$	$.451356^{-3}$	$.138889^{-3}$	$.520065^{-4}$	$.216266^{-4}$	$.960335^{-5}$	$.446160^{-5}$	$.214276^{-5}$	$.105569^{-5}$
$S\,(1,\,\alpha;\,4,\,\beta)$	$.302498^{-2}$	$.553745^{-3}$	$.167885^{-3}$	$.620137^{-4}$	$.254751^{-4}$	$.111899^{-4}$	$.514853^{-5}$	$.245137^{-5}$	$.119840^{-5}$
$S\,(1,\,\alpha;\,5,\,\beta)$	$.389538^{-2}$	$.699887^{-3}$	$.208331^{-3}$	$.756794^{-4}$	$.306302^{-4}$	$.132784^{-4}$	$.603877^{-5}$	$.284569^{-5}$	$.137844^{-5}$
$S\,(2,\,\alpha;\,0,\,\beta)$	$.646267^{-2}$	$.731101^{-3}$	$.182013^{-3}$	$.609336^{-4}$	$.237181^{-4}$	$.101008^{-4}$	$.456434^{-5}$	$.215082^{-5}$	$.104560^{-5}$
$S\,(2,\,\alpha;\,1,\,\beta)$	$.752936^{-2}$	$.847697^{-3}$	$.209660^{-3}$	$.696969^{-4}$	$.269419^{-4}$	$.113986^{-4}$	$.511944^{-5}$	$.239882^{-5}$	$.116012^{-5}$
$S\,(2,\,\alpha;\,2,\,\beta)$	$.894758^{-2}$	$.100130^{-2}$	$.245644^{-3}$	$.809582^{-4}$	$.310336^{-4}$	$.130267^{-4}$	$.580823^{-5}$	$.270345^{-5}$	$.129948^{-5}$
$S\,(2,\,\alpha;\,3,\,\beta)$	$.108908^{-1}$	$.120943^{-2}$	$.293709^{-3}$	$.957770^{-4}$	$.363406^{-4}$	$.151099^{-4}$	$.667857^{-5}$	$.308396^{-5}$	$.147172^{-5}$
$S\,(2,\,\alpha;\,4,\,\beta)$	$.136466^{-1}$	$.150066^{-2}$	$.359828^{-3}$	$.115808^{-3}$	$.433946^{-4}$	$.178358^{-4}$	$.780104^{-5}$	$.356823^{-5}$	$.168828^{-5}$
$S\,(2,\,\alpha;\,5,\,\beta)$	$.177097^{-1}$	$.192321^{-2}$	$.453855^{-3}$	$.143716^{-3}$	$.530323^{-4}$	$.214931^{-4}$	$.928224^{-5}$	$.419761^{-5}$	$.196586^{-5}$
$S\,(3,\,\alpha;\,0,\,\beta)$	$.395279^{-1}$	$.239763^{-2}$	$.438797^{-3}$	$.122441^{-3}$	$.423048^{-4}$	$.165713^{-4}$	$.703979^{-5}$	$.316352^{-5}$	$.148110^{-5}$
$S\,(3,\,\alpha;\,1,\,\beta)$	$.461014^{-1}$	$.279012^{-2}$	$.508362^{-3}$	$.141032^{-3}$	$.484197^{-4}$	$.188451^{-4}$	$.795612^{-5}$	$.355428^{-5}$	$.165487^{-5}$
$S\,(3,\,\alpha;\,2,\,\beta)$	$.548598^{-1}$	$.331061^{-2}$	$.599813^{-3}$	$.165208^{-3}$	$.562796^{-4}$	$.217344^{-4}$	$.910757^{-5}$	$.404017^{-5}$	$.186885^{-5}$
$S\,(3,\,\alpha;\,3,\,\beta)$	$.668916^{-1}$	$.402146^{-2}$	$.723400^{-3}$	$.197460^{-3}$	$.666232^{-4}$	$.254858^{-4}$	$.105835^{-4}$	$.465552^{-5}$	$.213680^{-5}$
$S\,(3,\,\alpha;\,4,\,\beta)$	$.840076^{-1}$	$.502542^{-2}$	$.895736^{-3}$	$.241748^{-3}$	$.806016^{-4}$	$.304766^{-4}$	$.125181^{-4}$	$.545095^{-5}$	$.247874^{-5}$
$S\,(3,\,\alpha;\,5,\,\beta)$	$.109340^{\ 0}$	$.649812^{-2}$	$.114469^{-2}$	$.304576^{-3}$	$.100064^{-3}$	$.373002^{-4}$	$.151182^{-4}$	$.650303^{-5}$	$.292438^{-5}$
$S\,(4,\,\alpha;\,0,\,\beta)$	$.317149^{\ 0}$	$.983755^{-2}$	$.125917^{-2}$	$.281368^{-3}$	$.837771^{-4}$	$.295415^{-4}$	$.116135^{-4}$	$.491868^{-5}$	$.219799^{-5}$
$S\,(4,\,\alpha;\,1,\,\beta)$	$.369986^{\ 0}$	$.114672^{-1}$	$.146416^{-2}$	$.325834^{-3}$	$.965108^{-4}$	$.338345^{-4}$	$.132218^{-4}$	$.556685^{-5}$	$.247352^{-5}$
$S\,(4,\,\alpha;\,2,\,\beta)$	$.440425^{\ 0}$	$.136356^{-1}$	$.173548^{-2}$	$.384210^{-3}$	$.113062^{-3}$	$.393550^{-4}$	$.152677^{-4}$	$.638271^{-5}$	$.281685^{-5}$
$S\,(4,\,\alpha;\,3,\,\beta)$	$.537261^{\ 0}$	$.166093^{-1}$	$.210515^{-2}$	$.462956^{-3}$	$.135125^{-3}$	$.466219^{-4}$	$.179270^{-4}$	$.743030^{-5}$	$.325259^{-5}$
$S\,(4,\,\alpha;\,4,\,\beta)$	$.675143^{\ 0}$	$.208302^{-1}$	$.262561^{-2}$	$.572499^{-3}$	$.165387^{-3}$	$.564425^{-4}$	$.214684^{-4}$	$.880577^{-5}$	$.381713^{-5}$
$S\,(4,\,\alpha;\,5,\,\beta)$	$.879451^{\ 0}$	$.270594^{-1}$	$.338605^{-2}$	$.730247^{-3}$	$.208245^{-3}$	$.701113^{-4}$	$.263141^{-4}$	$.106574^{-4}$	$.456549^{-5}$
$S\,(5,\,\alpha;\,0,\,\beta)$	$.317266^{\ 1}$	$.494945^{-1}$	$.430574^{-2}$	$.747190^{-3}$	$.186594^{-3}$	$.579436^{-4}$	$.207198^{-4}$	$.816093^{-5}$	$.344473^{-5}$
$S\,(5,\,\alpha;\,1,\,\beta)$	$.370141^{\ 1}$	$.577292^{-1}$	$.501650^{-2}$	$.868380^{-3}$	$.216036^{-3}$	$.667668^{-4}$	$.237473^{-4}$	$.930111^{-5}$	$.390401^{-5}$
$S\,(5,\,\alpha;\,2,\,\beta)$	$.440638^{\ 1}$	$.687014^{-1}$	$.596102^{-2}$	$.102856^{-2}$	$.254652^{-3}$	$.782326^{-4}$	$.276425^{-4}$	$.107532^{-4}$	$.448305^{-5}$
$S\,(5,\,\alpha;\,3,\,\beta)$	$.537569^{\ 1}$	$.837749^{-1}$	$.725414^{-2}$	$.124639^{-2}$	$.306676^{-3}$	$.935102^{-4}$	$.327719^{-4}$	$.126427^{-4}$	$.522780^{-5}$
$S\,(5,\,\alpha;\,4,\,\beta)$	$.675616^{\ 1}$	$.105218^{\ 0}$	$.908558^{-2}$	$.155234^{-2}$	$.378918^{-3}$	$.114449^{-3}$	$.397053^{-4}$	$.151616^{-4}$	$.620729^{-5}$
$S\,(5,\,\alpha;\,5,\,\beta)$	$.880225^{\ 1}$	$.136951^{\ 0}$	$.117807^{-1}$	$.199795^{-2}$	$.482702^{-3}$	$.144065^{-3}$	$.493545^{-4}$	$.186110^{-4}$	$.752797^{-5}$

Tabelle 50 (Fortsetzung).

5,0	5,5	6,0	6,5	7,0	7,5	8,0	9,0	10,0	$= \alpha$
									$\beta = 6,0$
$.303667^{-6}$	$.160160^{-6}$	$.853363^{-7}$	$.458665^{-7}$	$.248388^{-7}$		$.742437^{-8}$	$.226594^{-8}$	$.703344^{-9}$	$S\,(0,\,\alpha;\,0,\,\beta)$
$.331273^{-6}$	$.174087^{-6}$	$.924475^{-7}$	$.495358^{-7}$	$.267495^{-7}$		$.795468^{-8}$	$.241701^{-8}$	$.747304^{-9}$	$S\,(0,\,\alpha;\,1,\,\beta)$
$.363899^{-6}$	$.190436^{-6}$	$.100744^{-6}$	$.537922^{-7}$	$.289541^{-7}$		$.856075^{-8}$	$.258821^{-8}$	$.796757^{-9}$	$S\,(0,\,\alpha;\,2,\,\beta)$
$.402912^{-6}$	$.209838^{-6}$	$.110522^{-6}$	$.587766^{-7}$	$.315205^{-7}$		$.925881^{-8}$	$.278359^{-8}$	$.852737^{-9}$	$S\,(0,\,\alpha;\,3,\,\beta)$
$.450180^{-6}$	$.233147^{-6}$	$.122177^{-6}$	$.646750^{-7}$	$.345374^{-7}$		$.100697^{-7}$	$.300823^{-8}$	$.916529^{-9}$	$S\,(0,\,\alpha;\,4,\,\beta)$
$.508295^{-6}$	$.261528^{-6}$	$.136243^{-6}$	$.717364^{-7}$	$.381224^{-7}$		$.110207^{-7}$	$.326869^{-8}$	$.989760^{-9}$	$S\,(0,\,\alpha;\,5,\,\beta)$
$.392007^{-6}$	$.203206^{-6}$	$.106670^{-6}$	$.565922^{-7}$	$.302979^{-7}$		$.888273^{-8}$	$.266878^{-8}$	$.817637^{-9}$	$S\,(1,\,\alpha;\,0,\,\beta)$
$.430153^{-6}$	$.222088^{-6}$	$.116152^{-6}$	$.614131^{-7}$	$.327754^{-7}$		$.955508^{-8}$	$.285677^{-8}$	$.871488^{-9}$	$S\,(1,\,\alpha;\,1,\,\beta)$
$.475691^{-6}$	$.244463^{-6}$	$.127313^{-6}$	$.670524^{-7}$	$.356568^{-7}$		$.103289^{-7}$	$.307116^{-8}$	$.932412^{-9}$	$S\,(1,\,\alpha;\,2,\,\beta)$
$.530762^{-6}$	$.271299^{-6}$	$.140597^{-6}$	$.737176^{-7}$	$.390403^{-7}$		$.112271^{-7}$	$.331752^{-8}$	$.100180^{-8}$	$S\,(1,\,\alpha;\,3,\,\beta)$
$.598331^{-6}$	$.303918^{-6}$	$.156606^{-6}$	$.816865^{-7}$	$.430563^{-7}$		$.122794^{-7}$	$.360294^{-8}$	$.108141^{-8}$	$S\,(1,\,\alpha;\,4,\,\beta)$
$.682577^{-6}$	$.344159^{-6}$	$.176165^{-6}$	$.913364^{-7}$	$.478798^{-7}$		$.135251^{-7}$	$.393661^{-8}$	$.117348^{-8}$	$S\,(1,\,\alpha;\,5,\,\beta)$
$.520702^{-6}$	$.264329^{-6}$	$.136301^{-6}$	$.712052^{-7}$	$.376106^{-7}$		$.107814^{-7}$	$.318127^{-8}$	$.960284^{-9}$	$S\,(2,\,\alpha;\,0,\,\beta)$
$.574974^{-6}$	$.290598^{-6}$	$.149240^{-6}$	$.776730^{-7}$	$.408849^{-7}$		$.116476^{-7}$	$.341842^{-8}$	$.102703^{-8}$	$S\,(2,\,\alpha;\,1,\,\beta)$
$.640457^{-6}$	$.322043^{-6}$	$.164615^{-6}$	$.853065^{-7}$	$.447251^{-7}$		$.126520^{-7}$	$.369071^{-8}$	$.110301^{-8}$	$S\,(2,\,\alpha;\,2,\,\beta)$
$.720599^{-6}$	$.360182^{-6}$	$.183109^{-6}$	$.944188^{-7}$	$.492768^{-7}$		$.138275^{-7}$	$.400591^{-8}$	$.119012^{-8}$	$S\,(2,\,\alpha;\,3,\,\beta)$
$.820251^{-6}$	$.407124^{-6}$	$.205660^{-6}$	$.105434^{-6}$	$.547355^{-7}$		$.152174^{-7}$	$.437407^{-8}$	$.129079^{-8}$	$S\,(2,\,\alpha;\,4,\,\beta)$
$.946374^{-6}$	$.465853^{-6}$	$.233575^{-6}$	$.118938^{-6}$	$.613677^{-7}$		$.168794^{-7}$	$.480834^{-8}$	$.140814^{-8}$	$S\,(2,\,\alpha;\,5,\,\beta)$
$.715333^{-6}$	$.354018^{-6}$	$.178673^{-6}$	$.916406^{-7}$	$.476393^{-7}$		$.133018^{-7}$	$.384401^{-8}$	$.114082^{-8}$	$S\,(3,\,\alpha;\,0,\,\beta)$
$.795165^{-6}$	$.391655^{-6}$	$.196797^{-6}$	$.100524^{-6}$	$.520595^{-7}$		$.144376^{-7}$	$.414771^{-8}$	$.122464^{-8}$	$S\,(3,\,\alpha;\,1,\,\beta)$
$.892570^{-6}$	$.437187^{-6}$	$.218551^{-6}$	$.111109^{-6}$	$.572903^{-7}$		$.157652^{-7}$	$.449893^{-8}$	$.132066^{-8}$	$S\,(3,\,\alpha;\,2,\,\beta)$
$.101328^{-5}$	$.493072^{-6}$	$.245013^{-6}$	$.123878^{-6}$	$.635524^{-7}$		$.173328^{-7}$	$.490872^{-8}$	$.143154^{-8}$	$S\,(3,\,\alpha;\,3,\,\beta)$
$.116549^{-5}$	$.562772^{-6}$	$.277684^{-6}$	$.139497^{-6}$	$.711458^{-7}$		$.192046^{-7}$	$.539156^{-8}$	$.156068^{-8}$	$S\,(3,\,\alpha;\,4,\,\beta)$
$.136120^{-5}$	$.651272^{-6}$	$.318693^{-6}$	$.158895^{-6}$	$.804855^{-7}$		$.214674^{-7}$	$.596661^{-8}$	$.171251^{-8}$	$S\,(3,\,\alpha;\,5,\,\beta)$
$.102245^{-5}$	$.490614^{-6}$	$.241292^{-6}$	$.121069^{-6}$	$.617599^{-7}$		$.167207^{-7}$	$.471668^{-8}$	$.137286^{-8}$	$S\,(4,\,\alpha;\,0,\,\beta)$
$.114443^{-5}$	$.546367^{-6}$	$.267441^{-6}$	$.133597^{-6}$	$.678707^{-7}$		$.182395^{-7}$	$.511211^{-8}$	$.147962^{-8}$	$S\,(4,\,\alpha;\,1,\,\beta)$
$.129498^{-5}$	$.614563^{-6}$	$.299159^{-6}$	$.148675^{-6}$	$.751710^{-7}$		$.200301^{-7}$	$.557294^{-8}$	$.160277^{-8}$	$S\,(4,\,\alpha;\,2,\,\beta)$
$.148397^{-5}$	$.699302^{-6}$	$.338195^{-6}$	$.167067^{-6}$	$.840034^{-7}$		$.221645^{-7}$	$.611519^{-8}$	$.174606^{-8}$	$S\,(4,\,\alpha;\,3,\,\beta)$
$.172577^{-5}$	$.806460^{-6}$	$.387027^{-6}$	$.189845^{-6}$	$.948398^{-7}$		$.247399^{-7}$	$.676008^{-8}$	$.191434^{-8}$	$S\,(4,\,\alpha;\,4,\,\beta)$
$.204175^{-5}$	$.944642^{-6}$	$.449227^{-6}$	$.218529^{-6}$	$.108343^{-6}$		$.278893^{-7}$	$.753607^{-8}$	$.211401^{-8}$	$S\,(4,\,\alpha;\,5,\,\beta)$
$.153074^{-5}$	$.707541^{-6}$	$.337320^{-6}$	$.164867^{-6}$	$.822366^{-7}$		$.214711^{-7}$	$.588907^{-8}$	$.167619^{-8}$	$S\,(5,\,\alpha;\,0,\,\beta)$
$.172535^{-5}$	$.793307^{-6}$	$.376326^{-6}$	$.183067^{-6}$	$.909128^{-7}$		$.235472^{-7}$	$.641348^{-8}$	$.181431^{-8}$	$S\,(5,\,\alpha;\,1,\,\beta)$
$.196832^{-5}$	$.899398^{-6}$	$.424152^{-6}$	$.205199^{-6}$	$.101381^{-6}$		$.260169^{-7}$	$.702962^{-8}$	$.197483^{-8}$	$S\,(5,\,\alpha;\,2,\,\beta)$
$.227734^{-5}$	$.103290^{-5}$	$.483735^{-6}$	$.232514^{-6}$	$.114187^{-6}$		$.289904^{-7}$	$.776116^{-8}$	$.216309^{-8}$	$S\,(5,\,\alpha;\,3,\,\beta)$
$.267856^{-5}$	$.120413^{-5}$	$.559288^{-6}$	$.266781^{-6}$	$.130094^{-6}$		$.326181^{-7}$	$.863984^{-8}$	$.238617^{-8}$	$S\,(5,\,\alpha;\,4,\,\beta)$
$.321159^{-5}$	$.142848^{-5}$	$.656997^{-6}$	$.310563^{-6}$	$.150190^{-6}$		$.371092^{-7}$	$.970881^{-8}$	$.265348^{-8}$	$S\,(5,\,\alpha;\,5,\,\beta)$

Tabelle 51.

$\alpha =$	0,5	1,0	1,5	2,0	2,5	3,0	3,5	4,0	4,5
$\beta = 6,5$									
$S\,(0,\,\alpha;\,0,\,\beta)$	$.260538^{-3}$	$.737446^{-4}$	$.279552^{-4}$	$.119687^{-4}$	$.548488^{-5}$	$.262638^{-5}$	$.129714^{-5}$	$.655630^{-6}$	$.337408^{-6}$
$S\,(0,\,\alpha;\,1,\,\beta)$	$.297757^{-3}$	$.835772^{-4}$	$.314496^{-4}$	$.133768^{-4}$	$.609431^{-5}$	$.290284^{-5}$	$.142686^{-5}$	$.718070^{-6}$	$.368081^{-6}$
$S\,(0,\,\alpha;\,2,\,\beta)$	$.345611^{-3}$	$.960318^{-4}$	$.358176^{-4}$	$.151162^{-4}$	$.683916^{-5}$	$.323750^{-5}$	$.158251^{-5}$	$.792404^{-6}$	$.404331^{-6}$
$S\,(0,\,\alpha;\,3,\,\beta)$	$.408657^{-3}$	$.112157^{-3}$	$.413868^{-4}$	$.173039^{-4}$	$.776460^{-5}$	$.364875^{-5}$	$.177190^{-5}$	$.882031^{-6}$	$.447681^{-6}$
$S\,(0,\,\alpha;\,4,\,\beta)$	$.494056^{-3}$	$.133562^{-3}$	$.486486^{-4}$	$.201117^{-4}$	$.893581^{-5}$	$.416270^{-5}$	$.200590^{-5}$	$.991642^{-6}$	$.500200^{-6}$
$S\,(0,\,\alpha;\,5,\,\beta)$	$.613435^{-3}$	$.162786^{-3}$	$.583605^{-4}$	$.237991^{-4}$	$.104492^{-4}$	$.481726^{-5}$	$.230008^{-5}$	$.112784^{-5}$	$.564772^{-6}$
$S\,(1,\,\alpha;\,0,\,\beta)$	$.818833^{-3}$	$.157322^{-3}$	$.500864^{-4}$	$.193612^{-4}$	$.828826^{-5}$	$.377830^{-5}$	$.179747^{-5}$	$.881978^{-6}$	$.443061^{-6}$
$S\,(1,\,\alpha;\,1,\,\beta)$	$.941126^{-3}$	$.179609^{-3}$	$.567840^{-4}$	$.218046^{-4}$	$.927690^{-5}$	$.420512^{-5}$	$.199018^{-5}$	$.971922^{-6}$	$.486128^{-6}$
$S\,(1,\,\alpha;\,2,\,\beta)$	$.109988^{-2}$	$.208189^{-3}$	$.652652^{-4}$	$.248620^{-4}$	$.105003^{-4}$	$.472792^{-5}$	$.222404^{-5}$	$.108013^{-5}$	$.537531^{-6}$
$S\,(1,\,\alpha;\,3,\,\beta)$	$.131137^{-2}$	$.245719^{-3}$	$.762399^{-4}$	$.287637^{-4}$	$.120417^{-4}$	$.537895^{-5}$	$.251216^{-5}$	$.121215^{-5}$	$.599686^{-6}$
$S\,(1,\,\alpha;\,4,\,\beta)$	$.160155^{-2}$	$.296348^{-3}$	$.907931^{-4}$	$.338550^{-4}$	$.140236^{-4}$	$.620484^{-5}$	$.287320^{-5}$	$.137575^{-5}$	$.675927^{-6}$
$S\,(1,\,\alpha;\,5,\,\beta)$	$.201321^{-2}$	$.366759^{-3}$	$.110633^{-3}$	$.406677^{-4}$	$.166307^{-4}$	$.727461^{-5}$	$.333435^{-5}$	$.158207^{-5}$	$.770971^{-6}$
$S\,(2,\,\alpha;\,0,\,\beta)$	$.362094^{-2}$	$.410675^{-3}$	$.102600^{-3}$	$.344774^{-4}$	$.134698^{-4}$	$.575637^{-5}$	$.260964^{-5}$	$.123339^{-5}$	$.601248^{-6}$
$S\,(2,\,\alpha;\,1,\,\beta)$	$.417316^{-2}$	$.471375^{-3}$	$.117099^{-3}$	$.391085^{-4}$	$.151861^{-4}$	$.645216^{-5}$	$.290914^{-5}$	$.136799^{-5}$	$.663736^{-6}$
$S\,(2,\,\alpha;\,2,\,\beta)$	$.489357^{-2}$	$.549940^{-3}$	$.135669^{-3}$	$.449737^{-4}$	$.173360^{-4}$	$.731464^{-5}$	$.327678^{-5}$	$.153171^{-5}$	$.739103^{-6}$
$S\,(2,\,\alpha;\,3,\,\beta)$	$.585891^{-2}$	$.654224^{-3}$	$.160014^{-3}$	$.525628^{-4}$	$.200826^{-4}$	$.840324^{-5}$	$.373561^{-5}$	$.173391^{-5}$	$.831298^{-6}$
$S\,(2,\,\alpha;\,4,\,\beta)$	$.719253^{-2}$	$.796668^{-3}$	$.192783^{-3}$	$.626231^{-4}$	$.236699^{-4}$	$.980543^{-5}$	$.431903^{-5}$	$.198798^{-5}$	$.945877^{-6}$
$S\,(2,\,\alpha;\,5,\,\beta)$	$.909971^{-2}$	$.997638^{-3}$	$.238225^{-3}$	$.763278^{-4}$	$.284736^{-4}$	$.116532^{-4}$	$.507652^{-5}$	$.231340^{-5}$	$.109081^{-5}$
$S\,(3,\,\alpha;\,0,\,\beta)$	$.221343^{-1}$	$.134418^{-2}$	$.246586^{-3}$	$.690199^{-4}$	$.239283^{-4}$	$.940512^{-5}$	$.400872^{-5}$	$.180708^{-5}$	$.848513^{-6}$
$S\,(3,\,\alpha;\,1,\,\beta)$	$.255330^{-1}$	$.154769^{-2}$	$.282846^{-3}$	$.787744^{-4}$	$.271592^{-4}$	$.106149^{-4}$	$.449945^{-5}$	$.201764^{-5}$	$.942692^{-6}$
$S\,(3,\,\alpha;\,2,\,\beta)$	$.299749^{-1}$	$.181261^{-2}$	$.329699^{-3}$	$.912597^{-4}$	$.312525^{-4}$	$.121319^{-4}$	510876^{-5}	$.227662^{-5}$	$.105751^{-5}$
$S\,(3,\,\alpha;\,3,\,\beta)$	$.359398^{-1}$	$.216665^{-2}$	$.391753^{-3}$	$.107612^{-3}$	$.365501^{-4}$	$.140721^{-4}$	$.587914^{-5}$	$.260055^{-5}$	$.119966^{-5}$
$S\,(3,\,\alpha;\,4,\,\beta)$	$.442020^{-1}$	$.265413^{-2}$	$.476281^{-3}$	$.129595^{-3}$	$.435729^{-4}$	$.166089^{-4}$	$.687320^{-5}$	$.301336^{-5}$	$.137874^{-5}$
$S\,(3,\,\alpha;\,5,\,\beta)$	$.560552^{-1}$	$.334839^{-2}$	$.595121^{-3}$	$.160023^{-3}$	$.531368^{-4}$	$.200088^{-4}$	$.818539^{-5}$	$.355058^{-5}$	$.160873^{-5}$
$S\,(4,\,\alpha;\,0,\,\beta)$	$.177569^{\ 0}$	$.551030^{-2}$	$.706211^{-3}$	$.158152^{-3}$	$.472212^{-4}$	$.167029^{-4}$	$.658730^{-5}$	$.279872^{-5}$	$.125443^{-5}$
$S\,(4,\,\alpha;\,1,\,\beta)$	$.204878^{\ 0}$	$.635354^{-2}$	$.812618^{-3}$	$.181348^{-3}$	$.539039^{-4}$	$.189704^{-4}$	$.744232^{-5}$	$.314547^{-5}$	$.140272^{-5}$
$S\,(4,\,\alpha;\,2,\,\beta)$	$.240585^{\ 0}$	$.745440^{-2}$	$.950922^{-3}$	$.211287^{-3}$	$.624550^{-4}$	$.218448^{-4}$	$.851577^{-5}$	$.357673^{-5}$	$.158547^{-5}$
$S\,(4,\,\alpha;\,3,\,\beta)$	$.288565^{\ 0}$	$.893070^{-2}$	$.113539^{-2}$	$.250885^{-3}$	$.736492^{-4}$	$.255662^{-4}$	$.989020^{-5}$	$.412291^{-5}$	$.181453^{-5}$
$S\,(4,\,\alpha;\,4,\,\beta)$	$.355073^{\ 0}$	$.109720^{-1}$	$.138875^{-2}$	$.304721^{-3}$	$.886850^{-4}$	$.305007^{-4}$	$.116892^{-4}$	$.482889^{-5}$	$.210707^{-5}$
$S\,(4,\,\alpha;\,5,\,\beta)$	$.450576^{\ 0}$	$.138939^{-1}$	$.174845^{-2}$	$.380224^{-3}$	$.109472^{-3}$	$.372206^{-4}$	$.141026^{-4}$	$.576238^{-5}$	$.248864^{-5}$
$S\,(5,\,\alpha;\,0,\,\beta)$	$.177630^{\ 1}$	$.277143^{-1}$	$.241240^{-2}$	$.419178^{-3}$	$.104892^{-3}$	$.326554^{-4}$	$.117105^{-4}$	$.462624^{-5}$	$.195859^{-5}$
$S\,(5,\,\alpha;\,1,\,\beta)$	$.204956^{\ 1}$	$.319717^{-1}$	$.278045^{-2}$	$.482138^{-3}$	$.120259^{-3}$	$.372862^{-4}$	$.133091^{-4}$	$.523195^{-5}$	$.220404^{-5}$
$S\,(5,\,\alpha;\,2,\,\beta)$	$.240690^{\ 1}$	$.375361^{-1}$	$.326045^{-2}$	$.563879^{-3}$	$.140079^{-3}$	$.432114^{-4}$	$.153366^{-4}$	$.599328^{-5}$	$.250980^{-5}$
$S\,(5,\,\alpha;\,3,\,\beta)$	$.288711^{\ 1}$	$.450090^{-1}$	$.390331^{-2}$	$.672743^{-3}$	$.166267^{-3}$	$.509660^{-4}$	$.179629^{-4}$	$.696917^{-5}$	$.289766^{-5}$
$S\,(5,\,\alpha;\,4,\,\beta)$	$.355287^{\ 1}$	$.553602^{-1}$	$.479064^{-2}$	$.821980^{-3}$	$.201823^{-3}$	$.613768^{-4}$	$.214466^{-4}$	$.824791^{-5}$	$.339985^{-5}$
$S\,(5,\,\alpha;\,5,\,\beta)$	$.450907^{\ 1}$	$.702101^{-1}$	$.605794^{-2}$	$.103333^{-2}$	$.251600^{-3}$	$.757578^{-4}$	$.261915^{-4}$	$.996508^{-5}$	$.406498^{-5}$

Tabelle 51 (Fortsetzung).

5,0	5,5	6,0	6,5	7,0	7,5	8,0	9,0	10,0	
									$\beta = 6,5$
$.176175^{-6}$	$.930940^{-7}$	$.496887^{-7}$	$.267495^{-7}$		$.791931^{-8}$				$S\,(0,\,\alpha;\,0,\,\beta)$
$.191495^{-6}$	$.100852^{-6}$	$.536638^{-7}$	$.288071^{-7}$		$.848499^{-8}$				$S\,(0,\,\alpha;\,1,\,\beta)$
$.209479^{-6}$	$.109903^{-6}$	$.582749^{-7}$	$.311813^{-7}$		$.913146^{-8}$				$S\,(0,\,\alpha;\,2,\,\beta)$
$.230822^{-6}$	$.120570^{-6}$	$.636747^{-7}$	$.339452^{-7}$		$.987606^{-8}$				$S\,(0,\,\alpha;\,3,\,\beta)$
$.256461^{-6}$	$.133284^{-6}$	$.700646^{-7}$	$.371941^{-7}$		$.107411^{-7}$				$S\,(0,\,\alpha;\,4,\,\beta)$
$.287679^{-6}$	$.148629^{-6}$	$.777145^{-7}$	$.410549^{-7}$		$.117554^{-7}$				$S\,(0,\,\alpha;\,5,\,\beta)$
$.226730^{-6}$	$.117778^{-6}$	$.619452^{-7}$	$.329224^{-7}$		$.954089^{-8}$				$S\,(1,\,\alpha;\,0,\,\beta)$
$.247778^{-6}$	$.128240^{-6}$	$.672189^{-7}$	$.356132^{-7}$		$.102628^{-7}$				$S\,(1,\,\alpha;\,1,\,\beta)$
$.272718^{-6}$	$.140552^{-6}$	$.733872^{-7}$	$.387423^{-7}$		$.110936^{-7}$				$S\,(1,\,\alpha;\,2,\,\beta)$
$.302626^{-6}$	$.155206^{-6}$	$.806771^{-7}$	$.424165^{-7}$		$.120579^{-7}$				$S\,(1,\,\alpha;\,3,\,\beta)$
$.338973^{-6}$	$.172863^{-6}$	$.893920^{-7}$	$.467771^{-7}$		$.131876^{-7}$				$S\,(1,\,\alpha;\,4,\,\beta)$
$.383805^{-6}$	$.194432^{-6}$	$.999441^{-7}$	$.520140^{-7}$		$.145247^{-7}$				$S\,(1,\,\alpha;\,5,\,\beta)$
$.300171^{-6}$	$.152731^{-6}$	$.789233^{-7}$	$.413113^{-7}$		$.116757^{-7}$				$S\,(2,\,\alpha;\,0,\,\beta)$
$.329934^{-6}$	$.167202^{-6}$	$.860810^{-7}$	$.449030^{-7}$		$.126128^{-7}$				$S\,(2,\,\alpha;\,1,\,\beta)$
$.365549^{-6}$	$.184394^{-6}$	$.945270^{-7}$	$.491148^{-7}$		$.136993^{-7}$				$S\,(2,\,\alpha;\,2,\,\beta)$
$.408731^{-6}$	$.205068^{-6}$	$.104607^{-6}$	$.541061^{-7}$		$.149708^{-7}$				$S\,(2,\,\alpha;\,3,\,\beta)$
$.461859^{-6}$	$.230268^{-6}$	$.116789^{-6}$	$.600908^{-7}$		$.164740^{-7}$				$S\,(2,\,\alpha;\,4,\,\beta)$
$.528297^{-6}$	$.261452^{-6}$	$.131719^{-6}$	$.673603^{-7}$		$.182713^{-7}$				$S\,(2,\,\alpha;\,5,\,\beta)$
$.410925^{-6}$	$.203878^{-6}$	$.103136^{-6}$	$.530119^{-7}$		$.145463^{-7}$				$S\,(3,\,\alpha;\,0,\,\beta)$
$.454422^{-6}$	$.224485^{-6}$	$.113105^{-6}$	$.579186^{-7}$		$.157862^{-7}$				$S\,(3,\,\alpha;\,1,\,\beta)$
$.507010^{-6}$	$.249208^{-6}$	$.124978^{-6}$	$.637233^{-7}$		$.172352^{-7}$				$S\,(3,\,\alpha;\,2,\,\beta)$
$.571508^{-6}$	$.279264^{-6}$	$.139295^{-6}$	$.706699^{-7}$		$.189457^{-7}$				$S\,(3,\,\alpha;\,3,\,\beta)$
$.651890^{-6}$	$.316350^{-6}$	$.156799^{-6}$	$.790902^{-7}$		$.209876^{-7}$				$S\,(3,\,\alpha;\,4,\,\beta)$
$.753866^{-6}$	$.362870^{-6}$	$.178527^{-6}$	$.894425^{-7}$		$.234553^{-7}$				$S\,(3,\,\alpha;\,5,\,\beta)$
$.585201^{-6}$	$.281559^{-6}$	$.138822^{-6}$	$.698168^{-7}$		$.184991^{-7}$				$S\,(4,\,\alpha;\,0,\,\beta)$
$.651218^{-6}$	$.311891^{-6}$	$.153118^{-6}$	$.766971^{-7}$		$.201747^{-7}$				$S\,(4,\,\alpha;\,1,\,\beta)$
$.731878^{-6}$	$.348651^{-6}$	$.170310^{-6}$	$.849122^{-7}$		$.221494^{-7}$				$S\,(4,\,\alpha;\,2,\,\beta)$
$.831981^{-6}$	$.393850^{-6}$	$.191268^{-6}$	$.948452^{-7}$		$.245024^{-7}$				$S\,(4,\,\alpha;\,3,\,\beta)$
$.958400^{-6}$	$.450333^{-6}$	$.217200^{-6}$	$.107024^{-6}$		$.273401^{-7}$				$S\,(4,\,\alpha;\,4,\,\beta)$
$.112118^{-5}$	$.522195^{-6}$	$.249827^{-6}$	$.122189^{-6}$		$.308088^{-7}$				$S\,(4,\,\alpha;\,5,\,\beta)$
$.872882^{-6}$	$.404592^{-6}$	$.193490^{-6}$	$.947602^{-7}$		$.240882^{-7}$				$S\,(5,\,\alpha;\,0,\,\beta)$
$.977488^{-6}$	$.450946^{-6}$	$.214590^{-6}$	$.104696^{-6}$		$.264072^{-7}$				$S\,(5,\,\alpha;\,1,\,\beta)$
$.110665^{-5}$	$.507705^{-6}$	$.240329^{-6}$	$.116673^{-6}$		$.291643^{-7}$				$S\,(5,\,\alpha;\,2,\,\beta)$
$.126887^{-5}$	$.578306^{-6}$	$.272057^{-6}$	$.131311^{-6}$		$.324817^{-7}$				$S\,(5,\,\alpha;\,3,\,\beta)$
$.147649^{-5}$	$.667683^{-6}$	$.311809^{-6}$	$.149474^{-6}$		$.365261^{-7}$				$S\,(5,\,\alpha;\,4,\,\beta)$
$.174787^{-5}$	$.783058^{-6}$	$.362525^{-6}$	$.172393^{-6}$		$.415295^{-7}$				$S\,(5,\,\alpha;\,5,\,\beta)$

Hilfsfunktionen

Tabelle 52.

$\alpha =$	0,5	1,0	1,5	2,0	2,5	3,0	3,5	4,0	4,5
$\beta = 7{,}0$									
$S(0, \alpha; 0, \beta)$	$.147489^{-3}$	$.419328^{-4}$	$.159583^{-4}$	$.685610^{-5}$	$.315166^{-5}$	$.151333^{-5}$	$.749291^{-6}$	$.379584^{-6}$	$.195751^{-6}$
$S(0, \alpha; 1, \beta)$	$.167154^{-3}$	$.471744^{-4}$	$.178358^{-4}$	$.761788^{-5}$	$.348341^{-5}$	$.166466^{-5}$	$.820651^{-6}$	$.414092^{-6}$	$.212772^{-6}$
$S(0, \alpha; 2, \beta)$	$.192064^{-3}$	$.537264^{-4}$	$.201550^{-4}$	$.854896^{-5}$	$.388500^{-5}$	$.184626^{-5}$	$.905605^{-6}$	$.454872^{-6}$	$.232754^{-6}$
$S(0, \alpha; 3, \beta)$	$.224315^{-3}$	$.620802^{-4}$	$.230718^{-4}$	$.970575^{-5}$	$.437850^{-5}$	$.206721^{-5}$	$.100804^{-5}$	$.503640^{-6}$	$.256469^{-6}$
$S(0, \alpha; 4, \beta)$	$.267124^{-3}$	$.729730^{-4}$	$.268156^{-4}$	$.111698^{-4}$	$.499523^{-5}$	$.234021^{-5}$	$.113331^{-5}$	$.562725^{-6}$	$.284957^{-6}$
$S(0, \alpha; 5, \beta)$	$.325572^{-3}$	$.875409^{-4}$	$.317322^{-4}$	$.130615^{-4}$	$.578071^{-5}$	$.268343^{-5}$	$.128896^{-5}$	$.635368^{-6}$	$.319644^{-6}$
$S(1, \alpha; 0, \beta)$	$.462133^{-3}$	$.891073^{-4}$	$.284746^{-4}$	$.110459^{-4}$	$.474407^{-5}$	$.216911^{-5}$	$.103474^{-5}$	$.508988^{-6}$	$.256273^{-6}$
$S(1, \alpha; 1, \beta)$	$.526372^{-3}$	$.100901^{-3}$	$.320455^{-4}$	$.123579^{-4}$	$.527837^{-5}$	$.240115^{-5}$	$.114008^{-5}$	$.558396^{-6}$	$.280037^{-6}$
$S(1, \alpha; 2, \beta)$	$.608442^{-3}$	$.115807^{-3}$	$.365085^{-4}$	$.139802^{-4}$	$.593250^{-5}$	$.268264^{-5}$	$.126678^{-5}$	$.617358^{-6}$	$.308192^{-6}$
$S(1, \alpha; 3, \beta)$	$.715753^{-3}$	$.135053^{-3}$	$.421968^{-4}$	$.160226^{-4}$	$.674663^{-5}$	$.302928^{-5}$	$.142132^{-5}$	$.688636^{-6}$	$.341950^{-6}$
$S(1, \alpha; 4, \beta)$	$.859819^{-3}$	$.160514^{-3}$	$.496093^{-4}$	$.186464^{-4}$	$.777882^{-5}$	$.346351^{-5}$	$.161276^{-5}$	$.776050^{-6}$	$.382969^{-6}$
$S(1, \alpha; 5, \beta)$	$.105909^{-2}$	$.195130^{-3}$	$.595123^{-4}$	$.220945^{-4}$	$.911492^{-5}$	$.401787^{-5}$	$.185411^{-5}$	$.884991^{-6}$	$.433554^{-6}$
$S(2, \alpha; 0, \beta)$	$.204059^{-2}$	$.231941^{-3}$	$.581211^{-4}$	$.195949^{-4}$	$.768026^{-5}$	$.329234^{-5}$	$.149688^{-5}$	$.709367^{-6}$	$.346653^{-6}$
$S(2, \alpha; 1, \beta)$	$.232980^{-2}$	$.263882^{-3}$	$.657991^{-4}$	$.220637^{-4}$	$.860120^{-5}$	$.366798^{-5}$	$.165951^{-5}$	$.782838^{-6}$	$.380930^{-6}$
$S(2, \alpha; 2, \beta)$	$.270089^{-2}$	$.304586^{-3}$	$.754936^{-4}$	$.251500^{-4}$	$.974124^{-5}$	$.412864^{-5}$	$.185718^{-5}$	$.871405^{-6}$	$.421932^{-6}$
$S(2, \alpha; 3, \beta)$	$.318858^{-2}$	$.357647^{-3}$	$.879947^{-4}$	$.290842^{-4}$	$.111780^{-4}$	$.470296^{-5}$	$.210114^{-5}$	$.979686^{-6}$	$.471623^{-6}$
$S(2, \alpha; 4, \beta)$	$.384722^{-2}$	$.428616^{-3}$	$.104503^{-3}$	$.342102^{-4}$	$.130257^{-4}$	$.543240^{-5}$	$.240742^{-5}$	$.111417^{-5}$	$.532730^{-6}$
$S(2, \alpha; 5, \beta)$	$.476460^{-2}$	$.526332^{-3}$	$.126897^{-3}$	$.410558^{-4}$	$.154561^{-4}$	$.637829^{-5}$	$.279935^{-5}$	$.128417^{-5}$	$.609107^{-6}$
$S(3, \alpha; 0, \beta)$	$.124679^{-1}$	$.757903^{-3}$	$.139314^{-3}$	$.390981^{-4}$	$.135948^{-4}$	$.535955^{-5}$	$.229108^{-5}$	$.103567^{-5}$	$.487571^{-6}$
$S(3, \alpha; 1, \beta)$	$.142460^{-1}$	$.864619^{-3}$	$.158414^{-3}$	$.442653^{-4}$	$.153167^{-4}$	$.600819^{-5}$	$.255574^{-5}$	$.114985^{-5}$	$.538911^{-6}$
$S(3, \alpha; 2, \beta)$	$.165309^{-1}$	$.100130^{-2}$	$.182719^{-3}$	$.507865^{-4}$	$.174702^{-4}$	$.681208^{-5}$	$.288083^{-5}$	$.128892^{-5}$	$.600933^{-6}$
$S(3, \alpha; 3, \beta)$	$.195394^{-1}$	$.118053^{-2}$	$.214347^{-3}$	$.591900^{-4}$	$.202163^{-4}$	$.782636^{-5}$	$.328682^{-5}$	$.146091^{-5}$	$.676937^{-6}$
$S(3, \alpha; 4, \beta)$	$.236116^{-1}$	$.142192^{-2}$	$.256553^{-3}$	$.702765^{-4}$	$.237950^{-4}$	$.913211^{-5}$	$.380335^{-5}$	$.167731^{-5}$	$.771570^{-6}$
$S(3, \alpha; 5, \beta)$	$.292985^{-1}$	$.175700^{-2}$	$.314501^{-3}$	$.852943^{-4}$	$.285740^{-4}$	$.108514^{-4}$	$.447433^{-5}$	$.195484^{-5}$	$.891502^{-6}$
$S(4, \alpha; 0, \beta)$	$.100010^{\ 0}$	$.310459^{-2}$	$.398320^{-3}$	$.893660^{-4}$	$.267469^{-4}$	$.948628^{-5}$	$.375168^{-5}$	$.159839^{-5}$	$.718354^{-6}$
$S(4, \alpha; 1, \beta)$	$.114293^{\ 0}$	$.354602^{-2}$	$.454169^{-3}$	$.101592^{-3}$	$.302874^{-4}$	$.106944^{-4}$	$.420981^{-5}$	$.178522^{-5}$	$.798677^{-6}$
$S(4, \alpha; 2, \beta)$	$.132655^{\ 0}$	$.411279^{-2}$	$.525609^{-3}$	$.117137^{-3}$	$.347550^{-4}$	$.122062^{-4}$	$.477821^{-5}$	$.201507^{-5}$	$.896684^{-6}$
$S(4, \alpha; 3, \beta)$	$.156844^{\ 0}$	$.485820^{-2}$	$.619138^{-3}$	$.137341^{-3}$	$.405102^{-4}$	$.141348^{-4}$	$.549622^{-5}$	$.230259^{-5}$	$.101814^{-5}$
$S(4, \alpha; 4, \beta)$	$.189604^{\ 0}$	$.586569^{-2}$	$.744850^{-3}$	$.164264^{-3}$	$.480987^{-4}$	$.166492^{-4}$	$.642158^{-5}$	$.266902^{-5}$	$.117127^{-5}$
$S(4, \alpha; 5, \beta)$	$.235389^{\ 0}$	$.727019^{-2}$	$.918908^{-3}$	$.201155^{-3}$	$.583691^{-4}$	$.200076^{-4}$	$.764129^{-5}$	$.314583^{-5}$	$.136810^{-5}$
$S(5, \alpha; 0, \beta)$	$.100043^{\ 1}$	$.156105^{-1}$	$.135946^{-2}$	$.236476^{-3}$	$.592746^{-4}$	$.184939^{-4}$	$.664850^{-5}$	$.263336^{-5}$	$.111782^{-5}$
$S(5, \alpha; 1, \beta)$	$.114334^{\ 1}$	$.178377^{-1}$	$.155225^{-2}$	$.269544^{-3}$	$.673774^{-4}$	$.209473^{-4}$	$.749985^{-5}$	$.295768^{-5}$	$.124994^{-5}$
$S(5, \alpha; 2, \beta)$	$.132708^{\ 1}$	$.207000^{-1}$	$.179958^{-2}$	$.311803^{-3}$	$.776741^{-4}$	$.240433^{-4}$	$.856587^{-5}$	$.336052^{-5}$	$.141273^{-5}$
$S(5, \alpha; 3, \beta)$	$.156915^{\ 1}$	$.244690^{-1}$	$.212450^{-2}$	$.367064^{-3}$	$.910471^{-4}$	$.280312^{-4}$	$.992663^{-5}$	$.386995^{-5}$	$.161670^{-5}$
$S(5, \alpha; 4, \beta)$	$.189704^{\ 1}$	$.295707^{-1}$	$.256307^{-2}$	$.441226^{-3}$	$.108848^{-3}$	$.332879^{-4}$	$.117015^{-4}$	$.452727^{-5}$	$.187707^{-5}$
$S(5, \alpha; 5, \beta)$	$.235537^{\ 1}$	$.366956^{-1}$	$.317338^{-2}$	$.543707^{-3}$	$.133206^{-3}$	$.403985^{-4}$	$.140728^{-4}$	$.539459^{-5}$	$.221643^{-5}$

Tabelle 52 (Fortsetzung).

5,0	5,5	6,0	6,5	7,0	7,5	8,0	9,0	10,0	$= \alpha$
									$\beta = 7,0$
$.102404^{-6}$	$.542059^{-7}$	$.289786^{-7}$		$.848498^{-8}$		$.254919^{-8}$	$.781495^{-9}$		$S\,(0,\ \alpha;\ 0,\ \beta)$
$.110937^{-6}$	$.585423^{-7}$	$.312077^{-7}$		$.909106^{-8}$		$.271913^{-8}$	$.830337^{-9}$		$S\,(0,\ \alpha;\ 1,\ \beta)$
$.120893^{-6}$	$.635726^{-7}$	$.337798^{-7}$		$.978371^{-8}$		$.291174^{-8}$	$.885287^{-9}$		$S\,(0,\ \alpha;\ 2,\ \beta)$
$.132627^{-6}$	$.694633^{-7}$	$.367739^{-7}$		$.105815^{-7}$		$.313153^{-8}$	$.947486^{-9}$		$S\,(0,\ \alpha;\ 3,\ \beta)$
$.146613^{-6}$	$.764341^{-7}$	$.402936^{-7}$		$.115083^{-7}$		$.338426^{-8}$	$.101837^{-8}$		$S\,(0,\ \alpha;\ 4,\ \beta)$
$.163492^{-6}$	$.847795^{-7}$	$.444761^{-7}$		$.125951^{-7}$		$.367727^{-8}$	$.109973^{-8}$		$S\,(0,\ \alpha;\ 5,\ \beta)$
$.131418^{-6}$	$.683980^{-7}$	$.360375^{-7}$		$.103032^{-7}$		$.303778^{-8}$	$.917170^{-9}$		$S\,(1,\ \alpha;\ 0,\ \beta)$
$.143081^{-6}$	$.742167^{-7}$	$.389810^{-7}$		$.110824^{-7}$		$.325163^{-8}$	$.977545^{-9}$		$S\,(1,\ \alpha;\ 1,\ \beta)$
$.156805^{-6}$	$.810220^{-7}$	$.424039^{-7}$		$.119792^{-7}$		$.349550^{-8}$	$.104585^{-8}$		$S\,(1,\ \alpha;\ 2,\ \beta)$
$.173138^{-6}$	$.890638^{-7}$	$.464226^{-7}$		$.130199^{-7}$		$.377570^{-8}$	$.112364^{-8}$		$S\,(1,\ \alpha;\ 3,\ \beta)$
$.192815^{-6}$	$.986766^{-7}$	$.511917^{-7}$		$.142391^{-7}$		$.410031^{-8}$	$.121289^{-8}$		$S\,(1,\ \alpha;\ 4,\ \beta)$
$.216848^{-6}$	$.110315^{-6}$	$.569187^{-7}$		$.156822^{-7}$		$.447975^{-8}$	$.131609^{-8}$		$S\,(1,\ \alpha;\ 5,\ \beta)$
$.173460^{-6}$	$.884446^{-7}$	$.457923^{-7}$		$.127275^{-7}$		$.367118^{-8}$	$.108910^{-8}$		$S\,(2,\ \alpha;\ 0,\ \beta)$
$.189859^{-6}$	$.964512^{-7}$	$.497676^{-7}$		$.137479^{-7}$		$.394444^{-8}$	$.116472^{-8}$		$S\,(2,\ \alpha;\ 1,\ \beta)$
$.209335^{-6}$	$.105897^{-6}$	$.544283^{-7}$		$.149309^{-7}$		$.425814^{-8}$	$.125078^{-8}$		$S\,(2,\ \alpha;\ 2,\ \beta)$
$.232747^{-6}$	$.117166^{-6}$	$.599503^{-7}$		$.163151^{-7}$		$.462120^{-8}$	$.134943^{-8}$		$S\,(2,\ \alpha;\ 3,\ \beta)$
$.261275^{-6}$	$.130782^{-6}$	$.665699^{-7}$		$.179512^{-7}$		$.504517^{-8}$	$.146342^{-8}$		$S\,(2,\ \alpha;\ 4,\ \beta)$
$.296563^{-6}$	$.147464^{-6}$	$.746086^{-7}$		$.199070^{-7}$		$.554517^{-8}$	$.159629^{-8}$		$S\,(2,\ \alpha;\ 5,\ \beta)$
$.236703^{-6}$	$.117706^{-6}$	$.596700^{-7}$		$.160361^{-7}$		$.450823^{-8}$	$.131052^{-8}$		$S\,(3,\ \alpha;\ 0,\ \beta)$
$.260528^{-6}$	$.129044^{-6}$	$.651774^{-7}$		$.174002^{-7}$		$.486343^{-8}$	$.140660^{-8}$		$S\,(3,\ \alpha;\ 1,\ \beta)$
$.289093^{-6}$	$.142541^{-6}$	$.716903^{-7}$		$.189940^{-7}$		$.527407^{-8}$	$.151666^{-8}$		$S\,(3,\ \alpha;\ 2,\ \beta)$
$.323798^{-6}$	$.158809^{-6}$	$.794812^{-7}$		$.208750^{-7}$		$.575304^{-8}$	$.164370^{-8}$		$S\,(3,\ \alpha;\ 3,\ \beta)$
$.366589^{-6}$	$.178686^{-6}$	$.889206^{-7}$		$.231198^{-7}$		$.631717^{-8}$	$.179163^{-8}$		$S\,(3,\ \alpha;\ 4,\ \beta)$
$.420224^{-6}$	$.203345^{-6}$	$.100520^{-6}$		$.258317^{-7}$		$.698875^{-8}$	$.196550^{-8}$		$S\,(3,\ \alpha;\ 5,\ \beta)$
$.335975^{-6}$	$.162038^{-6}$	$.800737^{-7}$		$.206718^{-7}$		$.563838^{-8}$	$.160082^{-8}$		$S\,(4,\ \alpha;\ 0,\ \beta)$
$.371915^{-6}$	$.178630^{-6}$	$.879277^{-7}$		$.225381^{-7}$		$.610899^{-8}$	$.172489^{-8}$		$S\,(4,\ \alpha;\ 1,\ \beta)$
$.415424^{-6}$	$.198566^{-6}$	$.972995^{-7}$		$.247366^{-7}$		$.665713^{-8}$	$.186796^{-8}$		$S\,(4,\ \alpha;\ 2,\ \beta)$
$.468862^{-6}$	$.222847^{-6}$	$.108623^{-6}$		$.273550^{-7}$		$.730175^{-8}$	$.203436^{-8}$		$S\,(4,\ \alpha;\ 3,\ \beta)$
$.535558^{-6}$	$.252863^{-6}$	$.122496^{-6}$		$.305114^{-7}$		$.806789^{-8}$	$.222969^{-8}$		$S\,(4,\ \alpha;\ 4,\ \beta)$
$.620298^{-6}$	$.290588^{-6}$	$.139757^{-6}$		$.343674^{-7}$		$.898915^{-8}$	$.246134^{-8}$		$S\,(4,\ \alpha;\ 5,\ \beta)$
$.499467^{-6}$	$.232087^{-6}$	$.111204^{-6}$		$.273606^{-7}$		$.720126^{-8}$	$.198908^{-8}$		$S\,(5,\ \alpha;\ 0,\ \beta)$
$.556064^{-6}$	$.257291^{-6}$	$.122779^{-6}$		$.299815^{-7}$		$.783821^{-8}$	$.215217^{-8}$		$S\,(5,\ \alpha;\ 1,\ \beta)$
$.625248^{-6}$	$.287865^{-6}$	$.136719^{-6}$		$.330954^{-7}$		$.858594^{-8}$	$.234158^{-8}$		$S\,(5,\ \alpha;\ 2,\ \beta)$
$.711149^{-6}$	$.325498^{-6}$	$.153735^{-6}$		$.368394^{-7}$		$.947290^{-8}$	$.256361^{-8}$		$S\,(5,\ \alpha;\ 3,\ \beta)$
$.819676^{-6}$	$.372576^{-6}$	$.174824^{-6}$		$.414003^{-7}$		$.105372^{-7}$	$.282650^{-8}$		$S\,(5,\ \alpha;\ 4,\ \beta)$
$.959466^{-6}$	$.432538^{-6}$	$.201399^{-6}$		$.470378^{-7}$		$.118306^{-7}$	$.314127^{-8}$		$S\,(5,\ \alpha;\ 5,\ \beta)$

Tabelle 53.

β = 7,5

α =	0,5	1,0	1,5	2,0	2,5	3,0	3,5	4,0	4,5
$S(0, α; 0, β)$	$.838657^{-4}$	$.239375^{-4}$	$.914147^{-5}$	$.393957^{-5}$	$.181600^{-5}$	$.874173^{-6}$	$.433810^{-6}$	$.220219^{-6}$	$.113782^{-6}$
$S(0, α; 1, β)$	$.943489^{-4}$	$.267536^{-4}$	$.101572^{-4}$	$.435426^{-5}$	$.199760^{-5}$	$.957427^{-6}$	$.473247^{-6}$	$.239369^{-6}$	$.123264^{-6}$
$S(0, α; 2, β)$	$.107453^{-3}$	$.302324^{-4}$	$.113986^{-4}$	$.485626^{-5}$	$.221552^{-5}$	$.105654^{-5}$	$.519854^{-6}$	$.261849^{-6}$	$.134326^{-6}$
$S(0, α; 3, β)$	$.124160^{-3}$	$.346077^{-4}$	$.129410^{-4}$	$.547312^{-5}$	$.248065^{-5}$	$.117604^{-5}$	$.575589^{-6}$	$.288528^{-6}$	$.147363^{-6}$
$S(0, α; 4, β)$	$.145946^{-3}$	$.402234^{-4}$	$.148930^{-4}$	$.624404^{-5}$	$.280826^{-5}$	$.132219^{-5}$	$.643115^{-6}$	$.320577^{-6}$	$.162903^{-6}$
$S(0, α; 5, β)$	$.175082^{-3}$	$.475983^{-4}$	$.174154^{-4}$	$.722590^{-5}$	$.322012^{-5}$	$.150379^{-5}$	$.726135^{-6}$	$.359600^{-6}$	$.181658^{-6}$
$S(1, α; 0, β)$	$.262080^{-3}$	$.506911^{-4}$	$.162515^{-4}$	$.632405^{-5}$	$.272400^{-5}$	$.124882^{-5}$	$.597194^{-6}$	$.294424^{-6}$	$.148548^{-6}$
$S(1, α; 1, β)$	$.296151^{-3}$	$.569861^{-4}$	$.181701^{-4}$	$.703339^{-5}$	$.301456^{-5}$	$.137568^{-5}$	$.655069^{-6}$	$.321691^{-6}$	$.161717^{-6}$
$S(1, α; 2, β)$	$.339066^{-3}$	$.648401^{-4}$	$.205401^{-4}$	$.790125^{-5}$	$.336686^{-5}$	$.152822^{-5}$	$.724120^{-6}$	$.353990^{-6}$	$.177213^{-6}$
$S(1, α; 3, β)$	$.394267^{-3}$	$.748312^{-4}$	$.235204^{-4}$	$.898061^{-5}$	$.380052^{-5}$	$.171420^{-5}$	$.807570^{-6}$	$.392709^{-6}$	$.195650^{-6}$
$S(1, α; 4, β)$	$.466974^{-3}$	$.878217^{-4}$	$.273441^{-4}$	$.103479^{-4}$	$.434343^{-5}$	$.194452^{-5}$	$.909883^{-6}$	$.439745^{-6}$	$.217859^{-6}$
$S(1, α; 5, β)$	$.565341^{-3}$	$.105135^{-3}$	$.323620^{-4}$	$.121162^{-4}$	$.503612^{-5}$	$.223474^{-5}$	$.103735^{-5}$	$.497737^{-6}$	$.244979^{-6}$
$S(2, α; 0, β)$	$.115577^{-2}$	$.131615^{-3}$	$.330673^{-4}$	$.111803^{-4}$	$.439471^{-5}$	$.188909^{-5}$	$.861109^{-6}$	$.409061^{-6}$	$.200347^{-6}$
$S(2, α; 1, β)$	$.130876^{-2}$	$.148580^{-3}$	$.371678^{-4}$	$.125065^{-4}$	$.489230^{-5}$	$.209316^{-5}$	$.949915^{-6}$	$.449373^{-6}$	$.219238^{-6}$
$S(2, α; 2, β)$	$.150221^{-2}$	$.169904^{-3}$	$.422798^{-4}$	$.141453^{-4}$	$.550174^{-5}$	$.234100^{-5}$	$.105690^{-5}$	$.497572^{-6}$	$.241664^{-6}$
$S(2, α; 3, β)$	$.175215^{-2}$	$.197261^{-3}$	$.487759^{-4}$	$.162065^{-4}$	$.626054^{-5}$	$.264659^{-5}$	$.118760^{-5}$	$.555955^{-6}$	$.268614^{-6}$
$S(2, α; 4, β)$	$.208307^{-2}$	$.233180^{-3}$	$.572105^{-4}$	$.188512^{-4}$	$.722282^{-5}$	$.302982^{-5}$	$.134982^{-5}$	$.627710^{-6}$	$.301437^{-6}$
$S(2, α; 5, β)$	$.253351^{-2}$	$.281589^{-3}$	$.684310^{-4}$	$.223214^{-4}$	$.846855^{-5}$	$.351965^{-5}$	$.155469^{-5}$	$.717336^{-6}$	$.342017^{-6}$
$S(3, α; 0, β)$	$.705880^{-2}$	$.429451^{-3}$	$.790756^{-4}$	$.222436^{-4}$	$.775431^{-5}$	$.306513^{-5}$	$.131368^{-5}$	$.595323^{-6}$	$.280928^{-6}$
$S(3, α; 1, β)$	$.799852^{-2}$	$.485963^{-3}$	$.892286^{-4}$	$.250038^{-4}$	$.867901^{-5}$	$.341535^{-5}$	$.145733^{-5}$	$.657607^{-6}$	$.309061^{-6}$
$S(3, α; 2, β)$	$.918835^{-2}$	$.557310^{-3}$	$.101975^{-3}$	$.284439^{-4}$	$.982222^{-5}$	$.384479^{-5}$	$.163205^{-5}$	$.732780^{-6}$	$.342767^{-6}$
$S(3, α; 3, β)$	$.107281^{-1}$	$.649318^{-3}$	$.118303^{-3}$	$.328131^{-4}$	$.112607^{-4}$	$.438007^{-5}$	$.184783^{-5}$	$.824803^{-6}$	$.383686^{-6}$
$S(3, α; 4, β)$	$.127706^{-1}$	$.770860^{-3}$	$.139703^{-3}$	$.384820^{-4}$	$.131070^{-4}$	$.505965^{-5}$	$.211891^{-5}$	$.939250^{-6}$	$.434096^{-6}$
$S(3, α; 5, β)$	$.155571^{-1}$	$.935831^{-3}$	$.168476^{-3}$	$.460155^{-4}$	$.155300^{-4}$	$.594036^{-5}$	$.246598^{-5}$	$.108411^{-5}$	$.497219^{-6}$
$S(4, α; 0, β)$	$.566164^{-1}$	$.175803^{-2}$	$.225761^{-3}$	$.507312^{-4}$	$.152152^{-4}$	$.540903^{-5}$	$.214447^{-5}$	$.915900^{-6}$	$.412616^{-6}$
$S(4, α; 1, β)$	$.641633^{-1}$	$.199145^{-2}$	$.255358^{-3}$	$.572335^{-4}$	$.171065^{-4}$	$.605759^{-5}$	$.239165^{-5}$	$.101721^{-5}$	$.456379^{-6}$
$S(4, α; 2, β)$	$.737220^{-1}$	$.228677^{-2}$	$.292685^{-3}$	$.653910^{-4}$	$.194636^{-4}$	$.685987^{-5}$	$.269508^{-5}$	$.114062^{-5}$	$.509293^{-6}$
$S(4, α; 3, β)$	$.860967^{-1}$	$.266859^{-2}$	$.340758^{-3}$	$.758313^{-4}$	$.224568^{-4}$	$.786992^{-5}$	$.307373^{-5}$	$.129327^{-5}$	$.574192^{-6}$
$S(4, α; 4, β)$	$.102521^{\ 0}$	$.317450^{-2}$	$.404154^{-3}$	$.894974^{-4}$	$.263390^{-4}$	$.916691^{-5}$	$.355499^{-5}$	$.148536^{-5}$	$.655070^{-6}$
$S(4, α; 5, β)$	$.124941^{\ 0}$	$.386368^{-2}$	$.490025^{-3}$	$.107844^{-3}$	$.314949^{-4}$	$.108695^{-4}$	$.417939^{-5}$	$.173172^{-5}$	$.757659^{-6}$
$S(5, α; 0, β)$	$.566339^{\ 0}$	$.883774^{-2}$	$.769953^{-3}$	$.134054^{-3}$	$.336504^{-4}$	$.105188^{-4}$	$.378966^{-5}$	$.150448^{-5}$	$.640121^{-6}$
$S(5, α; 1, β)$	$.641848^{\ 0}$	$.100148^{-1}$	$.871946^{-3}$	$.151587^{-3}$	$.379612^{-4}$	$.118295^{-4}$	$.424653^{-5}$	$.167935^{-5}$	$.711698^{-6}$
$S(5, α; 2, β)$	$.737492^{\ 0}$	$.115052^{-1}$	$.100090^{-2}$	$.173683^{-3}$	$.433669^{-4}$	$.134629^{-4}$	$.481204^{-5}$	$.189424^{-5}$	$.799019^{-6}$
$S(5, α; 3, β)$	$.861323^{\ 0}$	$.134340^{-1}$	$.116747^{-2}$	$.202112^{-3}$	$.502813^{-4}$	$.155372^{-4}$	$.552442^{-5}$	$.216270^{-5}$	$.907199^{-6}$
$S(5, α; 4, β)$	$.102569^{\ 1}$	$.159929^{-1}$	$.138794^{-2}$	$.239557^{-3}$	$.593249^{-4}$	$.182272^{-4}$	$.643969^{-5}$	$.250431^{-5}$	$.104354^{-5}$
$S(5, α; 5, β)$	$.125010^{\ 1}$	$.194839^{-1}$	$.168784^{-2}$	$.290196^{-3}$	$.714528^{-4}$	$.217987^{-4}$	$.764176^{-5}$	$.294801^{-5}$	$.121870^{-5}$

Tabelle 53 (Fortsetzung.)

5,0	5,5	6,0	6,5	7,0	7,5	8,0	9,0	10,0	$= \alpha$
									$\beta = 7,5$
$.596265^{-7}$	$.316130^{-7}$		$.913767^{-8}$		$.271913^{\,8}$				$S\,(0,\,\alpha;\,0,\,\beta)$
$.643966^{-7}$	$.340448^{-7}$		$.979037^{-8}$		$.290041^{-8}$				$S\,(0,\,\alpha;\,1,\,\beta)$
$.699299^{-7}$	$.368507^{-7}$		$.105363^{-7}$		$.310585^{-8}$				$S\,(0,\,\alpha;\,2,\,\beta)$
$.764096^{-7}$	$.401170^{-7}$		$.113955^{-7}$		$.334030^{-8}$				$S\,(0,\,\alpha;\,3,\,\beta)$
$.840775^{-7}$	$.439567^{-7}$		$.123935^{-7}$		$.360988^{-8}$				$S\,(0,\,\alpha;\,4,\,\beta)$
$.932574^{-7}$	$.485194^{-7}$		$.135639^{-7}$		$.392242^{-8}$				$S\,(0,\,\alpha;\,5,\,\beta)$
$.763218^{-7}$	$.397926^{-7}$		$.111962^{-7}$		$.326296^{-8}$				$S\,(1,\,\alpha;\,0,\,\beta)$
$.828092^{-7}$	$.430406^{-7}$		$.120425^{-7}$		$.349257^{-8}$				$S\,(1,\,\alpha;\,1,\,\beta)$
$.903956^{-7}$	$.468171^{-7}$		$.130164^{-7}$		$.375442^{-8}$				$S\,(1,\,\alpha;\,2,\,\beta)$
$.993595^{-7}$	$.512507^{-7}$		$.141467^{-7}$		$.405525^{-8}$				$S\,(1,\,\alpha;\,3,\,\beta)$
$.110073^{-6}$	$.565115^{-7}$		$.154706^{-7}$		$.440374^{-8}$				$S\,(1,\,\alpha;\,4,\,\beta)$
$.123041^{-6}$	$.628283^{-7}$		$.170376^{-7}$		$.481109^{-8}$				$S\,(1,\,\alpha;\,5,\,\beta)$
$.100459^{-6}$	$.513207^{-7}$		$.139813^{-7}$		$.397597^{-8}$				$S\,(2,\,\alpha;\,0,\,\beta)$
$.109533^{-6}$	$.557681^{-7}$		$.151008^{-7}$		$.427165^{-8}$				$S\,(2,\,\alpha;\,1,\,\beta)$
$.120236^{-6}$	$.609811^{-7}$		$.163986^{-7}$		$.461106^{-8}$				$S\,(2,\,\alpha;\,2,\,\beta)$
$.133001^{-6}$	$.671560^{-7}$		$.179168^{-7}$		$.500383^{-8}$				$S\,(2,\,\alpha;\,3,\,\beta)$
$.148419^{-6}$	$.745562^{-7}$		$.197110^{-7}$		$.546243^{-8}$				$S\,(2,\,\alpha;\,4,\,\beta)$
$.167301^{-6}$	$.835401^{-7}$		$.218554^{-7}$		$.600320^{-8}$				$S\,(2,\,\alpha;\,5,\,\beta)$
$.136685^{-6}$	$.681101^{-7}$		$.178484^{-7}$		$.493069^{-8}$				$S\,(3,\,\alpha;\,0,\,\beta)$
$.149798^{-6}$	$.743757^{-7}$		$.193631^{-7}$		$.531854^{-8}$				$S\,(3,\,\alpha;\,1,\,\beta)$
$.165399^{-6}$	$.817818^{-7}$		$.211325^{-7}$		$.576685^{-8}$				$S\,(3,\,\alpha;\,2,\,\beta)$
$.184191^{-6}$	$.906371^{-7}$		$.232201^{-7}$		$.628963^{-8}$				$S\,(3,\,\alpha;\,3,\,\beta)$
$.207136^{-6}$	$.101360^{-6}$		$.257105^{-7}$		$.690522^{-8}$				$S\,(3,\,\alpha;\,4,\,\beta)$
$.235582^{-6}$	$.114530^{-6}$		$.287180^{-7}$		$.763788^{-8}$				$S\,(3,\,\alpha;\,5,\,\beta)$
$.193425^{-6}$	$.934913^{-7}$		$.233771^{-7}$		$.623958^{-8}$				$S\,(4,\,\alpha;\,0,\,\beta)$
$.213095^{-6}$	$.102611^{-6}$		$.254797^{-7}$		$.675898^{-8}$				$S\,(4,\,\alpha;\,1,\,\beta)$
$.236709^{-6}$	$.113484^{-6}$		$.279554^{-7}$		$.736375^{-8}$				$S\,(4,\,\alpha;\,2,\,\beta)$
$.265437^{-6}$	$.126611^{-6}$		$.309023^{-7}$		$.807472^{-8}$				$S\,(4,\,\alpha;\,3,\,\beta)$
$.300910^{-6}$	$.142680^{-6}$		$.344527^{-7}$		$.891938^{-8}$				$S\,(4,\,\alpha;\,4,\,\beta)$
$.345436^{-6}$	$.162651^{-6}$		$.387873^{-7}$		$.993462^{-8}$				$S\,(4,\,\alpha;\,5,\,\beta)$
$.286683^{-6}$	$.133512^{-6}$		$.315464^{-7}$		$.808215^{-8}$				$S\,(5,\,\alpha;\,0,\,\beta)$
$.317486^{-6}$	$.147289^{-6}$		$.345506^{-7}$		$.879409^{-8}$				$S\,(5,\,\alpha;\,1,\,\beta)$
$.354794^{-6}$	$.163861^{-6}$		$.381172^{-7}$		$.962942^{-8}$				$S\,(5,\,\alpha;\,2,\,\beta)$
$.400638^{-6}$	$.184064^{-6}$		$.424019^{-7}$		$.106197^{-7}$				$S\,(5,\,\alpha;\,3,\,\beta)$
$.457881^{-6}$	$.209065^{-6}$		$.476167^{-7}$		$.118073^{-7}$				$S\,(5,\,\alpha;\,4,\,\beta)$
$.530639^{-6}$	$.240521^{-6}$		$.540559^{-7}$		$.132496^{-7}$				$S\,(5,\,\alpha;\,5,\,\beta)$

Tabelle 54.

$\alpha =$	0,5	1,0	1,5	2,0	2,5	3,0	3,5	4,0	4,5
$\beta = 8,0$									
$S\,(0,\,\alpha;\,0,\,\beta)$	$.478749^{-4}$	$.137122^{-4}$	$.525276^{-5}$	$.227000^{-5}$	$.104901^{-5}$	$.506112^{-6}$	$.251679^{-6}$	$.128004^{-6}$	$.662516^{-7}$
$S\,(0,\,\alpha;\,1,\,\beta)$	$.535073^{-4}$	$.152358^{-4}$	$.580568^{-5}$	$.249700^{-5}$	$.114891^{-5}$	$.552121^{-6}$	$.273564^{-6}$	$.138672^{-6}$	$.715517^{-7}$
$S\,(0,\,\alpha;\,2,\,\beta)$	$.604649^{-4}$	$.170979^{-4}$	$.647501^{-5}$	$.276940^{-5}$	$.126785^{-5}$	$.606497^{-6}$	$.299256^{-6}$	$.151116^{-6}$	$.776999^{-7}$
$S\,(0,\,\alpha;\,3,\,\beta)$	$.692154^{-4}$	$.194115^{-4}$	$.729750^{-5}$	$.310081^{-5}$	$.141125^{-5}$	$.671520^{-6}$	$.329746^{-6}$	$.165783^{-6}$	$.848996^{-7}$
$S\,(0,\,\alpha;\,4,\,\beta)$	$.804469^{-4}$	$.223395^{-4}$	$.832539^{-5}$	$.351032^{-5}$	$.158663^{-5}$	$.750301^{-6}$	$.366374^{-6}$	$.183266^{-6}$	$.934195^{-7}$
$S\,(0,\,\alpha;\,5,\,\beta)$	$.951966^{-4}$	$.261231^{-4}$	$.963455^{-5}$	$.402515^{-5}$	$.180454^{-5}$	$.847158^{-6}$	$.410972^{-6}$	$.204365^{-6}$	$.103619^{-6}$
$S\,(1,\,\alpha;\,0,\,\beta)$	$.149257^{-3}$	$.289480^{-4}$	$.930752^{-5}$	$.363199^{-5}$	$.156852^{-5}$	$.720826^{-6}$	$.345473^{-6}$	$.170672^{-6}$	$.862743^{-7}$
$S\,(1,\,\alpha;\,1,\,\beta)$	$.167479^{-3}$	$.323337^{-4}$	$.103455^{-4}$	$.401789^{-5}$	$.172741^{-5}$	$.790538^{-6}$	$.377417^{-6}$	$.185784^{-6}$	$.936003^{-7}$
$S\,(1,\,\alpha;\,2,\,\beta)$	$.190145^{-3}$	$.365094^{-4}$	$.116142^{-4}$	$.448551^{-5}$	$.191839^{-5}$	$.873686^{-6}$	$.415248^{-6}$	$.203563^{-6}$	$.102166^{-6}$
$S\,(1,\,\alpha;\,3,\,\beta)$	$.218878^{-3}$	$.417511^{-4}$	$.131904^{-4}$	$.506073^{-5}$	$.215113^{-5}$	$.974141^{-6}$	$.460587^{-6}$	$.224711^{-6}$	$.112286^{-6}$
$S\,(1,\,\alpha;\,4,\,\beta)$	$.256090^{-3}$	$.484626^{-4}$	$.151848^{-4}$	$.578032^{-5}$	$.243920^{-5}$	$.109726^{-5}$	$.515650^{-6}$	$.250182^{-6}$	$.124379^{-6}$
$S\,(1,\,\alpha;\,5,\,\beta)$	$.305466^{-3}$	$.572506^{-4}$	$.177608^{-4}$	$.669766^{-5}$	$.280199^{-5}$	$.125059^{-5}$	$.583520^{-6}$	$.281278^{-6}$	$.139016^{-6}$
$S\,(2,\,\alpha;\,0,\,\beta)$	$.657493^{-3}$	$.749939^{-4}$	$.188850^{-4}$	$.640139^{-5}$	$.252266^{-5}$	$.108705^{-5}$	$.496669^{-6}$	$.236453^{-6}$	$.116044^{-6}$
$S\,(2,\,\alpha;\,1,\,\beta)$	$.739133^{-3}$	$.840789^{-4}$	$.210915^{-4}$	$.711871^{-5}$	$.279318^{-5}$	$.119855^{-5}$	$.545413^{-6}$	$.258676^{-6}$	$.126500^{-6}$
$S\,(2,\,\alpha;\,2,\,\beta)$	$.841027^{-3}$	$.953584^{-4}$	$.238110^{-4}$	$.799583^{-5}$	$.312134^{-5}$	$.133276^{-5}$	$.603658^{-6}$	$.285047^{-6}$	$.138827^{-6}$
$S\,(2,\,\alpha;\,3,\,\beta)$	$.970708^{-3}$	$.109625^{-3}$	$.272217^{-4}$	$.908589^{-5}$	$.352545^{-5}$	$.149659^{-5}$	$.674165^{-6}$	$.316721^{-6}$	$.153524^{-6}$
$S\,(2,\,\alpha;\,4,\,\beta)$	$.113943^{-2}$	$.128053^{-3}$	$.315841^{-4}$	$.104654^{-4}$	$.403153^{-5}$	$.169970^{-5}$	$.760757^{-6}$	$.355278^{-6}$	$.171269^{-6}$
$S\,(2,\,\alpha;\,5,\,\beta)$	$.136450^{-2}$	$.152424^{-3}$	$.372879^{-4}$	$.122472^{-4}$	$.467739^{-5}$	$.195596^{-5}$	$.868832^{-6}$	$.402919^{-6}$	$.192990^{-6}$
$S\,(3,\,\alpha;\,0,\,\beta)$	$.401417^{-2}$	$.244393^{-3}$	$.450676^{-4}$	$.127029^{-4}$	$.443844^{-5}$	$.175857^{-5}$	$.755462^{-6}$	$.343123^{-6}$	$.162262^{-6}$
$S\,(3,\,\alpha;\,1,\,\beta)$	$.451524^{-2}$	$.274576^{-3}$	$.505083^{-4}$	$.141884^{-4}$	$.493845^{-5}$	$.194885^{-5}$	$.833870^{-6}$	$.377272^{-6}$	$.177753^{-6}$
$S\,(3,\,\alpha;\,2,\,\beta)$	$.514136^{-2}$	$.312198^{-3}$	$.572565^{-4}$	$.160189^{-4}$	$.555015^{-5}$	$.217992^{-5}$	$.928393^{-6}$	$.418150^{-6}$	$.196171^{-6}$
$S\,(3,\,\alpha;\,3,\,\beta)$	$.593932^{-2}$	$.360003^{-3}$	$.657812^{-4}$	$.183139^{-4}$	$.631071^{-5}$	$.246478^{-5}$	$.104396^{-5}$	$.467728^{-6}$	$.218338^{-6}$
$S\,(3,\,\alpha;\,4,\,\beta)$	$.697925^{-2}$	$.422081^{-3}$	$.767752^{-4}$	$.212477^{-4}$	$.727363^{-5}$	$.282194^{-5}$	$.118747^{-5}$	$.528738^{-6}$	$.245384^{-6}$
$S\,(3,\,\alpha;\,5,\,\beta)$	$.836915^{-2}$	$.504692^{-3}$	$.912870^{-4}$	$.250805^{-4}$	$.851771^{-5}$	$.327825^{-5}$	$.136884^{-5}$	$.605047^{-6}$	$.278883^{-6}$
$S\,(4,\,\alpha;\,0,\,\beta)$	$.321938^{-1}$	$.999912^{-3}$	$.128506^{-3}$	$.289161^{-4}$	$.868814^{-5}$	$.309506^{-5}$	$.122976^{-5}$	$.526388^{-6}$	$.237653^{-6}$
$S\,(4,\,\alpha;\,1,\,\beta)$	$.362172^{-1}$	$.112443^{-2}$	$.144323^{-3}$	$.324019^{-4}$	$.970606^{-5}$	$.344562^{-5}$	$.136397^{-5}$	$.581637^{-6}$	$.261622^{-6}$
$S\,(4,\,\alpha;\,2,\,\beta)$	$.412460^{-1}$	$.127992^{-2}$	$.164022^{-3}$	$.367229^{-4}$	$.109604^{-4}$	$.387476^{-5}$	$.152712^{-5}$	$.648337^{-6}$	$.290363^{-6}$
$S\,(4,\,\alpha;\,3,\,\beta)$	$.476572^{-1}$	$.147793^{-2}$	$.189023^{-3}$	$.421774^{-4}$	$.125329^{-4}$	$.440862^{-5}$	$.172848^{-5}$	$.730008^{-6}$	$.325284^{-6}$
$S\,(4,\,\alpha;\,4,\,\beta)$	$.560161^{-1}$	$.173574^{-2}$	$.221445^{-3}$	$.492050^{-4}$	$.145427^{-4}$	$.508488^{-5}$	$.198123^{-5}$	$.831596^{-6}$	$.368343^{-6}$
$S\,(4,\,\alpha;\,5,\,\beta)$	$.671939^{-1}$	$.207990^{-2}$	$.264516^{-3}$	$.584696^{-4}$	$.171672^{-4}$	$.595898^{-5}$	$.230451^{-5}$	$.960195^{-6}$	$.422308^{-6}$
$S\,(5,\,\alpha;\,0,\,\beta)$	$.322034^{\ 0}$	$.502568^{-2}$	$.437987^{-3}$	$.763155^{-4}$	$.191808^{-4}$	$.600559^{-5}$	$.216777^{-5}$	$.862351^{-6}$	$.367678^{-6}$
$S\,(5,\,\alpha;\,1,\,\beta)$	$.362287^{\ 0}$	$.565327^{-2}$	$.492416^{-3}$	$.856899^{-4}$	$.214923^{-4}$	$.671090^{-5}$	$.241462^{-5}$	$.957234^{-6}$	$.406680^{-6}$
$S\,(5,\,\alpha;\,2,\,\beta)$	$.412602^{\ 0}$	$.643753^{-2}$	$.560346^{-3}$	$.973568^{-4}$	$.243566^{-4}$	$.758017^{-5}$	$.271699^{-5}$	$.107270^{-5}$	$.453831^{-6}$
$S\,(5,\,\alpha;\,3,\,\beta)$	$.476754^{\ 0}$	$.743710^{-2}$	$.646789^{-3}$	$.112153^{-3}$	$.279707^{-4}$	$.866998^{-5}$	$.309339^{-5}$	$.121537^{-5}$	$.511650^{-6}$
$S\,(5,\,\alpha;\,4,\,\beta)$	$.560402^{\ 0}$	$.873986^{-2}$	$.759234^{-3}$	$.131321^{-3}$	$.326242^{-4}$	$.100628^{-4}$	$.357046^{-5}$	$.139464^{-5}$	$.583682^{-6}$
$S\,(5,\,\alpha;\,5,\,\beta)$	$.672270^{\ 0}$	$.104812^{-1}$	$.909168^{-3}$	$.156753^{-3}$	$.387538^{-4}$	$.118814^{-4}$	$.418743^{-5}$	$.162420^{-5}$	$.675013^{-6}$

Tabelle 54 (Fortsetzung).

5,0	5,5	6,0	6,5	7,0	7,5	8,0	9,0	10,0	$= \alpha$
									$\beta = 8,0$
$.347743^{-7}$		$.989915^{-8}$		$.291336^{-8}$		$.879181^{-9}$		$^{.}846110^{-10}$	$S\,(0,\,\alpha;\,0,\,\beta)$
$.374492^{-7}$		$.106062^{-7}$		$.310758^{-8}$		$.934129^{-9}$		$^{.}893160^{-10}$	$S\,(0,\,\alpha;\,1,\,\beta)$
$.405357^{-7}$		$.114143^{-7}$		$.332770^{-8}$		$.995947^{-9}$		$.945344^{-10}$	$S\,(0,\,\alpha;\,2,\,\beta)$
$.441287^{-7}$		$.123451^{-7}$		$.357889^{-8}$		$.106592^{-8}$		$.100367^{-9}$	$S\,(0,\,\alpha;\,3,\,\beta)$
$.483524^{-7}$		$.134263^{-7}$		$.386773^{-8}$		$.114566^{-8}$		$.106915^{-9}$	$S\,(0,\,\alpha;\,4,\,\beta)$
$.533714^{-7}$		$.146943^{-7}$		$.420260^{-8}$		$.123720^{-8}$		$.114310^{-9}$	$S\,(0,\,\alpha;\,5,\,\beta)$
$.444041^{-7}$		$.122561^{-7}$		$.352377^{-8}$		$.104403^{-8}$		$.977726^{-10}$	$S\,(1,\,\alpha;\,0,\,\beta)$
$.480256^{-7}$		$.131820^{-7}$		$.377164^{-7}$		$.111271^{-8}$		$.103466^{-9}$	$S\,(1,\,\alpha;\,1,\,\beta)$
$.522358^{-7}$		$.142475^{-7}$		$.405428^{-8}$		$.119041^{-8}$		$.109820^{-9}$	$S\,(1,\,\alpha;\,2,\,\beta)$
$.571781^{-7}$		$.154838^{-7}$		$.437900^{-8}$		$.127890^{-8}$		$.116951^{-9}$	$S\,(1,\,\alpha;\,3,\,\beta)$
$.630418^{-7}$		$.169320^{-7}$		$.475513^{-8}$		$.138041^{-8}$		$.123001^{-9}$	$S\,(1,\,\alpha;\,4,\,\beta)$
$.700815^{-7}$		$.186457^{-7}$		$.519477^{-8}$		$.149778^{-8}$		$.134145^{-9}$	$S\,(1,\,\alpha;\,5,\,\beta)$
$.582974^{-7}$		$.154997^{-7}$		$.433449^{-8}$		$.125695^{-8}$		$.114089^{-9}$	$S\,(2,\,\alpha;\,0,\,\beta)$
$.633389^{-7}$		$.167391^{-7}$		$.465651^{-8}$		$.134410^{-8}$		$.121060^{-9}$	$S\,(2,\,\alpha;\,1,\,\beta)$
$.692467^{-7}$		$.181755^{-7}$		$.502609^{-8}$		$.144327^{-8}$		$.128879^{-9}$	$S\,(2,\,\alpha;\,2,\,\beta)$
$.762426^{-7}$		$.198555^{-7}$		$.545374^{-8}$		$.155693^{-8}$		$.137700^{-9}$	$S\,(2,\,\alpha;\,3,\,\beta)$
$.846240^{-7}$		$.218407^{-7}$		$.595300^{-8}$		$.168823^{-8}$		$.147714^{-9}$	$S\,(2,\,\alpha;\,4,\,\beta)$
$.947954^{-7}$		$.242127^{-7}$		$.654163^{-8}$		$.184125^{-8}$		$.159162^{-9}$	$S\,(2,\,\alpha;\,5,\,\beta)$
$.791071^{-7}$		$.200949^{-7}$		$.543653^{-8}$		$.153728^{-8}$		$.134593^{-9}$	$S\,(3,\,\alpha;\,0,\,\beta)$
$.863557^{-7}$		$.217959^{-7}$		$.586337^{-8}$		$.164970^{-8}$		$.143233^{-9}$	$S\,(3,\,\alpha;\,1,\,\beta)$
$.949194^{-7}$		$.237820^{-7}$		$.635664^{-8}$		$.177843^{-8}$		$.152973^{-9}$	$S\,(3,\,\alpha;\,2,\,\beta)$
$.105153^{-6}$		$.261245^{-7}$		$.693171^{-8}$		$.192698^{-8}$		$.164024^{-9}$	$S\,(3,\,\alpha;\,3,\,\beta)$
$.117537^{-6}$		$.289178^{-7}$		$.760869^{-8}$		$.209989^{-8}$		$.176647^{-9}$	$S\,(3,\,\alpha;\,4,\,\beta)$
$.132736^{-6}$		$.322898^{-7}$		$.841419^{-8}$		$.230305^{-8}$		$.191174^{-9}$	$S\,(3,\,\alpha;\,5,\,\beta)$
$.111638^{-6}$		$.268229^{-7}$		$.697432^{-8}$		$.191430^{-9}$		$.160752^{-9}$	$S\,(4,\,\alpha;\,0,\,\beta)$
$.122456^{-6}$		$.292248^{-7}$		$.755310^{-8}$		$.206205^{-8}$		$.171603^{-9}$	$S\,(4,\,\alpha;\,1,\,\beta)$
$.135343^{-6}$		$.320514^{-7}$		$.822676^{-8}$		$.223234^{-8}$		$.183903^{-9}$	$S\,(4,\,\alpha;\,2,\,\beta)$
$.150885^{-6}$		$.354138^{-7}$		$.901838^{-8}$		$.243029^{-8}$		$.197943^{-9}$	$S\,(4,\,\alpha;\,3,\,\beta)$
$.169889^{-6}$		$.394620^{-7}$		$.995846^{-8}$		$.266253^{-8}$		$.214085^{-9}$	$S\,(4,\,\alpha;\,4,\,\beta)$
$.193481^{-6}$		$.444008^{-7}$		$.110878^{-7}$		$.293778^{-8}$		$.232794^{-9}$	$S\,(4,\,\alpha;\,5,\,\beta)$
$.165009^{-6}$		$.370467^{-7}$		$.918425^{-8}$		$.243364^{-8}$		$.194686^{-9}$	$S\,(5,\,\alpha;\,0,\,\beta)$
$.181863^{-6}$		$.405507^{-7}$		$.998946^{-8}$		$.263191^{-8}$		$.208515^{-9}$	$S\,(5,\,\alpha;\,1,\,\beta)$
$.202106^{-6}$		$.447070^{-7}$		$.109337^{-7}$		$.286202^{-8}$		$.224285^{-9}$	$S\,(5,\,\alpha;\,2,\,\beta)$
$.226744^{-6}$		$.496949^{-7}$		$.120523^{-7}$		$.313151^{-8}$		$.242397^{-9}$	$S\,(5,\,\alpha;\,3,\,\beta)$
$.257181^{-6}$		$.557592^{-7}$		$.133929^{-7}$		$.345034^{-8}$		$.263366^{-9}$	$S\,(5,\,\alpha;\,4,\,\beta)$
$.295403^{-6}$		$.632385^{-7}$		$.150197^{-7}$		$.383171^{-8}$		$.287854^{-9}$	$S\,(5,\,\alpha;\,5,\,\beta)$

Hilfsfunktionen

Tabelle 55.

$\alpha =$	0,5	1,0	1,5	2,0	2,5	3,0	3,5	4,0	4,5
$\beta = 9{,}0$									
$S\,(0,\,\alpha;\,0,\,\beta)$	$.157583^{-4}$	$.453999^{-5}$	$.174835^{-5}$	$.759168^{-6}$	$.352351^{-6}$	$.170672^{-6}$	$.851806^{-7}$	$.434679^{-7}$	
$S\,(0,\,\alpha;\,1,\,\beta)$	$.174170^{-4}$	$.499399^{-5}$	$.191486^{-5}$	$.828182^{-6}$	$.382990^{-6}$	$.184895^{-6}$	$.919951^{-7}$	$.468116^{-7}$	
$S\,(0,\,\alpha;\,2,\,\beta)$	$.194250^{-4}$	$.553879^{-5}$	$.211308^{-5}$	$.909747^{-6}$	$.418958^{-6}$	$.201488^{-6}$	$.998999^{-7}$	$.506696^{-7}$	
$S\,(0,\,\alpha;\,3,\,\beta)$	$.218925^{-4}$	$.620163^{-5}$	$.235208^{-5}$	$.100728^{-5}$	$.461644^{-6}$	$.221045^{-6}$	$.109157^{-6}$	$.551609^{-7}$	
$S\,(0,\,\alpha;\,4,\,\beta)$	$.249762^{-4}$	$.702064^{-5}$	$.264438^{-5}$	$.112545^{-5}$	$.512923^{-6}$	$.244354^{-6}$	$.120111^{-6}$	$.604404^{-7}$	
$S\,(0,\,\alpha;\,5,\,\beta)$	$.289036^{-4}$	$.805031^{-5}$	$.300757^{-5}$	$.127074^{-5}$	$.575361^{-6}$	$.272487^{-6}$	$.133225^{-6}$	$.667142^{-7}$	
$S\,(1,\,\alpha;\,0,\,\beta)$	$.489336^{-4}$	$.953399^{-5}$	$.308042^{-5}$	$.120777^{-5}$	$.523931^{-6}$	$.241786^{-6}$	$.116332^{-6}$	$.576785^{-7}$	
$S\,(1,\,\alpha;\,1,\,\beta)$	$.542591^{-4}$	$.105328^{-4}$	$.338965^{-5}$	$.132384^{-5}$	$.572154^{-6}$	$.263120^{-6}$	$.126184^{-6}$	$.623725^{-7}$	
$S\,(1,\,\alpha;\,2,\,\beta)$	$.607426^{-4}$	$.117404^{-4}$	$.376080^{-5}$	$.146215^{-5}$	$.629228^{-6}$	$.288207^{-6}$	$.137699^{-6}$	$.678283^{-7}$	
$S\,(1,\,\alpha;\,3,\,\beta)$	$.687612^{-4}$	$.132223^{-4}$	$.421243^{-5}$	$.162909^{-5}$	$.697581^{-6}$	$.318036^{-6}$	$.151298^{-6}$	$.742307^{-7}$	
$S\,(1,\,\alpha;\,4,\,\beta)$	$.788560^{-4}$	$.150710^{-4}$	$.477049^{-5}$	$.183346^{-5}$	$.780530^{-6}$	$.353938^{-6}$	$.167542^{-6}$	$.818243^{-7}$	
$S\,(1,\,\alpha;\,5,\,\beta)$	$.918205^{-4}$	$.174205^{-4}$	$.547201^{-5}$	$.208767^{-5}$	$.882685^{-6}$	$.397745^{-6}$	$.187193^{-6}$	$.909376^{-7}$	
$S\,(2,\,\alpha;\,0,\,\beta)$	$.215159^{-3}$	$.246068^{-4}$	$.622031^{-5}$	$.211751^{-5}$	$.838103^{-6}$	$.362679^{-6}$	$.166376^{-6}$	$.795089^{-7}$	
$S\,(2,\,\alpha;\,1,\,\beta)$	$.238929^{-3}$	$.272672^{-4}$	$.687162^{-5}$	$.233112^{-5}$	$.919368^{-6}$	$.396458^{-6}$	$.181262^{-6}$	$.863471^{-7}$	
$S\,(2,\,\alpha;\,2,\,\beta)$	$.267946^{-3}$	$.305015^{-4}$	$.765878^{-5}$	$.258761^{-5}$	$.101631^{-5}$	$.436492^{-6}$	$.198796^{-6}$	$.943546^{-7}$	
$S\,(2,\,\alpha;\,3,\,\beta)$	$.303948^{-3}$	$.344949^{-4}$	$.862415^{-5}$	$.289983^{-5}$	$.113343^{-5}$	$.484511^{-6}$	$.219681^{-6}$	$.103830^{-6}$	
$S\,(2,\,\alpha;\,4,\,\beta)$	$.349437^{-3}$	$.395121^{-4}$	$.982762^{-5}$	$.328576^{-5}$	$.127696^{-5}$	$.542875^{-6}$	$.244867^{-6}$	$.115171^{-6}$	
$S\,(2,\,\alpha;\,5,\,\beta)$	$.408103^{-3}$	$.459401^{-4}$	$.113557^{-4}$	$.377102^{-5}$	$.145570^{-5}$	$.614870^{-6}$	$.275660^{-6}$	$.128922^{-6}$	
$S\,(3,\,\alpha;\,0,\,\beta)$	$.131285^{-2}$	$.800219^{-4}$	$.147927^{-4}$	$.418355^{-5}$	$.146737^{-5}$	$.583724^{-6}$	$.251764^{-6}$	$.114793^{-6}$	
$S\,(3,\,\alpha;\,1,\,\beta)$	$.145855^{-2}$	$.888222^{-4}$	$.163876^{-4}$	$.462213^{-5}$	$.161616^{-5}$	$.640812^{-6}$	$.275478^{-6}$	$.125201^{-6}$	
$S\,(3,\,\alpha;\,2,\,\beta)$	$.163658^{-2}$	$.995548^{-4}$	$.183251^{-4}$	$.515215^{-5}$	$.179493^{-5}$	$.708979^{-6}$	$.303622^{-6}$	$.137480^{-6}$	
$S\,(3,\,\alpha;\,3,\,\beta)$	$.185770^{-2}$	$.112855^{-3}$	$.207153^{-4}$	$.580204^{-5}$	$.201265^{-5}$	$.791427^{-6}$	$.337427^{-6}$	$.152131^{-6}$	
$S\,(3,\,\alpha;\,4,\,\beta)$	$.213744^{-2}$	$.129635^{-3}$	$.237149^{-4}$	$.661200^{-5}$	$.228191^{-5}$	$.892582^{-6}$	$.378579^{-6}$	$.169832^{-6}$	
$S\,(3,\,\alpha;\,5,\,\beta)$	$.249875^{-2}$	$.151240^{-3}$	$.275527^{-4}$	$.763996^{-5}$	$.262062^{-5}$	$.101868^{-5}$	$.429424^{-6}$	$.191516^{-6}$	
$S\,(4,\,\alpha;\,0,\,\beta)$	$.105278^{-1}$	$.327108^{-3}$	$.420916^{-4}$	$.949256^{-5}$	$.286071^{-5}$	$.102265^{-5}$	$.407841^{-6}$	$.175233^{-6}$	
$S\,(4,\,\alpha;\,1,\,\beta)$	$.116973^{-1}$	$.363339^{-3}$	$.467079^{-4}$	$.105150^{-4}$	$.316122^{-5}$	$.112690^{-5}$	$.448057^{-6}$	$.191915^{-6}$	
$S\,(4,\,\alpha;\,2,\,\beta)$	$.131267^{-1}$	$.407589^{-3}$	$.523340^{-4}$	$.117566^{-4}$	$.352442^{-5}$	$.125222^{-5}$	$.496125^{-6}$	$.211739^{-6}$	
$S\,(4,\,\alpha;\,3,\,\beta)$	$.149024^{-1}$	$.462518^{-3}$	$.593004^{-4}$	$.132874^{-4}$	$.396979^{-5}$	$.140494^{-5}$	$.554323^{-6}$	$.235585^{-6}$	
$S\,(4,\,\alpha;\,4,\,\beta)$	$.171497^{-1}$	$.531961^{-3}$	$.680811^{-4}$	$.152074^{-4}$	$.452483^{-5}$	$.159392^{-5}$	$.625805^{-6}$	$.264656^{-6}$	
$S\,(4,\,\alpha;\,5,\,\beta)$	$.200532^{-1}$	$.621576^{-3}$	$.793721^{-4}$	$.176619^{-4}$	$.522916^{-5}$	$.183177^{-5}$	$.715015^{-6}$	$.300631^{-6}$	
$S\,(5,\,\alpha;\,0,\,\beta)$	$.105307^{\ 0}$	$.164359^{-2}$	$.143313^{-3}$	$.250021^{-4}$	$.629678^{-5}$	$.197691^{-5}$	$.715855^{-6}$	$.285755^{-6}$	
$S\,(5,\,\alpha;\,1,\,\beta)$	$.117007^{\ 0}$	$.182607^{-2}$	$.159160^{-3}$	$.277398^{-4}$	$.697499^{-5}$	$.218509^{-5}$	$.789210^{-6}$	$.314153^{-6}$	
$S\,(5,\,\alpha;\,2,\,\beta)$	$.131308^{\ 0}$	$.204905^{-2}$	$.178506^{-3}$	$.310748^{-4}$	$.779840^{-5}$	$.243674^{-5}$	$.877442^{-6}$	$.348128^{-6}$	
$S\,(5,\,\alpha;\,3,\,\beta)$	$.149075^{\ 0}$	$.232601^{-2}$	$.202509^{-3}$	$.352020^{-4}$	$.881336^{-5}$	$.274538^{-5}$	$.985034^{-6}$	$.389305^{-6}$	
$S\,(5,\,\alpha;\,4,\,\beta)$	$.171560^{\ 0}$	$.267642^{-2}$	$.232835^{-3}$	$.404005^{-4}$	$.100858^{-4}$	$.313006^{-5}$	$.111825^{-5}$	$.439935^{-6}$	
$S\,(5,\,\alpha;\,5,\,\beta)$	$.200615^{\ 0}$	$.312904^{-2}$	$.271939^{-3}$	$.470793^{-4}$	$.117117^{-4}$	$.361823^{-5}$	$.128603^{-5}$	$.503191^{-6}$	

Tabelle 55 (Fortsetzung).

5,0	5,5	6,0	6,5	7,0	7,5	8,0	9,0	10,0	$= \alpha$
									$\beta = 9,0$
$.118790^{-7}$		$.339891^{-8}$		$.100478^{-8}$			$.940121^{-10}$		$S\,(0,\ \alpha;\ 0,\ \beta)$
$.127275^{-7}$		$.362551^{-8}$		$.106758^{-8}$			$.992400^{-10}$		$S\,(0,\ \alpha;\ 1,\ \beta)$
$.136972^{-7}$		$.388232^{-8}$		$.113823^{-8}$			$.105038^{-9}$		$S\,(0,\ \alpha;\ 2,\ \beta)$
$.148141^{-7}$		$.417538^{-8}$		$.121820^{-8}$			$.111519^{-9}$		$S\,(0,\ \alpha;\ 3,\ \beta)$
$.161116^{-7}$		$.451235^{-8}$		$.130933^{-8}$			$.118794^{-9}$		$S\,(0,\ \alpha;\ 4,\ \beta)$
$.176331^{-7}$		$.490303^{-8}$		$.141394^{-8}$			$.127011^{-9}$		$S\,(0,\ \alpha;\ 5,\ \beta)$
$.151033^{-7}$		$.419199^{-8}$		$.121112^{-8}$			$.109681^{-9}$		$S\,(1,\ \alpha;\ 0,\ \beta)$
$.162427^{-7}$		$.448657^{-8}$		$.129074^{-8}$			$.116065^{-9}$		$S\,(1,\ \alpha;\ 1,\ \beta)$
$.175535^{-7}$		$.482243^{-8}$		$.138080^{-8}$			$.123190^{-9}$		$S\,(1,\ \alpha;\ 2,\ \beta)$
$.190744^{-7}$		$.520825^{-8}$		$.148336^{-8}$			$.131185^{-9}$		$S\,(1,\ \alpha;\ 3,\ \beta)$
$.208554^{-7}$		$.565509^{-8}$		$.160099^{-8}$			$.140210^{-9}$		$S\,(1,\ \alpha;\ 4,\ \beta)$
$.229627^{-7}$		$.617730^{-8}$		$.173700^{-8}$			$.150461^{-9}$		$S\,(1,\ \alpha;\ 5,\ \beta)$
$.197385^{-7}$		$.527965^{-8}$		$.148426^{-8}$			$.129412^{-9}$		$S\,(2,\ \alpha;\ 0,\ \beta)$
$.213112^{-7}$		$.567090^{-8}$		$.158698^{-8}$			$.137311^{-9}$		$S\,(2,\ \alpha;\ 1,\ \beta)$
$.231330^{-7}$		$.611982^{-8}$		$.170384^{-8}$			$.146170^{-9}$		$S\,(2,\ \alpha;\ 2,\ \beta)$
$.252629^{-7}$		$.663911^{-8}$		$.183776^{-8}$			$.156163^{-9}$		$S\,(2,\ \alpha;\ 3,\ \beta)$
$.277782^{-7}$		$.724516^{-8}$		$.199243^{-8}$			$.167507^{-9}$		$S\,(2,\ \alpha;\ 4,\ \beta)$
$.307821^{-7}$		$.795941^{-8}$		$.217263^{-8}$			$.180473^{-9}$		$S\,(2,\ \alpha;\ 5,\ \beta)$
$.266572^{-7}$		$.681520^{-8}$		$.185431^{-8}$			$.154656^{-9}$		$S\,(3,\ \alpha;\ 0,\ \beta)$
$.288983^{-7}$		$.734780^{-8}$		$.198946^{-8}$			$.164564^{-9}$		$S\,(3,\ \alpha;\ 1,\ \beta)$
$.315129^{-7}$		$.796294^{-8}$		$.214416^{-8}$			$.175734^{-9}$		$S\,(3,\ \alpha;\ 2,\ \beta)$
$.345938^{-7}$		$.867968^{-8}$		$.232262^{-8}$			$.188403^{-9}$		$S\,(3,\ \alpha;\ 3,\ \beta)$
$.382639^{-7}$		$.952289^{-8}$		$.253024^{-8}$			$.202872^{-9}$		$S\,(3,\ \alpha;\ 4,\ \beta)$
$.426894^{-7}$		$.105254^{-7}$		$.277408^{-8}$			$.219520^{-9}$		$S\,(3,\ \alpha;\ 5,\ \beta)$
$.374373^{-7}$		$.905582^{-8}$		$.236893^{-8}$			$.187530^{-9}$		$S\,(4,\ \alpha;\ 0,\ \beta)$
$.407517^{-7}$		$.980156^{-8}$		$.255078^{-8}$			$.200150^{-9}$		$S\,(4,\ \alpha;\ 1,\ \beta)$
$.446464^{-7}$		$.106688^{-7}$		$.276024^{-8}$			$.214453^{-9}$		$S\,(4,\ \alpha;\ 2,\ \beta)$
$.492720^{-7}$		$.116868^{-7}$		$.300355^{-8}$			$.230772^{-9}$		$S\,(4,\ \alpha;\ 3,\ \beta)$
$.548313^{-7}$		$.128943^{-7}$		$.328880^{-8}$			$.249527^{-9}$		$S\,(4,\ \alpha;\ 4,\ \beta)$
$.616005^{-7}$		$.143433^{-7}$		$.362662^{-8}$			$.271257^{-9}$		$S\,(4,\ \alpha;\ 5,\ \beta)$
$.550705^{-7}$		$.124495^{-7}$		$.310604^{-8}$			$.231194^{-9}$		$S\,(5,\ \alpha;\ 0,\ \beta)$
$.601878^{-7}$		$.135281^{-7}$		$.335699^{-8}$			$.247544^{-9}$		$S\,(5,\ \alpha;\ 1,\ \beta)$
$.662434^{-7}$		$.147909^{-7}$		$.364795^{-8}$			$.266177^{-9}$		$S\,(5,\ \alpha;\ 2,\ \beta)$
$.734921^{-7}$		$.162847^{-7}$		$.398835^{-8}$			$.287568^{-9}$		$S\,(5,\ \alpha;\ 3,\ \beta)$
$.822803^{-7}$		$.180716^{-7}$		$.439058^{-8}$			$.312320^{-9}$		$S\,(5,\ \alpha;\ 4,\ \beta)$
$.930860^{-7}$		$.202359^{-7}$		$.487112^{-8}$			$.341207^{-9}$		$S\,(5,\ \alpha;\ 5,\ \beta)$

Tabelle 56.

$\alpha =$	0,5	1,0	1,5	2,0	2,5	3,0	3,5	4,0	4,5
$\beta = 10,0$									
$S\,(0,\,\alpha;\,0,\,\beta)$	$.524504^{-5}$	$.151834^{-5}$	$.587252^{-6}$	$.256009^{-6}$	$.119253^{-6}$	$.579572^{-7}$		$.148487^{-7}$	
$S\,(0,\,\alpha;\,1,\,\beta)$	$.574457^{-5}$	$.165637^{-5}$	$.638317^{-6}$	$.277343^{-6}$	$.128793^{-6}$	$.624154^{-7}$		$.159093^{-7}$	
$S\,(0,\,\alpha;\,2,\,\beta)$	$.633924^{-5}$	$.181950^{-5}$	$.698264^{-6}$	$.302233^{-6}$	$.139860^{-6}$	$.675595^{-7}$		$.171215^{-7}$	
$S\,(0,\,\alpha;\,3,\,\beta)$	$.705625^{-5}$	$.201456^{-5}$	$.769407^{-6}$	$.331567^{-6}$	$.152819^{-6}$	$.735478^{-7}$		$.185176^{-7}$	
$S\,(0,\,\alpha;\,4,\,\beta)$	$.793313^{-5}$	$.225090^{-5}$	$.854872^{-6}$	$.366531^{-6}$	$.168155^{-6}$	$.805873^{-7}$		$.201395^{-7}$	
$S\,(0,\,\alpha;\,5,\,\beta)$	$.902272^{-5}$	$.254147^{-5}$	$.958936^{-6}$	$.408730^{-6}$	$.186515^{-6}$	$.889523^{-7}$		$.220414^{-7}$	
$S\,(1,\,\alpha;\,0,\,\beta)$	$.162346^{-4}$	$.317470^{-5}$	$.102982^{-5}$	$.405347^{-6}$	$.176494^{-6}$	$.817345^{-7}$		$.196215^{-7}$	
$S\,(1,\,\alpha;\,1,\,\beta)$	$.178284^{-4}$	$.347586^{-5}$	$.112381^{-5}$	$.440904^{-6}$	$.191377^{-6}$	$.883647^{-7}$		$.210988^{-7}$	
$S\,(1,\,\alpha;\,2,\,\beta)$	$.197347^{-4}$	$.383406^{-5}$	$.123492^{-5}$	$.482683^{-6}$	$.208763^{-6}$	$.960677^{-7}$		$.227980^{-7}$	
$S\,(1,\,\alpha;\,3,\,\beta)$	$.220456^{-4}$	$.426547^{-5}$	$.136781^{-5}$	$.532315^{-6}$	$.229283^{-6}$	$.105103^{-6}$		$.247689^{-7}$	
$S\,(1,\,\alpha;\,4,\,\beta)$	$.248890^{-4}$	$.479238^{-5}$	$.152885^{-5}$	$.591996^{-6}$	$.253777^{-6}$	$.115815^{-6}$		$.270763^{-7}$	
$S\,(1,\,\alpha;\,5,\,\beta)$	$.284463^{-4}$	$.544607^{-5}$	$.172686^{-5}$	$.664739^{-6}$	$.283386^{-6}$	$.128663^{-6}$		$.298054^{-7}$	
$S\,(2,\,\alpha;\,0,\,\beta)$	$.712778^{-4}$	$.816890^{-5}$	$.207135^{-5}$	$.707580^{-6}$	$.281055^{-6}$	$.122049^{-6}$		$.269322^{-7}$	
$S\,(2,\,\alpha;\,1,\,\beta)$	$.783697^{-4}$	$.896629^{-5}$	$.226782^{-5}$	$.772471^{-6}$	$.305921^{-6}$	$.132458^{-6}$		$.290670^{-7}$	
$S\,(2,\,\alpha;\,2,\,\beta)$	$.868721^{-4}$	$.991902^{-5}$	$.250143^{-5}$	$.849214^{-6}$	$.335166^{-6}$	$.144632^{-6}$		$.315385^{-7}$	
$S\,(2,\,\alpha;\,3,\,\beta)$	$.972053^{-4}$	$.110724^{-4}$	$.278268^{-5}$	$.941045^{-6}$	$.369941^{-6}$	$.159021^{-6}$		$.344258^{-7}$	
$S\,(2,\,\alpha;\,4,\,\beta)$	$.109957^{-3}$	$.124894^{-4}$	$.312603^{-5}$	$.105237^{-5}$	$.411802^{-6}$	$.176222^{-6}$		$.378332^{-7}$	
$S\,(2,\,\alpha;\,5,\,\beta)$	$.125964^{-3}$	$.142589^{-4}$	$.355172^{-5}$	$.118930^{-5}$	$.462878^{-6}$	$.197047^{-6}$		$.418989^{-7}$	
$S\,(3,\,\alpha;\,0,\,\beta)$	$.434723^{-3}$	$.265213^{-4}$	$.491212^{-5}$	$.139294^{-5}$	$.490086^{-6}$	$.195597^{-6}$		$.387168^{-7}$	
$S\,(3,\,\alpha;\,1,\,\beta)$	$.478152^{-3}$	$.291498^{-4}$	$.539051^{-5}$	$.152524^{-5}$	$.535260^{-6}$	$.213045^{-6}$		$.419397^{-7}$	
$S\,(3,\,\alpha;\,2,\,\beta)$	$.530255^{-3}$	$.322985^{-4}$	$.596179^{-5}$	$.168255^{-5}$	$.588714^{-6}$	$.233585^{-6}$		$.456952^{-7}$	
$S\,(3,\,\alpha;\,3,\,\beta)$	$.593632^{-3}$	$.361218^{-4}$	$.665293^{-5}$	$.187194^{-5}$	$.652709^{-6}$	$.258033^{-6}$		$.501144^{-7}$	
$S\,(3,\,\alpha;\,4,\,\beta)$	$.671920^{-3}$	$.408348^{-4}$	$.750131^{-5}$	$.210311^{-5}$	$.730332^{-6}$	$.287493^{-6}$		$.553711^{-7}$	
$S\,(3,\,\alpha;\,5,\,\beta)$	$.770310^{-3}$	$.467434^{-4}$	$.855974^{-5}$	$.238966^{-5}$	$.825856^{-6}$	$.323478^{-6}$		$.616994^{-7}$	
$S\,(4,\,\alpha;\,0,\,\beta)$	$.348572^{-2}$	$.108336^{-3}$	$.139538^{-4}$	$.315240^{-5}$	$.952292^{-6}$	$.341383^{-6}$		$.588563^{-7}$	
$S\,(4,\,\alpha;\,1,\,\beta)$	$.383424^{-2}$	$.119141^{-3}$	$.153336^{-4}$	$.345921^{-5}$	$.104293^{-5}$	$.373012^{-6}$		$.639811^{-7}$	
$S\,(4,\,\alpha;\,2,\,\beta)$	$.425244^{-2}$	$.132099^{-3}$	$.169857^{-4}$	$.382548^{-5}$	$.115072^{-5}$	$.410458^{-6}$		$.699903^{-7}$	
$S\,(4,\,\alpha;\,3,\,\beta)$	$.476124^{-2}$	$.147854^{-3}$	$.189904^{-4}$	$.426844^{-5}$	$.128050^{-5}$	$.455316^{-6}$		$.771107^{-7}$	
$S\,(4,\,\alpha;\,4,\,\beta)$	$.538988^{-2}$	$.167306^{-3}$	$.214598^{-4}$	$.481195^{-5}$	$.143893^{-5}$	$.509756^{-6}$		$.856463^{-7}$	
$S\,(4,\,\alpha;\,5,\,\beta)$	$.618017^{-2}$	$.191738^{-3}$	$.245529^{-4}$	$.548962^{-5}$	$.163531^{-5}$	$.576791^{-6}$		$.960107^{-7}$	
$S\,(5,\,\alpha;\,0,\,\beta)$	$.348662^{-1}$	$.544221^{-3}$	$.474718^{-4}$	$.828974^{-5}$	$.209110^{-5}$	$.657924^{-6}$		$.956117^{-7}$	
$S\,(5,\,\alpha;\,1,\,\beta)$	$.383528^{-1}$	$.598607^{-3}$	$.521997^{-4}$	$.910839^{-5}$	$.229464^{-5}$	$.720699^{-6}$		$.104271^{-6}$	
$S\,(5,\,\alpha;\,2,\,\beta)$	$.425366^{-1}$	$.663860^{-3}$	$.578681^{-4}$	$.100883^{-4}$	$.253761^{-5}$	$.795368^{-6}$		$.114484^{-6}$	
$S\,(5,\,\alpha;\,3,\,\beta)$	$.476269^{-1}$	$.743237^{-3}$	$.647576^{-4}$	$.112768^{-4}$	$.283141^{-5}$	$.885291^{-6}$		$.126663^{-6}$	
$S\,(5,\,\alpha;\,4,\,\beta)$	$.539165^{-1}$	$.841294^{-3}$	$.732596^{-4}$	$.127402^{-4}$	$.319181^{-5}$	$.995080^{-6}$		$.141369^{-6}$	
$S\,(5,\,\alpha;\,5,\,\beta)$	$.618238^{-1}$	$.964538^{-3}$	$.839321^{-4}$	$.145720^{-4}$	$.364103^{-5}$	$.113119^{-5}$		$.159370^{-6}$	

Tabelle 56 (Fortsetzung).

5,0	5,5	6,0	6,5	7,0	7,5	8,0	9,0	10,0	$= \alpha$
									$\beta = 10,0$
$.407870^{-8}$		$.117224^{-8}$				$.105764^{-9}$		$.103058^{-10}$	$S\,(0,\,\alpha\,;\,0,\,\beta)$
$.435061^{-8}$		$.124551^{-8}$				$.111645^{-9}$		$.108211^{-10}$	$S\,(0,\,\alpha\,;\,1,\,\beta)$
$.465878^{-8}$		$.132793^{-8}$				$.118168^{-9}$		$.113879^{-10}$	$S\,(0,\,\alpha\,;\,2,\,\beta)$
$.501045^{-8}$		$.142123^{-8}$				$.125458^{-9}$		$.120139^{-10}$	$S\,(0,\,\alpha\,;\,3,\,\beta)$
$.541482^{-8}$		$.152755^{-8}$				$.133643^{-9}$		$.127086^{-10}$	$S\,(0,\,\alpha\,;\,4,\,\beta)$
$.588364^{-8}$		$.164960^{-8}$				$.142887^{-9}$		$.134829^{-10}$	$S\,(0,\,\alpha\,;\,5,\,\beta)$
$.516635^{-8}$		$.144088^{-8}$				$.124860^{-9}$		$.118516^{-10}$	$S\,(1,\,\alpha\,;\,0,\,\beta)$
$.552890^{-8}$		$.153551^{-8}$				$.132124^{-9}$		$.124700^{-10}$	$S\,(1,\,\alpha\,;\,1,\,\beta)$
$.594221^{-8}$		$.164255^{-8}$				$.140229^{-9}$		$.131527^{-10}$	$S\,(1,\,\alpha\,;\,2,\,\beta)$
$,641691^{-8}$		$.176442^{-8}$				$.149326^{-9}$		$.139100^{-10}$	$S\,(1,\,\alpha\,;\,3,\,\beta)$
$.696660^{-8}$		$.190419^{-8}$				$.159592^{-9}$		$.147538^{-10}$	$S\,(1,\,\alpha\,;\,4,\,\beta)$
$.760888^{-8}$		$.206577^{-8}$				$.171254^{-9}$		$.156989^{-10}$	$S\,(1,\,\alpha\,;\,5,\,\beta)$
$.672532^{-8}$		$.180822^{-8}$				$.149383^{-9}$		$.137582^{-10}$	$S\,(2,\,\alpha\,;\,0,\,\beta)$
$.722201^{-8}$		$.193307^{-8}$				$.158489^{-9}$		$.145079^{-10}$	$S\,(2,\,\alpha\,;\,1,\,\beta)$
$.779170^{-8}$		$.207506^{-8}$				$.168701^{-9}$		$.153391^{-10}$	$S\,(2,\,\alpha\,;\,2,\,\beta)$
$.845040^{-8}$		$.223774^{-8}$				$.180218^{-9}$		$.162649^{-10}$	$S\,(2,\,\alpha\,;\,3,\,\beta)$
$.921879^{-8}$		$.242557^{-8}$				$.193291^{-9}$		$.173014^{-10}$	$S\,(2,\,\alpha\,;\,4,\,\beta)$
$.101239^{-7}$		$.264433^{-8}$				$.208230^{-9}$		$.184683^{-10}$	$S\,(2,\,\alpha\,;\,5,\,\beta)$
$.904565^{-8}$		$.232534^{-8}$				$.181477^{-9}$		$.161414^{-10}$	$S\,(3,\,\alpha\,;\,0,\,\beta)$
$.974803^{-8}$		$.249408^{-8}$				$.193077^{-9}$		$.170609^{-10}$	$S\,(3,\,\alpha\,;\,1,\,\beta)$
$.105587^{-7}$		$.268713^{-8}$				$.206150^{-9}$		$.180846^{-10}$	$S\,(3,\,\alpha\,;\,2,\,\beta)$
$.115024^{-7}$		$.290971^{-8}$				$.220975^{-9}$		$.192301^{-10}$	$S\,(3,\,\alpha\,;\,3,\,\beta)$
$.126116^{-7}$		$.316852^{-8}$				$.237901^{-9}$		$.205189^{-10}$	$S\,(3,\,\alpha\,;\,4,\,\beta)$
$.139292^{-7}$		$.347227^{-8}$				$.257368^{-9}$		$.219776^{-10}$	$S\,(3,\,\alpha\,;\,5,\,\beta)$
$.126513^{-7}$		$.307778^{-8}$				$.224382^{-9}$		$.191651^{-10}$	$S\,(4,\,\alpha\,;\,0,\,\beta)$
$.136821^{-7}$		$.331232^{-8}$				$.239425^{-9}$		$.203073^{-10}$	$S\,(4,\,\alpha\,;\,1,\,\beta)$
$.148791^{-7}$		$.358226^{-8}$				$.256468^{-9}$		$.215845^{-10}$	$S\,(4,\,\alpha\,;\,2,\,\beta)$
$.162823^{-7}$		$.389554^{-8}$				$.275904^{-9}$		$.230205^{-10}$	$S\,(4,\,\alpha\,;\,3,\,\beta)$
$.179442^{-7}$		$.426246^{-8}$				$.298232^{-9}$		$.246447^{-10}$	$S\,(4,\,\alpha\,;\,4,\,\beta)$
$.199350^{-7}$		$.469653^{-8}$				$.324089^{-9}$		$.264936^{-10}$	$S\,(4,\,\alpha\,;\,5,\,\beta)$
$.185350^{-7}$		$.421441^{-8}$				$.283126^{-9}$		$.230655^{-10}$	$S\,(5,\,\alpha\,;\,0,\,\beta)$
$.201142^{-7}$		$.455111^{-8}$				$.303034^{-9}$		$.245043^{-10}$	$S\,(5,\,\alpha\,;\,1,\,\beta)$
$.219594^{-7}$		$.494095^{-8}$				$.325709^{-9}$		$.261207^{-10}$	$S\,(5,\,\alpha\,;\,2,\,\beta)$
$.241372^{-7}$		$.539639^{-8}$				$.351722^{-9}$		$.279474^{-10}$	$S\,(5,\,\alpha\,;\,3,\,\beta)$
$.267358^{-7}$		$.593372^{-8}$				$.381800^{-9}$		$.300249^{-10}$	$S\,(5,\,\alpha\,;\,4,\,\beta)$
$.298748^{-7}$		$.657456^{-8}$				$.416878^{-9}$		$.324038^{-10}$	$S\,(5,\,\alpha\,;\,5,\,\beta)$

Tabellen 57—78

$$D_n^k(\gamma, \delta) = \int_{-1}^{+1} x^k A_n(1 + x, \gamma)\, e^{+\delta x}\, dx$$

Tabelle 57. $D_n^k\left(\dfrac{\alpha + \beta}{2}, \alpha + \beta\right)$

$\alpha + \beta =$	0,5	1,0	1,5	2,0	2,5	3,0	3,5	4,0	4,5	5,0
D_0^0		$.2528482^{+1}$	$.1381102^{+1}$	$.8646647^{\,0}$	$.5874656^{\,0}$	$.4223169^{\,0}$	$.3166702^{\,0}$	$.2454211^{\,0}$	$.1953365^{\,0}$	$.1589219^{\,0}$
D_0^1		$.4145533^{\,0}$	$.3329844^{\,0}$	$.2706706^{\,0}$	$.2225619^{\,0}$	$.1850275^{\,0}$	$.1554366^{\,0}$	$.1318684^{\,0}$	$.1129090^{\,0}$	$.9750930^{-1}$
D_0^2		$.8702690^{\,0}$	$.4931436^{\,0}$	$.3233236^{\,0}$	$.2313665^{\,0}$	$.1756136^{\,0}$	$.1390285^{\,0}$	$.1135527^{\,0}$	$.9497293^{-1}$	$.8091449^{-1}$
D_0^3		$.2499034^{\,0}$	$.2018791^{\,0}$	$.1653645^{\,0}$	$.1372547^{\,0}$	$.1153449^{\,0}$	$.9805648^{-1}$	$.8424982^{-1}$	$.7309467^{-1}$	$.6398069^{-1}$
D_0^4		$.5292550^{\,0}$	$.3044133^{\,0}$	$.2032066^{\,0}$	$.1482505^{\,0}$	$.1147305^{\,0}$	$.9254115^{-1}$	$.7692145^{-1}$	$.6539042^{-1}$	$.5655283^{-1}$
D_1^0		$.8000000^{+1}$	$.3555556^{+1}$	$.2000000^{+1}$	$.1280000^{+1}$	$.8888889^{\,0}$	$.6530612^{\,0}$	$.5000000^{\,0}$	$.3950617^{\,0}$	$.3200000^{\,0}$
D_1^1		$.2113929^{+1}$	$.1270107^{+1}$	$.8646647^{\,0}$	$.6319780^{\,0}$	$.4839927^{\,0}$	$.3832859^{\,0}$	$.3113553^{\,0}$	$.2580637^{\,0}$	$.2174275^{\,0}$
D_1^2		$.2860711^{+1}$	$.1352548^{+1}$	$.8120117^{\,0}$	$.5537145^{\,0}$	$.4080342^{\,0}$	$.3165298^{\,0}$	$.2545789^{\,0}$	$.2102778^{\,0}$	$.1772610^{\,0}$
D_1^3		$.1278965^{+1}$	$.7754646^{\,0}$	$.5339357^{\,0}$	$.3953090^{\,0}$	$.3069720^{\,0}$	$.2466299^{\,0}$	$.2032962^{\,0}$	$.1709716^{\,0}$	$.1461258^{\,0}$
D_2^0		$.3622786^{+2}$	$.1202170^{+2}$	$.5729330^{+1}$	$.3311956^{+1}$	$.2153171^{+1}$	$.1512928^{+1}$	$.1122711^{+1}$	$.8672934^{\,0}$	$.6908550^{\,0}$
D_2^1		$.1086071^{+2}$	$.4908103^{+1}$	$.2812012^{+1}$	$.1833715^{+1}$	$.1296923^{+1}$	$.9695910^{\,0}$	$.7545789^{\,0}$	$.6053395^{\,0}$	$.4972610^{\,0}$
D_2^2		$.1334217^{+2}$	$.4808109^{+1}$	$.2481283^{+1}$	$.1540070^{+1}$	$.1065079^{+1}$	$.7894309^{\,0}$	$.6135527^{\,0}$	$.4934663^{\,0}$	$.4072375^{\,0}$

$\alpha + \beta =$	5,5	6,0	6,5	7,0	7,5	8,0	8,5	9,0	9,5	10,0
D_0^0	$.1316910^{\,0}$	$.1108357^{\,0}$	$.9453222^{-1}$	$.8155821^{-1}$	$.7107178^{-1}$	$.6247904^{-1}$	$.5535206^{-1}$	$.4937662^{-1}$	$.4431801^{-1}$	$.3999818^{-1}$
D_0^1	$.8488417^{-1}$	$.7444129^{-1}$	$.6573006^{-1}$	$.5840475^{-1}$	$.5219797^{-1}$	$.4690121^{-1}$	$.4235057^{-1}$	$.3841623^{-1}$	$.3499454^{-1}$	$.3200218^{-1}$
D_0^2	$.6995707^{-1}$	$.6120816^{-1}$	$.5408295^{-1}$	$.4818407^{-1}$	$.4323287^{-1}$	$.3902843^{-1}$	$.3542238^{-1}$	$.3230274^{-1}$	$.2958347^{-1}$	$.2719731^{-1}$
D_0^3	$.5645501^{-1}$	$.5017836^{-1}$	$.4489417^{-1}$	$.4040646^{-1}$	$.3656415^{-1}$	$.3324964^{-1}$	$.3037056^{-1}$	$.2785365^{-1}$	$.2564035^{-1}$	$.2368343^{-1}$
D_0^4	$.4957464^{-1}$	$.4393121^{-1}$	$.3927786^{-1}$	$.3537940^{-1}$	$.3207002^{-1}$	$.2922939^{-1}$	$.2676800^{-1}$	$.2461782^{-1}$	$.2272614^{-1}$	$.2105144^{-1}$
D_1^0	$.2644628^{\,0}$	$.2222222^{\,0}$	$.1893491^{\,0}$	$.1632653^{\,0}$	$.1422222^{\,0}$	$.1250000^{\,0}$	$.1107266^{\,0}$	$.9876543^{-1}$	$.8864266^{-1}$	$.8000000^{-1}$
D_1^1	$.1857082^{\,0}$	$.1604632^{\,0}$	$.1400376^{\,0}$	$.1232759^{\,0}$	$.1093503^{\,0}$	$.9765494^{-1}$	$.8773779^{-1}$	$.7925591^{-1}$	$.7194528^{-1}$	$.6559993^{-1}$
D_1^2	$.1518510^{\,0}$	$.1317893^{\,0}$	$.1156180^{\,0}$	$.1023574^{\,0}$	$.9132578^{-1}$	$.8203518^{-1}$	$.7412761^{-1}$	$.6733478^{-1}$	$.6143192^{-1}$	$.5632020^{-1}$
D_1^3	$.1265587^{\,0}$	$.1108357^{\,0}$	$.9798561^{-1}$	$.8733056^{-1}$	$.7838461^{-1}$	$.7079145^{-1}$	$.6428457^{-1}$	$.5866117^{-1}$	$.5376446^{-1}$	$.4947156^{-1}$
D_2^0	$.5637530^{\,0}$	$.4690746^{\,0}$	$.3965978^{\,0}$	$.3398462^{\,0}$	$.2945524^{\,0}$	$.2578099^{\,0}$	$.2275822^{\,0}$	$.2024076^{\,0}$	$.1812138^{\,0}$	$.1631999^{\,0}$
D_2^1	$.4163138^{\,0}$	$.3540115^{\,0}$	$.3049671^{\,0}$	$.2656227^{\,0}$	$.2335480^{\,0}$	$.2070352^{\,0}$	$.1848543^{\,0}$	$.1661002^{\,0}$	$.1500946^{\,0}$	$.1363202^{\,0}$
D_2^2	$.3428788^{\,0}$	$.2933556^{\,0}$	$.2542987^{\,0}$	$.2228663^{\,0}$	$.1971383^{\,0}$	$.1757747^{\,0}$	$.1578151^{\,0}$	$.1425544^{\,0}$	$.1294648^{\,0}$	$.1181437^{\,0}$

Tabelle 58. $D_n^k\left(\dfrac{\alpha + \beta}{2}, \alpha + \beta\right)$

$\alpha + \beta =$	10,5	11,0	11,5	12,0	12,5	13,0	13,5	14,0	14,5	15,0
D_0^0	$.3628018^{-1}$	$.3305730^{-1}$	$.3024544^{-1}$	$.2777761^{-1}$	$.2559990^{-1}$	$.2366859^{-1}$	$.2194784^{-1}$	$.2040815^{-1}$	$.1902496^{-1}$	$.1777777^{-1}$
D_0^1	$.2937167^{-1}$	$.2704799^{-1}$	$.2498598^{-1}$	$.2314835^{-1}$	$.2150411^{-1}$	$.2002737^{-1}$	$.1869637^{-1}$	$.1749273^{-1}$	$.1640085^{-1}$	$.1540741^{-1}$
D_0^2	$.2509097^{-1}$	$.2322167^{-1}$	$.2155467^{-1}$	$.2006149^{-1}$	$.1871859^{-1}$	$.1750632^{-1}$	$.1640818^{-1}$	$.1541022^{-1}$	$.1450059^{-1}$	$.1366913^{-1}$
D_0^3	$.2194448^{-1}$	$.2039204^{-1}$	$.1900014^{-1}$	$.1774720^{-1}$	$.1661517^{-1}$	$.1558885^{-1}$	$.1465538^{-1}$	$.1380380^{-1}$	$.1302474^{-1}$	$.1231013^{-1}$
D_0^4	$.1956058^{-1}$	$.1822673^{-1}$	$.1702795^{-1}$	$.1594614^{-1}$	$.1496619^{-1}$	$.1407545^{-1}$	$.1326317^{-1}$	$.1252026^{-1}$	$.1183890^{-1}$	$.1121237^{-1}$
D_1^0	$.7256236^{-1}$	$.6611570^{-1}$	$.6049149^{-1}$	$.5555556^{-1}$	$.5120000^{-1}$	$.4733728^{-1}$	$.4389575^{-1}$	$.4081633^{-1}$	$.3804994^{-1}$	$.3555556^{-1}$
D_1^1	$.6005725^{-1}$	$.5518747^{-1}$	$.5088603^{-1}$	$.4706790^{-1}$	$.4366336^{-1}$	$.4061482^{-1}$	$.3787438^{-1}$	$.3540192^{-1}$	$.3316362^{-1}$	$.3113086^{-1}$
D_1^2	$.5181469^{-1}$	$.4783583^{-1}$	$.4430344^{-1}$	$.4115228^{-1}$	$.3832874^{-1}$	$.3578845^{-1}$	$.3349440^{-1}$	$.3141548^{-1}$	$.2952541^{-1}$	$.2780181^{-1}$
D_1^3	$.4568496^{-1}$	$.4234641^{-1}$	$.3933246^{-1}$	$.3665121^{-1}$	$.3423979^{-1}$	$.3206258^{-1}$	$.3008972^{-1}$	$.2829603^{-1}$	$.2666015^{-1}$	$.2516385^{-1}$
D_2^0	$.1477573^{\,0}$	$.1344170^{\,0}$	$.1228126^{\,0}$	$.1126543^{\,0}$	$.1037107^{\,0}$	$.9579496^{-1}$	$.8875491^{-1}$	$.8246564^{-1}$	$.7682378^{-1}$	$.7174321^{-1}$
D_2^1	$.1243771^{\,0}$	$.1139515^{\,0}$	$.1047949^{\,0}$	$.9670783^{-1}$	$.8952874^{-1}$	$.8312573^{-1}$	$.7739015^{-1}$	$.7223181^{-1}$	$.6757535^{-1}$	$.6335737^{-1}$
D_2^2	$.1082794^{\,0}$	$.9962732^{-1}$	$.9199279^{-1}$	$.8521946^{-1}$	$.7918032^{-1}$	$.7377130^{-1}$	$.6890638^{-1}$	$.6451393^{-1}$	$.6053390^{-1}$	$.5691558^{-1}$

$\alpha + \beta =$	15,5	16,0	16,5	17,0	17,5	18,0	18,5	19,0	19,5	20,0
D_0^0	$.1664932^{-1}$	$.1562500^{-1}$		$.1384083^{-1}$		$.1234568^{-1}$		$.1108033^{-1}$		$.1000000^{-1}$
D_0^1	$.1450103^{-1}$	$.1367188^{-1}$		$.1221250^{-1}$		$.1097394^{-1}$		$.9913982^{-2}$		$.9000000^{-2}$
D_0^2	$.1290712^{-1}$	$.1220703^{-1}$		$.1096730^{-1}$		$.9907026^{-2}$		$.8993179^{-2}$		$.8200000^{-2}$
D_0^3	$.1165302^{-1}$	$.1104737^{-1}$		$.9970019^{-2}$		$.9043337^{-2}$		$.8240381^{-2}$		$.7540000^{-2}$
D_0^4	$.1063486^{-1}$	$.1010132^{-1}$		$.9149056^{-2}$		$.8326418^{-2}$		$.7610698^{-2}$		$.6984000^{-2}$
D_1^0	$.3329865^{-1}$	$.3125000^{-1}$		$.2768166^{-1}$		$.2469136^{-1}$		$.2216066^{-1}$		$.2000000^{-1}$
D_1^1	$.2927925^{-1}$	$.2758789^{-1}$		$.2461656^{-1}$		$.2210029^{-1}$		$.1995074^{-1}$		1810000^{-1}
D_1^2	$.2622558^{-1}$	$.2478027^{-1}$		$.2222759^{-1}$		$.2005114^{-1}$		$.1818021^{-1}$		$.1656000^{-1}$
D_1^3	$.2379150^{-1}$	$.2252960^{-1}$		$.2029202^{-1}$		$.1837457^{-1}$		$.1671849^{-1}$		$.1527800^{-1}$
D_2^0	$.6715170^{-1}$	$.6298828^{-1}$		$.5575456^{-1}$		$.4968755^{-1}$		$.4456688^{-1}$		$.4020000^{-1}$
D_2^1	$.5952423^{-1}$	$.5603027^{-1}$		$.4991383^{-1}$		$.4474250^{-1}$		$.4034088^{-1}$		$.3656000^{-1}$
D_2^2	$.5361591^{-1}$	$.5059814^{-1}$		$.4529058^{-1}$		$.4077593^{-1}$		$.3691205^{-1}$		$.3357600^{-1}$

Tabelle 59. $D_n^k\left(\frac{\alpha+\beta}{2}, \beta\right)$

$\beta = 0,5$

$\alpha =$	0,5	1,0	1,5	2,0	2,5	3,0	3,5	4,0	4,5	5,0
D_0^0	$.2426123^{+1}$	$.1272806^{+1}$	$.7668010^{\ 0}$	$.5026084^{\ 0}$	$.3496304^{\ 0}$	$.2545114^{\ 0}$	$.1921111^{\ 0}$	$.1493879^{\ 0}$	$.1190843^{\ 0}$	$.9693620^{-1}$
D_0^1	0	$-.1056279^{\ 0}$	$-.1257196^{\ 0}$	$-.1211791^{\ 0}$	$-.1094467^{\ 0}$	$-.9642188^{-1}$	$-.8416862^{-1}$	$-.7332659^{-1}$	$-.6398576^{-1}$	$-.5603136^{-1}$
D_0^2	$.8087075^{\ 0}$	$.4277835^{\ 0}$	$.2639224^{\ 0}$	$.1794640^{\ 0}$	$.1307371^{\ 0}$	$.1002364^{\ 0}$	$.7988627^{-1}$	$.6558613^{-1}$	$.5509857^{-1}$	$.4713054^{-1}$
D_0^3	0	$-.6345197^{-1}$	$-.7578704^{-1}$	$-.7346753^{-1}$	$-.6686577^{-1}$	$-.5946371^{-1}$	$-.5247015^{-1}$	$-.4625776^{-1}$	$-.4088008^{-1}$	$-.3627340^{-1}$
D_0^4	$.4852245^{\ 0}$	$.2575751^{\ 0}$	$.1605047^{\ 0}$	$.1107816^{\ 0}$	$.8216735^{-1}$	$.6422748^{-1}$	$.5219069^{-1}$	$.4365592^{-1}$	$.3732417^{-1}$	$.3245015^{-1}$
D_1^0	$.7278368^{+1}$	$.2864254^{+1}$	$.1407882^{+1}$	$.7835160^{\ 0}$	$.4732707^{\ 0}$	$.3035245^{\ 0}$	$.2039980^{\ 0}$	$.1424560^{\ 0}$	$.1027323^{\ 0}$	$.7615436^{-1}$
D_1^1	$.8087075^{\ 0}$	$.1813185^{\ 0}$	$+.124832^{\ -1}$	$-.386584^{\ -1}$	$-.516740^{\ -1}$	$-.512837^{\ -1}$	$-.463667^{\ -1}$	$-.4033005^{-1}$	$-.3448150^{-1}$	$-.2927587^{-1}$
D_1^2	$.2426123^{+1}$	$.9347095^{\ 0}$	$.4520578^{\ 0}$	$.2495677^{\ 0}$	$.1510294^{\ 0}$	$.980506^{\ -1}$	$.673592^{\ -1}$	$.4847776^{-1}$	$.3625792^{-1}$	$.2799552^{-1}$
D_1^3	$.4852245^{\ 0}$	$.1095205^{\ 0}$	$+.089306^{\ -1}$	$-.214600^{\ -1}$	$-.292756^{\ -1}$	$-.292155^{\ -1}$	$-.265145^{\ -1}$	$-.2316084^{-1}$	$-.1990794^{-1}$	$-.1701358^{-1}$
D_2^0	$.3234830^{+2}$	$.9127345^{+1}$	$.3595049^{+1}$	$.1693340^{+1}$	$.8925019^{\ 0}$	$.5087891^{\ 0}$	$.3076581^{\ 0}$	$.1949484^{\ 0}$	$.1283972^{\ 0}$	$.8738899^{-1}$
D_2^1	$.4852245^{+1}$	$.1170003^{+1}$	$.351304^{\ 0}$	$.1024280^{\ 0}$	$+.162631^{\ -1}$	$-.140229^{\ -1}$	$-.232329^{\ -1}$	$-.242610^{\ -1}$	$-.222539^{\ -1}$	$-.193352^{\ -1}$
D_2^2	$.1099842^{+2}$	$.3051013^{+1}$	$.1176969^{+1}$	$.5426189^{\ 0}$	$.2805455^{\ 0}$	$.1575942^{\ 0}$	$.944959^{\ -1}$	$.598179^{\ -1}$	$.396689^{\ -1}$	$.2739426^{-1}$

$\beta = 0,5$

$\alpha =$	5,5	6,0	6,5	7,0	7,5	8,0	8,5	9,0	9,5	10,0
D_0^0	$.8032585^{-1}$	$.6758622^{-1}$	$.5762164^{-1}$	$.4969180^{-1}$	$.4328411^{-1}$	$.3803578^{-1}$	$.3368484^{-1}$	$.3003875^{-1}$	$.2695359^{-1}$	$.2432021^{-1}$
D_0^1	$-.4928532^{-1}$	$-.4356410^{-1}$	$-.3870080^{-1}$	$-.3455166^{-1}$	$-.3093624^{-1}$	$-.2793500^{-1}$	$-.2528624^{-1}$	$-.2298304^{-1}$	$-.2097056^{-1}$	$-.1920381^{-1}$
D_0^2	$.4089760^{-1}$	$.3590324^{-1}$	$.3182111^{-1}$	$.2842924^{-1}$	$.2557198^{-1}$	$.2313711^{-1}$	$.2104172^{-1}$	$.1922320^{-1}$	$.1763334^{-1}$	$.1623440^{-1}$
D_0^3	$-.3233854^{-1}$	$-.2897374^{-1}$	$-.2608690^{-1}$	$-.2359906^{-1}$	$-.2144429^{-1}$	$-.1956819^{-1}$	$-.1792616^{-1}$	$-.1648166^{-1}$	$-.1520468^{-1}$	$-.1407055^{-1}$
D_0^4	$.2858419^{-1}$	$.2544261^{-1}$	$.2283911^{-1}$	$.2064680^{-1}$	$.1877636^{-1}$	$.1716304^{-1}$	$.1575868^{-1}$	$.1452660^{-1}$	$.1343832^{-1}$	$.1247133^{-1}$
D_1^0	$.5781582^{-1}$	$.4481789^{-1}$	$.3538417^{-1}$	$.2839129^{-1}$	$.2310891^{-1}$	$.1905037^{-1}$	$.1588412^{-1}$	$.1337966^{-1}$	$.1137375^{-1}$	$.974882^{\ -2}$
D_1^1	$-.2481616^{-1}$	$-.2106520^{-1}$	$-.1793706^{-1}$	$-.1533619^{-1}$	$-.1317332^{-1}$	$-.1137083^{-1}$	$-.986368^{\ -2}$	$-.859837^{\ -2}$	$-.753133^{\ -2}$	$-.662728^{\ -2}$
D_1^2	$.2219159^{-1}$	$.1797666^{-1}$	$.1482595^{-1}$	$.1241131^{-1}$	$.1052069^{-1}$	$.901295^{\ -2}$	$.779150^{\ -2}$	$.678854^{\ -2}$	$.595533^{\ -2}$	$.525612^{\ -2}$
D_1^3	$-.1453387^{-1}$	$-.1244613^{-1}$	$-.1070119^{-1}$	$-.924535^{\ -2}$	$-.802900^{\ -2}$	$-.700942^{\ -2}$	$-.615106^{\ -2}$	$-.542488^{\ -2}$	$-.480730^{\ -2}$	$-.427933^{\ -2}$
D_2^0	$.6119670^{-1}$	$.4394150^{-1}$	$.3226069^{-1}$	$.2415974^{-1}$	$.1841807^{-1}$	$.1426777^{-1}$	$.1121370^{-1}$	$.892942^{\ -2}$	$.719532^{\ -2}$	$.586083^{\ -2}$
D_2^1	$-.163728^{\ -1}$	$-.1369456^{-1}$	$-.1139522^{-1}$	$-.947154^{\ -2}$	$-.788322^{\ -2}$	$-.657994^{\ -2}$	$-.551281^{\ -2}$	$-.463865^{\ -2}$	$-.3921084^{-2}$	$-.3330237^{-2}$
D_2^2	$.1959910^{-1}$	$.1446093^{-1}$	$.1095839^{-1}$	$.849727^{\ -2}$	$.672011^{\ -2}$	$.540517^{\ -2}$	$.441098^{\ -2}$	$.364483^{\ -2}$	$.304443^{\ -2}$	$.256696^{\ -2}$

Tabelle 60. $D_n^k\left(\frac{\alpha+\beta}{2}, \beta\right)$

$\beta = 1,0$

$\alpha =$	0,5	1,0	1,5	2,0	2,5	3,0	3,5	4,0	4,5	5,0
D_0^0	$.1272807^{+1}$	$.7357589^{\ 0}$	$.4631977^{\ 0}$	$.3100589^{\ 0}$	$.2177481^{\ 0}$	$.1590462^{\ 0}$	$.1200647^{\ 0}$	$.9321701^{-1}$	$.7413412^{-1}$	$.6019025^{-1}$
D_0^1	$+.1056279^{\ 0}$	0	$-.3843993^{-1}$	$-.5083521^{-1}$	$-.5249919^{-1}$	$-.4978707^{-1}$	$-.4548664^{-1}$	$-.4084068^{-1}$	$-.3638849^{-1}$	$-.3234111^{-1}$
D_0^2	$.4277835^{\ 0}$	$.2452530^{\ 0}$	$.1556783^{\ 0}$	$.1067180^{\ 0}$	$.7775031^{-1}$	$.5947205^{-1}$	$.4728611^{-1}$	$.3876278^{-1}$	$.3254727^{-1}$	$.2784914^{-1}$
D_0^3	$+.6345197^{-1}$	0	$-.2309134^{-1}$	$-.3064478^{-1}$	$-.3182879^{-1}$	$-.3041711^{-1}$	$-.2805177^{-1}$	$-.2545980^{-1}$	$-.2295552^{-1}$	$-.2066252^{-1}$
D_0^4	$.2575751^{\ 0}$	$.1471518^{\ 0}$	$.9373630^{-1}$	$.6490067^{-1}$	$.4799459^{-1}$	$.3737776^{-1}$	$.3029906^{-1}$	$.2532420^{-1}$	$.2166436^{-1}$	$.1886521^{-1}$
D_1^0	$.3075510^{+1}$	$.1471518^{+1}$	$.7953159^{\ 0}$	$.4659296^{\ 0}$	$.2896765^{\ 0}$	$.1887822^{\ 0}$	$.1279402^{\ 0}$	$.8966314^{-1}$	$.6470349^{-1}$	$.4791256^{-1}$
D_1^1	$.6742486^{\ 0}$	$.2452530^{\ 0}$	$.8648642^{-1}$	$+.2199268^{-1}$	$-.0474841^{-1}$	$-.1520855^{-1}$	$-.1841682^{-1}$	$-.1841418^{-1}$	$-.1707340^{-1}$	$-.1527234^{-1}$
D_1^2	$.1061613^{+1}$	$.4905059^{\ 0}$	$.2571296^{\ 0}$	$.1472186^{\ 0}$	$.9035027^{-1}$	$.5879097^{-1}$	$.4025038^{-1}$	$.2880808^{-1}$	$.2142712^{-1}$	$.1646967^{-1}$
D_1^3	$.4056296^{\ 0}$	$.1471518^{\ 0}$	$.5217189^{-1}$	$+.1382605^{-1}$	$-.0202208^{-1}$	$-.0824789^{-1}$	$-.1022017^{-1}$	$-.1031952^{-1}$	$-.963863^{\ -2}$	$-.868481^{\ -2}$
D_2^0	$.1011320^{+2}$	$.3924047^{+1}$	$.1814502^{+1}$	$.9363459^{\ 0}$	$.5215589^{\ 0}$	$.3077263^{\ 0}$	$.1901022^{\ 0}$	$.1220290^{\ 0}$	$.809615^{\ -1}$	$.552989^{\ -1}$
D_2^1	$.2822643^{+1}$	$.9810118^{\ 0}$	$.3882036^{\ 0}$	$.1612796^{\ 0}$	$.657459^{\ -1}$	$.235314^{\ -1}$	$+.046633^{\ -1}$	$-.035063^{\ -1}$	$-.666649^{\ -2}$	$-.748690^{\ -2}$
D_2^2	$.3643232^{+1}$	$.1373417^{+1}$	$.6146392^{\ 0}$	$.3066206^{\ 0}$	$.1653448^{\ 0}$	$.948066^{\ -1}$	$.572597^{\ -1}$	$.3621384^{-1}$	$.2388394^{-1}$	$.1636910^{-1}$

$\beta = 1,0$

$\alpha =$	5,5	6,0	6,5	7,0	7,5	8,0	8,5	9,0	9,5	10,0
D_0^0	$.4974942^{-1}$	$.4176008^{-1}$	$.3552737^{-1}$	$.3058063^{-1}$	$.2659376^{-1}$	$.2333613^{-1}$	$.2064146^{-1}$	$.1838780^{-1}$	$.1648424^{-1}$	$.1486198^{-1}$
D_0^1	$-.2875632^{-1}$	$-.2562262^{-1}$	$-.2289990^{-1}$	$-.2053907^{-1}$	$-.1849115^{-1}$	$-.1671126^{-1}$	$-.1515992^{-1}$	$-.1380319^{-1}$	$-.1261230^{-1}$	$-.1156299^{-1}$
D_0^2	$.2418825^{-1}$	$.2126198^{-1}$	$.1887290^{-1}$	$.1688792^{-1}$	$.1521459^{-1}$	$.1378683^{-1}$	$.1255617^{-1}$	$.1148620^{-1}$	$.1054904^{-1}$	$.9722876^{-2}$
D_0^3	$-.1861617^{-1}$	$-.1681227^{-1}$	$-.1523033^{-1}$	$-.1384469^{-1}$	$-.1262961^{-1}$	$-.1156144^{-1}$	$-.1061937^{-1}$	$-.9785488^{-2}$	$-.9044569^{-2}$	$-.8383733^{-2}$
D_0^4	$.1665401^{-1}$	$.1486045^{-1}$	$.1337416^{-1}$	$.1212104^{-1}$	$.1104963^{-1}$	$.1012305^{-1}$	$.9314133^{-2}$	$.8602313^{-2}$	$.7971703^{-2}$	$.7409774^{-2}$
D_1^0	$.3630062^{-1}$	$.2806891^{-1}$	$.2210143^{-1}$	$.1768672^{-1}$	$.1435997^{-1}$	$.1181067^{-1}$	$.982711^{\ -2}$	$.826217^{\ -2}$	$.701179^{\ -2}$	$.600117^{\ -2}$
D_1^1	$-.1341616^{-1}$	$-.1168138^{-1}$	$-.1013365^{-1}$	$-.8785915^{-2}$	$-.7627418^{-2}$	$-.6638038^{-2}$	$-.5795306^{-2}$	$-.5077626^{-2}$	$-.446561^{\ -2}$	$-.3942473^{-2}$
D_1^2	$.1301462^{-1}$	$.1052456^{-1}$	$.8675335^{-2}$	$.7265207^{-2}$	$.6164889^{-2}$	$.5289138^{-2}$	$.4580207^{-2}$	$.3997958^{-2}$	$.3513808^{-2}$	$.3106938^{-2}$
D_1^3	$-.769021^{\ -2}$	$-.675533^{\ -2}$	$-.5917596^{-2}$	$-.5184824^{-2}$	$-.4551650^{-2}$	$-.4007591^{-2}$	$-.3540892^{-2}$	$-.3140273^{-2}$	$-.2795642^{-2}$	$-.2498274^{-2}$
D_2^0	$.3876389^{-1}$	$.2781620^{-1}$	$.2038789^{-1}$	$.1523378^{-1}$	$.1158368^{-1}$	$.894963^{\ -2}$	$.701553^{\ -2}$	$.557249^{\ -2}$	$.447982^{\ -2}$	$.364112^{\ -2}$
D_2^1	$-.725209^{\ -2}$	$-.658600^{\ -2}$	$-.578906^{\ -2}$	$-.500088^{\ -2}$	$-.428095^{\ -2}$	$-.364927^{\ -2}$	$-.310707^{\ -2}$	$-.264732^{\ -2}$	$-.225998^{\ -2}$	$-.193460^{\ -2}$
D_2^2	$.1161892^{-1}$	$.851193^{\ -2}$	$.641323^{\ -2}$	$.495218^{\ -2}$	$.390613^{\ -2}$	$.313774^{\ -2}$	$.256008^{\ -2}$	$.211672^{\ -2}$	$.177020^{\ -2}$	$.149498^{\ -2}$

$\beta = 1,5$

Tabelle 61. $D_n^k\left(\dfrac{\alpha+\beta}{2},\beta\right)$

$\alpha =$	0,5	1,0	1,5	2,0	2,5	3,0	3,5	4,0	4,5	5,0
D_0^0	$.7668010^{0}$	$.4631977^{0}$	$.2975069^{0}$	$.2006740^{0}$	$.1410452^{0}$	$.1027218^{0}$	$.7717311^{-1}$	$.5958241^{-1}$	$.4711581^{-1}$	$.3804698^{-1}$
D_0^1	$.1257196^{0}$	$+.3843993^{-1}$	0	$-.1665357^{-1}$	$-.2312484^{-1}$	$-.2476629^{-1}$	$-.2415791^{-1}$	$-.2257285^{-1}$	$-.2064260^{-1}$	$-.1867524^{-1}$
D_0^2	$.2639224^{0}$	$.1556783^{0}$	$.9916896^{-1}$	$.6744546^{-1}$	$.4854582^{-1}$	$.3667840^{-1}$	$.2885730^{-1}$	$.2346584^{-1}$	$.1959234^{-1}$	$.1670385^{-1}$
D_0^3	$.7578704^{-1}$	$+.2309134^{-1}$	0	$-.1000400^{-1}$	$-.1394025^{-1}$	$-.1501511^{-1}$	$-.1475913^{-1}$	$-.1392076^{-1}$	$-.1286846^{-1}$	$-.1178119^{-1}$
D_0^4	$.1605047^{0}$	$.9373630^{-1}$	$.5950138^{-1}$	$.4060996^{-1}$	$.2952319^{-1}$	$.2264126^{-1}$	$.1813661^{-1}$	$.1503598^{-1}$	$.1279992^{-1}$	$.1111854^{-1}$
D_1^0	$.1659322^{+1}$	$.8721958^{0}$	$.4958448^{0}$	$.2986913^{0}$	$.1884429^{0}$	$.1236097^{0}$	$.8388445^{-1}$	$.5867588^{-1}$	$.4217848^{-1}$	$.3107851^{-1}$
D_1^1	$.5153617^{0}$	$.2248702^{0}$	$.9916896^{-1}$	$.4127558^{-1}$	$.1385856^{-1}$	$+.0904882^{-2}$	$-.496377^{-2}$	$-.731532^{-2}$	$-.793113^{-2}$	$-.771761^{-2}$
D_1^2	$.6036319^{0}$	$.3033122^{0}$	$.1652816^{0}$	$.9598173^{-1}$	$.5887848^{-1}$	$.3796481^{-1}$	$.2564109^{-1}$	$.1807812^{-1}$	$.1325466^{-1}$	$.1006231^{-1}$
D_1^3	$.3120788^{0}$	$.1353007^{0}$	$.5950138^{-1}$	$.2488938^{-1}$	$.0861282^{-1}$	$+.0952771^{-2}$	$-.2526169^{-2}$	$-.3946873^{-2}$	$-.4358024^{-2}$	$-.4287632^{-2}$
D_2^0	$.4600806^{+1}$	$.2091269^{+1}$	$.1057802^{+1}$	$.5761738^{0}$	$.3317842^{0}$	$.1997430^{0}$	$.1248222^{0}$	$.805759^{-1}$	$.5354194^{-1}$	$.3652560^{-1}$
D_2^1	$.1760075^{+1}$	$.7326801^{0}$	$.3305632^{0}$	$.1554055^{0}$	$.738851^{-1}$	$.343798^{-1}$	$.1482654^{-1}$	$.511784^{-2}$	$+.038621^{-2}$	$-.179802^{-2}$
D_2^2	$.1783265^{+1}$	$.7808969^{0}$	$.3790458^{0}$	$.1977408^{0}$	$.1090670^{0}$	$.6303595^{-1}$	$.3798853^{-1}$	$.2380803^{-1}$	$.1549179^{-1}$	$.1045220^{-1}$

$\beta = 1,5$

$\alpha =$	5,5	6,0	6,5	7,0	7,5	8,0	8,5	9,0	9,5	10,0
D_0^0	$.3129191^{-1}$	$.2615128^{-1}$	$.2216267^{-1}$	$.1901333^{-1}$	$.1648719^{-1}$	$.1443204^{-1}$	$.1273867^{-1}$	$.1132738^{-1}$	$.1013888^{-1}$	$.9128788^{-2}$
D_0^1	$-.1681360^{-1}$	$-.1511604^{-1}$	$-.1359829^{-1}$	$-.1225544^{-1}$	$-.1107340^{-1}$	$-.1003488^{-1}$	$-.9122302^{-2}$	$-.8319243^{-2}$	$-.7610963^{-2}$	$-.6984554^{-2}$
D_0^2	$.1447831^{-1}$	$.1271480^{-1}$	$.1128404^{-1}$	$.1010028^{-1}$	$.9104925^{-2}$	$.8256736^{-2}$	$.7525924^{-2}$	$.6890397^{-2}$	$.6333396^{-2}$	$.5841939^{-2}$
D_0^3	$-.1074210^{-1}$	$-.9785775^{-2}$	$-.8922513^{-2}$	$-.8150880^{-2}$	$-.7464204^{-2}$	$-.6853903^{-2}$	$-.6311130^{-2}$	$-.5827546^{-2}$	$-.5395635^{-2}$	$-.5008782^{-2}$
D_0^4	$.9807712^{-2}$	$.8754345^{-2}$	$.7886651^{-2}$	$.7157504^{-2}$	$.6534918^{-2}$	$.5996472^{-2}$	$.5525948^{-2}$	$.5111278^{-2}$	$.4743242^{-2}$	$.4414641^{-2}$
D_1^0	$.2341885^{-1}$	$.1800891^{-1}$	$.1410505^{-1}$	$.1123162^{-1}$	$.9077612^{-2}$	$.7435494^{-2}$	$.6164100^{-2}$	$.516567^{-2}$	$.4371347^{-2}$	$.3731850^{-2}$
D_1^1	$-.713918^{-2}$	$-.6432194^{-2}$	$-.5713824^{-2}$	$-.5038782^{-2}$	$-.4429229^{-2}$	$-.3890746^{-2}$	$-.3420839^{-2}$	$-.3013464^{-2}$	$-.2661379^{-2}$	$-.2357319^{-2}$
D_1^2	$.787286^{-2}$	$.6319632^{-2}$	$.5182536^{-2}$	$.4325943^{-2}$	$.3664037^{-2}$	$.3141094^{-2}$	$.2719979^{-2}$	$.2375308^{-2}$	$.2089288^{-2}$	$.1849147^{-3}$
D_1^3	$-.400356^{-2}$	$-.3640969^{-2}$	$-.3266490^{-2}$	$-.2911230^{-2}$	$-.2587998^{-2}$	$-.2300358^{-2}$	$-.2047407^{-2}$	$-.1826277^{-2}$	$-.1633417^{-2}$	$-.1465234^{-2}$
D_2^0	$.2552521^{-1}$	$.1823874^{-1}$	$.1330265^{-1}$	$.988821^{-2}$	$.747981^{-2}$	$.574976^{-2}$	$.448563^{-2}$	$.354711^{-2}$	$.283993^{-2}$	$.229966^{-2}$
D_2^1	$-.267863^{-2}$	$-.290273^{-2}$	$-.280964^{-2}$	$-.257694^{-2}$	$-.229630^{-2}$	$-.201352^{-2}$	$-.174992^{-2}$	$-.151398^{-2}$	$-.130758^{-2}$	$-.112939^{-2}$
D_2^2	$.730060^{-2}$	$.526806^{-2}$	$.391693^{-2}$	$.299177^{-2}$	$.233990^{-2}$	$.186797^{-2}$	$.151760^{-2}$	$.125146^{-2}$	$.104511^{-2}$	$.088220^{-2}$

$\beta = 2,0$

Tabelle 62. $D_n^k\left(\dfrac{\alpha+\beta}{2},\beta\right)$

$\alpha =$	0,5	1,0	1,5	2,0	2,5	3,0	3,5	4,0	4,5	5,0
D_0^0	$.5026084^{0}$	$.3100589^{0}$	$.2006740^{0}$	$.1353353^{0}$	$.9466717^{-1}$	$.6843857^{-1}$	$.5097595^{-1}$	$.3900655^{-1}$	$.3057878^{-1}$	$.2449473^{-1}$
D_0^1	$.1211791^{0}$	$.5083521^{-1}$	$+.1665357^{-1}$	0	$-.7856255^{-2}$	$-.1122074^{-1}$	$-.1229033^{-1}$	$-.1221043^{-1}$	$-.1158480^{-1}$	$-.1073175^{-1}$
D_0^2	$.1794640^{0}$	$.1067180^{0}$	$.6744547^{-1}$	$.4511177^{-1}$	$.3181713^{-1}$	$.2355562^{-1}$	$.1820174^{-1}$	$.1458570^{-1}$	$.1204310^{-1}$	$.1018573^{-1}$
D_0^3	$.7346753^{-1}$	$.3064478^{-1}$	$+.1000400^{-1}$	0	$-.4719349^{-2}$	$-.6764150^{-2}$	$-.7451282^{-2}$	$-.7459885^{-2}$	$-.7144387^{-2}$	$-.6690099^{-2}$
D_0^4	$.1107816^{0}$	$.6490067^{-1}$	$.4060996^{-1}$	$.2706706^{-1}$	$.1915759^{-1}$	$.1432537^{-1}$	$.1123578^{-1}$	$.9167007^{-2}$	$.7716739^{-2}$	$.6654467^{-2}$
D_1^0	$.1025874^{+1}$	$.5676000^{0}$	$.3319984^{0}$	$.2030029^{0}$	$.1288852^{0}$	$.8459326^{-1}$	$.5722233^{-1}$	$.3979830^{-1}$	$.2840283^{-1}$	$.2076148^{-1}$
D_1^1	$.3975865^{0}$	$.1914434^{0}$	$.9361536^{-1}$	$.4511176^{-1}$	$.2046921^{-1}$	$.7846589^{-2}$	$+.1442208^{-2}$	$-.1694872^{-2}$	$-.310626^{-2}$	$-.361223^{-2}$
D_1^2	$.3965028^{0}$	$.2085082^{0}$	$.9598173^{-1}$	$.6766764^{-1}$	$.4123873^{-1}$	$.2621372^{-1}$	$.1736928^{-1}$	$.1198771^{-1}$	$.860428^{-2}$	$.640584^{-2}$
D_1^3	$.2430231^{0}$	$.1159753^{0}$	$.5633054^{-1}$	$.2706706^{-1}$	$.1234075^{-1}$	$.4855564^{-2}$	$+.1074939^{-2}$	$-.0779507^{-2}$	$-.1625921^{-2}$	$-.1947088^{-2}$
D_2^0	$.2565830^{+2}$	$.1275247^{+1}$	$.6808534^{0}$	$.3834500^{0}$	$.2253364^{0}$	$.1372273^{0}$	$.862133^{-1}$	$.5570360^{-1}$	$.3693094^{-1}$	$.2508067^{-1}$
D_2^1	$.1189713^{+1}$	$.5501739^{0}$	$.2685375^{0}$	$.1353353^{0}$	$.6925352^{-1}$	$.3540363^{-1}$	$.1771076^{-1}$	$.837117^{-2}$	$.344547^{-2}$	$.088549^{-2}$
D_2^2	$.1071585^{+1}$	$.5109191^{0}$	$.2606231^{0}$	$.1398465^{0}$	$.7819267^{-1}$	$.4532367^{-1}$	$.2716716^{-1}$	$.1682474^{-1}$	$.1076601^{-1}$	$.712049^{-2}$

$\beta = 2,0$

$\alpha =$	5,5	6,0	6,5	7,0	7,5	8,0	8,5	9,0	9,5	10,0
D_0^0	$.1999977^{-1}$	$.1660707^{-1}$	$.1399549^{-1}$	$.1194875^{-1}$	$.1031825^{-1}$	$.8999988^{-2}$	$.7919813^{-2}$	$.7023993^{-2}$	$.6272948^{-2}$	$.5637079^{-2}$
D_0^1	$-.9816824^{-2}$	$-.8923221^{-2}$	$-.8089715^{-2}$	$-.7331360^{-2}$	$-.6650845^{-2}$	$-.6044720^{-2}$	$-.5506798^{-2}$	$-.5029960^{-2}$	$-.4607104^{-2}$	$-.4231592^{-2}$
D_0^2	$.8780546^{-2}$	$.7683845^{-2}$	$.6804629^{-2}$	$.6083658^{-2}$	$.5481276^{-2}$	$.4970174^{-2}$	$.4531015^{-2}$	$.4149731^{-2}$	$.3815825^{-2}$	$.3521282^{-2}$
D_0^3	$-.6192901^{-2}$	$-.5700987^{-2}$	$-.5237093^{-2}$	$-.4810469^{-2}$	$-.4423363^{-2}$	$-.4074542^{-2}$	$-.3761188^{-2}$	$-.3479903^{-2}$	$-.3227230^{-2}$	$-.2999900^{-2}$
D_0^4	$.5844572^{-2}$	$.5205093^{-2}$	$.4685099^{-2}$	$.4251996^{-2}$	$.3884272^{-2}$	$.3567266^{-2}$	$.3290659^{-2}$	$.3046961^{-2}$	$.2830569^{-2}$	$.2637178^{-2}$
D_1^0	$.1551622^{-1}$	$.1183561^{-1}$	$.9198828^{-2}$	$.7272664^{-2}$	$.5839674^{-2}$	$.4755266^{-2}$	$.3921552^{-2}$	$.3271123^{-2}$	$.2756791^{-2}$	$.2345000^{-2}$
D_1^1	$-.3654097^{-2}$	$-.3470182^{-2}$	$-.3188549^{-2}$	$-.2876893^{-2}$	$-.2569746^{-2}$	$-.2283490^{-2}$	$-.2024697^{-2}$	$-.1794768^{-2}$	$-.1592515^{-2}$	$-.1415575^{-2}$
D_1^2	$.4929125^{-2}$	$.3903820^{-2}$	$.3168625^{-2}$	$.2625114^{-2}$	$.2211867^{-2}$	$.1889668^{-2}$	$.1632878^{-2}$	$.1424324^{-2}$	$.1252217^{-2}$	$.1108263^{-2}$
D_1^3	$-.1999769^{-2}$	$-.1921140^{-2}$	$-.1784252^{-2}$	$-.1627466^{-2}$	$-.1470325^{-2}$	$-.1322185^{-2}$	$-.1186946^{-2}$	$-.1065652^{-2}$	$-.957919^{-3}$	$-.862705^{-3}$
D_2^0	$.1742199^{-1}$	$.1236227^{-1}$	$.894954^{-2}$	$.660198^{-2}$	$.495665^{-2}$	$.378283^{-2}$	$.293116^{-2}$	$.230330^{-2}$	$.183345^{-2}$	$.1476843^{-2}$
D_2^1	$-.039748^{-2}$	$-.099161^{-2}$	$-.121804^{-2}$	$-.125313^{-2}$	$-.119365^{-2}$	$-.109231^{-2}$	$-.977268^{-3}$	$-.863044^{-3}$	$-.756602^{-3}$	$-.660786^{-3}$
D_2^2	$.486818^{-2}$	$.343887^{-2}$	$.250666^{-2}$	$.188143^{-2}$	$.145014^{-2}$	$.1144223^{-2}$	$.921347^{-3}$	$.754821^{-3}$	$.627488^{-3}$	$.528082^{-3}$

$\beta = 2.5$

Tabelle 63. $D_n^k\left(\frac{\alpha+\beta}{2},\,\beta\right)$

$\alpha =$	0,5	1,0	1,5	2,0	2,5	3,0	3,5	4,0	4,5	5,0
D_0^0	$.3496304^{0}$	$.2177481^{0}$	$.1410452^{0}$	$.9466717^{-1}$	$.6566800^{-1}$	$.4697881^{-1}$	$.3459174^{-1}$	$.2616179^{-1}$	$.2027886^{-1}$	$.1607404^{-1}$
D_0^1	$.1094467^{0}$	$.5249919^{-1}$	$.2312484^{-1}$	$+.7856255^{-2}$	0	$-.3898685^{-2}$	$-.5671434^{-2}$	$-.6307620^{-2}$	$-.6347998^{-2}$	$-.6089665^{-2}$
D_0^2	$.1307371^{0}$	$.7775031^{-1}$	$.4854582^{-1}$	$.3181713^{-1}$	$.2188933^{-1}$	$.1578933^{-1}$	$.1190600^{-1}$	$.9341467^{-2}$	$.7582862^{-2}$	$.6330574^{-2}$
D_0^3	$.6686577^{-1}$	$.3182879^{-1}$	$.1394025^{-1}$	$+.4719349^{-2}$	0	$-.2341988^{-2}$	$-.3418887^{-2}$	$-.3824134^{-2}$	$-.3878271^{-2}$	$-.3755518^{-2}$
D_0^4	$.8216735^{-1}$	$.4799459^{-1}$	$.2952319^{-1}$	$.1915759^{-1}$	$.1313360^{-1}$	$.9506998^{-2}$	$.7240648^{-2}$	$.5766406^{-2}$	$.4765775^{-2}$	$.4056380^{-2}$
D_1^0	$.6921641^{0}$	$.3946748^{0}$	$.2346926^{0}$	$.1445977^{0}$	$.9193520^{-1}$	$.6016332^{-1}$	$.4045089^{-1}$	$.2790395^{-1}$	$.1972482^{-1}$	$.1427078^{-1}$
D_1^1	$.3131482^{0}$	$.1602490^{0}$	$.8323307^{-1}$	$.4316506^{-1}$	$.2188933^{-1}$	$.1047294^{-1}$	$.4344093^{-2}$	$+.1093041^{-2}$	$-.0578850^{-2}$	$-.1383002^{-2}$
D_1^2	$.2847610^{0}$	$.1540079^{0}$	$.8675897^{-1}$	$.5067743^{-1}$	$.3064507^{-1}$	$.1918891^{-1}$	$.1245579^{-1}$	$.8391631^{-2}$	$.5871123^{-2}$	$.4263209^{-2}$
D_1^3	$.1936103^{0}$	$.9801127^{-1}$	$.5043356^{-1}$	$.2597443^{-1}$	$.1313360^{-1}$	$.6313378^{-2}$	$.2682133^{-2}$	$+.765616^{-3}$	$-.220573^{-3}$	$-.700609^{-3}$
D_2^0	$.1622146^{+1}$	$.8515538^{0}$	$.4705332^{0}$	$.2707281^{0}$	$.1611055^{0}$	$.9872591^{-1}$	$.6212214^{-1}$	$.4005968^{-1}$	$.2643705^{-1}$	$.1783636^{-1}$
D_2^1	$.8553176^{0}$	$.4229704^{0}$	$.2173898^{0}$	$.1145788^{0}$	$.6129013^{-1}$	$.3295466^{-1}$	$.1761775^{-1}$	$.922382^{-2}$	$.460868^{-2}$	$.207836^{-2}$
D_2^2	$.7263173^{0}$	$.3654115^{0}$	$.1927085^{0}$	$.1054600^{0}$	$.5953899^{-1}$	$.3456792^{-1}$	$.2061274^{-1}$	$.1262369^{-1}$	$.794702^{-2}$	$.514963^{-2}$

$\beta = 2,5$

$\alpha =$	5,5	6,0	6,5	7,0	7,5	8,0	8,5	9,0	9,5	10,0
D_0^0	$.1299970^{-1}$	$.1070336^{-1}$	$.8953507^{-2}$	$.7595145^{-2}$	$.6522553^{-2}$	$.5662306^{-2}$	$.4962517^{-2}$	$.4385904^{-2}$	$.3905245^{-2}$	$.3500356^{-2}$
D_0^1	$-.5695492^{-2}$	$-.5253710^{-2}$	$-.4810851^{-2}$	$-.4390170^{-2}$	$-.4002025^{-2}$	$-.3649756^{-2}$	$-.3333007^{-2}$	$-.3049603^{-2}$	$-.2796590^{-2}$	$-.2570802^{-2}$
D_0^2	$.5405715^{-2}$	$.4699121^{-2}$	$.4142656^{-2}$	$.3692772^{-2}$	$.3320933^{-2}$	$.3007937^{-2}$	$.2740512^{-2}$	$.2509226^{-2}$	$.2307194^{-2}$	$.2129262^{-2}$
D_0^3	$.3550531^{-2}$	$-.3314280^{-2}$	$-.3073621^{-2}$	$-.2842094^{-2}$	$-.2625927^{-2}$	$-.2427390^{-2}$	$-.2246668^{-2}$	$-.2082904^{-2}$	$-.1934779^{-2}$	$-.1800821^{-2}$
D_0^4	$.3531621^{-2}$	$.3127864^{-2}$	$.2806265^{-2}$	$.2542534^{-2}$	$.2321070^{-2}$	$.2131556^{-2}$	$.1966960^{-2}$	$.1822330^{-2}$	$.1694069^{-2}$	$.1579481^{-2}$
D_1^0	$.1055414^{-1}$	$.7968089^{-2}$	$.6132324^{-2}$	$.4803954^{-2}$	$.3825039^{-2}$	$.3091084^{-2}$	$.2531785^{-2}$	$.2099067^{-2}$	$.1759530^{-2}$	$.1489611^{-2}$
D_1^1	$-.1713650^{-2}$	$-.1790756^{-2}$	$-.1737273^{-2}$	$-.1621644^{-2}$	$-.1481498^{-2}$	$-.1337011^{-2}$	$-.1198497^{-2}$	$-.1070743^{-2}$	$-.955494^{-3}$	$-.852869^{-3}$
D_1^2	$.3206613^{-2}$	$.2490516^{-2}$	$.1989625^{-2}$	$.1628104^{-2}$	$.1359192^{-2}$	$.1153487^{-2}$	$.992119^{-3}$	$.862709^{-3}$	$.756947^{-3}$	$.669123^{-3}$
D_1^3	$-.906543^{-3}$	$-.966247^{-3}$	$-.950382^{-3}$	$-.897895^{-3}$	$-.830043^{-3}$	$-.758195^{-3}$	$-.688193^{-3}$	$-.622818^{-3}$	$-.5631732^{-3}$	$-.5094717^{-3}$
D_2^0	$.1229150^{-1}$	$.864475^{-2}$	$.619994^{-2}$	$.453030^{-2}$	$.3369451^{-2}$	$.2548286^{-2}$	$.1957663^{-2}$	$.1526034^{-2}$	$.1205770^{-2}$	$.964690^{-3}$
D_2^1	$+.070858^{-2}$	$-.012457^{-3}$	$-.371282^{-3}$	$-.529516^{-3}$	$-.578686^{-3}$	$-.570610^{-3}$	$-.534468^{-3}$	$-.486488^{-3}$	$-.435479^{-3}$	$-.386017^{-3}$
D_2^2	$.3439580^{-2}$	$.2370432^{-2}$	$.1685958^{-2}$	$.1236637^{-2}$	$.933825^{-3}$	$.724136^{-3}$	$.574907^{-3}$	$.465821^{-3}$	$.384021^{-3}$	$.321220^{-3}$

$\beta = 3,0$

Tabelle 64. $D_n^k\left(\frac{\alpha+\beta}{2},\,\beta\right)$

$\alpha =$	0,5	1,0	1,5	2,0	2,5	3,0	3,5	4,0	4,5	5,0
D_0^0	$.2545114^{0}$	$.1590462^{0}$	$.1027218^{0}$	$.6844386^{-1}$	$.4697881^{-1}$	$.3319138^{-1}$	$.2411038^{-1}$	$.1798367^{-1}$	$.1375220^{-1}$	$.1076228^{-1}$
D_0^1	$.9642188^{-1}$	$.4978707^{-1}$	$.2476628^{-1}$	$.1122074^{-1}$	$+.3898685^{-2}$	0	$-.2000876^{-2}$	$-.2948485^{-2}$	$-.3315663^{-2}$	$-.3368974^{-2}$
D_0^2	$.1002364^{0}$	$.5947205^{-1}$	$.3667840^{-1}$	$.2355562^{-1}$	$.1578933^{-1}$	$.1106379^{-1}$	$.8103371^{-2}$	$.6189735^{-2}$	$.4910435^{-2}$	$.4024333^{-2}$
D_0^3	$.5946371^{-1}$	$.3041711^{-1}$	$.1501511^{-1}$	$.6764150^{-2}$	$+.2341988^{-2}$	0	$-.1201951^{-2}$	$-.1777423^{-2}$	$-.2010194^{-2}$	$-.2058254^{-2}$
D_0^4	$.6422748^{-1}$	$.3737776^{-1}$	$.2264126^{-1}$	$.1432537^{-1}$	$.9506998^{-2}$	$.6638276^{-2}$	$.4879165^{-2}$	$.3764293^{-2}$	$.3031169^{-2}$	$.2529265^{-2}$
D_1^0	$.4963683^{0}$	$.2883563^{0}$	$.1731423^{0}$	$.1070347^{0}$	$.6796070^{-1}$	$.4425517^{-1}$	$.2952808^{-1}$	$.2017338^{-1}$	$.1410379^{-1}$	$.1008388^{-1}$
D_1^1	$.2517564^{0}$	$.1341526^{0}$	$.7245193^{-1}$	$.3926465^{-1}$	$.2110572^{-1}$	$.1106379^{-1}$	$.5486840^{-2}$	$.2398826^{-2}$	$+.710595^{-3}$	$-.186884^{-3}$
D_1^2	$.2169780^{0}$	$.1196252^{0}$	$.6799503^{-1}$	$.3974202^{-1}$	$.2387289^{-1}$	$.1475172^{-1}$	$.9394765^{-2}$	$.6180808^{-2}$	$.4209690^{-2}$	$.2972163^{-2}$
D_1^3	$.1576704^{0}$	$.8300342^{-1}$	$.4432975^{-1}$	$.2379518^{-1}$	$.1270062^{-1}$	$.6638276^{-2}$	$.3307383^{-2}$	$.1479036^{-2}$	$+.484923^{-3}$	$-.043552^{-3}$
D_2^0	$.1114870^{+1}$	$.6064487^{0}$	$.3428370^{0}$	$.2000635^{0}$	$.1199915^{0}$	$.7375862^{-1}$	$.4638313^{-1}$	$.2980409^{-1}$	$.1955334^{-1}$	$.1309060^{-1}$
D_2^1	$.6440800^{0}$	$.3333009^{0}$	$.1775399^{0}$	$.9650785^{-1}$	$.5316894^{-1}$	$.2950345^{-1}$	$.1638043^{-1}$	$.902432^{-2}$	$.487400^{-2}$	$.2527998^{-2}$
D_2^2	$.5313661^{0}$	$.2773092^{0}$	$.1497899^{0}$	$.8320291^{-1}$	$.4734240^{-1}$	$.2753655^{-1}$	$.1636003^{-1}$	$.993107^{-2}$	$.6166384^{-2}$	$.3923172^{-2}$

$\beta = 3,0$

$\alpha =$	5,5	6,0	6,5	7,0	7,5	8,0	8,5	9,0	9,5	10,0
D_0^0	$.8602409^{-2}$	$.7008640^{-2}$	$.5808557^{-2}$	$.4887519^{-2}$	$.4167956^{-2}$	$.3596480^{-2}$	$.3135722^{-2}$	$.2759092^{-2}$	$.2447371^{-2}$	$.2186447^{-2}$
D_0^1	$-.3259031^{-2}$	$-.3070658^{-2}$	$-.2851111^{-2}$	$-.2626136^{-2}$	$-.2409175^{-2}$	$-.2206683^{-2}$	$-.2021194^{-2}$	$-.1853107^{-2}$	$-.1701704^{-2}$	$-.1565739^{-2}$
D_0^2	$.3387959^{-2}$	$.2914428^{-2}$	$.2550144^{-2}$	$.2261383^{-2}$	$.2026467^{-2}$	$.1831134^{-2}$	$.1665762^{-2}$	$.1523688^{-2}$	$.1400168^{-2}$	$.1291739^{-2}$
D_0^3	$-.2009856^{-2}$	$-.1914228^{-2}$	$-.1798611^{-2}$	$-.1677821^{-2}$	$-.1559644^{-2}$	$-.1447914^{-2}$	$-.1344262^{-2}$	$-.1249117^{-2}$	$-.1162278^{-2}$	$-.1083233^{-2}$
D_0^4	$.2170870^{-2}$	$.1904032^{-2}$	$.1697446^{-2}$	$.1531877^{-2}$	$.1395256^{-2}$	$.1279818^{-2}$	$.1180432^{-2}$	$.1093603^{-2}$	$.1016875^{-2}$	$.9484660^{-3}$
D_1^0	$.736747^{-2}$	$.5495457^{-2}$	$.4180300^{-2}$	$.3238887^{-2}$	$.2552678^{-2}$	$.2043703^{-2}$	$.1659870^{-2}$	$.1365834^{-2}$	$.1137246^{-2}$	$.957084^{-3}$
D_1^1	$-.637903^{-3}$	$-.838598^{-3}$	$-.901201^{-3}$	$-.889980^{-3}$	$-.841598^{-3}$	$-.776764^{-3}$	$-.706944^{-3}$	$-.638271^{-3}$	$-.573808^{-3}$	$-.514883^{-3}$
D_1^2	$.2175270^{-2}$	$.1647852^{-2}$	$.1288405^{-2}$	$.1035839^{-2}$	$.852817^{-3}$	$.716154^{-3}$	$.611198^{-3}$	$.528519^{-3}$	$.461918^{-3}$	$.407235^{-3}$
D_1^3	$-.311894^{-3}$	$-.435579^{-3}$	$-.479820^{-3}$	$-.481507^{-3}$	$-.461463^{-3}$	$-.431353^{-3}$	$-.397615^{-3}$	$-.363700^{-3}$	$-.331367^{-3}$	$-.301419^{-3}$
D_2^0	$.893935^{-2}$	$.622418^{-2}$	$.4416604^{-2}$	$.3192185^{-2}$	$.2348522^{-2}$	$.1757414^{-2}$	$.1336441^{-2}$	$.1031844^{-2}$	$.808051^{-3}$	$.641195^{-3}$
D_2^1	$.1206842^{-2}$	$.471261^{-3}$	$+.071113^{-3}$	$-.137182^{-3}$	$-.236493^{-3}$	$-.274788^{-3}$	$-.279826^{-3}$	$-.267606^{-3}$	$-.247262^{-3}$	$-.223920^{-3}$
D_2^2	$.2562774^{-2}$	$.1722384^{-2}$	$.1192854^{-2}$	$.851954^{-3}$	$.627318^{-3}$	$.475544^{-3}$	$.370261^{-3}$	$.295230^{-3}$	$.240303^{-3}$	$.199041^{-3}$

$\beta = 3,5$

Tabelle 65. $D_n^k\left(\dfrac{\alpha+\beta}{2},\beta\right)$

$\alpha =$	0,5	1,0	1,5	2,0	2,5	3,0	3,5	4,0	4,5	5,0
D_0^0	$.1921111^{0}$	$.1200647^{0}$	$.7717311^{-1}$	$.5097595^{-1}$	$.3459174^{-1}$	$.2411038^{-1}$	$.1725565^{-1}$	$.1267386^{-1}$	$.9544193^{-2}$	$.7359823^{-2}$
D_0^1	$.8416862^{-1}$	$.4548664^{-1}$	$.2415791^{-1}$	$.1229033^{-1}$	$.5671434^{-2}$	$+.2000876^{-2}$	0	$-.1051780^{-2}$	$-.1564803^{-2}$	$-.1774457^{-2}$
D_0^2	$.7988627^{-1}$	$.4728611^{-1}$	$.2885730^{-1}$	$.1820174^{-1}$	$.1190600^{-1}$	$.8103371^{-2}$	$.5751883^{-2}$	$.4259617^{-2}$	$.3284981^{-2}$	$.2627938^{-2}$
D_0^3	$.5247015^{-1}$	$.2805177^{-1}$	$.1475913^{-1}$	$.7451283^{-2}$	$.3418887^{-2}$	$+.1201951^{-2}$	0	$-.6318175^{-3}$	$-.9433036^{-3}$	$-.1075804^{-2}$
D_0^4	$.5219069^{-1}$	$.3029906^{-1}$	$.1813661^{-1}$	$.1123578^{-1}$	$.7240648^{-2}$	$.4879165^{-2}$	$.3451130^{-2}$	$.2564781^{-2}$	$.1997764^{-2}$	$.1622203^{-2}$
D_1^0	$.3723352^{0}$	$.2189135^{0}$	$.1322003^{0}$	$.8180299^{-1}$	$.5179376^{-1}$	$.3352984^{-1}$	$.2218583^{-1}$	$.1500178^{-1}$	$.1036544^{-1}$	$.7317089^{-2}$
D_1^1	$.2061392^{0}$	$.1129890^{0}$	$.6267837^{-1}$	$.3496128^{-1}$	$.1946792^{-1}$	$.1071990^{-1}$	$.5751883^{-2}$	$.2927362^{-2}$	$.1328977^{-2}$	$.435961^{-3}$
D_1^2	$.1722996^{0}$	$.9635393^{-1}$	$.5515934^{-1}$	$.3227184^{-1}$	$.1929356^{-1}$	$.1179867^{-1}$	$.7395277^{-2}$	$.4763698^{-2}$	$.3162923^{-2}$	$.2170472^{-2}$
D_1^3	$.1308959^{0}$	$.7081829^{-1}$	$.3879938^{-1}$	$.2139662^{-1}$	$.1179916^{-1}$	$.6450947^{-2}$	$.3451130^{-2}$	$.1764479^{-2}$	$.818635^{-3}$	$.293269^{-3}$
D_2^0	$.8126698^{0}$	$.4529139^{0}$	$.2601064^{0}$	$.1532514^{0}$	$.9236979^{-1}$	$.5684925^{-1}$	$.3568515^{-1}$	$.2283086^{-1}$	$.1488229^{-1}$	$.988218^{-2}$
D_2^1	$.5025505^{0}$	$.2685453^{0}$	$.1467743^{0}$	$.8157149^{-1}$	$.4588094^{-1}$	$.2600643^{-1}$	$.1479056^{-1}$	$.8396896^{-2}$	$.4726344^{-2}$	$.2610773^{-2}$
D_2^2	$.4093168^{0}$	$.2193366^{0}$	$.1206396^{0}$	$.6781052^{-1}$	$.3884680^{-1}$	$.2264716^{-1}$	$.1342888^{-1}$	$.8101402^{-2}$	$.4977600^{-2}$	$.3119932^{-2}$

$\beta = 3,5$

$\alpha =$	5,5	6,0	6,5	7,0	7,5	8,0	8,5	9,0	9,5	10,0
D_0^0	$.5802358^{-2}$	$.4668401^{-2}$	$.3825859^{-2}$	$.3187538^{-2}$	$.2694936^{-2}$	$.2308168^{-2}$	$.1999594^{-2}$	$.1749758^{-2}$	$.1544745^{-2}$	$.1374449^{-2}$
D_0^1	$-.1816343^{-2}$	$-.1768628^{-2}$	$-.1676204^{-2}$	$-.1564592^{-2}$	$-.1448029^{-2}$	$-.1334174^{-2}$	$-.1226886^{-2}$	$-.1127843^{-2}$	$-.1037507^{-2}$	$-.9556809^{-3}$
D_0^2	$.2169672^{-2}$	$.1838596^{-2}$	$.1590921^{-2}$	$.1399432^{-2}$	$.1246907^{-2}$	$.1122235^{-2}$	$.1018086^{-2}$	$.9295090^{-3}$	$.8530737^{-3}$	$.7863381^{-3}$
D_0^3	$-.1109684^{-2}$	$-.1090719^{-2}$	$-.1044934^{-2}$	$-.9870164^{-3}$	$-.9251360^{-3}$	$-.8637134^{-3}$	$-.8050205^{-3}$	$-.7501091^{-3}$	$-.6993486^{-3}$	$-.6527379^{-3}$
D_0^4	$.1363624^{-2}$	$.1178099^{-2}$	$.1039369^{-2}$	$.9315002^{-3}$	$.8446642^{-3}$	$.7726773^{-3}$	$.7115615^{-3}$	$.6586907^{-3}$	$.6122804^{-3}$	$.5710797^{-3}$
D_1^0	$.6275428^{-2}$	$.3882594^{-2}$	$.2914828^{-2}$	$.2230095^{-2}$	$.1736896^{-2}$	$.1375414^{-2}$	$.1105974^{-2}$	$.901877^{-3}$	$.744891^{-3}$	$.622391^{-3}$
D_1^1	$-.050302^{-3}$	$-.302375^{-3}$	$-.420523^{-3}$	$-.463178^{-3}$	$-.464400^{-3}$	$-.443970^{-3}$	$-.413281^{-3}$	$-.378789^{-3}$	$-.344050^{-3}$	$-.310925^{-3}$
D_1^2	$.1542138^{-2}$	$.1134949^{-2}$	$.864172^{-3}$	$.678974^{-3}$	$.548482^{-3}$	$.453693^{-3}$	$.382746^{-3}$	$.328121^{-3}$	$.284967^{-3}$	$.2500947^{-3}$
D_1^3	$+.007344^{-3}$	$-.142245^{-3}$	$-.214552^{-3}$	$-.243519^{-3}$	$-.248678^{-3}$	$-.241247^{-3}$	$-.2276292^{-3}$	$-.2114359^{-3}$	$-.1946603^{-3}$	$-.1783601^{-3}$
D_2^0	$.6683980^{-2}$	$.4604516^{-2}$	$.3230304^{-2}$	$.2307344^{-2}$	$.1677384^{-2}$	$.1240459^{-2}$	$.932567^{-3}$	$.712182^{-3}$	$.552002^{-3}$	$.433838^{-3}$
D_2^1	$.1390962^{-2}$	$.690528^{-3}$	$.292496^{-3}$	$+.070806^{-3}$	$-.048223^{-3}$	$-.107842^{-3}$	$-.133495^{-3}$	$-.140151^{-3}$	$-.136570^{-3}$	$-.127869^{-3}$
D_2^2	$.1999324^{-2}$	$.1313130^{-2}$	$.886090^{-3}$	$.615556^{-3}$	$.440747^{-3}$	$.325292^{-3}$	$.247188^{-3}$	$.192980^{-3}$	$.154339^{-3}$	$.126044^{-3}$

$\beta = 4,0$

Tabelle 66. $D_n^k\left(\dfrac{\alpha+\beta}{2},\beta\right)$

$\alpha =$	0,5	1,0	1,5	2,0	2,5	3,0	3,5	4,0	4,5	5,0
D_0^0	$.1493879^{0}$	$.9321701^{-1}$	$.5958241^{-1}$	$.3900655^{-1}$	$.2616179^{-1}$	$.1798367^{-1}$	$.1267386^{-1}$	$.9157819^{-2}$	$.6782722^{-2}$	$.5145641^{-2}$
D_0^1	$.7332659^{-1}$	$.4084068^{-1}$	$.2257285^{-1}$	$.1221043^{-1}$	$.6307620^{-2}$	$.2948485^{-2}$	$+.1051780^{-2}$	0	$-.5628857^{-3}$	$-.8436454^{-3}$
D_0^2	$.6558613^{-1}$	$.3876278^{-1}$	$.2346584^{-1}$	$.1458570^{-1}$	$.9341467^{-2}$	$.6189735^{-2}$	$.4259617^{-2}$	$.3052606^{-2}$	$.2279637^{-2}$	$.1771059^{-2}$
D_0^3	$.4625776^{-1}$	$.2545980^{-1}$	$.1392076^{-1}$	$.7459885^{-2}$	$.3824134^{-2}$	$.1777423^{-2}$	$+.6318175^{-3}$	0	$-.3381324^{-3}$	$-.5085712^{-3}$
D_0^4	$.4365592^{-1}$	$.2532420^{-1}$	$.1503598^{-1}$	$.9167007^{-2}$	$.5766406^{-2}$	$.3764293^{-2}$	$.2564781^{-2}$	$.1831564^{-2}$	$.1372605^{-2}$	$.1077071^{-2}$
D_1^0	$.2891092^{0}$	$.1713445^{0}$	$.1038216^{0}$	$.6421916^{-1}$	$.4051919^{-1}$	$.2607035^{-1}$	$.1710534^{-1}$	$.1144727^{-1}$	$.7815771^{-2}$	$.5445471^{-2}$
D_1^1	$.1715023^{0}$	$.9593972^{-1}$	$.5424701^{-1}$	$.3086626^{-1}$	$.1758989^{-1}$	$.9980644^{-2}$	$.5591872^{-2}$	$.3052606^{-2}$	$.1584308^{-2}$	$.739937^{-3}$
D_1^2	$.1409933^{0}$	$.7972769^{-1}$	$.4591964^{-1}$	$.2690748^{-1}$	$.1603990^{-1}$	$.9735653^{-2}$	$.6027333^{-2}$	$.3815758^{-2}$	$.2477890^{-2}$	$.1656057^{-2}$
D_1^3	$.1104727^{0}$	$.6096793^{-1}$	$.3401883^{-1}$	$.1911352^{-1}$	$.1076720^{-1}$	$.6049551^{-2}$	$.3365084^{-2}$	$.1831564^{-2}$	$.954912^{-3}$	$.455484^{-3}$
D_2^0	$.6186132^{0}$	$.3507368^{0}$	$.2037006^{0}$	$.1208259^{0}$	$.7305338^{-1}$	$.4496772^{-1}$	$.2815989^{-1}$	$.1793406^{-1}$	$.1161460^{-1}$	$.7649619^{-2}$
D_2^1	$.4032031^{0}$	$.2205778^{0}$	$.1228777^{0}$	$.6941921^{-1}$	$.3963924^{-1}$	$.2280860^{-1}$	$.1318516^{-1}$	$.7631516^{-2}$	$.4403812^{-2}$	$.2518763^{-2}$
D_2^2	$.3270849^{0}$	$.1787887^{0}$	$.9973943^{-1}$	$.5661079^{-1}$	$.3262685^{-1}$	$.1907210^{-1}$	$.1130261^{-1}$	$.6792049^{-2}$	$.4142042^{-2}$	$.2567014^{-2}$

$\beta = 4,0$

$\alpha =$	5,5	6,0	6,5	7,0	7,5	8,0	8,5	9,0	9,5	10,0
D_0^0	$.3994068^{-2}$	$.3167377^{-2}$	$.2561859^{-2}$	$.2109546^{-2}$	$.1765223^{-2}$	$.1498348^{-2}$	$.1287977^{-2}$	$.1119522^{-2}$	$.9826687^{-3}$	$.8700114^{-3}$
D_0^1	$-.9629718^{-3}$	$-.9915009^{-3}$	$-.9705628^{-3}$	$-.9242444^{-3}$	$-.8664539^{-3}$	$-.8050844^{-3}$	$-.7444802^{-3}$	$-.6869020^{-3}$	$-.6333995^{-3}$	$-.5843314^{-3}$
D_0^2	$.1426143^{-2}$	$.1184376^{-2}$	$.1008958^{-2}$	$.8772204^{-3}$	$.7749898^{-3}$	$.6932636^{-3}$	$.6262163^{-3}$	$.5700002^{-3}$	$.5220145^{-3}$	$.4804571^{-3}$
D_0^3	$-.5838229^{-3}$	$-.6057514^{-3}$	$-.5985495^{-3}$	$-.5761677^{-3}$	$-.5465987^{-3}$	$-.5143631^{-3}$	$-.4819592^{-3}$	$-.4507104^{-3}$	$-.4212631^{-3}$	$-.3938780^{-3}$
D_0^4	$.8803458^{-3}$	$.7443717^{-3}$	$.6465006^{-3}$	$.5730990^{-3}$	$.5158544^{-3}$	$.4696218^{-3}$	$.4311603^{-3}$	$.3983851^{-3}$	$.3699223^{-3}$	$.3448406^{-3}$
D_1^0	$.3871953^{-2}$	$.2809352^{-2}$	$.2079269^{-2}$	$.1568856^{-2}$	$.1205764^{-2}$	$.942988^{-3}$	$.749573^{-3}$	$.604854^{-3}$	$.494850^{-3}$	$.4099674^{-3}$
D_1^1	$+.260440^{-3}$	$-.005426^{-3}$	$-.146473^{-3}$	$-.215068^{-3}$	$-.2421517^{-3}$	$-.2460016^{-3}$	$-.2373808^{-3}$	$-.2225790^{-2}$	$-.2052219^{-3}$	$-.1873502^{-3}$
D_1^2	$.1142561^{-2}$	$.815499^{-3}$	$.602592^{-3}$	$.460547^{-3}$	$.3631720^{-3}$	$.2944444^{-3}$	$.2444518^{-3}$	$.2069821^{-3}$	$.1780869^{-3}$	$.1552158^{-3}$
D_1^3	$.1736128^{-3}$	$+.0174700^{-3}$	$-.0660584^{-3}$	$-.1078264^{-3}$	$-.1258049^{-3}$	$-.1304685^{-3}$	$-.1279124^{-3}$	$-.1216654^{-3}$	$-.1137502^{-3}$	$-.1053057^{-3}$
D_2^0	$.5124564^{-2}$	$.3492492^{-2}$	$.2421794^{-2}$	$.1708771^{-2}$	$.1226701^{-2}$	$.895772^{-3}$	$.665096^{-3}$	$.501827^{-3}$	$.384506^{-3}$	$.298939^{-3}$
D_2^1	$.1415151^{-2}$	$.769329^{-2}$	$.393006^{-3}$	$.175822^{-3}$	$+.527004^{-4}$	$-.149210^{-4}$	$-.499686^{-4}$	$-.660978^{-4}$	$-.714400^{-4}$	$-.708238^{-4}$
D_2^2	$.1619922^{-2}$	$.1043444^{-2}$	$.687919^{-3}$	$.465456^{-3}$	$.323968^{-3}$	$.232307^{-3}$	$.171683^{-3}$	$.130651^{-3}$	$.102177^{-3}$	$.818890^{-4}$

$\beta = 4,5$

Tabelle 67. $D_n^k\left(\dfrac{\alpha+\beta}{2},\,\beta\right)$

$\alpha =$	0,5	1,0	1,5	2,0	2,5	3,0	3,5	4,0	4,5	5,0
D_0^0	$.1190843^{0}$	$.7413412^{-1}$	$.4711581^{-1}$	$.3057878^{-1}$	$.2027886^{-1}$	$.1375220^{-1}$	$.9544193^{-2}$	$.6782722^{-2}$	$.4937332^{-2}$	$.3680884^{-2}$
D_0^1	$.6398576^{-1}$	$.3638849^{-1}$	$.2064260^{-1}$	$.1158480^{-1}$	$.6347998^{-2}$	$.3315663^{-2}$	$.1564803^{-2}$	$+.5628857^{-3}$	0	$-.3054698^{-3}$
D_0^2	$.5509857^{-1}$	$.3254727^{-1}$	$.1959234^{-1}$	$.1204310^{-1}$	$.7582862^{-2}$	$.4910435^{-2}$	$.3284981^{-2}$	$.2279637^{-2}$	$.1645777^{-2}$	$.1237126^{-2}$
D_0^3	$.4088008^{-1}$	$.2295552^{-1}$	$.1286846^{-1}$	$.7144387^{-2}$	$.3878271^{-2}$	$.2010194^{-2}$	$.9433036^{-3}$	$+.3381324^{-3}$	0	$-.1834995^{-3}$
D_0^4	$.3732417^{-1}$	$.2166436^{-1}$	$.1279992^{-1}$	$.7716739^{-2}$	$.4765775^{-2}$	$.3031169^{-2}$	$.1997764^{-2}$	$.1372605^{-2}$	$.9874664^{-3}$	$.7448924^{-3}$
D_1^0	$.2307038^{0}$	$.1374805^{0}$	$.8346369^{-1}$	$.5157243^{-1}$	$.3242082^{-1}$	$.2073512^{-1}$	$.1349504^{-1}$	$.8941542^{-2}$	$.6034517^{-2}$	$.4150337^{-2}$
D_1^1	$.1446786^{0}$	$.8216794^{-1}$	$.4711581^{-1}$	$.2719245^{-1}$	$.1574457^{-1}$	$.9110275^{-2}$	$.5240985^{-2}$	$.2974966^{-2}$	$.1645777^{-2}$	$.867346^{-3}$
D_1^2	$.1180181^{0}$	$.6733816^{-1}$	$.3899158^{-1}$	$.2289305^{-1}$	$.1362766^{-1}$	$.8230078^{-2}$	$.5049530^{-2}$	$.3154154^{-2}$	$.2011506^{-2}$	$.1314074^{-2}$
D_1^3	$.9455628^{-1}$	$.5296734^{-1}$	$.2995787^{-1}$	$.1705940^{-1}$	$.9752123^{-2}$	$.5577414^{-2}$	$.3176894^{-2}$	$.1790298^{-2}$	$.9874664^{-3}$	$.5227614^{-3}$
D_2^0	$.4867175^{0}$	$.2794442^{0}$	$.1636358^{0}$	$.9752836^{-1}$	$.5908389^{-1}$	$.3635270^{-1}$	$.2270630^{-1}$	$.1439592^{-1}$	$.9265116^{-2}$	$.6054580^{-2}$
D_2^1	$.3308059^{0}$	$.1841971^{0}$	$.1041063^{0}$	$.5954920^{-1}$	$.3438889^{-1}$	$.2000554^{-1}$	$.1169856^{-1}$	$.6860276^{-2}$	$.4023011^{-2}$	$.2350480^{-2}$
D_2^2	$.2685974^{0}$	$.1490959^{0}$	$.8412357^{-1}$	$.4813664^{-1}$	$.2789241^{-1}$	$.1635137^{-1}$	$.9694118^{-2}$	$.5812814^{-2}$	$.3527246^{-2}$	$.2168313^{-2}$

$\beta = 4,5$

$\alpha =$	5,5	6,0	6,5	7,0	7,5	8,0	8,5	9,0	9,5	10,0
D_0^0	$.2808890^{-2}$	$.2191808^{-2}$	$.1746465^{-2}$	$.1418729^{-2}$	$.1172879^{-2}$	$.9850088^{-3}$	$.8388868^{-3}$	$.7233308^{-3}$	$.6305226^{-3}$	$.5549139^{-3}$
D_0^1	$-.4605271^{-3}$	$-.5284460^{-3}$	$-.5467052^{-3}$	$-.5374869^{-3}$	$-.5138673^{-3}$	$-.4834884^{-3}$	$-.4507462^{-3}$	$.4181020^{-3}$	$-.3868680^{-3}$	$.3576813^{-3}$
D_0^2	$.9667816^{-3}$	$.7826187^{-3}$	$.6530546^{-3}$	$.5587500^{-3}$	$.4877227^{-3}$	$.4324507^{-3}$	$.3881406^{-3}$	$.3516846^{-3}$	$.3210281^{-3}$	$.2947821^{-3}$
D_0^3	$-.2776176^{-3}$	$-.3203821^{-3}$	$-.3340062^{-3}$	$-.3314701^{-3}$	$-.3203414^{-3}$	$-.3050065^{-3}$	$-.2879788^{-3}$	$-.2706695^{-3}$	$-.2538433^{-3}$	$-.2378877^{-3}$
D_0^4	$.5879492^{-3}$	$.4831037^{-3}$	$.4104402^{-3}$	$.3580248^{-3}$	$.3186353^{-3}$	$.2878510^{-3}$	$.2629293^{-3}$	$.2421407^{-3}$	$.2243733^{-3}$	$.2088955^{-3}$
D_1^0	$.2910141^{-2}$	$.2080849^{-2}$	$.1517299^{-2}$	$.1127978^{-2}$	$.854492^{-3}$	$.6591218^{-3}$	$.5172001^{-3}$	$.4123890^{-3}$	$.3337292^{-3}$	$.2737725^{-3}$
D_1^1	$.4141490^{-3}$	$.1535162^{-3}$	$+.0069486^{-3}$	$-.0722128^{-3}$	$-.1117892^{-3}$	$-.1283959^{-3}$	$-.1319512^{-3}$	$-.1283583^{-3}$	$-.1211068^{-3}$	$-.1122345^{-3}$
D_1^2	$.882520^{-3}$	$.6113069^{-3}$	$.4377857^{-3}$	$.3244539^{-3}$	$.2486683^{-3}$	$.1966362^{-3}$	$.1598757^{-3}$	$.1331166^{-3}$	$.1130460^{-3}$	$.975540^{-4}$
D_1^3	$.2548080^{-3}$	$.1016964^{-3}$	$+.157057^{-4}$	$-.310922^{-4}$	$-.550964^{-4}$	$-.659566^{-4}$	$-.693539^{-4}$	$-.686280^{-4}$	$-.657333^{-4}$	$-.618043^{-4}$
D_2^0	$.4018674^{-2}$	$.2710239^{-2}$	$.1857854^{-2}$	$.1294845^{-2}$	$.917698^{-3}$	$.661402^{-3}$	$.484673^{-3}$	$.3610009^{-3}$	$.2731658^{-3}$	$.2098570^{-3}$
D_2^1	$.1361078^{-2}$	$.774892^{-3}$	$.427925^{-3}$	$.223426^{-3}$	$.103973^{-3}$	$+.353198^{-4}$	$-.030442^{-4}$	$-.234342^{-4}$	$-.332570^{-4}$	$-.369661^{-4}$
D_2^2	$.1352504^{-2}$	$.857837^{-3}$	$.5546773^{-3}$	$.3666882^{-3}$	$.2485646^{-3}$	$.1732122^{-3}$	$.1243048^{-3}$	$.919283^{-4}$	$.700137^{-4}$	$.548137^{-4}$

$\beta = 5,0$

Tabelle 68. $D_n^k\left(\dfrac{\alpha+\beta}{2},\,\beta\right)$

$\alpha =$	0,5	1,0	1,5	2,0	2,5	3,0	3,5	4,0	4,5	5,0
D_0^0	$.9693620^{-1}$	$.6019025^{-1}$	$.3804698^{-1}$	$.2449473^{-1}$	$.1607404^{-1}$	$.1076228^{-1}$	$.7359823^{-2}$	$.5145641^{-2}$	$.3680884^{-2}$	$.2695179^{-2}$
D_0^1	$.5603136^{-1}$	$.3234111^{-1}$	$.1867524^{-1}$	$.1073175^{-1}$	$.6089665^{-2}$	$.3368974^{-2}$	$.1774457^{-2}$	$.8436454^{-3}$	$.3054698^{-3}$	0
D_0^2	$.4713054^{-1}$	$.2784914^{-1}$	$.1670385^{-1}$	$.1018573^{-1}$	$.6330574^{-2}$	$.4024333^{-2}$	$.2627938^{-2}$	$.1771059^{-2}$	$.1237126^{-2}$	$.8983929^{-3}$
D_0^3	$.3627340^{-1}$	$.2066252^{-1}$	$.1178119^{-1}$	$.6690099^{-2}$	$.3755518^{-2}$	$.2058254^{-2}$	$.1075804^{-2}$	$.5085712^{-3}$	$.1834995^{-3}$	0
D_0^4	$.3245015^{-1}$	$.1886521^{-1}$	$.1111854^{-1}$	$.6654467^{-2}$	$.4056380^{-2}$	$.2529265^{-2}$	$.1622203^{-2}$	$.1077071^{-2}$	$.7448924^{-3}$	$.5390358^{-3}$
D_1^0	$.1882171^{0}$	$.1125948^{0}$	$.6842898^{-1}$	$.4222497^{-1}$	$.2645011^{-1}$	$.1682182^{-1}$	$.1086600^{-1}$	$.7132762^{-2}$	$.4761277^{-2}$	$.3234215^{-2}$
D_1^1	$.1235369^{0}$	$.7097062^{-1}$	$.4112532^{-1}$	$.2398370^{-1}$	$.1404415^{-1}$	$.8235550^{-2}$	$.4819914^{-2}$	$.2802181^{-2}$	$.1606905^{-2}$	$.8983929^{-3}$
D_1^2	$.1005423^{0}$	$.5779471^{-1}$	$.3362469^{-1}$	$.1978604^{-1}$	$.1177425^{-1}$	$.7088670^{-2}$	$.4322080^{-2}$	$.2673199^{-2}$	$.1681072^{-2}$	$.1078072^{-2}$
D_1^3	$.8191388^{-1}$	$.4641524^{-1}$	$.2652472^{-1}$	$.1525602^{-1}$	$.8813370^{-2}$	$.5102082^{-2}$	$.2951137^{-2}$	$.1698658^{-2}$	$.9670233^{-3}$	$.5390358^{-3}$
D_2^0	$.3930146^{0}$	$.2277848^{0}$	$.1342115^{0}$	$.8027251^{-1}$	$.4869067^{-1}$	$.2993547^{-1}$	$.1865009^{-1}$	$.1177411^{-1}$	$.7533697^{-2}$	$.4887258^{-2}$
D_2^1	$.2764109^{0}$	$.1560156^{0}$	$.8917202^{-1}$	$.5149828^{-1}$	$.2999654^{-1}$	$.1759367^{-1}$	$.1037433^{-1}$	$.6139749^{-2}$	$.3639812^{-2}$	$.2156143^{-2}$
D_2^2	$.2252492^{0}$	$.1265692^{0}$	$.7207690^{-1}$	$.4152671^{-1}$	$.2417759^{-1}$	$.1421444^{-1}$	$.8435668^{-2}$	$.5053362^{-2}$	$.3056837^{-2}$	$.1868657^{-2}$

$\beta = 5,0$

$\alpha =$	5,5	6,0	6,5	7,0	7,5	8,0	8,5	9,0	9,5	10,0
D_0^0	$.2019943^{-2}$	$.1548798^{-2}$	$.1213799^{-2}$	$.9710108^{-3}$	$.7916624^{-3}$	$.6566651^{-3}$	$.5531834^{-3}$	$.4724669^{-3}$	$.4084656^{-3}$	$.3569358^{-3}$
D_0^1	$-.1676314^{-3}$	$-.2539307^{-3}$	$-.2926475^{-3}$	$-.3039606^{-3}$	$-.2999221^{-3}$	$-.2877012^{-3}$	$-.2715283^{-3}$	$-.2538634^{-3}$	$-.2361026^{-3}$	$-.2190042^{-3}$
D_0^2	$.6788922^{-3}$	$.5330752^{-3}$	$.4334055^{-3}$	$.3630895^{-3}$	$.3117871^{-3}$	$.2730635^{-3}$	$.2428654^{-3}$	$.2186035^{-3}$	$.1985966^{-3}$	$.1817325^{-3}$
D_0^3	$-.1006982^{-3}$	$-.1530760^{-3}$	$-.1774240^{-3}$	$-.1857029^{-3}$	$-.1849630^{-3}$	$-.1793510^{-3}$	$-.1712924^{-3}$	$-.1621917^{-3}$	$-.1528473^{-3}$	$-.1436995^{-3}$
D_0^4	4087715^{-3}	$.3241902^{-3}$	$.2675374^{-3}$	$.2281992^{-3}$	$.1997808^{-3}$	$.1783958^{-3}$	$.1616578^{-3}$	$.1480836^{-3}$	$.1367371^{-3}$	$.1270167^{-3}$
D_1^0	$.2237063^{-2}$	$.1576467^{-2}$	$.1132247^{-2}$	$.828885^{-3}$	$.6184063^{-3}$	$.4699893^{-3}$	$.3636082^{-3}$	$.2860988^{-3}$	$.2287031^{-3}$	$.1855231^{-4}$
D_1^1	$.4793310^{-3}$	$.2329752^{-3}$	$.898628^{-4}$	$+.084688^{-4}$	$-.361225^{-4}$	$-.588995^{-4}$	$-.688893^{-4}$	$-.715262^{-4}$	$-.700718^{-4}$	$-.664722^{-3}$
D_1^2	$.7075068^{-3}$	$.4769219^{-3}$	$.3313564^{-3}$	$.2379015^{-3}$	$.1767100^{-3}$	$.1357222^{-3}$	$.1075530^{-3}$	$.876409^{-4}$	$.731420^{-4}$	$.622640^{-4}$
D_1^3	$.2888926^{-3}$	$.1432822^{-3}$	$.592571^{-4}$	$+.115458^{-4}$	$-.147763^{-4}$	$-.285477^{-4}$	$-.350112^{-4}$	$-.372783^{-4}$	$-.371926^{-4}$	$-.358428^{-4}$
D_2^0	$.3215787^{-2}$	$.2147272^{-2}$	$.1455734^{-2}$	$.1002474^{-2}$	$.701495^{-3}$	$.4989382^{-3}$	$.3607280^{-3}$	$.2650860^{-3}$	$.1979477^{-3}$	$.1501329^{-4}$
D_2^1	$.1272057^{-2}$	$.743862^{-3}$	$.4279961^{-3}$	$.2393384^{-3}$	$.1271299^{-3}$	$.609518^{-4}$	$.224984^{-4}$	$+.007158^{-4}$	$-.110868^{-4}$	$-.169645^{-4}$
D_2^2	$.1155794^{-2}$	$.7245395^{-3}$	$.4613493^{-3}$	$.2991834^{-3}$	$.1981890^{-3}$	$.1345179^{-3}$	$.938059^{-4}$	$.673440^{-4}$	$.498162^{-4}$	$.379539^{-3}$

$\beta = 5,5$

Tabelle 69. $\quad D_n^k\left(\dfrac{\alpha+\beta}{2},\ \beta\right)$

$\alpha =$	0,5	1,0	1,5	2,0	2,5	3,0	3,5	4,0	4,5	5,0
D_0^0	.8032585⁻¹	.4974942⁻¹	.3129191⁻¹	.1999977⁻¹	.1299970⁻¹	.8602409⁻²	.5802358⁻²	.3994068⁻²	.2808890⁻²	.2019943⁻²
D_0^1	.4928532⁻¹	.2875632⁻¹	.1681360⁻¹	.9816824⁻²	.5695492⁻²	.3259031⁻²	.1816343⁻²	.9629718⁻³	.4605271⁻³	.1676314⁻³
D_0^2	.4089760⁻¹	.2418825⁻¹	.1447831⁻¹	.8780546⁻²	.5405715⁻²	.3387959⁻²	.2169672⁻²	.1426143⁻²	.9667816⁻³	.6788922⁻³
D_0^3	.3233854⁻¹	.1861617⁻¹	.1074210⁻¹	.6192901⁻²	.3550531⁻²	.2009856⁻²	.1109684⁻²	.5838229⁻³	.2776176⁻³	.1006982⁻³
D_0^4	.2858419⁻¹	.1665401⁻¹	.9807712⁻²	.5844572⁻²	.3531621⁻²	.2170870⁻²	.1363624⁻²	.8803458⁻³	.5879492⁻³	.4087715⁻³
D_1^0	.1563864 ⁰	.9381326⁻¹	.5704606⁻¹	.3514987⁻¹	.2194512⁻¹	.1388554⁻¹	.8908114⁻²	.5797896⁻²	.3831195⁻²	.2572326⁻²
D_1^1	.1066114 ⁰	.6179267⁻¹	.3609580⁻¹	.2121519⁻¹	.1252508⁻¹	.7413821⁻²	.4389647⁻²	.2591846⁻²	.1519414⁻²	.8784534⁻³
D_1^2	.8686867⁻¹	.5024696⁻¹	.2935707⁻¹	.1731492⁻¹	.1030768⁻¹	.6194982⁻²	.3761506⁻²	.2310207⁻²	.1437756⁻²	.9089032⁻³
D_1^3	.7170224⁻¹	.4099823⁻¹	.2361898⁻¹	.1368891⁻¹	.7969785⁻²	.4653633⁻²	.2719904⁻²	.1587079⁻²	.9210903⁻³	.5286504⁻³
D_2^0	.3240517 ⁰	.1891816 ⁰	.1119952 ⁰	.6716056⁻¹	.4076896⁻¹	.2504280⁻¹	.1556388⁻¹	.9787374⁻²	.6229204⁻²	.4014032⁻²
D_2^1	.2344933 ⁰	.1337752 ⁰	.7713849⁻¹	.4488558⁻¹	.2631999⁻¹	1553366⁻¹	.9216326⁻²	.5490385⁻²	.3279474⁻²	.1960763⁻²
D_2^2	.1920713 ⁰	.1089958 ⁰	.6254569⁻¹	.3624555⁻¹	.2119224⁻¹	.1249383⁻¹	.7424444⁻²	.4446854⁻²	.2685068⁻²	.1635309⁻²

$\beta = 5,5$

$\alpha =$	5,5	6,0	6,5	7,0	7,5	8,0	8,5	9,0	9,5	10,0
D_0^0	.1486099⁻²	.1118622⁻²	.8611107⁻³	.6773097⁻³	.5436442⁻³	.4445996⁻³	.3698384⁻³	.3123832⁻³	.2674613⁻³	.2317632⁻³
D_0^1	0	−.0928324⁻³	−.1411820⁻³	−.1632997⁻³	−.1701798⁻³	−.1684370⁻³	−.1620353⁻³	−.1533323⁻³	−.1437109⁻³	−.1339645⁻³
D_0^2	.4953662⁻³	.3759629⁻³	.2963826⁻³	.2418438⁻³	.2032846⁻³	.1751004⁻³	.1537913⁻³	.1371463⁻³	.1237504⁻³	.1126837⁻³
D_0^3	0	−.5576556⁻⁴	−.8510817⁻⁴	−.9900406⁻⁴	−.1039703⁻³	−.1038757⁻³	−.1010117⁻³	−.9672900⁻⁴	−.9181594⁻⁴	−.8672551⁻⁴
D_0^4	.2972197⁻³	.2263731⁻³	.1802453⁻³	.1492881⁻³	.1277629⁻³	.1121974⁻³	.1004738⁻³	.9128834⁻⁴	.8382944⁻⁴	7758456⁻⁴
D_1^0	.1756298⁻²	.1220333⁻²	.8634472⁻³	.6223796⁻³	.4571019⁻³	.3420292⁻³	.2606371⁻³	.2021382⁻³	.1594119⁻³	.1277037⁻³
D_1^1	.4953662⁻³	.2669858⁻³	.1316702⁻³	.524162 ⁻⁴	+.069232 ⁻⁴	−.1829092⁻⁴	−.313920 ⁻⁴	−.373352 ⁻⁴	−.391219 ⁻⁴	−.385666 ⁻⁴
D_1^2	.5854328⁻³	.3855822⁻³	.2606715⁻³	.1815348⁻³	.1305888⁻³	.971655 ⁻⁴	.747497 ⁻⁴	.593340 ⁻⁴	.484345 ⁻⁴	.404980 ⁻⁴
D_1^3	.2972197⁻³	.1609092⁻³	.809525 ⁻⁴	.344434 ⁻⁴	+.077972 ⁻⁴	−.070673 ⁻⁴	−.149682 ⁻⁴	−.187825 ⁻⁴	−.202286 ⁻⁴	−.2033133⁻⁴
D_2^0	.2620119⁻²	.1733384⁻²	.1162945⁻²	.7917156⁻³	.5472158⁻³	.3841680⁻³	.2740267⁻³	.1986272⁻³	.1462998⁻³	.1094737⁻³
D_2^1	.1170866⁻²	.6961925⁻³	.4103650⁻³	.2381571⁻³	.1345492⁻³	.724688 ⁻⁴	.355663 ⁻⁴	.139319 ⁻⁴	+.015415 ⁻⁴	−.052754 ⁻⁴
D_2^2	.1005471⁻²	.6249205⁻³	.3933020⁻³	.2512149⁻³	.1632880⁻³	.1083362⁻³	.735986 ⁻⁴	.513447 ⁻⁴	.368638 ⁻⁴	.272683 ⁻⁴

$\beta = 6,0$

Tabelle 70. $\quad D_n^k\left(\dfrac{\alpha+\beta}{2},\ \beta\right)$

$\alpha =$	0,5	1,0	1,5	2,0	2,5	3,0	3,5	4,0	4,5	5,0
D_0^0	.6758622⁻¹	.4176008⁻¹	.2615128⁻¹	.1660707⁻¹	.1070336⁻¹	.7008640⁻²	.4668401⁻²	.3167377⁻²	.2191808⁻²	.1548798⁻²
D_0^1	.4356410⁻¹	.2562262⁻¹	.1511604⁻¹	.8923221⁻²	.5253710⁻²	.3070658⁻²	.1768628⁻²	.9915009⁻³	.5284460⁻³	.2539307⁻³
D_0^2	.3590324⁻¹	.2126198⁻¹	.1271480⁻¹	.7683845⁻²	.4699121⁻²	.2914428⁻²	.1838596⁻²	.1184376⁻²	.7826187⁻³	.5330752⁻³
D_0^3	.2897374⁻¹	.1681227⁻¹	.9785775⁻²	.5700987⁻²	.3314280⁻²	.1914228⁻²	.1090719⁻²	.6057514⁻³	.3203821⁻³	.1530760⁻³
D_0^4	.2544261⁻¹	.1486045⁻¹	.8754345⁻²	.5205093⁻²	.3127864⁻²	.1904033⁻²	.1178099⁻²	.7443717⁻³	.4831037⁻³	.3241902⁻³
D_1^0	.1319461 ⁰	.7931415⁻¹	.4824100⁻¹	.2968205⁻¹	.1847551⁻¹	.1163677⁻¹	.7419851⁻²	.4792354⁻²	.3137741⁻²	.2084328⁻²
D_1^1	.9287168⁻¹	.5420535⁻¹	.3186178⁻¹	.1883787⁻¹	.1118900⁻¹	.6667455⁻²	.3979567⁻²	.2374177⁻²	.1411721⁻²	.8331751⁻³
D_1^2	.7592413⁻¹	.4414911⁻¹	.2589118⁻¹	.1530579⁻¹	.9119076⁻²	.5476307⁻²	.3316388⁻²	.2027002⁻²	.1252071⁻²	.7830739⁻³
D_1^3	.6333134⁻¹	.3647622⁻¹	.2114966⁻¹	.1233133⁻¹	.7221974⁻²	.4243644⁻²	.2498444⁻²	.1471273⁻²	.8645109⁻³	.5050982⁻³
D_2^0	.2718153 ⁰	.1595897 ⁰	.9482669⁻¹	.5697838⁻¹	.3460426⁻¹	.2123628⁻¹	.1316840⁻¹	.8251696⁻²	.5226649⁻²	.3347872⁻²
D_2^1	.2014961 ⁰	.1159333 ⁰	.6732436⁻¹	.3941083⁻¹	.2323164⁻¹	.1377706⁻¹	.8212146⁻²	.4915674⁻²	.2951864⁻²	.1776130⁻²
D_2^2	.1660159 ⁰	.9497503⁻¹	.5484932⁻¹	.3194381⁻¹	.1874688⁻¹	.1108083⁻¹	.6594508⁻²	.3951051⁻²	.2383466⁻²	.1448171⁻²

$\beta = 6,0$

$\alpha =$	5,5	6,0	6,5	7,0	7,5	8,0	8,5	9,0	9,5	10,0
D_0^0	.1118622⁻²	.8262507⁻³	.6242003⁻³	.4821139⁻³	.3803788⁻³	.3061842⁻³	.2510658⁻³	.2093638⁻³	.1772461⁻³	.1520845⁻³
D_0^1	+.9283240⁻⁴	0	−.5180124⁻⁴	−.7904422⁻⁴	−.9170953⁻⁴	−.9584646⁻⁴	.9511652⁻⁴	.9172744⁻⁴	−.8700068⁻⁴	−.8171725⁻⁴
D_0^2	.3759629⁻³	.2754169⁻³	.2097904⁻³	.1659370⁻³	.1358201⁻³	.1144913⁻³	.9887936⁻⁴	.8706051⁻⁴	.7781676⁻⁴	.7036726⁻⁴
D_0^3	+.5576556⁻⁴	0	−.3111764⁻⁴	−.4764989⁻⁴	−.5560093⁻⁴	−.5855681⁻⁴	−.5865870⁻⁴	−.5718227⁻⁴	−.5488400⁻⁴	−.5220861⁻⁴
D_0^4	.2263731⁻³	.1652501⁻³	.1263180⁻³	.1009148⁻³	.8384056⁻⁴	.7195697⁻⁴	.6335797⁻⁴	.5687772⁻⁴	.5179697⁻⁴	.4766730⁻⁴
D_1^0	.1405997⁻²	.9639592⁻³	.6722711⁻³	.4772411⁻³	.3450217⁻³	.2540784⁻³	.1905790⁻³	.1455515⁻³	.1131159⁻³	.893778 ⁻³
D_1^1	.4849401⁻³	.2754169⁻³	.1497010⁻³	.7473215⁻⁴	.3052397⁻⁴	+.0495247⁻⁴	−.093567 ⁻⁴	−.1689726⁻⁴	−.2040981⁻⁴	−.2156464⁻⁴
D_1^2	.4971134⁻³	.3213197⁻³	.2122392⁻³	.1438159⁻³	.1003407⁻³	.722904 ⁻⁴	.538592 ⁻⁴	.414863 ⁻⁴	.3297364⁻⁴	.2695457⁻⁴
D_1^3	.2918370⁻³	.1652501⁻³	.902216 ⁻⁴	.459341 ⁻⁴	.2000246⁻⁴	+.503489 ⁻⁵	−.339158 ⁻⁵	−.792885 ⁻⁵	−.1016884⁻⁴	−.1106738⁻⁴
D_2^0	.2169292⁻²	.1422987⁻²	.9455150⁻³	.6368059⁻³	.4350085⁻³	.3015764⁻³	.2122857⁻³	.1517831⁻³	.1102527⁻³	.813617 ⁻⁴
D_2^1	.6919865⁻³	.6426395⁻³	.3845662⁻³	.2281744⁻³	.1333739⁻³	.759943 ⁻⁴	.414023 ⁻⁴	.207054 ⁻⁴	.848180 ⁻⁵	.141751 ⁻⁴
D_2^2	.8867762⁻³	.5477736⁻³	.3417897⁻³	.2158030⁻³	.1381894⁻³	.899890 ⁻⁴	.597777 ⁻⁴	.406367 ⁻⁴	.283551 ⁻⁴	.203560 ⁻⁴

$\beta = 6,5$

Tabelle 71. $D_n^k\left(\dfrac{\alpha+\beta}{2},\ \beta\right)$

$\alpha =$	0,5	1,0	1,5	2,0	2,5	3,0	3,5	4,0	4,5	5,0
D_0^0	$.5762164^{-1}$	$.3552737^{-1}$	$.2216267^{-1}$	$.1399549^{-1}$	$.8953507^{-2}$	$.5808557^{-2}$	$.3825859^{-2}$	$.2561859^{-2}$	$.1746465^{-2}$	$.1213799^{-2}$
D_0^1	$.3870080^{-1}$	$.2289990^{-1}$	$.1359829^{-1}$	$.8089715^{-2}$	$.4810851^{-2}$	$.2851111^{-2}$	$.1676204^{-2}$	$.9705628^{-3}$	$.5467052^{-3}$	$.2926475^{-3}$
D_0^2	$.3182111^{-1}$	$.1887290^{-1}$	$.1128404^{-1}$	$.6804629^{-2}$	$.4142656^{-2}$	$.2550144^{-2}$	$.1590921^{-2}$	$.1008958^{-2}$	$.6530546^{-3}$	$.4334055^{-3}$
D_0^3	$.2608690^{-1}$	$.1523033^{-1}$	$.8922513^{-2}$	$.5237093^{-2}$	$.3073621^{-2}$	$.1798611^{-2}$	$.1044934^{-2}$	$.5985495^{-3}$	$.3340062^{-3}$	$.1774240^{-3}$
D_0^4	$.2283911^{-1}$	$.1337416^{-1}$	$.7886651^{-2}$	$.4685099^{-2}$	$.2806265^{-2}$	$.1697446^{-2}$	$.1039369^{-2}$	$.6465006^{-3}$	$.4104402^{-3}$	$.2675374^{-3}$
D_1^0	$.1127858^{0}$	$.6790124^{-1}$	$.4130163^{-1}$	$.2537826^{-1}$	$.1575403^{-1}$	$.9882523^{-2}$	$.6267235^{-2}$	$.4020395^{-2}$	$.2610709^{-2}$	$.1717542^{-2}$
D_1^1	$.8157928^{-1}$	$.4787944^{-1}$	$.2828190^{-1}$	$.1679781^{-1}$	$.1002258^{-1}$	$.6001489^{-2}$	$.3602365^{-2}$	$.2164390^{-2}$	$.1299161^{-2}$	$.7769483^{-3}$
D_1^2	$.6699976^{-1}$	$.3913600^{-1}$	$.2302756^{-1}$	$.1364281^{-1}$	$.8136866^{-2}$	$.4885628^{-2}$	$.2954040^{-2}$	$.1799691^{-2}$	$.1105798^{-2}$	$.6862044^{-3}$
D_1^3	$.5637941^{-1}$	$.3266591^{-1}$	$.1903979^{-1}$	$.1115445^{-1}$	$.6562913^{-2}$	$.3874712^{-2}$	$.2293289^{-2}$	$.1359060^{-2}$	$.8051748^{-3}$	$.4758178^{-3}$
D_2^0	$.2312933^{0}$	$.1364141^{0}$	$.8129411^{-1}$	$.4892226^{-1}$	$.2971965^{-1}$	$.1822199^{-1}$	$.1127608^{-1}$	$.7043522^{-2}$	$.4442279^{-2}$	$.2829905^{-2}$
D_2^1	$.1750466^{0}$	$.1014117^{0}$	$.5922983^{-1}$	$.3484092^{-1}$	$.2062426^{-1}$	$.1227695^{-1}$	$.7343926^{-2}$	$.4411559^{-2}$	$.2659243^{-2}$	$.1607126^{-2}$
D_2^2	$.1451196^{0}$	$.8358025^{-1}$	$.4852950^{-1}$	$.2838406^{-1}$	$.1671255^{-1}$	$.9901918^{-2}$	$.5901774^{-2}$	$.3538155^{-2}$	$.2133616^{-2}$	$.1294471^{-2}$

$\beta = 6,5$

$\alpha =$	5,5	6,0	6,5	7,0	7,5	8,0	8,5	9,0	9,5	10,0
D_0^0	$.8611107^{-3}$	$.6242003^{-3}$	$.4625967^{-3}$	$.3505524^{-3}$	$.2715299^{-3}$	$.2148003^{-3}$	$.1733294^{-3}$	$.1424546^{-3}$	$.1190490^{-3}$	
D_0^1	$.1411820^{-3}$	$+.5180124^{-4}$	0	$-.2909170^{-4}$	$-.4451826^{-4}$	$-.5178846^{-4}$	$-.5425823^{-4}$	$-.5396908^{-4}$	$.5215829^{-4}$	
D_0^2	$.2963826^{-3}$	$.2097904^{-3}$	$.1541989^{-3}$	$.1178188^{-3}$	$.9345690^{-4}$	$.7669774^{-4}$	$.6481298^{-4}$	$.5610412^{-4}$	$.4950456^{-4}$	
D_0^3	$.8510817^{-4}$	$+.3111764^{-4}$	0	$-.1747574^{-4}$	$-.2683676^{-4}$	$-.3139790^{-4}$	$-.3314874^{-4}$	$-.3328292^{-4}$	$.3251512^{-4}$	
D_0^4	$.1802453^{-3}$	$.1263180^{-3}$	$.9251934^{-4}$	$.7094053^{-4}$	$.5683590^{-4}$	$.4734484^{-4}$	$.4073450^{-4}$	$.3594929^{-4}$	$.3234195^{-4}$	
D_1^0	$.1145811^{-2}$	$.7758736^{-3}$	$.5337654^{-3}$	$.3733944^{-3}$	$.2658017^{-3}$	$.1926394^{-3}$	$.1421818^{-3}$	$.1068668^{-3}$	$.817718^{-4}$	
D_1^1	$.4610950^{-3}$	$.2698798^{-3}$	$.1541989^{-3}$	$.8441722^{-4}$	$.4257888^{-4}$	$.1776605^{-4}$	$+.332032^{-5}$	$.482872^{-5}$	$.917351^{-5}$	
D_1^2	$.4308878^{-3}$	$.2744745^{-3}$	$.1779218^{-3}$	$.1177977^{-3}$	$.799711^{-4}$	$.5587883^{-4}$	$.4030598^{-4}$	$.3006043^{-4}$	$.2317751^{-4}$	
D_1^3	$.2795382^{-3}$	$.1624145^{-3}$	$.9251934^{-4}$	$.5087578^{-4}$	$.2616532^{-4}$	$.1161621^{-4}$	$+.316593^{-5}$	$.162821^{-5}$	$.423757^{-5}$	
D_2^0	$.1821794^{-2}$	$.1185873^{-2}$	$.7810311^{-3}$	$.5208232^{-3}$	$.3518936^{-3}$	$.2410630^{-3}$	$.1675411^{-3}$	$.1181991^{-3}$	$.846799^{-4}$	
D_2^1	$.9727537^{-3}$	$.5888612^{-3}$	$.3553436^{-3}$	$.2140827^{-3}$	$.1277242^{-3}$	$.751101^{-4}$	$.431044^{-4}$	$.237101^{-4}$	$.120423^{-4}$	
D_2^2	$.7904735^{-3}$	$.4861756^{-3}$	$.3014634^{-3}$	$.1887109^{-3}$	$.1194682^{-3}$	$.7666165^{-4}$	$.4999827^{-4}$	$.3324509^{-4}$	$.2261064^{-4}$	

$\beta = 7,0$

Tabelle 72. $D_n^k\left(\dfrac{\alpha+\beta}{2},\ \beta\right)$

$\alpha =$	0,5	1,0	1,5	2,0	2,5	3,0	3,5	4,0	4,5	5,0
D_0^0	$.4969180^{-1}$	$.3058063^{-1}$	$.1901333^{-1}$	$.1194875^{-1}$	$.7595145^{-2}$	$.4887519^{-2}$	$.3187538^{-2}$	$.2109546^{-2}$	$.1418729^{-2}$	$.9710108^{-3}$
D_0^1	$.3455166^{-1}$	$.2053907^{-1}$	$.1225544^{-1}$	$.7331360^{-2}$	$.4390170^{-2}$	$.2626136^{-2}$	$.1564592^{-2}$	$.9242444^{-3}$	$.5374869^{-3}$	$.3039606^{-3}$
D_0^2	$.2842924^{-1}$	$.1688792^{-1}$	$.1010028^{-1}$	$.6083658^{-2}$	$.3692772^{-2}$	$.2261383^{-2}$	$.1399432^{-2}$	$.8772204^{-3}$	$.5587500^{-3}$	$.3630895^{-3}$
D_0^3	$.2359906^{-1}$	$.1384469^{-1}$	$.8150880^{-2}$	$.4810469^{-2}$	$.2842094^{-2}$	$.1677821^{-2}$	$.9870164^{-3}$	$.5761677^{-3}$	$.3314701^{-3}$	$.1857029^{-3}$
D_0^4	$.2064680^{-1}$	$.1212104^{-1}$	$.7157504^{-2}$	$.4251996^{-2}$	$.2542534^{-2}$	$.1531877^{-2}$	$.9315002^{-3}$	$.5730990^{-3}$	$.3580248^{-3}$	$.2281992^{-3}$
D_1^0	$.9749460^{-1}$	$.5876486^{-1}$	$.3574249^{-1}$	$.2193538^{-1}$	$.1358429^{-1}$	$.8491158^{-2}$	$.5359280^{-2}$	$.3417345^{-2}$	$.2202951^{-2}$	$.1436807^{-2}$
D_1^1	$.7219467^{-1}$	$.4256175^{-1}$	$.2523935^{-1}$	$.1504421^{-1}$	$.9007188^{-2}$	$.5412746^{-2}$	$.3262042^{-2}$	$.1969509^{-2}$	$.1189713^{-2}$	$.7177103^{-3}$
D_1^2	$.5960943^{-1}$	$.3495459^{-1}$	$.2062770^{-1}$	$.1224605^{-1}$	$.7312292^{-2}$	$.4391480^{-2}$	$.2653007^{-2}$	$.1612883^{-2}$	$.9873940^{-3}$	$.6093074^{-3}$
D_1^3	$.5053894^{-1}$	$.2942691^{-1}$	$.1722624^{-1}$	$.1013146^{-1}$	$.5982964^{-2}$	$.3545262^{-2}$	$.2106520^{-2}$	$.1254024^{-2}$	$.7471418^{-3}$	$.4448526^{-3}$
D_2^0	$.1992215^{0}$	$.1179291^{0}$	$.7044448^{-1}$	$.4244418^{-1}$	$.2578796^{-1}$	$.1579764^{-1}$	$.9757785^{-2}$	$.6077926^{-2}$	$.3818696^{-2}$	$.2420957^{-2}$
D_2^1	$.1535130^{0}$	$.8944047^{-1}$	$.5248423^{-1}$	$.3099546^{-1}$	$.1841031^{-1}$	$.1099182^{-1}$	$.6593155^{-2}$	$.3971038^{-2}$	$.2400270^{-2}$	$.1455079^{-2}$
D_2^2	$.1280659^{0}$	$.7417564^{-1}$	$.4326670^{-1}$	$.2539928^{-1}$	$.1499835^{-1}$	$.8905494^{-2}$	$.5315634^{-2}$	$.3189158^{-2}$	$.1923156^{-2}$	$.1165797^{-2}$

$\beta = 7,0$

$\alpha =$	5,5	6,0	6,5	7,0	7,5	8,0	8,5	9,0	9,5	10,0
D_0^0	$.6773097^{-3}$	$.4821139^{-3}$	$.3505524^{-3}$	$.2605377^{-3}$	$.1979573^{-3}$	$.1537118^{-3}$	$.1218776^{-3}$	$.9855902^{-4}$		$.6795938^{-4}$
D_0^1	$.1632997^{-3}$	$.7904422^{-4}$	$+.2909170^{-4}$	0	$-.1642811^{-4}$	$-.2520158^{-4}$	$-.2938475^{-4}$	$-.3085245^{-4}$		$.2977468^{-4}$
D_0^2	$.2418438^{-3}$	$.1659370^{-3}$	$.1178188^{-3}$	$.8684590^{-4}$	$.6653239^{-4}$	$.5290551^{-4}$	$.4351827^{-4}$	$.3685412^{-4}$		$.2825980^{-4}$
D_0^3	$.9900406^{-4}$	$.4764989^{-4}$	$+.1747574^{-4}$	0	$-.9868570^{-5}$	$-.1519216^{-4}$	$-.1781516^{-4}$	$-.1884912^{-4}$		$.1856134^{-4}$
D_0^4	$.1492881^{-3}$	$.1009148^{-3}$	$.7094053^{-4}$	$.5210754^{-4}$	$.4006018^{-4}$	$.3217454^{-4}$	$.2686345^{-4}$	$.2316255^{-4}$		$.1846248^{-4}$
D_1^0	$.9489790^{-3}$	$.6353295^{-3}$	$.4315778^{-3}$	$.2977574^{-3}$	$.2088336^{-3}$	$.1490052^{-3}$	$.1082190^{-3}$	$.800264^{-4}$		$.4617991^{-4}$
D_1^1	$.4312715^{-3}$	$.2571419^{-3}$	$.1512204^{-3}$	$.8684590^{-4}$	$.4783834^{-4}$	$.2434372^{-4}$	$.1034194^{-4}$	$+.214511^{-5}$		$.501779^{-5}$
D_1^2	$.3795429^{-3}$	$.2391157^{-3}$	$.1527492^{-3}$	$.9925246^{-4}$	$.6584070^{-4}$	$.4476742^{-4}$	$.3131837^{-4}$	$.2261177^{-4}$		$.1302314^{-4}$
D_1^3	$.2641328^{-3}$	$.1558954^{-3}$	$.9100527^{-4}$	$.5210754^{-4}$	$.2883043^{-4}$	$.1495676^{-4}$	$.674956^{-5}$	$+.195730^{-5}$		$.228254^{-5}$
D_2^0	$.1549426^{-2}$	$.1001625^{-2}$	$.6544296^{-3}$	$.4324571^{-3}$	$.2892428^{-3}$	$.1959489^{-3}$	$.1345539^{-3}$	$.937148^{-4}$		$.4752323^{-4}$
D_2^1	$.8839983^{-3}$	$.5376888^{-3}$	$.3270111^{-3}$	$.1985049^{-3}$	$.1199649^{-3}$	$.7190894^{-4}$	$.4250552^{-4}$	$.2454295^{-4}$		$.7014726^{-4}$
D_2^2	$.7105938^{-3}$	$.4357256^{-3}$	$.2689698^{-3}$	$.1673113^{-3}$	$.1050184^{-3}$	$.6663370^{-4}$	$.4283357^{-4}$	$.2797138^{-4}$		$.1265612^{-5}$

$\beta = 7,5$

Tabelle 73. $D_n^k\left(\dfrac{\alpha+\beta}{2}, \beta\right)$

$\alpha =$	0,5	1,0	1,5	2,0	2,5	3,0	3,5	4,0	4,5	5,0
D_0^0	$.4328411^{-1}$	$.2659376^{-1}$	$.1648719^{-1}$	$.1031825^{-1}$	$.6522553^{-2}$	$.4167956^{-2}$	$.2694936^{-2}$	$.1765223^{-2}$	$.1172879^{-2}$	$.7916624^{-3}$
D_0^1	$.3099624^{-1}$	$.1849115^{-1}$	$.1107340^{-1}$	$.6650845^{-2}$	$.4002025^{-2}$	$.2409175^{-2}$	$.1448029^{-2}$	$.8664539^{-3}$	$.5138673^{-3}$	$.2999221^{-3}$
D_0^2	$.2557198^{-1}$	$.1521459^{-1}$	$.9104925^{-2}$	$.5481277^{-2}$	$.3320933^{-2}$	$.2026467^{-2}$	$.1246907^{-2}$	$.7749898^{-3}$	$.4877227^{-3}$	$.3117871^{-3}$
D_0^3	$.2144429^{-1}$	$.1262961^{-1}$	$.7464204^{-2}$	$.4423363^{-2}$	$.2625927^{-2}$	$.1559644^{-2}$	$.9251361^{-3}$	$.5465987^{-3}$	$.3203414^{-3}$	$.1849630^{-3}$
D_0^4	$.1877636^{-1}$	$.1104963^{-1}$	$.6534918^{-2}$	$.3884272^{-2}$	$.2321070^{-2}$	$.1395256^{-2}$	$.8446642^{-3}$	$.5158544^{-3}$	$.3186353^{-3}$	$.1997808^{-3}$
D_1^0	$.8510138^{-1}$	$.5134227^{-1}$	$.3122441^{-1}$	$.1914136^{-1}$	$.1182909^{-1}$	$.7371028^{-2}$	$.4632954^{-2}$	$.2938672^{-2}$	$.1882226^{-2}$	$.1218250^{-2}$
D_1^1	$.6431727^{-1}$	$.3805660^{-1}$	$.2263908^{-1}$	$.1353230^{-1}$	$.8123363^{-2}$	$.4894533^{-2}$	$.2958214^{-2}$	$.1792131^{-2}$	$.1087235^{-2}$	$.6596967^{-3}$
D_1^2	$.5340926^{-1}$	$.3142410^{-1}$	$.1859245^{-1}$	$.1105859^{-1}$	$.6611047^{-2}$	$.3972105^{-2}$	$.2398754^{-2}$	$.1456369^{-2}$	$.8893512^{-3}$	$.5466360^{-3}$
D_1^3	$.4558172^{-1}$	$.2665091^{-1}$	$.1565784^{-1}$	$.9238870^{-2}$	$.5472182^{-2}$	$.3251975^{-2}$	$.1938007^{-2}$	$.1157514^{-2}$	$.6923670^{-3}$	$.4143379^{-3}$
D_2^0	$.1733992^{\ 0}$	$.1029517^{\ 0}$	$.6161643^{-1}$	$.3716074^{-1}$	$.2257917^{-1}$	$.1382078^{-1}$	$.8522612^{-2}$	$.5295267^{-2}$	$.3315745^{-2}$	$.2093134^{-2}$
D_2^1	$.1357431^{\ 0}$	$.7945894^{-1}$	$.4680927^{-1}$	$.2773457^{-1}$	$.1651916^{-1}$	$.9886338^{-2}$	$.5942694^{-2}$	$.3586382^{-2}$	$.2172066^{-2}$	$.1319562^{-2}$
D_2^2	$.1139415^{\ 0}$	$.6631125^{-1}$	$.3883156^{-1}$	$.2286852^{-1}$	$.1353828^{-1}$	$.8054194^{-2}$	$.4814118^{-2}$	$.2890608^{-2}$	$.1743491^{-2}$	$.1056417^{-2}$

$\beta = 7,5$

$\alpha =$	5,5	6,0	6,5	7,0	7,5	8,0	8,5	9,0	9,5	10,0
D_0^0	$.5436442^{-3}$	$.3803788^{-3}$	$.2715299^{-3}$	$.1979573^{-3}$	$.1474892^{-3}$	$.1123209^{-3}$	$.8740400^{-4}$		$.5626265^{-4}$	
D_0^1	$.1701798^{-3}$	$.9170953^{-4}$	$.4451826^{-4}$	$+.1642811^{-4}$	0	$-.9321305^{-5}$	$-.1433018^{-4}$		$-.1761220^{-4}$	
D_0^2	$.2032846^{-3}$	$.1358201^{-3}$	$.9345690^{-4}$	$.6653239^{-4}$	$.4916306^{-4}$	$.3775046^{-4}$	$.3008326^{-4}$		$.2103826^{-4}$	
D_0^3	$.1039703^{-3}$	$.5560093^{-4}$	$.2683676^{-4}$	$+.9868570^{-5}$	0	$-.5599423^{-5}$	$-.8638604^{-5}$		$-.1076006^{-4}$	
D_0^4	$.1277629^{-3}$	$.8384056^{-4}$	$.5683590^{-4}$	$.4006018^{-4}$	$.2949783^{-4}$	$.2273013^{-4}$	$.1829516^{-4}$		$.1322240^{-4}$	
D_1^0	$.797462^{\ -3}$	$.5284408^{-3}$	$.3548382^{-3}$	$.2416898^{-3}$	$.1671544^{-3}$	$.1174926^{-3}$	$.8399931^{-4}$		$.4526959^{-4}$	
D_1^1	$.3996459^{-3}$	$.2411162^{-3}$	$.1443349^{-3}$	$.8522645^{-4}$	$.4916306^{-4}$	$.2722640^{-4}$	$.1396180^{-4}$		$.135404^{\ -5}$	
D_1^2	$.3385294^{-3}$	$.2115425^{-3}$	$.1336446^{-3}$	$.8557784^{-4}$	$.5571813^{-4}$	$.3702206^{-4}$	$.2520507^{-4}$		$.1275329^{-4}$	
D_1^3	$.2477287^{-3}$	$.1476787^{-3}$	$.8750648^{-4}$	$.5128993^{-4}$	$.2949783^{-4}$	$.1640820^{-4}$	$.857674^{\ -5}$		$.119645^{\ -5}$	
D_2^0	$.1332661^{-2}$	$.8561930^{-3}$	$.5554057^{-3}$	$.3640190^{-3}$	$.2412267^{-3}$	$.1617494^{-3}$	$.1098267^{-3}$		$.5272083^{-4}$	
D_2^1	$.8036872^{-3}$	$.4903925^{-3}$	$.2995074^{-3}$	$.1828722^{-3}$	$.1114363^{-3}$	$.6760635^{-4}$	$.4068819^{-4}$		$.1403165^{-4}$	
D_2^2	$.6431510^{-3}$	$.3935418^{-3}$	$.2421505^{-3}$	$.1499374^{-3}$	$.9351906^{-4}$	$.5883582^{-4}$	$.3740249^{-4}$		$.1573681^{-4}$	

$\beta = 8,0$

Tabelle 74. $D_n^k\left(\dfrac{\alpha+\beta}{2}, \beta\right)$

$\alpha =$	0,5	1,0	1,5	2,0	2,5	3,0	3,5	4,0	4,5	5,0
D_0^0	$.3803578^{-1}$	$.2333613^{-1}$	$.1443204^{-1}$	$.8999988^{-2}$	$.5662306^{-2}$	$.3596480^{-2}$	$.2308168^{-2}$	$.1498348^{-2}$	$.9850088^{-3}$	$.6566651^{-3}$
D_0^1	$.2793500^{-1}$	$.1671126^{-1}$	$.1003488^{-1}$	$.6044720^{-2}$	$.3649756^{-2}$	$.2206683^{-2}$	$.1334174^{-2}$	$.8050844^{-3}$	$.4834884^{-3}$	$.2877012^{-3}$
D_0^2	$.2313711^{-1}$	$.1378683^{-1}$	$.8256736^{-2}$	$.4970174^{-2}$	$.3007937^{-2}$	$.1831134^{-2}$	$.1122235^{-2}$	$.6932636^{-3}$	$.4324507^{-3}$	$.2730635^{-3}$
D_0^3	$.1956819^{-1}$	$.1156144^{-1}$	$.6853903^{-2}$	$.4074542^{-2}$	$.2427390^{-2}$	$.1447914^{-2}$	$.8637134^{-3}$	$.5143631^{-3}$	$.3050065^{-3}$	$.1793510^{-3}$
D_0^4	$.1716304^{-1}$	$.1012305^{-1}$	$.5996472^{-2}$	$.3567266^{-2}$	$.2131556^{-2}$	$.1279818^{-2}$	$.7726773^{-3}$	$.4696218^{-3}$	$.2878510^{-3}$	$.1783958^{-3}$
D_1^0	$.7492037^{-1}$	$.4523319^{-1}$	$.2750525^{-1}$	$.1684471^{-1}$	$.1039060^{-1}$	$.6457069^{-2}$	$.4043763^{-2}$	$.2553157^{-2}$	$.1626099^{-2}$	$.1045392^{-2}$
D_1^1	$.5764505^{-1}$	$.3421171^{-1}$	$.2040422^{-1}$	$.1222384^{-1}$	$.7352886^{-2}$	$.4439032^{-2}$	$.2688440^{-2}$	$.1632529^{-2}$	$.9932972^{-3}$	$.6050264^{-3}$
D_1^2	$.4814932^{-1}$	$.2841201^{-1}$	$.1684890^{-1}$	$.1003875^{-1}$	$.6008268^{-2}$	$.3611982^{-2}$	$.2181120^{-2}$	$.1323171^{-2}$	$.8066493^{-3}$	$.4944242^{-3}$
D_1^3	$.4133551^{-1}$	$.2425370^{-1}$	$.1429330^{-1}$	$.8456716^{-2}$	$.5021307^{-2}$	$.2990989^{-2}$	$.1786602^{-2}$	$.1069712^{-2}$	$.6416586^{-3}$	$.3853392^{-3}$
D_2^0	$.1522995^{\ 0}$	$.9064912^{-1}$	$.5433969^{-1}$	$.3279749^{-1}$	$.1992808^{-1}$	$.1218900^{-1}$	$.7505278^{-2}$	$.4652833^{-2}$	$.2904788^{-2}$	$.1826790^{-2}$
D_2^1	$.1209045^{\ 0}$	$.7105157^{-1}$	$.4199350^{-1}$	$.2494915^{-1}$	$.1489412^{-1}$	$.8931059^{-2}$	$.5377467^{-2}$	$.3250151^{-2}$	$.1971251^{-2}$	$.1199341^{-2}$
D_2^2	$.1020950^{\ 0}$	$.5966032^{-1}$	$.3505529^{-1}$	$.2070202^{-1}$	$.1228314^{-1}$	$.7320228^{-2}$	$.4380990^{-2}$	$.2632668^{-2}$	$.1588442^{-2}$	$.9622917^{-3}$

$\beta = 8,0$

$\alpha =$	5,5	6,0	6,5	7,0	7,5	8,0	8,5	9,0	9,5	10,0
D_0^0	$.4445996^{-3}$	$.3061842^{-3}$	$.2148003^{-3}$	$.1537118^{-3}$	$.1123209^{-3}$	$.8386566^{-4}$		$.4989478^{-4}$		$.3222919^{-4}$
D_0^1	$.1684370^{-3}$	$.9584646^{-4}$	$.5178846^{-4}$	$.2520158^{-4}$	$+.9321305^{-5}$	0		$-.8180420^{-5}$		$-.1008887^{-4}$
D_0^2	$.1751004^{-3}$	$.1144913^{-3}$	$.7669774^{-4}$	$.5290551^{-4}$	$.3775046^{-4}$	$.2795522^{-4}$		$.1717310^{-4}$		$.1205144^{-4}$
D_0^3	$.1038757^{-3}$	$.5855681^{-4}$	$.3139790^{-4}$	$.1519216^{-4}$	$+.5599423^{-5}$	0		$-.4931368^{-5}$		$-.6163735^{-5}$
D_0^4	$.1121974^{-3}$	$.7195697^{-4}$	$.4734484^{-4}$	$.3217454^{-4}$	$.2273013^{-4}$	$.1677313^{-4}$		$.1044384^{-4}$		$.7574246^{-5}$
D_1^0	$.6789032^{-3}$	$.4457713^{-3}$	$.2962164^{-3}$	$.1994083^{-3}$	$.1361352^{-3}$	$.9434886^{-4}$		$.4758434^{-4}$		$.2572134^{-4}$
D_1^1	$.3684910^{-3}$	$.2240301^{-3}$	$.1356294^{-3}$	$.8146730^{-4}$	$.4827451^{-4}$	$.2795522^{-4}$		$.803028^{\ -5}$		$.841583^{\ -6}$
D_1^2	$.3049169^{-3}$	$.1894040^{-3}$	$.1186746^{-3}$	$.7515174^{-4}$	$.4822091^{-4}$	$.3144962^{-4}$		$.1426210^{-4}$		$.722676^{\ -5}$
D_1^3	$.2314621^{-3}$	$.1388790^{-3}$	$.8307348^{-4}$	$.4939232^{-4}$	$.2905206^{-4}$	$.1677313^{-4}$		$.4932310^{-5}$		$.725651^{\ -6}$
D_2^0	$.1157730^{-2}$	$.7397317^{-3}$	$.4767898^{-3}$	$.3101960^{-3}$	$.2038456^{-3}$	$.1354081^{-3}$		$.6189994^{-4}$		$.2981874^{-4}$
D_2^1	$.7316960^{-3}$	$.4473945^{-3}$	$.2739968^{-3}$	$.1679294^{-3}$	$.1028796^{-3}$	$.6289924^{-4}$		$.2313107^{-4}$		$.803729^{\ -5}$
D_2^2	$.5853949^{-3}$	$.3576773^{-3}$	$.2195762^{-3}$	$.1355048^{-3}$	$.8412354^{-4}$	$.5259076^{-4}$		$.2110793^{-4}$		$.8904163^{-5}$

$\beta = 8,5$

Tabelle 75. $D_n^k\left(\dfrac{\alpha+\beta}{2}, \beta\right)$

$\alpha =$	0,5	1,0	1,5	2,0	2,5	3,0	3,5	4,0	4,5	5,0
D_0^0	$.3368484^{-1}$	$.2064146^{-1}$	$.1273867^{-1}$	$.7919813^{-2}$	$.4962517^{-2}$	$.3135722^{-2}$	$.1999594^{-2}$	$.1287977^{-2}$	$.8388868^{-3}$	$.5531834^{-3}$
D_0^1	$.2528624^{-1}$	$.1515992^{-1}$	$.9122302^{-2}$	$.5506798^{-2}$	$.3333007^{-2}$	$.2021194^{-2}$	$.1226886^{-2}$	$.7444802^{-3}$	$.4507462^{-3}$	$.2715283^{-3}$
D_0^2	$.2104172^{-1}$	$.1255617^{-1}$	$.7525924^{-2}$	$.4531015^{-2}$	$.2740512^{-2}$	$.1665762^{-2}$	$.1018086^{-2}$	$.6262163^{-3}$	$.3881406^{-3}$	$.2428654^{-3}$
D_0^3	$.1792616^{-1}$	$.1061937^{-1}$	$.6311130^{-2}$	$.3761188^{-2}$	$.2246668^{-2}$	$.1344262^{-2}$	$.8050205^{-3}$	$.4819592^{-3}$	$.2879788^{-3}$	$.1712924^{-3}$
D_0^4	$.1575869^{-1}$	$.9314133^{-2}$	$.5525948^{-2}$	$.3290659^{-2}$	$.1966960^{-2}$	$.1180432^{-2}$	$.7115615^{-3}$	$.4311603^{-3}$	$.2629293^{-3}$	$.1616578^{-3}$
D_1^0	$.6645661^{-1}$	$.4014694^{-1}$	$.2440870^{-1}$	$.1493515^{-1}$	$.9197800^{-2}$	$.5702259^{-2}$	$.3559746^{-2}$	$.2238533^{-2}$	$.1418692^{-2}$	$.9066648^{-3}$
D_1^1	$.5194713^{-1}$	$.3090765^{-1}$	$.1847269^{-1}$	$.1108673^{-1}$	$.6679521^{-2}$	$.4038469^{-2}$	$.2449452^{-2}$	$.1489813^{-2}$	$.9082324^{-3}$	$.5546200^{-3}$
D_1^2	$.4364382^{-1}$	$.2581894^{-1}$	$.1534224^{-1}$	$.9155253^{-2}$	$.5485455^{-2}$	$.3299722^{-2}$	$.1992787^{-2}$	$.1208370^{-2}$	$.7358333^{-3}$	$.4501378^{-3}$
D_1^3	$.3766844^{-1}$	$.2216916^{-1}$	$.1309930^{-1}$	$.7768264^{-2}$	$.4622113^{-2}$	$.2758478^{-2}$	$.1650752^{-2}$	$.9902329^{-3}$	$.5952124^{-3}$	$.3583269^{-3}$
D_2^0	$.1348353^{\ 0}$	$.8042144^{-1}$	$.4827268^{-1}$	$.2915400^{-1}$	$.1771370^{-1}$	$.1082727^{-1}$	$.6658033^{-2}$	$.4119484^{-2}$	$.2565041^{-2}$	$.1607747^{-2}$
D_2^1	$.1083835^{\ 0}$	$.6390537^{-1}$	$.3787436^{-1}$	$.2255353^{-1}$	$.1348962^{-1}$	$.8101665^{-2}$	$.4884562^{-2}$	$.2955612^{-2}$	$.1794462^{-2}$	$.1092883^{-2}$
D_2^2	$.9204998^{-1}$	$.5398017^{-1}$	$.3181103^{-1}$	$.1883177^{-1}$	$.1119552^{-1}$	$.6682447^{-2}$	$.4003951^{-2}$	$.2407973^{-2}$	$.1453438^{-2}$	$.8804822^{-3}$

$\beta = 8,5$

$\alpha =$	5,5	6,0	6,5	7,0	7,5	8,0	8,5	9,0	9,5	10,0
D_0^0	$.3698384^{-3}$	$.2510658^{-3}$	$.1733294^{-3}$	$.1218776^{-3}$	$.8740400^{-4}$		$.4787491^{-4}$		$.2858145^{-4}$	
D_0^1	$.1620353^{-3}$	$.9511652^{-4}$	$.5425823^{-4}$	$.2938475^{-4}$	$+.1433018^{-4}$		0		$-.4686027^{-5}$	
D_0^2	$.1537913^{-3}$	$.9887936^{-4}$	$.6481298^{-4}$	$.4351827^{-4}$	$.3008326^{-4}$		$.1595830^{-4}$		$.9837346^{-5}$	
D_0^3	$.1010117^{-3}$	$.5865870^{-4}$	$.3314874^{-4}$	$.1781516^{-4}$	$+.8638604^{-5}$		0		$-.2824858^{-5}$	
D_0^4	$.1004738^{-3}$	$.6335797^{-4}$	$.4073450^{-4}$	$.2686345^{-4}$	$.1829516^{-4}$		$.9574982^{-5}$		$.5982591^{-5}$	
D_1^0	$.5847078^{-3}$	$.3808121^{-3}$	$.2506983^{-3}$	$.1669885^{-3}$	$.1126597^{-3}$		$.5350725^{-4}$		$.2707114^{-4}$	
D_1^1	$.3389745^{-3}$	$.2071154^{-3}$	$.1263056^{-3}$	$.7669460^{-4}$	$.4620472^{-4}$		$.1595830^{-4}$		$.463065^{\ -5}$	
D_1^2	$.2767732^{-3}$	$.1711766^{-3}$	$.1066034^{-3}$	$.6694868^{-4}$	$.4248228^{-4}$		$.1783575^{-4}$		$.810553^{\ -5}$	
D_1^3	$.2159157^{-3}$	$.1301075^{-3}$	$.7830307^{-4}$	$.4697733^{-4}$	$.2801360^{-4}$		$.9574982^{-5}$		$.2843860^{-5}$	
D_2^0	$.1014760^{-2}$	$.6452298^{-3}$	$.4135118^{-3}$	$.2672592^{-3}$	$.1743126^{-3}$		$.7642316^{-4}$		$.3506255^{-4}$	
D_2^1	$.6674795^{-3}$	$.4086692^{-3}$	$.2507144^{-3}$	$.1540286^{-3}$	$.9468650^{-4}$		$.3567817^{-4}$		$.1319284^{-4}$	
D_2^2	$.5353665^{-3}$	$.3267758^{-3}$	$.2002725^{-3}$	$.1232891^{-3}$	$.7627621^{-4}$		$.2972993^{-4}$		$.1197145^{-4}$	

$\beta = 9,0$

Tabelle 76. $D_n^k\left(\dfrac{\alpha+\beta}{2}, \beta\right)$

$\alpha =$	0,5	1,0	1,5	2,0	2,5	3,0	3,5	4,0	4,5	5,0
D_0^0	$.3003875^{-1}$	$.1838780^{-1}$	$.1132733^{-1}$	$.7023993^{-2}$	$.4385904^{-2}$	$.2759092^{-2}$	$.1749758^{-7}$	$.1119522^{-2}$	$.7233308^{-3}$	$.4724669^{-3}$
D_0^1	$.2298304^{-1}$	$.1380319^{-1}$	$.8319243^{-2}$	$.5029960^{-2}$	$.3049603^{-2}$	$.1853107^{-2}$	$.1127843^{-2}$	$.6869020^{-3}$	$.4181020^{-3}$	$.2538634^{-3}$
D_0^2	$.1922320^{-1}$	$.1148620^{-1}$	$.6890397^{-2}$	$.4149731^{-2}$	$.2509226^{-2}$	$.1523688^{-2}$	$.9295090^{-3}$	$.5700002^{-3}$	$.3516846^{-3}$	$.2186035^{-3}$
D_0^3	$.1648166^{-1}$	$.9785488^{-2}$	$.5827546^{-2}$	$.3479903^{-2}$	$.2082904^{-2}$	$.1249117^{-2}$	$.7501091^{-3}$	$.4507104^{-3}$	$.2706695^{-3}$	$.1621917^{-3}$
D_0^4	$.1452660^{-1}$	$.8602313^{-2}$	$.5111278^{-2}$	$.3046961^{-2}$	$.1822330^{-2}$	$.1093603^{-2}$	$.6586907^{-3}$	$.3983851^{-3}$	$.2421407^{-3}$	$.1480836^{-3}$
D_1^0	$.5934573^{-1}$	$.3586856^{-1}$	$.2180416^{-1}$	$.1333104^{-1}$	$.8198274^{-2}$	$.5072048^{-2}$	$.3157563^{-2}$	$.1978658^{-2}$	$.1248593^{-2}$	$.7938257^{-3}$
D_1^1	$.4704477^{-1}$	$.2805004^{-1}$	$.1679426^{-1}$	$.1009423^{-1}$	$.6089194^{-2}$	$.3685646^{-2}$	$.2237807^{-2}$	$.1362579^{-2}$	$.8317276^{-3}$	$.5087332^{-3}$
D_1^2	$.3975185^{-1}$	$.2356894^{-1}$	$.1403040^{-1}$	$.8384130^{-2}$	$.5028517^{-2}$	$.3026752^{-2}$	$.1828340^{-2}$	$.1108403^{-2}$	$.6744556^{-3}$	$.4120242^{-3}$
D_1^3	$.3447808^{-1}$	$.2034490^{-1}$	$.1204883^{-1}$	$.7159574^{-2}$	$.4267478^{-2}$	$.2550906^{-2}$	$.1528817^{-2}$	$.9184356^{-3}$	$.5529093^{-3}$	$.3334455^{-3}$
D_2^0	$.1202157^{\ 0}$	$.7182782^{-1}$	$.4316256^{-1}$	$.2608130^{-1}$	$.1584591^{-1}$	$.9679676^{-2}$	$.5945374^{-2}$	$.3672144^{-2}$	$.2281173^{-2}$	$.1425605^{-2}$
D_2^1	$.9771942^{-1}$	$.5778111^{-1}$	$.3432540^{-1}$	$.2047995^{-1}$	$.1226894^{-1}$	$.7378147^{-2}$	$.4453068^{-2}$	$.2696868^{-2}$	$.1638578^{-2}$	$.1018102^{-2}$
D_2^2	$.8345074^{-1}$	$.4908707^{-1}$	$.2900168^{-1}$	$.1720527^{-1}$	$.1024641^{-1}$	$.6124442^{-2}$	$.3673487^{-2}$	$.2210853^{-2}$	$.1335003^{-2}$	$.8087916^{-3}$

$\beta = 9,0$

$\alpha =$	5,5	6,0	6,5	7,0	7,5	8,0	8,5	9,0	9,5	10,0
D_0^0	$.3123832^{-3}$	$.2093638^{-3}$	$.1424546^{-3}$	$.9855902^{-4}$		$.4989478^{-4}$		$.2742440^{-4}$		$.1642313^{-4}$
D_0^1	$.1533323^{-3}$	$.9172744^{-4}$	$.5396908^{-4}$	$.3085245^{-4}$		$+.8180420^{-5}$		0		$-.2692628^{-5}$
D_0^2	$.1371463^{-3}$	$.8706051^{-4}$	$.5610412^{-4}$	$.3685412^{-4}$		$.1717310^{-4}$		$.9141467^{-5}$		$.5652618^{-5}$
D_0^3	$.9672900^{-4}$	$.5718227^{-4}$	$.3328292^{-4}$	$.1884912^{-4}$		$+.4931368^{-5}$		0		$-.1623186^{-5}$
D_0^4	$.9128834^{-4}$	$.5687772^{-4}$	$.3594929^{-4}$	$.2316255^{-4}$		$.1044384^{-4}$		$.5484880^{-5}$		$.3437645^{-5}$
D_1^0	$.5088028^{-3}$	$.3290064^{-3}$	$.2148050^{-3}$	$.1417314^{-3}$		$.6394517^{-4}$		$.3047156^{-4}$		$.1545925^{-4}$
D_1^1	$.3116278^{-3}$	$.1910183^{-3}$	$.1170370^{-3}$	$.7156312^{-4}$		$.2531592^{-4}$		$.9141467^{-5}$		$.2676554^{-5}$
D_1^2	$.2527920^{-3}$	$.1558508^{-3}$	$.9662628^{-4}$	$.6031000^{-4}$		$.2412484^{-4}$		$.1015718^{-4}$		$.4624444^{-5}$
D_1^3	$.2013593^{-3}$	$.1216843^{-3}$	$.7352678^{-4}$	$.4436781^{-4}$		$.1595537^{-4}$		$.5484880^{-5}$		$.1643597^{-5}$
D_2^0	$.8965534^{-3}$	$.5676142^{-3}$	$.3619305^{-3}$	$.2325509^{-3}$		$.9847807^{-4}$		$.4333732^{-4}$		$.1994507^{-4}$
D_2^1	$.6103202^{-3}$	$.3739689^{-3}$	$.2296633^{-3}$	$.1413006^{-3}$		$.5365715^{-4}$		$.2031437^{-4}$		$.755291^{\ -5}$
D_2^2	$.4916284^{-3}$	$.2998630^{-3}$	$.1835551^{-3}$	$.1127924^{-3}$		$.4315817^{-4}$		$.1688350^{-4}$		$.6817458^{-5}$

$\beta = 9,5$

Tabelle 77. $D_n^k\left(\dfrac{\alpha+\beta}{2},\beta\right)$

$\alpha =$	0,5	1,0	1,5	2,0	2,5	3,0	3,5	4,0	4,5	5,0
D_0^0	$.2695359^{-1}$	$.1648424^{-1}$	$.1013888^{-1}$	$.6272948^{-2}$	$.3905245^{-2}$	$.2447371^{-2}$	$.1544745^{-2}$	$.9826687^{-3}$	$.6305225^{-3}$	$.4084656^{-3}$
D_0^1	$.2097056^{-1}$	$.1261230^{-1}$	$.7610963^{-2}$	$.4607104^{-2}$	$.2796590^{-2}$	$.1701704^{-2}$	$.1037507^{-2}$	$.6333995^{-3}$	$.3868680^{-3}$	$.2361026^{-3}$
D_0^2	$.1763334^{-1}$	$.1054904^{-1}$	$.6333396^{-2}$	$.3815825^{-2}$	$.2307194^{-2}$	$.1400168^{-2}$	$.8530737^{-3}$	$.5220145^{-3}$	$.3210281^{-3}$	$.1985966^{-3}$
D_0^3	$.1520468^{-1}$	$.9044569^{-2}$	$.5395635^{-2}$	$.3227230^{-2}$	$.1934779^{-2}$	$.1162278^{-2}$	$.6993486^{-3}$	$.4212631^{-3}$	$.2538433^{-3}$	$.1528473^{-3}$
D_0^4	$.1343832^{-1}$	$.7971703^{-2}$	$.4743242^{-2}$	$.2830569^{-2}$	$.1694069^{-2}$	$.1016875^{-2}$	$.6122804^{-3}$	$.3699223^{-3}$	$.2243733^{-3}$	$.1367371^{-3}$
D_1^0	$.5331487^{-1}$	$.3223640^{-1}$	$.1959327^{-1}$	$.1197100^{-1}$	$.7352709^{-2}$	$.4540654^{-2}$	$.2819906^{-2}$	$.1761649^{-2}$	$.1107465^{-2}$	$.7009082^{-3}$
D_1^1	$.4279801^{-1}$	$.2556369^{-1}$	$.1532817^{-1}$	$.9224165^{-2}$	$.5569882^{-2}$	$.3374145^{-2}$	$.2050198^{-2}$	$.1249251^{-2}$	$.7631630^{-3}$	$.4672651^{-3}$
D_1^2	$.3636470^{-1}$	$.2160295^{-1}$	$.1288056^{-1}$	$.7706677^{-2}$	$.4626505^{-2}$	$.2786473^{-2}$	$.1683664^{-2}$	$.1020613^{-2}$	$.6207326^{-3}$	$.3788366^{-3}$
D_1^3	$.3168394^{-1}$	$.1873905^{-1}$	$.1111990^{-1}$	$.6619056^{-2}$	$.3951311^{-2}$	$.2365117^{-2}$	$.1419221^{-2}$	$.8535948^{-3}$	$.5144799^{-3}$	$.3106668^{-3}$
D_2^0	$.1078540^{\ 0}$	$.6453842^{-1}$	$.3881903^{-1}$	$.2346681^{-1}$	$.1425652^{-1}$	$.8703955^{-2}$	$.5340497^{-2}$	$.3293452^{-2}$	$.2041705^{-2}$	$.1272621^{-3}$
D_2^1	$.8856113^{-1}$	$.5249350^{-1}$	$.3124727^{-1}$	$.1867439^{-1}$	$.1120238^{-1}$	$.6744044^{-2}$	$.4073833^{-2}$	$.2468840^{-2}$	$.1500814^{-2}$	$.9150439^{-3}$
D_2^2	$.7602690^{-1}$	$.4483957^{-1}$	$.2655175^{-1}$	$.1578144^{-1}$	$.9412990^{-2}$	$.5633270^{-2}$	$.3382102^{-2}$	$.2036867^{-2}$	$.1230440^{-2}$	$.7455350^{-2}$

$\beta = 9,5$

$\alpha =$	5,5	6,0	6,5	7,0	7,5	8,0	8,5	9,0	9,5	10,0
D_0^0	$.2674613^{-3}$	$.1772461^{-3}$	$.1190490^{-3}$		$.5626265^{-4}$		$.2858145^{-4}$		$.1575828^{-4}$	
D_0^1	$.1437109^{-3}$	$.8700068^{-4}$	$.5215829^{-4}$		$.1761220^{-4}$		$.4686027^{-5}$		0	
D_0^2	$.1237504^{-3}$	$.7781676^{-4}$	$.4950456^{-4}$		$.2103826^{-4}$		$.9837346^{-5}$		$.5252760^{-5}$	
D_0^3	$.9181594^{-4}$	$.5488400^{-4}$	$.3251512^{-4}$		$.1076006^{-4}$		$.2824858^{-5}$		0	
D_0^4	$.8382944^{-4}$	$.5179697^{-4}$	3234195^{-4}		$.1322240^{-4}$		$.5982591^{-5}$		$.3151656^{-5}$	
D_1^0	$.4468337^{-3}$	$.2871172^{-3}$	$.1860884^{-3}$		8049398^{-4}		$.3644320^{-4}$		$.1741705^{-4}$	
D_1^1	$.2866228^{-3}$	$.1760433^{-3}$	$.1081826^{-3}$		$.4072248^{-4}$		$.1504404^{-4}$		$.5252760^{-5}$	
D_1^2	$.2320664^{-3}$	$.1427416^{-3}$	8820776^{-4}		$.3427341^{-4}$		$.1375524^{-4}$		$.5805682^{-5}$	
D_1^3	$.1878875^{-3}$	$.1137628^{-3}$	$.6892146^{-4}$		$.2524835^{-4}$		$.9121322^{-5}$		$.3151656^{-5}$	
D_2^0	$.7977892^{-3}$	$.5031590^{-3}$	$.3193922^{-3}$		$.1314724^{-3}$		$.5588934^{-4}$		$.2467779^{-4}$	
D_2^1	$.5594604^{-3}$	$.3429487^{-3}$	$.2107282^{-3}$		$.8003933^{-4}$		$.3052870^{-4}$		$.1161136^{-4}$	
D_2^2	$.4530961^{-3}$	$.2762183^{-3}$	$.1689287^{-3}$		$.6384961^{-4}$		$.2452637^{-4}$		$.9626665^{-5}$	

$\beta = 10,0$

Tabelle 78. $D_n^k\left(\dfrac{\alpha+\beta}{2},\beta\right)$

$\alpha =$	0,5	1,0	1,5	2,0	2,5	3,0	3,5	4,0	4,5	5,0
D_0^0	$.2432021^{-1}$	$.1486198^{-1}$	$.9128788^{-2}$	$.5637079^{-2}$	$.3500356^{-2}$	$.2186447^{-2}$	$.1374449^{-2}$	$.8700114^{-3}$	$.5549139^{-3}$	$.3569358^{-3}$
D_0^1	$.1920381^{-1}$	$.1156299^{-1}$	$.6984554^{-2}$	$.4231592^{-2}$	$.2570802^{-2}$	$.1565739^{-2}$	$.9556809^{-3}$	$.5843314^{-3}$	$.3576813^{-3}$	$.2190042^{-3}$
D_0^2	$.1623440^{-1}$	$.9722876^{-2}$	$.5841939^{-2}$	$.3521282^{-2}$	$.2129262^{-2}$	$.1291739^{-2}$	$.7863381^{-3}$	$.4804571^{-3}$	$.2947821^{-3}$	$.1817325^{-3}$
D_0^3	$.1407055^{-1}$	$.8383733^{-2}$	$.5008782^{-2}$	$.2999900^{-2}$	$.1800821^{-2}$	$.1083233^{-2}$	$.6527379^{-3}$	$.3938780^{-3}$	$.2378877^{-3}$	$.1436995^{-3}$
D_0^4	$.1247133^{-1}$	$.7409774^{-2}$	$.4414641^{-2}$	$.2637178^{-2}$	$.1579481^{-2}$	$.9484660^{-3}$	$.5710797^{-3}$	$.3448406^{-3}$	$.2088955^{-3}$	$.1270167^{-3}$
D_1^0	$.4815644^{-1}$	$.2912715^{-1}$	$.1770096^{-1}$	$.1080818^{-1}$	$.6631215^{-2}$	$.4088562^{-2}$	$.2533752^{-2}$	$.1578630^{-2}$	$.9891350^{-3}$	$.6235314^{-3}$
D_1^1	$.3909607^{-1}$	$.2338822^{-1}$	$.1404120^{-1}$	$.8458140^{-2}$	$.5111392^{-2}$	$.3098361^{-2}$	$.1883601^{-2}$	$.1148264^{-2}$	$.7017987^{-3}$	$.4299372^{-3}$
D_1^2	$.3339721^{-1}$	$.1987440^{-1}$	$.1186671^{-1}$	$.7108063^{-2}$	$.4270765^{-2}$	$.2573701^{-2}$	$.1555570^{-2}$	$.9429719^{-3}$	$.5733294^{-3}$	$.3496630^{-3}$
D_1^3	$.2922198^{-1}$	$.1731782^{-1}$	$.1029452^{-1}$	$.6137062^{-2}$	$.3668433^{-2}$	$.2198351^{-2}$	$.1320520^{-2}$	$.7949870^{-3}$	$.4795953^{-3}$	$.2898761^{-3}$
D_2^0	$.9730754^{-1}$	$.5830252^{-1}$	$.3509669^{-1}$	$.2122427^{-1}$	$.1289321^{-1}$	$.7867683^{-2}$	$.4822891^{-2}$	$.2970168^{-2}$	$.1837923^{-2}$	$.1142952^{-2}$
D_2^1	$.8063690^{-1}$	$.4789728^{-1}$	$.2856111^{-1}$	$.1709344^{-1}$	$.1026579^{-1}$	$.6185792^{-2}$	$.3739199^{-2}$	$.2267199^{-2}$	$.1378733^{-2}$	$.8408186^{-3}$
D_2^2	$.6956957^{-1}$	$.4112717^{-1}$	$.2440170^{-1}$	$.1452762^{-1}$	$.8677029^{-2}$	$.5198580^{-2}$	$.3123803^{-2}$	$.1882474^{-2}$	$.1137613^{-2}$	$.6893916^{-3}$

$\beta = 10,0$

$\alpha =$	5,5	6,0	6,5	7,0	7,5	8,0	8,5	9,0	9,5	10,0
D_0^0	$.2317632^{-3}$	$.1520845^{-3}$		$.6795938^{-4}$		$.3222919^{-4}$		$.1642313^{-4}$		$.9079986^{-5}$
D_0^1	$.1339645^{-3}$	$.8171725^{-4}$		$.2977468^{-4}$		$.1008887^{-4}$		$.2692629^{-5}$		0
D_0^2	$.1126837^{-3}$	$.7036726^{-4}$		$.2825980^{-4}$		$.1205144^{-4}$		$.5652618^{-5}$		$.3026662^{-5}$
D_0^3	8672551^{-4}	$.5220861^{-4}$		$.1856134^{-4}$		$.6163735^{-5}$		$.1623186^{-5}$		0
D_0^4	$.7758456^{-4}$	$.4766730^{-4}$		$.1846248^{-4}$		$.7574246^{-5}$		$.3437645^{-5}$		$.1815997^{-5}$
D_1^0	$.3956327^{-3}$	$.2528123^{-3}$		$.1057293^{-3}$		$.4589908^{-4}$		$.2084451^{-4}$		$.9987985^{-5}$
D_1^1	$.2639339^{-3}$	$.1622992^{-3}$		$.6153738^{-4}$		$.2326130^{-4}$		$.8628681^{-5}$		$.3026662^{-5}$
D_1^2	$.2139490^{-3}$	$.1313718^{-3}$		$.5014582^{-4}$		$.1955423^{-4}$		$.7870816^{-5}$		$.3329328^{-5}$
D_1^3	$.1755005^{-3}$	$.1064020^{-3}$		$.3920750^{-4}$		$.1442284^{-4}$		$.5231692^{-5}$		$.1815997^{-5}$
D_2^0	$.7144747^{-3}$	$.4490894^{-3}$		$.1806584^{-3}$		$.7465817^{-4}$		$.3184932^{-4}$		$.1410424^{-4}$
D_2^1	$.5141694^{-3}$	$.3152352^{-3}$		$.1193468^{-3}$		$.4552467^{-4}$		$.1743761^{-4}$		$.6658656^{-5}$
D_2^2	$.4189319^{-3}$	$.2552947^{-3}$		$.9565172^{-4}$		$.3629854^{-4}$		$.1399365^{-4}$		$.5508525^{-4}$

3.4 Integrale der *K*-Schale für verschiedene Werte $p_1\,p_2\,p_3\,p_4$ und $\varkappa$.

Tabellen 79—92.

$$f(\alpha|p_1 p_2) = \int e^{-\beta\,(p_1 r_a + p_2 r_b)}\,d\tau$$

$$g(\alpha|p_1 p_2) = \int e^{-\beta\,(p_1 r_a + p_2 r_b)}\,\frac{1}{r_a}\,d\tau$$

$$h(\alpha|p_1 p_2 p_3 p_4) = \int e^{-\beta\,(p_1 r_a + p_2 r_b)}\,\Delta\,e^{-\beta\,(p_3 r_a + p_4 r_b)}\,d\tau;\qquad \alpha = \beta R$$

Tabelle 79.

α	$g(\alpha|10)$	$g(\alpha|01)$	$g(\alpha|11)$	α	$g(\alpha|10)$	$g(\alpha|01)$	$g(\alpha|11)$
1,0	$.400000000^{+1}$	$.358544671^{+1}$	$.73575888^{0}$	4,8	$.17361111^{0}$	$.7031387^{-1}$	$.207173^{-2}$
1'1	$.330578512$	$.290939035$	$.57771014$	4,9	$.16659725$	$.6625195$	$.182986$
1,2	$.277777778$	$.239856139$	$.46015782$	5,0	$.16000000$	$.6249071$	$.161711$
1,3	$.236686390$	$.200390549$	$.37090125$	5,1	$.15378701$	$.5900335$	$.142984$
1,4	$.204081633$	$.169325121$	$.30195547$	5,2	$.14792900$	$.5576584$	$.126489$
1,5	$.177777778$	$.144479343$	$.24792240$	5,3	$.14239943$	$.5275661$	$.111951$
1,6	$.156250000$	$.124333258$	$.20505115$	5,4	$.13717421$	$.4995625$	$.99129^{-3}$
1,7	$.138408304$	$.107801425$	$.17067319$	5,5	$.13223141$	$.4734725$	$.87815$
1,8	$.123456790$	$.94092198^{0}$	$.14285089$	5,6	$.12755103$	$.4491382$	$.77825$
1,9	$.110803324$	$.82617431$	$.12015208$	5,7	$.12311481$	$.4264171$	$.69000$
2,0	$.100000000$	$.72932946$	$.10150146$	5,8	$.11890607$	$.4051796$	$.61199$
2,1	$.90702948^{0}$	$.64698356$	$.8608048^{-1}$	5,9	$.11490951$	$.3853089$	$.54301$
2,2	$.82644628$	$.57649390$	$.7325829$	6,0	$.11111111$	$.3666982$	$.48198$
2,3	$.75614366$	$.51578435$	$.6254332$	6,1	$.10749798$	$.3492509$	$.42796$
2,4	$.69444444$	$.46320634$	$.5354879$	6,2	$.10405827$	$.3328789$	$.38012$
2,5	$.64000000$	$.41743810$	$.4596760$	6,3	$.10078105$	$.3175017$	$.33774$
2,6	$.59171598$	$.37741046$	$.3955398$	6,4	$.9765625^{-1}$	$.3030461$	$.30018$
2,7	$.54869685$	$.34225152$	$.3410979$	6,5	$.9467456$	$.2894451$	$.26688$
2,8	$.51020408$	$.31124485$	$.2947427$	6,6	$.9182736$	$.2766370$	$.23735$
2,9	$.47562426$	$.28379782$	$.2551612$	6,7	$.8910670$	$.2645659$	$.21114$
3,0	$.44444444$	$.25941700$	$.2212759$	6,8	$.8650519$	$.2531802$	$.18788$
3,1	$.41623309$	$.23768912$	$.1921974$	6,9	$.8401597$	$.2424325$	$.16722$
3,2	$.39062500$	$.21826619$	$.1671887$	7,0	$.8163265$	$.2322790$	$.14888$
3,3	$.36730946$	$.20085364$	$.1456360$	7,1	$.7934933$	$.2226800$	$.13258$
3,4	$.34602076$	$.18520093$	$.1270263$	7,2	$.7716049$	$.2135986$	$.11809$
3,5	$.32653061$	$.17109406$	$.1109292$	7,3	$.7506099$	$.2050006$	$.10522$
3,6	$.30864198$	$.15834938$	$.969823^{-2}$	7,4	$.7304602$	$.1968545$	$.9376^{-4}$
3,7	$.29218408$	$.14680876$	$.848799$	7,5	$.7111111$	$.1891314$	$.8358$
3,8	$.27700831$	$.13633545$	$.743627$	7,6	$.6925207$	$.1818046$	$.7451$
3,9	$.26298487$	$.12681083$	$.652106$	7,7	$.6746500$	$.1748490$	$.6645$
4,0	$.25000000$	$.11813164$	$.572364$	7,8	$.6574622$	$.1682416$	$.5927$
4,1	$.23795360$	$.11020774$	$.502800$	7,9	$.6409229$	$.1619612$	$.5287$
4,2	$.22675737$	$.10296012$	$.442046$	8,0	$.6250000$	$.1559879$	$.4718$
4,3	$.21633315$	$.9631947^{-1}$	$.388931$	8,1	$.6096632$	$.1503033$	$.4210$
4,4	$.20661157$	$.9022470$	$.342447$	8,2	$.5948840$	$.1448904$	$.3758$
4,5	$.19753087$	$.8462185$	$.301726$	8,3	$.5806358$	$.1397332$	$.3355$
4,6	$.18903591$	$.7946321$	$.266022$	8,4	$.5668934$	$.1348168$	$.2996$
4,7	$.18107741$	$.7470644$	$.234690$	8,5	$.5536332$	$.1301275$	$.2675$

Tabelle 79 (Fortsetzung).

α	$g\,(\alpha\,|10)$	$g\,(\alpha\,|01)$	$g\,(\alpha\,|\,11)$	α	$g\,(\alpha\,|10)$	$g\,(\alpha\,|01)$	α	$g\,(\alpha\,|10)$
8,6	.5408329^{-1}	.1256523^{-1}	.2390^{-4}	12,8	.2441406^{-1}	.381462^{-1}	17,0	.1384083^{-1}
8,7	.5284714	.1213794	.2135	12,9	.2403702	.372661	17,1	.1367942
8,8	.5165289	.1172975	.1908	13,0	.2366864	.364126	17,2	.1352082
8,9	.5049867	.1133958	.1705	13,1	.2330866	.355852	17,3	.1336496
9,0	.4938272	.1096648	.1524	13,2	.2295684	.347825	17,4	.1321179
9,1	.4830334	.1060954	.1362	13,3	.2261292	.340040	17,5	.1306123
9,2	.4725897	.1026788	.1218	13,4	.2227668	.332484	17,6	.1291322
9,3	.4624812	.994070 $^{-2}$	.1089	13,5	.2194788	.325150	17,7	.1276772
9,4	.4526935	.962724		13,6	.2162629	.318031	17,8	.1262467
9,5	.4432133	.932679		13,7	.2131174	.311117	17,9	.1248401
9,6	.4340278	.903869		13,8	.2100399	.304403	18,0	.1234568
9,7	.4251248	.876231		13,9	.2070286	.297881	18,1	.1220964
9,8	.4164931	.849708		14,0	.2040816	.291543	18,2	.1207583
9,9	.4081216	.824243		14,1	.2011971	.285384	18,3	.1194422
10,0	.4000000	.799782		14,2	.1983733	.279398	18,4	.1181474
10,1	.3921184	.776280		14,3	.1956086	.273576	18,5	.1168736
10,2	.3844675	.753687		14,4	.1929013	.267917	18,6	.1156203
10,3	.3770383	.731962		14,5	.1902497	.262413	18,7	.1143870
10,4	.3698225	.711063		14,6	.1876525	.257058	18,8	.1131734
10,5	.3628117	.690950		14,7	.1851080	.251847	18,9	.1119789
10,6	.3559986	.671589		14,8	.1826151	.246776	19,0	.1108033
10,7	.3493755	.652946		14,9	.1801720	.241841	19,1	.1096461
10,8	.3429355	.634982		15,0	.1777778	.237036	19,2	.1085069
10,9	.3366720	.617673		15,1	.1754309	.232358	19,3	.1073854
11,0	.3305785	.600986		15,2	.1731302	.227802	19,4	.1062812
11,1	.3246489	.584894		15,3	.1708744	.223365	19,5	.1051939
11,2	.3188775	.569373		15,4	.1686625	.219042	19,6	.1041233
11,3	.3132586	.554394		15,5	.1664932	.214830	19,7	.1030689
11,4	.3077870	.539938		15,6	.1643655	.210725	19,8	.1020304
11,5	.3024574	.525977		15,7	.1622784	.206724	19,9	.1010075
11,6	.2972651	.512493		15,8	.1602307	.202824	20,0	.1000000
11,7	.2922054	.499468		15,9	.1582216	.199021		
11,8	.2872737	.486879		16,0	.1562500	.195312		
11,9	.2824659	.474711		16,1	.1543150			
12,0	.2777778	.462943		16,2	.1524158			
12,1	.2732053	.451562		16,3	.1505513		α	$g\,(\alpha\,|11)$
12,2	.2687450	.440551		16,4	.1487210			
12,3	.2643929	.429893		16,5	.1469237		0,5	.36391840^{+1}
12,4	.2601457	.419577		16,6	.1451589		0,6	.24391628
12,5	.2560000	.409589		16,7	.1434257		0,7	.17228470
12,6	.2519526	.399915		16,8	.1417233		0,8	.12637377
12,7	.2480005	.390543		16,9	.1400511		0,9	.95368192 ^{0}

Tabelle 80.

α	$f(\alpha\|11)$	$f(\alpha\|21)$	$-h(\alpha\|1001)$	$-h(\alpha\|2121)$	$-h(\alpha\|2221)$
0,5			$.17185035^{+1}$	$.40028232^{0}$	$.27029521^{0}$
0,6	$.437016673^{+1}$	$.122755389^{+1}$	$.13537354$	$.28426133$	$.17974782$
0,7	$.269767915$	$.74488122\ ^{0}$	$.10901230$	$.20589705$	$.12148068$
0,8	$.176689255$	$.47878407$	$.89116911\ ^{0}$	$.15126283$	$.8301678^{-1}$
0,9	$.121022794$	$.32136790$	$.73634282$	$.11232371$	$.5718927$
1,0	$.85838537\ ^{0}$	$.22309014$	$.61313240$	$.8411830^{-1}$	$.3963746$
1,1	$.62606107$	$.15907761$	$.51342842$	$.6343302$	$.2760395$
1,2	$.46712991$	$.11593691$	$.43171170$	$.4811282$	$.1929808$
1,3	$.35518861$	$.8603799\ ^{-1}$	$.36407452$	$.3667451$	$.1353470$
1,4	$.27439604$	$.6482805$	$.30765906$	$.2807673$	$.951839\ ^{-2}$
1,5	$.21486608$	$.4948330$	$.26031851$	$.2157675$	$.670961$
1,6	$.17021875$	$.3819402$	$.22040369$	$.1663809$	$.473944$
1,7	$.13621629$	$.2976740$	$.18662375$	$.1286917$	$.335392$
1,8	$.10997251$	$.2339794$	$.15795227$	$.998164\ ^{-2}$	$.237736$
1,9	$.8947805\ ^{-1}$	$.1853004$	$.13356215$	$.776160$	$.168769$
2,0	$.7330661$	$.1477334$	$.11277940$	$.604930$	$.119974$
2,1	$.6042823$	$.1184899$	$.9504951\ ^{-1}$	$.472481$	$.85396\ ^{-3}$
2,2	$.5008758$	$.955492\ ^{-2}$	$.7991258$	$.369757$	$.60856$
2,3	$.4172302$	$.774274$	$.6698453$	$.289893$	$.43417$
2,4	$.3491171$	$.630222$	$.5594273$	$.227663$	$.31007$
2,5	$.2933171$	$.515059$	$.4651483$	$.179073$	$.22166$
2,6	$.2473532$	$.422514$	$.3846990$	$.141060$	$.15861$
2,7	$.2093023$	$.347791$	$.3161148$	$.111269$	$.11360$
2,8	$.1776582$	$.287194$	$.2577188$	$.87882\ ^{-3}$	$.8143\ ^{-4}$
2,9	$.1512317$	$.237856$	$.2080763$	$.69494$	$.5841$
3,0	$.1290776$	$.197534$	$.1659568$	$.55015$	$.4194$
3,1	$.1104392$	$.164469$	$.1303036$	$.43599$	$.3013$
3,2	$.947071\ ^{-2}$	$.137267$	$.1002070$	$.34587$	$.2166$
3,3	$.813879$	$.114822$	$.748840\ ^{-2}$	$.27464$	$.1559$
3,4	$.700796$	$.96250\ ^{-3}$	$.536589$	$.21827$	$.1122$
3,5	$.604535$	$.80843$	$.359492$	$.17361$	
3,6	$.522393$	$.68029$	$.212517$	$.13820$	
3,7	$.452140$	$.57349$	$+.91321\ ^{-3}$	$.11010$	
3,8	$.391926$	$.48427$	$-.7849\ ^{-4}$	$.8778\ ^{-4}$	
3,9	$.340215$	$.40958$	$-.88233\ ^{-3}$	$.7003$	
4,0	$.295721$	$.34694$	$-.152630\ ^{-2}$	$.5590$	
4,1	$.257371$	$.29431$	$-.203452$	$.4465$	
4,2	$.224262$	$.25001$	$-.242785$	$.3569$	
4,3	$.195632$	$.21265$	$-.272423$	$.2854$	
4,4	$.170839$	$.18111$	$-.293912$	$.2284$	
4,5	$.149339$	$.15443$	$-.308583$	$.1828$	

Tabelle 80 (Fortsetzung).

α	$f(\alpha\|11)$	$f(\alpha\|21)$	$-h(\alpha\|1001)$	$-h(\alpha\|2121)$
4,6	$.130670^{-2}$	$.13183^{-3}$	$-.317579^{-2}$	$.1464^{-4}$
4,7	.114440	.11267	$-.321882$	.1173
4,8	.100312	$.9639\ ^{-4}$	$-.322331$	
4,9	$.88001\ ^{-3}$	.8255	$-.319645$	
5,0	.77262	.7077	$-.314437$	
5,1	.67884	.6073	$-.307228$	
5,2	.59688	.5215	$-.298460$	
5,3	.52517	.4483	$-.288507$	
5,4	.46237	.3857	$-.277686$	
5,5	.40735	.3321	$-.266259$	
5,6	.35908	.2862	$-.254448$	
5,7	.31672	.2469	$-.242435$	
5,8	.27951	.2130	$-.230372$	
5,9	.24681	.1840	$-.218381$	
6,0	.21804	.1591	$-.206562$	
6,1	.19272	.1376	$-.194994$	
6,2	.17042	.1190	$-.183739$	
6,3	.15077	.1031	$-.172845$	
6,4	.13344		$-.162347$	
6,5	.11816		$-.152271$	
6,6	.10467		$-.142632$	
6,7	$.9275\ ^{-4}$		$-.133440$	
6,8	.8223		$-.124699$	
6,9	.7292		$-.116406$	
7,0	.6469		$-.108557$	
7,1	.5741		$-.101143$	
7,2	.5097		$-.94152\ ^{-3}$	
7,3	.4526		$-.87573$	
7,4	.4021		$-.81390$	
7,5	.3573		$-.75588$	
7,6	.3175		$-.70151$	
7,7	.2823		$-.65062$	
7,8	.2511		$-.60304$	
7,9	.2233		$-.55862$	
8,0	.1987		$-.51717$	
8,1	.1769			
8,2	.1575			
8,3	.1402			
8,4	.1249			
8,5	.1113			

Tabelle 81.

α	$f(\alpha\|10)$	$-h(\alpha\|1010)$	$-h(\alpha\|1011)$	α	$f(\alpha\|10)$	$-h(\alpha\|1010)$	$-h(\alpha\|1011)$
0,5	$.640000000^{+2}$	$.200000000^{+1}$	$.98996062^{0}$	4,6	$.8218953^{-1}$	$.21739130^{0}$	$.220153^{-2}$
0,6	.370370370	.166666667	.77444133	4,7	.7705422	.21276596	.194627
0,7	.233236152	.142857143	.61977458	4,8	.7233797	.20833333	.172141
0,8	.156250000	.125000000	.50402906	4,9	.6799889	.20408163	.152322
0,9	.109739369	.111111111	.41480481	5,0	.6400000	.20000000	.134842
1,0	$.800000000^{+1}$	.100000000	.34450987	5,1	.6030864	.19607843	.119419
1,1	.601051841	$.90909091\quad^{0}$	.28820570	5,2	.5689576	.19230769	.105803
1,2	.462962963	.83333333	.24252409	5,3	.5373564	.18867925	$.93776\quad^{-3}$
1,3	.364132909	.76923077	.20507973	5,4	.5080527	.18518519	.83148
1,4	.291545190	.71428571	.17413134	5,5	.4808415	.18181818	.73752
1,5	.237037037	.66666667	.14837598	5,6	.4555394	.17857143	.65441
1,6	.195312500	.62500000	.12681868	5,7	.4319818	.17543860	.58087
1,7	.162833299	.58823529	.10868669	5,8	.4100209	.17241379	.51576
1,8	.137174211	.55555556	$.9337140^{-1}$	5,9	.3895238	.16949153	.45810
1,9	.116635078	.52631579	.8038768	6,0	.3703704	.16666667	.40701
2,0	.100000000	.50000000	.6934498	6,1	.3524524	.16393443	.36174
2,1	$.86383760\quad^{0}$	.47619048	.5992610	6,2	.3356719	.16129032	.32159
2,2	.75131480	.45454545	.5187157	6,3	.3199399	.15873016	.28598
2,3	.65751623	.43478261	.4496772	6,4	.3051758	.15625000	.25439
2,4	.57870370	.41666667	.3903763	6,5	.2913064	.15384615	.22634
2,5	.51200000	.40000000	.3393408	6,6	.2782647	.15151515	.20145
2,6	.45516613	.38461538	.2953402	6,7	.2659902	.14925373	.17933
2,7	.40644212	.37037037	.2573422	6,8	.2544270	.14705882	.15969
2,8	.36443150	.35714286	.2244773	6,9	.2435246	.14492754	.14223
2,9	.32801674	.34482759	.1960113	7,0	.2332361	.14285714	.12671
3,0	.29629630	.33333333	.1713223	7,1	.2235192	.14084507	.11291
3,1	.26853749	.32258065	.1498820	7,2	.2143347	.13888889	.10063
3,2	.24414063	.31250000	.1312406	7,3	.2056466	.13698630	$.8971\quad^{-4}$
3,3	.22261180	.30303030	.1150145	7,4	.1974216	.13513514	.7999
3,4	.20354162	.29411765	.1008755	7,5	.1896296	.13333333	.7134
3,5	.18658893	.28571429	$.885427\quad^{-2}$	7,6	.1822424	.13157895	.6364
3,6	.17146777	.27777778	.777749	7,7	.1752338	.12987013	.5677
3,7	.15793733	.27027027	.683648	7,8	.1685801	.12820513	.5066
3,8	.14579384	.26315789	.601338	7,9	.1622590	.12658228	.4522
3,9	.13486405	.25641025	.529283	8,0	.1562500	.12500000	.4037
4,0	.12500000	.25000000	.466153	8,1	.1505341	.12345679	.3604
4,1	.11607492	.24390244	.410799	8,2	.1450936	.12195122	.3218
4,2	.10797970	.23809524	.362228	8,3	.1399122	.12048193	.2874
4,3	.10062008	.23255814	.319578	8,4	.1349746	.11904762	.2568
4,4	$.9391434\quad^{-1}$	.22727273	.282101	8,5	.1302667	.11764706	.2294
4,5	.8779150	.22222222	.249147	8,6	.1257750	.11627907	.2050

Tabelle 81 (Fortsetzung).

α	$f(\alpha\,|\,10)$	$-h\,(\alpha\,|\,1010)$	$-h\,(\alpha\,|\,1011)$	α	$-h\,(\alpha\,|\,1010)$
8,7	$.1214877^{-1}$	$.11494253^{0}$	$.1832^{-4}$	12,8	$.7812500^{-1}$
8,8	.1173930	.11363636	.1638	12,9	.7751938
8,9	.1134801	.11235955	.1464	13,0	.7692308
9,0	.1097393	.11111111	.1309	13,1	.7633588
9,1	.1061612	.10989011	.1170	13,2	.7575758
9,2	.1027369	.10869565	.1047	13,3	.7518797
9,3	$.994584\ ^{-2}$	.10752688		13,4	.7462686
9,4	.963178	.10638298		13,5	.7407407
9,5	.933081	.10526315		13,6	.7352941
9,6	.904225	.10416667		13,7	.7299270
9,7	.876546	.10309278		13,8	.7246377
9,8	.849986	.10204081		13,9	.7194244
9,9	.824489	.10101010		14,0	.7142857
10,0	.800000	.10000000		14,1	.7092198
10,1	.776473	$.9900990^{-1}$		14,2	.7042253
10,2	.753857	.9803921		14,3	.6993007
10,3	.732113	.9708738		14,4	.6944444
10,4	.711197	.9615384		14,5	.6896552
10,5	.691070	.9523809		14,6	.6849315
10,6	.671695	.9433962		14,7	.6802721
10,7	.653039	.9345794		14,8	.6756757
10,8	.635065	.9259259		14,9	.6711409
10,9	.617747	.9174312		15,0	.6666667
11,0	.601052	.9090909			
11,1	.584953	.9009009			
11,2	.569424	.8928571			
11,3	.554439	.8849557			
11,4	.539978	.8771930			
11,5	.526012	.8695652			
11,6	.512525	.8620689			
11,7	.499496	.8547008			
11,8	.486904	.8474576			
11,9	.474733	.8403361			
12,0	.462963	.8333333			
12,1		.8264462			
12,2		.8196721			
12,3		.8130081			
12,4		.8064516			
12,5		.8000000			
12,6		.7936508			
12,7		.7874016			

Tabelle 82.

α	$-h\,(\alpha\,|\,2001)$	$-h\,(\alpha\,|\,2011)$	$-h\,(\alpha\,|\,2021)$	$-h\,(\alpha\,|\,2110)$
0,5		.76680100 ^{0}	.58321013^0	.60653066^0
0,6	.66504385^0	.58592226	.44587191	.47065945
0,7	.50956555	.45811700	.34920451	.37379200
0,8	.39521452	.36421431	.27838869	.30184297
0,9	.30899362	.29327766	.22498961	.24682044
1,0	.24283945	.23856928	.18383170	.20382049
1,1	.19144357	.19569449	.15155735	.16965139
1,2	.15114987	.16165967	.12589343	.14213902
1,3	.11935104	.13435556	.10524858	.11974831
1,4	.9413674 $^{-1}$	.11225578	.8847829 $^{-1}$	.10136379
1,5	.7407713	.9423163 $^{-1}$	.7474096	.8615568 $^{-1}$
1,6	.5808396	.7943364	.6340617	.7349469
1,7	.4531779	.6721296	.5399416	.6289585
1,8	.3512418	.5706780	.4613484	.5398029
1,9	.2698850	.4860587	.3953929	.4644852
2,0	.2050327	.4151767	.3397959	.4006147
2,1	.1534408	.3555695	.2927428	.3462659
2,2	.1125148	.3052640	.2527764	.2998762
2,3	.801722 $^{-2}$	.2626682	.2187180	.2601685
2,4	.547371	.2264904	.1896078	.2260933
2,5	.348576	.1956766	.1646591	.1967828
2,6	.194415	.1693624	.1432237	.1715161
2,7	$+$.76054 $^{-3}$	.1468356	.1247646	.1496920
2,8	$-$.13656	.1275071	.1088351	.1308065
2,9	$-$.80503	.1108874	.950617 $^{-2}$	.1144360
3,0	$-$.129172 $^{-2}$	.965682 $^{-2}$	.831312	.1002228
3,1	$-$.163455	.842081	.727796	.878642 $^{-2}$
3,2	$-$.186416	.735203	.637840	.771034
3,3	$-$.200527	.642632	.559555	.677215
3,4	$-$.207784	.562330	.491334	.595319
3,5	$-$.209787	.492569	.431808	.523748
3,6	$-$.207824	.431881	.379806	.461132
3,7	$-$.202920	.379019	.334328	.406296
3,8	$-$.195892	.332916	.294512	.358226
3,9	$-$.187387	.292662	.259620	.316049
4,0	$-$.177915	.257477	.229013	.279010
4,1	$-$.167872	.226691	.202142	.246458
4,2	$-$.157567	.199726	.178531	.217827
4,3	$-$.147234	.176087	.157768	.192625
4,4	$-$.137050	.155346	.139496	.170426
4,5	$-$.127145	.137131	.123405	.150860
4,6	$-$.117611	.121123	.109224	.133603
4,7	$-$.108514	.107043	.96719 $^{-3}$	.118373
4,8	$-$.99894 $^{-3}$	.94650 $^{-3}$	.85684	.104924
4,9	$-$.91773	.83734	.75942	.93043 $^{-3}$

Tabelle 82 (Fortsetzung).

α	$+h\,(\alpha|2001)$	$-h\,(\alpha|2011)$	$-h\,(\alpha|2021)$	$-h\,(\alpha|2110)$
5,0	$.84162^{-3}$	$.74114^{-3}$	$.67336^{-3}$	$.82539^{-3}$
5,1	.77057	.65630	.59729	.73249
5,2	.70450	.58142	.53002	.65029
5,3	.64326	.51532	.47050	.57752
5,4	.58665	.45691	.41781	.51307
5,5	.53445	.40529	.37115	.45596
5,6	.48643	.35964	.32982	.40534
5,7	.44232	.31925	.29318	.36045
5,8	.40190	.28349	.26069	.32062
5,9	.36489	.25183	.23187	.28528
6,0	.33107	.22377	.20630	.25390
6,1	.30020	.19891	.18360	.22603
6,2	.27205	.17686	..16344	.20128
6,3	.24642	.15730	.14553	.17928
6,4	.22309	.13995	.12962	.15973
6,5	.20188	.12455	.11547	.14234
6,6	.18261	.11086	.10290	.12687
6,7	.16512	$.9871^{-4}$	$.9171^{-4}$	.11311
6,8	.14925	.8792	.8176	.10086
6,9	.13487	.7832	.7290	$.8996^{-4}$
7,0	.12183	.6979	.6502	.8026
7,1	.11002	.6220	.5800	.7161
7,2	$.9934^{-4}$	.5545	.5175	.6391
7,3	.8967	.4944	.4618	.5705
7,4	.8092	.4409	.4122	.5093
7,5	.7301	.3933	.3680	.4548
7,6	.6586	.3509	.3286	.4061
7,7	.5941	.3131	.2935	.3628
7,8	.5357	.2795	.2621	.3241
7,9	.4830	.2495	.2342	.2896
8,0	.4354	.2228	.2092	.2588
8,1	.3925		.1870	.2313
8,2	.3538		.1671	.2068
8,3	.3188		.1494	.1849
8,4	.2873		.1336	.1653
8,5	.2589		.1194	.1479
8,6	.2332		.1068	.1322
8,7	.2101			.1183
8,8	.1893			.1058
8,9	.1705			
9,0	.1536			
9,1	.1383			
9,2	.1245			
9,3	.1122			
9,4	.1010			

Tabelle 82.

α	$g\,(c\,|12)$	$g\,(a\,|21)$	$g\,(a\,|\,13)$	$g\,(a\,|31)$	$g\,(a\,|14)$	$g\,(a\,|41)$
0,5	$.143212698^{+1}$	$.153775486^{+1}$	$.70394118^{0}$	$.82966082^{0}$	$.39175770^{0}$	$.51293716^{0}$
0,6	$.92246936\ ^{0}$	.101363395	.43623896	.54029813	.23442686	.33112078
0,7	.62468382	$.70340455\ ^{0}$	.28407749	.37037536	.14759676	.22507782
0,8	.43852270	.50653179	.19178115	.26348674	$.9650649^{-1}$	.15884771
0,9	.31627868	.37506267	.13308515	.19277892	.6499245	.11535311
1,0	.23296480	.28380000	$.9439110^{-1}$	.14417817	.4483156	$.8567225^{-1}$
1,1	.17451249	.21849528	.6815156	.10975252	.3155086	.6479587
1,2	.13254126	.17061385	.4994630	$.8477009^{-1}$	.2258827	.4974863
1,3	.10182894	.13480151	.3707395	.6627648	.1641469	.3868175
1,4	$.7899989\ ^{-1}$	.10756940	.2782566	.5235704	.1208641	.3040323
1,5	.6180485	$.8657113\ ^{-1}$	.2108924	.4173184	$.900445\ ^{-2}$	.2412050
1,6	.4870646	.7018605	.1612335	.3352267	.677952	.1929274
1,7	.3863106	.5726897	.1242374	.2711330	.515334	.1554258
1,8	.3081486	.4699464	$.964136\ ^{-2}$	.2206296	.395141	.1260163
1,9	.2470577	.3875819	.753096	.1805108	.305398	.1027573
2,0	.1989915	.3210958	.591781	.1484103	.237763	$.842235\ ^{-2}$
2,1	.1609479	.2670956	.467600	.1225588	.186353	.693549
2,2	.1306757	.2229941	.371381	.1016183	.146965	.573537
2,3	.1064703	.1867975	.296377	$.845659\ ^{-2}$	.116567	.476132
2,4	$.870302\ ^{-2}$	.1569550	.237582	.706128	$.92948\ ^{-3}$	.396675
2,5	.713539	.1322506	.191252	.591454	.74480	.331561
2,6	.586656	.1117230	.154565	.496829	.59956	.277973
2,7	.483602	$.946077\ ^{-2}$	.125379	.418456	.48471	.233700
2,8	.399633	.802924	.102062	.353321	.39342	.196990
2,9	.331011	.682841	$.83356\ ^{-3}$	.299014	.32052	.166449
3,0	.274773	.581839	.68292	.253602	.26204	.140962
3,1	.228563	.496672	.56116	.215523	.21493	.119630
3,2	.190500	.424691	.46240	.183511	.17684	.101729
3,3	.159073	.363720	.38205	.156533	.14591	$.86668\ ^{-3}$
3,4	.133068	.311971	.31645	.133746	.12073	.73967
3,5	.111505	.267964	.26275	.114459	.10015	.63232
3,6	$.93588\ ^{-3}$	.230473	.21866	$.98100\ ^{-3}$	$.8328\ ^{-4}$	.54139
3,7	.78674	.198480	.18237	.84200	.6941	.46423
3,8	.66236	.171134	.15242	.72368	.5798	.39863
3,9	.55845	.147725	.12764	.62278	.4853	.34275
4,0	.47149	.127658	.10709	.53660	.4070	.29509

Tabelle 83 (Fortsetzung).

α	$g(\alpha\mid12)$	$g(\alpha\mid21)$	$g(\alpha\mid13)$	$g(\alpha\mid31)$	$g(\alpha\mid14)$	$g(\alpha\mid41)$
4,1	.39862^{-3}	.110431^{-2}	.9001^{-4}	.46289^{-3}	.3420^{-4}	.25435^{-3}
4,2	.33743	.95624$^{\ -3}$	.7579	.39975	.2879	.21949
4,3	.28600	.82880	.6392	.34559	.2427	.18962
4,4	.24270	.71901	.5399	.29907	.2050	.16399
4,5	.20619	.62430	.4568	.25906	.1734	.14196
4,6	.17538	.54251	.3870	.22461	.1469	.12301
4,7	.14933	.47182	.3283	.19492	.1246	.10668
4,8	.12728	.41066	.2789	.16930	.1058	.9261$^{\ -4}$
4,9	.10861	.35768	.2373	.14716		.8046
5,0	.9276$^{\ -4}$	.31177	.2021	.12802		.6996
5,1	.7930	.27193	.1723	.11146		.6087
5,2	.6786	.23734	.1471	.9710$^{\ -4}$		.5301
5,3	.5812	.20728	.1257	.8466		.4620
5,4	.4983	.18114	.1075	.7386		.4028
5,5	.4275	.15839		.6448		.3515
5,6	.3672	.13857		.5633		.3070
5,7	.3155	.12131		.4923		.2682
5,8	.2714	.10625		.4306		.2345
5,9	.2336	.9310$^{\ -4}$		.3768		.2051
6,0	.2012	.8163		.3299		.1795
6,1	.1735	.7161		.2890		.1572
6,2	.1497	.6284		.2533		.1378
6,3	.1292	.5517		.2222		.1208
6,4	.1116	.4846		.1949		.1059
6,5		.4259		.1711		
6,6		.3744		.1502		
6,7		.3293		.1320		
6,8		.2897		.1160		
6,9		.2550		.1020		
7,0		.2245				
7,1		.1978				
7,2		.1743				
7,3		.1536				
7,4		.1354				
7,5		.1195				
7,6		.1054				

Tabelle 84.

α	$f(\alpha\,\vert\,32)$	$f(\alpha\,\vert\,41)$	$f(\alpha\,\vert\,43)$
0,6	$.21780420^{0}$	$.24223473^{0}$	$.6122228^{-1}$
0,7	.12450554	.14337420	.3254542
0,8	$.7503380^{-1}$	$.8981406^{-1}$	.1816541
0,9	.4703123	.5872889	.1051084
1,0	.3038354	.3971433	$.625164^{-2}$
1,1	.2010299	.2759183	.379985
1,2	.1356007	.1960069	.235032
1,3	$.929311^{-2}$	.1418588	.147475
1,4	.645401	.1043109	$.93652^{-3}$
1,5	.453304	$.777578^{-2}$	.60080
1,6	.321474	.586595	.38880
1,7	.229903	.447192	.25352
1,8	.165626	.344112	.16641
1,9	.120095	.267010	.10987
2,0	$.87584^{-3}$	.208745	$.7292^{-4}$
2,1	.64204	.164308	.4862
2,2	.47284	.130132	.3256
2,3	.34971	.103650	.2188
2,4	.25963	$.82986^{-3}$	.1476
2,5	.19343	.66761	
2,6	.14458	.53946	
2,7	.10839	.43769	
2,8	$.8148^{-4}$	.35648	
2,9	.6141	.29138	
3,0	.4639	.23895	
3,1	.3513	.19657	
3,2	.2665	.16218	
3,3	.2027	.13417	
3,4	.1543	.11129	
3,5	.1178	$.9254^{-4}$	
3,6		.7712	
3,7		.6441	
3,8		.5391	
3,9		.4521	
4,0		.3799	
4,1		.3197	
4,2		.2696	
4,3		.2277	
4,4		.1926	
4,5		.1631	
4,6		.1384	
4,7		.1175	

Tabelle 85.

α	$g(\alpha\,\vert\,23)$	$g(\alpha\,\vert\,32)$	$g(\alpha\,\vert\,34)$	$g(\alpha\,\vert\,43)$	α	$-h(\alpha\,\vert\,0221)$	$-h(\alpha\,\vert\,2101)$
0,5	.39765796^{0}	.43609790^{0}	.14934471^{0}	.16599971^{0}	0,5	.46181359^{0}	.52116254^{0}
0,6	.23664835	.26666766	.8149322^{-1}	.9326161^{-1}	0,6	.32636436	.38402262
0,7	.14751987	.17097480	.4645705	.5477685	0,7	.23469861	.28828359
0,8	.9506237^{-1}	.11339744	.2732416	.3320891	0,8	.17078530	.21914185
0,9	.6280065	.7714052^{-1}	.1645133	.2061579	0,9	.12532469	.16805387
1,0	.4229663	.5351737	.1008667	.1303518	1,0	.9253533^{-1}	.12969631
1,1	.2893013	.3771449	.627491^{-2}	.836354^{-2}	1,1	.6864531	.10056226
1,2	.2003917	.2691952	.395039	.543062	1,2	.5110768	.7824424^{-1}
1,3	.1402768	.1941932	.251185	.356142	1,3	.3815905	.6103765
1,4	.990775^{-2}	.1413484	.161071	.235528	1,4	.2855569	.4770694
1,5	.705190	.1036756	.104043	.156887	1,5	.2140803	.3734030
1,6	.505300	.765499^{-2}	.67634^{-3}	.105158	1,6	.1607296	.2925537
1,7	.364215	.568505	.44214	.70871^{-2}	1,7	.1208163	.2293594
1,8	.263906	.424376	.29049	.47996	1,8	.908996^{-2}	.1798812
1,9	.192126	.318234	.19171	.32644	1,9	.684412	.1410929
2,0	.140468	.239618	.12704	.22289	2,0	.515604	.1106570
2,1	.103098	.181089	.8450^{-4}	.15271	2,1	.388590	.867601^{-2}
2,2	.75939^{-3}	.137315	.5639	.10497	2,2	.292941	.679904
2,3	.56119	.104440	.3776	.7236^{-4}	2,3	.220865	.532456
2,4	.41597	.79658^{-3}	.2535	.5001	2,4	.166523	.416631
2,5	.30920	.60912	.1707	.3465	2,5	.125537	.325667
2,6	.23044	.46689	.1152	.2407	2,6	.94617^{-3}	.254257
2,7	.17217	.35866		.1675	2,7	.71287	.198228
2,8	.12894	.27608		.1168	2,8	.53684	.154298
2,9	.9677^{-4}	.21292			2,9	.40402	.119884
3,0	.7278	.16450			3,0	.30384	.92953^{-3}
3,1	.5484	.12731			3,1	.22829	.71903
3,2	.4140	.9868^{-4}			3,2	.17134	.55472
3,3	.3131	.7660			3,3	.12844	.42666
3,4	.2372	.5955			3,4	.9615^{-4}	.32703
3,5	.1800	.4635			3,5	.7185	.24968
3,6	.1368	.3612			3,6	.5359	.18976
3,7	.1042	.2819			3,7	.3988	.14345
3,8		.2202			3,8	.2960	.10777
3,9		.1722			3,9	.2191	.8037^{-4}
4,0		.1348			4,0	.1616	.5941
4,1		.1056			4,1	.1187	.4343
4,2					4,2		.3132
4,3					4,3		.2219
4,4					4,4		.1536
4,5					4,5		.1028

Tabelle 86.

α	$f(\alpha\,\vert\,31)$	$-h(\alpha\,\vert\,1111)$	$-h(\alpha\,\vert\,2111)$
0,5		$.735575888^{0}$	$.5002535^{\;0}$
0,6	$.49360644^{0}$	$.55218939$	$.36238753$
0,7	$.29537448$	$.42273765$	$.26753552$
0,8	$.18708721$	$.32808184$	$.20012142$
0,9	$.12368100$	$.25713160$	$.15113646$
1,0	$.8453585^{-1}$	$.20300293$	$.11497680$
1,1	$.5934228$	$.16116823$	$.8797090^{-1}$
1,2	$.4257583$	$.12851710$	$.6762051$
1,3	$.3110683$	$.10284034$	$.5217733$
1,4	$.2307955$	$.8252794^{-1}$	$.4039155$
1,5	$.1735105$	$.6638276$	$.3135502$
1,6	$.1319448$	$.5350039$	$.2439934$
1,7	$.1013473$	$.4318894$	$.1902750$
1,8	$.785382^{\;-2}$	$.3491365$	$.1486688$
1,9	$.613451$	$.2825782$	$.1163623$
2,0	$.482566$	$.2289455$	$.912205^{\;-2}$
2,1	$.382043$	$.1856595$	$.716151$
2,2	$.304223$	$.1506764$	$.562991$
2,3	$.243543$	$.1223702$	$.443141$
2,4	$.195917$	$.994428^{\;-2}$	$.349214$
2,5	$.158311$	$.808554$	$.275498$
2,6	$.128454$	$.657744$	$.217569$
2,7	$.104629$	$.535299$	$.171989$
2,8	$.85527^{\;-3}$	$.435820$	$.136085$
2,9	$.70145$	$.354955$	$.107771$
3,0	$.57710$	$.289188$	$.85420^{\;-3}$
3,1	$.47617$	$.235676$	$.67760$
3,2	$.39398$	$.192118$	$.53792$
3,3	$.32681$	$.156648$	$.42735$
3,4	$.27176$	$.127756$	$.33975$
3,5	$.22650$	$.104215$	$.27028$
3,6	$.18919$	$.85028^{\;-3}$	$.21517$
3,7	$.15835$	$.69385$	$.17140$
3,8	$.13280$	$.56630$	$.13661$
3,9	$.11158$	$.46227$	$.10895$
4,0	$.9392^{\;-4}$	$.37740$	$.8694^{\;-4}$
4,1	$.7919$	$.30815$	$.6941$
4,2	$.6687$	$.25164$	$.5545$
4,3	$.5656$	$.20551$	$.4432$
4,4	$.4791$	$.16786$	$.3544$
4,5	$.4064$	$.13712$	$.2835$
4,6	$.3452$	$.11202$	$.2269$
4,7	$.2936$	$.9152^{-4}$	$.1817$

α	$f(\alpha\,\vert\,31)$	$-h(\alpha\,\vert\,1111)$	$-h(\alpha\,\vert\,2111)$
4,8	$.2500^{-4}$	$.7478^{\;-4}\cdot$	$.1455^{-4}$
4,9	$.2131$	$.6111$	$.1166$
5,0	$.1819$	$.4994$	
5,1	$.1555$	$.4081$	
5,2	$.1330$	$.3336$	
5,3	$.1139$	$.2727$	
5,4		$.2229$	
5,5		$.1822$	
5,6		$.1490$	
5,7		$.1218$	

α	$-h(\alpha\,\vert\,2112)$	$-h(\alpha\,\vert\,2201)$
0,5	$.35948749^{0}$	$.33350234^{0}$
0,6	$.24611170$	$.24159168$
0,7	$.17124460$	$.17835701$
0,8	$.12045328$	$.13341428$
0,9	$.8537589^{-1}$	$.10075764$
1,0	$.6085085$	$.7665120^{-1}$
1,1	$.4355195$	$.5864726$
1,2	$.3127048$	$.4508034$
1,3	$.2250830$	$.3478488$
1,4	$.1623331$	$.2692770$
1,5	$.1172616$	$.2090335$
1,6	$.848122^{\;-2}$	$.1626623$
1,7	$.614058$	$.1268500$
1,8	$.444966$	$.991125^{\;-2}$
1,9	$.322660$	$.775748$
2,0	$.234104$	$.608136$
2,1	$.169931$	$.477434$
2,2	$.123394$	$.375327$
2,3	$.89629^{\;-3}$	$.295428$
2,4	$.65119$	$.232809$
2,5	$.47319$	$.183666$
2,6	$.34389$	$.145046$
2,7	$.24995$	$.114660$
2,8	$.18168$	$.90723^{\;-3}$
2,9	$.13206$	$.71847$
3,0	$.9598^{\;-4}$	$.56947$
3,1	$.6976$	$.45173$
3,2	$.5070$	$.35861$

α	$-h(\alpha\,\vert\,2112)$	$-h(\alpha\,\vert\,2201)$
3,3	$.3684^{-4}$	$.28490^{-3}$
3,4	$.2677$	$.22650$
3,5	$.1945$	$.18019$
3,6	$.1413$	$.14344$
3,7	$.1026$	$.11426$
3,8		$.9107^{\;-4}$
3,9		$.7263$
4,0		$.5796$
4,1		$.4628$
4,2		$.3697$
4,3		$.2955$
4,4		$.2362$
4,5		$.1890$
4,6		$.1513$
4,7		$.1211$

Tabelle 87.

α	$-h(\alpha\,|0201)$	α	$-h\,(\alpha\,|0201)$	α	$-h\,(\alpha\,|0201)$
0,5	.11851852^{+1}	4,5	.13168724 ^{0}	8,5	.6971678^{-1}
0,6	.98765432 ^{0}	4,6	.12882448	8,6	.6890612
0,7	.84656085	4,7	.12608353	8,7	.6811409
0,8	.74074074	4,8	.12345679	8,8	.6734007
0,9	.65843622	4,9	.12093727	8,9	.6658344
1,0	.59259259	5,0	.11851852	9,0	.6584362
1,1	.53872054	5,1	.11619463	9,1	.6512007
1,2	.49382716	5,2	.11396012	9,2	.6441224
1,3	.45584046	5,3	.11180993	9,3	.6371963
1,4	.42328043	5,4	.10973937	9,4	.6304177
1,5	.39506173	5,5	.10774411	9,5	.6237817
1,6	.37037037	5,6	.10582011	9,6	.6172840
1,7	.34858388	5,7	.10396362	9,7	.6109202
1,8	.32921811	5,8	.10217114	9,8	.6046863
1,9	.31189084	5,9	.10043942	9,9	.5985784
2,0	.29629630	6,0	.9876543 $^{-1}$	10,0	.5925926
2,1	.28218695	6,1	.9714633	10,1	.5867253
2,2	.26936027	6,2	.9557945	10,2	.5809731
2,3	.25764896	6,3	.9406232	10,3	.5753326
2,4	.24691358	6,4	.9259259	10,4	.5698006
2,5	.23703704	6,5	.9116809	10,5	.5643739
2,6	.22792023	6,6	.8978676	10,6	.5590496
2,7	.21947874	6,7	.8844666	10,7	.5538248
2,8	.21164021	6,8	.8714597	10,8	.5486968
2,9	.20434228	6,9	.8588298	10,9	.5436629
3,0	.19753087	7,0	.8465609	11,0	.5387205
3,1	.19115890	7,1	.8346375	11,1	.5338672
3,2	.18518519	7,2	.8230453	11,2	.5291005
3,3	.17957352	7,3	.8117707	11,3	.5244182
3,4	.17429194	7,4	.8008008	11,4	.5198180
3,5	.16931217	7,5	.7901235	11,5	.5152979
3,6	.16460906	7,6	.7797271	11,6	.5108557
3,7	.16016016	7,7	.7696008	11,7	.5064894
3,8	.15594542	7,8	.7597341	11,8	.5021971
3,9	.15194682	7,9	.7501172	11,9	.4979770
4,0	.14814815	8,0	.7407407	12,0	.4938271
4,1	.14453478	8,1	.7315958	12,1	.4897459
4,2	.14109348	8,2	.7226739	12,2	.4857316
4,3	.13781223	8,3	.7139670	12,3	.4817826
4,4	.13468014	8,4	.7054674	12,4	.4778972

Tabelle 87 (Fortsetzung).

α	$-h\,(\alpha\,|0201)$	α	$-h\,(\alpha\,|0201)$	α	$-h\,(\alpha\,|0201)$
12,5	.4740741^{-1}	16,5	.3591470^{-1}	20,5	.2890695^{-1}
12,6	.4703116	16,6	.3569835	20,6	.2876663
12,7	.4666083	16,7	.3548459	20,7	.2862766
12,8	.4629630	16,8	.3527337	20,8	.2849003
12,9	.4593741	16,9	.3506465	20,9	.2835371
13,0	.4558405	17,0	.3485839	30,0	.2821869
13,1	.4523608	17,1	.3465454	30,1	.2808496
13,2	.4489338	17,2	.3445306	30,2	.2795248
13,3	.4455583	17,3	.3425391	30,3	.2782125
13,4	.4422333	17,4	.3405704	30,4	.2769124
13,5	.4389575	17,5	.3386243	30,5	.2756245
13,6	.4357298	17,6	.3367003		
13,7	.4325493	17,7	.3347981		
13,8	.4294149	17,8	.3329172		
13,9	.4263256	17,9	.3310573		
14,0	.4232804	18,0	.3292181		
14,1	.4202784	18,1	.3273992		
14,2	.4173187	18,2	.3256003		
14,3	.4144004	18,3	.3238211		
14,4	.4115226	18,4	.3220612		
14,5	.4086846	18,5	.3203203		
14,6	.4058854	18,6	.3185982		
14,7	.4031242	18,7	.3168944		
14,8	.4004004	18,8	.3152088		
14,9	.3977131	18,9	.3135410		
15,0	.3950617	19,0	.3118908		
15,1	.3924454	19,1	.3102579		
15,2	.3898636	19,2	.3086420		
15,3	.3873154	19,3	.3070428		
15,4	.3848004	19,4	.3054601		
15,5	.3823178	19,5	.3038936		
15,6	.3798671	19,6	.3023431		
15,7	.3774475	19,7	.3008084		
15,8	.3750586	19,8	.2992892		
15,9	.3726997	19,9	.2977852		
16,0	.3703704	20,0	.2962963		
16,1	.3680699	20,1	.2948222		
16,2	.3657979	20,2	.2933626		
16,3	.3635537	20,3	.2919175		
16,4	.3613369	20,4	.2904866		

Tabellen 88—92 für $f(\alpha \,|\, p_1 p_2)$ $g(\alpha \,|\, p_1 p_2)$ und $h(\alpha \,|\, p_1 p_2 p_3 p_4)$

Tabelle 88.

α	$-h(\alpha|3031)$	$-h(\alpha|3101)$	$-h(\alpha|3131)$	$-h(\alpha|2021)$	$-h(\alpha|2101)$	$-h(\alpha|2121)$
1,00	$.122790\ ^0$	$.542097^{-1}$	$.504409^{-1}$	$.183832\ ^0$	$.129696\ ^0$	$.841183^{-1}$
1,50	$.496501^{-1}$	$.109563$	$.124365$	$.747408^{-1}$	$.373403^{-1}$	$.215768$
1,75	$.331353$	$.487342^{-2}$	$.646890^{-2}$			
2,00	$.225752$	$.211536$	$.343380$	$.339796$	$.110657$	$.604930^{-2}$
2,25	$.156252$	$.878907^{-3}$	$.185142$			
2,50	$.109504$	$+.337046^{-4}$	$.101068$	$.164659$	$.325667^{-2}$	$.179073$
3,00				$.831312^{-2}$	$.929532^{-3}$	$.550151^{-3}$
4,00	$.152505^{-2}$	$-.128190$	$.314496^{-4}$	$.229013$	$+.237619$	
5,00	$.449131^{-3}$	$-.262003^{-5}$	$.340499^{-5}$			
10,00				$.226421^{-5}$	$-.181210^{-8}$	

α	$-h(\alpha|2022)$	$-h(\alpha|2222)$	$f(\alpha|61)$	$f(\alpha|32)$	$f(\alpha|62)$	$f(\alpha|41)$
0,50	$.344510\ ^0$	$.203003\ ^0$		$.410382\ ^0$	$.845359^{-1}$	$.442664\ ^0$
1,00	$.693450^{-1}$	$.228946^{-1}$	$.127947^{-1}$	$.303835^{-1}$	$.482566^{-2}$	$.397143^{-1}$
1,50	$.171322$	$.289188^{-2}$	$.239351^{-2}$	$.453304^{-2}$	$.577096^{-3}$	$.777578^{-2}$
1,75			$.118758$	$.194967$	$.226501$	
2,00	$.466153^{-2}$	$.377395^{-3}$	$.624995^{-3}$	$.875836^{-3}$	$.939199^{-4}$	$.208745$
2,25			$.344157$	$.406438$	$.406390$	
2,50	$.134842$	$.499399^{-4}$	$.196439$	$.193435$	$.181928$	$.667607^{-3}$
3,00	$.407013^{-3}$	$.665623^{-5}$		$.463944^{-4}$	$.394478^{-5}$	$.238953$
4,00			$.822335^{-5}$	$.311747^{-5}$	$.203344^{-6}$	$.379880^{-4}$
5,00			$.206386$	$.239414^{-6}$	$.161737^{-7}$	
10,00				$.166219^{-11}$	$.942010^{-13}$	$.628469^{-8}$

α	$f(\alpha|42)$	$f(\alpha|44)$	$f(\alpha|33)$	$f(\alpha|50)$	$f(\alpha|51)$	$f(\alpha|80)$
0,50	$.223090\ ^0$	$.733066^{-1}$	$.214866\ ^0$	$.512000\ ^0$	$.248962\ ^0$	$.125000\ ^0$
1,00	$.147733^{-1}$	$.295721^{-2}$	$.129721^{-1}$	$.640000^{-1}$	$.214609^{-1}$	$.156250^{-1}$
1,50	$.197534^{-2}$	$.218038^{-3}$				
2,00	$.346943^{-3}$	$.198744^{-4}$	$.218039^{-3}$	$.800000^{-2}$	$.107700^{-2}$	$.195313^{-2}$
2,50	$.707693^{-4}$	$.201273^{-5}$				
3,00	$.159042$	$.216896^{-6}$	$.626361^{-5}$	$.237037$	$.120939^{-3}$	$.578704^{-3}$
4,00	$.970928^{-6}$	$.281154^{-8}$	$.216896^{-6}$	$.100000$	$.190457^{-4}$	$.244141$
5,00	$.699518^{-7}$	$.397630^{-10}$	$.824802^{-8}$	$.512000^{-3}$	$.361853^{-5}$	$.125000$
10,00	$.427498^{-12}$	$.481245^{-19}$	$.114717^{-14}$	$.640000^{-4}$	$.310022^{-8}$	$.156250^{-4}$

Tabelle 89.

α	$g(\alpha|61)$	$g(\alpha|32)$	$g(\alpha|62)$	$g(\alpha|16)$	$g(\alpha|23)$
0,50		$.436098\ ^0$	$.144178\ ^0$		
1,00	$.396570^{-1}$	$.535174^{-1}$	$.148410^{-1}$	$.140344^{-1}$	$.422966^{-1}$
1,50	$.109021$	$.103676$	$.253602^{-2}$	$.258283^{-2}$	$.705199^{-2}$
1,75	$.627314^{-2}$	$.490886^{-2}$	$.114459$	$.126967$	$.309857$
2,00	$.375625$	$.239618$	$.536601^{-3}$	$.662661^{-3}$	$.140468$
2,25	$.231895$	$.119711$	$.259059$	$.362546$	$.652555^{-3}$
2,50	$.146667$	$.609125^{-3}$	$.128021$	$.205842$	$.309203$
3,00		$.164501$	$.329927^{-4}$		
4,00	$.128957^{-3}$	$.134799^{-4}$	$.253890^{-5}$	$.112136^{-4}$	$.463256^{-5}$
5,00	$.304500^{-4}$	$.122191^{-5}$	$.221325^{-6}$	$.211214^{-5}$	$.336533^{-6}$
10,00		$.151701^{-10}$	$.254423^{-11}$		

α	$g(\alpha|26)$	$g(\alpha|41)$	$g(\alpha|14)$	$g(\alpha|44)$	$g(\alpha|42)$
0,50		$.512937\ ^0$		$.101501\ ^0$	$.283800\ ^0$
1,00	$.591781^{-2}$	$.856723^{-1}$	$.448316^{-1}$	$.572364^{-2}$	$.321096^{-1}$
1,50	$.682917^{-3}$	$.241205$	$.900445^{-2}$	$.481979^{-3}$	$.581839^{-2}$
1,75	$.262752$				
2,00	$.107090$	$.842235^{-2}$	$.237763$	$.471744^{-4}$	$.127658$
2,25	$.456765^{-4}$				
2,50	$.202068$	$.331561$	$.744805^{-3}$	$.499399^{-5}$	$.311766^{-3}$
3,00		$.140962$	$.262038$	$.554686^{-6}$	$.816303^{-4}$
4,00	$.245700^{-6}$	$.295085^{-3}$	$.406993^{-4}$	$.747303^{-8}$	$.640660^{-5}$
5,00	$.170250^{-7}$			$.108210^{-9}$	$.564979^{-6}$
10,00		$.119452^{-6}$	$.645688^{-8}$	$.108864^{-18}$	$.664150^{-11}$

α	$g(\alpha|24)$	$g(\alpha|33)$	$g(\alpha|50)$	$g(\alpha|51)$	$g(\alpha|80)$
0,50	$.232965\ ^0$	$.247922\ ^0$	$.640000\ ^0$	$.346082\ ^0$	$.250000\ ^0$
1,00	$.198992^{-1}$	$.221276^{-1}$	$.160000$	$.562974^{-1}$	$.625000^{-1}$
1,50	$.274773^{-2}$				
2,00	$.471494^{-3}$	$.481979^{-3}$	$.400000^{-1}$	$.540409^{-2}$	$.156250$
2,50	$.927616^{-4}$				
3,00	$.201231$	$.152358^{-4}$	$.177778$	$.896372^{-3}$	$.694444^{-2}$
4,00	$.116206^{-5}$	$.554686^{-6}$	$.100000$	$.186813$	$.390625$
5,00	$.806798^{-7}$	$.217530^{-7}$	$.640000^{-2}$	$.441710^{-4}$	$.250000$
10,00	$.458034^{-12}$		$.160000$	$.750359^{-7}$	$.625000^{-3}$

Tabellen 90—92.

α	$g(\alpha\|60)$	$g(\alpha\|06)$	$f(\alpha\|20)$	$f(\alpha\|11)$	$f(\alpha\|21)$	$f(\alpha\|22)$	$f(\alpha\|40)$	$f(\alpha\|31)$	$f(\alpha\|60)$
0,50	.444444 ^{0}	.259417 ^{0}	.800000^{+1}	.768272^{+1}	.219117^{+1}	.858385 ^{0}	.100000^{+1}	.892521 ^{0}	.296296 ^{0}
0,75	.197531	.846219^{-1}	.237037	.216939	.593518 ^{0}	.214866	.296296 ^{0}	.233648	.877915^{-1}
1,00	.111111	.366698	.100000	.858385 ^{0}	.223090	.733066^{-1}	.125000	.845359^{-1}	.370370
1,25	.711111^{-1}	.189131	.512000 ^{0}	.406455	.996688^{-1}	.293317	.640000^{-1}	.363166	.189629
1,50	.493827	.109665	.296296	.214866	.494833	.129078	.370370	.173510	.109739
1,75	.362812	.690950^{-2}	.186589	.122266	.263649	.604535^{-2}	.233236	.891238^{-2}	.691070^{-2}
2,00	.277778	.462943	.125000	.733066^{-1}	.147733	.295721	.156250	.482566	.462963
2,25	.219479	.325150	.877915^{-1}	.456874	.859623^{-2}	.149339	.109739	.272025	.325134
2,50	.177778	.237036	.640000	.293317	.515059	.772618^{-3}	.800000^{-2}	.158311	.237037
2,75	.146924	.178089	.480842	.192760	.315922	.407347	.601052	.945560^{-3}	.178089
3,00	.123457	.137174	.370370	.129078	.197534	.218038	.462963	.577095	.137174
3,25	.105194	.107891	.291306	.877729^{-2}	.125509	.118158	.364133	.358715	.107891
3,50	.907029^{-2}	.863838^{-3}	.233236	.604535	.808425^{-3}	.646913^{-4}	.291545	.226501	.863838^{-3}
4,00	.694444	.578704	.156250	.295721	.346944	.198744	.195313	.939199^{-4}	.578704
5,00	.444444	.296296	.800000^{-2}	.772618^{-3}	.707693^{-4}	.201273^{-5}	.100000	.181928	.296296
10,00	.111111		.100000	.201273^{-5}		.397630^{-10}	.125000^{-3}	.161737^{-7}	.370370^{-4}

α	$g(\alpha\|31)$	$g(\alpha\|13)$	$g(\alpha\|20)$	$g(\alpha\|11)$	$g(\alpha\|02)$	$g(\alpha\|22)$	$g(\alpha\|40)$	$g(\alpha\|04)$	$g(\alpha\|21)$	$g(\alpha\|12)$
0,50	.829661 ^{0}	.703941 ^{0}	.400000^{+1}	.363918^{+1}	.358545^{-1}	.735759 ^{0}	.100000^{+1}	.729329 ^{0}	.153776^{+1}	.143213^{+1}
0,75	.362084	.232505	.177778	.146959	.144479	.247922	.444444 ^{0}	.259417	.594544 ^{0}	.521378 ^{0}
1,00	.144178	.943911^{-1}	.100000	.735759 ^{0}	.729329 ^{0}	.101501	.250000	.118132	.283800	.232965
1,25	.748503^{-1}	.429678	.640000	.412567	.417438	.459676^{-1}	.160000	.624907^{-1}	.151450	.116021
1,50	.417318	.210892	.444444	.247922	.259417	.221276	.111111	.366698	.865711^{-1}	.618048^{-1}
1,75	.244406	.109352	.326531	.156042	.171094	.110929	.816327^{-1}	.232279	.518435	.344791
2,00	.148410	.591781^{-2}	.250000	.101501	.118132	.572364^{-2}	.625000	.155988	.321096	.198992
2,25	.926600^{-2}	.331574	.197531	.676637^{-1}	.846219^{-1}	.301726	.493827	.109665	.204013	.117904
2,50	.591454	.191252	.160000	.459676	.624907	.161711	.400000	.799782^{-2}	.132250	.713539^{-2}
2,75	.384396	.113073	.132231	.316997	.473472	.878149^{-3}	.330578	.600986	.871333^{-2}	.439486
3,00	.253602	.682917^{-3}	.111111	.221276	.366698	.481979	.277778	.462943	.581838	.274773
3,25	.169449	.420172	.946746^{-1}	.156014	.289445	.266883	.236686	.364126	.392949	.174039
3,50	.114459	.262752	.816327	.110929	.232279	.148878	.204082	.291543	.267964	.111505
4,00	.536601^{-3}	.107090	.625000	.572364^{-2}	.155988	.471744^{-4}	.156250	.195312	.127658	.471494^{-3}
5,00	.128021	.202068^{-4}	.400000	.161711	.799782^{-2}	.499319^{-5}	.100000	.100000	.311766^{-3}	.927616^{-4}
10,00	.221325^{-6}		.100000	.499319^{-5}	.100000	.108210^{-9}	.250000^{-2}	.125000^{-3}	.564978^{-6}	

α	$-h(\alpha\|1010)$	$-h(\alpha\|1001)$	$-h(\alpha\|2020)$	$-h(\alpha\|2002)$	$-h(\alpha\|2001)$	$-h(\alpha\|3030)$	$-h(\alpha\|3001)$
0,50	.200000^{+1}	.171850^{+1}	.100000^{+1}	.613132 ^{0}	.884335 ^{0}	.666667 ^{0}	.480811 ^{0}
0,75	.133333	.984097 ^{0}	.666667 ^{0}	.260319	.448214	.444444	.269815
1,00	.100000	.613132	.500000	.112779	.242839	.333333	.104246
1,25	.800000 ^{0}	.396331	.400000	.465148^{-1}	.134321	.266667	.506748 $^{-1}$
1,50	.666667	.260319	.333333	.165957	.740772^{-1}	.222222	.242278
1,75	.571429	.171705	.285714	$+$.359492^{-2}	.399344	.190476	.109790
2,00	.500000	.112779	.250000	$-$.152630	.205033	.166667	.4368587^{-2}
2,25	.444444	.731939^{-1}	.222222	$-$.308583	.953836^{-2}	.148148	$+$.114957
2,50	.400000	.465148	.200000	$-$.314437	.348575	.133333	$-$.331850 $^{-3}$
2,75	.363636	.285738	.181818	$-$.266259	$+$.280081^{-3}	.121212	$-$.931760
3,00	.333333	.165957	.166667	$-$.206563	$-$.129172^{-2}	.111111	$-$.109636 $^{-2}$
3,25	.307692	.869934^{-2}	.153846	$-$.152271	$-$.194443	.102564	$-$.105780
3,50	.285714	$+$.359492	.142857	$-$.108557	$-$.209787	.952381^{-1}	$-$.935368 $^{-3}$
4,00	.250000	$-$.152630^{-3}	.125000	$-$.517172^{-3}	$-$.177915	.833333	$-$.645997
5,00	.200000	$-$.314437^{-2}	.100000	$-$.506966	$-$.841617^{-3}	.666667	$-$.252753